网站全栈开发指南

HTML+CSS+JavaScript+ASP.NET

曹化宇 著

清華大學出版社
北京

内容简介

本书是一线程序员多年开发经验的结晶。它深入浅出地讲解Web开发所需的HTML、CSS、JavaScript、ASP.NET和数据库等基础内容，帮助读者快速进入Web项目开发，在项目中灵活应用各种开发技术和方法。

本书共26章，第1章讨论全书的知识架构及在学习和工作中如何使用本书。第2 ~ 8章主要讨论客户端（前端）开发的相关内容，如HTML、CSS和JavaScript编程，以及HTML5中新增的特性等。第9 ~ 16章主要讨论服务器端开发的相关技术，涉及C#编程基础知识、ASP.NET基础知识、数据库基础知识等。第17 ~ 26章主要讨论客户端技术与服务器端技术的综合应用，并以Web项目的常用功能为目标，介绍了一系列的实用技巧和开发方法。

本书内容安排合理，架构清晰，注重理论与实践相结合，适合广大从事Web项目开发的人员、对Web项目开发感兴趣的爱好者及大中专院校相关专业的学生阅读。相关培训院校及高校的老师亦可将本书作为教材使用。

图书在版编目 (CIP) 数据

网站全栈开发指南：HTML+CSS+JavaScript+ASP.NET/ 曹化宇著．—北京：清华大学出版社，2020.9
ISBN 978-7-302-55861-3

Ⅰ．①网…　Ⅱ．①曹…　Ⅲ．①网页制作工具—指南　Ⅳ．① TP393.092.2-62

中国版本图书馆CIP数据核字（2020）第109982号

责任编辑： 秦　健
封面设计： 杨玉兰
责任校对： 胡伟民
责任印制： 刘海龙

出版发行： 清华大学出版社
网　　址： http://www.tup.com.cn，http://www.wqbook.com
地　　址： 北京清华大学学研大厦A座　　**邮　　编：** 100084
社 总 机： 010-62770175　　**邮　　购：** 010-83470235
投稿与读者服务： 010-62776969，c-service@tup.tsinghua.edu.cn
质 量 反 馈： 010-62772015，zhiliang@tup.tsinghua.edu.cn
印 装 者： 三河市铭诚印务有限公司
经　　销： 全国新华书店
开　　本： 185mm×260mm　　**印　　张：** 37.25　　**字　　数：** 955千字
版　　次： 2020年10月第1版　　**印　　次：** 2020年10月第1次印刷
定　　价： 99.00元

产品编号：085844-01

Preface 前言

当我们打开浏览器，就打开了一个神奇的世界。无论是畅游网上世界、获取各种资源，还是寻找各类问题的答案，都需要相应的网站来支持，那么，这些功能都是怎么实现的呢？本书将和读者一起探索！

本书内容

网站相关的开发技术有很多种，相信读者也会有一些了解，本书则涉及了 5 种基本的开发技术，包括 HTML、CSS、JavaScript、ASP.NET 和数据库，为什么是它们呢？

实际上，通过浏览器的查看源代码功能就可以看到，在客户端呈现网页的代码主要包括了 HTML 和 CSS，这也是静态网页的基本构建技术。而页面中在客户端执行的另一种代码是 JavaScript 脚本，用于在客户端执行应用逻辑，通过它可以实现很多功能，如操作页面元素、实现 Ajax 等。同时，将一些逻辑代码放在客户端执行，可以更有效地分配服务器和客户端的执行任务，提高 Web 项目的整体性能。本书的第 2 ~ 8 章会讨论这些内容，其中还包含了 HTML5 和 CSS3 新标准中的变化。

对于 Web 的服务器端开发技术，通常也称为"动态页面技术"，如 ASP.NET、PHP、JSP 等。本书使用的是 ASP.NET，这是基于微软 .NET 平台的一种动态页面技术，可以利用 .NET Framework 强大的开发资源快速、有效地实现各种 Web 功能。

本书实例中应用的数据库包括 SQL Server 和 MySQL 两种，除了基础的数据库操作，还充分讨论了在 ASP.NET 项目中如何使用 ADO.NET 组件访问数据库，并通过代码封装，在项目中更加抽象地操作数据库，以便对业务代码和数据操作代码进行分层设计，方便项目代码的管理和维护工作。

第 9 ~ 16 章，从 C# 编程语言、.NET Framework 开发资源、数据库等多方面讨论了 ASP.NET 项目的开发。

从第 17 章开始讨论 HTML、CSS、JavaScript、ASP.NET、数据库等一系列 Web 开发技术的综合应用，介绍了 Web 项目中各种功能的实现方法，并讨论了不同方法的实现特点，读者可以根据项目的不同需求灵活地使用这些开发技术和方法。

本书特点

全方位讨论 Web 开发技术

本书内容构成的主要思路是从基础代码一步步实现 Web 项目，结合客户端和服务器端技术特点，全面把握 Web 项目开发。其中包括了 Web 开发的基础技术，如 HTML、CSS、JavaScript、动态页面技术和数据库。结合这些技术的综合应用，进一步讨论了如何灵活、高效地实现 Web 项目。

本书虽然以 ASP.NET 作为动态页面的实现，但 HTML、CSS、JavaScript、Ajax、数据库等内容都是通用技术。理解了 Web 开发的基本特点之后，使用其他动态页面技术是非常容易的事情，如使用 PHP 等技术实现服务器端功能。

实用性强

本书包含了 HTML、CSS、JavaScript、ASP.NET 及数据库等内容，从标准的代码、各种功能的实现，以及技术的综合应用等多方面讨论 Web 相关技术，并介绍了一些功能使用不同实现方法的相关特点。其中包含了大量的实践代码，可以在项目中直接使用。同时，关于功能的不同实现方法的讨论更能引起我们的思考，为迎接更多的挑战做好准备。

读者对象

本书面向所有需要了解 Web 全栈开发的朋友，无论是网站开发的初学者，还是从事 Web 项目的开发者，都能从中了解到 HTML、CSS、JavaScript、ASP.NET 等技术为 Web 项目开发带来的新变化。同时，对于需要全面了解 Web 项目中客户端和服务器端开发和运行工作特点的朋友，本书也可以提供帮助。

如何使用本书

本书涉及 HTML、CSS、JavaScript、ASP.NET、数据库等一系列 Web 开发相关的技术。学习过程中，可以按顺序一步步深入，全面掌握各种技术特点。实践和工作中，可以按技术分类与功能实现快速参考。

本书涉及的源代码请扫描右侧二维码查看。

勘误和支持

由于作者水平有限，书中难免会出现一些错误，而读者的批评、指正则是我们共同进步的强大动力。欢迎读者将书中的错误和建议通过清华大学出版社网站 www.tup.com.cn 与编辑联系，帮助我们改进提高。

致谢

感谢清华大学出版社编辑老师耐心的交流和指导，本书才能顺利与读者见面。感谢家人对我的支持和理解，为我创造一个温馨的生活环境，让我有更多的时间来写作。

谨以此书献给热爱软件开发的朋友，以及支持我的每一个人！

作者

Contents 目录

第 1 章　准备工作

网站开发是一项复杂的系统性工程，涉及的概念、技术和方法比较多，这就需要开发者能够掌握足够的技术类型和开发方法，才可以灵活应对项目中出现的各种挑战。

本章将讨论网站开发的一些基本概念，并对书中的内容进行说明，方便读者阅读和学习，以及在工作中快速参考。

1.1　基本概念

操作基于网络的应用时，总会有服务器（server）和客户端（client）两种角色，如本地计算机、手机等设备就是“客户端”，可以通过其中的浏览器、App 等形式访问网络，但从某种意义上讲，这里的浏览器和 App 也称为“客户端”。获取服务和数据的网络节点称为“服务器”，它可能是一台计算机，也可能是一个庞大的网络系统。

访问网络资源时，“客户端”和“服务器”的基本工作方式如图 1-1 所示。

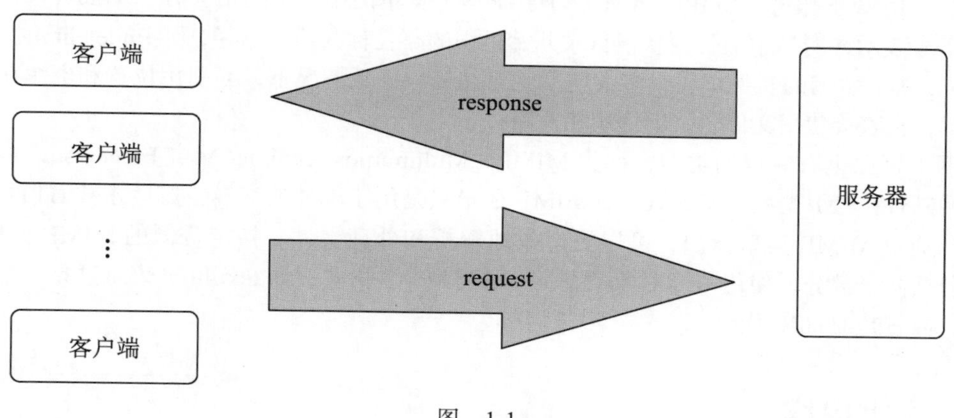

图　1-1

一般来讲，一个访问会以客户端向服务器发出获取资源的请求（request）开始，服务器会对客户端的请求做出响应（response），并返回操作结果的代码和数据。比如，不能正确获取资源时，可能返回 404 代码，表示资源找不到（not found）。

服务器中，每一个用户的访问都会创建唯一的会话（session）。访问结束时，会清理用户会话信息。

互联网中数据传输的基本协议是 TCP/IP。其中，TCP（Transmission Control Protocol，传输控制协议）提供了互联网之间可靠的数据传输保证。此外，在获取网络资源时，还需要几个要素，包括具体的数据交换协议、IP（Internet Protocol，互联网协议）和端口等。

实际应用中，常见的数据交换协议有 FTP（文件传输协议）、HTTP（超文本传输协议）等。

为了方便记忆，访问网站时除了使用 IP 地址外，还可以使用域名，通过域名服务器（DNS）的解析，域名最终还是会映射到具体的 IP。

从客户端的角度看，打开一个网站时，一般会使用一个网址，称为URL（统一资源定位符），它主要包括协议、域名（或IP）、端口和资源路径。图1-2显示了一个典型的网络资源访问地址。

http://127.0.0.1:8080/index.html

协议 地址 端口 资源路径

图 1-2

在这个网络资源的URL中：

- http指定传输使用HTTP。
- 127.0.0.1是网站的IP地址，127.0.0.1表示本机。这里除了使用IP，也可以使用域名，如caohuayu.com。
- IP地址或域名后使用冒号指定服务端口，这里指定服务器中的HTTP的服务端口号为8080，如果不指定，则网站的服务端口号默认为80。
- /index.html表示资源路径，其中，“/”表示网站的根目录，这里就是访问网站根目录下的index.html页面。

除了指定默认的端口，在网站服务中一般也会设置一个默认的主页。如果使用默认的80号端口，并将默认主页设置为根目录下的index.html，则图1-2中的地址可以直接改变为http://127.0.0.1/。

从服务器的角度看，网站的各种资源同样需要保存在文件系统中，称为网站的物理存储位置，网站中的文件也会有相应的物理路径。

当使用Web服务（如IIS、Apache HTTP等）发布网站时，网站会有一个根目录，使用“/”符号表示，网站中的资源从根目录开始标识的路径称为绝对路径，如/index.html、/img/logo.png等。本书的实例中，大多会使用绝对路径，少数情况下，当引用位置和资源在同一目录时，会直接使用文件名，即使用相对路径。

网络资源也有一定的类型，称为MIME（Multipurpose Internet Mail Extension，多用途因特网邮件扩展）类型，正如其名，MIME最早只是用于邮件的交换，然后才被HTTP广泛采用。通过MIME类型标识，可以更有效地解析和处理文件。指定资源的MIME类型时，主要包括两个部分，使用“<对象类型>/<子类型>”格式，如text/html表示这是一个文本文件，内容是HTML代码。

1.2 本书内容

开发技术标准的制定，是很多人思考、讨论（或争论）和妥协的结果。每一种技术都会有大量的支持者和反对者。不过，本书的目的并不是讨论某一种技术标准，而是通过多种技术的综合应用，让读者能够完成各类Web项目的开发。

介绍单一技术的书中，总想让某一技术做得更多，甚至有些并不是该技术擅长的领域，从项目整体上看，这样并没有明显的优势。作为能够掌握多种技术的开发者，虽然要求更高，但是，能够将这些技术融会贯通、合理应用，就可以更加灵活、更高效地进行开发工作。

本书涵盖了五种基本的Web开发技术，它们是：

- HTML，在客户端呈现页面的内容和结构。
- CSS，在客户端定义页面的样式和布局。
- 动态页面技术，在服务器端可以根据用户的不同请求做出响应，并动态地向客户端发送所需要的资源，当然也可以实现各种应用功能。本书使用的动态页面技术为微软的 ASP.NET。

- 数据库，用于服务器端的数据管理工作，可以通过动态页面技术使用这些数据。
- JavaScript 和 Ajax，在客户端合理分担计算任务，有效提高 Web 应用的整体运行效率。

除了本章所做的准备工作外，全书其他内容共分为三个部分。第一部分为第 2 ～ 8 章，主要讨论了客户端（前端）开发的相关内容，如 HTML、CSS 和 JavaScript 编程等。

第 2 章介绍了 HTML 的应用，讨论了基本的文件结构、常用元素及 HTML5 标准中的一些新变化。

第 3 章介绍了如何使用 CSS 样式表定义页面的外观和布局，包括 CSS3 标准中的一些重要特性。

第 4 章是 JavaScript 编程语言的基础知识，包括基本的编程要素，如数据类型与变量、数据运算、面向对象编程等。此外，还介绍了 JavaScript 中常用的开发资源，如数组、字符串处理、日期与时间、数学计算、计时器等。

第 5 章介绍了如何在 JavaScript 代码中通过 BOM（浏览器对象模型）操作浏览器。

第 6 章介绍了 DOM（文件对象模型），这是页面操作的重要模型。这里，介绍了如何通过元素（element）和节点（node）对象操作页面元素，通过这些内容可以对页面内容进行更多控制和操作，并创建功能更加丰富的客户端应用。

第 7 章讨论了 HTML5 标准中新增的 audio 和 video 元素，包括这两个元素的基础应用与 JavaScript 编程。

第 8 章讨论了 HTML5 标准中新增的 canvas 元素，它对 JavaScript 编程的依赖性更强，但功能也更强大，可以在客户端绘制各种图形，深入学习后，开发者可以做出精彩的客户端多媒体应用。

第二部分讨论了服务器端开发的相关技术，包括第 9~16 章。

第 9 章讨论了 C# 编程的基础知识，主要包括代码的组织、面向对象编程、各种数据类型及运算等。本书的服务器代码使用 C# 语言编写。

第 10 章讨论了 C# 语言中代码流程控制的相关内容，包括比较运算、条件语句、循环语句及异常处理语句结构等。

第 11 章介绍了 ASP.NET 项目的基础知识，包括 ASP.NET 网站结构、Web 窗体、常用对象和 Web 控件，此外，还讨论了如何创建自定义控件，以及在网站发布时进行全站编译。

第 12 章讨论了 SQL Server 数据库的使用，包括数据表和记录操作，以及视图和存储过程的应用。

第 13 章介绍如何在 ASP.NET 项目中使用 ADO.NET 组件操作 SQL Server 数据库。

第 14 章介绍了 .NET Framework 类库中关于绘图的相关资源，在绘制证件照、图表和生成验证码等操作时会使用这些内容。

第 15 章讨论了如何发送网络邮件，项目中，可以通过发送邮件实现重置用户密码、验证用户邮箱有效性等功能。

第 16 章介绍了作者封装的基于 .NET 平台应用开发的 chyx 代码库，其中封装了大量的开发资源，可以简化 .NET 项目中很多功能的实现，读者可以参考使用。此外，也可以根据本书介绍的内容自己编写代码来实现各种功能。

本书的第三部分包括第 17~26 章，这一部分讨论了客户端技术与服务器端技术的综合应用，并以网站的常用功能为目标，介绍了一系列实用技巧和开发方法，并在实践中积累了大量的开发资源。

第 17 章讨论了页面布局的相关主题，包含传统布局方式和响应式 Web 设计的实现方法。

第 18 章讨论了 Ajax 技术，介绍如何使用 XMLHttpRequest 对象实现客户端与服务器的通信，并使用获取的数据更新页面的局部内容，从而避免了大量不必要的网络数据传输。

第 19 章讨论了验证码的实现方法。

第 20 章讨论了用户功能模块的实现，包括注册、登录等功能。同时，还讨论了多种不同的实现方法，读者可以根据实际需要灵活地选择应用。

第 21 章介绍了如何上传及处理文件，包括如何使用 FileUpload 控件上传文件、处理和保存上传文件、限制上传文件尺寸、将文件保存到数据库等。

第 22 章介绍了几种常用的数据交换格式，如 Excel、CSV、XML 和 JSON 格式数据的交换格式。讨论了如何在服务器端和客户端处理这些格式的数据。

第 23 章介绍了客户端暂存数据的方式，包括传统的 Cookie，以及 HTML5 标准中的 localStorage 和 sessionStorage 对象的应用。

第 24 章介绍了高德地图的开发者平台资源的基本应用，读者可以在自己的应用中添加地图浏览、位置标识、图标操作响应等功能。

第 25 章结合服务器和客户端技术创建数据分页浏览组件，并对其应用进行了详细的讨论。

第 26 章结合服务器端和客户端技术创建树状结构视图组件。

1.3 开发与测试环境

首先，需要一台安装 Windows 7 或 Windows 10 操作系统的计算机，并需要一些开发工具进行网站的代码编辑和测试、数据管理等工作，下面分别介绍。

1.3.1 安装 VisualStudio

本书使用的开发工具主要是微软公司出品的 Visual Studio 集成开发环境（简称 VS），可以从 https://visualstudio.microsoft.com/zh-hans/ 下载，这里选择免费的 Visual Studio Community 版本。

启动安装程序后，可以根据需要选择组件，如图 1-3 所示，本书的开发环境需要选择“ASP.NET 和 Web 开发”组件。

此外，如果需要在本机浏览帮助文档，可以在“单个组件”→“代码工具”中选择 Help Viewer，如图 1-4 所示。稍后会说明如何管理本机帮助文档。

选择组件并等待安装完成以后，就可以进行开发工作了。

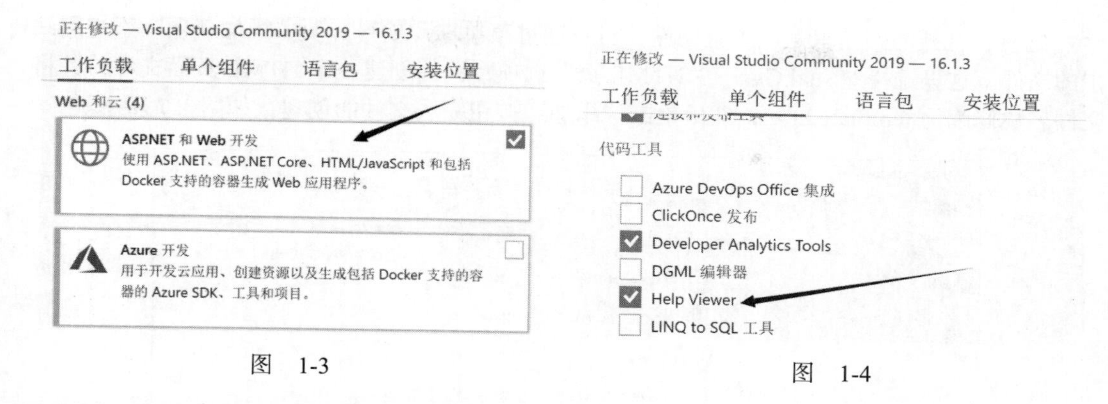

图　1-3　　　图　1-4

1.3.2　第一个页面

创建网站的方式有很多种，这里，我们选择从零开始。首先，创建网站的根目录，如 D:\site-test 目录，然后，通过“开始”菜单中的 Visual Studio 2019 启动开发环境，在欢迎界面中单击右下角的“继续但无须代码”按钮进入开发环境，如图 1-5 所示。

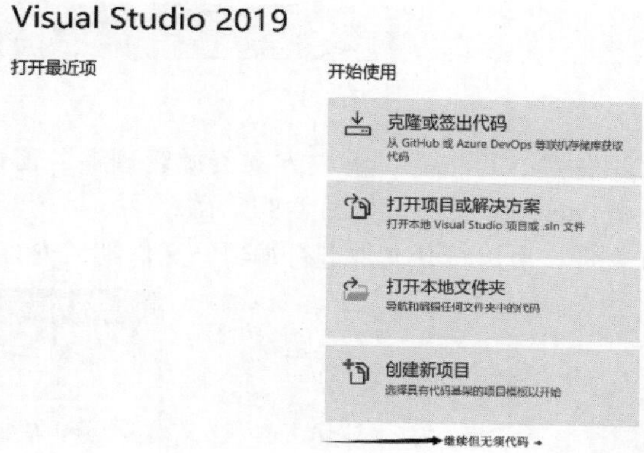

Visual Studio 2019
打开最近项
开始使用
克隆或签出代码
打开项目或解决方案
打开本地文件夹
创建新项目
继续但无须代码 →

图　1-5

进入 Visual Studio 2019 开发环境后，通过菜单项“文件”→“打开”→“网站”，打开“打开网站”对话框。在“打开网站”对话框中，选择“文件系统”，并选择 D:\site-test 目录，如图 1-6 所示。

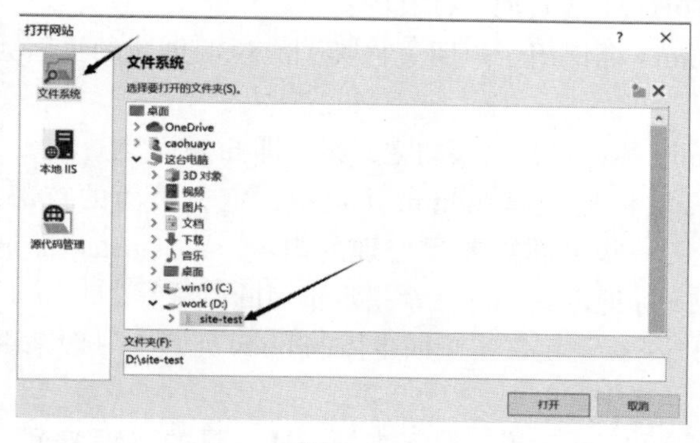

图　1-6

此时，打开的网站只是一个空网站，可以通过菜单项“项目”→“添加新项”添加网站中的文件。这里选择 Visual C#→“HTML 页”选项，我们创建一个 HTML 页面文件，并将文件名称修改为 template.html；然后单击“添加”按钮完成文件的创建，如图 1-7 所示。

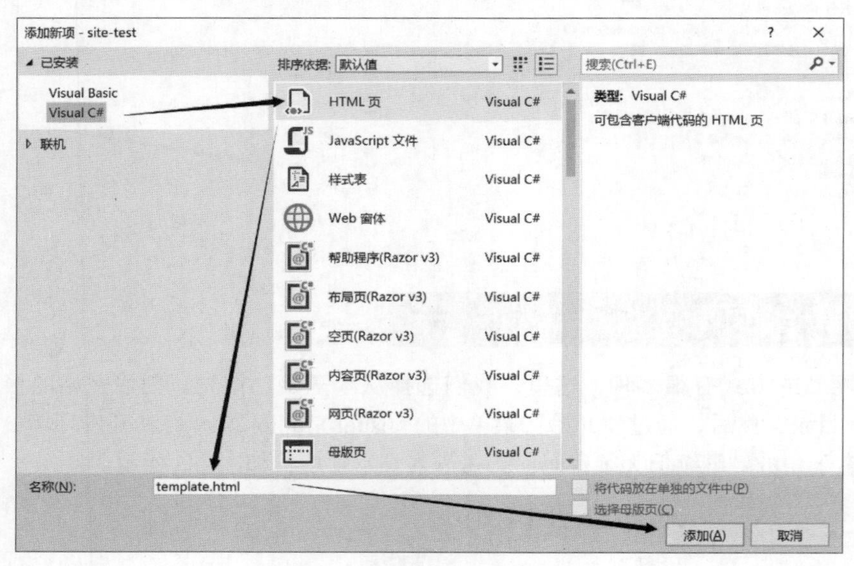

图 1-7

创建 template.html 文件后，可以在“解决方案资源管理器”窗口中看到网站结构，其中包含了刚刚创建的 template.html 文件，如图 1-8 所示。

双击 template.html 文件，可以打开文件进行编辑，文件默认内容如下。

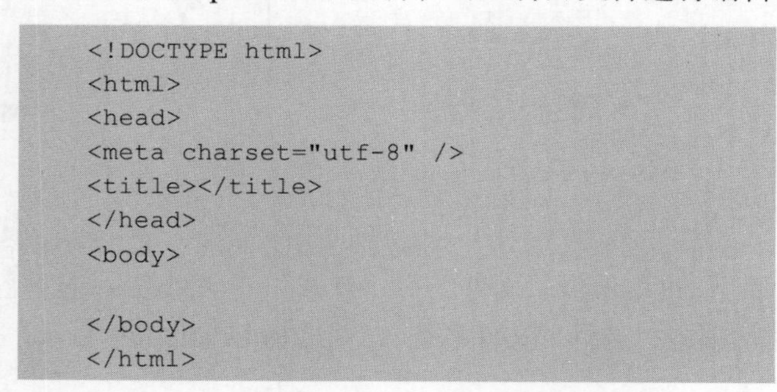

```
<!DOCTYPE html>
<html>
<head>
<meta charset="utf-8" />
<title></title>
</head>
<body>

</body>
</html>
```

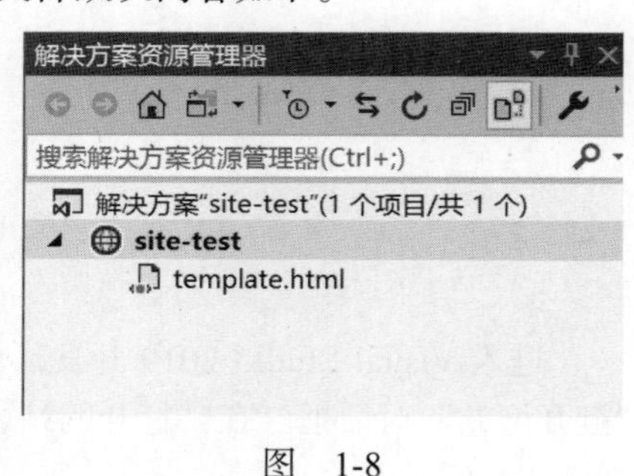

图 1-8

这就是一个简单的 HTML5 页面了，其中：

- <!DOCTYPE html> 标记用于声明文件类型，说明创建的页面为 HTML5 文件，只需要照做就是。
- <html> 和 </html> 标记定义页面的主元素，即 html 元素。
- <head> 和 </head> 标记嵌套在 html 元素中，定义页面的首部，即 head 元素。head 元素中可以定义一些页面需要预处理的内容，如 <meta> 标记定义页面的元数据，<title> 和 </title> 标记定义 title 元素指定页面的标题等。
- <body> 和 </body> 标记定义了页面主体的 body 元素。一般来讲，网页中显示的内容就定义在 body 元素中。

第 2 章会讨论更多的 html 元素，接下来做一些少量的编码工作。修改 template.html 文件的内容如下。

```
<!DOCTYPE html>
<html>
<head>
<meta charset="utf-8" />
<title> 页面标题 </title>
</head>
<body>
<h1> 测试内容 </h1>
</body>
</html>
```

接下来，通过单击工具栏的“执行”按钮或按 F5 功能键启动页面，此时会将 IIS Express 作为测试用 Web 服务器。图 1-9 显示了 template.html 页面在 Google Chrome 浏览器中显示的效果。

图　1-9

开发过程中，还可以选择不同的浏览器测试页面显示效果。在 Visual Studio 环境的工具栏上，通过单击“执行”按钮中的下拉箭头选择计算机中已安装的浏览器，如图 1-10 所示。

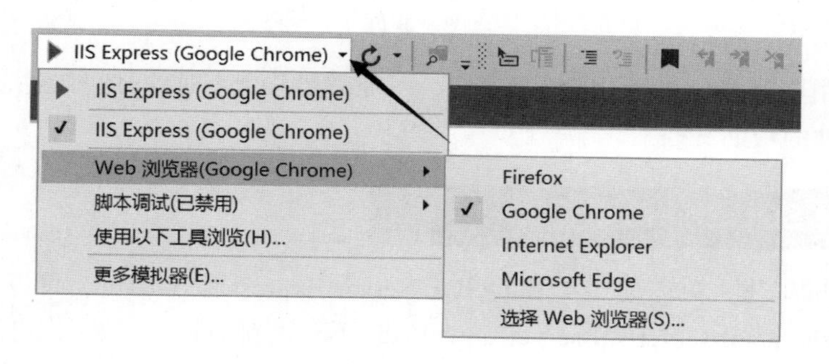

图　1-10

第一次启动页面时，会提示创建一个 Web.config 文件，这是 ASP.NET 网站的配置文件，暂时先确认创建就可以了。第一次保存全部内容时，还会提示保存解决方案文件（.sln），这里需要指定一个文件路径，如 D:\site-test.sln 文件。

此外，本书源代码中包含一个 ASP.NET 项目，其中有本书中所有重要实例的代码，读者可以解压到指定路径，并通过 Visual Studio 查看和测试。源代码文件可以扫描前言中的二维码查看。

1.3.3 管理本地帮助文档

查看帮助文档主要有两种方式：一种是查看在线版本；另一种是使用本机的帮助文档。在线版本可以保证内容的及时更新，但有时候，在网络环境并不是很好的情况下，能使用本地文档也是不错的选择。

使用本地帮助文档，首先需要在菜单项“帮助”→“设置帮助首选项”中选择“在帮助查看器中启动”。然后通过菜单项“帮助”→“查看帮助”打开帮助查看器，第一次启动时会提示内容管理，这里可以对文档进行下载或更新操作，如图 1-11 所示。

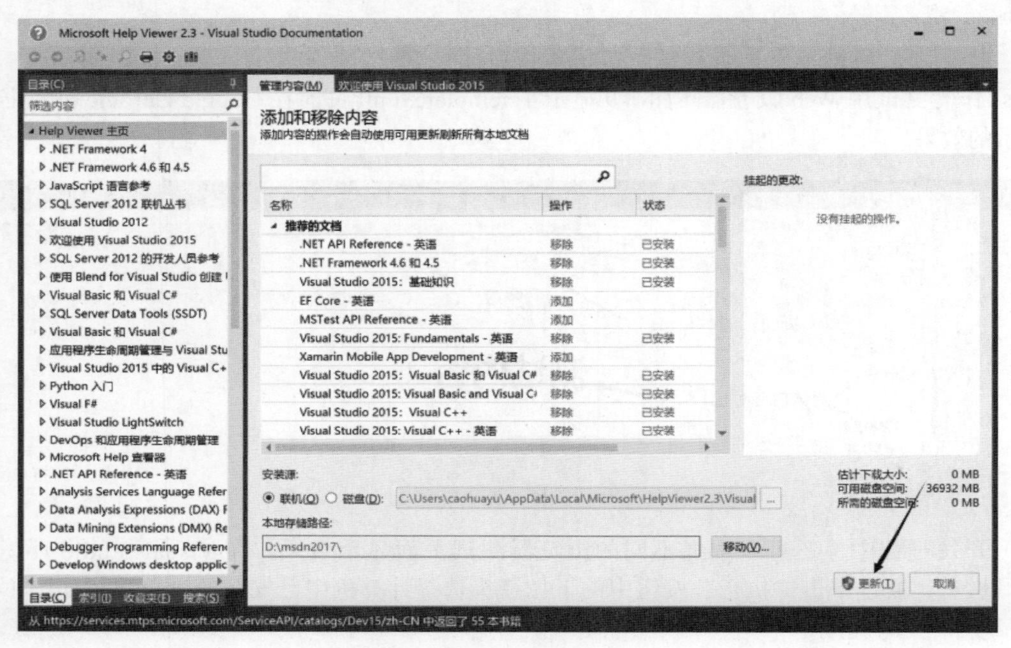

图 1-11

下载时间由内容多少和网络环境来决定，可能需要几个小时的时间，耐心等待下载完成就可以使用本地的帮助文档了。

1.3.4 安装 SQL Server 数据库

本书的测试工作，只需使用免费的 SQL Server Express 版本即可，可以从 https://www.microsoft.com/zh-cn/sql-server/sql-server-downloads 下载最新的版本，如图 1-12 所示。

安装 SQL Server 时，有几个步骤需要注意，如安装的实例、初始值为当前计算机的默认实例，但本书实例会使用命名实例，实例名为 MSSQLSERVER1，如图 1-13 所示。读者可以根据需要创建实例，但在连接数据库时应注意相关参数的设置。

进行本书内容的学习和测试时，使用默认的“Windows 身份验证模式”方式即可，此时，会将 Windows 当前用户设置为数据库的管理员，如图 1-14 所示。如果使用网络数据库服务器，则需要向数据库管理员（DBA）申请测试用的账号，包括用户名和密码。

此外，使用 SQL Server 数据库时，还需要一个图形化的管理工具，这就是 SQL Server Management Studio（以下简称 SSMS），可以在 SQL Server 下载页内容的下方找到 SSMS 的下载超链接，如图 1-15 所示。

图 1-12

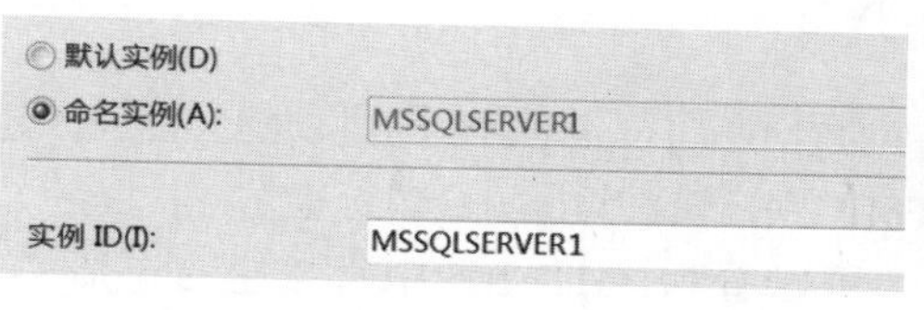

图 1-13

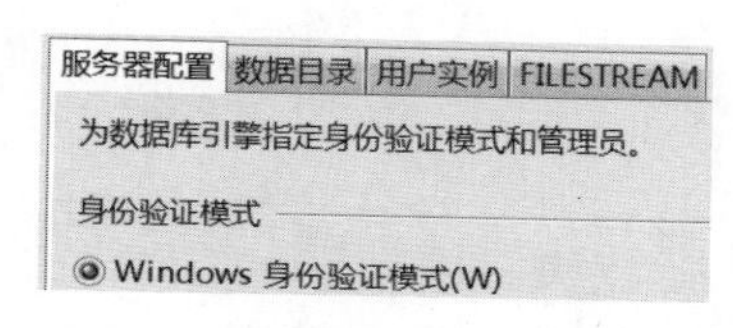

图 1-14

图 1-15

SSMS 安装完成后，可以通过“开始”菜单中的 Microsoft SQL Server Tool 17 → Microsoft SQL Server Management Studio 17 打开 SSMS。请注意，其中的数字与安装的版本有关。

打开 SSMS 后，需要选择数据库服务器的连接方式，如图 1-16 所示。

图 1-16

本书的测试环境，只需要使用“Windows 身份验证模式”，成功登录数据库后，就可以进行数据库的操作，第 12 章会介绍相关内容。此外，本书源代码中包含一个 sql 文件夹，其中 sqlserver 子文件夹中包含了一系列在 SQL Server 中创建数据库、表和测试数据的 SQL 语句，大家可以在 SSMS 中根据需要载入并执行这些代码。

第 2 章，我们开始学习如何使用 HTML 构建网页。

第 2 章　HTML

HTML（Hypertext Markup Language，超文本标记语言）是页面内容与结构的基石，而 HTML5 则是 HTML 的最新标准。

可以看到，HTML5 中直接包含了版本号，这更加说明 HTML5 与早期版本相比，变化是非常大的，比如，新标准中增加了大量的语义元素，新的表单元素类型，新的 audio、video、canvas 元素等。同时，HTML5 标准中也删除了很多元素，并对一些元素的含义进行了重新定义，在本书学习过程中，我们会逐渐了解这些内容。

另外，HTML5 也继承了大量的早期版本的内容，本章将介绍 HTML 标准中的常用元素，后续还将讨论一些特殊元素的特点与应用。

接下来，我们从如何定义页面的基本结构开始介绍。

2.1　页面的基本结构

HTML 是构建页面的基础，由一系列元素构成，而元素则由标记定义。按照定义元素使用的标记数量，元素分为双标记元素和单标记元素。

- 双标记元素包括一个开始标记（打开标记）和结束标记（关闭标记），如 <html> 和 </html> 标记定义了 html 元素、<head> 和 </head> 标记定义了 head 元素、<title> 和 </title> 标记定义了 title 元素、<body> 和 </body> 标记定义了 body 元素等。
- 单标记元素只有一个标记定义，如一个 <meta> 标记定义一个 meta 元素、<link> 标记定义一个 link 元素、
 标记定义一个换行（break row）元素等。

为便于阅读，这里约定，如果是双标记元素，则使用开始标记的名称作为元素名称，其中不包含定义标记的 < 和 > 符号，如 html 元素、head 元素、body 元素等。对于单标记，使用标记名作为元素名称，如 meta 元素、link 元素、br 元素等。

实际应用中，还可以为元素添加属性，其中，单标记元素的属性就定义在元素标记中，而双标记元素则需要在开始标记中定义属性。

页面元素中，大部分属性包括两个部分，即属性名和属性值，如 <meta charset="utf-8"> 中就定义了名为 charset 的属性，其值为 utf-8。一般来讲，属性值应该使用一对双引号定义，这是一个标准，当然也是一个好的编码习惯。此外，属性值也可以使用一对单引号定义，在动态生成元素时可能会用到。

有时一些属性并不需要指定属性值，只需要指定属性名就可以了，这类属性更像是一种“开 / 关”，在标记中添加这个属性名就表示元素打开了此功能，否则就是不启用此功能，如 <input type="checkbox" checked > 定义了一个复选框（checkbox），添加了 checked 属性说明它默认已经被选中。

在 HTML 元素中会有一些通用的属性，如：

- id 属性，用于元素的唯一标识，使用 JavaScript 编程时可以通过 id 值快速地找到指定的元素。

- class 属性，指定元素的类名，多个元素可以使用相同的类名。通过类名，可以批量获取元素对象，或者应用相同的 CSS 样式（第 3 章会讨论相关内容）。
- style 属性，可以直接在元素中指定 CSS 样式。
- lang 属性，指定元素内容使用的语言，如 en 表示英语，zh 表示中文，ja 表示日语等。也可以定义为具体的区域语言，如 en-us 表示美国英语。

HTML5 中，代码的编写标准比较宽松。例如，页面代码中并不需要写出 html 元素、head 元素、body 元素，浏览器在解析页面内容时会自动添加这些元素。对于一些双标记元素，也可以不使用结束标记，浏览器会自动识别元素结束位置。这样虽然可以减少开发时页面代码的数量，但在阅读和维护代码时就显得不是那么友好了。所以，在 Visual Studio 环境中创建新的页面文件时，会自动包含页面的基本结构代码，而且会自动补全元素的结束标记。

为了养成良好的代码编写习惯，本书会在 HTML5 页面中借鉴 XHTML（可扩展 HTML）标准的要求，即一个元素必须有明确的开始和结束标识。

双标记元素必须书写完整，不要省略结束标记，如标识段落的 p 元素，使用 <p> 标记作为段落开始，使用 </p> 标记结束。

使用双标记元素时还应注意，元素之间可以嵌套，但不要将开始标记和结束标记交叉使用，如“<p> 正常 <b> 加粗 </b></p>”是正确的嵌套方式，而“<p> 正常 <b> 加粗 </p></b>”就是不正确的，虽然它也可以显示所需要的效果。

对于单标记元素，在其标记的末尾使用“ />”作为结束，这就是单标记元素的结束标识，如模板文件中的 <meta charset="utf-8"" /> 标记。请注意，这里的结束标识有三个字符，包括空格、内斜杠和大于号。后续的学习中，还可以看到一些单标记元素的应用，如 br 元素使用
 标记、hr 元素使用 <hr/> 标记等。

再看 <!DOCTYPE html> 标记，它定义在 html 元素之外，位于页面内容的顶部。这是一个特殊的文档类型说明标记，声明文件为 HTML5 页面，此时，浏览器可以更有效地进行解析工作。

html 元素是页面的主元素（或称为根元素、根节点），除 <!DOCTYPE> 标记以外的页面内容一般都会定义在 html 元素中，其中包括两个主要的子元素，即 head 和 body 元素。

head 元素可以定义页面参数或预处理资源（如引入外部样式表等），其中，经常使用的元素包括 title 元素、meta 元素、link 元素和 style 元素。

title 元素定义页面的标题，在浏览器中，这些内容会显示窗口的标题栏或页面的标签上。设置标题内容时，应使用简洁的文本来表达页面的主题，如果内容过长，在标签或任务栏只能显示其中的一部分。

meta 元素用于设置页面的元数据，如下面的代码就是指定页面的字符编码为 UTF-8 标准格式。

```
<meta charset="utf-8" />
```

link 元素用于在页面中引用外部资源，目前的主要用途就是引用样式表文件，如下面的代码。

```
<link rel="stylesheet" href="/css/Common.css" />
```

代码使用 rel 属性设置引用的资源为 CSS 样式表，href 属性指定引用文件的位置，这里就是网站根目录下 css 目录中的 Common.css 文件。第 3 章会详细讨论 CSS 的应用问题。

style 元素定义在当前文件中使用的 CSS 样式，第 3 章会介绍相关内容。

body 元素定义了页面内容的主体，一般情况下，应将页面中呈现的内容定义在 body 元素中。接下来，如果没有特殊说明，实例代码都会添加到 <body> 和 </body> 标记之间。

2.2 块元素与内联元素

网页中呈现的可视元素，无论看起来如何，它们在页面中所占的位置都是矩形的，但在文档流中会有多种呈现（display）形式。下面我们先了解两种基本的呈现形式，包括块（block）元素和内联（inline）元素。

默认情况下，每一个块元素都会向其容器的左侧对齐，如下面的代码，body 元素中定义了三个 div 元素。

```
<!DOCTYPE html>
<html>
<head>
<meta charset="utf-8" />
<title></title>
</head>
<body>
<div>块元素 1</div>
<div>块元素 2</div>
<div>块元素 3</div>
</body>
</html>
```

页面显示效果如图 2-1 所示。

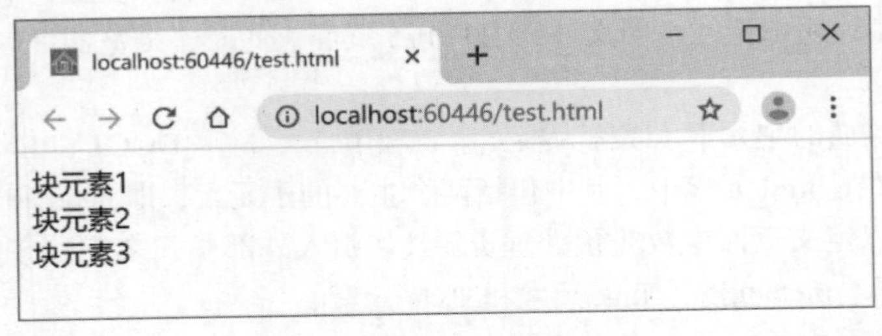

图 2-1

默认情况下，内联元素会在一“行”中排列，只有当页面宽度不够时，才会换行，如下面的代码，以 5 个 span 元素为例。

```
<!DOCTYPE html>
<html>
<head>
<meta charset="utf-8" />
<title></title>
</head>
<body>
<span>内联元素 1</span>
```

```
<span> 内联元素 2</span>
<span> 内联元素 3</span>
<span> 内联元素 4</span>
<span> 内联元素 5</span>
</body>
</html>
```

图 2-2 显示了 Firefox 浏览器窗口不同宽度时，内联元素显示的效果。

图 2-2

实例中的 div 元素和 span 元素分别是块元素和内联元素的代表，也是两种通用元素。不过，在 HTML 中还有很多有着明确含义的元素，接下来，我们从文本和段落的处理开始了解这些元素的应用。

2.3 文本与段落

网页最初的功能就是发布科学论文，所以，页面中的文本内容就是最基本的组成部分。页面的文本内容只需要在特定的元素中直接添加，如下面的代码。

```
<!DOCTYPE html>
<html>
<head>
    <meta charset="utf-8" />
    <title> 文本内容 </title>
</head>
<body>
    页面的文本内容！！！
</body>
</html>
```

页面显示效果如图 2-3 所示。

文本内容会以内联方式排列，如果需要换行，可以使用 br 元素，这是一个单标记元素。需要注意，使用 br 元素时，HTML 标准中使用
 标记，在 XHTML 标准中则使用
 标记。下面的代码演示了 br 元素的使用。

```
<!DOCTYPE html>
<html>
<head>
<meta charset="utf-8" />
    <title> 文本换行 </title>
</head>
<body>
    第一行 <br/>
    第二行 <br/>
    第三行
```

```
</body>
</html>
```

页面显示效果如图 2-4 所示。

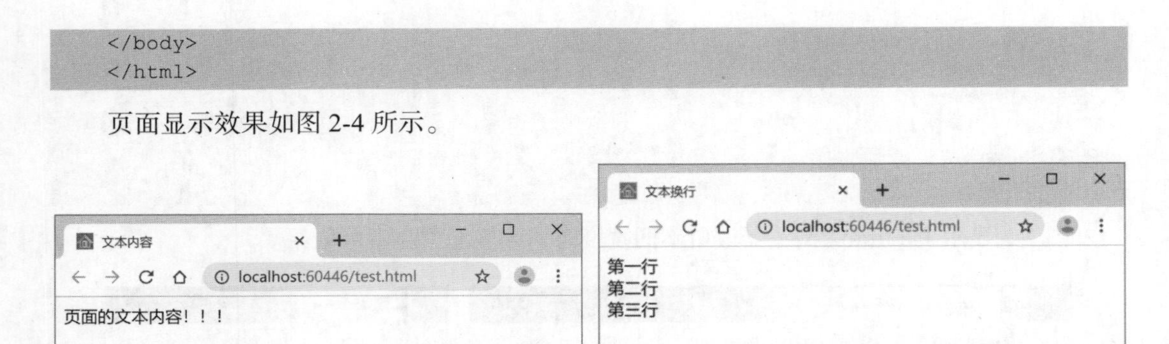

图 2-3　　　图 2-4

2.3.1 标题

HTML 中，共有 h1、h2、h3、h4、h5 和 h6 六级标题元素，它们都是双标记块元素。下面的代码显示了这 6 个标题元素的使用。

```
<!DOCTYPE html>
<html>
<head>
    <meta charset="utf-8" />
    <title>标题元素</title>
</head>
<body>
    <h1>标题一</h1>
    <h2>标题二</h2>
    <h3>标题三</h3>
    <h4>标题四</h4>
    <h5>标题五</h5>
    <h6>标题六</h6>
</body>
</html>
```

页面显示效果如图 2-5 所示。

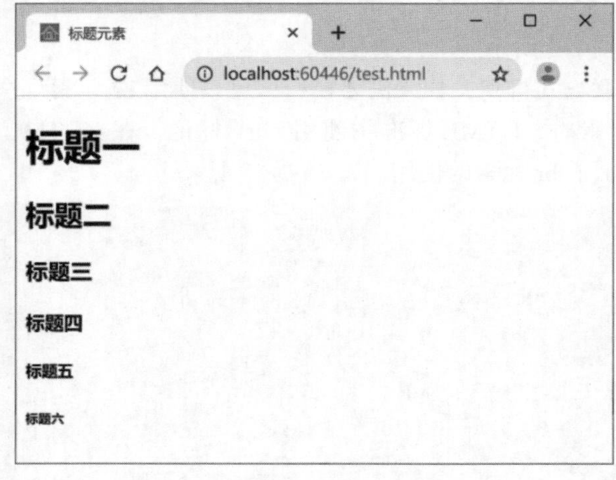

图 2-5

2.3.2 段落

HTML 页面中，使用 p 元素定义段落（paragraph），它同样是一个双标记块元素。下面的代码演示了 p 元素的应用。

```
<!DOCTYPE html>
<html>
<head>
    <meta charset="utf-8" />
    <title> 段落元素 </title>
</head>
<body>
    <p> 段落一 </p>
    <p> 段落二 </p>
</body>
</html>
```

页面显示效果如图 2-6 所示。可以看到，段落间默认会有一些间隔。

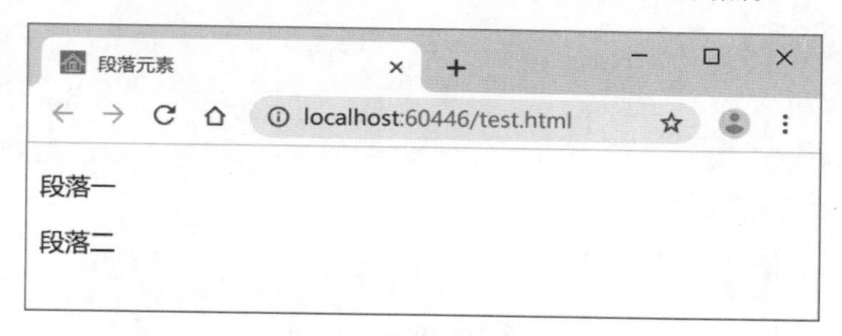

图 2-6

2.3.3 转义字符

创建 HTML 元素时，会使用 < 和 > 符号定义元素的标记，那么，如果页面内容中包含这两个字符，就可能产生解析错误，此时，可以使用特殊的方式来显示。

下面的代码使用名称转义显示 < 和 > 符号。

```
<!DOCTYPE html>
<html>
<head>
<meta charset="utf-8" />
<title></title>
</head>
<body>
    HTML 中，&lt;br&gt; 标记用于换行
</body>
</html>
```

代码使用“ <”表示小于号，使用“ >”表示大于号。页面显示效果如图 2-7 所示。

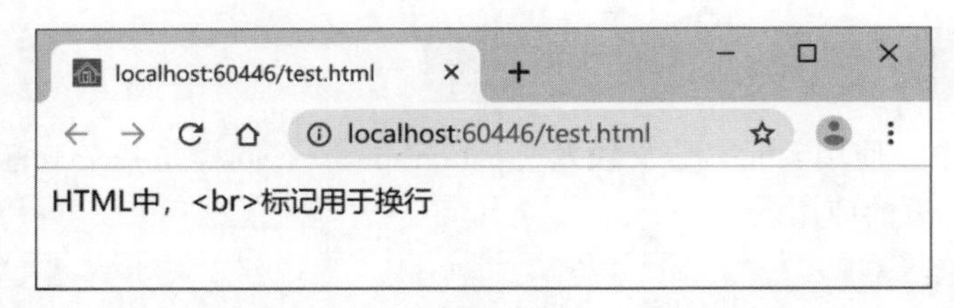

图 2-7

此外，在页面中还有一些比较常用的字符，如“ ”显示一个空格，“©”显示版权符号（©）等。

另一种字符转义方式是通过字符的 Unicode 编码，格式为“&#<编码>”，如下面的代码，使用字符编码显示版权符号。

```
<!DOCTYPE html>
<html>
<head>
<meta charset="utf-8" />
<title></title>
</head>
<body>
版权所有 &#169;
</body>
</html>
```

页面显示效果如图 2-8 所示。

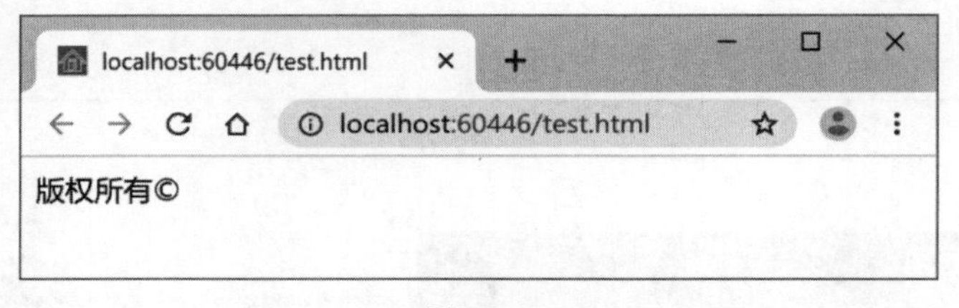

图 2-8

表 2-1 给出一些常用的字符转义方式，大家可以在学习和工作中参考使用。

表 2-1 常用 HTML 转义字符

字 符	名称转义	编码转义	描 述
"	"	"	双引号
&	&	&	与符号
<	<	<	小于号
>	>	>	大于号
			空格符
¡	¡	¡	倒惊叹号
¥	¥	¥	元符号
§	§	§	章节符号
©	©	©	版权符号
®	®	®	注册商标符号

续表

字　符	名称转义	编码转义	描　述
°	°	°	单位度
±	±	±	正负号
²	²	²	上标 2
³	³	³	上标 3
¼	¼	¼	1/4
½	½	½	1/2
¾	¾	¾	3/4

2.3.4　常用文本元素

接下来，再了解一些常用的文本类元素，首先是几个常用的文本风格元素，它们都是双标记元素。

- b 元素，字体加粗（bold）显示。
- i 元素，字体显示为斜体（italic）。
- u 元素，显示下画线（underline）。
- sub 元素，显示为下标（subscript）。
- sup 元素，显示为上标（superscript）。

下面的代码演示了这几个元素的使用。

```
<!DOCTYPE html>
<html>
<head>
<meta charset="utf-8" />
<title></title>
</head>
<body>
普通文本
<b> 加粗 </b>
<i> 斜体 </i>
<u> 下画线 </u>
<sub> 下标 </sub>
<sup> 上标 </sup>
</body>
</html>
```

页面显示效果如图 2-9 所示。

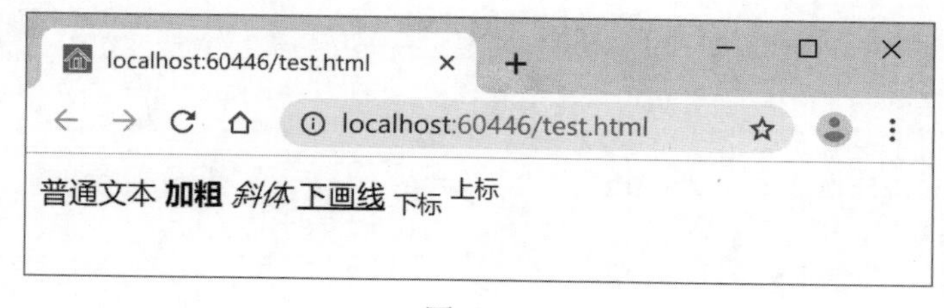

图　2-9

HTML 中的语义元素说明了元素的含义和功能，同时也可能包括一些特殊的格式。在阅读和分析工具中，可以区分这些元素，并进行相应的操作。下面继续了解一些与文本相关的语义元素。

del 和 s 元素分别表示需要删除的文本和不再需要的文本（struck text），它们显示的效果就是在文本中间加一条删除线，如下面的代码。

```
<!DOCTYPE html>
<html>
<head>
<meta charset="utf-8" />
<title></title>
</head>
<body>
普通文本
<del>del 元素 </del>
普通文本
<s>s 元素 </s>
</body>
</html>
```

页面显示效果如图 2-10 所示。

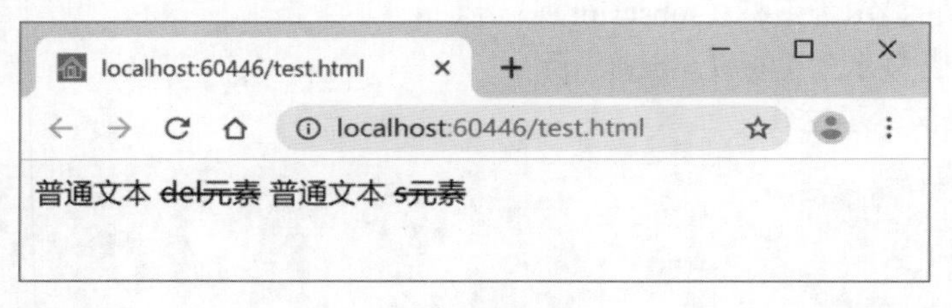

图 2-10

abbr 元素定义缩写（abbreviation）内容，这是一个内联元素，表面上和普通的文本并没有什么区别。address 元素是一个块元素，定义联系方式和相关信息。不要被名称迷惑，元素可以包括任何信息，而不仅限于地址。

下面的代码演示了 abbr 和 address 元素的使用。

```
<!DOCTYPE html>
<html>
<head>
<meta charset="utf-8" />
<title></title>
</head>
<body>
普通文本
<abbr>addr 元素 </abbr>
普通文本
<address>address 元素 </address>
</body>
</html>
```

图 2-11 显示了 abbr 和 address 元素的效果。

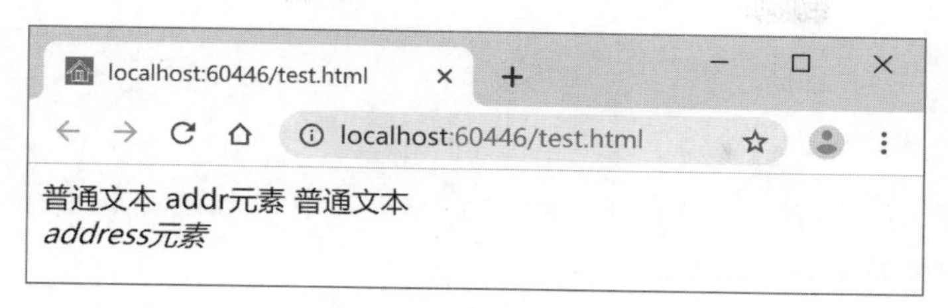

图　2-11

q 和 blockquote 元素分别表示引用文本（quote text）和块引用。其中，q 元素为内联元素，元素中的内容会显示在一对双引号之间；blockquote 元素是块元素，元素的内容会进行缩进。

下面的代码演示了 q 元素和 blockquote 元素的应用。

```
<!DOCTYPE html>
<html>
<head>
<meta charset="utf-8" />
<title></title>
</head>
<body>
普通文本
<q>q 元素 </q>
普通文本
<blockquote>address 元素 </blockquote>
</body>
</html>
```

图 2-12 显示了 q 元素和 blockquote 元素的效果。

图　2-12

ins 元素定义为内联元素，表示插入的内容，内容下方会显示一条下画线。ins 元素与 u 元素显示样式相似，但含义不同，在内容分析和处理工具中会区别对待。em 元素定义强调的内容。下面的代码显示了 ins 元素和 em 元素的应用。

```
<!DOCTYPE html>
<html>
<head>
<meta charset="utf-8" />
<title></title>
</head>
<body>
普通文本
```

```
<ins>ins 元素 </ins>
普通文本
<em>em 元素 </em>
</body>
</html>
```

页面显示效果如图 2-13 所示。

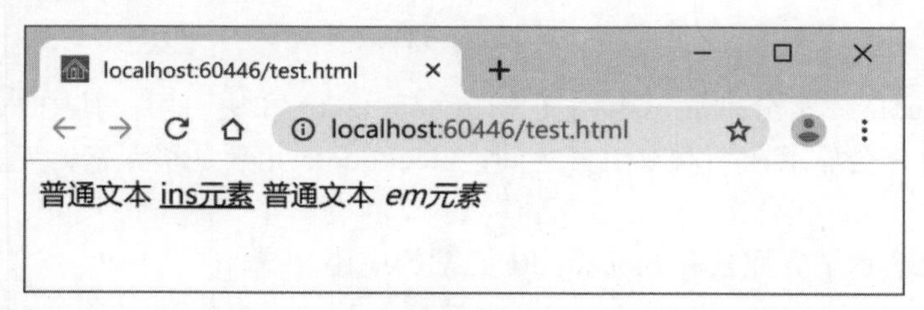

图　2-13

strong 元素定义为内联元素，包含了需要强调的内容。虽然 strong 元素中的文本也会演示为加粗风格，但它与 b 元素的含义是不同的。

cite 元素表示引述内容，定义为内联元素，默认显示为斜体，下面的代码演示了 strong 元素和 cite 元素的应用。

```
<!DOCTYPE html>
<html>
<head>
<meta charset="utf-8" />
<title></title>
</head>
<body>
普通文本
<strong>strong 元素 </strong>
普通文本
<cite>cite 元素 </cite>
</body>
</html>
```

页面显示效果如图 2-14 所示。

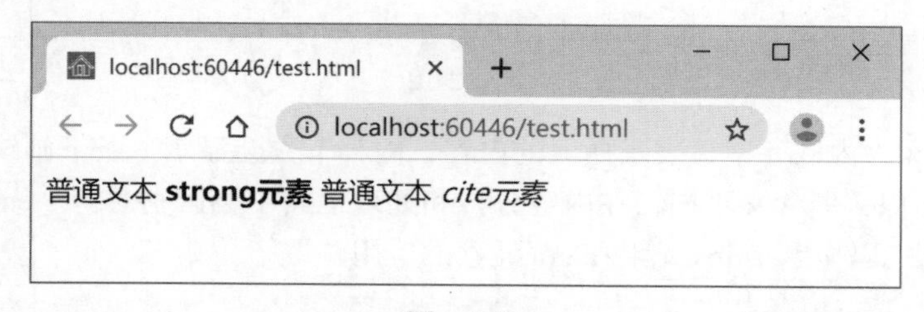

图　2-14

mark 元素是 HTML5 标准中新增的元素，默认样式是为文本加上黄色背景。

small 元素表示附加内容（small print，这是 HTML5 标准的新解释），定义为内联元素，显示字体会略小。下面的代码演示了 mark 元素和 small 元素的应用。

```
<!DOCTYPE html>
<html>
```

```
<head>
<meta charset="utf-8" />
<title></title>
</head>
<body>
普通文本
<mark>mark 元素 </mark>
普通文本
<small>small 元素 </small>
</body>
</html>
```

图 2-15 显示了 mark 元素和 small 元素的效果。

图 2-15

time 元素定义日期和时间信息，这是 HTML5 标准中的新语义元素。元素中可以使用 datetime 属性定义具体的日期和时间数据，如下面的代码。

```
<!DOCTYPE html>
<html>
<head>
<meta charset="utf-8" />
<title></title>
</head>
<body>
<time datetime="2019-1-19">2019 年 1 月 19 日 </time>
</body>
</html>
```

页面显示效果如图 2-16 所示。

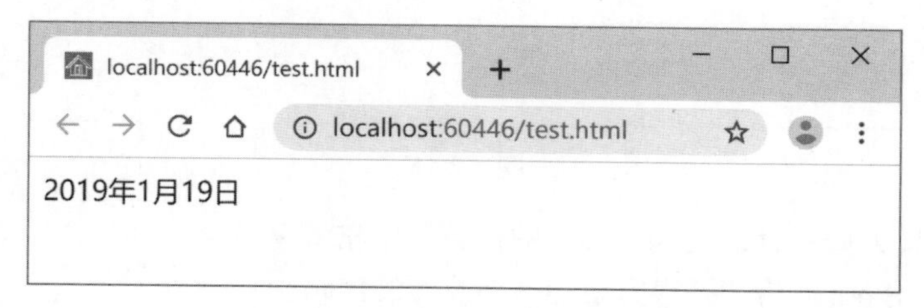

图 2-16

指定时间可以使用 mm:ss 格式，如下面的代码。

```
<!DOCTYPE html>
<html>
<head>
<meta charset="utf-8" />
```

```
<title></title>
</head>
<body>
<time datetime="19:30">晚上7点30分</time>
</body>
</html>
```

页面显示效果如图 2-17 所示。

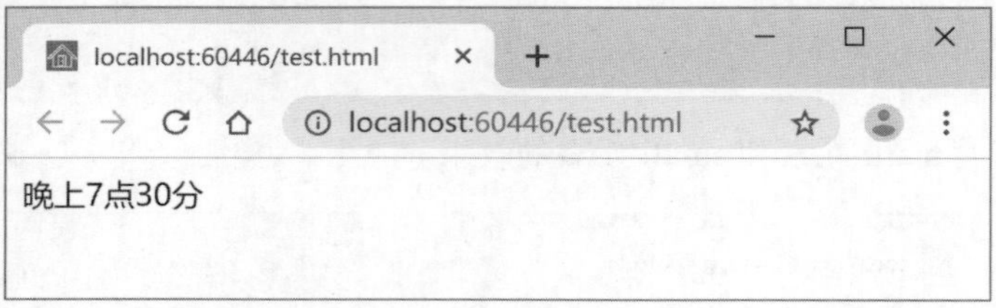

图　2-17

code 元素定义为内联元素，用于包含代码内容，如下面的代码。

```
<!DOCTYPE html>
<html>
<head>
<meta charset="utf-8" />
<title></title>
</head>
<body>
普通文本
<code>code元素</code>
普通文本
</body>
</html>
```

页面显示效果如图 2-18 所示。

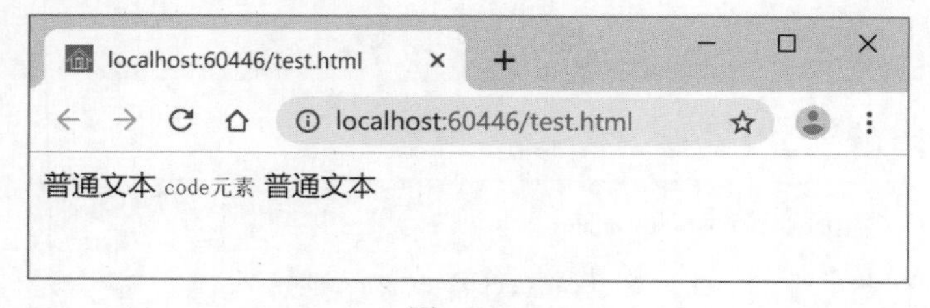

图　2-18

pre 元素定义为块元素，元素内容中的换行、空格等字符会原样显示。页面中需要添加几行代码时，使用 pre 元素还是很方便的，如下面的代码。

```
<!DOCTYPE html>
<html>
<head>
<meta charset="utf-8" />
<title></title>
</head>
<body>
```

```
<pre>
    int sum = 0;
    for(int i=1; i<=100; i++)
    {
        sum += i;
    }
    Console.WriteLine(sum);
</pre>
</body>
</html>
```

页面显示效果如图 2-19 所示。

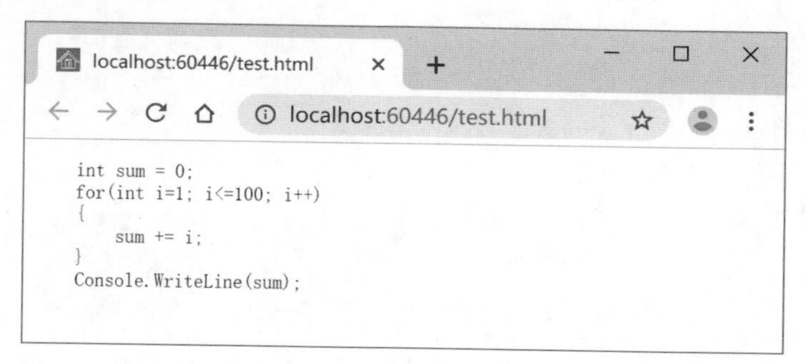

图　2-19

本节的最后了解一下 hr 元素。它会在容器中显示一条水平贯穿线。这是一个单标记元素，HTML 标准使用 <hr> 标记，XHTML 标准使用 <hr/> 标记。此外，根据 HTML5 标准的解释，它是页面中不同主题的内容的分隔线，其显示效果如图 2-20 所示。

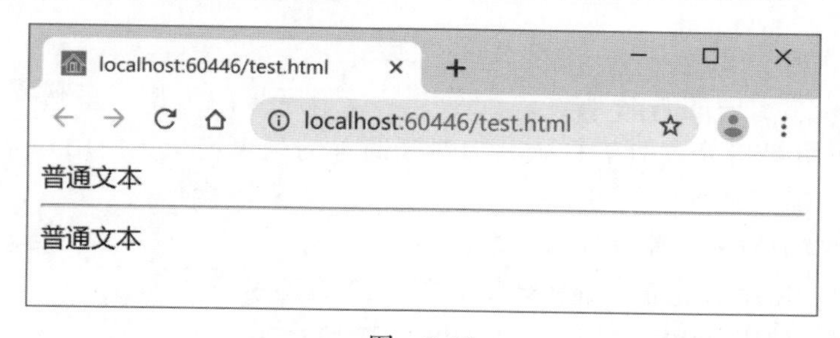

图　2-20

2.4　列表

列表是页面中的目录、导航等内容的非常重要的表现元素。本节将介绍 HTML 标准中的三种传统列表，即有序列表、无序列表和描述列表。

2.4.1　有序列表

有序列表（ordered list）可以定义以数字、字母为序号的列表。定义有序列表时，首先使用 ol 元素定义一个有序列表区域，然后使用 li 元素定义列表项（list item）。

下面的代码定义了一个使用阿拉伯数字为序号的列表。

```
<!DOCTYPE html>
<html>
<head>
<meta charset="utf-8" />
<title></title>
</head>
<body>
<ol type="1">
<li>三厢轿车</li>
<li>两厢轿车</li>
<li>旅行车</li>
<li>SUV</li>
<li>GT</li>
</ol>
</body>
</html>
```

页面显示效果如图 2-21 所示。

图　2-21

代码使用 ol 元素中的 type 属性，数字 1 定义了序号的类型。虽然在 HTML5+CSS3 的时代更建议使用 CSS 定义列表样式，但对于简单的列表定义，使用 type 属性还是非常方便的。

除了使用阿拉伯数字，常用的序号类型还有：

❑ 大写字母，使用 A 指定，显示效果如图 2-22(a) 所示。

❑ 小写字母，使用 a 指定，显示效果如图 2-22(b) 所示。

❑ 大写罗马数字，使用罗马数字 I 指定，显示效果如图 2-22(c) 所示。

❑ 小写罗马数字，使用罗马数字 i 指定，显示效果如图 2-22(d) 所示。

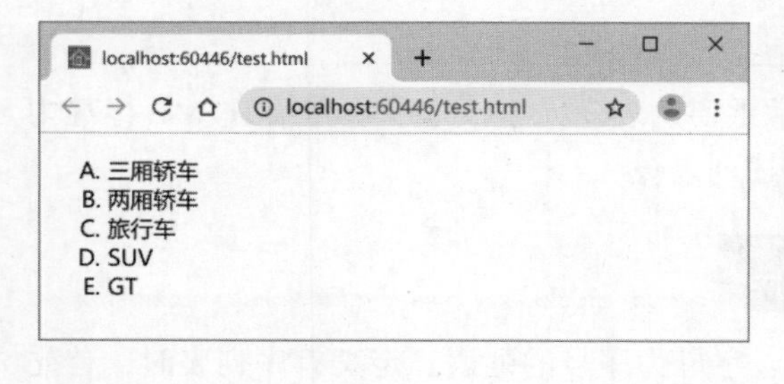

(a)

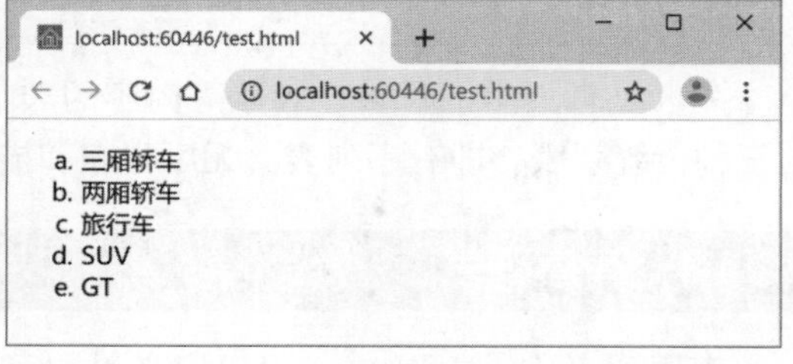

(b)

图　2-22

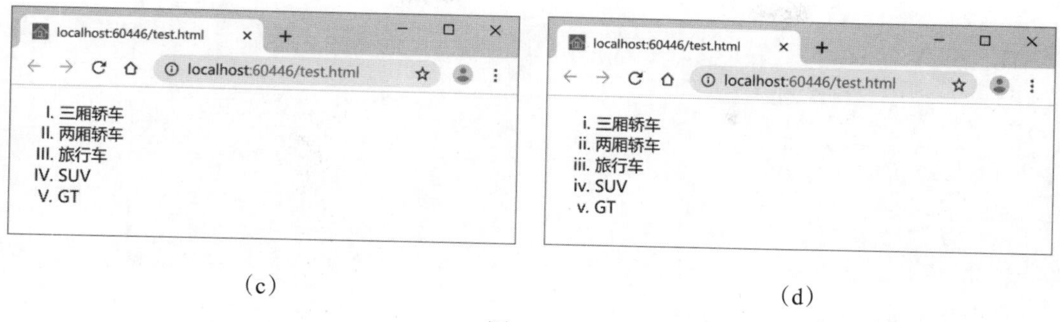

（c）　　（d）

图　2-22

2.4.2　无序列表

无序列表（unordered list）用于定义列表项无先后顺序的列表。定义无序列表时，首先使用 ul 元素定义列表区域，其中的列表项同样使用 li 元素定义。

和有序列表相似，在无序列表中同样可以使用 ul 元素的 type 属性指定列表的类型，如：

- disc，默认值，每个列表项前显示一个实心的圆，显示效果如图 2-23(a) 所示。
- circle，每个列表项前显示一个空心圆，显示效果如图 2-23(b) 所示。
- square，每个列表项前显示一个实心方块，显示效果如图 2-23(c) 所示。

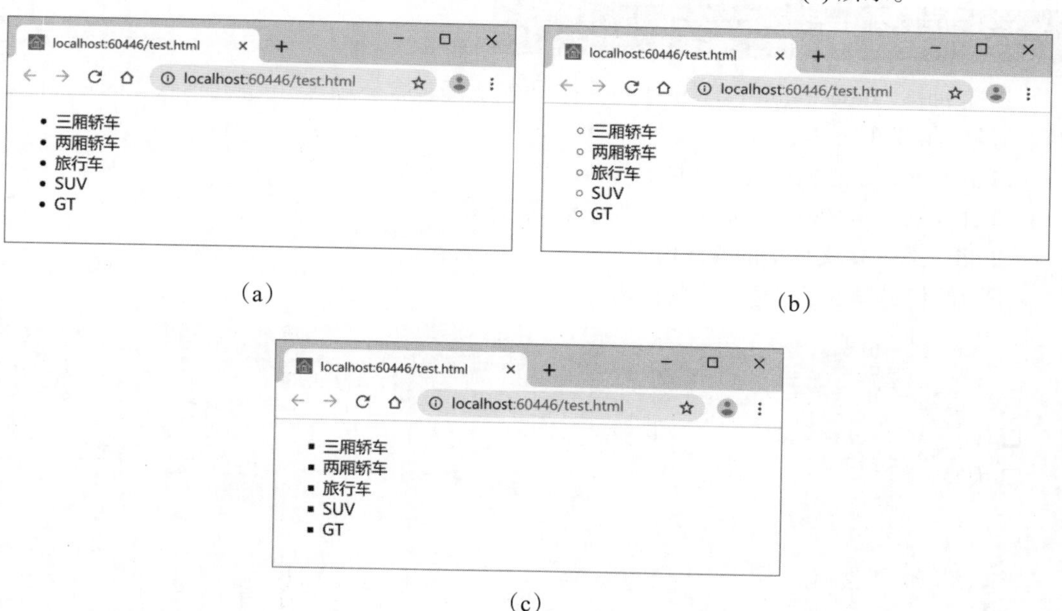

（a）　　（b）

（c）

图　2-23

实际应用中，无序列表也经常用来定义导航列表，如下面的代码。

```
<!DOCTYPE html>
<html>
<head>
<meta charset="utf-8" />
<title></title>
```

```
</head>
<body>
<ul>
<li><a href=""> 图书 </a></li>
<li><a href=""> 应用 </a></li>
<li><a href=""> 开发资源 </a></li>
</ul>
</body>
</html>
```

页面显示效果如图 2-24 所示。

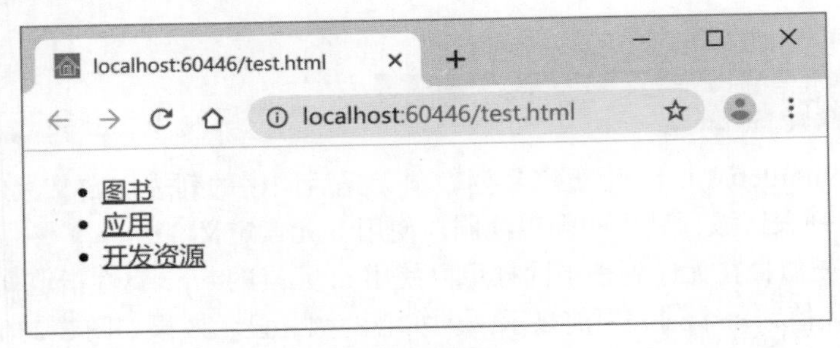

图 2-24

2.4.3 描述列表

描述列表（description list）中，每一个列表项都包含标题（title）和描述（description）两个部分，相关的元素包括：

- ❑ dl 元素，定义描述列表区域。
- ❑ dt 元素，定义列表项的标题，如术语或名称。
- ❑ dd 元素，定义详细的描述内容。

下面的代码显示了描述列表的使用。

```
<!DOCTYPE html>
<html>
<head>
<meta charset="utf-8" />
<title></title>
</head>
<body>
<dl>
<dt> 三厢轿车 </dt>
<dd> 适用于商务、家用 </dd>
<dt>SUV</dt>
<dd> 适用于商务、家用及轻度越野 </dd>
<dt>GT</dt>
<dd> 享受驾驶乐趣、家用 </dd>
</dl>
</body>
</html>
```

页面显示效果如图 2-25 所示。

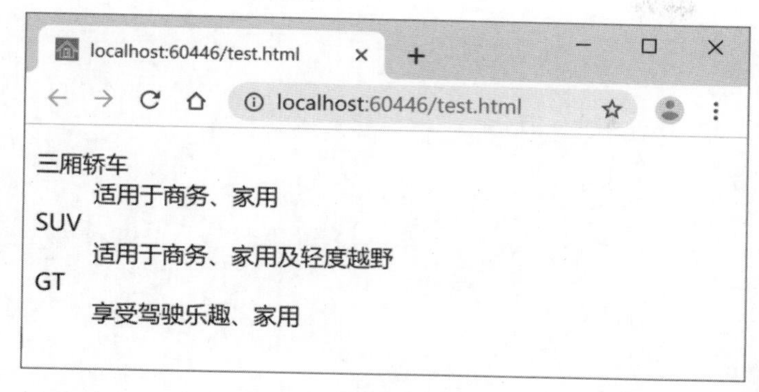

图　2-25

2.5　表格

表格也是页面中比较常见的元素，比如计算机、手机或汽车的配置单等。HTML 标准中，表格相关的元素包括：

- table，定义表格元素，以下元素都会定义在此元素中。
- caption，定义表格的标题。
- tr，定义一行，包括标题行和数据行。
- th，定义列的标题部分，如字段名等。
- td，定义数据单元格。
- colgroup 和 col，定义列组和其中的列，可以对多列和单列进行设置，如设置指定列的样式等。
- tbody，定义表格的主体。
- thead 和 tfoot，定义表格的标题组和脚注行组，可以包含一系列的行，如表格的合计行。

首先从一个简单的表格开始，如下面的代码。

```
<!DOCTYPE html>
<html>
<head>
<meta charset="utf-8" />
<title></title>
</head>
<body>
<table>
<caption>SUV 配置单 </caption>
<tbody>
<tr>
<th> 项目 </th>
<th> 基本型 </th>
<th> 精英型 </th>
<th> 尊贵型 </th>
</tr>
<tr>
<td>GPS</td>
```

```
<td>*</td>
<td> 有 </td>
<td> 有 </td>
</tr>
<tr>
<td> 雷达 </td>
<td> 有 </td>
<td> 有 </td>
<td> 有 </td>
</tr>
<tr>
<td> 倒车影像 </td>
<td>*</td>
<td>*</td>
<td> 有 </td>
</tr>
</tbody>
</table>
</body>
</html>
```

页面显示效果如图 2-26 所示。

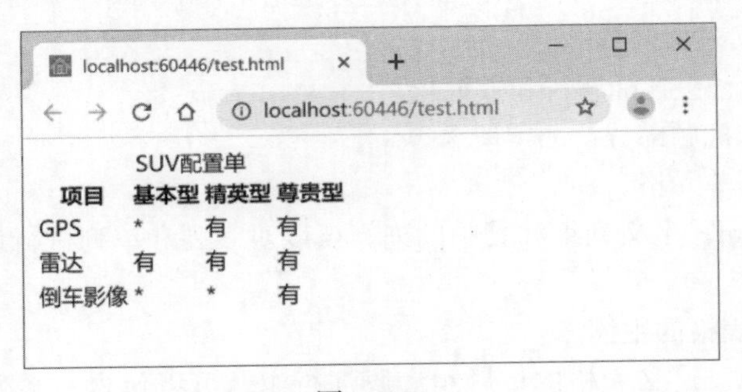

图 2-26

如果需要为表格加上线条，可以使用 <table> 标记的 border 属性指定线条的宽度，单位是像素，如 <table border="1"> 指定线条宽度为 1 像素，页面显示效果如图 2-27 所示。

图 2-27

上述效果真的不怎么美观，可在 <table> 标记中再加两个属性，如下面的代码。

```
<table border="1" cellspacing="0" cellpadding="3">
```

代码中，cellspacing 属性设置单元格之间的距离，cellpadding 属性设置单元格中的内容与边框的距离（内缩进）。页面显示效果如图 2-28 所示。

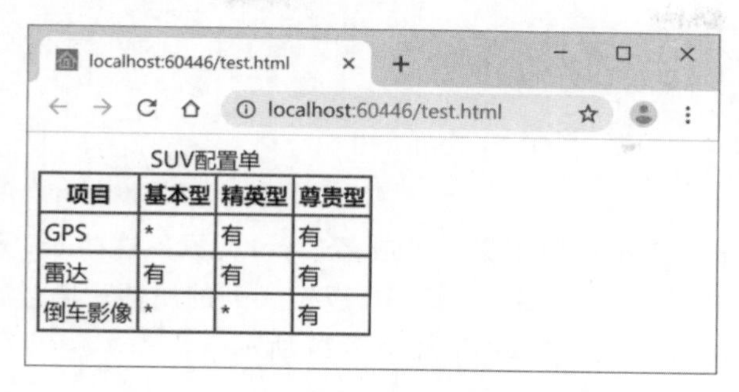

图　2-28

下面的代码使用 colgroup 和 col 元素为四个列添加背景色。

```
<!DOCTYPE html>
<html>
<head>
<meta charset="utf-8" />
<title></title>
</head>
<body>
<table border="1" cellspacing="0" cellpadding="3">
<caption>SUV 配置单 </caption>
<colgroup>
<col style="background-color:#bbb;" />
</colgroup>
<colgroup style="background-color:#ddd;">
<col />
<col />
<col />
</colgroup>
<tbody>
<tr>
<th> 项目 </th>
<th> 基本型 </th>
<th> 精英型 </th>
<th> 尊贵型 </th>
</tr>
<tr>
<td>GPS</td>
<td>*</td>
<td> 有 </td>
<td> 有 </td>
</tr>
<tr>
<td> 雷达 </td>
<td> 有 </td>
<td> 有 </td>
<td> 有 </td>
</tr>
<tr>
<td> 后视影像 </td>
<td>*</td>
```

```
<td>*</td>
<td> 有 </td>
</tr>
</tbody>
</table>
</body>
</html>
```

代码中，colgroup 元素中可以定义一个或多个 col 元素，这些 col 元素会按顺序与 tr 元素中的 th 或 td 元素相匹配。通过 col 元素，可以定义列的属性；通过 colgroup 元素，则可以同时定义多个列的属性。页面显示效果如图 2-29 所示。

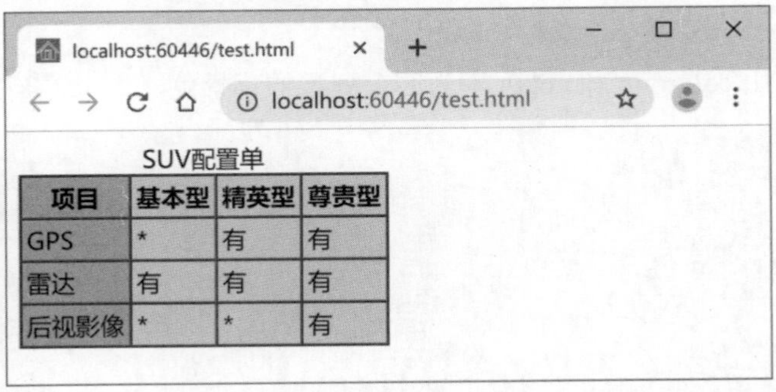

SUV配置单

项目	基本型	精英型	尊贵型
GPS	*	有	有
雷达	有	有	有
后视影像	*	*	有

图 2-29

接下来修改第一行，也就是列标题的背景色。如下面的代码，在第一个 <tr> 标签中添加 style 属性，用于指定行的背景色。

```
<tr style="background-color:#bbb;">
<th> 项目 </th>
<th> 基本型 </th>
<th> 精英型 </th>
<th> 尊贵型 </th>
</tr>
```

页面显示效果如图 2-30 所示。

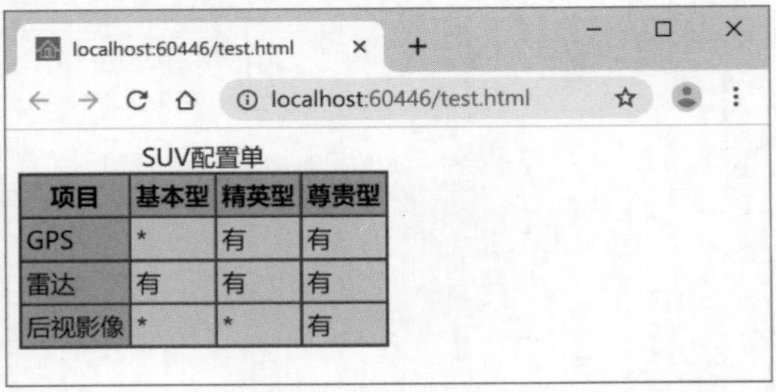

SUV配置单

项目	基本型	精英型	尊贵型
GPS	*	有	有
雷达	有	有	有
后视影像	*	*	有

图 2-30

代码使用 CSS 样式属性 background-color 来设置列的背景色，可以看到，在设置背景色时，元素会使用距离自己最近的设置，这也是 CSS 样式应用的基本方式。第 3 章将了解 CSS 样式的更多应用。

Excel 中有合并单元格的概念，即将多个单元（多列或多行）进行合并。HTML 中的表格，同样可以实现这个功能，此时需要关注 td 元素的以下两个属性：

- ❑ colspan 属性，指定单元格所占的列数。
- ❑ rowspan 属性，指定单元格所占的行数。

下面的代码在第二行定义了一个占用两列的合并单元格。

```
<!DOCTYPE html>
<html>
<head>
<meta charset="utf-8" />
<title></title>
</head>
<body>
<table border="1" cellpadding="10" cellspacing="0">
<tr><td> 行 1 列 1</td><td> 行 1 列 2</td><td> 行 1 列 3</td></tr>
<tr><td> 行 2 列 1</td><td colspan="2"> 行 2 列 2( 占用两列 )</td></tr>
<tr><td> 行 3 列 1</td><td> 行 3 列 2</td><td> 行 3 列 3</td></tr>
</table>
</body>
</html>
```

页面显示效果如图 2-31 所示。

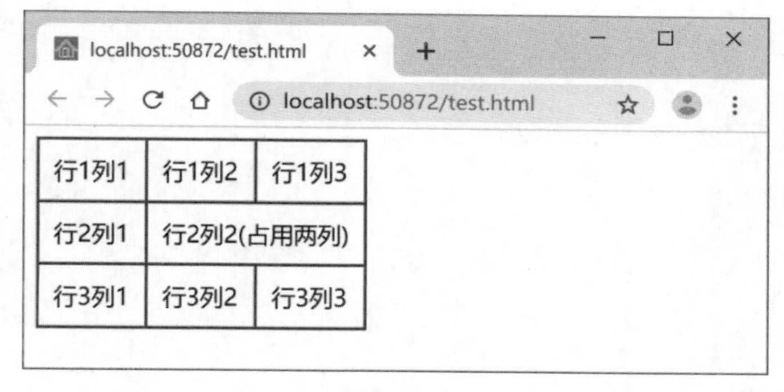

图 2-31

2.6 图片（img 元素）

HTML 文件是由文本文件创建的，那么，如何在页面中显示图片呢？

这里使用 img 元素，这是一个替换元素。页面中，通过 img 元素创建一个图片的占位符，可以设置图片的相关属性，如图片文件地址、显示尺寸等。浏览器在处理 img 元素时会下载图片文件，并通过指定的属性和样式显示图片。

使用 img 元素时，有两个基本的属性需要注意，即 src 和 alt 属性，如下面的代码。

```
<img src="/img/logo.png" alt="logo image" />
```

其中：

- ❑ src 属性用于指定图片的位置，可以使用绝对地址或相对地址，也可以是网络文件路径。

- alt 属性用于指定图片的替换文本，浏览器中，当图片没有被正确下载时，图片的位置会显示此内容。

在 HTML 的早期版本中，img 元素还有很多其他属性，常用的包括：

- border 属性，设置图片边界的宽度，如 border="1" 表示图片的边框有 1 像素宽。
- align 属性，指定图片与相邻内容的对齐方式，属性值包括 top（顶部对齐）、center（垂直居中对齐）、bottom（底部对齐）。

在 HTML5 标准中，样式的设置工作将更多地交给 CSS 来完成，所以，不建议使用 img 元素中的样式属性。此外，id、class、style 等属性同样适用 img 元素，可以用于 JavaScript 编程或 CSS 样式的关联。

2.7 链接（a 元素）

HTML5 标准的解释中，a 元素（anchor）用于定义超链接（hyperlink），主要的属性包括：

- href 属性，定义链接目标的地址。
- target 属性，指定打开资源的位置，默认值是 "_self"，即在浏览器当前窗口或标签中打开；另一个常用的值是 "_blank"，会在新的浏览器窗口或标签中打开。

下面的代码会创建一个链接到作者个人网站的 a 元素。

```
<!DOCTYPE html>
<html>
<head>
<meta charset="utf-8" />
<title></title>
</head>
<body>
<a href="http://caohuayu.com" target="_blank" title="CHY 软件小屋 ">
作者的网站
</a>
</body>
</html>
```

打开页面后，可以观察链接颜色的变化，如：

- 默认情况下显示为蓝色。
- 已经打开过的链接显示为紫色。

在触摸屏设备流行之前，当鼠标指针移动到链接上时还会显示为红色，但现在，这已经不重要了，原因很简单，因为在触摸屏设备中是没有鼠标指针悬停操作的。在一些浏览器中，超链接在单击时会显示为红色。

此外，可以使用 <a> 标记的 title 属性设置一些提示内容，当鼠标指针悬停在链接上时就会显示这些内容，如图 2-32 所示。不过，这一功能在触摸屏设备上同样是无法工作的。

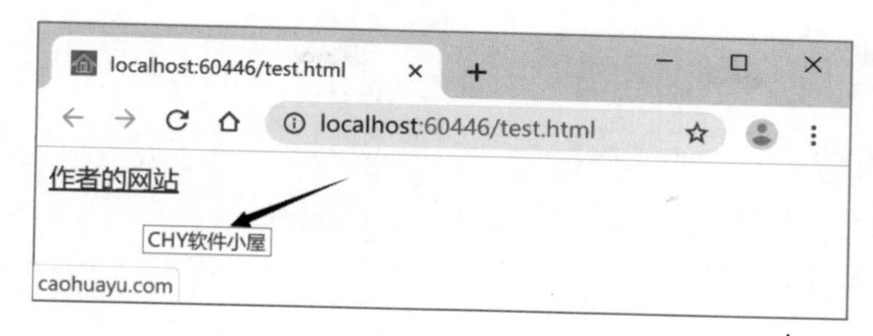

图　2-32

页面中，a 元素除了创建链接，还有一些特殊的功能。比如，在 href 属性中使用 "mailto:" 前缀，可以设置一个电子邮箱地址，单击后会打开默认的电子邮件处理程序撰写新邮件，如下面的代码。

```
<a href="mailto:chydev@163.com" target="_blank">给作者发邮件</a>
```

在 href 属性中使用 "javascript:" 前缀，可以直接定义 JavaScript 脚本，如下面的代码。

```
<a href="javascript:alert('Hello,A element.');">消息对话框</a>
```

单击此链接会弹出如图 2-33 所示的消息对话框。

图　2-33

2.8　表单（form）

访问各类网站时，经常会填一些表单，如注册、登录等。这些表单是由 form 元素和多种字段元素共同构建的。本节将介绍 HTML 表单及各种字段元素的定义，以及在服务器中接收表单的数据。

2.8.1　form 元素

form 是定义表单的主元素，有两个主要的属性需要注意，分别是 action 属性和 method 属性。

action 属性指定表单数据的接收地址，可以设置一个服务器端的处理资源，如 ASP.NET 或 PHP 页面等。

method 属性指定数据的传递方式，包括 get 或 post 方式。其中，get 方式会将表单数据添加到网址后面，通过查询字符串（query string）形式传递；post 方式传递数据时，通过新的连接向服务器发送数据。服务器端对于 get 或 post 方式传递的数据也会采取不同的处理方式，稍后会有相关介绍。

下面的代码定义了一个简单表单元素，但它还没有真正的内容。

```
<form action="form1.aspx" method="get">

</form>
```

接下来需要创建一个接收表单数据的页面，本书使用 ASP.NET 中的 .aspx 文件来测试表单数据。

实际上，ASP.NET 页面已经集成了 HTML 表单和数据处理过程，也就是说，在 .aspx 文件中可以创建表单并在服务器端处理表单数据。

这里使用根目录下的 test.html 页面测试表单，处理表单数据的 .aspx 文件也放在根目录中。首先，在“解决方案资源管理器”中选择网站项目，如图 2-34 所示。

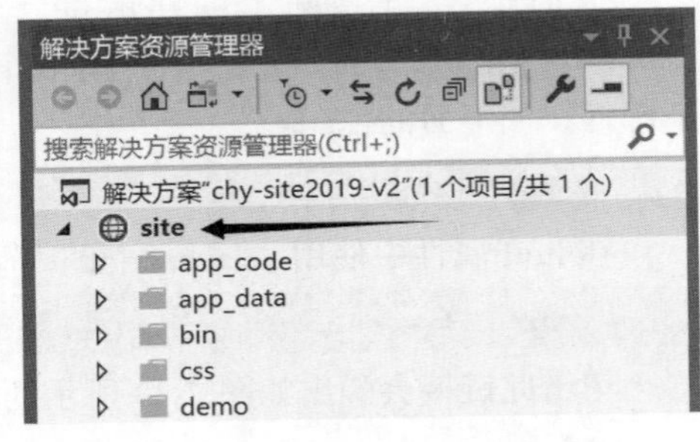

图 2-34

然后，在 Visual Studio 开发环境中选择菜单项“网站”→“添加新项”选项，打开“添加新项”对话框，并通过图 2-35 中的模板创建 form1.aspx 文件。

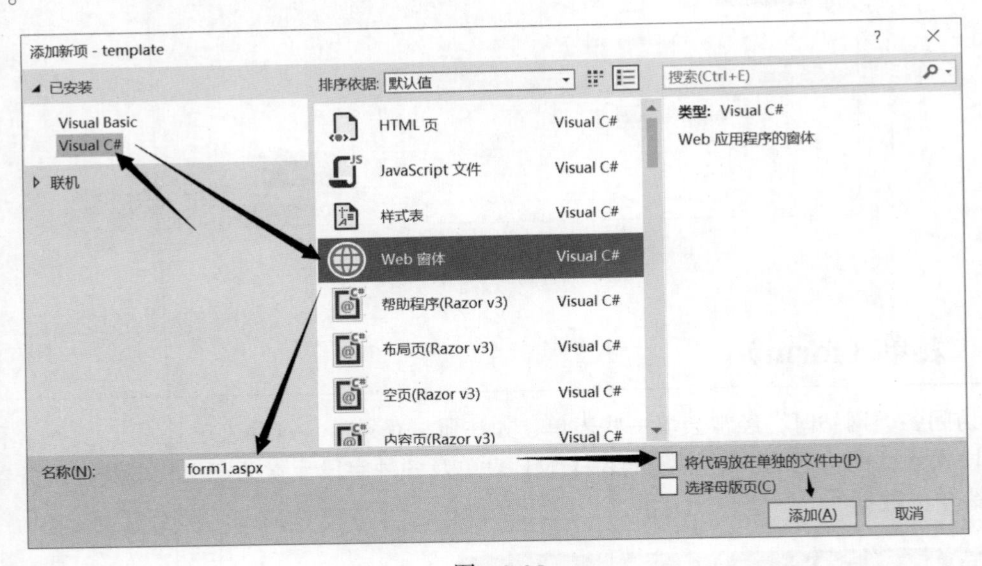

图 2-35

创建 form1.aspx 文件后，修改内容如下，稍后会添加测试代码。

```
<%@ Page Language="C#" %>

<script runat="server">
    protected void Page_Load(object s, EventArgs e)
    {
        // 添加测试代码
    }
</script>
```

2.8.2 input 元素（文本框与密码输入）

input 元素是 HTML 表单中最重要的角色之一。使用不同的 type 属性值，可以定义文本框、复选框、单选按钮和按钮等不同类型的字段元素。

文本框用于输入或显示单行文本内容，使用 input 元素时，如果不指定 type 属性，默认的类型就是普通的文本框，这和添加了 type="text" 属性的效果是一样的。实际开发工作中，应使用 type="text" 属性定义文本框，这样增加了代码的可读性。另外，如果 type 属性设置了浏览器无法识别的值，input 元素同样会显示为普通的文本框。

定义文本框时，有一些常用属性，如：

- name 属性，设置组件的名称，此信息会作为数据名称向服务器传递。
- size 属性，文本框的宽度，这里使用的是字符数。
- maxlength 属性，设置文本框最多可容纳的字符数量。
- value 属性，设置文本框的显示内容。

下面的代码演示了文本框的定义。

```
<!DOCTYPE html>
<html>
<head>
<meta charset="utf-8" />
<title></title>
</head>
<body>
<form action="form1.aspx" method="get">
<input type="text" name="username" maxlength="15" size="15" />
<input type="submit" value=" 提交 " />
</form>
</body>
</html>
```

页面显示效果如图 2-36 所示。

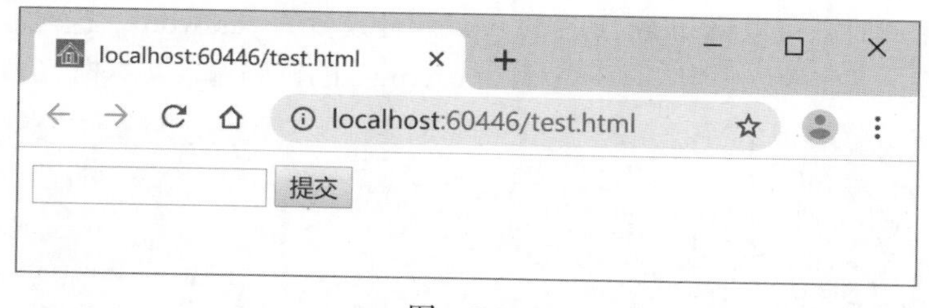

图 2-36

代码中，除了文本框外，还定义了一个提交（submit）按钮，单击此按钮时，数据就会提交到指定的页面（/form1.aspx）。我们修改 /form1.aspx 文件，其功能是显示提交的文本内容，如下面的代码。

```
<%@ Page Language="C#" %>

<script runat="server">
    protected void Page_Load(object s, EventArgs e)
    {
```

```
        Response.Write(Request.QueryString["username"]);
    }
</script>
```

图 2-37 显示了提交表单数据的操作结果。

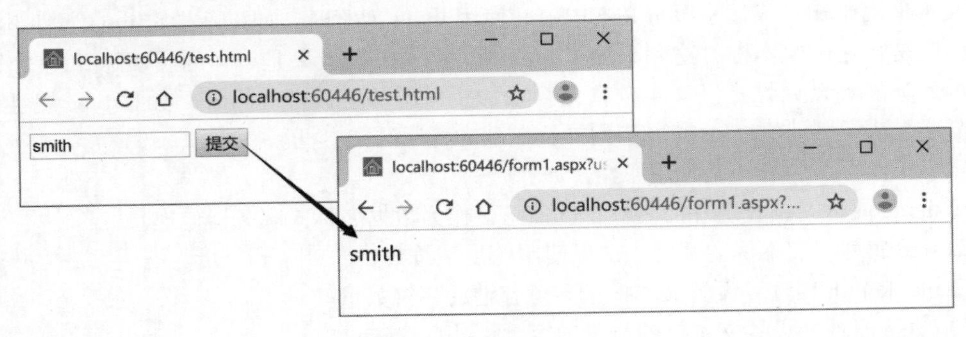

图　2-37

请注意，这里使用的数据提交方式是 get，数据会作为 URL 参数一起提交到服务器，图 2-38 显示了 form1.aspx 页面的 URL。

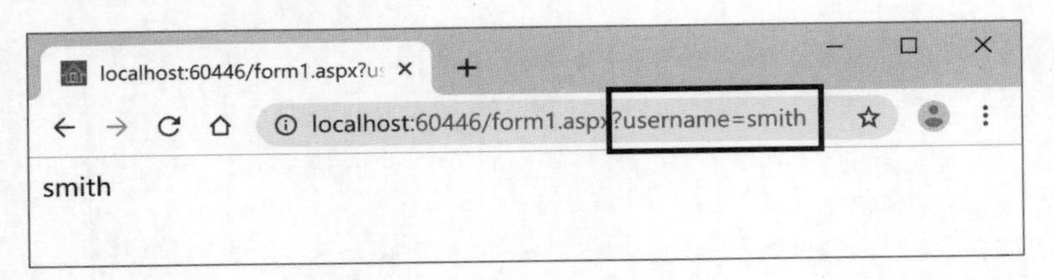

图　2-38

URL 中，问号（?）后面的内容就是参数部分，每一个参数包括参数名和参数值，使用“<参数名>=<值>”格式。如果有多个参数，则使用 & 符号连接。如果参数中有 ?、&、# 等特殊符号，还需要进行编码处理，后续会有相关内容的讨论。

需要输入密码时，可以将 input 元素的 type 属性设置为 password，这样，输入的内容就显示为掩码字符。下面的代码定义了一个名为 userpwd 的密码输入文本框。

```
<!DOCTYPE html>
<html>
<head>
<meta charset="utf-8" />
<title></title>
</head>
<body>
<form action="form1.aspx" method="get">
<input type="password" name="userpwd" maxlength="15" size="15" />
<input type="submit" value="提交" />
</form>
</body>
</html>
```

在 userpwd 文本框中输入内容时，不会显示输入的密码字符，而是显示掩码字符。图 2-39 显示了 Google Chrome 浏览器中的效果。

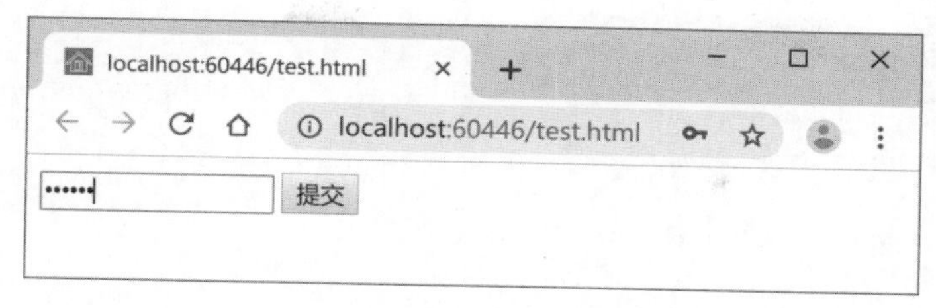

图　2-39

在 form1.aspx 文件中，将代码 QueryString["username"] 修改为 QueryString["userpwd"] 就可以显示提交的密码内容。

下面再了解 input 元素的两个属性，在元素需要锁定时可以使用。

- disabled 属性，设置控件是否有效。元素添加 disabled 属性时，元素无效，默认显示为灰色，此时不能编辑元素内容。
- readonly 属性，设置元素中的数据是否可以修改。元素添加 readonly 属性参数时，不能修改元素中的数据。

对于不同类型的数据元素，锁定的方式也不一样，如文本框使用这两个属性都可以防止修改数据，而复选框就只能使用 disabled 属性。

2.8.3　input 元素（复选框）

将 input 元素的 type 属性设置为 checkbox 值时，会显示为一个复选框，使用多个复选框可以设置多选数据项。复选框中需要注意的属性包括：

- name 属性，设置复选数据项名称，同组的多个复选框应设置相同的名称。
- value 属性，设置复选框的数据值，同组的复选框应使用不同的 value 属性值进行区分。
- checked 属性，指定复选框是否被选中。
- disabled 属性，使用元素无效。

下面的代码，定义了三种车型的多选项。

```
<!DOCTYPE html>
<html>
<head>
<meta charset="utf-8" />
<title></title>
</head>
<body>
<form action="form1.aspx" method="get">
<input type="checkbox" name="auto_type" value="car" />轿车<br />
<input type="checkbox" name="auto_type" value="sub" />SUV<br />
<input type="checkbox" name="auto_type" value="coupe" />Coupe<br />
<input type="submit" value="提交" />
</form>
</body>
</html>
```

接下来在 form1.aspx 文件中修改内容如下。

```
<%@ Page Language="C#" %>

<script runat="server">
    private void Page_Load()
    {
        Response.Write(Request.QueryString["auto_type"]);
    }
</script>
```

图 2-40 显示了提交多选数据的结果。

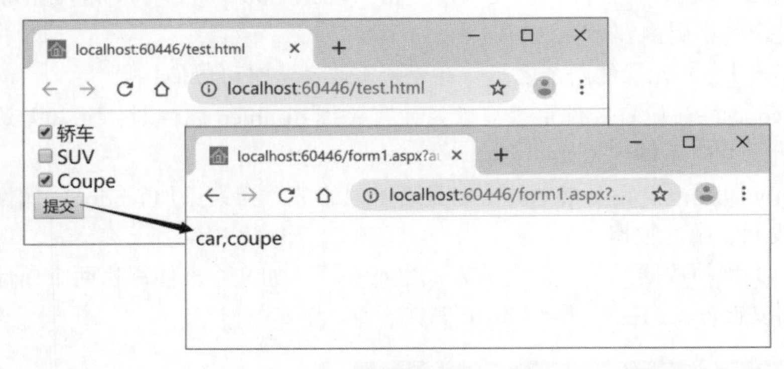

图 2-40

本例中，同组的复选框定义了相同的名称（name 属性），数据提交到 ASP.NET 服务器后，会使用逗号连接选中的值（value 属性）。学习 C# 编程以后，就可以很方便地处理这些数据了。

使用一个复选框定义选项时，可以不指定 value 属性，直接使用元素的名称（name 属性）提交数据，如下面的代码。

```
<!DOCTYPE html>
<html>
<head>
<meta charset="utf-8" />
<title></title>
</head>
<body>
<form action="form1.aspx" method="get">
<input type="checkbox" name="accept" checked /> 同意本条款
<input type="submit" value=" 提交 " />
</form>
</body>
</html>
```

本例中，复选框并没有指定 value 属性，在 form1.aspx 文件中使用 input 元素的 name 属性值来获取数据，如下面的代码。

```
<%@ Page Language="C#" %>

<script runat="server">
    private void Page_Load()
    {
        Response.Write(Request.QueryString["accept"]);
```

```
    }
</script>
```

图 2-41 显示了选中状态下的提交结果。

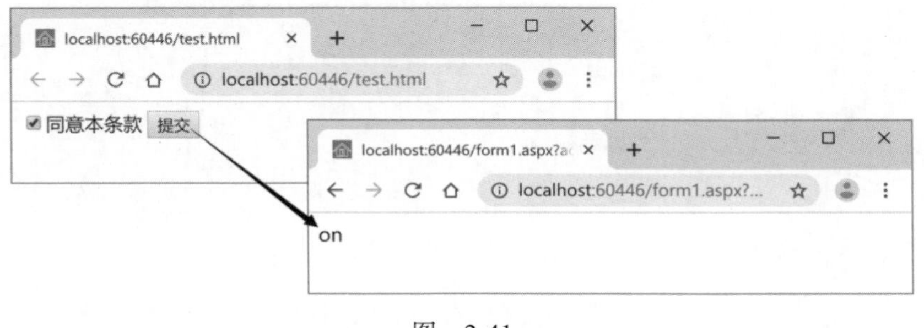

图 2-41

使用单个复选框提交数据，如果是选中状态会提交 on 值，没有选中时，则不向服务器提交此项数据。

2.8.4 input 元素（单选按钮）

单选按钮可以创建一组数据，这些数据具有排他性，也就是说，一次只能选择其中的一个。

input 元素的 type 属性设置为 radio 就可以定义一个单选按钮，若将多个单选按钮组成一组，则可以使用相同的 name 属性，然后使用不同的 value 属性值区分它们。

下面的代码定义了一个选择性别的单选按钮组。

```
<!DOCTYPE html>
<html>
<head>
<meta charset="utf-8" />
<title></title>
</head>
<body>
<form action="form1.aspx" method="get">
<input type="radio" name="sex" value="0" checked />保密
<input type="radio" name="sex" value="1" />男
<input type="radio" name="sex" value="2" />女
<br />
<input type="radio" name="test1" value="10" />测试一
<input type="radio" name="test2" value="99" />测试二
<br />
<input type="submit" value="提交" />
</form>
</body>
</html>
```

本例中，性别选项有三个数据，分别是 0、1 和 2，这三个 input 元素有相同的名称（name 属性）。请注意，使用 checked 属性设置一个默认的选项可以防止提交空数据。如果数据是必填项，则可以给出一个合理的默认值。

此外，test1 和 test2 元素用于检测单选按钮的同组排他性。可以看到，不同名称（name

属性）的单项按钮之间是互不影响的。

修改 form1.aspx 文件的内容，用于接收并显示性别数据，如下面的代码。

```
<%@ Page Language="C#" %>

<script runat="server">
    private void Page_Load()
    {
        Response.Write(Request.QueryString["sex"]);
    }
</script>
```

图 2-42 显示了选择“男”并提交数据的结果。

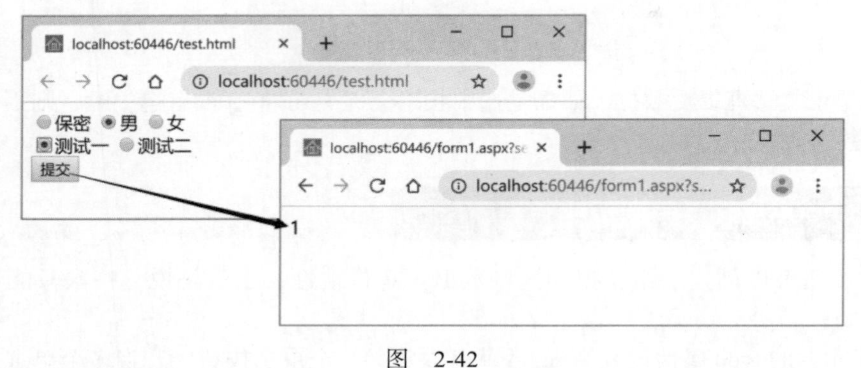

图 2-42

2.8.5 input 元素（按钮）

前面的实例中已经使用了“提交”（submit）按钮向服务器提交表单数据，这里再详细了解 input 元素支持的按钮类型。

input 元素中支持的按钮类型共有四种，包括：

- submit，“提交”按钮。单击后会向服务器提交当前表单中的所有数据。
- reset，“重置”按钮。单击后将当前表单中的所有数据元素恢复到初始状态。
- button，定义一个通用按钮类型，此时，需要通过 JavaScript 编码等方式响应按钮的单击或其他操作。
- image，定义一个显示图片的按钮，可以使用 src 属性设置图片文件的路径。

下面的代码创建了一个简单的登录表单，其中使用了“提交”和“重置”按钮。

```
<!DOCTYPE html>
<html>
<head>
<meta charset="utf-8" />
<title></title>
</head>
<body>
<form action="form1.aspx" method="get">
<p>
用户名
<input type="text" name="username" size="15" maxlength="15" />
```

```
</p>
<p>
密码
<input type="password" name="userpwd" size="15" maxlength="15" />
</p>
<p>
<input type="reset" value=" 清空 " />
<input type="submit" value=" 登录 " />
</p>
</form>
</body>
</html>
```

图 2-43 显示了此表单的初始效果。

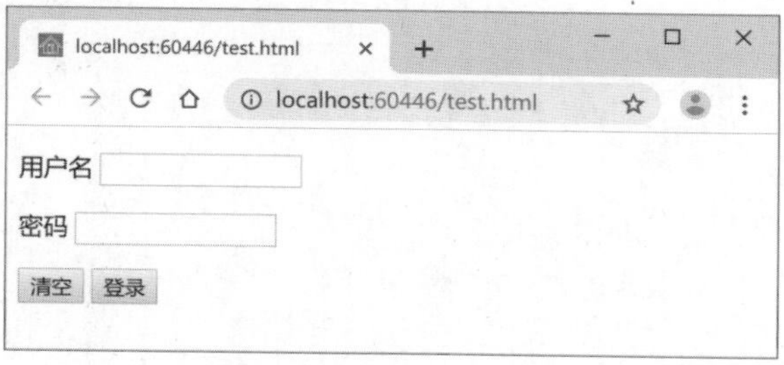

图　2-43

大家可以输入一些内容，然后单击“清空”按钮来观察执行结果，本例中会清空用户名和密码内容。单击“登录”按钮后，用户名和密码的数据就会提交到 form1.aspx 页面中。下面的代码，修改 form1.aspx 文件代码，用于显示提交的数据。

```
<%@ Page Language="C#" %>

<script runat="server">
    private void Page_Load()
    {
        Response.Write(Request.QueryString["username"]);
        Response.Write("<br />");
        Response.Write(Request.QueryString["userpwd"]);
    }
</script>
```

图 2-44 显示了提交用户登录信息的执行结果。

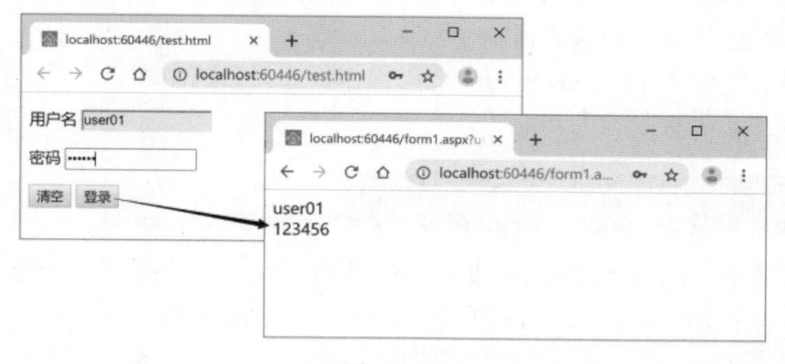

图　2-44

关于按钮元素，还可以通过编写 JavaScript 代码执行更加复杂的执行逻辑，稍后会有一些简单的应用实例，随着学习的深入，大家将可以编写功能强大的逻辑代码。

2.8.6 input 元素（隐藏元素）

如果需要在页面中包含一些数据，又不需要显示，可以使用 input 元素定义一个隐藏元素。此时，需要将 input 元素的 type 属性设置为 hidden。

下面的代码设置了一个隐藏元素和一个按钮，单击此按钮时，就会通过消息对话框显示隐藏数据的内容。

```
<!DOCTYPE html>
<html>
<head>
<meta charset="utf-8" />
<title></title>
</head>
<body>
<form action="form1.aspx" method="get">
<input type="hidden" id="data1" value="hello" />
<input type="button" value="显示隐藏数据"
               onclick="alert(document.getElementById('data1').value);" />
</form>
</body>
</html>
```

图 2-45 显示了代码的执行结果。

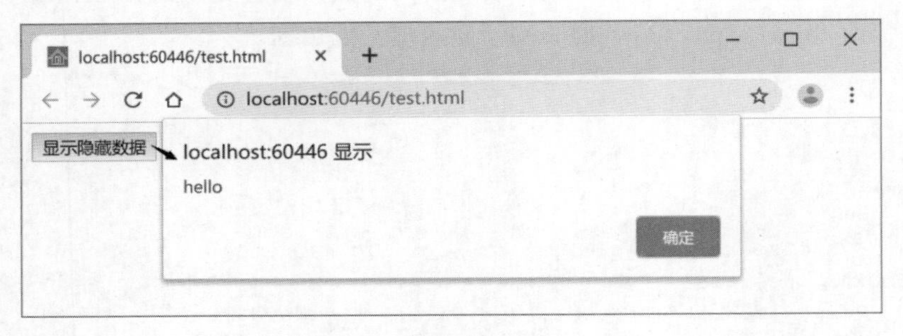

图　2-45

本例中使用元素的 onclick 事件来响应按钮的单击操作，使用 document.getElementById() 方法获取隐藏元素，并通过元素的 value 属性获取隐藏的数据，最终通过 alert() 函数弹出一个消息对话框来显示隐藏数据。

后续内容中还会大量使用 JavaScript 代码操作页面元素的内容，学习这些知识后，就可以在客户端实现更多、更强大的功能。

2.8.7 新的 input 元素特性（HTML5）

HTML5 标准中，input 元素又添加了一些新的特性。首先了解一下 placeholder 属性，它可以指定字段的提示信息，比如字段应该填什么、以什么样的格式填写。

下面的代码显示了 placeholder 属性的使用。

```
<!DOCTYPE html>
<html>
<head>
<meta charset="utf-8" />
<title></title>
</head>
<body>
<form action="form1.aspx" method="get">
<input type="text" placeholder="请输入登录名" />
</form>
</body>
</html>
```

页面打开时，文本框背景会显示 placeholder 属性指定的内容。输入内容后，placeholder 属性指定的内容就会消失。图 2-46 显示了代码的执行结果。

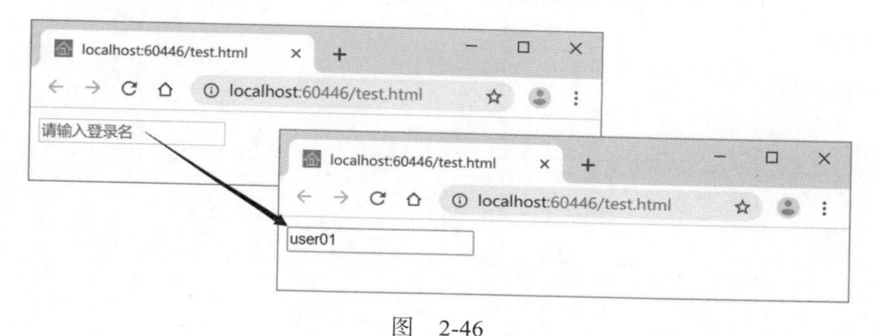

图　2-46

除了 placeholder 属性，在 HTML5 标准中，还增加了一些新的 type 属性值，用于定义更多的元素类型，如：

- email，定义输入电子邮箱地址的元素。
- url，定义输入 URL 地址的元素。
- search，定义输入搜索内容的元素。
- tel，定义输入电话号码的元素。
- number，定义一个只能输入数字的元素。其中，可以使用 min 属性指定最小值，使用 max 属性设置最大值，使用 step 属性设置单击上下箭头一次增加或减少的数值。
- range，定义滑块元素，使用 min 和 max 属性设置最小值和最大值，使用 value 属性获取当前值。
- date、time、datetime、datetime-local，定义日期和时间的选择或输入元素。

下面的代码演示了 email 输入元素和 placeholder 属性的配合使用。

```
<!DOCTYPE html>
<html>
<head>
<meta charset="utf-8" />
<title></title>
</head>
<body>
<form action="form1.aspx" method="get">
<input type="email" placeholder="xxx@xxx.xxx" />
</form>
```

```
</body>
</html>
```

页面显示效果如图 2-47 所示。

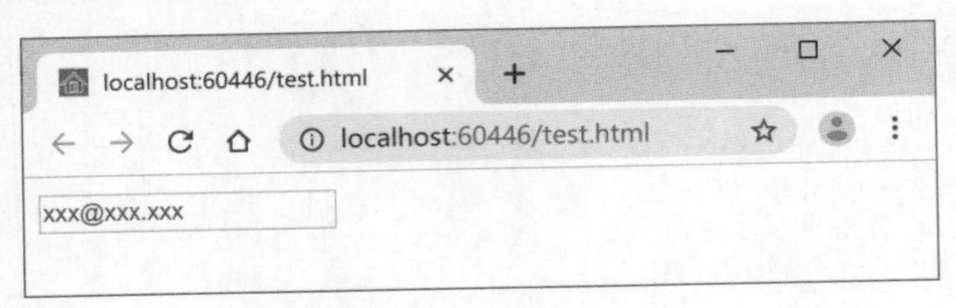

图 2-47

下面的代码演示了 range 元素的应用，改变滑块位置后，会在 cur_value 文本框中显示滑块的当前值。

```
<!DOCTYPE html>
<html>
<head>
<meta charset="utf-8" />
<title></title>
</head>
<body>
<form action="form1.aspx" method="get">
<input id="cur_value" type="text" />
<input type="range" min="0" max="100" value="15"
        onchange="document.getElementById('cur_value').value = this.value;" />
</form>
</body>
</html>
```

图 2-48 中分别显示了 IE11、Firefox 和 Google Chrome 浏览器中的显示效果，大家可以通过移动滑块来观察执行效果。

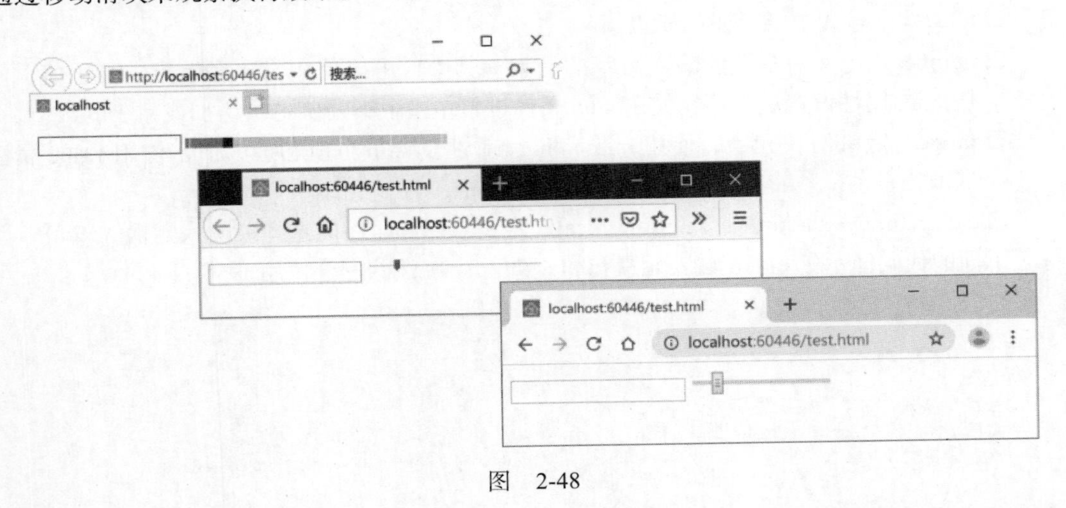

图 2-48

datalist 元素是 HTML5 标准中的新元素，主要配合 input 元素使用，其功能是给出元素内容的输入建议。

datalist 元素会创建一个建议列表，列表项使用 option 元素定义，在 input 元素中使用 list 属性指定关联 datalist 元素的 id 值。下面的代码演示了 datalist 元素和 input 元素的配合使用。

```
<!DOCTYPE html>
<html>
<head>
<meta charset="utf-8" />
<title></title>
</head>
<body>
<form action="form1.aspx" method="get">
<input type="text" list="car_type" />
<datalist id="car_type">
<option> 轿车 </option>
<option>SUV</option>
<option> 轿跑 </option>
<option> 越野 </option>
<option> 旅行车 </option>
</datalist>
</form>
</body>
</html>
```

图 2-49 显示了文本框中输入“轿”字后的效果，从中可以看到，文本框可以根据输入的内容自动匹配 datalist 中的项目，方便用户选择。

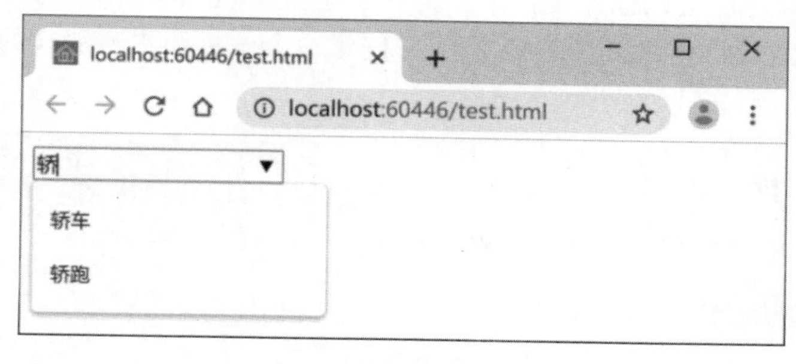

图 2-49

实际应用中，可以配合 JavaScript 和 Ajax 技术，自动从服务器读取匹配的数据，这样就可以为用户提供最新、最适合的内容建议。

此外，还有比较常用的日期和时间 input 类型，可用的 type 属性值包括 date、time、datetime 或 datetime-local，分别用于日期、时间、日期时间的选择，如下面的代码。

```
<!DOCTYPE html>
<html>
<head>
<meta charset="utf-8" />
<title></title>
</head>
<body>
<input type="date" />
</body>
</html>
```

图 2-50(a) 和 2-50(b) 分别显示了 Google Chrome 浏览器和 Firefox 浏览器中日历打开的效果。

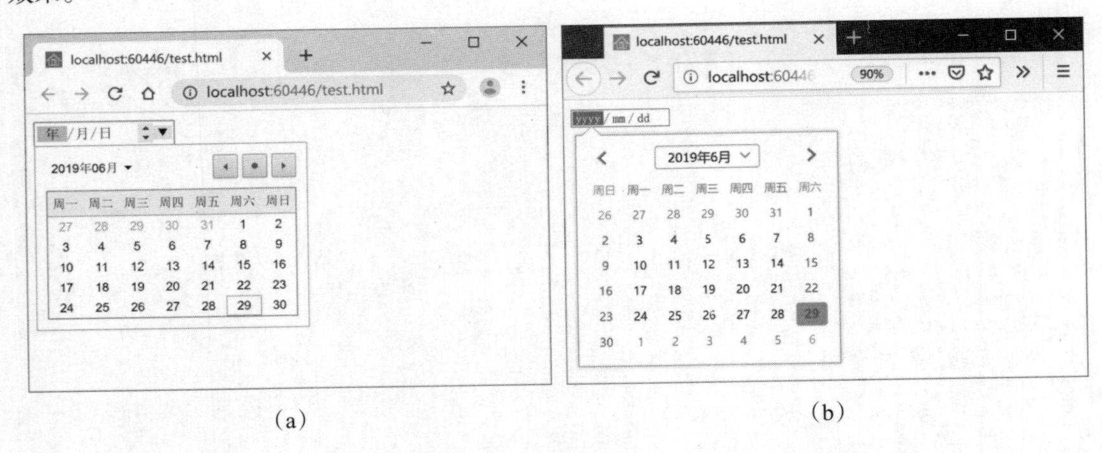

图 2-50

目前，Chrome、Firefox、Edge 等浏览器都已支持日期和时间元素，但 IE11 依然不支持日期和时间元素，Firefox 浏览器则不支持 datetime 和 datetime-local 类型。

2.8.8 button 元素

使用 input 元素已经可以创建按钮了，为什么还需要 button 元素呢？答案是，button 元素可以创建视觉效果更加丰富的按钮，例如，创建一个图片和文本混合的按钮，如图 2-51 所示。

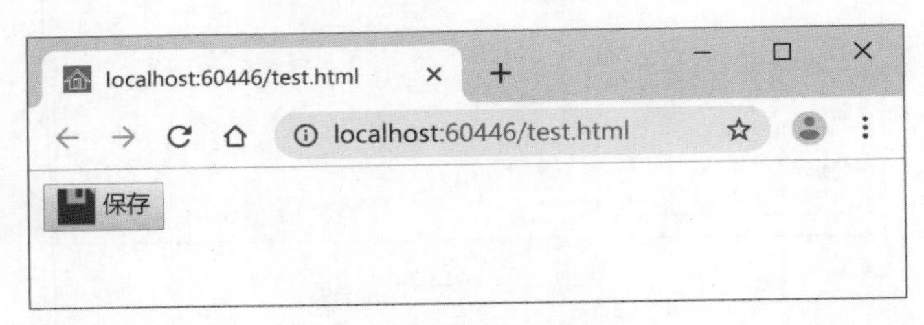

图 2-51

使用 button 元素时，同样可以使用 type 属性定义按钮类型，如：

- button，普通按钮，需要自定义单击操作，如使用 onclick 事件和 JavaScript 代码。
- submit，“提交”按钮，提交当前表单中的所有数据。
- reset，“重置”按钮，恢复表单中数据元素的初始状态。

下面的代码创建了一个使用图片和文本的“保存”按钮效果。

```
<!DOCTYPE html>
<html>
<head>
<meta charset="utf-8"/>
<title></title>
</head>
<body>
```

```
<form action="form1.aspx" method="get">
<button type="button">
<img src="/img/save22b.png" alt="save" align="top"/>
保存
</button>
</form>
</body>
</html>
```

页面显示效果如图 2-51 所示。

使用 button 元素时，默认类型是 submit，即提交表单数据。如果需要自定义按钮执行的操作，可以将 type 属性设置为 button 值，并通过 onclick 事件编写执行代码。下面的代码在“保存”按钮中的 onclick 事件中添加一些代码，单击后会提交页面中的第一个表单。当然，在提交前还可以做一些工作，比如检查输入数据的正确性。

```
<!DOCTYPE html>
<html>
<head>
<meta charset="utf-8" />
<title></title>
</head>
<body>
<form action="form1.aspx" method="get">
<button type="button"onclick="save_click();">
<img src="/img/save22b.png" alt="save" align="top" />
保存
</button>
</form>
</body>
</html>
<script>
    function save_click() {
        //提交表单
        document.forms[0].submit();
    }
</script>
```

2.8.9 textarea 元素

使用 input 元素可以创建单行文本输入和显示元素，而 textarea 元素则用于显示和输入多行文本，其常用属性包括：

- cols 属性，定义元素的宽度，单位为字符数。
- rows 属性，定义元素的高度，单位为字符数。

下面的代码演示了 textarea 元素的基本定义。

```
<!DOCTYPE html>
<html>
<head>
<meta charset="utf-8" />
<title></title>
</head>
<body>
```

```
<form action="form1.aspx" method="get">
<textarea cols="30" rows="6"></textarea>
</form>
</body>
</html>
```

页面显示效果如图 2-52 所示。

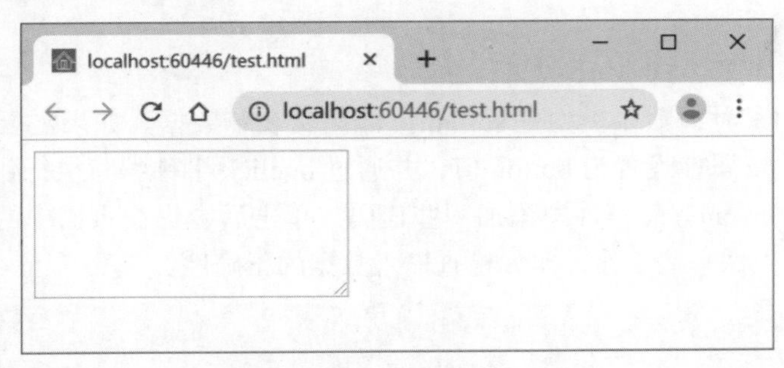

图 2-52

早期 HTML 标准中，textarea 元素并不支持 maxlength 属性，而现在则可以使用 maxlength 属性限定元素允许的最大字符数。需要注意的是，textarea 元素中字符数量的计算会包含回车符等不可见字符。

2.8.10 select 和 option 元素

HTML 表单中，可以使用 select 和 option 元素创建列表和下拉列表，它们也是用户界面中重要的交互元素。

首先介绍 select 元素中的几个常用属性：

- multiple 属性，指定列表项是否允许多选。
- size 属性，指定列表显示的行数，如果列表项目大于此数值，则会显示垂直滚动条帮助浏览列表项。如果 size 属性设置为 1，则显示为下拉列表（DropDownList 或 ComboBox）。

option 元素中的常用属性包括：

- value 属性，指定列表项表示的数据值。
- selected 属性，指定列表项是否已被选中。

下面的代码演示了列表的定义。

```
<!DOCTYPE html>
<html>
<head>
<meta charset="utf-8" />
<title></title>
</head>
<body>
<form action="form1.aspx" method="get">
<select name="car_type" size="5">
<option value="1">轿车</option>
<option value="2">跑车</option>
<option value="3">SUV</option>
```

```
</select>
<input type="submit" value=" 提交 " />
</form>
</body>
</html>
```

代码执行结果如图 2-53 所示。

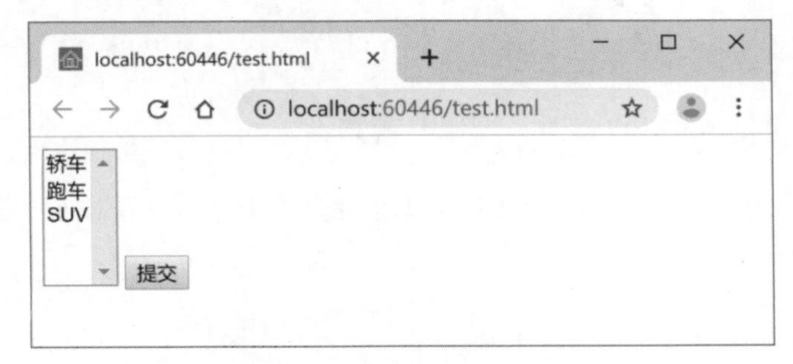

图 2-53

下面的代码演示了下拉列表的定义。

```
<!DOCTYPE html>
<html>
<head>
<meta charset="utf-8" />
<title></title>
</head>
<body>
<form action="form1.aspx" method="get">
<select name="car_type" size="1">
<option value="1"> 轿车 </option>
<option value="2"> 跑车 </option>
<option value="3">SUV</option>
</select>
<input type="submit" value=" 提交 " />
</form>
</body>
</html>
```

页面显示效果如图 2-54 所示。

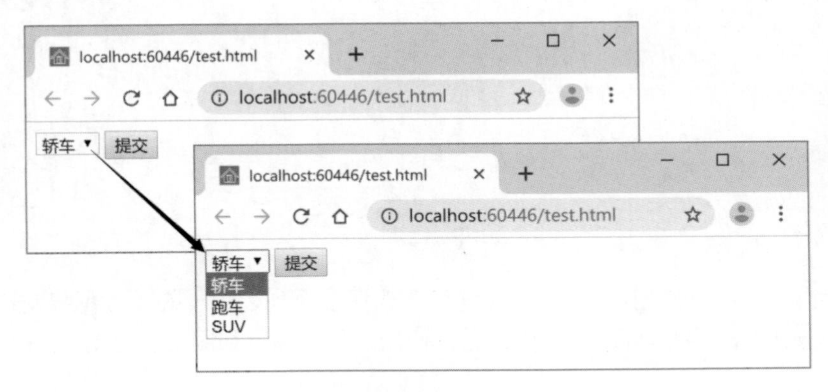

图 2-54

无论是普通的列表还是下拉列表，会使用相同的方式向服务器提交数据，可以修改form1.aspx 文件内容来显示列表提交的数据，如下面的代码。

```
<%@ Page Language="C#" %>

<script runat="server">
    private void Page_Load()
    {
        Response.Write(Request.QueryString["car_type"]);
    }
</script>
```

当选择一个列表项并提交后，上传的数据就是所选列表项（option 元素）的 value 属性值，如图 2-55 所示。

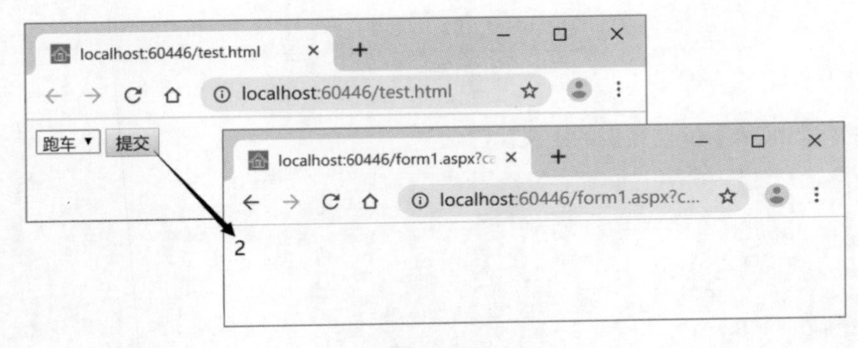

图 2-55

下面的代码定义的列表允许多选操作。

```
<!DOCTYPE html>
<html>
<head>
<meta charset="utf-8" />
<title></title>
</head>
<body>
<form action="form1.aspx" method="get">
<select name="car_type" size="5" multiple>
<option value="1">轿车</option>
<option value="2">跑车</option>
<option value="3">SUV</option>
</select>
<input type="submit" value="提交" />
</form>
</body>
</html>
```

实际操作中，可以使用 Ctrl 或 Shift 键配合选择多个列表项，表单数据提交后，多选列表提交的是选中列表项的 value 属性值，它们使用逗号分隔，如图 2-56 所示。

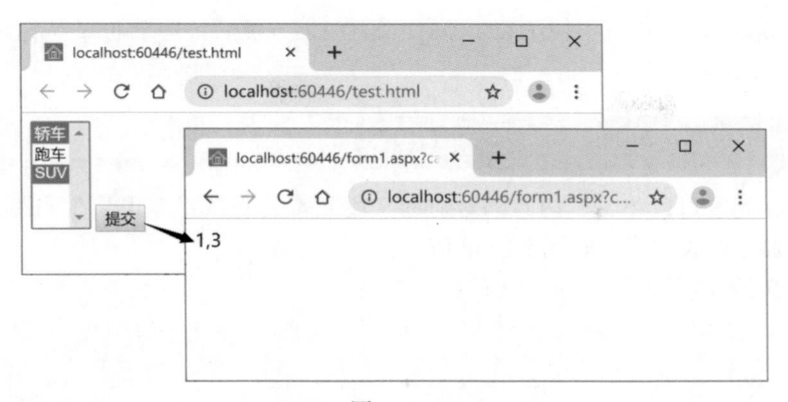

图 2-56

下面了解一下如何使用 optgroup 元素定义选项组，如下面的代码。

```
<!DOCTYPE html>
<html>
<head>
<meta charset="utf-8" />
<title></title>
</head>
<body>
<form action="form1.aspx" method="get">
<select name="car_type" size="10" multiple>
<optgroup label=" 汽车 ">
<option value="1001"> 轿车 </option>
<option value="1002"> 跑车 </option>
<option value="1003">SUV</option>
</optgroup>
<optgroup label=" 食物 ">
<option value="2001"> 面包 </option>
<option value="2002"> 饼干 </option>
</optgroup>
</select>
<input type="submit" value=" 提交 " />
</form>
</body>
</html>
```

页面显示效果如图 2-57 所示。

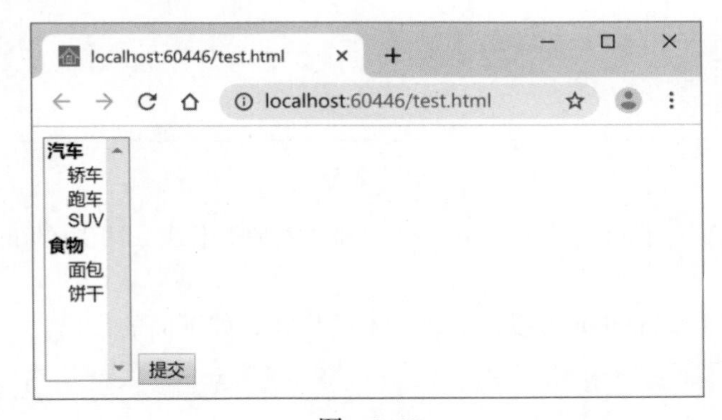

图 2-57

本例在 <optgroup> 标记中使用 label 属性设置组名，然后，每个 optgroup 元素中包含了列表项的 option 元素。

2.8.11 label 元素

使用 label 元素可以将文本内容和对应的字段元素关联，其方式是在 <label> 标记中使用 for 属性，属性值设置为关联元素的 id 值。

下面的代码创建了使用 label 元素的登录界面。

```
<!DOCTYPE html>
<html>
<head>
<meta charset="utf-8" />
<title></title>
</head>
<body>
<form id="login_form" action="form1.aspx" method="get">
<p>
<label for="username">用户名</label>
<input type="text" id="username" name="username" maxlength="15" />
</p>
<p>
<label for="userpwd">密码</label>
<input type="password" id="userpwd" name="userpwd" maxlength="15" />
</p>
<p>
<input type="reset" value="清空" />
<input type="submit" value="登录" />
</p>
</form>
</body>
</html>
```

页面显示效果如图 2-58 所示。

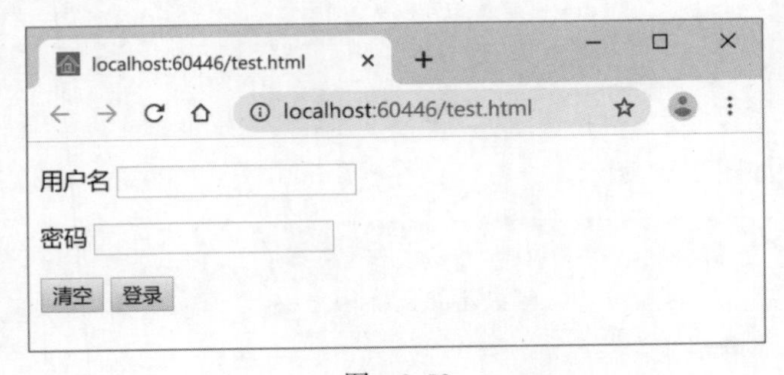

图 2-58

看不出有什么不同了吗？单击“用户名”和“密码”标签，相应的 input 元素就会成为当前编辑的元素。

此外，还可以通过 label 元素设置标签文本的样式，如下面的代码。

```
<!DOCTYPE html>
<html>
```

```
<head>
<meta charset="utf-8" />
<title></title>
<style>
    #login_form label {
        display: block;
        width: 4em;
        float: left;
    }
</style>
</head>
<body>
<form id="login_form" action="form1.aspx" method="get">
<p>
<label for="username">用户名</label>
<input type="text" id="username" name="username" maxlength="15" />
</p>
<p>
<label for="userpwd">密码</label>
<input type="password" id="userpwd" name="userpwd" maxlength="15" />
</p>
<p>
<input type="reset" value="清空" />
<input type="submit" value="登录" />
</p>
</form>
</body>
</html>
```

页面显示效果如图 2-59 所示。

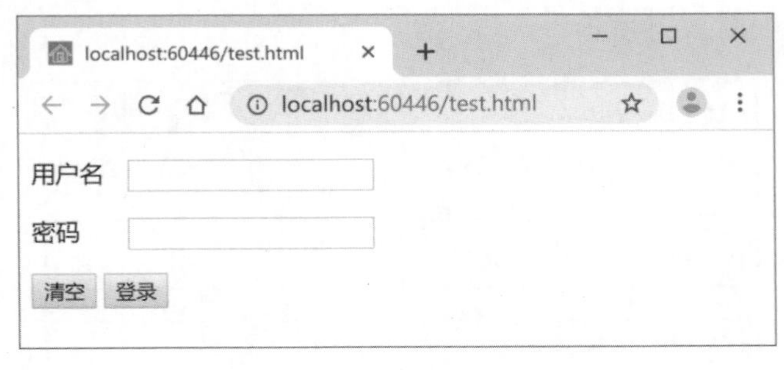

图　2-59

在第 3 章中学习更多的 CSS 样式以后，就可以设计更加丰富的页面样式了。

2.8.12　分组

在数据内容比较多的表单中，可以对相关的元素进行分组，突出视觉效果，方便用户填写数据。

HTML 表单中，可以使用 fieldset 元素定义一个字段组，元素的周围默认会显示一个矩形边框。legend 元素包含在 fieldset 元素中，用于定义矩形框左上角显示的内容。

下面的代码分别定义了一个有标题和没有标题的字段分组，可以看到其中的区别。

```
<!DOCTYPE html>
<html>
<head>
<meta charset="utf-8" />
<title></title>
<style>
        #login_form label {
            display: block;
            width: 4em;
            float: left;
        }
</style>
</head>
<body>
<form id="login_form" action="form1.aspx" method="get">
<fieldset>
<legend>性别</legend>
<input type="radio" name="sex" value="0" />保密
<input type="radio" name="sex" value="1" />男
<input type="radio" name="sex" value="2" />女
</fieldset>
<br />
<fieldset>
<input type="radio" name="sex" value="0" />保密
<input type="radio" name="sex" value="1" />男
<input type="radio" name="sex" value="2" />女
</fieldset>
</form>
</body>
</html>
```

页面显示效果如图 2-60 所示。

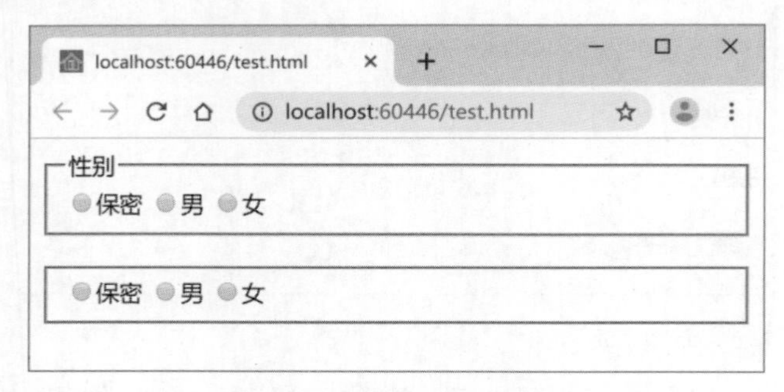

图 2-60

2.8.13 表单验证（HTML5）

严格来讲，表单提交数据的有效性和正确性都必须在服务器端做最终的检查，在客户端也可以做一些简单的验证工作。

如果需要判断必填项是否已经填写了数据，则可以在 input 元素中使用 required 属性，这是 HTML5 标准中新增的一个属性。

下面的代码还是以登录表单为例。

```
<!DOCTYPE html>
<html>
<head>
<meta charset="utf-8" />
<title></title>
</head>
<body>
<form action="form1.aspx" method="get">
<p>
用户名
<input type="text" name="username" maxlength="15" required />
</p>
<p>
密码
<input type="password" name="userpwd" maxlength="15" required />
</p>
<p>
<input type="reset" value=" 清空 " />
<input type="submit" value=" 登录 " />
</p>
</form>
</body>
</html>
```

本例中，在 username 和 userpwd 元素中都添加了 required 属性，没有填写这些数据就提交表单时，会出现警告提示，如图 2-61 所示。

图　2-61

测试过程中，如果需要临时关闭表单验证，可以在 <form> 标记中添加 novalidate 属性，这样，表单中的所有数据就不会进行客户端验证了。

2.9　iframe 元素

HTML5 标准之前，通过框架（frame）可以在一个页面中嵌入其他页面的内容，比如在页面中单击目录可以载入相应的文章页面。

随着技术的发展和创新，框架的使用也越来越少，其功能也可以使用 JavaScript 和 Ajax 技术更加灵活地实现，到了 HTML5 标准中，更是删除了大量与框架相关的元素，只留下了 iframe 元素。

iframe 元素的功能也很简单，就是在页面中嵌入另一个页面。实际应用中，其最大的作用是广告的嵌入。

下面的代码（/demo/02/ad.html）创建了一个广告页面。

```
<!DOCTYPE html>
<html>
<head>
<meta charset="utf-8" />
<title></title>
</head>
<body>
<h1>一个小广告</h1>
</body>
</html>
```

下面的代码（/demo/02/iframe.html）在页面中使用 iframe 元素来显示 ad.html 页面的内容。

```
<!DOCTYPE html>
<html>
<head>
<meta charset="utf-8" />
<title></title>
</head>
<body>
<iframe src="ad.html"></iframe>
</body>
</html>
```

页面显示效果如图 2-62 所示。

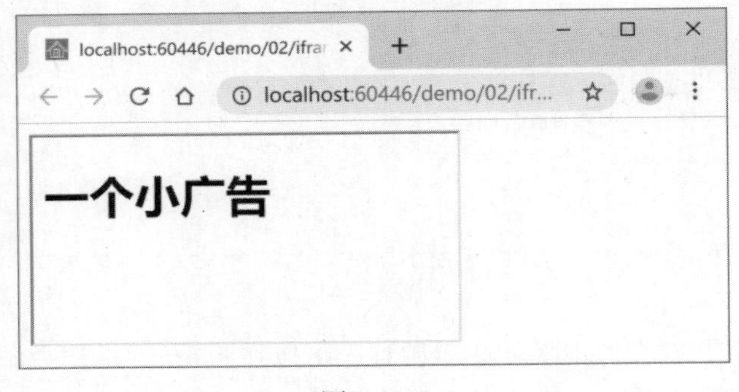

图　2-62

2.10　新的语义元素（HTML5）

前面已经介绍了一些 HTML5 标准中新增的语义元素，如 mark 元素和 time 元素，本节再来了解几个关于页面结构的语义元素，包括：

- article 元素，很容易理解，它就是用来定义文章的。
- header 和 footer 元素，可以定义网页的页眉和页脚，也可以定义文章的标题和注脚部分。
- figure 元素，定义文章中的插图区域，元素中使用 img 元素定义真正的图片；figcaption

元素，定义在 figure 元素中，用于指定插图的标题。

- aside 元素，定义一个附注块元素。
- section 元素，在页面中定义一个子区域，如页面中不同主题的内容。
- nav 元素，定义导航（navigation），其中可以使用列表和链接定义真正的导航内容。
- summary 和 details 元素，用于定义一个显示摘要和细节的组合，可以显示或隐藏细节部分。

和其他 HTML5 标准的新特性一样，如果可以确认用户的浏览器能够支持 HTML5 标准，就可以放心地使用这些语义元素，如果不能确认，使用 div 元素也可以完成相同的工作，开发过程中可以根据实际情况选择应用。

2.11 音频和视频播放

HTML5 出现之前，在网页中添加音频和视频，可以使用 object 或 embed 元素。这种情况下，音频和视频能否播放或者播放质量如何，由客户端的软件环境决定。再后来，Flash 占领了浏览器多媒体播放市场的绝大部分，不过，Flash 依然是优点和缺点同样突出的技术。

本节将讨论网页中播放音频和视频的传统方法，需要准备三个音频文件（分别命名为 a1.mp3、a2.mp3 和 a3.mp3）和一个视频文件（命名为 v.mp4），接下来的代码会以这四个文件为例。

如果项目中需要使用 Flash（这也是 HTML5 之前在页面中嵌入多媒体类型最流行的方式），可以通过 Flash 设计工具生成 HTML 中所需要的代码。下面的代码就是一个使用 object 元素嵌入 Flash 文件（*.swf）的简单实例。

```
<!DOCTYPE html>
<html>
<head>
<meta charset="utf-8" />
<title></title>
</head>
<body>
<object id="swf_001" width="600" height="400"
            data="/swf/flash001.swf"
            type="application/x-shockwave-flash">
</object>
</body>
</html>
```

本例中，使用 object 元素添加 Flash 文件，其中使用了一些基本的属性，如：

- width 和 height 属性，指定 Flash 显示区域的尺寸。
- data 属性，指定 Flash 文件（*.swf）的路径。
- type 属性，指定 Flash 文件的 MIME 类型。

embed 元素同样用于在页面中嵌入各种对象，其主要的属性就是 src，用于指定资源的地址。下面的代码演示了在页面中使用 embed 元素添加 Flash 文件。

```
<!DOCTYPE html>
<html>
<head>
```

```
<meta charset="utf-8" />
<title></title>
</head>
<body>
<embed src="/swf/flash001.swf" />
</body>
</html>
```

除了 src 属性外，在 embed 元素中常用的属性还包括：

- width 和 height 属性，指定对象显示尺寸。
- autostart 属性，设置多媒体是否自动开始播放，取值为 true 或 false。

此外，在 HTML5 标准中还增加了 audio 和 video 元素，分别用于播放音频和视频，第 7 章会讨论相关内容。

第 3 章　CSS

CSS（Cascading Style Sheet，层叠样式表）用于定义页面的布局和外观，但它本身不能单独工作，而是与 HTML 页面配合使用。

CSS 出现之前，HTML 代码不但定义页面的内容，而且有大量的格式类元素，如定义字体的 font 元素等。当网站中有成千上万个文章页面时，修改所有页面中的样式简直就是灾难。

而 CSS 就是为解决这一问题而出现的。使用 CSS，会单独定义 CSS，并创建它与页面元素的关联。一个样式表文件可以在所有的页面文件中引用，需要修改样式时，只修改 CSS 文件即可，这对大型网站的维护工作来讲，效率是非常高的。

本章将讨论如何在 HTML 页面中使用 CSS、如何通过选择器将样式精确地关联到页面元素，以及大量的样式属性应用。

3.1　如何使用 CSS

CSS 是通过一系列的属性定义的，每个属性包括属性名称和属性值，如“ color:red;”中，color 为属性名称，red 为属性值，表示使用红色。定义样式属性时，每个属性使用分号 (;) 结束，属性名称和属性值之间使用冒号 (:) 分隔。当属性值有多个时，使用空格符分隔，如“border:1px solid red;”表示边框宽度为 1 像素，使用实线风格和红色。

下面，首先了解如何在 HTML 页面中添加 CSS。

3.1.1　使用 style 属性

在元素中直接指定 CSS 样式，可以使用 style 属性来定义，称为内联样式。如下面的代码，定义 h1 元素的内容使用下画线风格。

```
<!DOCTYPE html>
<html>
<head>
<meta charset="utf-8" />
<title></title>
</head>
<body>
<h1 style="text-decoration:underline;">标题一</h1>
</body>
</html>
```

页面显示效果如图 3-1 所示。

使用 style 元素也可以同时定义多个属性，如下面的代码。

```
<!DOCTYPE html>
<html>
```

```
<head>
<meta charset="utf-8" />
<title></title>
</head>
<body>
    <h1 style="text-decoration:underline;color:red;border:3px solid yellow;">
    标题一
    </h1>
</body>
</html>
```

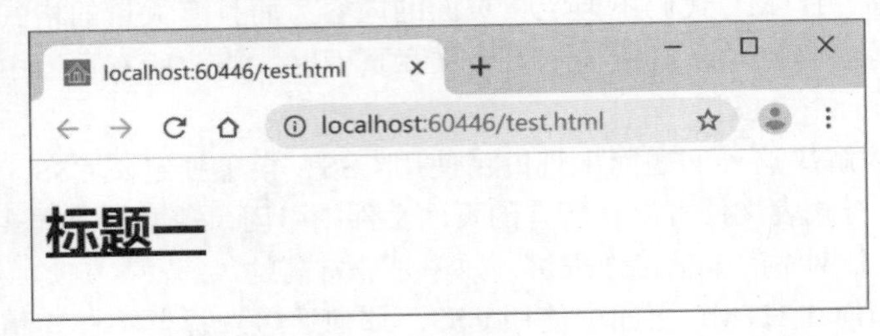

图 3-1

本例中，将 h1 元素设置为下画线、红色，边框使用 3 像素黄色实线，页面显示效果如图 3-2 所示。

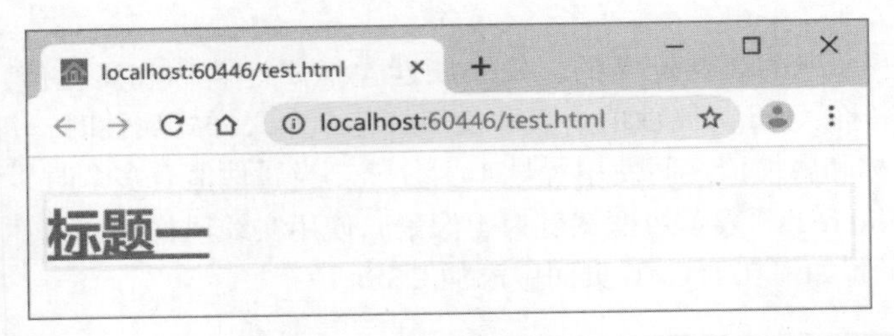

图 3-2

3.1.2 使用 style 元素

如果样式需要在页面中多次使用，可以定义在 style 元素中。一般来讲，style 元素可以定义在页面的 head 元素中，如下面的代码。

```
<!DOCTYPE html>
<html>
<head>
<meta charset="utf-8" />
<title></title>
<style>
    h1 {
        text-decoration: underline;
        color: red;
        border: 3px solid yellow;
    }
</style>
</head>
```

```
<body>
<h1> 标题一 </h1>
<h1> 标题二 </h1>
</body>
</html>
```

本例在 style 元素中使用元素名称 h1 定义了元素的格式，然后，页面中所有 h1 元素都会应用这些样式。页面显示效果如图 3-3 所示。

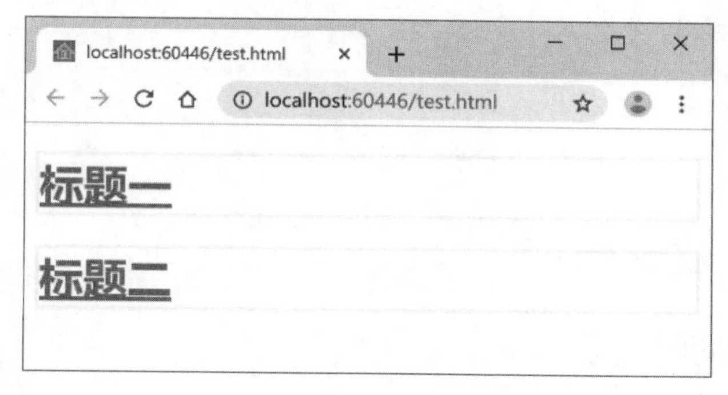

图 3-3

CSS 中，也可以添加注释，使用的是 C 语言中的块注释风格，即将注释内容放在 /* 和 */ 之间，如下面的代码。

```
<style>
    /* 一级标题风格 */
    h1 {
        text-decoration: underline;
        color: red;
        border: 3px solid yellow;
    }
</style>
```

3.1.3 使用外部样式表文件

网站项目中，最常用的方法还是使用独立的样式表文件，然后，在页面中通过 link 元素或 @import 指令引用它们。

首先，定义一个样式表文件，如下面的代码（/demo/03/style.css）。

```
/* 一级标题风格 */
h1 {
    text-decoration: underline;
    color: red;
    border: 3px solid yellow;
}
```

然后，在 head 元素中添加 link 元素引用此样式表文件，如下面的代码。

```
<!DOCTYPE html>
<html>
<head>
<meta charset="utf-8" />
```

```
<title></title>
<link rel="stylesheet" href="/demo/03/style.css" />
</head>
<body>
<h1> 标题一 </h1>
<h1> 标题二 </h1>
</body>
</html>
```

页面显示效果如图 3-4 所示。

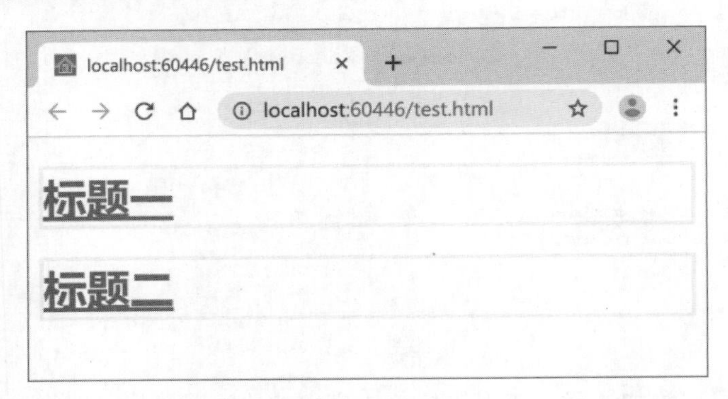

图　3-4

link 元素中需要使用两个属性，其中，rel 属性指定引用文件的类型，目前也只有样式表的 stylesheet 值最常用；href 属性指定引用文件的路径。

另一种引用外部样式文件的方法是在 style 元素中使用 @import 指令，如下面的代码。

```
<!DOCTYPE html>
<html>
<head>
<meta charset="utf-8" />
<title></title>
<style>
        @import url(/demo/03/style.css);
</style>
</head>
<body>
<h1> 标题一 </h1>
<h1> 标题二 </h1>
</body>
</html>
```

代码中，@import 指令必须放在 style 元素中其他样式定义的前面，并使用 url() 函数指定样式表文件的路径。页面显示效果与图 3-4 相同。

3.2　选择器

在 style 元素或样式表文件中定义样式时，需要使用选择器（selector）和一系列的样式属性，其中，选择器的功能就是指定应用样式的元素。本节将介绍常用的选择器，稍后会介绍各种样式属性的应用。

3.2.1 基本选择器

首先了解三种基本的选择器，包括：

- ❑ 元素类型选择器，使用元素名称定义。
- ❑ ID选择器，使用#符号定义，格式为“#<ID值>”，其中，<ID值>由元素的id属性定义。请注意，在HTML页面中，应保证元素ID的唯一性，无论是应用CSS样式，还是通过JavaScript编程，这一点都是非常重要的。
- ❑ 类选择器，使用圆点（.）定义，格式为“.<类名>”，其中，<类名>由元素的class属性定义。使用类选择器可以关联多个相同类名的元素。

下面的代码分别使用这些选择器定义三个p元素的样式。

```
<!DOCTYPE html>
<html>
<head>
<meta charset="utf-8" />
<title></title>
<style>
        p {text-decoration:line-through;}
        #title2 {text-decoration:underline;}
        .font_itatic {font-style:italic;}
</style>
</head>
<body>
<p>言入黄花川，每逐青溪水。随山将万转，趣途无百里。</p>
<p id="title2">声喧乱石中，色静深松里。漾漾泛菱荇，澄澄映葭苇。</p>
<p class="font_itatic">我心素已闲，清川澹如此。请留磐石上，垂钓将已矣。</p>
</body>
</html>
```

页面显示效果如图3-5所示。

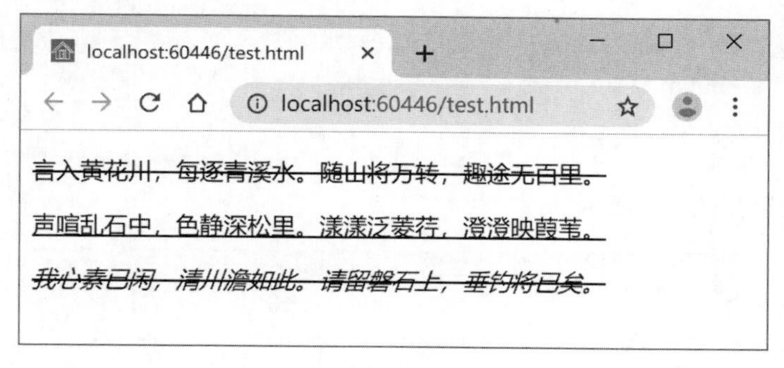

图 3-5

实例中，第一个样式使用元素类型选择器，通过text-decoration属性设置p元素中的文本使用贯穿线，此时，所有p元素都会应用此样式。

第二个样式使用了ID选择器，同样定义了text-decoration属性，由于此样式后定义，所以，当p元素指定相应的id属性值后就会应用此样式，文本添加了下画线。

第三个样式使用类选择器，其中定义了font-style属性，此时指定了此class属性值的p元素会同时应用贯穿线及斜体样式。

从本例中可以看出，元素应用样式有一个基本的规则，定义了相同的样式属性时，元素会应用最后定义的样式，也就是距离元素最近的样式定义。

3.2.2 层次选择器

页面中，所有的元素会形成一个树状结构，我们还可以通过层次选择器关联相应的元素，如：

- 下级元素选择器，使用空白符。
- 直接下级元素选择器，使用大于号（>）。
- 同级相邻元素选择器，使用加号（+）。
- 同级元素选择器，使用波浪号（~）。

下面的代码演示了下级元素选择器的应用。

```
<!DOCTYPE html>
<html>
<head>
<meta charset="utf-8" />
<title></title>
<style>
        a {
            color: red;
        }

        div a {
            text-decoration: none;
            color: blue;
        }
</style>
</head>
<body>
<a href="">链接一</a>
<div><a href="">链接二</a></div>
<div><p><a href="">链接三</a></p></div>
</body>
</html>
```

页面显示效果如图 3-6 所示。

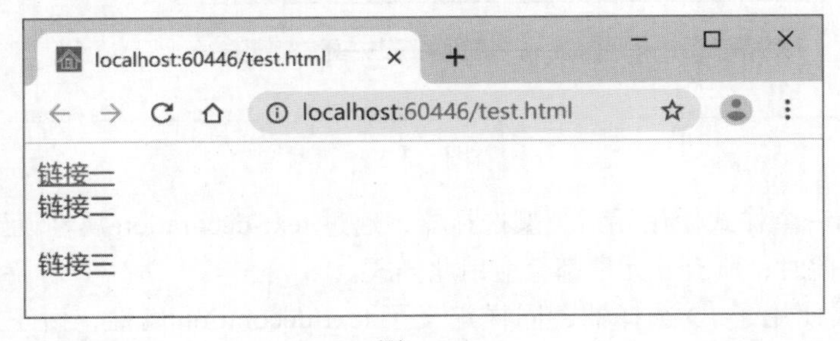

图 3-6

本例共定义了三个链接：第一个链接（a 元素）不在 div 元素中，样式中定义颜色为红色；第二个和第三个 a 元素都定义在 div 元素中，虽然链接三又包含在 div 中的 p 元素中，但它同样受到下级元素选择器的影响，结果是链接二和链接三显示为蓝色，而且没有下画线。

下面的代码同时演示了直接下级、同级相邻和同级元素选择器的应用。

```
<!DOCTYPE html>
<html>
<head>
<meta charset="utf-8" />
<title></title>
<style>
        #node1_1 > p {
            font-weight:bold;
        }
        #node1_1 + p {
            text-decoration:line-through;
        }
        #node1_1 ~ p {
            font-style:italic;
            color:navy;
        }
</style>
</head>
<body>
<div id="node1_1">
<p> 段落一 </p>
<div><p> 段落二 </p></div>
</div>
<p> 段落三 </p>
<p> 段落四 </p>
<p> 段落五 </p>
</body>
</html>
```

页面显示效果如图 3-7 所示。

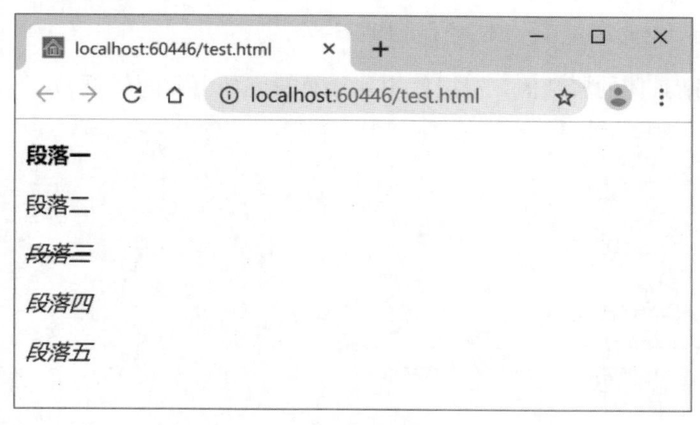

图　3-7

本例中的基准元素是 id 属性为 node1_1 的 div 元素。使用直接下级元素选择器时，影响了段落一的样式；使用相邻元素选择器时，影响了段落三的样式；使用同级元素选择器时，影响了段落三、段落四和段落五的样式。

3.2.3 属性选择器

判断元素中是否定义了某个属性时，可以在选择器后使用一对中括号定义元素属性相关的信息，如下面的代码。

```
<!DOCTYPE html>
<html>
<head>
<meta charset="utf-8" />
<title></title>
<style>
    a[title] {
        color:red;
        text-decoration:line-through;
    }
</style>
</head>
<body>
<a href="">链接一</a>
<a href="" title="链接二">链接二</a>
<a href="">链接三</a>
</body>
</html>
```

页面中的样式定义当a元素定义了title元素时，显示为红色，并包括一条贯穿线。页面显示效果如图3-8所示。

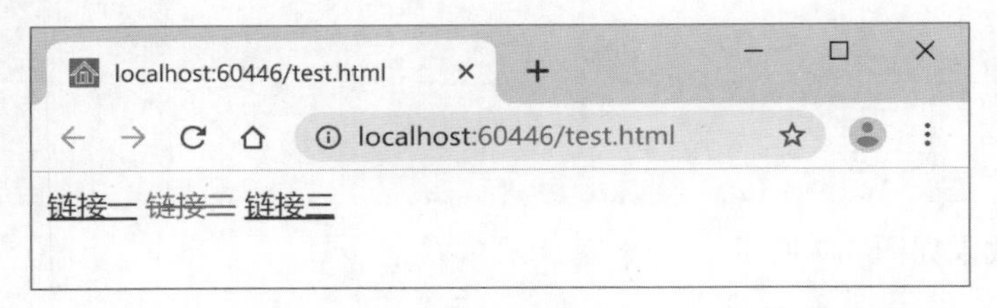

图 3-8

如果需要判断具体的属性值，可以使用=运算符，如下面的代码。

```
<!DOCTYPE html>
<html>
<head>
<meta charset="utf-8" />
<title></title>
<style>
    a[title="内部链接"] {
        color:red;
        text-decoration:line-through;
    }
</style>
</head>
<body>
<a href="" title="外部链接">链接一</a>
<a href="" title="内部链接">链接二</a>
<a href="">链接三</a>
```

```
</body>
</html>
```

本例中，有两个 a 元素定义了 title 属性，样式中指定其值为“内部链接”时，才应用定义的样式，页面显示效果与图 3-8 相同。

除了 = 运算符，在属性选择器中，还可以使用以下运算符。

- ~= 运算符，属性值包含指定的内容，以空格分隔的部分完全匹配，如多个类名中的一个。
- ^= 运算符，属性值以指定的内容开始，即前匹配。
- $= 运算符，属性值以指定的内容结束，即后匹配。
- *= 运算符，属性值中包含指定的内容。
- |= 运算符，匹配特定的属性值，如 lang|="zh" 可以匹配 lang 属性以“zh”或“zh-”开头的元素，也就是匹配语言设置为中文的元素。

定义元素的 class 属性时，可使用空格分隔来定义多个类名，如果需要在样式中进行区分，则可以使用 ~= 运算符，如下面的代码。

```
<!DOCTYPE html>
<html>
<head>
<meta charset="utf-8" />
<title></title>
<style>
    a[class~="bold"] {
        font-weight:bold;
    }
    a[class~="italic"]{
        font-style:italic;
    }
</style>
</head>
<body>
<a href="" class="underline bold">链接一</a>
<a href="" class="bold italic">链接二</a>
<a href="">链接三</a>
</body>
</html>
```

页面显示效果如图 3-9 所示。

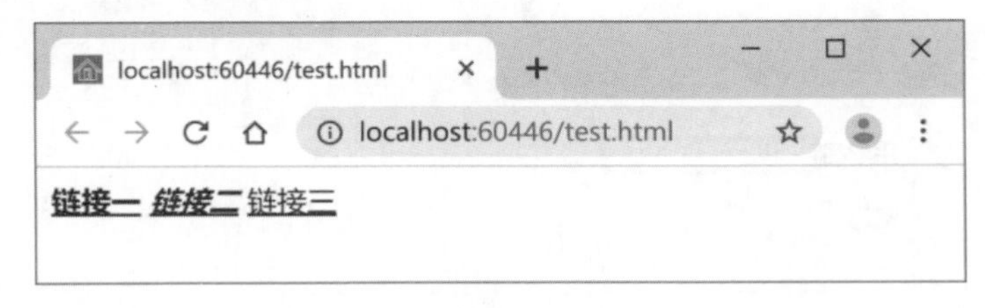

图 3-9

本例中，链接一和链接二中都定义了两个类名，样式定义中分别定义了 class 属性值为 bold 和 italic 值的样式，这样，链接一显示加粗的样式，而链接二显示加粗和斜体的样式。

3.2.4 伪类选择器

前面介绍的选择器已经可以很灵活地关联需要应用样式的元素了，但有时候，一些元素或元素的状态却不太容易选择，比如，链接在访问前和访问后的样式。

对于不易定义和查找的元素，可以使用伪类选择器，如链接相关的两个伪类选择器就是：

- :link 伪类，未访问过的链接，适用于包含 href 属性的 a 元素。
- :visited 伪类，已访问过的链接，适用于包含 href 属性的 a 元素。

此外，对于页面中的元素，常用的伪类还包括：

- :hover 伪类，当鼠标指针悬停在元素上的时候。请注意，没有鼠标指针时，此伪类是无效的，如使用触摸屏设备时。
- :focus 伪类，当前焦点元素，如进入一个文本框开始编辑时。
- :active 伪类，激活元素，如单击一个链接。

使用以上五个伪类时，如果有多个伪类同时应用在一个元素时，应注意定义的顺序，建议的顺序为 link、visited、focus、hover、active。

下面的代码演示了 :focus 伪类的应用。

```
<!DOCTYPE html>
<html>
<head>
<meta charset="utf-8" />
<title></title>
<style>
        p input:focus {
            border:3px solid steelblue;
        }
</style>
</head>
<body>
<p><label>用户名</label><input type="text" size="15" maxlength="15" /></p>
<p><label>密码</label><input type="password" size="15" maxlength="15" /></p>
</body>
</html>
```

页面中定义了两个文本框，当单击进入某个文本框时，它的边框就会变化，如图 3-10 所示。

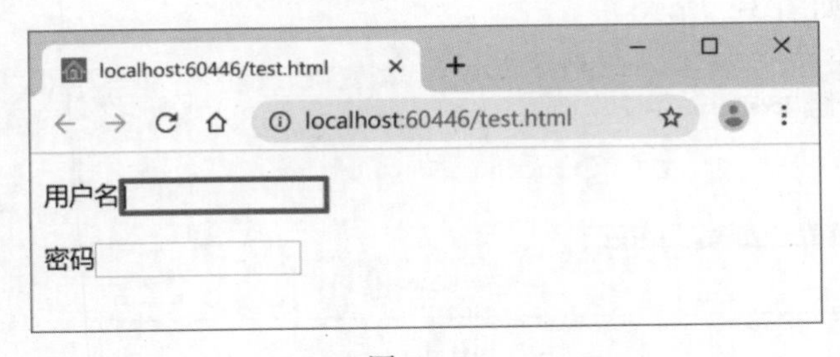

图 3-10

在 URL 地址中可以使用 # 符号指定元素的 id 值，打开页面后会自动跳转到此元素，此时，使用 :target 伪类就可以设置此元素的格式。下面的代码演示了 :target 伪类的应用。

```
<!DOCTYPE html>
<html>
<head>
<meta charset="utf-8" />
<title></title>
<style>
        div:target {
            font-size:2em;
            font-weight:bold;
        }
</style>
</head>
<body>
<div id="larger"> 大 </div>
<div id="medium"> 中 </div>
<div id="smaller"> 上 </div>
</body>
</html>
```

直接打开页面，并不会看到结果，此时，需要在浏览器的地址栏中使用 # 符号添加目标参数，如图 3-11 所示，在网址的最后添加了 #medium。

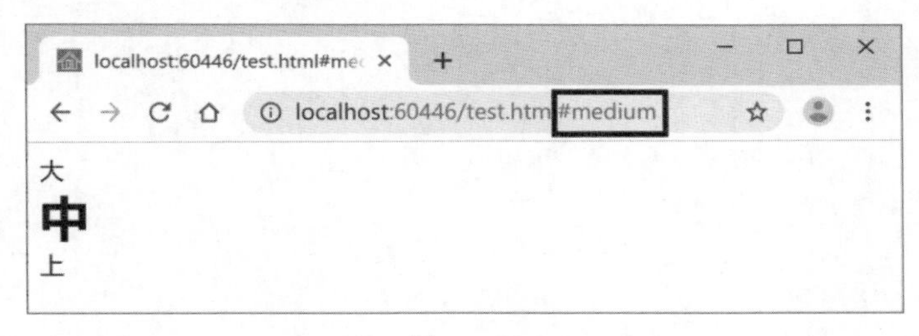

图　3-11

:first-child 伪类用于指定元素的第一级子元素，下面的代码演示了 :first-child 伪类的使用。

```
<!DOCTYPE html>
<html>
<head>
<meta charset="utf-8" />
<title></title>
<style>
        div:first-child {
            font-weight:bold;
            font-style:italic;
        }
</style>
</head>
<body>
<div>
<p> 段落一 </p>
<p> 段落二 </p>
<span> 文本内容 </span>
</div>
</body>
</html>
```

页面显示效果如图 3-12 所示。

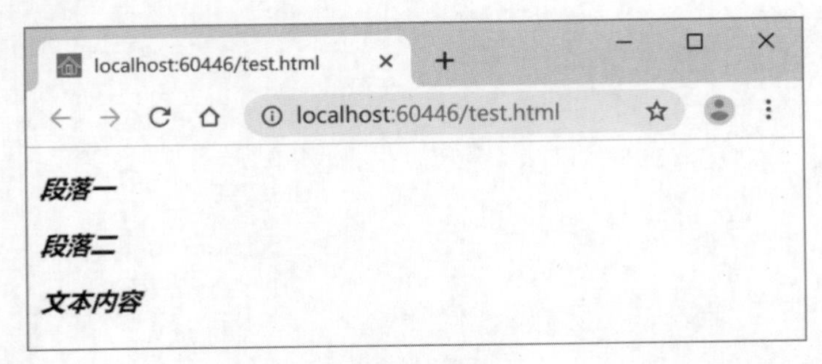

图 3-12

如果需要获取第一个子元素，则需要配合层次选择器中的 > 运算符，如下面的代码。

```
<!DOCTYPE html>
<html>
<head>
<meta charset="utf-8" />
<title></title>
<style>
        div > :first-child {
            font-weight:bold;
            font-style:italic;
        }
</style>
</head>
<body>
<div>
<p> 段落一 </p>
<p> 段落二 </p>
<span> 文本内容 </span>
</div>
</body>
</html>
```

页面显示效果如图 3-13 所示。

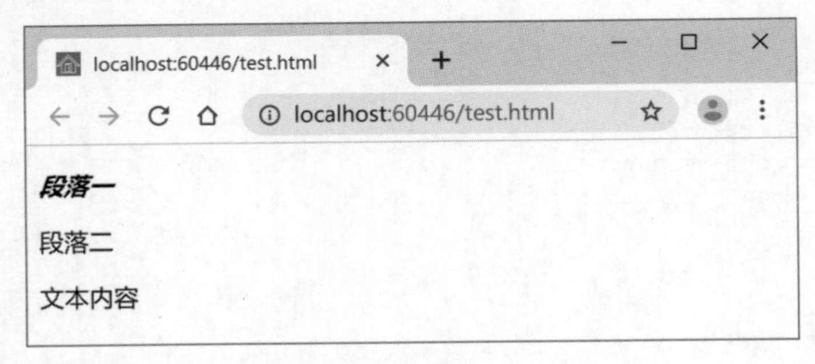

图 3-13

:lang 为语言伪类，与属性选择器中的 |= 运算符功能相似，用于判断元素的 lang 属性内容，以确定设置的语言类型，如英文可以定义为“ p:lang(en) {...}”，中文可以定义为“p:lang(zh){...}”等。

下面了解几个用于表单元素的伪类选择器，它们都是在 CSS3 标准中定义的。

- :required 伪类，定义了 required 属性的表单元素的样式，如高亮显示一个必填字段。
- :optional 伪类，没有定义 required 属性的表单元素的样式。
- :valid 伪类，数据验证无效时的样式。
- :invalid 伪类，数据验证有效时的样式。
- :in-range 和 :out-of-range 伪类，分别表示数据在指定范围和不在范围内时的样式。
- :read-only 和 :read-write 伪类，分别表示只读字段和读写字段的样式。

3.2.5　伪元素选择器

伪元素与伪类从定义上并不太容易理解，不妨从实际应用中了解它们的区别，以下就是四个伪元素选择器。

- :first-letter，第一个字符。
- :first-line，第一行。
- :before，指定内容之前。
- :after，指定内容之后。

从字面上看，伪元素似乎更多用于文本样式的定义。下面的代码演示了 :first-letter 伪元素的应用。

```
<!DOCTYPE html>
<html>
<head>
<meta charset="utf-8" />
<title></title>
<style>
        p:first-letter{
            font-size:2em;
            font-weight:bold;
        }
</style>
</head>
<body>
<p> 言入黄花川，每逐青溪水。随山将万转，趣途无百里。</p>
</body>
</html>
```

页面显示效果如图 3-14 所示。

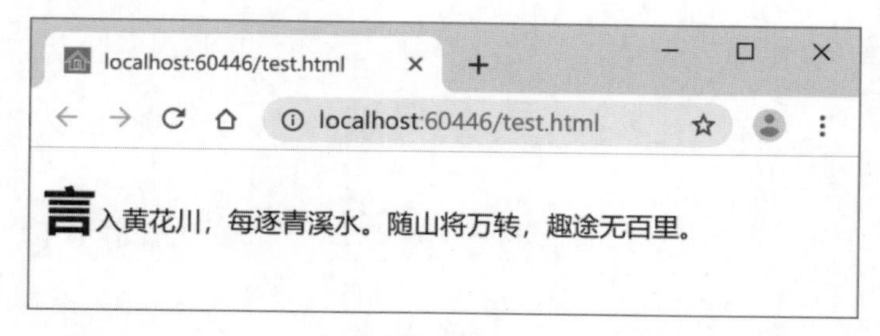

图　3-14

下面的代码显示了 :before 和 :after 伪元素的应用。

```
<!DOCTYPE html>
<html>
<head>
<meta charset="utf-8" />
<title></title>
<style>
        .book_title:before{
            content:"《";
        }
        .book_title::after{
            content:"》";
        }
</style>
</head>
<body>
<span class="book_title">C# 开发实用指南：方法与实践 </span>
</body>
</html>
```

类名为 book_title 的元素中，在内容之前和之后分别添加了《和》符号，即中文的书名号，页面显示效果如图 3-15 所示。

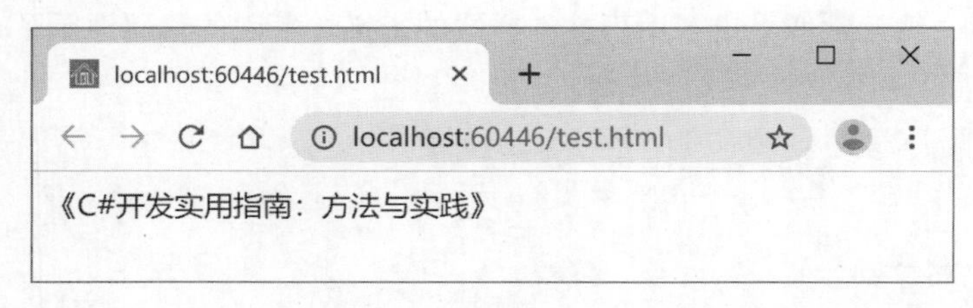

图 3-15

3.2.6 通配符选择器

通配符在很多环境中都会使用，如操作系统的命令行指令中、数据库查询等。在 CSS 样式的定义中，同样可以 * 符号作为通配符，其含义也和大多数环境下的含义相似，表示“所有的”。

下面的代码演示了通配符的使用。

```
<!DOCTYPE html>
<html>
<head>
<meta charset="utf-8" />
<title></title>
<style>
        * {
            margin:0px;
            padding:0px;
        }
</style>
</head>
<body>
<p> 言入黄花川，每逐青溪水。随山将万转，趣途无百里。</p>
<p> 声喧乱石中，色静深松里。漾漾泛菱荇，澄澄映葭苇。</p>
```

```
<p> 我心素已闲，清川澹如此。请留磐石上，垂钓将已矣。</p>
</body>
</html>
```

页面显示效果如图 3-16 所示。

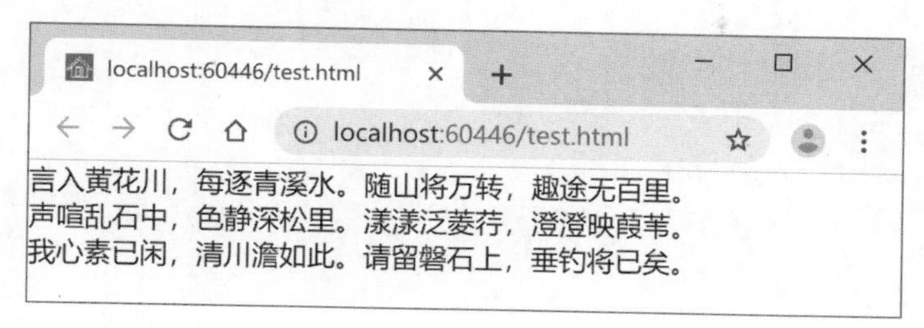

图 3-16

文字都挤在一起的确不怎么美观。但是，当需要完全控制元素的尺寸、边距和缩进时，使用通配符先将 margin 和 padding 属性设置为 0 是最方便的操作。此外，由于性能方面的考虑，应该尽可能缩小通配符应用的范围。

3.3 样式应用基础

通过选择器，可以很精确地确认应用样式的元素，而具体的样式就需要一系列的属性来定义了。接下来的内容着重讨论样式属性的定义。本节首先了解一些属性定义的基本概念。

3.3.1 数值和单位

定义样式属性时，数值是很常用的，包括整数和实数，相关的单位也同样重要，下面是本书中常用的单位：

- px，像素。应注意的是，不同设备、不同设置下的像素实际显示效果是不同的。
- 百分比，使用 % 符号。
- em，这是一种相对单位。在浏览器中，元素中使用的尺寸会有一个默认的基准尺寸，如 1em 定义为 16px，使用 em 可以定义基于基准尺寸的倍数，如 0.5em 为基准尺寸的一半，而 2em 表示基准尺寸的 2 倍。请注意，元素的基准尺寸可能是浏览器默认值、从父元素继承或重新指定的尺寸，稍后会有应用演示。
- rem，这是 CSS3 标准中新增的单位，类似于 em，但 rem 的基准尺寸是根元素的尺寸，比如，html 元素的尺寸设置为 16px，其中的元素使用 2rem 就会得到 32px。

下面的代码在 div 和 p 元素中都使用 2em 作为字体尺寸，大家可以观察实际的显示效果。

```
<!DOCTYPE html>
<html>
<head>
<meta charset="utf-8" />
<title></title>
<style>
```

```
        div,p {
            font-size:2em;
        }
</style>
</head>
<body>
文本一
<div>
文本二
<p> 文本三 </p>
</div>
</body>
</html>
```

页面显示效果如图 3-17 所示。

本例中，页面的元素结构如图 3-18 所示。

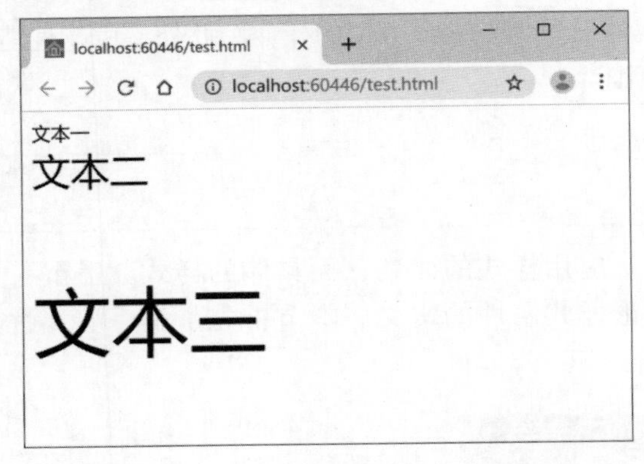

图　3-17

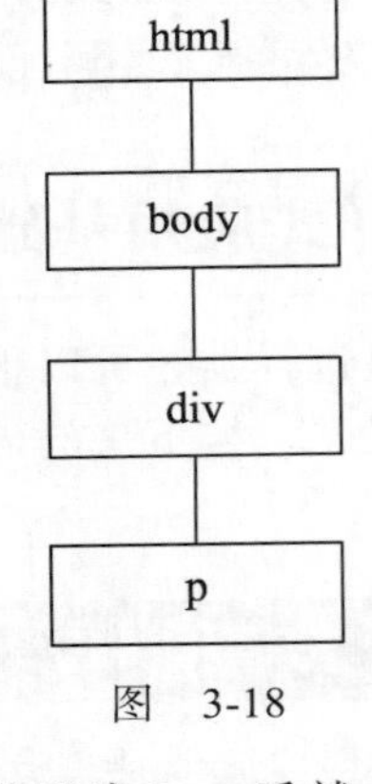

图　3-18

默认情况下，div 元素会从 body 元素继承字体尺寸，尺寸设置为 2em 后就会显示为 body 元素字体尺寸的 2 倍；p 元素默认会从 div 元素继承字体尺寸，也就是 body 元素字体尺寸的 2 倍，而 p 元素的字体尺寸也设置为 2em，那么，它的字体尺寸实际就是 body 字体尺寸的 4 倍。

如果将实例中的 2em 修改为 2rem，则显示文本二和文本三都是文本一的 2 倍，如图 3-19 所示。

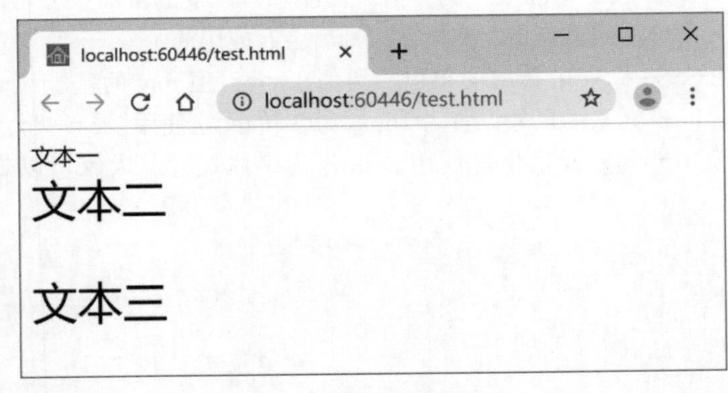

图　3-19

CSS3 标准中，一些特殊效果还会使用角度单位 deg，稍后会有相关演示。

3.3.2 颜色和透明度

丰富多彩的页面设计过程中，颜色是非常重要的角色。在 CSS 中，可以使用一些基本的命名颜色，如：

aqua	black	blue	fuchsia	gray	green
lime	maroon	navy	olive	orange	purple
red	silver	teal	white	yellow	

更详细的颜色数据和信息可查看源代码中的 /tools/color.html 页面，其中包含了颜色的数值、色卡，并可以使用 RGB 进行调色，如图 3-20 所示。

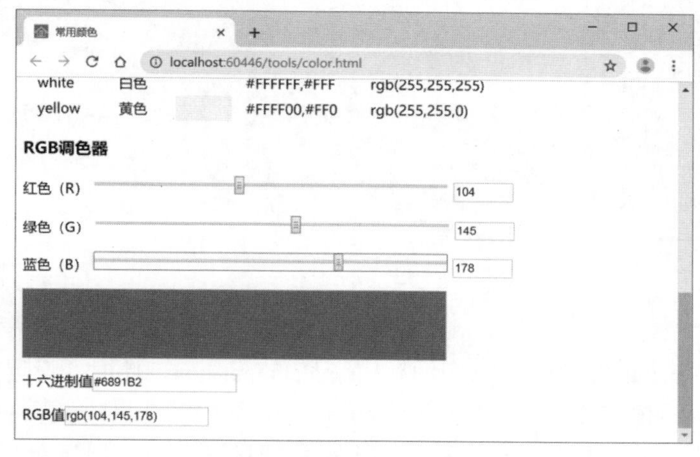

图 3-20

除了命名颜色，还可以使用一些方法来定义颜色，如十六进制数值、rgb() 和 rgba() 函数、hsl() 和 hsla() 函数等，下面分别讨论。

使用十六进制数值定义颜色时，以 # 符号开始，然后指定 RGB 中红、绿、蓝三种色值，每种色值为两位十六进制数据，从 00 到 FF，如指定颜色为黑色，可以定义为 "color:#000000;"。此外，如果三种色值的两位数据都分别相同，还可以简写为三位，如黑色可以简写为 #000、黄色的值 #FFFF00 可以简写为 #FF0，但 #C0C0C0 这种格式就不能使用简写形式了。

rgb() 函数使用三个参数，分别指定红、绿、蓝的值，可以分别使用 0 ~ 255 的数值，也可以使用 0% ~ 100% 的百分数指定。

rgba() 函数在 RGB 颜色的基础上增加了不透明度（alpha）。rgba() 函数需要四个参数，分别是红、绿、蓝和不透明度，其中，红、绿、蓝的值同样是 0 ~ 255（或 0% ~ 100%），不透明度则是 0（完全透明）~ 1（完全不透明）。

hsl() 函数使用 HSL（Hue-Staturation-Lightness）模型定义颜色，同样使用三个参数，分别是色轮中的角度值、饱和度、亮度。其中，角度值使用数值，饱和度和亮度则使用百分数。hsla() 函数则是在 HSL 模型基础上使用第四个参数指定不透明度（alpha）。

除了在 rgba() 或 hsla() 函数中指定不透明度外，还可以单独使用 opacity 属性，这是 CSS3 标准中的新属性，取值范围是 0（完全透明）~ 1（完全不透明）。

3.3.3 矩形区域

页面中的可视元素基本形状都是矩形，从外到内包括外边距、边框、内缩进和元素内容四个部分，并有顶部（top）、右边（right）、底部（bottom）和左边（left）四个方向。图 3-21 显示了元素矩形区域的基本模型。

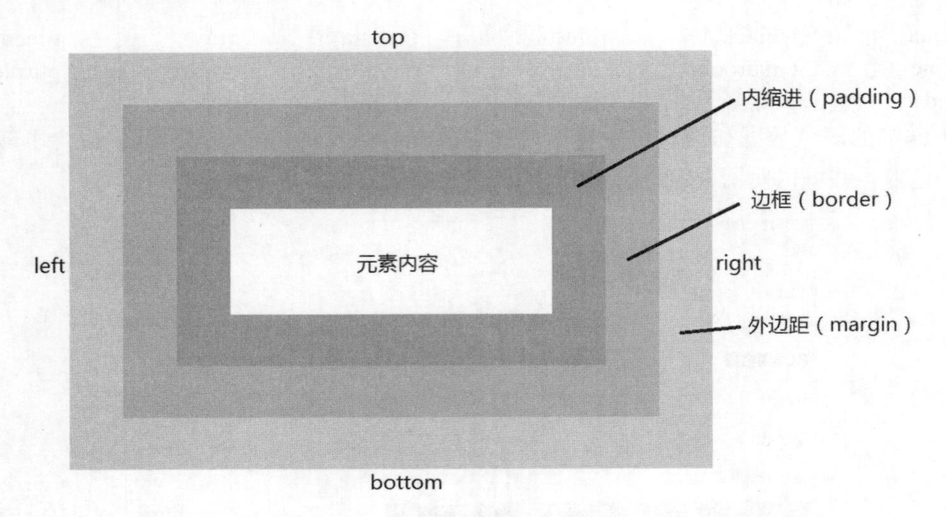

图 3-21

首先关注一下 box-sizing 属性，其默认值是 content-box，此时，设置元素的 width 和 height 属性只是元素内容的尺寸，不包含外边距、边框和内缩进的尺寸。这种情况下，元素实际所占的宽度应是左外边距、左边框、左内缩进、内容宽度、右内缩进、右边框和右外边距尺寸的和。高度的计算也是这样，包括顶部外边距、顶部边框、顶部内缩进、内容高度、底部内缩进、底部边框和底部外边距。

box-sizing 属性的另一个常用值是 border-box，此时设置元素的 width 和 height 将包含边框、内缩进和元素内容的尺寸，只是不包括外边距的尺寸。

margin 和 padding 是外边框和内缩进的组合定义属性，常用的设置方式有：

- 四个数值参数，分别指定 top、right、bottom 和 left 方向的值。
- 三个数值参数，分别指定 top、right 和 bottom 方向的值，left 方向会使用 right 方向的数据。
- 两个数值参数，分别指定 top 和 right 方向的值，此时，bottom 与 top 数据相同，left 与 right 数据相同。
- 一个数值参数，同时指定四个方向的值。

这里有个特殊情况，当两个相邻的块（block）元素在垂直方向上都设置有外边距时，会产生外边距的重叠，此时，两个元素的垂直距离是外边距较大的那个值，此种情况称为外边距折叠。下面的代码演示了外边距折叠的情况。

```
<!DOCTYPE html>
<html>
<head>
<meta charset="utf-8" />
```

```
<title></title>
<style>
        div {
            border:1px solid black;
            height:30px;
        }
        #block1 {
            margin-bottom:30px;
        }
        #block2 {
            margin-top:60px;
        }
</style>
</head>
<body>
<div id="block1">block1</div>
<div id="block2">block2</div>
</body>
</html>
```

本例中，block1 和 block2 分别定义了底边距和顶边距，然而，它们的实际距离并不是两个值相加，而是发生外边距折叠，最终两个元素的上下距离为 60 像素。页面显示效果如图 3-22 所示。

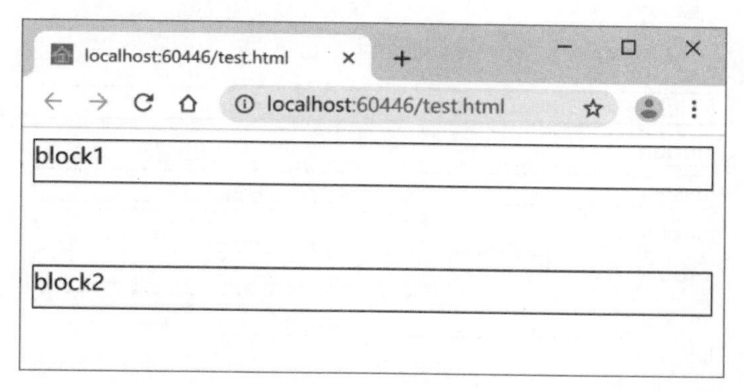

图　3-22

此外，margin 和 padding 都有对应的四个方向的定义属性。以 margin 为例，包括 margin-top、margin-right、margin-bottom 和 margin-left 属性，分别指定顶、右、底和左边距的尺寸。padding 相应的属性为 padding-top、padding-right、padding-bottom 和 padding-left。

3.3.4　边框

边框的使用同样包括四个方向，如果四个方向的样式相同，可以使用 border 属性定义，数据包括尺寸、风格和颜色。

首先了解一下边框的线条风格，可以单独使用 border-style 属性设置，常用的值包括 solid、dotted、dashed、double、groove、ridge、inset、outset，下面的代码定义了这些边框样式。

```
<!DOCTYPE html>
<html>
<head>
```

```
<meta charset="utf-8" />
<title></title>
<style>
        div {
            border-width:2px;
            margin-bottom:5px;
        }
</style>
</head>
<body>
<div style="border-style:solid;">solid</div>
<div style="border-style:dotted;">dotted</div>
<div style="border-style:dashed;">dashed</div>
<div style="border-style:double;">double</div>
<div style="border-style:groove;">groove</div>
<div style="border-style:ridge;">ridge</div>
<div style="border-style:inset;">inset</div>
<div style="border-style:outset;">outset</div>
</body>
</html>
```

页面显示效果如图 3-23 所示。

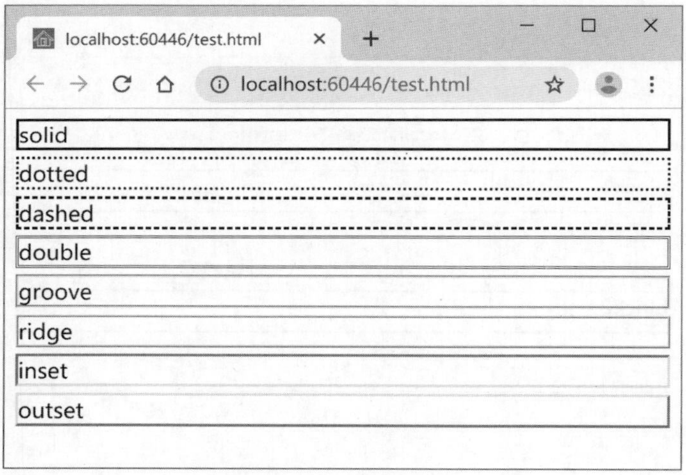

图　3-23

基本的边框样式属性包括：

- ❑ border-width 属性，定义边框尺寸。
- ❑ border-style 属性，定义边框风格。
- ❑ border-color 属性，定义边框颜色。
- ❑ border-top-width 属性，定义顶部边框的尺寸。
- ❑ border-top-style 属性，定义顶部边框的风格。
- ❑ border-top-color 属性，定义顶部边框的颜色。

此外，右边框、底部边框和左边框都有相应的 width、style 和 color 属性，如 border-top-width 和 border-top-color 属性分别设置顶部边框的尺寸和颜色。

CSS3 标准中，还可以使用 border-radius 属性定义圆角边框，属性值可以指定四个圆角的半径尺寸，其顺序为左上角、右上角、右下角、左下角。下面的代码演示了 border-radius 属性的使用。

```
<!DOCTYPE html>
<html>
<head>
<meta charset="utf-8" />
<title></title>
<style>
        div {
            width:300px;
            height:150px;
            border:2px solid black;
            border-radius:60px 100px 150px 90px;
        }
</style>
</head>
<body>
<div></div>
</body>
</html>
```

页面显示效果如图 3-24 所示。

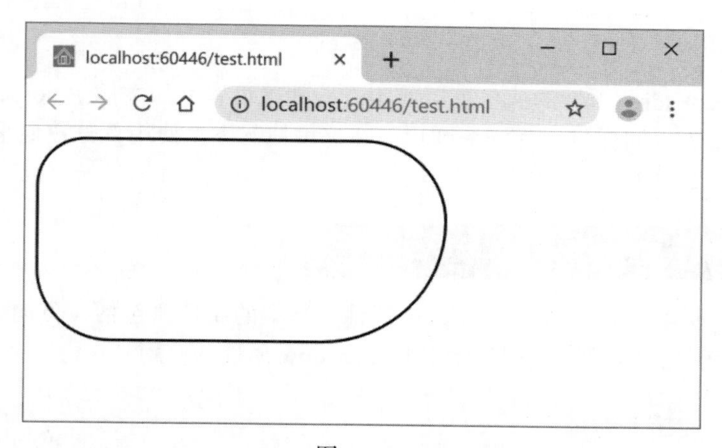

图　3-24

如果四个角的半径相同，也可以只指定一个数值，下面的代码通过一个小技巧来显示一个圆形，即元素的 width 和 height 相同，而 border-radius 属性设置为大于或等于 width 值的一半。

```
<!DOCTYPE html>
<html>
<head>
<meta charset="utf-8" />
<title></title>
<style>
        div {
            width:150px;
            height:150px;
            border:2px solid black;
```

```
            border-radius:75px;
        }
</style>
</head>
<body>
<div></div>
</body>
</html>
```

页面显示效果如图 3-25 所示。

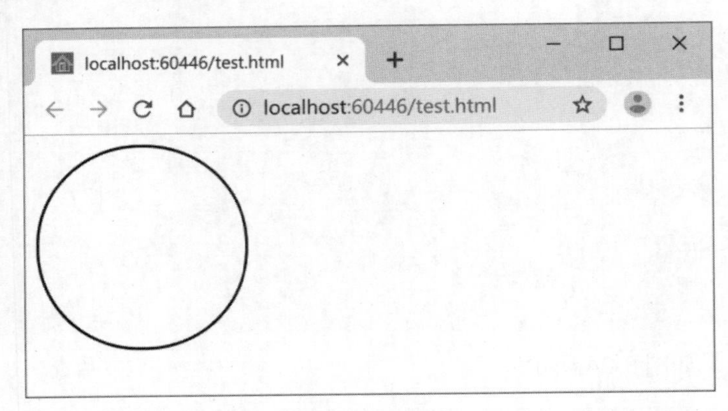

图 3-25

此外，border-radius 属性的值也可以使用百分数来设置，如本例中 border-radius 属性的值使用 50% 或更大，同样显示为一个圆形。在这种情况下，使用百分数似乎更加适合，因为它适用于任何尺寸的元素。

3.3.5 阴影

设置元素的阴影可以使用 box-shadow 属性，基本的属性值包括 *X* 方向偏移、*Y* 方向偏移、模糊半径、颜色。下面的代码演示了 box-shadow 属性的使用。

```
<!DOCTYPE html>
<html>
<head>
<meta charset="utf-8" />
<title></title>
<style>
        div {
            width:150px;
            height:100px;
            border:2px solid black;
            box-shadow:5px 5px 6px gray;
        }
</style>
</head>
<body>
<div></div>
</body>
</html>
```

页面显示效果如图 3-26 所示。

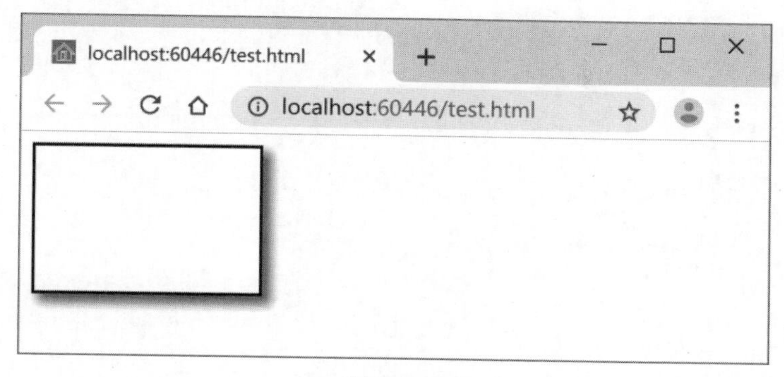

图 3-26

使用 box-shadow 属性时，还可以在颜色值前添加一个数值，用于指定扩展半径，如下面的代码。

```
<!DOCTYPE html>
<html>
<head>
<meta charset="utf-8" />
<title></title>
<style>
        div {
            width:150px;
            height:100px;
            border:2px solid black;
            box-shadow:5px 5px 6px 10px gray;
        }
</style>
</head>
<body>
<div></div>
</body>
</html>
```

页面显示效果如图 3-27 所示。

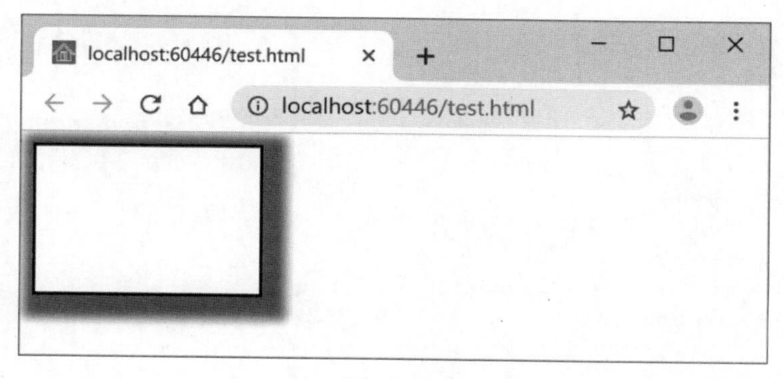

图 3-27

如果需要使用内阴影效果，则可以在第一个数据中使用 inset 值，如下面的代码。

```
<!DOCTYPE html>
<html>
<head>
<meta charset="utf-8" />
<title></title>
<style>
        div {
            width:150px;
            height:100px;
            border:2px solid black;
            box-shadow:inset 5px 5px 6px gray;
        }
</style>
</head>
<body>
<div></div>
</body>
</html>
```

页面显示效果如图 3-28 所示。

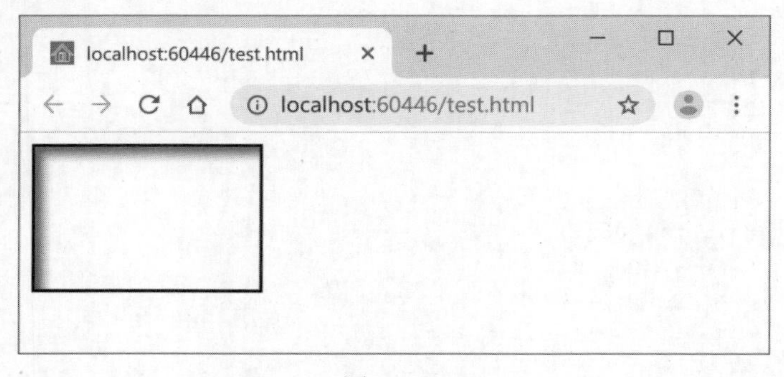

图 3-28

box-shadow 属性还可以同时指定多组数据，如下面的代码，使用样式创建了一个三色圆环。

```
<!DOCTYPE html>
<html>
<head>
<meta charset="utf-8" />
<title></title>
<style>
        div {
            margin:100px;
            width:50px;
            height:50px;
            border-radius:50%;
            background-color:red;
            box-shadow:0px 0px 0px 50px white,
                0px 0px 0px 100px blue;
        }
</style>
</head>
<body>
```

```
<div></div>
</body>
</html>
```

页面显示效果如图 3-29 所示。

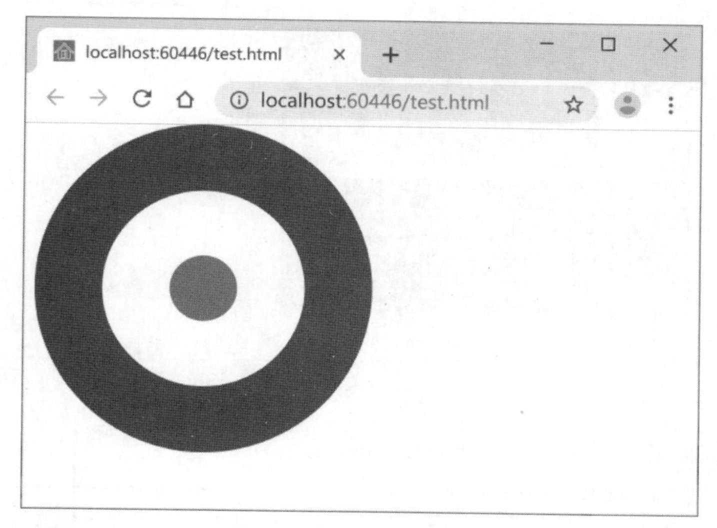

图 3-29

3.3.6 渐变

首先来看线性渐变的应用，如下面的代码。

```
<!DOCTYPE html>
<html>
<head>
<meta charset="utf-8" />
<title></title>
<style>
        div {
            width:300px;
            height:100px;
            border:1px solid black;
            margin-bottom:10px;
        }
        #block1 {
            background-image:linear-gradient(15deg,white,black);
        }
        #block2 {
            background-image:linear-gradient(45deg,white,black);
        }
</style>
</head>
<body>
<div id="block1"></div>
<div id="block2"></div>
</body>
</html>
```

页面显示效果如图 3-30 所示。

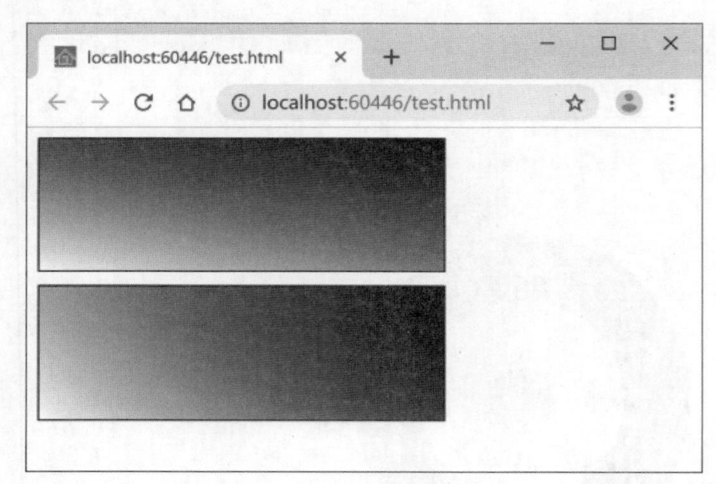

图 3-30

渐变会生成图片，这也是 linear-gradient() 函数的结果应设置到 background-image 属性的原因。

linear-gradient() 函数中使用了三个参数，分别是方向的角度、起始颜色和结束颜色，我们可以通过图 3-31 所示的信息了解这三个参数的作用。

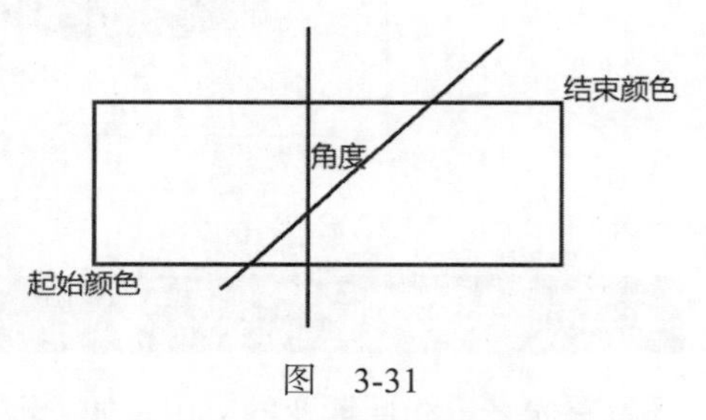

图 3-31

除了使用角度，还可以使用 to 短语指定渐变方向，如下面的代码。

```
<!DOCTYPE html>
<html>
<head>
<meta charset="utf-8" />
<title></title>
<style>
        div {
            width:300px;
            height:100px;
            border:1px solid black;
            margin-bottom:10px;
        }
        #block1 {
            background-image:linear-gradient(to bottom,white,black);
        }
        #block2 {
            background-image:linear-gradient(to top right,white,black);
        }
</style>
</head>
<body>
<div id="block1"></div>
<div id="block2"></div>
</body>
</html>
```

页面显示效果如图 3-32 所示。

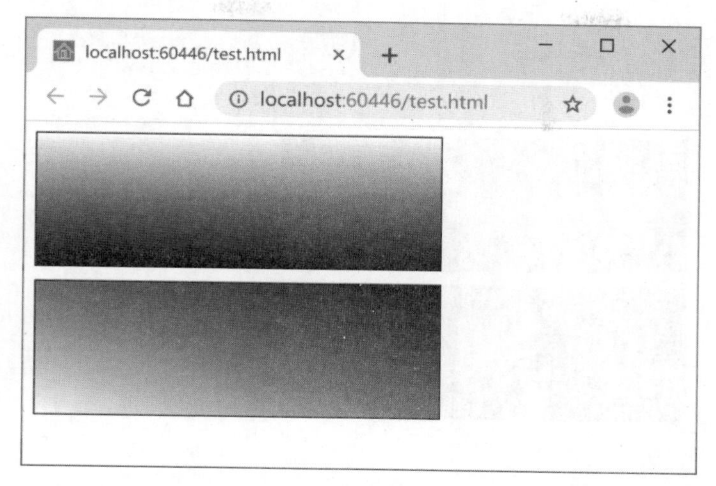

图 3-32

另一种渐变为放射性渐变，使用 radial-gradient() 函数，其数据包括：

- 放射形状，如 circle（圆形）、ellipse（椭圆）。
- 渐变区域结束位置，如 closest-side（最近边界）、farthest-side（最远边界）、closest-corner（最近角）、farthest-corner（最远角）。
- 渐变中心坐标，使用 at 关键字定义，如 at 50% 50% 定义为元素的中心。

下面的代码演示了放射性渐变的应用。

```
<!DOCTYPE html>
<html>
<head>
<meta charset="utf-8" />
<title></title>
<style>
        div {
            width:300px;
            height:100px;
            border:1px solid black;
            margin-bottom:10px;
        }
        #block1 {
background-image:radial-gradient(ellipse farthest-corner at 50% 50%,white, black);
        }
        #block2 {
background-image:radial-gradient(circle closest-side at 50% 50%,white,black);
        }
</style>
</head>
<body>
<div id="block1"></div>
<div id="block2"></div>
</body>
</html>
```

页面显示效果如图 3-33 所示。

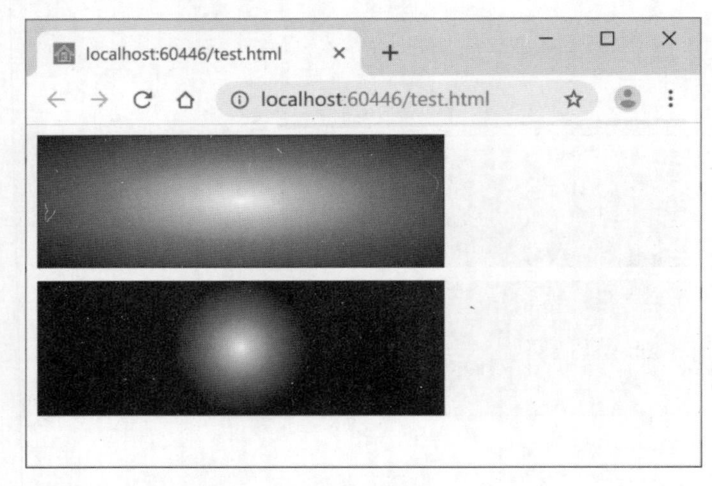

图 3-33

相对于线性渐变和放射性渐变，还有两个对应的重复渐变函数，分别是：

- repeating-linear-gradient() 函数，重复的线性渐变。
- repeating-radial-gradient() 函数，重复的放射性渐变。

通过下面的代码，简单看下这两个函数的应用效果。

```
<!DOCTYPE html>
<html>
<head>
<meta charset="utf-8" />
<title></title>
<style>
        div {
            width:300px;
            height:100px;
            border:1px solid black;
            margin-bottom:10px;
        }
        #block1 {
            background-image:repeating-linear-gradient(white,black 20px);
        }
        #block2 {
            background-image:repeating-radial-gradient(white,black 50px);
        }
</style>
</head>
<body>
<div id="block1"></div>
<div id="block2"></div>
</body>
</html>
```

页面显示效果如图 3-34 所示。

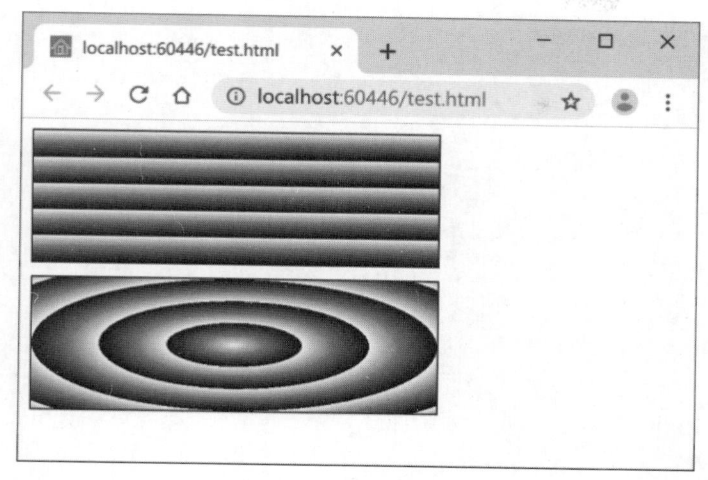

图 3-34

3.3.7 !important 标识

important 还要加感叹号，当然是很重要的意思了。!important 标识用于样式属性后，指定此属性为重要属性，如果属性定义了多次，则优先使用带有 !important 标识的定义。

3.4 文本与段落

一般来讲，文本会定义在特定的元素中，如标题、段落等；字体相关的属性包括字体名称、尺寸、加粗效果、斜体效果、下画线、贯穿线等；对排版来讲，还可以定义首行缩进、行高等样式；在 CSS3 标准中，还可以为文本添加阴影效果，下面分别讨论。

3.4.1 字体

字体相关属性包括：

- font-family 属性，设置字体名称，多个字体使用逗号分隔，如果字体名称中有空格，应使用一对单引号定义。
- font-size 属性，设置字体尺寸，本书中常用的单位是 em 和 px。
- font-weight 属性，设置字体的加粗效果，使用 normal、bold、bolder、lighter 等值，或者 100、200……900 的数值，不过，数值在不同的字体中的表现又会不同，所以，更建议使用关键字进行设置。
- font-style 属性，默认值为 normal，可以使用 italic 值表示斜体风格。
- font 属性，这是一个组合属性，指定的数据包括上述四个属性的值。

与字体相关的属性不难理解，如下面的代码，通过一首唐诗看一下字体设置的基本应用。

```
<!DOCTYPE html>
<html>
<head>
```

```
<meta charset="utf-8" />
<title></title>
<style>
        h1 {
            font-family:'华文行楷';
        }
        p {
            font-family:'华文行楷';
            font-size:1.5em;
        }
</style>
</head>
<body>
<h1>桃花源</h1>
<p>隐隐飞桥隔野烟，石矶西畔问渔船。</p>
<p>桃花尽日随流水，洞在清溪何处边？</p>
</body>
</html>
```

页面显示效果如图 3-35 所示。

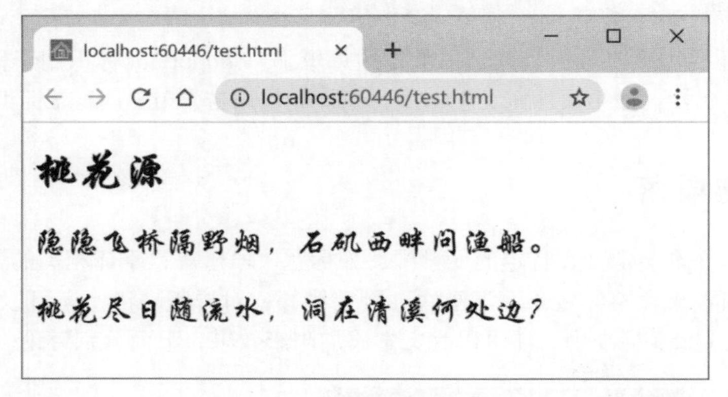

图 3-35

3.4.2 常用文本样式

讨论选择器时，已经看到了伪元素是如何影响文本的，这里就不再赘述。接下来会介绍一些文本和段落的样式属性。

定义水平对齐方式时使用 text-align 属性，它不但可以定义文本的水平对齐方式，在页面布局设计时也是很常用的。下面的代码显示了 text-align 属性中的 left、center 和 right 值的显示效果。

```
<!DOCTYPE html>
<html>
<head>
<meta charset="utf-8" />
<title></title>
<style>
        p {
            width:10em;
```

```
            border:1px solid gray;
        }
</style>
</head>
<body>
<p style="text-align:left;">左对齐</p>
<p style="text-align:center;">中间对齐</p>
<p style="text-align:right;">右对齐</p>
</body>
</html>
```

页面显示效果如图 3-36 所示。

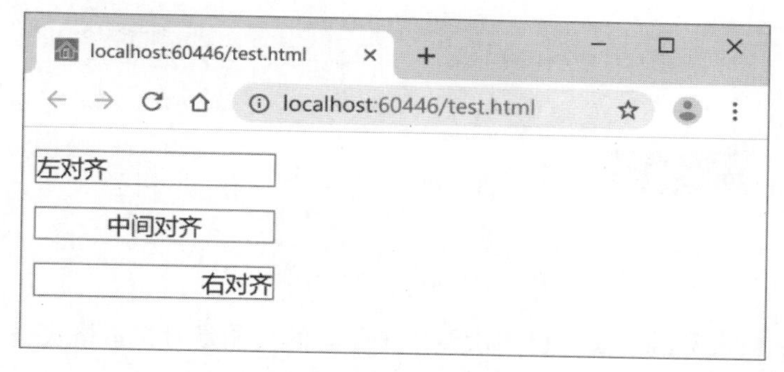

图　3-36

与文本行高相关的属性有 line-height 和 height ；文本的垂直对齐则使用 vertical-align 属性定义，其值主要包括：

- baseline，默认值，基线对齐。
- super，显示为上标。
- sub，显示为下标。
- top，上对齐。
- bottom，下对齐。
- middle，中间对齐。
- text-top，文本上对齐。
- text-bottom，文本下对齐。

下面的代码使用了这三个属性，其功能是将 a 元素显示为一个导航按钮。

```
<!DOCTYPE html>
<html>
<head>
<meta charset="utf-8" />
<title></title>
<style>
        .navi_link {
            background-color:steelblue;
            display:inline-block;
            color:white;
            text-decoration:none;
            padding-left:2em;
            padding-right:2em;
```

```
            line-height:2em;
            height:2em;
            vertical-align:middle;
        }
</style>
</head>
<body>
<a class="navi_link" href="/"> 首页 </a>
</body>
</html>
```

页面显示效果如图 3-37 所示。

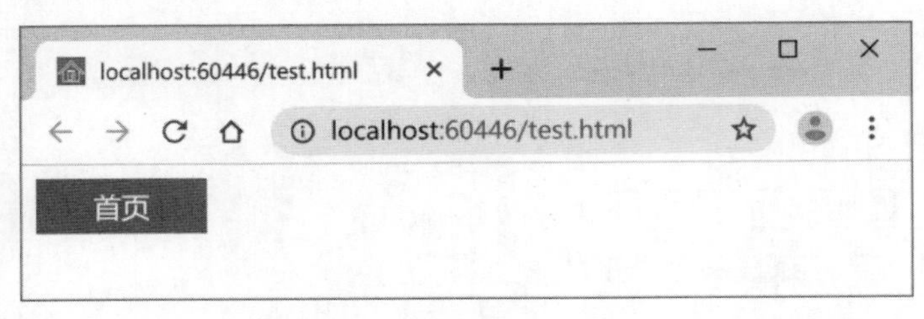

图 3-37

实例中，text-decoration 属性已多次使用了，它的功能是对文本格式进行装饰，其常用值列表如下：

- ❑ none，无特殊效果。
- ❑ underline，下画线。
- ❑ overline，上画线。
- ❑ line-through，中间贯穿线。

下面的代码演示了这几种装饰效果的应用。

```
<!DOCTYPE html>
<html>
<head>
<meta charset="utf-8" />
<title></title>
</head>
<body>
<p style="text-decoration:none;"> 无装饰效果 </p>
<p style="text-decoration:underline;"> 下画线 </p>
<p style="text-decoration:overline;"> 上画线 </p>
<p style="text-decoration:line-through;"> 中间贯穿线 </p>
</body>
</html>
```

页面显示效果如图 3-38 所示。

中文写作中，首行缩进两个字是标准的格式，此效果可以使用 text-indent 属性来定义，如下面的代码。

```
<!DOCTYPE html>
<html>
<head>
<meta charset="utf-8" />
```

```
<title></title>
<style>
        h1 {
            text-align:center;
        }
        p {
            text-indent:2em;
        }
</style>
</head>
<body>
<h1> 满江红 </h1>
<p> 怒发冲冠，凭栏处、潇潇雨歇。抬望眼、仰天长啸，壮怀激烈。三十功名尘与土，八千里路云和月。莫等闲、白了少年头，空悲切。</p>
<p> 靖康耻，犹未雪。臣子恨，何时灭。驾长车，踏破贺兰山缺。壮志饥餐胡虏肉，笑谈渴饮匈奴血。待从头、收拾旧山河，朝天阙。</p>
</body>
</html>
```

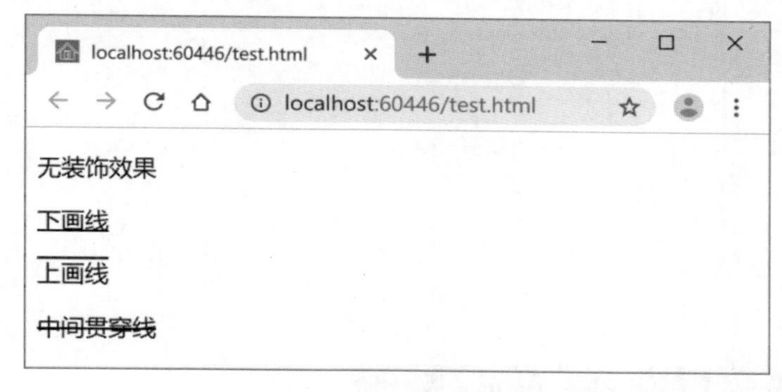

图　3-38

页面显示效果如图 3-39 所示。

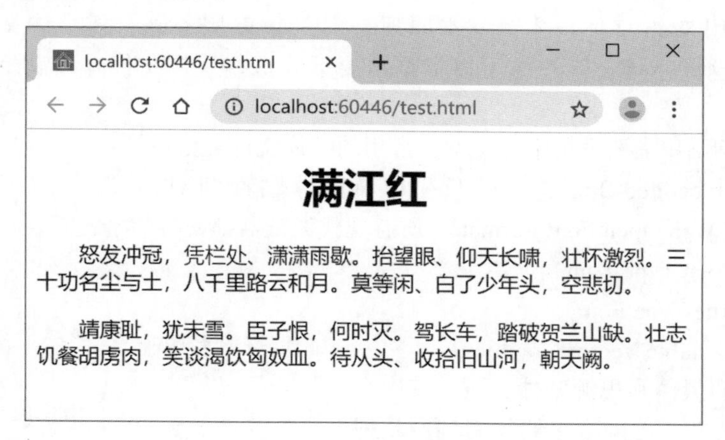

图　3-39

文本的阴影效果是在 CSS3 标准中确定下来的，可以使用 text-shadow 属性来设置，属性值数据包括 *X* 方向偏移、*Y* 方向偏移、模糊距离和颜色。下面的代码显示了文本阴影的应用。

```
<!DOCTYPE html>
<html>
<head>
<meta charset="utf-8" />
<title></title>
<style>
        h1 {
            color:#eee;
            text-shadow:5px 3px 6px #111;
        }
</style>
</head>
<body>
<h1>唐诗、宋词鉴赏</h1>
</body>
</html>
```

页面显示效果如图 3-40 所示。

图　3-40

3.4.3　Web 字体

有时候，网站需要一些特殊的字体，而用户的计算机中很可能没有安装这些字体，此时，可以使用 Web 字体技术，基本原理是，在 Web 服务器存放字体文件，并在 CSS 中定义和应用这些字体，客户端可以根据需要下载这些字体文件，以满足页面中字体应用的需要。

首先，在网站中需要准备字体文件，常用的字体文件类型包括：

- EOT（Embedded OpenType），只有 IE 浏览器支持此字体格式。
- WOFF（Web Open Font Format），所有现代浏览器都支持的格式。
- OTF（Open Type Font）。
- TTF（True Type Font）。
- SVG（Scalable Vector Graphics）。

本书以思源黑体和思源宋体为例，其中会使用两个 .otf 文件，可以将它们复制到网站根目录下的 fonts 目录中，如图 3-41 所示。

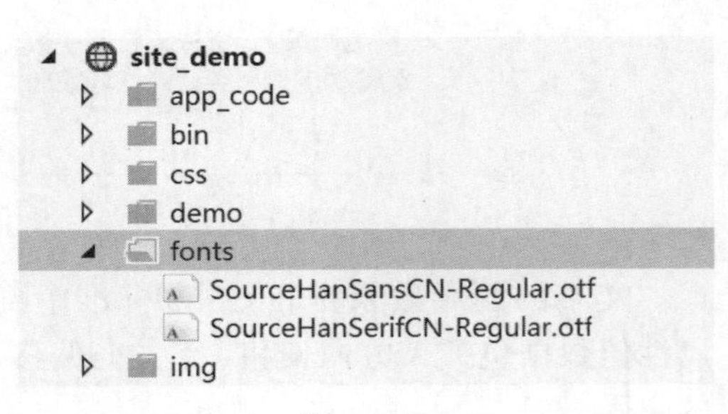

图　3-41

有了字体文件，还不能直接在 CSS 样式中使用，需要使用 @font-face 指令注册字体信息，如下面的代码。

```
@font-face {
font-family:'SourceSansCN';
src:url(/fonts/SourceHanSansCN-Regular.otf);
}
@font-face {
font-family:'SourceSerifCN';
    src:url(/fonts/SourceHanSerifCN-Regular.otf);
}
```

@font-face 指令中可以使用的属性包括：

- font-family，为字体命名，必须指定。
- src，指定字体文件的路径，必须指定。
- font-weight，指定字体加粗效果。
- font-style，指定字体风格。

下面的代码完整地演示了 Web 字体注册的应用过程。

```
<!DOCTYPE html>
<html>
<head>
<meta charset="utf-8" />
<title></title>
<style>
        @font-face {
            font-family:'SourceSansCN';
            src:url(/fonts/SourceHanSansCN-Regular.otf);
        }
        @font-face {
            font-family:'SourceSerifCN';
            src:url(/fonts/SourceHanSerifCN-Regular.otf);
        }
        h1 {
            font-family:'SourceSansCN';
        }
        p{
            font-family:'SourceSerifCN';
        }
</style>
</head>
<body>
<h1> 关山月 </h1>
<p> 明月出天山，苍茫云海间。长风几万里，吹度玉门关。</p>
<p> 汉下白登道，胡窥青海湾。由来征战地，不见有人还。</p>
<p> 戍客望边邑，思归多苦颜。高楼当此夜，叹息未应闲。</p>
</body>
</html>
```

Web 字体能为文本提供特殊的显示效果，但同时也会有一些问题，比如，从服务器下载字体文件时会影响页面呈现及 Web 服务的整体性能、IE 浏览器对 Web 字体支持的格式有限、很多字体是需要付费的等，所以，在项目中是否使用 Web 字体是需要权衡的。

3.5 列表

讨论 HTML 元素时，已经了解了有序列表、无序列表等列表类型，本节将讨论如何使用 CSS 定义列表样式。

首先，列表项的显示类型为 list-item，这是列表项 display 属性的默认值，以下介绍的 CSS 属性都需要应用在 display 属性值为 list-item 的元素中。

list-style-type 属性定义列表项前的标志，主要类型包括：

- none，不显示标志。
- disc，实心圆点，这也是无序列表的默认显示效果。
- circle，圆环。
- square，实心方块。
- decimal，从 1 开始的数字，这是有序列表的默认显示效果。
- decimal-leading-zero，从 1 开始的数字，但位数少的数字包含前导 0。
- upper-alpha，大写英文字母。
- lower-alpha，小写英文字母。
- upper-roman，大写罗马数字。
- lower-roman，小写罗马数字。
- lower-greek，小写希腊字母。
- armenian，亚美尼亚字母。
- georgian，乔治字母。

list-style-image 属性定义列表面前的图片，可以使用 url() 函数指定图片文件的路径。

list-style-position 属性指定列表项标志的位置，默认为 outside，列表项标志会单独显示在内容的左边；设置为 inside 值时，标志会嵌入列表项内容。

list-style 属性是一个组合属性，可以设置 list-style-type、list-style-image 和 list-style-position 属性的组合数据。

下面的代码使用一个图片作为列表项标志。

```
<!DOCTYPE html>
<html>
<head>
<meta charset="utf-8" />
<title></title>
<style>
        li {
            list-style-image:url(/img/pin16.png);
        }
</style>
</head>
<body>
<ul>
<li> 项目一 </li>
<li> 项目二 </li>
<li> 项目三 </li>
```

```
</ul>
</body>
</html>
```

使用源代码中的 pin16.png 文件，页面显示效果如图 3-42 所示。

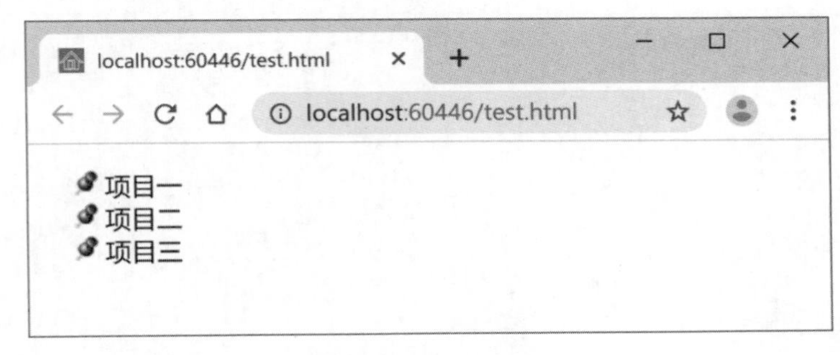

图 3-42

3.6 表格

表格中各种元素的 display 属性也都有对应的值，如：

- table，相当于 table 元素。
- inline-table，行内表，不会自动换行来靠近容器左边界。
- table-caption，对应 caption 元素，一个表只有一个。对于 caption 元素，还可以使用 caption-side 属性设置表标题的位置，其值包括 top（默认值）和 bottom。
- table-header-group，相当于 thead 元素，一个表只有一个。
- table-footer-group，相当于 tfoot 元素，一个表只有一个。
- table-row-group，相当于 tbody 元素。
- table-row，相当于 tr 元素。
- table-column-group，相当于 colgroup 元素。
- table-column，相当于 col 元素。
- table-cell，相当于一个 td 或 th 元素。

大多数情况下，并不需要对表格相关的元素设置 display 属性，但在使用 JavaScript 操作页面元素时，使用正确的 display 属性值就非常重要了。

对于表元素，也就是 display 属性值为 table 或 inline-table 的元素，还有一些样式属性可以使用，下面分别讨论。

border-collapse 属性用于设置单元格之间的折叠样式，其常用值包括：

- separate，默认值，各单元格边框之间会有一定的距离。
- collapse，各单元格边框合并。

图 3-43 显示了这两个值的不同效果。

列一	列二	列三
11	12	13
21	22	23

separate

列一	列二	列三
11	12	13
21	22	23

collapse

图 3-43

border-spacing 属性设置单元格边框之间的距离，此时，border-collapse 属性值应该为 separate。

empty-cells 属性用于处理空单元格是否显示，默认值为 show，还可以设置为 hide。使用此属性时，border-collapse 属性值同样应该为 separate。

此外，在单元格中，经常还会使用 text-align 和 vertical-align 属性设置内容的水平对齐和垂直对齐方式。

下面的代码综合演示了表格的一些样式设计。

```
<!DOCTYPE html>
<html>
<head>
<meta charset="utf-8" />
<title></title>
<style>
        table {
            border-collapse: collapse;
        }

        th, td {
            padding: 0.3em 1em;
            border: 1px solid gray;
            text-align: center;
        }

        th {
            background-color: #ccc;
        }
</style>
</head>
<body>
<table>
<tr>
<th> 列一 </th>
<th> 列二 </th>
<th> 列三 </th>
</tr>
<tr>
<td>11</td>
<td>12</td>
<td>13</td>
</tr>
<tr>
<td>21</td>
<td>22</td>
<td>23</td>
</tr>
</table>
</body>
</html>
```

页面显示效果如图 3-44 所示。

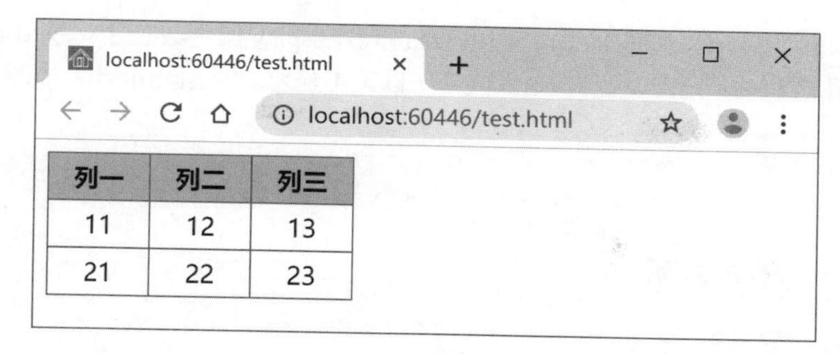

列一	列二	列三
11	12	13
21	22	23

图　3-44

3.7　文档流

前面的内容讨论了一些基本的元素样式属性，但在实际的开发工作中，一个页面可能包含众多的元素，这些元素在页面中会以一定的规则进行排列，从而形成一个文档流。

如果所有的元素都使用默认的方式排列和组织，就称为正常的文档流。比如，行内（inline）或行内块（line-block）元素会充满容器的宽度后“换行”，而块（block）元素总是向容器的左边界靠拢。

实际开发中，可以通过一系列 CSS 属性改变元素的定位方式，本节将了解相关内容。首先，了解两个基本的元素显示属性。

3.7.1　display 和 visibility 属性

display 属性定义了元素的基本显示方式，在列表和表格中已经列出了相应的属性值，而它的常用值还包括：

- none，元素不显示。其所占的位置并不会保留，就像元素在页面中不存在。
- inline，行内元素。元素会充满容器宽度后换行。
- block，块元素。元素总是靠着容器的左边界。
- inline-block，行内块元素。类似行内元素和块元素的组合，有块元素的一些特性，但会像行内元素那样排列。

下面的代码显示了这几种显示方式的效果。

```
<!DOCTYPE html>
<html>
<head>
<meta charset="utf-8" />
<title></title>
</head>
<body>
<h1 style="display:block;">旅夜书怀</h1>
<div style="display:none;">杜甫</div>
<div style="display:inline;">细草微风岸，危樯独夜舟。</div>
<div style="display:inline-block;">星垂平野阔，月涌大江流。</div>
<div style="display:inline;">名岂文章著，官应老病休。</div>
<div style="display:block;">飘飘何所似，天地一沙鸥。</div>
</body>
</html>
```

div 元素的默认显示方式是 block，这里通过修改 display 属性改变了一些 div 元素的显示方式，请注意作者将 div 元素设置为 none 值，所以并不显示。页面显示效果如图 3-45 所示。

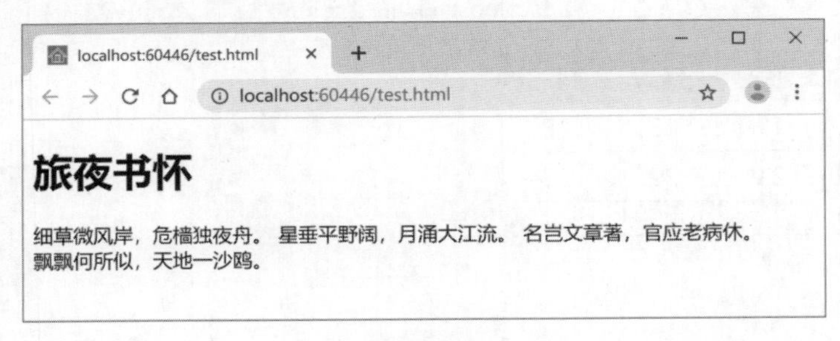

图 3-45

关于 display 属性，除了以上一些标准的常用值外，在进行元素排列和页面布局时，还可以使用一些特殊的值，稍后讨论。

visibility 属性定义元素是否可见，其值包括：

- visible，默认值，正常显示。
- hidden，元素隐藏，但保留元素的位置。
- collapse，在表中删除列或行元素。

下面的代码演示了 visibility 属性的应用。

```
<!DOCTYPE html>
<html>
<head>
<meta charset="utf-8" />
<title></title>
</head>
<body>
<h1>题破山寺后禅院</h1>
<p>清晨入古寺，初日照高林。</p>
<p>曲径通幽处，禅房花木深。</p>
<p style="visibility:hidden;">山光悦鸟性，潭影空人心。</p>
<p>万籁此都寂，惟闻钟磬音。</p>
</body>
</html>
```

页面显示效果如图 3-46 所示，大家可以动动笔，将诗句填写完整。

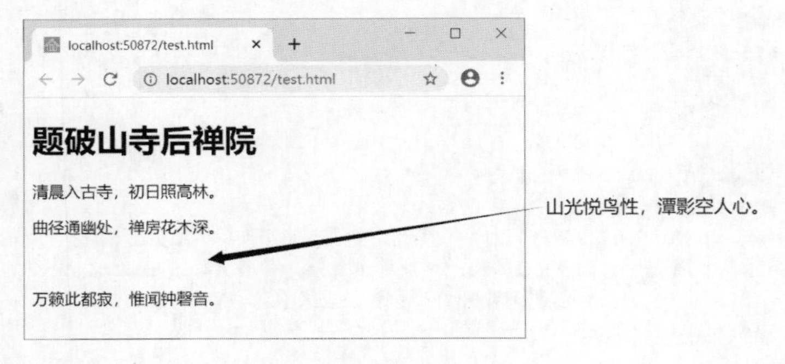

图 3-46

3.7.2 定位

通过 position 属性的设置，可以在页面中改变元素的定位方式。支持的定位类型包括：

- 静态定位，使用 static 值。这是元素的默认定位方式。
- 相对定位，使用 relative 值。相对元素的原始位置，通过 top、right、bottom、left 属性设置元素相对于原始位置的偏移量。
- 绝对定位，使用 absolute 值。从元素容器的左上角开始计算位置，如果没有明确的父元素，则父元素为 html 元素。请注意，绝对定位元素的容器不能是静态定位（static）的。
- 固定定位，使用 fixed 值。以浏览器的可视区域为容器进行定位。

下面的代码演示了相对定位的应用。

```
<!DOCTYPE html>
<html>
<head>
<meta charset="utf-8" />
<title></title>
<style>
        div {
            width:200px;
            height:100px;
            border:2px solid black;
        }
        #block2 {
            background-color:yellow;
            position:relative;
            top:50px;
            left:100px;
        }
</style>
</head>
<body>
<div id="block1">block1</div>
<div id="block2">block2</div>
<div id="block3">block3</div>
</body>
</html>
```

页面显示效果如图 3-47 所示。

当元素不是静态定位时，就有可能与其他元素发生重叠，此时，哪个元素的 z-index 属性值越大，哪个元素就离用户越近。如下面的代码，修改 block2 元素比 block3 元素的 z-index 属性值小。

```
<!DOCTYPE html>
<html>
<head>
<meta charset="utf-8" />
<title></title>
<style>
        div {
            width:200px;
```

```
            height:100px;
            border:2px solid black;
        }
        #block2 {
            background-color:yellow;
            position:relative;
            top:50px;
            left:100px;
            z-index:-100;
        }
        #block3 {
            z-index:100;
            background-color:#eee;
        }
</style>
</head>
<body>
<div id="block1">block1</div>
<div id="block2">block2</div>
<div id="block3">block3</div>
</body>
</html>
```

页面显示效果如图 3-48 所示。

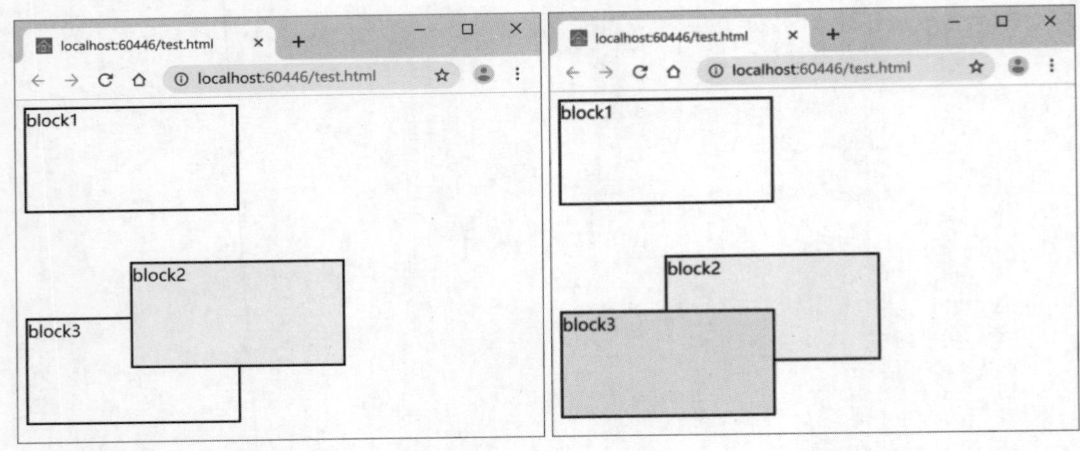

图 3-47　　图 3-48

通过下面的代码来看一下绝对定位的应用。

```
<!DOCTYPE html>
<html>
<head>
<meta charset="utf-8" />
<title></title>
<style>
        div {
            width:200px;
            height:100px;
            border:2px solid black;
        }
```

```
        #block2 {
            background-color:yellow;
            position:absolute;
            width:300px;
            height:200px;
            top:30px;
            left:60px;
        }
        #block3 {
            background-color:#eee;
            position:absolute;
            top:30px;
            left:60px;
        }
</style>
</head>
<body>
<div id="block1">block1</div>
<div id="block2">
        block2
<div id="block3">block3</div>
</div>
</body>
</html>
```

本例中，block2 和 block3 元素都定义为绝对定位，block3 定义为 block2 的子元素。block2 元素的容器为页面的 body 元素，其位置就从页面的左上角开始计算，而 block3 元素的位置则是从 block2 元素的左上角计算。页面显示效果如图 3-49 所示。

最后，看一下固定定位的应用。

```
<!DOCTYPE html>
<html>
<head>
<meta charset="utf-8" />
<title></title>
<style>
        div {
            width:200px;
            height:100px;
            border:2px solid black;
        }
        #block2 {
            background-color:yellow;
            position:fixed;
            width:300px;
            height:200px;
            top:30px;
            left:60px;
          text-align:right;
        }
        #block3 {
            background-color:#eee;
            position:fixed;
            top:30px;
            left:60px;
```

```
        }
</style>
</head>
<body>
<div id="block1">block1</div>
<div id="block2">
        block2
<div id="block3">block3</div>
</div>
</body>
</html>
```

本例将前面实例中 block2 和 block3 元素的 position 属性值改为 fixed，但可以看到，虽然 block3 是 block2 的子元素，但设置为固定定位后，其左上角位置是相同的，都会以页面左上角开始计算。页面显示效果如图 3-50 所示。

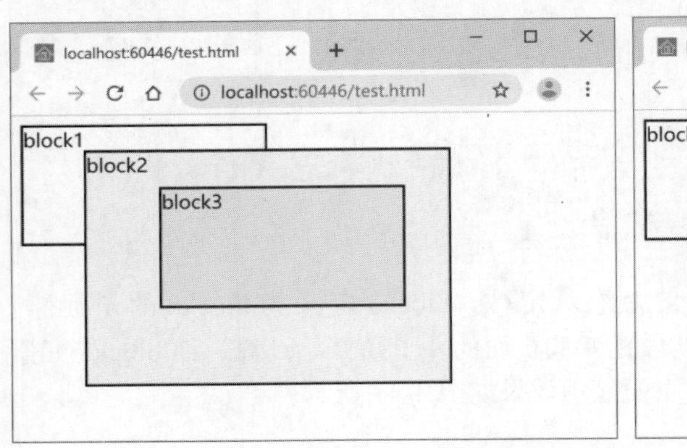

图 3-49

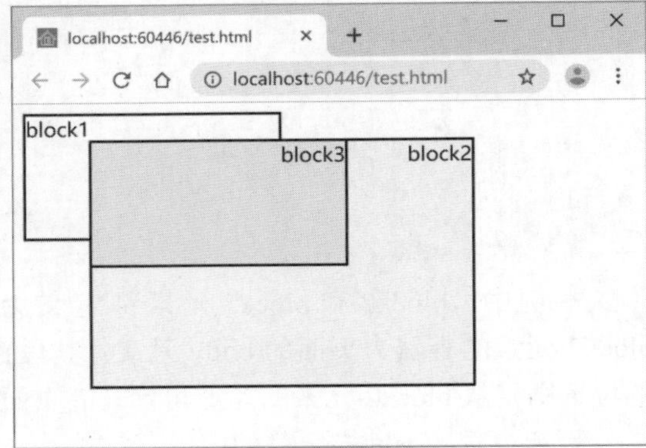

图 3-50

3.7.3 浮动

有时候，可能需要元素总是靠着容器的左边或右边，此时可以使用浮动效果，通过 float 属性实现，属性值包括：

- ❑ none，默认值，不浮动。
- ❑ left，向左浮动。
- ❑ right，向右浮动。

这里以一个介绍“诗仙”李白的页面为例，初始代码如下。

```
<!DOCTYPE html>
<html>
<head>
<meta charset="utf-8" />
<title>李白</title>
</head>
<body>
<h1>李白</h1>
<img src="/img/libai.png" alt="李白画像" />
<p>
李白，字太白，号青莲居士，被后人称为"诗仙"；
```

```
生于公元 701 年，卒于 762 年。
二十五岁出蜀漫游，以狂放的个性和诗词天赋而闻名遐迩。
公元 742 年（天宝元年），李白应诏入京，供奉翰林；
公元 744 年，因权贵诋毁，被唐玄宗 " 赐金放还 ";
公元 762 年病逝。
</p>
<p>
李白是个天才的诗人，作品诗以乐府、绝句最为出名。
</p>

</body>
</html>
```

没有应用任何样式的页面显示效果如图 3-51 所示。

图　3-51

接下来将 img 元素向右浮动，如下面的代码。

```
<style>
    img {
        float:right;
    }
</style>
```

页面显示效果如图 3-52 所示。

通过下面的代码再添加一些样式。

```
<style>
    h1 {
        text-align:center;
    }
    img {
        float:right;
        margin-left:2em;
    }
    p {
```

```
        text-indent:2em;
        line-height:1.5em;
    }
</style>
```

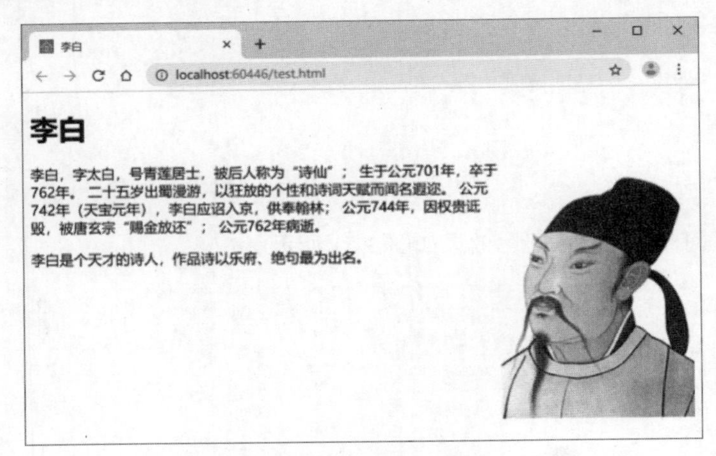

图 3-52

页面显示效果如图 3-53 所示。

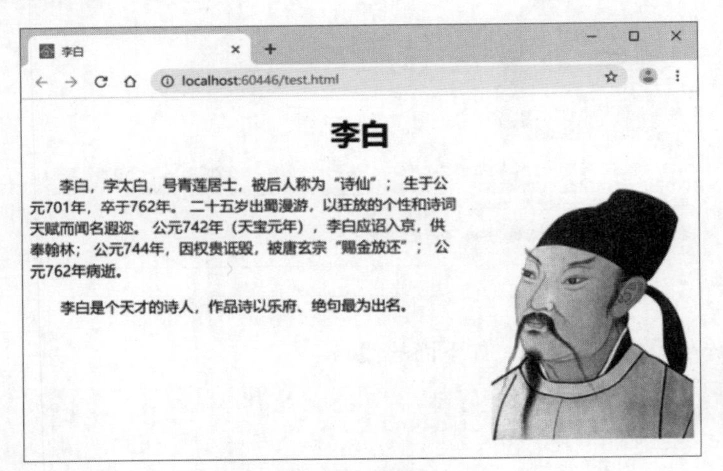

图 3-53

当一个元素浮动后，会影响周围的元素，如页面中的 p 元素会向右紧贴着图片。如果其后的元素不需要跟着浮动元素的节奏走，可以使用 clear 属性清除浮动效果，其属性值包括 left（清除左浮动）、right（清除右浮动）、both（清除所有方向浮动）。

清除一个元素的浮动效果时，会自动在这个元素上方添加足够大的顶部外边距，以便将元素的上边沿垂直方向往下推，直到前一浮动元素的下方。继续使用介绍李白的页面，在第二个 p 元素中添加 clear 属性，如下面的代码。

```
<p style="clear:both;">
李白是个天才的诗人，作品诗以乐府、绝句最为出名。
</p>
```

此时，第二段的文字显示在图片的下方，它与第一段的垂直空白区域就是第二个 p 元素自动添加的 top 外边距，如图 3-54 所示。

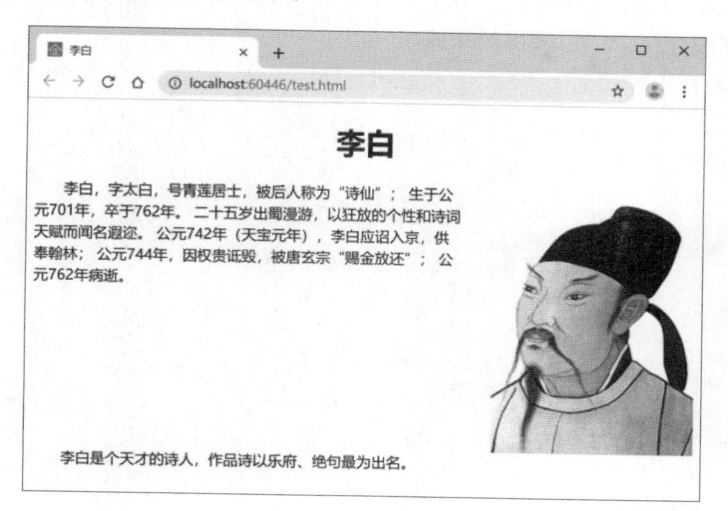

图 3-54

清除浮动元素的效果后，给清除浮动的元素添加 top 外边距时，如果外边距小于自动添加的外边距值，就不会看到外边距的设置效果。本例中，如果在第二个 p 元素添加“margin-top:1em;”样式就不会有什么效果（见图 3-55（a）），如果是“margin-top:15em;”样式，就可以看到明显的效果（见图 3-55（b））。

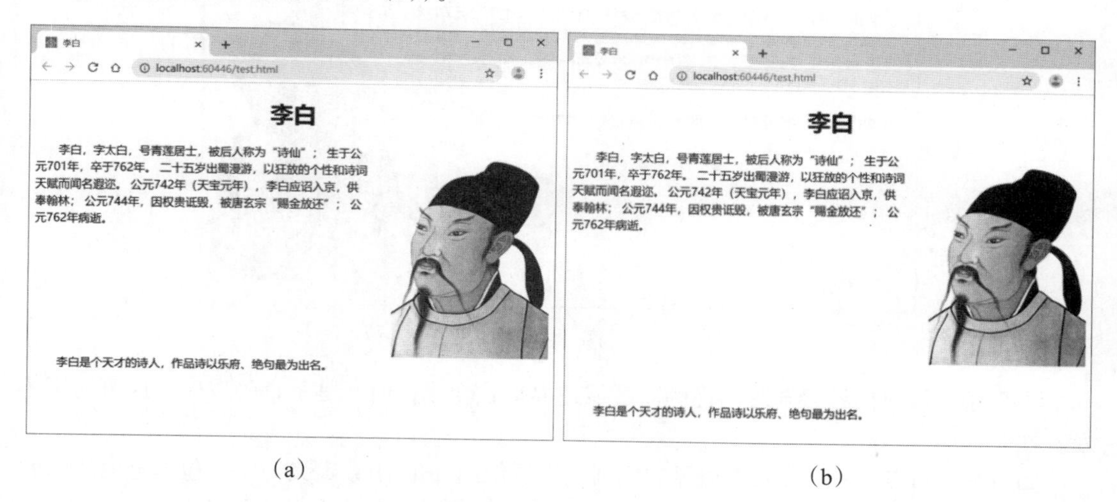

（a） （b）

图 3-55

测试完本部分后，可以删除第二个 p 元素中的样式定义。

3.7.4 shape-outside 属性

shape-outside 属性的作用就是重新确定元素的边界，让其看上去不再是个矩形。shape-outside 属性真的很实用，但是，IE 和 Edge 浏览器不支持这个属性。

确定元素的新边界时，主要有两种方法，包括使用标准图形或使用图片透明度（不透明的部分就是元素的形状），下面分别讨论。

首先，可以使用包含透明度的图片，使用不透明的部分作为图片的新区域，如下面的代码所示，继续修改介绍李白页面中的样式定义。

```
<style>
    h1 {
        text-align:center;
    }
    img {
        float:right;
        shape-outside:url(/img/libai.png);
        shape-margin:1em;
    }
    p {
        text-indent:2em;
        line-height:1.5em;
    }
</style>
```

页面显示效果如图 3-56 所示。

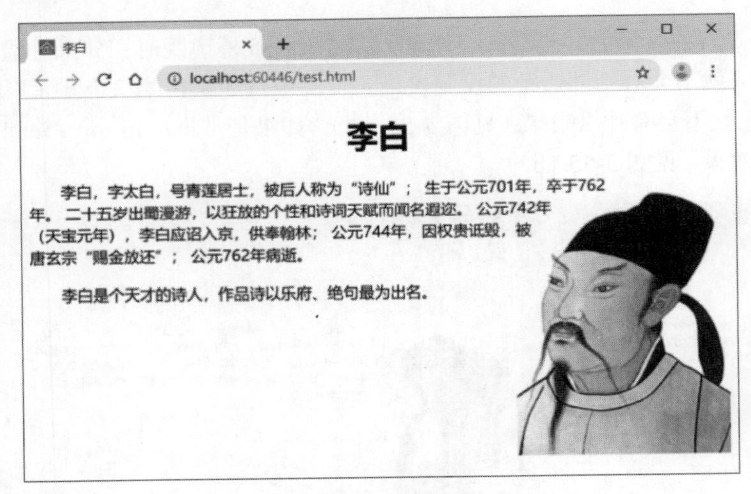

图 3-56

本例中，段落内容会随着图像的新区域边界形状变化，而不是垂直的边框。这里使用的新属性有：

- shape-outside，定义元素边界的规则，本例使用 url() 函数定义为一个包含透明度的图片。这里，定义一个包含透明度图片的有效区域时，图片本身就是最好的选择。
- shape-margin，指定新边界与其他元素的外边距。

此外，还可以使用 shape-image-threshold 属性设置图片透明度的阈值，页面中，会将不透明度（alpha 值）大于此阈值的部分作为有效区域。

使用图形定义元素的边界时，同样使用 shape-outside 属性。可以使用的图形函数包括：

- circle() 函数，定义圆形，需要指定半径和中心位置，如 circle(100px at 50%) 就是指定一个半径为 100 像素、圆心位于元素中心位置的圆形区域。
- ellipse() 函数，定义椭圆，需要指定 X 轴半径、Y 轴半径和中心位置，如 ellipse (100px 50px at 50% 50%)。

❑ polygon() 函数，定义一个封闭多边形，需要多个顶点的坐标数据，如 polygon(10% 10%, 80% 30%, 60% 90%)。

下面的代码演示了圆形区域的应用。

```
<!DOCTYPE html>
<html>
<head>
<meta charset="utf-8" />
<title></title>
<style>
        h1 {
            text-align:center;
        }
        #shape1 {
            float:left;
            width:200px;
            height:200px;
            background-color:#eee;
            shape-outside:circle(100px at 50%);
        }
</style>
</head>
<body>
<h1> 水龙吟 </h1>
<div id="shape1"></div>
<p>
闹花深处层楼，画帘半卷东风软。春归翠陌，平莎茸嫩，垂杨金浅。
迟日催花，淡云阁雨，轻寒轻暖。恨芳菲世界，游人未赏，都付与、莺和燕。
</p>
<p>
寂寞凭高念远。向南楼、一声归雁。金钗斗草，青丝勒马，风流云散。
罗绶分香，翠绡封泪，几多幽怨。正消魂、又是疏烟淡月，子规声断。
</p>
</body>
</html>
```

图 3-57 中显示了 shape1 元素不使用 shape-outside 属性（见图 3-57（a））和使用 shape-outside 属性（见图 3-57（b））的区别。

下面的代码演示了多边形区域的应用，其中绘制了一个三角形区域。

```
<style>
        h1 {
            text-align:center;
        }
        #shape1 {
            float:left;
            width:200px;
            height:200px;
            background-color:#eee;
            shape-outside:polygon(10% 10%, 80% 30%, 60% 90%);
        }
</style>
```

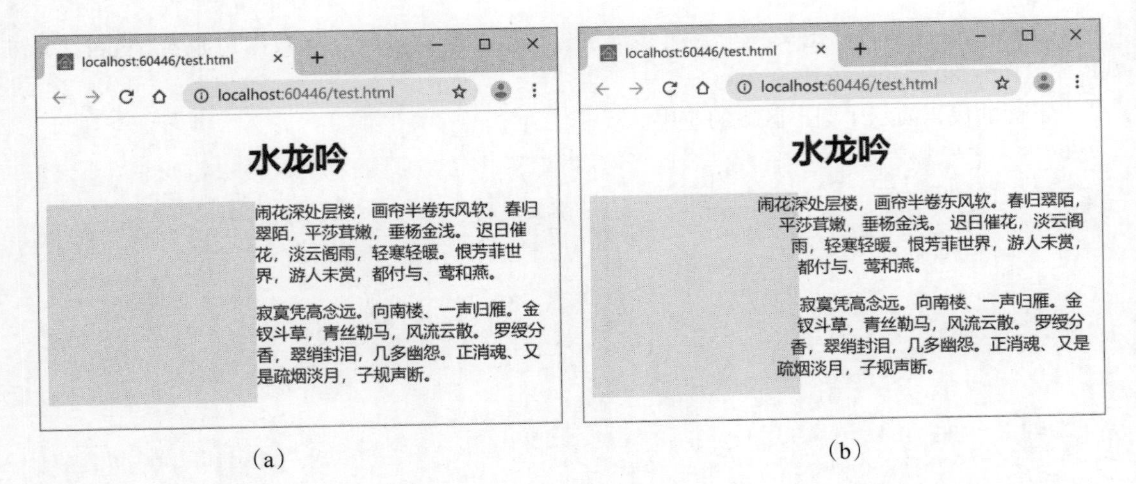

(a)　　(b)

图　3-57

页面显示效果如图 3-58 所示。

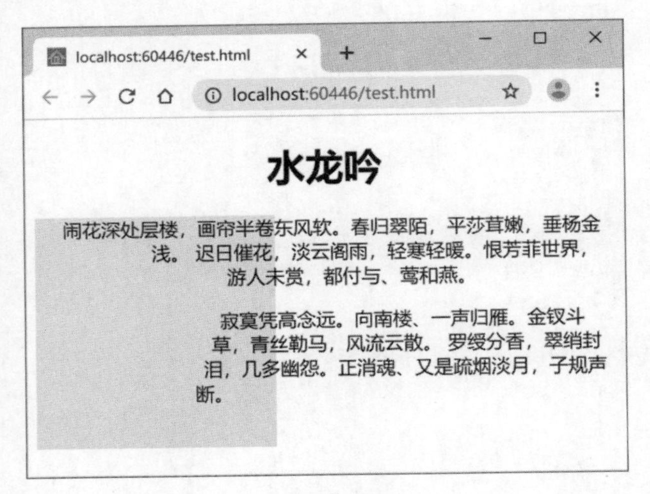

图　3-58

除了定义圆形、椭圆和多边形外，在 shape-outside 属性中还可以使用 inset() 函数指定元素内的区域，其参数类似 margin 或 padding 属性的设置，分别指定距离元素原边界上、左、下、右的尺寸（可使用简写形式），下面的代码显示了 inset() 函数的应用。

```
<style>
        h1 {
            text-align:center;
        }
        #shape1 {
            float:left;
            width:200px;
            height:200px;
            background-color:#eee;
            shape-outside:inset(10px 60px);
        }
</style>
```

页面显示效果如图 3-59 所示。

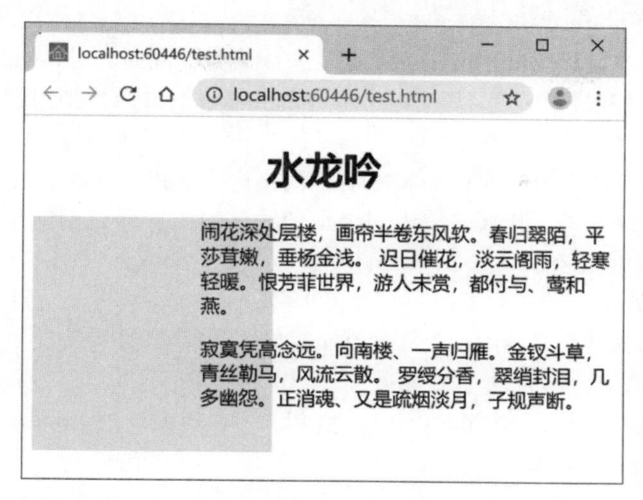

图 3-59

使用 inset() 函数，还可以使用 round 关键字指定圆角，如下面的代码所示。

```
<style>
        h1 {
            text-align:center;
        }
        #shape1 {
            float:left;
            width:200px;
            height:200px;
            background-color:#eee;
            shape-outside:inset(10px 60px round 50px);
        }
</style>
```

页面显示效果如图 3-60 所示。

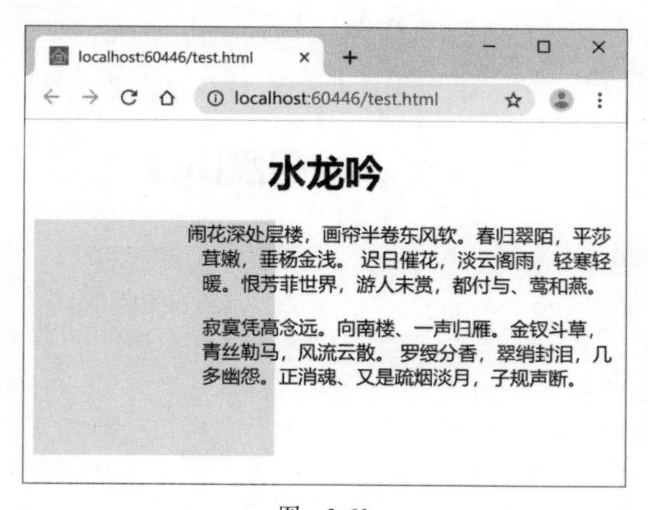

图 3-60

3.7.5 溢出

元素的尺寸可以使用 width 和 height 属性进行设置，同时，min-width 和 max-width 属性可以指定最小宽度和最大宽度，而 min-height 和 max-height 属性则用于指定最小高度和最大高度。

当元素中的内容超出容器允许的尺寸后，就会产生溢出，此时，可以使用 overflow 属性设置溢出后的处理方式，其默认值为 visible 值，此时内容会显示到元素的外部（溢出）。overflow 属性的常用值还有：

- auto，自动处理。
- scroll，容器元素会显示滚动条方便查看超出容器尺寸的内容。
- hidden，隐藏溢出部分。

图 3-61 中分别显示了 visible（a）、auto（b）、scroll（c）和 hidden（d）值在 Google Chrome 浏览器中的显示效果。

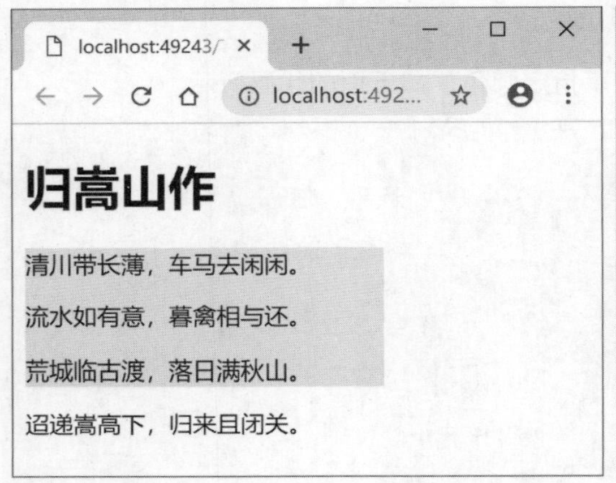

（a）

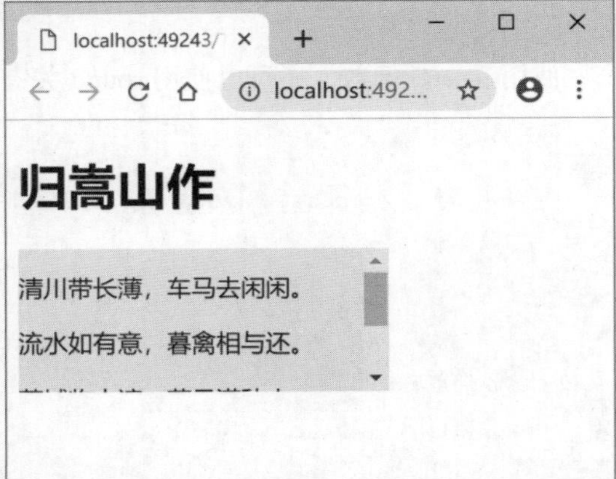

（b）

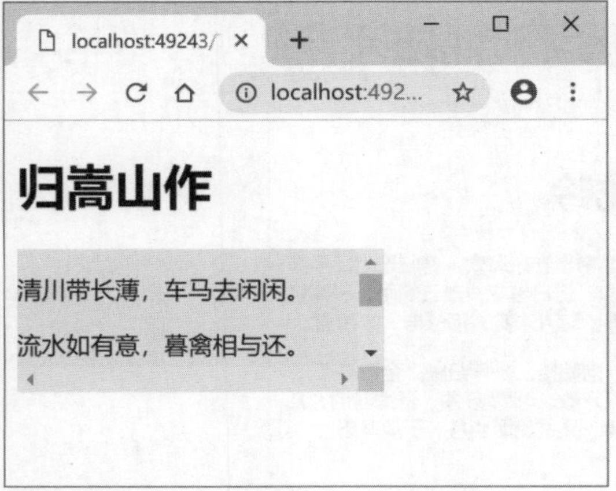

（c）

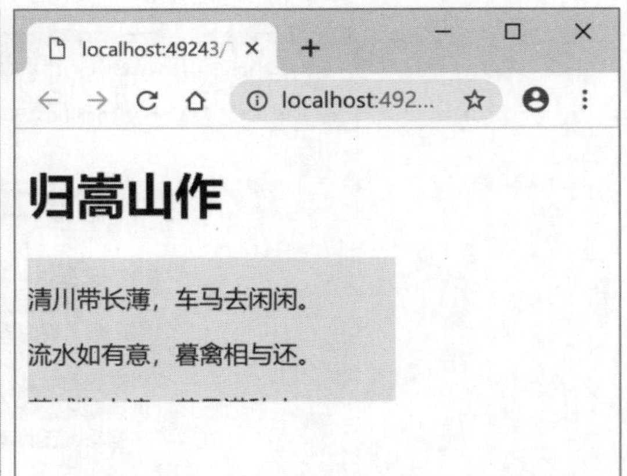

（d）

图 3-61

实际应用中，由于页面的尺寸接近无限，所以，刻意限制元素的尺寸并不总是最好的选择，除非是应用设计上有要求，否则，总是完整地显示元素内容，并合理地设计布局才是比较理想的方案。

关于 pre 元素的溢出问题，如果在某些情况下允许 pre 元素中的内容换行，可以使用如下样式。

```
white-space:pre-wrap;
```

关于文档流，还有一个重要的主题就是页面的布局，第 17 章会综合讨论相关内容。

3.8 背景

本节将讨论元素背景（background）相关的样式设置。首先了解 background-color 属性，它设置元素的背景颜色，默认值为 transparent，表示元素是透明的，此时，元素的背景会显示其容器元素（父元素）的背景。

可以使用各种颜色值设置 background-color 属性，如 #eee、yellow、rgb(128,0,128) 等。

除了颜色，还可以使用图片来设置背景，下面了解一些常用的属性。

background-image 属性用于设置背景图片，可以使用 url() 函数指定图片文件的路径。此外，还可以使用渐变生成的图像等。

background-repeat 属性指定背景图像的重复方式，常用的值包括：

- repeat，默认值，如果图像比背景小，则会在水平和垂直方向重复排列图像。
- repeat-x，水平方向重复排列图像。
- repeat-y，垂直方向重复排列图像。
- no-repeat，图像不重复。

background-position 属性用于指定图像的定位方式，属性值可使用数值、百分数，以及 left、center、right、top、bottom 关键字或它们的组合。

background-attachment 属性指定背景的附着方式，其值包括：

- scroll，默认值。背景会随页面滚动而滚动。
- fixed 值，背景固定不动。当背景图像不重复又需要保持背景不变时使用。

下面的代码定义 body 的背景图片为一张地球照片，并会居中显示。

```
<!DOCTYPE html>
<html>
<head>
<meta charset="utf-8" />
<title></title>
<style>
    body {
        background-color:#eee;
        background-image:url(/img/Earth.png);
        background-repeat:no-repeat;
        background-attachment:fixed;
        background-position:50% 50%;
    }
</style>
</head>
```

```
<body>
</body>
</html>
```

页面显示效果如图 3-62 所示。

图 3-62

background 属性是设置背景的组合属性，设置与上例相同的样式可以使用如下代码。

```
<style>
    body {
        background:url(/img/Earth.png) no-repeat #eee center fixed;
    }
</style>
```

实际应用中，还可以同时设置多个背景，多个背景的数据使用逗号分隔，同时在右上角和左下角显示地球和火星，如下面的代码。

```
<!DOCTYPE html>
<html>
<head>
<meta charset="utf-8" />
<title></title>
<style>
        body {
            background:url(/img/Earth.png) right top,
                url(/img/Mars.png) left bottom;
            background-repeat:no-repeat;
            background-attachment:fixed;
        }
</style>
</head>
<body>
</body>
</html>
```

页面显示效果如图 3-63 所示。

图　3-63

3.9　变换

变换效果主要包括移动、缩放、旋转、扭曲等。默认情况下，它以中心为原点（坐标基准位置）进行操作，改变原点可以使用 transform-origin 属性，其默认值为 center。此外，原点还可以使用 right、left、top、bottom、center 关键字设置，并可以使用数值和百分数设置原点坐标。

设置元素的变换效果时，可以使用 transform 属性，属性值中可执行的函数包括：

- translate(x, y)，水平方向和垂直方向移动，参数指定移动距离。
- translateX(x)，水平方向移动，参数指定移动距离。
- translateY(y)，垂直方向移动，参数指定移动距离。
- scale(x, y)，水平和垂直缩放，参数指定缩放比例。
- scaleX(x)，水平缩放，参数指定缩放比例。
- scaleY(y)，垂直缩放，参数指定缩放比例。
- rotate(angle)，旋转，参数指定旋转角度，如 rotate(45deg)。
- skew(x-angle, y-angle)，水平和垂直扭曲，参数指定扭曲角度。
- skewX(angle)，水平扭曲，参数指定扭曲角度。
- skewY(angle)，垂直扭曲，参数指定扭曲角度。

下面的代码演示了两个 div 元素中的第二个会向右移动 100 像素。

```
<!DOCTYPE html>
<html>
<head>
<meta charset="utf-8" />
<title></title>
<style>
        div {
            width:100px;
            height:100px;
            background-color:gray;
            margin:30px;
```

```
        }
        #block2 {
            transform:translateX(100px);
        }
</style>
</head>
<body>
<div id="block1">block1</div>
<div id="block2">block2</div>
</body>
</html>
```

页面显示效果如图 3-64 所示。

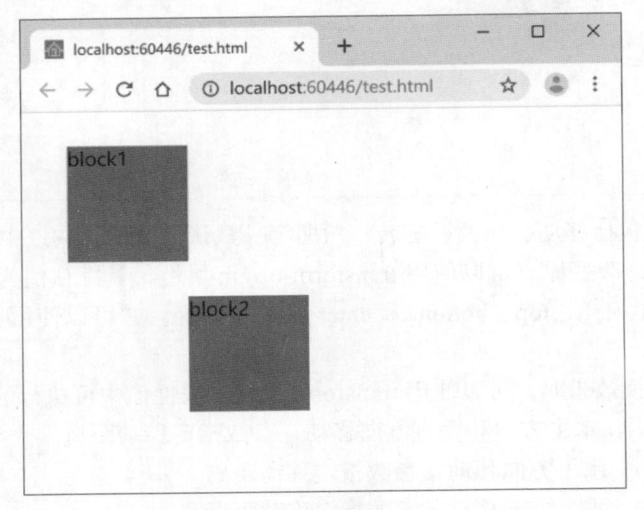

图 3-64

下面的代码演示了两个 div 元素中的第二个会旋转 45°。

```
<!DOCTYPE html>
<html>
<head>
<meta charset="utf-8" />
<title></title>
<style>
        div {
            width:100px;
            height:100px;
            background-color:gray;
            margin:30px;
        }
        #block2 {
            transform:rotate(45deg);
        }
</style>
</head>
<body>
<div id="block1">block1</div>
```

```
<div id="block2">block2</div>
</body>
</html>
```

页面显示效果如图 3-65 所示。

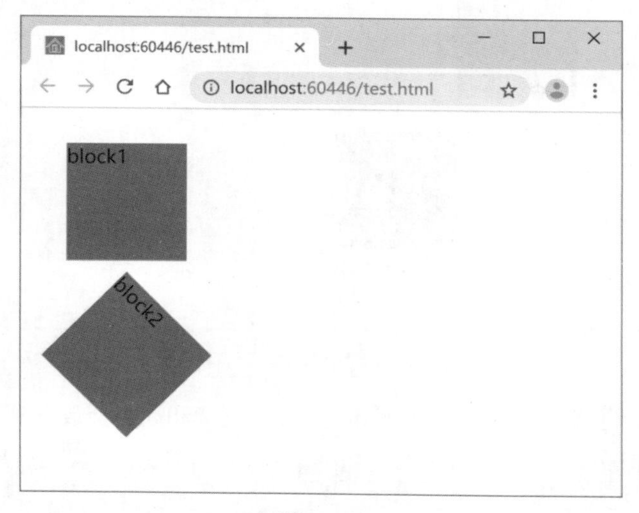

图　3-65

下面的代码演示了 block2 元素以右下角为原点进行旋转。

```
<!DOCTYPE html>
<html>
<head>
<meta charset="utf-8" />
<title></title>
<style>
        div {
            width: 100px;
            height: 100px;
            background-color: gray;
            margin: 30px;
        }

        #block2 {
            transform-origin:right bottom;
            transform: rotate(90deg);
        }
</style>
</head>
<body>
<div id="block1">block1</div>
<div id="block2">block2</div>
</body>
</html>
```

页面显示效果如图 3-66 所示。

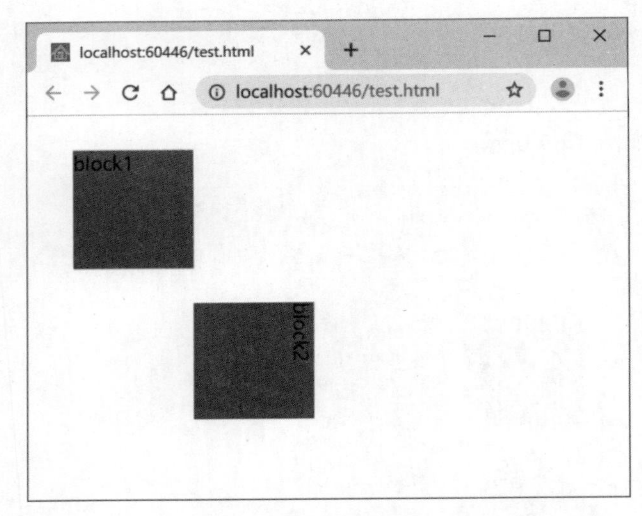

图 3-66

下面的代码演示了缩放操作，第二个 div 元素的宽度和高度会放大到原来的 1.5 倍。

```
<!DOCTYPE html>
<html>
<head>
<meta charset="utf-8" />
<title></title>
<style>
        div {
            width:100px;
            height:100px;
            background-color:gray;
            margin:30px;
        }
        #block2 {
            transform:scale(1.5);
        }
</style>
</head>
<body>
<div id="block1">block1</div>
<div id="block2">block2</div>
</body>
</html>
```

页面显示效果如图 3-67 所示。请注意，元素是在原位置进行缩放，并不会重新设置外边距。

下面的代码演示了两个 div 元素会以相反的方向水平扭曲。

```
<!DOCTYPE html>
<html>
<head>
<meta charset="utf-8" />
<title></title>
<style>
        div {
            width:100px;
            height:100px;
```

```
            background-color:gray;
            margin:30px;
        }
        #block1 {
            transform:skewX(-30deg);
        }
        #block2 {
            transform:skewX(30deg);
        }
</style>
</head>
<body>
<div id="block1">block1</div>
<div id="block2">block2</div>
</body>
</html>
```

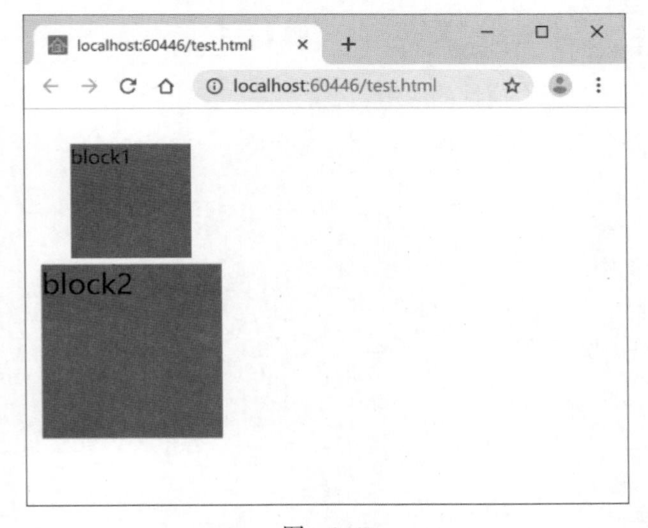

图 3-67

页面显示效果如图 3-68 所示。

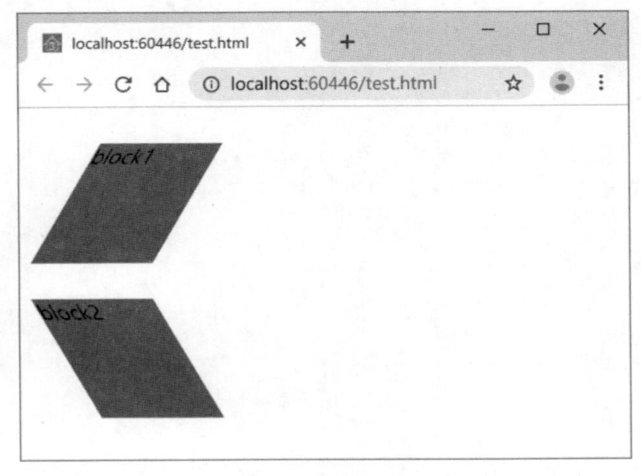

图 3-68

3.10 过渡

过渡可以在元素的两个状态之间自动生成动画效果。下面先了解几个关于过渡的属性。

transition-property 属性指定参与生成过渡动画的 CSS 属性名称，多个属性名使用逗号分隔，如果元素的所有 CSS 属性都包含在过渡效果中，可以使用 all 值；如果样式都不使用过渡效果，则使用 none 值。

transition-duration 属性指定过渡动画完成的时间，如 0.5s 表示半秒的时间。

transition-timing-function 属性设置过渡的节奏，常用的值包括：

- ease，默认值。
- linear，匀速。
- ease-in-out，开始较慢，接着加速，再慢下来。
- ease-in，开始较慢，然后匀速。
- ease-out，开始匀速，然后慢下来。

下面的代码演示了这三个属性的应用。

```
<!DOCTYPE html>
<html>
<head>
<meta charset="utf-8" />
<title></title>
<style>
        div {
            width: 100px;
            height: 100px;
            background-color: gray;
            margin: 30px;
        }
        #block2 {
            transition-property:all;
            transition-timing-function:linear;
            transition-duration:0.5s;
        }

        #block2:hover {
            background-color:steelblue;
            transform:scale(1.2);
            transition-property:all;
            transition-timing-function:linear;
            transition-duration:0.5s;
        }
</style>
</head>
<body>
<div id="block1">block1</div>
<div id="block2">block2</div>
</body>
</html>
```

block2 类中使用了 :hover 伪类，当鼠标指针移动到 block2 元素时，会用 0.5s 的时间由灰色变成 steelblue 色，并放大 1.2 倍；当鼠标指针离开 block2 元素时，则使用 0.5s 的时间恢复原状。

如果在 #block2 样式声明中不设置过渡，则在鼠标指针离开 block2 元素时，会瞬间恢复原状。

此外，transition-delay 属性指定过渡延迟时间。在 transition-timing-function 属性中，还可以使用如下函数来定义过渡的效果：

- cubic-bezier()，根据贝塞尔曲线数据变换，需要指定两个点的坐标。
- step() 函数，参数一指定切分为几个步骤，参数二指定是开始（start）时还是结束（end）时改变属性。

对于过渡效果，还可以使用 transition 属性进行组合数据设置，如：

```
transition:all linear 0.5s;
```

过渡会产生动画，这里没办法提供具体的执行效果，大家需要多尝试、多使用不同的属性值，并在浏览器中观察实际的运行效果。

3.11 帧动画

帧动画需要在块元素或行内块元素中应用，分两步来实现：首先使用 @keyframes 指令定义动画关键帧（keyframe）；然后使用 animation-name 属性将动画指定到元素。

下面的代码显示了帧动画的基本实现。

```
<!DOCTYPE html>
<html>
<head>
<meta charset="utf-8" />
<title></title>
<style>
        div {
            width: 100px;
            height: 100px;
            background-color: gray;
            margin: 30px;
        }

        /* 定义关键帧 */
        @keyframes block_rotate {
            0% {
                transform:rotate(60deg);
            }
            20% {
                transform:rotate(120deg);
            }
            40% {
                transform:rotate(180deg);
            }
            60%
            {
                transform:rotate(240deg);
            }
```

```
            80% {
                transform:rotate(300deg);
            }
            100% {
                transform:rotate(360deg);
            }
        }

        /* 动画应用 */
        #block2 {
            animation-name:block_rotate;
            animation-duration:2s;
        }
</style>
</head>
<body>
<div id="block1">block1</div>
<div id="block2">block2</div>
</body>
</html>
```

代码使用@keyframes指令定义了一个名为block_rotate的关键帧组，其中的0% ~ 100%指定在动画各个阶段应用的样式，这里设置的动画就是每个阶段都旋转60°，最终恢复到初始状态。

接下来，在block2元素的样式中，使用animation-name属性设置关键帧组的名称，并使用animation-duration属性指定动画执行的时间长度，这里指定2s完成整个动画过程。

下面再了解一些帧动画相关的属性。

animation-delay属性，设置动画延时时间，如1s表示1秒。

animation-iteration-count属性，设置动画执行次数，infinite值表示无限循环。

animation-timing-function属性，设置计时函数，也就是动画执行的节奏，常用的属性值有：

- ease，默认值。
- linear，匀速。
- ease-in-out，开始慢，接着加速，再慢下来。
- ease-in，开始慢，然后匀速。
- ease-out，开始匀速，然后慢下来。

animation-fill-mode属性指定动画执行前或执行后元素的样式应用模式，其值包括：

- backwards，第一个关键帧中的属性会立即应用，当有延迟或停止状态时也是这样。
- forward，应用最后一个关键帧的计算样式。
- both，同时应用正向和反向填充。

animation-play-state属性指定动画执行的状态，其值包括：

- paused，暂停。
- running，执行。

animation-direction属性设置动画播放的方向，其值包括：

- normal，正向播放。
- reverse，反向播放。

- alternate，正向和反向交替播放，先正向播放。
- alternate-reverse，正和反向交替播放，先反向播放。

此外，动画也有一个组合属性 animation，但由于动画的设置比较复杂，建议大家使用具体的属性进行动画效果的设置工作。下面的代码简单地演示了 animation 属性的应用。

```
/* 动画应用 */
#block2 {
    animation:block_rotate 2s linear infinite alternate;
}
```

本例中，block2 元素会先顺时针旋转，然后逆时针旋转，并无限循环。

第 4 章　JavaScript 编程基础

关于 JavaScript 的名称，经常让人联想到 Java，实际上，除了 Java 这四个字母，这两种编程语言实际没什么关系。

JavaScript 是一种脚本语言，虽然使用场景越来越广泛，但在本书中，它的主要任务就是在客户端（如浏览器中）执行逻辑任务。

如果能够深入学习，开发者可以在浏览器中做很多有趣的事情，特别是在结合了 HTML5 和 CSS3 等技术的特性之后，通过 JavaScript 编程可以为 Web 项目增添更加绚丽夺目的效果。另外，如果客户端能够分担一些数据处理工作，对于减少服务器的工作负载是非常有利的，可以有效地提高 Web 应用的整体性能。

下面首先了解 JavaScript 代码在 Web 项目中是如何工作的。

4.1　如何添加 JavaScript 代码

和 CSS 的应用非常相似，Web 项目中，可以在 HTML 页面中灵活地应用 JavaScript 代码，本节将讨论在 HTML 页面中加入 JavaScript 代码的基本方式。

4.1.1　元素中嵌入 JavaScript 代码

下面的代码演示了如何通过元素中的事件（event）执行 JavaScript 代码。

```
<!DOCTYPE html>
<html>
<head>
<meta charset="utf-8" />
<title></title>
</head>
<body>
<h1 onclick="alert('JavaScript 在行动 ');">JavaScript 测试 </h1>
</body>
</html>
```

事件是响应特定情况的操作，本例在 h1 元素中使用了 onclick 事件，它是在用户单击此元素时触发的事件。单击元素时，会显示一个消息对话框，如图 4-1 所示。

元素中嵌入 JavaScript 代码，大多数情况下是通过元素的事件，但也有一些特殊情况，比如，a 元素中就可以通过 href 属性嵌入 JavaScript 代码，如下面的代码。

```
<!DOCTYPE html>
<html>
<head>
<meta charset="utf-8" />
<title></title>
</head>
```

```
<body>
<a href="javascript:alert('JavaScript 在行动 ');">JavaScript 测试 </a>
</body>
</html>
```

图　4-1

a 元素的 href 属性值中以“javascript:”开头，说明属性内容是 JavaScript 代码，本例单击页面中的 a 元素会显示与前一实例相同的消息对话框，如图 4-2 所示。

图　4-2

无论是在元素的事件中，还是在 a 元素的 href 属性中，都可以使用简单的 JavaScript 代码。但是，如果代码量比较大、程序逻辑比较复杂，或者是重复使用的代码，这种方式就不太适合了。

4.1.2　script 元素与 JavaScript 文件

如果 JavaScript 代码只需要在一个页面中执行，可以在 script 元素中定义这些代码。为了有效区分页面内容的各个部分，我们将定义 JavaScript 代码的 script 元素定义在页面内容的尾部，也就是 </html> 标记之后，如下面的代码。

```
<!DOCTYPE html>
<html>
<head>
<meta charset="utf-8" />
<title></title>
</head>
<body>
<form>
<button type="button" onclick="sayHello();">Hello</button>
</form>
```

```
</body>
</html>
<script>
    function sayHello() {
        alert("Hello JavaScript");
    }
</script>
```

代码定义了一个 button 元素，其中的 onclick 事件指定为 sayHello() 函数，它定义在页面最后的 script 元素中。页面显示效果如图 4-3 所示。

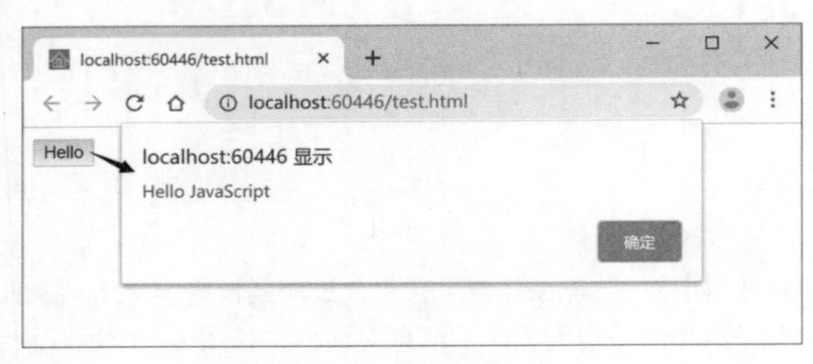

图 4-3

项目中，多个页面重复使用的 JavaScript 代码可以定义在独立的代码文件（扩展名为 .js）中。然后，通过 script 元素引入到页面文件，此时需要使用 <script> 标记的 src 属性指定代码文件的路径。

下面在 js 文件夹中创建一个名为 Test.js 的文件，并修改其内容如下。

```
function sayHello() {
    alert("Hello JavaScript");
}
```

请注意，在 .js 文件中创建的 JavaScript 代码并不需要使用 script 元素。接下来在 /Test.html 页面中引用这个函数，如下面的代码。

```
<!DOCTYPE html>
<html>
<head>
<meta charset="utf-8" />
<title></title>
</head>
<body>
<form>
<button type="button" onclick="sayHello();">Hello</button>
</form>
</body>
</html>
<script src="/js/Test.js"></script>
```

本例单击 Hello 按钮后执行的代码就是 /js/Test.js 文件中定义的 sayHello() 函数，执行效果与图 4-3 相同。

script 元素中，除了 src 属性可以指定 JavaScript 代码文件（.js 文件）的位置外，在 HTML5 标准中新增了两个属性，它们是：

❑ defer 属性，延时执行代码，在 HTML 元素解析完成后再执行脚本。

- async 属性，加载完成后直接执行，如果代码调用了没有加载的元素，则有可能出现问题。

如果 JavaScript 代码需要使用页面结构和重要的元素，应使用 defer 参数，即在页面完全载入后再执行，如下面的代码。

```
<script defer src="/js/Test.js"></script>
```

了解了如何在页面中使用 JavaScript 代码，接下来开始学习如何通过 JavaScript 代码实现更多的功能。

4.2　数据处理

与 HTML 和 CSS 应用的场景不同，JavaScript 是一种逻辑更复杂、功能更强大的编程语言。本节将讨论 JavaScript 中的数据类型及其运算和类型转换等操作。

4.2.1　数据类型与变量

JavaScript 中可以处理的基本数据类型包括：

- 整数（integer），不包含小数部分的实数，如 10、99。
- 浮点数（float），包含小数部分的实数，如 1.23。
- 字符串（string），使用一对双引号或单引号定义的文本内容，如 "Hello"、'Hello'。可以使用单引号定义字符串是 JavaScript 的一个特点，因为它没有单独的字符（char）类型。在 C、C# 等语言中，使用双引号定义字符串，而单引号用于定义单个字符。
- 布尔类型（boolean），又称为逻辑型数据，包括 true 值和 false 值，用于表示“真 / 假”“开 / 关”“是 / 否”这类的状态数据。
- 类（class），稍后会在面向对象编程中讨论相关内容。

此外，代码还可以使用一些特殊的值，如：

- null，表示一个未初始化的对象。
- undefined，表示变量（或对象）没有定义，或者对象没有初始化。
- NaN，表示一个非数字值（Not a Number），可以使用 isNaN(n) 函数判断 n 中的数据是否为数值数据。
- Infinity，表示无穷值，可以使用 isFinite(n) 函数判断，当 n 为 NaN、正无穷或负无穷以外的数值时返回 true 值，否则返回 false 值。

代码中，变量是可以根据需要随时修改数据内容的标识符，在 JavaScript 中，变量标识符可以使用字母、$ 或 _ 开头，并由字母、下画线（_）和数字组成。

定义变量时应注意，不应该使用 JavaScript 关键字命名，它们是编程语言的组成部分，有特殊的含义和用途，比如，定义变量、语句结构等编程要素。JavaScript 中的关键字如下。

break	case	catch	continue	default
delete	do	else	finally	for
function	if	in	instanceof	new
return	switch	this	throw	try
typeof	var	void	while	with

保留字如下所示。虽然在 JavaScript 语言中还未使用，但在很多编程语言中，其中的大部分都是关键字，不使用它们作为变量或常量名也是一个比较好的编程习惯。

abstract	boolean	byte	char	class
const	debugger	double	enum	export
extends	final	float	goto	implements
import	int	interface	long	native
package	private	protected	public	short
static	super	synchronized	throws	transient
volatile				

和很多编程语言不同，JavaScript 定义变量时并不需要指定变量的数据类型，如下面的代码。

```
var num = 10;
var str = "Hello";
```

代码使用 var 关键字定义了两个变量，其中，num 变量的数据为一个整数，str 变量的内容是一个字符串。

如果需要获取数据的类型，可以使用 typeof 运算符，如下面的代码。

```
<!DOCTYPE html>
<html>
<head>
<meta charset="utf-8" />
<title></title>
</head>
<body>
</body>
</html>
<script>
    document.write(typeof 10.1);  // number
    document.write("<br>");
    document.write(typeof 99);  // number
    document.write("<br>");
    document.write(typeof NaN);  // number
    document.write("<br>");
    document.write(typeof Infinity);  // number
    document.write("<br>");
    document.write(typeof "Hello");  // string
    document.write("<br>");
    document.write(typeof true);  // boolean
    document.write("<br>");
    document.write(typeof null);  // object
    document.write("<br>");
    document.write(typeof undefined);  // undefined
</script>
```

页面显示效果如图 4-4 所示。

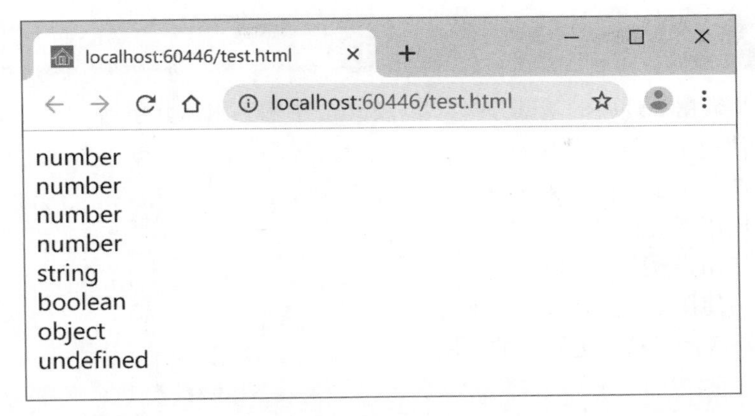

图　4-4

通过代码的执行结果，可以看到 JavaScript 中数据类型的名称，如：

- 数值类型，用于处理数据的直接形式，类型名为 number。整数、浮点数、NaN 值和 Infinity 值都定义为 number 类型。代码还可以使用 Number 类对数字进行更多的处理。
- 字符串类型，用于处理字符串，类型名为 string。
- 布尔类型，名称为 boolean。
- 引用类型，也就是稍后讨论的类和对象，类型名为 object。在 JavaScript 中，null 表示一个未初始化的对象，也被视作引用类型。
- undefined 类型，只包含 undefined 值，类型名也为 undefined。

需要注意的是，类型的名称是字符串类型，也就是说，判断一个变量的类型时，应与相应的字符串值比较，如下面的代码。

```
<script>
    var n = 10;
    var vType = typeof n;
    alert(vType === "number");
</script>
```

执行代码，在消息对话框中会显示 true，也就表示变量 n 处理的数据类型为 number 类型，即数值型。这里使用了 === 运算符，它是全等运算符，其运算规则是当两边的数据类型和值都相等时返回 true 值，否则返回 false 值。

实际应用中，可以随时修改变量的类型和数据，如下面的代码。

```
var num = 10;
num = "Hello";
```

代码的操作完全改变了 num 变量所表达的含义，对于代码的阅读和维护都是不利的。在开发过程中，最好不要随意改变变量的用途，而变量的命名也可以有一些约定，以明确其类型和含义。

代码约定并不是教条，其目的是方便编写、阅读和维护代码，大家可在学习和工作中逐渐形成良好的编码习惯。

4.2.2 算术运算

算术运算是数据处理中的基础操作，JavaScript 中的算术运算包括：

- 加法，使用 + 运算符，如 x+y。
- 减法，使用 – 运算符，如 x–y。
- 乘法，使用 * 运算符，如 x*y。
- 除法，使用 / 运算符，如 x/y。
- 取余数，使用 % 运算符，如 x%y。

下面的代码演示了这些运算符的使用。

```
<!DOCTYPE html>
<html>
<head>
<meta charset="utf-8" />
<title></title>
</head>
<body>
</body>
</html>
<script>
    var x = 99;
    var y = 10;
    document.write("x + y=" + (x + y) + "<br>");
    document.write("x - y=" + (x - y) + "<br>");
    document.write("x * y=" + (x * y) + "<br>");
    document.write("x / y=" + (x / y) + "<br>");
    document.write("x % y=" + (x % y) + "<br>");
</script>
```

页面显示效果如图 4-5 所示。

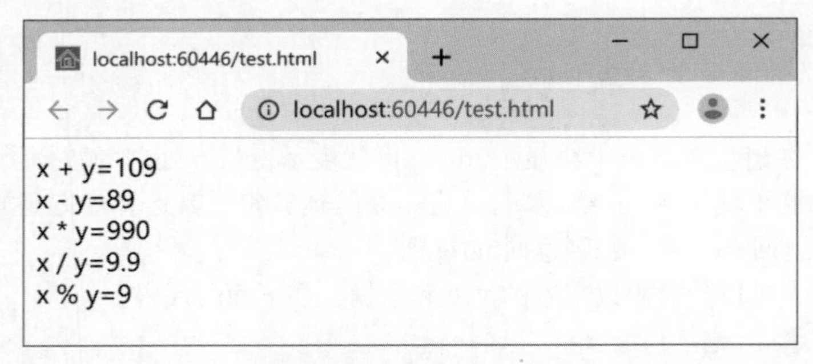

图 4-5

请注意取余数运算，如果运算数中有一个是浮点数运算，则运算结果也是浮点数，如下面的代码。

```
<script>
    var x = 10.1;
    var y = 9;
    document.write("x % y=" + (x % y));
</script>
```

代码执行结果如图 4-6 所示。

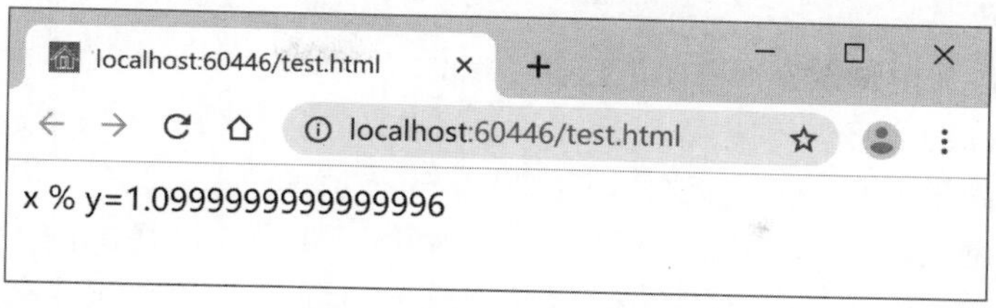

图　4-6

4.2.3　字符串连接

先来看下面的代码。

```
<script>
    var x = 99;
    var y = 10;
    document.write("x + y=" + x + y);
</script>
```

从表面上看，这段代码想显示“x + y = 101”的结果，不过，这里没有使用一对圆括号包含 x + y 的运算。页面显示结果如图 4-7 所示。

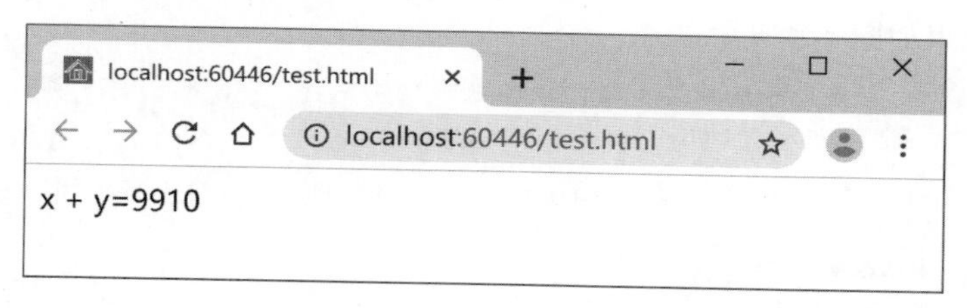

图　4-7

这是怎么发生的呢？

首先，+ 运算符的运算规则是从左到右，本例有三个运算数，分别是“x + y =”、x 和 y。其中，第一个运算数是一个字符串（string），其他两个运算数是整数。

这里会先计算 "x + y="+x，此时，+ 运算符就不再是数据的加法运算，而是字符串的连接操作。运算中，会将 x 变量的值自动转换为字符串类型，然后连接到前一字符串之后，运算结果是“x + y =99”。

接下来，就是字符串“x + y =99”与变量 y 的加法运算，这里，同样是进行了字符串的连接操作，最终得到了图 4-7 中显示的结果。

通过这个实例，提醒我们的就是，对字符串内容使用 + 运算符时，实际执行的就是字符串的连接操作；对字符串和其他类型的数据进行连接操作时，一定要注意运算的顺序，以免造成上例中的错误。

提示：成对的圆括号在决定运算顺序时很有用。

4.2.4 布尔运算

布尔运算又称为逻辑运算，主要包括：

- 逻辑与（and）运算，使用 && 运算符。需要两个运算数，当两个运算数都为 true 值时，运算结果为 true 值，否则运算结果为 false 值。
- 逻辑或（or）运算，使用 || 运算符。需要两个运算数，其中一个运算数为 true 值时，运算结果为 true 值，只有两个运算数都为 false 值时，运算结果才是 false 值。
- 逻辑非（not）运算，也称为取反运算，使用！运算符，只需要一个运算数，true 值取反得到 false 值，false 值取反得到 true 值。

下面的代码演示了这三种逻辑运算符的使用。

```
<script>
    var x = true;
    var y = false;
    document.write("x && y = " + (x && y));
    document.write("<br>");
    document.write("x || y = " + (x || y));
    document.write("<br>");
    document.write("!x = " + (!x));
</script>
```

页面显示效果如图 4-8 所示。

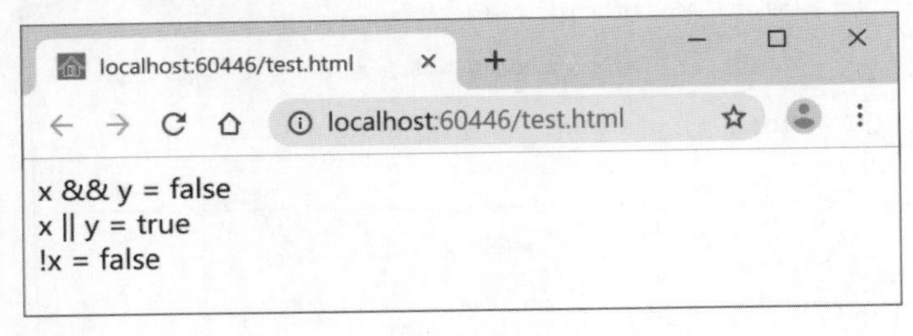

图 4-8

4.2.5 类型转换

前面讨论了整数、浮点数和字符串的一些基本应用，也看到了在算术运算和字符串连接操作中，会进行一些数据类型的自动转换操作，这里继续讨论数据类型的判断和转换。

首先，可以使用以下两个函数分别将数据转换为整数和浮点数类型：

- parseInt(v) 函数，将 v 转换为整数，转换成功时返回转换后的整数值，转换失败则返回 NaN 值。
- parseFloat(v) 函数，将 v 转换为浮点数，转换成功时返回转换后的浮点数据，转换失败则返回 NaN 值。

通过这两个函数转换数据后，可以先使用 isNaN() 函数判断转换结果，然后再使用转换得到的数据，如下面的代码。

```
<script>
    var x = 10.12;
    var y = parseInt(x);
    if (isNaN(y))
        document.write(" 转换失败 ");
    else
        document.write(y);
</script>
```

代码执行结果如图 4-9 所示。

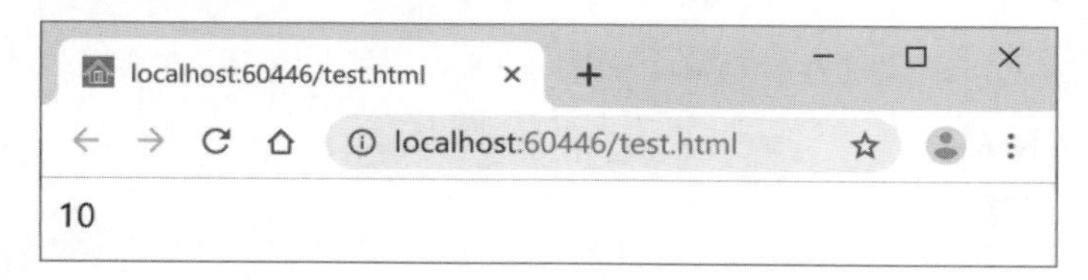

图　4-9

接下来，可以修改 x 的值来观察运行结果，如下面的代码。

```
<script>
    var x = "abc";
    var y = parseInt(x);
    if (isNaN(y))
        document.write(" 转换失败 ");
    else
        document.write(y);
</script>
```

页面显示效果如图 4-10 所示。

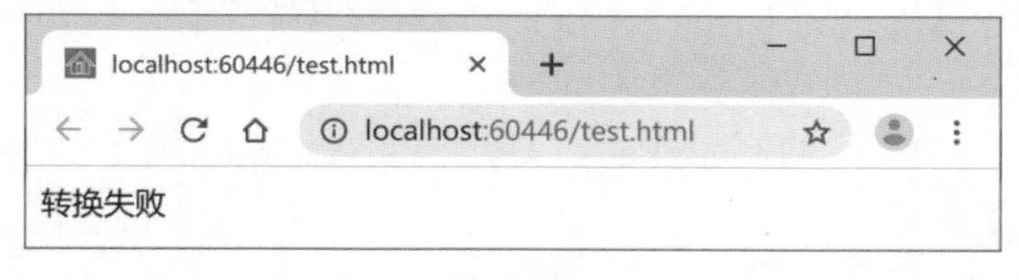

图　4-10

需要注意的是，parseInt() 和 parseFloat() 函数将字符串转换为数值时，如果字符串内容只有前一部分可以转换为数值，函数会在不能转换数字的地方停止，并返回成功转换的部分，如下面的代码会显示 123。

```
<script>
    document.write(parseInt("123xxx"));
</script>
```

需要某种数据类型的对象形式时，可以使用相应类型的构造函数，如：

- ❑ Number()，创建数字对象。
- ❑ String()，创建字符串对象。

下面的代码演示了如何使用 Number() 构造函数创建数字对象。

```
<script>
    var x = "abc";
    var y = "123";
    document.write(Number(x));
    document.write("<br>");
    document.write(Number(y));
</script>
```

代码执行结果如图 4-11 所示。

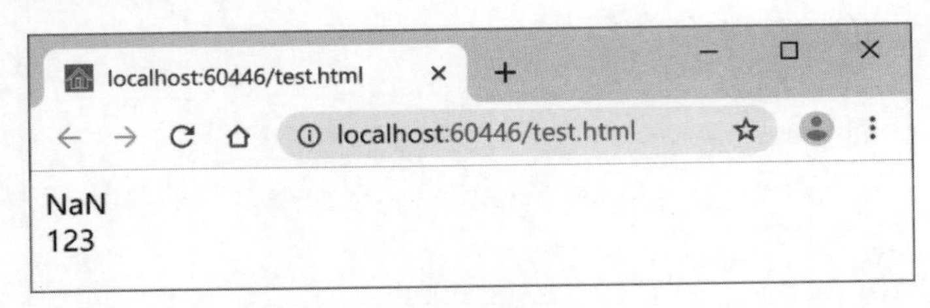

图 4-11

如果需要保留数据中指定位数的小数，可以使用 Number 对象中的 toFixed() 方法，其参数指定需要保留的小数位数，下面的代码演示了此方法的使用。

```
var fNum = 12.3456;
document.write(fNum.toFixed(2));  //12.35
```

将其他类型转换为布尔类型时，会使用以下基本规则：

- null 值、undefined 值、NaN 值转换为布尔类型时，都会返回 false 值；Infinity 值转换为布尔值时返回 true 值。
- 数值类型转换为布尔类型时，0 值转换为 false 值，其他数据都转换为 true 值。
- 字符串转换为布尔类型时，空字符串转换为 false 值，其他内容都转换为 true 值。

下面的代码使用 Bealoon() 构造函数来测试一系列的转换操作，大家也可以修改数据的值以观察转换结果。

```
<script>
    document.write(Boolean(null));
    document.write("<br>");
    document.write(Boolean(undefined));
    document.write("<br>");
    document.write(Boolean(NaN));
    document.write("<br>");
    document.write(Boolean(Infinity));
    document.write("<br>");
    document.write(Boolean(0));
    document.write("<br>");
    document.write(Boolean(0.1));
    document.write("<br>");
    document.write(Boolean(""));
    document.write("<br>");
    document.write(Boolean("0"));
</script>
```

代码执行结果如图 4-12 所示。

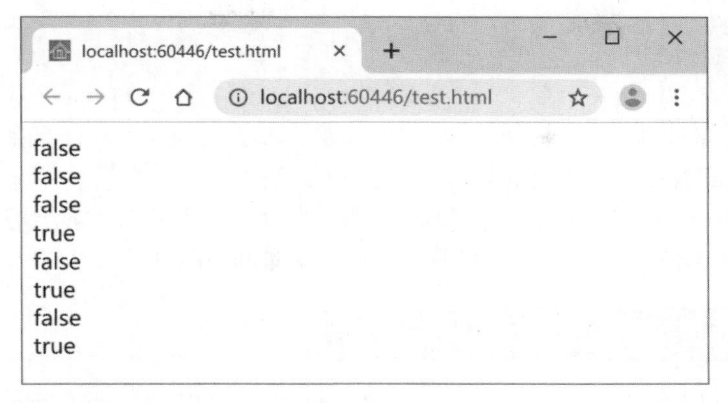

图　4-12

布尔值转换为数值时，true 值转换为 1，false 值转换为 0，如下面的代码。

```
<script>
    document.write(Number(true));
    document.write("<br>");
    document.write(Number(false));
</script>
```

页面显示效果如图 4-13 所示。

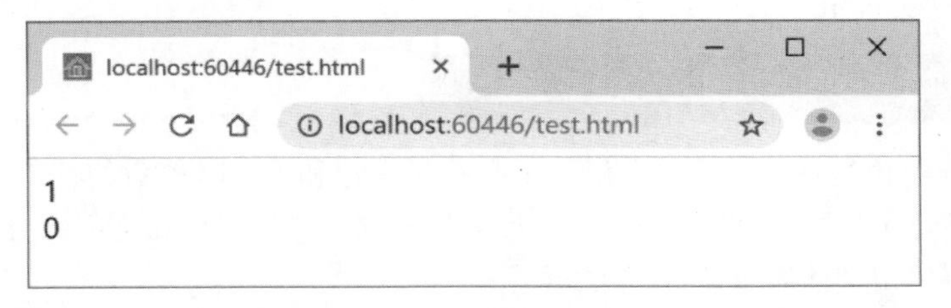

图　4-13

4.2.6　增量与减量运算

增量运算包括前增量与后增量，都使用 ++ 运算符，运算的最终结果都是对运算数执行加 1 操作，但它们的执行过程会有一些区别，先来看后增量运算，如下面的代码。

```
<script>
    var i = 1;
    document.write(i++); //1
    document.write("<br>");
    document.write(i);   //2
</script>
```

后增量计算时，运算的表达式（i++）会返回变量的原值，然后再执行变量 i 加 1 的操作。

通过下面的代码可以看前增量的用法。

```
<script>
    var i = 1;
    document.write(++i); //2
```

```
    document.write("<br>");
    document.write(i);    //2
</script>
```

这里，前增量计算时，会先进行变量 i 加 1 的操作，表达式（++i）的值就是变量 i 加 1 后的值。这样，运算表达式和变量 i 的值都是 i 加 1 后的结果。

此外，在 JavaScript 中还可以使用减量运算，使用 -- 运算符，与增量运算相似，只是执行的是减 1 的操作。此外，减量运算同样包括后减量和前减量。

4.2.7 赋值运算符

JavaScript 代码使用的赋值运算符是 =，如 x=y 的含义就是将 y 的数据赋值到变量 x 中。此外，还可以将一些运算符与赋值运算符（=）组合使用，如下面的代码。

```
var x = 10;
var y = 99;
x += y;
document.write(x);                              //109
```

其中，x += y 的含义就是 x = x + y。

JavaScript 中，此类的运算符包括 +=、-=、*=、/=、%=、<<=、>>= 和 >>>=，其中，后三个为位移运算与赋值运算的组合。

4.2.8 位运算

为更好地理解位运算，先简单了解一下有符号整数和无符号整数的特点。

无符号整数用于处理 0 和正整数。无符号整数的二进制位全部用于处理数值，如 10010010 转换为十进制整数的计算方法就是：

$$2^7 + 2^4 + 2^1 = 128 + 16 + 2 = 146$$

有符号整数中，二进制位的最高位（最左边）为符号位，当其为 0 时，表示 0 或正整数，转换为十进制数据的方法与无符号整数相同。当最高位为 1 时，表示一个负整数，此时，除符号位的其他二进制位表示数值绝对值的补码形式。

补码是二进制数按位取反后加 1 的编码形式。

还以 10010010 为例，如果它是一个有符号整数，则表示一个负数，除最高位的符号位外，其实际数据为 0010010，通过减 1 再取反得到数值绝对值的二进制数为 1101110，即十进数 110。那么，10010010 表示的有符号整数就是 -110。

位运算是对整数的二进制位进行的运算，JavaScript 支持的位运算包括：

- 按位取反（not），使用 ~ 运算符，即 0 变 1，1 变 0。
- 按位与（and）运算，使用 & 运算符。当两个运算数都是 1 时，结果为 1，否则结果为 0。
- 按位或（or）运算，使用 | 运算符。当两个运算数中有一个为 1 时，结果为 1，只有两个运算数都是 0 时，结果才为 0。
- 按位异或（xor）运算，使用 ^ 运算符。当两个运算数不同时，结果为 1，两个运算数相同时计算结果为 0。

❑ 位左移运算，使用 << 运算符，保留符号位，如下面的代码。

```
<script>
    document.write(8 << 2);      // 32
    document.write("<br>");
    document.write(-8 << 2);     // -32
</script>
```

对整数进行位左移运算时，如 x<<n，实际执行的是 x * 2^n 运算。

❑ 位右移运算包括两个运算符，其中，>> 运算符保留符号位，而 >>> 运算符不考虑符号位，如下面的代码。

```
<script>
    document.write(32 >> 2);     // 8
    document.write("<br>");
    document.write(32 >>> 2);    // 8
    document.write("<br>");
    document.write(-32 >>> 2);   // 1073741816
</script>
```

计算无符号整数（0 和正整数）时，>> 运算符和 >>> 运算符的运算结果是相同的，只是在处理负整数时，>>> 运算符会将最高位的符号位也当作数据来计算。此外，对于右移运算，如 x >> n 实际是在执行的是 x/2^n 运算。

4.3　代码流程控制

前面介绍了 JavaScript 中基本的数据处理方式。接下来将讨论如何根据不同的条件控制代码的执行，主要包括比较运算符、条件语句、选择语句和循环语句等。

4.3.1　比较运算符

比较运算符用于比较两个数据之间的关系是否成立，当条件成立时返回 true 值，不成立时返回 false 值。开发中，可以根据不同的比较结果执行不同的代码逻辑。

JavaScript 中的比较运算符包括：

❑ 等于，使用 == 运算符。
❑ 不等于，使用 != 运算符。
❑ 全等于，使用 === 运算符。
❑ 不全等于，使用 !== 运算符。
❑ 大于，使用 > 运算符。
❑ 大于或等于，使用 >= 运算符。
❑ 小于，使用 < 运算符。
❑ 小于或等于，使用 <= 运算符。

这里，需要注意 === 和 !== 运算符。先来看下面的代码。

```
<script>
    var x = 10;
    var y = "10";
```

```
    document.write(x == y);
    document.write("<br>");
    document.write(x === y);
</script>
```

其中，变量 x 的值为整数 10，而变量 y 的值为字符串 "10"；使用 == 运算符时，其比较结果为真（true），表示它们的数据相同；而 === 运算符要求两边的数据和类型都相同时才会返回 true 值。代码执行结果如图 4-14 所示。

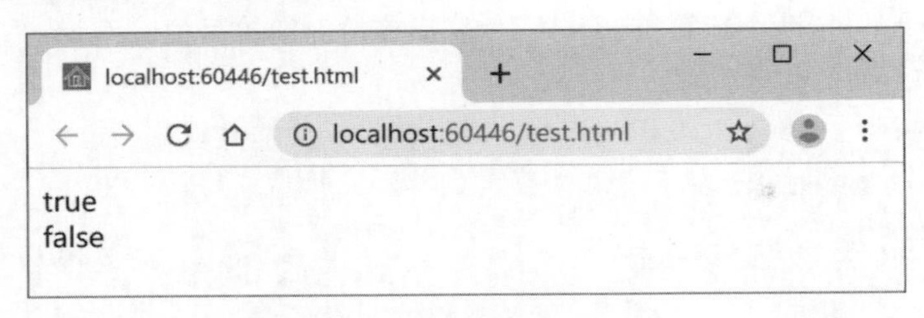

图 4-14

4.3.2 条件语句

和大多编程语言一样，JavaScript 中的条件语句也使用 if 关键字，其应用结构如下：

```
if (<条件 1>)
{
<语句块 1>
}
else if(<条件 2>)
{
<语句块 2>
}
else if(<条件 n>)
{
<语句块 n>
}
else
{
<语句块 n+1>
}
```

if 语句结构中，当 <条件 1> 成立（true）时，执行 <语句块 1>；否则，当 <条件 2> 成立时，执行 <语句块 2>；否则，当 <条件 n> 成立时，执行 <语句块 n>；如果条件都不成立，则执行 <语句块 n+1>。

结构中，else if 语句可以有多个，也可以没有。else 语句部分也可以没有，如果需要也只能有一个，并且放在 if 语句结构的最后。

最简单的条件语句结构只有 if 语句部分，如下面的代码。

```
<script>
    var n = 10;
    if (n % 2 == 0)
        document.write(n + "是偶数");
</script>
```

下面的代码演示了一个稍微复杂一些的 if 语句结构。

```
<script>
    var sColor = "red";
    if(sColor == "red")
    {
        document.write("红色");
    } else if (sColor == "green") {
        document.write("绿色");
    } else if (sColor == "blue") {
        document.write("蓝色");
    } else {
        document.write("不支持的颜色");
    }
</script>
```

实际上，对于这种只有一个变量可能有多个值的情况，还可以使用选择语句来实现，稍后会讨论相关内容。

下面的代码使用一个复杂一些的条件判断年份是否为闰年。

```
<script>
    var iYear = 2016;
    if((iYear % 400 == 0) || (iYear % 100 != 0 && iYear % 4 == 0))
    {
        document.write(String(iYear) + "是闰年");
    } else {
        document.write(String(iYear) + "不是闰年");
    }
</script>
```

判断闰年时分为两种情况：一种情况是当年份可以被 400 整除，也就是年份除以 400 的余数为 0 时，此年份为闰年；另一种情况是，年份不能被 100 整除但能够被 4 整数时，此年份也是闰年。

请注意，这里使用了 && 运算符、|| 运算符，以及圆括号来组织条件，这样，无论是开发者，还是代码的维护和阅读者，都可以很明显地看出条件的逻辑，而不需要担心错误地使用运算符的优先级。代码会显示 2016 年是闰年，大家可以修改 iYear 变量的值来观察执行结果。

4.3.3　选择语句

选择语句使用 switch 关键字定义，应用格式如下：

```
switch(<表达式>)
{
    case <值1>:
<语句块1>
    case <值2>:
<语句块2>
    case <值n>:
<语句块n>
    default:
```

```
<语句块 n+1>
}
```

在 switch 语句结构中，当 <表达式> 的值为 <值 1> 时执行 <语句块 1>，为 <值 2> 时执行 <语句块 2>，以此类推，如果没有匹配的值，则执行 <语句块 n+1>。

下面的代码使用 switch 语句重写颜色名称判断的代码。

```
<script>
    var sColor = "red";
    switch (sColor) {
        case "red":
            document.write("红色");
            break;
        case "green":
            document.write("绿色");
            break;
        case "blue":
            document.write("蓝色");
            break;
        default:
            document.write("不支持的颜色");
            break;
    }
</script>
```

此外，使用 switch 语句结构时需要注意，每一个 case 部分的语句块一般会使用 break 语句作为结束，如果 case 块中没有 break 等结束结束，代码就会向下贯穿，继续执行下一个 case 部分中的代码，直到有终止代码或 switch 语句结构结束。

实际应用中，如果多个值需要执行同一代码块，则可以利用贯穿特性，定义连续的 case 块，只在最后一个 case 部分添加执行代码。

下面的代码通过 switch 判断某年的某个月有多少天。

```
<script>
    var iYear = 2016;
    var iMonth = 2;
    var daysInMonth = 0;
    switch (iMonth) {
        case 1:
        case 3:
        case 5:
        case 7:
        case 8:
        case 10:
        case 12:
            daysInMonth = 31;
            break;
        case 4:
        case 6:
        case 9:
        case 11:
            daysInMonth = 30;
            break;
        case 2:
```

```
            if (iYear % 400 == 0 || (iYear % 100 != 0 && iYear % 4 == 0))
                daysInMonth = 29;
            else
                daysInMonth = 28;
            break;
    }
    document.write(iYear + "年" + iMonth + "月有" + daysInMonth + "天");
</script>
```

大家可以修改年份和月份数据来观察执行结果。

4.3.4　for 循环语句

循环语句是指在满足条件的情况下，多次执行相同代码块的语句结构。在 JavaScript 中的循环语句有 for 语句、while 语句和 do-while 语句。首先讨论 for 循环语句的应用。

for 循环语句用于可以明确执行次数的循环结构，基本结构如下：

```
for(<循环控制变量初始化>; <条件>; <每次循环后控制变量的变化>)
{
<语句块>
}
```

下面的代码将计算 1 ~ 100 的和。

```
<script>
    var iSum = 0;
    for (var i = 1; i <= 100; i++) {
        iSum += i;
    }
    document.write(iSum);
</script>
```

结果会显示 5050。其中，变量 i 即循环控制变量，同时也是加数，每次循环时会将 i 的值累加到 iSum 中，然后 i 的值会加 1，当 i 的值大于 100 时就会终止循环。

下面的代码通过循环变量的变化来计算 1 ~ 100 中偶数的累加。

```
<script>
    var iSum = 0;
    for (var i = 2; i <= 100; i += 2) {
        iSum += i;
    }
    document.write(iSum);
</script>
```

其中，将变量 i 的值初始值设置为 2，然后每次循环后加 2，最终显示为 2550。

4.3.5　while 循环语句

while 循环语句的应用结构如下。

```
while(<条件>)
{
<语句块>
}
```

当 < 条件 > 为真（true）时，执行 < 语句块 >；当 < 条件 > 为假（false）时，退出循环结构。

下面的代码使用 while 循环来计算 1 ~ 100 的累加。

```
<script>
    var iSum = 0;
    var i = 1;
    while (i <= 100) {
        iSum += i;
        i++;
    }
    document.write(iSum);
</script>
```

请注意，在 while 语句结构中应该有改变条件的代码，如果没有停止循环的条件，就会形成无限循环（也称为死循环），这样最终会停止响应或崩溃，严重影响用户的交互体验。

4.3.6 do-while 循环语句

do-while 语句与 while 语句很相似，只是在 do-while 语句中，运行条件的判断会在每次循环结束后进行，格式如下。

```
do
{
}while(< 条件 >);
```

下面的代码使用 do-while 语句计算 1 ~ 100 的累加。

```
<script>
    var iSum = 0;
    var i = 1;
    do {
        iSum += i;
        i++;
    } while (i <= 100);
    document.write(iSum);
</script>
```

实际开发中，应注意 do-while 语句的第一次循环的执行，避免在条件不满足时产生的错误。在无特殊要求的情况下，建议使用 while 语句结构。

4.3.7 break 语句与标签

在 switch 语句结构中已经看到了 break 语句的使用，用作每个 case 语句块的结束。循环语句中，break 语句的功能就是终止循环结构的执行，如下面的代码。

```
<script>
    var sum = 0;
    for(var i=1;i<=100;i++)
    {
        sum += i;
        if (sum >= 100) break;
```

```
    }
    document.write(sum);
</script>
```

for 循环中，如果相加的结果大于或等于 100 则使用 break 终止循环，最终显示 105。

单独使用 break 语句时，只能退出 break 语句所在的循环结构，如果是多层循环结构，则可以配合标签使用，以便快速退出多层循环结构，如下面的代码。

```
<script>
    var sum = 0;
tag_for_3:
        for (var x = 1; x <= 100; x++) {
            for (var y = 1; y <= 100; y++) {
                for (var z = 1; z <= 100; z++) {
                    sum = sum + x + y + z;
                    if (sum >= 500) break tag_for_3;
                }
            }
        }
    document.write(sum);
</script>
```

请注意，在 JavaScript 中，标签并不是独立存在的，它相当于一段代码的名称。其中，多层 for 循环前使用“tag_for_3:”定义了一个标签，即将这个多层循环结构命名为 tag_for_3。然后，在循环结构中，使用“break tag_for_3;”语句终止这个多层循环的执行。结果会显示 525。

4.3.8　continue 语句

continue 语句同样用于循环语句结构，其功能是终止当前循环，并开始执行下一次循环（如果条件满足）。下面的代码使用 continue 语句来实现 1 ~ 100 中偶数的累加。

```
<script>
    var sum = 0;
    for (var i = 1; i <= 100; i++) {
        if (i % 2 != 0) continue;
        else sum += i;
    }
    document.write(sum);
</script>
```

其中，当 i 的值除以 2 的余数不是 0，即不是偶数时，就执行 continue 语句终止当前循环，否则，将偶数累加到 sum 变量中。

与 break 语句相似，在 continue 语句中同样可以使用标签。在多层循环中，使用标签可以精确地指定终止的是哪一层结构，虽然这样的代码并不常见，但我们应该知道这种操作的可能性。

4.3.9　?: 运算符

?: 运算符是 JavaScript 中唯一的一个三元运算符，它需要三个表达式，应用格式如下。

```
<表达式 1> ? <表达式 2> : <表达式 3>
```

其中，<表达式 1> 的结果应该是布尔类型的值（true 或 false），比如，使用一个比较运算表达式或一个布尔型的变量，当 <表达式 1> 的值为 true 时，运算结果就是 <表达式 2> 的值，否则返回 <表达式 3> 的值。

下面的代码演示了 ?: 运算符的简单应用，大家可以修改 isReady 变量的值来观察执行结果。

```
<script>
    var isReady = true;
    var result = isReady ? "准备好了" : "没准备好";
    document.write(result);
</script>
```

4.4 函数与函数类型

函数（function）是功能实现和代码封装的基本形式，在 JavaScript 代码的开发和应用中，可以看到大量的函数，如 parseInt()、parseFloat()、isNaN()、isFinite() 等，本节将讨论如何创建自己的函数。

4.4.1 函数的定义和调用

创建函数时，需要使用 function 关键字，基本格式如下。

```
function <函数名>(<参数列表>) {
    // <实现代码>
}
```

其中：

- <函数名>，函数的名称，注意不要使用 JavaScript 中的关键字和保留字。
- <参数列表>，指定需要传入函数的数据，可以使用一个或多个参数变量，也可以为空。
- <实现代码>，完成函数功能的代码，可以使用 return 语句返回执行结果，如果没有返回值，则默认会返回 undefined 值。

下面的代码定义了 isLeapYear() 函数，通过此函数计算年份是否为闰年。

```
<script>
    function isLeapYear(iYear) {
        return (iYear % 400 == 0) || (iYear % 100 != 0 && iYear % 4 == 0);
    }
    //
    var iYear = 2016;
    var result = isLeapYear(iYear) ? "是闰年" : "不是闰年";
    document.write(iYear+ result);
</script>
```

代码执行结果如图 4-15 所示。大家可以修改变量 iYear 的值来观察执行结果。

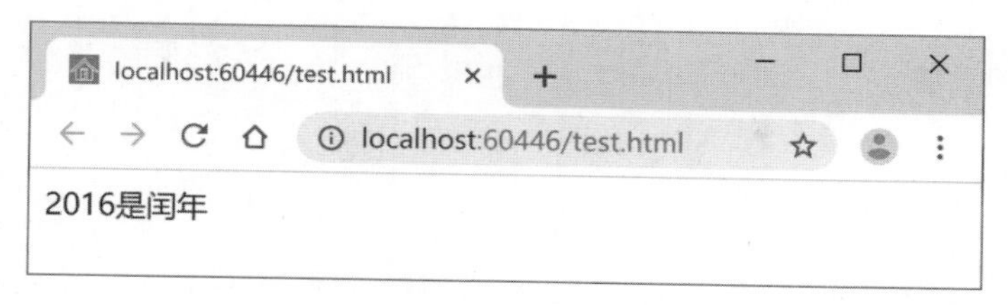

图　4-15

当函数有多个参数时，需要使用逗号（,）分隔，如下面的代码。

```
<script>
    function add(x,y) {
        return x+y;
    }
    //
    var x = 10;
    var y = 99;
    document.write(x + " + " + y + " = " + add(x,y));
</script>
```

代码执行结果如图 4-16 所示。

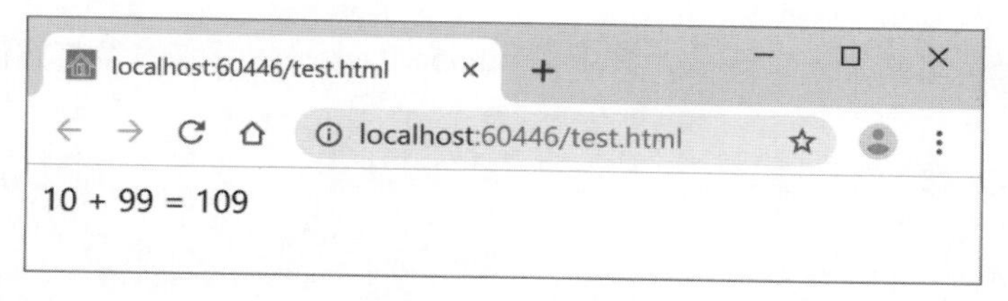

图　4-16

4.4.2　参数数组

在 JavaScript 的函数中，参数的使用是非常灵活的。下面的代码定义并多次调用 showArgs() 函数，请注意，函数在定义时并没有指定参数。

```
<script>
    function showArgs() {
        document.write(arguments.length + "个参数");
        for (var i = 0; i < arguments.length;i++) {
            document.write("," + arguments[i]);
        }
        document.write("<br>");
    }
    //
    showArgs();
    showArgs(1);
    showArgs("a", "b", "c");
</script>
```

页面显示效果如图 4-17 所示。

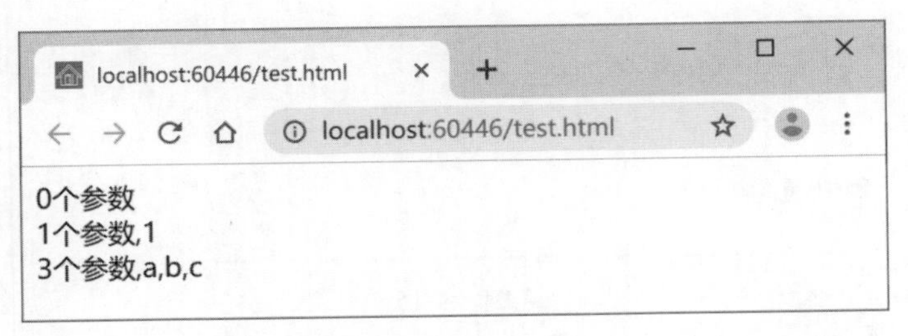

图 4-17

本例中，关键是使用了 arguments 对象，它是一个包含参数的数组，其中的 length 属性表示参数的数量，如果其值大于 0，就可以使用从 0 开始的索引值来访问参数，如 arguments[0] 表示第一个参数、arguments[1] 表示第二个参数，以此类推。

使用 arguments 对象可以非常灵活地处理不同数量的参数，在参数数量不确定时是非常实用的。稍后，还会讨论关于数组的更多内容。

4.4.3 函数类型

关于 JavaScript 中的函数，还有非常强大的一面，就是函数类型的应用。代码可以将函数作为 Function 类型进行传递。

下面的代码，定义了三个函数，其中的 numberFactory() 函数的参数就使用了一个函数类型。

```
<script>
    //加法
    function numberAdd(x, y) {
        return x + y;
    }
    //减法
    function numberMinus(x, y) {
        return x - y;
    }
    //数据工厂
    function numberFactory(fn, x, y) {
        return fn(x, y);
    }
    //测试
    var x = 99;
    var y = 10;
    //测试加法
    document.write(numberFactory(numberAdd, x, y));
    document.write("<br>");
    //测试减法
    document.write(numberFactory(numberMinus, x, y));
</script>
```

代码执行结果如图 4-18 所示。

本例中，numberAdd() 和 numberMinus() 函数都比较简单，分别返回两个参数相加和相减的运算结果。

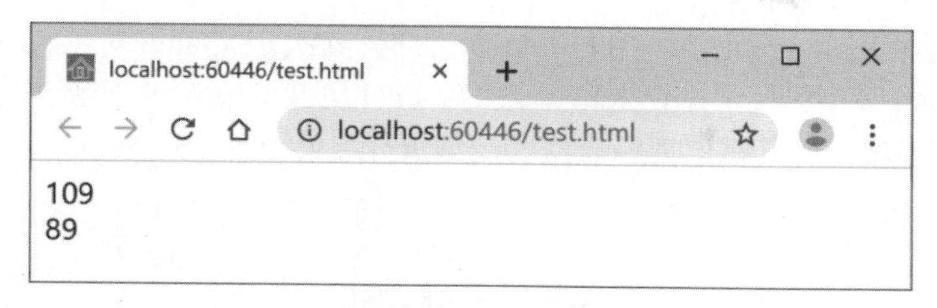

图　4-18

需要注意的是 numberFactory() 函数的定义，第一个参数 fn 定义为函数，第二个和第三个参数是两个数值，在函数的实现中，返回 fn(x,y) 的计算结果。

接下来，调用了两次 numberFactory() 函数，该函数的第一个参数分别指定为 numberAdd() 和 numberMinus() 函数，numberFactory() 函数执行时，实际就是在调用这两个函数分别执行两个数值的加法和减法运算。

4.5　面向对象编程

面向对象编程（Object-Oriented Programming，OOP）是一种将数据与其操作进行封装，使代码耦合度更高的编程方法，其主要特点是使用类（class）定义一个复杂的类型，其中包括数据（属性）和操作（方法），然后使用对象实例化为相应的类类型，并通过对象调用数据和操作方法。

JavaScript 语言中并没有 class 关键字，那么，代码如何定义类呢？答案是使用 function 关键字。

4.5.1　类与对象

虽然 JavaScript 中没有使用 class 关键字定义类，但由于 JavaScript 在代码组织方式上的灵活性，还是可以使用不同的方式来创建类类型，下面介绍一种比较直观的方式。

下面的代码（/demo/04/CAuto.js）定义了 CAuto 类，并创建了 model 属性和 drive() 方法。

```
function CAuto() {
    this.model = "";
    //
    this.drive = function () {
        document.write(this.model + " 驾驶中 ...");
    };
}
```

下面的代码测试 CAuto 类的使用。

```
<script src="/demo/04/CAuto.js"></script>
<script>
    var auto = new CAuto();
    auto.model = "X9";
    auto.drive();
    auto = null;
</script>
```

其中，首先使用 script 元素引用 CAuto.js 文件；其次定义 auto 对象，并使用 new 关键字实例化为 CAuto 类型；接着设置 auto 对象的 model 属性值为 X9，并调用 drive() 方法；最后当对象不再使用时，将其赋值为 null 值。代码执行结果如图 4-19 所示。

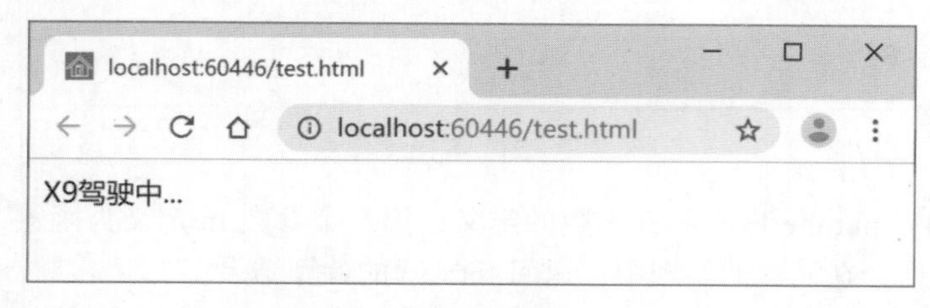

图 4-19

通过这个实例，可以看到 JavaScript 中使用类和对象的一些特点。

- 使用 function 关键字创建类，类的成员（属性和方法）实现时使用了 this 关键字。
- 类的属性可以直接使用变量定义。
- 方法是由函数来实现的，需要使用 this 关键字指定方法的名称，其类型为函数类型，由 function 关键字定义的函数实现具体的操作。

实际应用中，还可以在类的定义中指定默认数据，即实现类的构造函数，如下面代码（/demo/04/CCar.js）中定义的 CCar 类。

```
function CCar(sModel) {
    this.model = sModel;
    //
    this.drive = function () {
        document.write(this.model + "驾驶中...");
    };
}
```

下面的代码演示了 CCar 类及构造函数的使用。

```
<script src="/demo/04/CCar.js"></script>
<script>
    var car = new CCar("X9");
    car.drive();
    car = null;
</script>
```

代码执行结果与图 4-19 相同。

JavaScript 代码的字符串会包装为对象（String 类型），可以直接调用相应的属性和方法，如下面的代码，以使用 length 属性显示字符串的字符数量。

```
<script>
    var s = "abcdefg";
    document.write(s.length);
</script>
```

应用中，还可以使用字符串直接量调用对象成员，如下面的代码。

```
<script>
    document.write("abcdefg".length);
</script>
```

这两段代码的执行结果都会显示 7。

4.5.2　原型

使用原型（prototype），可以灵活地修改类的成员，如重写已有成员、添加类的新成员等。

下面的代码通过原型在 CCar 类中添加 doors 属性和 autoReturn() 方法，并在 car 对象中使用这两个新成员。

```
<script src="/demo/04/CCar.js"></script>
<script>
    //
    CCar.prototype.doors = 4;
    //
    CCar.prototype.autoReturn = function () {
        document.write(this.model + "倒车中...");
    };
    //
    var car = new CCar("X-Coupe");
    car.doors = 2;
    car.autoReturn();
    car = null;
</script>
```

代码执行结果如图 4-20 所示。

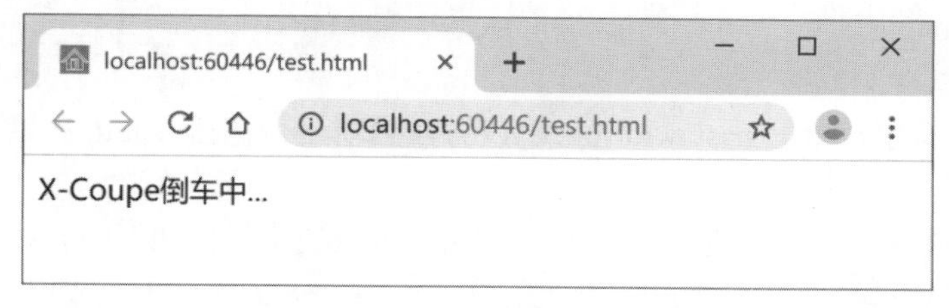

图　4-20

实际应用中，如果不需要或无法修改原类型的代码，就可以通过原型扩展类的成员，如下面的代码（/demo/04/PrototypeEx.js）在 Date 类中添加 isLeapYear() 方法，其功能是判断日期对象中的年份是否为闰年。

```
//日期是否为闰年
Date.prototype.isLeapYear = function () {
    var iYear = this.getYear();
    return (iYear % 400 == 0) || (iYear % 100 != 0 && iYear % 4 == 0);
};
```

下面的代码用于判断系统当前日期中的年份是否是闰年。

```
<script src="/demo/04/PrototypeEx.js"></script>
<script>
    var today = new Date();
    if (today.isLeapYear())
        document.write("今年是闰年");
    else
```

```
        document.write("今年不是闰年");
    today = null;
</script>
```

下面的代码重写了 Boolean 类中的 toString() 方法，当其值为 true 时显示“真”，其值为 false 时显示“假”。

```
<script>
    Boolean.prototype.toString = function () {
        if (this) return "真";
        else return "假";
    }
    //
    var blValue = true;
    document.write(blValue.toString());
</script>
```

4.5.3 Object 类与 instanceof 运算符

和很多面向对象的编程语言一样，在 JavaScript 中也包含一个类似终极父类的 Object 类，其他的类都会默认继承此类。

单独定义一个 Object 对象意义并不大，但在 Object 类中定义了一些成员，可以处理类型和对象信息，如 hasOwnProperty() 方法判断对象是否包括指定的属性，如下面的代码。

```
<script>
    document.write("".hasOwnProperty("length"));
</script>
```

代码使用字符串对象的 hasOwnProperty() 方法判断是否包括 length 属性，执行代码会显示 true。

如果需要判断一个对象中是否包含某个方法，可以使用类似如下的方法。

```
<script src="/demo/04/CCar.js"></script>
<script>
    var car = new CCar();
    var methodType = typeof car.drive;
    document.write(methodType == "function");
    car = null;
</script>
```

如果执行代码显示 true，则说明 car 对象中包含了 drive() 方法。

此外，需要判断某个对象是否为某个类的实例时，可以使用 instanceof 运算符，如下面的代码。

```
<script src="/demo/04/CCar.js"></script>
<script>
    var car = new CCar();
    document.write(car instanceof CCar);
    car = null;
</script>
```

执行代码会显示 true，即 car 对象是 CCar 类的实例。

4.6　数组

数组用于组织一系列相关的数据，JavaScript 中的数组定义为 Array 类的对象。创建数组对象时，可以使用 Array 类的构造函数，主要有以下几种形式：

- 指定数组成员的数量，如“var arr = new Array(3);”定义了三个成员的数组。
- 直接指定数组的成员，如“var arr = Array(1, 2, 3);”定义了包含数值 1、2、3 的数组。
- 创建一个成员数量为 0 的数组对象，如“ var arr = new Array();”，此时，arr 对象的 length 属性值为 0。

访问数组成员时，需要在数组对象后使用一对方括号，其中包含成员的索引值。需要注意的是，索引值从 0 开始，最大的索引值是成员数量减 1。下面的代码演示了数组成员的访问。

```
<script>
    var arr = Array(1, 2, 3);
    document.write(arr[0]);      //1
    document.write(arr[1]);      //2
    document.write(arr[2]);      //3
    arr = null;
</script>
```

创建数组后，还可以动态地修改数组成员，如下面的代码。

```
<script>
    var arr = Array(1, 2, 3);
    arr[5] = 6;
    document.write(arr[3]);
    document.write("<br>");
    document.write(arr[5]);
    arr = null;
</script>
```

其中，首先创建了包含三个成员的数组对象 arr，然后指定第六个元素（索引 5 ）的值为 6，那么中间空出的第四个和第五个元素怎么办呢？代码并不会出错，而是将空白的成员定义为 undefined 值。代码执行结果如图 4-21 所示。

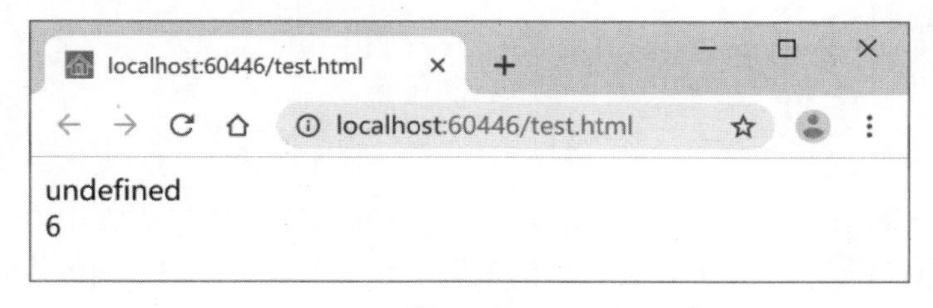

图　4-21

在 C 语言的数组中，成员的类型都是相同的，而在面向对象的编程语言中，由于可以使用终极类（如 Object 类）存放任何类型的数据，所以，在数组中可以保存不同类型的成员，在 JavaScript 中也是这样的，如下面的代码就可以正常工作。

```
<script>
    var arr = Array(1, "abc", true);
    for (var i = 0; i < arr.length; i++) {
        document.write(arr[i]);
        document.write("<br>");
    }
    arr = null;
</script>
```

代码的 arr 数组中定义了三个成员，分别是数值、字符串和布尔值。代码执行结果如图 4-22 所示。

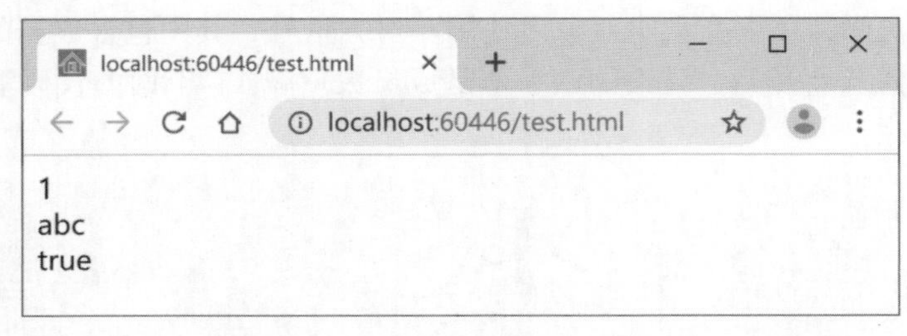

图 4-22

实际应用中，并不建议这样使用数组，而是应将数组成员定义为相同的类型。不过，在一些特殊的场景下，如处理函数参数的 arguments 对象，或者代码的灵活性要求更高时，使用数组传递不同类型的数据也是没有问题的。

接下来，再了解一些 Array 对象中的常用成员。可以使用 length 属性获取数组的成员数量。循环访问数组成员时，经常会使用 length 属性作为循环变量的上限（不包含），如下面的代码。

```
int cards = new Array(54);
for(int i = 0; i < cards.length ; i++) {
    cards[i] = i+1;
}
cards = null;
```

如果需要在数组的末尾加一个成员，可以使用一个小技巧，如下面的代码。

```
<script>
    var arr = Array(1,2,3);
    arr[arr.length] = 4;
    document.write(arr.toString());  // 1,2,3,4
    arr = null;
</script>
```

代码使用 arr.length 值作为新成员的索引，这样可以正确地将成员添加到现有数组的最后。此外，还可以使用 push() 方法在数组的末尾添加一个成员，如下面的代码。

```
<script>
    var arr = Array(1, 2, 3);
    arr.push(4);
    document.write(arr.toString());  // 1,2,3,4
    arr = null;
</script>
```

前面的代码使用了 Array 类中的 toString() 方法，它会返回由数组成员连接而成的字符串，每个成员由英文逗号分隔，如下面的代码。

```
<script>
    var arr = Array("abc","def", "ghi");
    document.write(arr.toString());
    arr = null;
</script>
```

执行代码显示结果为 abc,def,ghi。

如果需要指定分隔符，可以使用数组对象中的 join() 方法，其参数用于指定分隔符内容，如下面的代码。

```
<script>
    var arr = Array("abc","def", "ghi");
    document.write(arr.join("-"));
    arr = null;
</script>
```

代码执行结果为 abc-def-ghi。

sort() 方法用于将数组中的成员排序，如下面的代码。

```
<script>
    var arr = Array(12, 1, 2, 10, 3, 99);
    arr.sort();
    document.write(arr.toString());
    arr = null;
</script>
```

执行代码显示结果为 1, 10, 12, 2, 3, 99。可以看到，默认的排序是按字符的编码顺序，而不是按数值的大小。不过，可以改变比较规则。

首先，需要定义一个比较数值的函数，如下面代码的 numberCompare() 函数。当参数一小于参数二时返回 -1、参数一大于参数二时返回 1，相等时返回 0。调用数组对象的 sort() 方法进行排序时，可以将函数名作为参数传递，完整的实例如下面的代码。

```
<script>
    //
    function numberCompare(x, y) {
        var num1 = Number(x);
        var num2 = Number(y);
        if (num1 < num2) return -1;
        else if (num1 == num2) return 0;
        else return 1;
    }
    //
    var arr = Array(12, 1, 2, 10, 3, 99);
    arr.sort(numberCompare);
    document.write(arr.toString());
    arr = null;
</script>
```

执行此代码，会返回 1, 2, 3, 10, 12, 99，这一次就是按数值排序，而这次操作的关键就是 numberCompare() 函数。

调用数组的 sort() 方法时，将其参数指定为 numberCompare() 函数，这样，排序的规则就由 numberCompare() 函数的返回值来决定，如果返回值大于 0 就会交换两个成员的位置。

如果需要降序排列数值，则可以定义一个 numberCompareDesc() 函数，如下面的代码。

```
<script>
    //
    function numberCompareDesc(x, y) {
        var num1 = Number(x);
        var num2 = Number(y);
        if (num1 < num2) return 1;
        else if (num1 == num2) return 0;
        else return -1;
    }
    //
    var arr = Array(12, 1, 2, 10, 3, 99);
    arr.sort(numberCompareDesc);
    document.write(arr.toString());
    arr = null;
</script>
```

执行代码显示结果为 99, 12, 10, 3, 2, 1。实际上，numberCompareDesc() 函数与 numberCompare() 函数的区别很小，只是交换了两个参数比较时，大于和小于情况下的返回值。

reverse() 方法用于将数组成员的顺序颠倒过来，如下面的代码。

```
<script>
var arr = Array("aaa", "bbb", "ccc", "ddd", "eee");
    arr.reverse();
    document.write(arr.toString());
    arr = null;
</script>
```

执行代码显示结果为 eee,ddd,ccc,bbb,aaa。

splice() 方法可以灵活地删除或替换数组成员，其参数包括：

- 参数一，指定操作的开始位置（成员的索引值）。
- 参数二，指定删除的成员数量。
- 参数三，指定删除内容的替换内容。如果插入更多的成员，则可以依次写出。

下面了解一些 splice() 方法的常用形式。需要删除成员时，只需要使用前两个参数。下面的代码会删除数组的第二个和第三个成员。参数一指定开始删除的位置是索引 1 的位置，即第三个成员。参数二指定删除的成员数量。

```
<script>
    var arr = Array(1, 2, 3, 4, 5);
    arr.splice(1, 2);
    document.write(arr.toString());  // 1,4,5
    arr = null;
</script>
```

下面的代码会将第二个和第三个成员删除，并用 0 填补替换。

```
<script>
    var arr = Array(1, 2, 3, 4, 5);
    arr.splice(1, 2, 0);
    document.write(arr.toString());  // 1,0,4,5
    arr = null;
</script>
```

下面的代码将第二个和第三个成员删除，并用两个 0 填补。

```
<script>
    var arr = Array(1, 2, 3, 4, 5);
    arr.splice(1, 2, 0, 0);
    document.write(arr.toString());  // 1,0,0,4,5
    arr = null;
</script>
```

如果需要在数组的第一个位置插入成员，则可以使用 unshift() 方法，如下面的代码。

```
<script>
    var arr = Array(1, 2, 3);
    arr.unshift(0);
    document.write(arr.toString());  // 0,1,2,3
    arr = null;
</script>
```

删除数组的第一个成员时，可以使用 shift() 方法，如下面的代码。

```
<script>
    var arr = Array(1, 2, 3);
    arr.shift();
    document.write(arr.toString());  // 2,3
    arr = null;
</script>
```

删除数组的最后一个成员时，可以使用 pop() 方法，如下面的代码。

```
<script>
    var arr = Array(1, 2, 3);
    arr.pop();
    document.write(arr.toString());  // 1,2
    arr = null;
</script>
```

此外，还有一种集合对象可以使用，通常称为 map 或 dictionary。这种集合结构的特点是，每个成员都由名称和数据组成，访问成员的数据时，可以使用数据名称作为索引，如下面的代码。

```
<script>
    var map = {"earth":"地球", "mars":"火星", "jupiter":"木星"};
    document.write(map["earth"] + "<br>");
    document.write(map["mars"] + "<br>");
    document.write(map["jupiter"] + "<br>");
</script>
```

代码执行结果如图 4-23 所示。

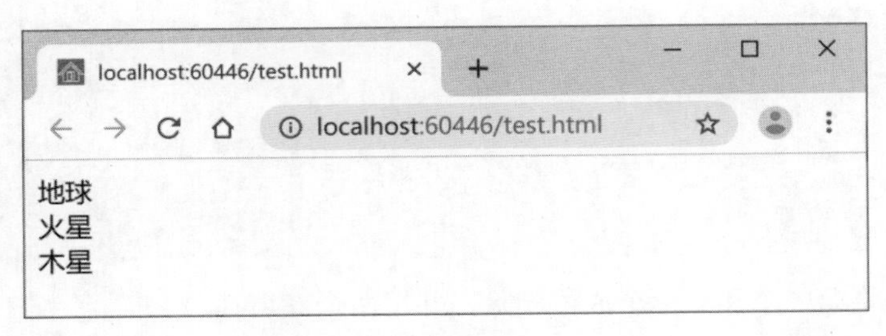

图 4-23

对于数组或 map 结构，还可以通过 for-in 循环结构快速地访问所有成员。先来看 map 成员的访问，如下面的代码。

```
<script>
    var map = { "earth": "地球", "mars": "火星", "jupiter": "木星" };
    for(var key in map)
        document.write(map[key] + "<br>");
</script>
```

页面显示效果与图 4-23 相同。

下面的代码演示了如何使用 for-in 语句访问数组成员。

```
<script>
    var arr = Array(1, 2, 3);
    for(var e in arr)
        document.write(arr[e] + "<br>");
</script>
```

页面显示效果如图 4-24 所示。

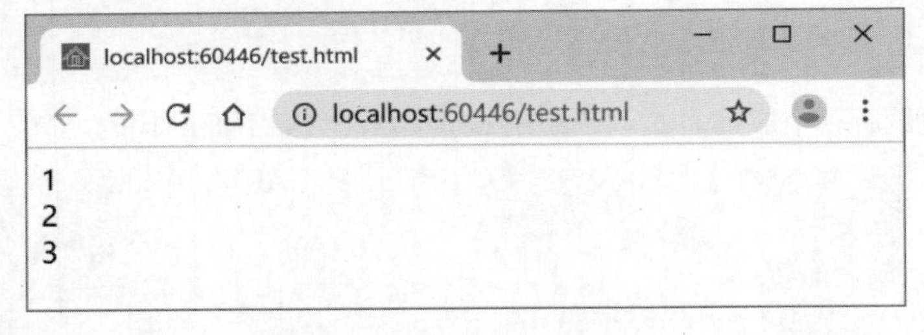

图 4-24

4.7 字符串处理（String 类）

JavaScript 中的字符串使用一对双引号或一对单引号定义，它们是 String 类型的对象，本节将介绍 String 类的常用成员。

首先，可以使用 length 属性获取字符串中的字符数量，如：

```
<script>
    var s = "英文字母abc";
    document.write(s.length);  //7
</script>
```

需要获取某个位置的字符，可以使用 charAt() 方法。请注意，这里的索引值同样是从 0 开始，即 0 表示第一个字符的位置，1 表示第二个字符的位置，以此类推。下面的代码演示了 charAt() 方法的应用。

```
<script>
    var s = "英文字母 abc";
    document.write(s.charAt(0));          //英
</script>
```

需要获取指定位置字符的 Unicode 编码时，可以使用 charCodeAt() 方法，其参数同样为从 0 开始的索引值。下面的代码演示了 charCodeAt() 方法的应用。

```
<script>
    var s = "英文字母 abc";
    document.write(s.charCodeAt(0));     //33521
</script>
```

需要在字符串中查找内容时，可以使用 indexOf() 方法，此方法会返回查询内容第一次出现的位置（0 开始的索引值），如果没有找到，则返回 -1。下面的代码演示了 indexOf() 函数的使用。

```
<script>
    var s = "英文字母 abc";
    document.write(s.indexOf("字"));    //2
    document.write("<br>");
    document.write(s.indexOf("中"));    // -1
</script>
```

相应的方法还有 lastIndexOf() 方法，其功能是返回查询内容最后一次出现的索引值，如果没有找到，则同样返回 -1。下面的代码演示了 lastIndexOf() 方法的使用。

```
<script>
    var s = "abcabcabc";
    document.write(s.lastIndexOf("abc"));       //6
</script>
```

需要截取字符串的一部分内容时，可以使用 substring() 或 slice() 方法，它们的参数是相同的，其中，参数一指定截取开始的索引位置，参数二指定截取结束位置，但截取结果不包含此位置的字符。如果不指定参数二，则返回从参数一指定位置开始的所有内容。方法会返回一个包含截取内容的新字符串对象，如下面的代码。

```
<script>
    var s = "abcdefg";
    document.write(s.substring(2, 5));  //cde
</script>
```

需要修改字符串中字母的大小写形式时，toLowerCase() 方法可以将字符串中的字母转换为小写，并返回转换后的全部内容；toUpperCase() 方法则将字符串中的字母转换为大写，并返回转换后的全部内容。下面的代码演示了这两个方法的应用。

```
<script>
    document.write("abcdefg".toUpperCase());
    document.write("<br>");
```

```
    document.write("AbcDEFg".toLowerCase());
</script>
```

代码执行结果如图 4-25 所示。

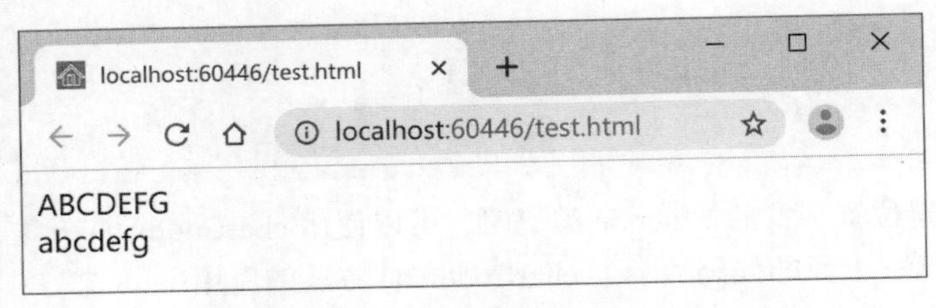

图 4-25

split() 方法可以使用指定的内容将字符串分割为字符串数组，如下面的代码，使用逗号分隔字符串。

```
<script>
    var s = "abc,def,ghi";
    var arr = s.split(",");
    for (var i = 0; i < arr.length; i++) {
        document.write(arr[i]);
        document.write("<br>");
    }
</script>
```

代码执行结果如图 4-26 所示。

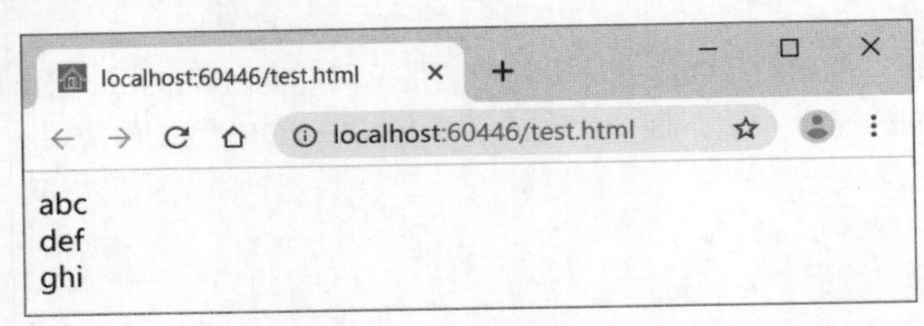

图 4-26

split() 方法还可以指定第二个参数，指定分割后数组的最大成员数，如下面的代码。

```
<script>
    var s = "abc,def,ghi";
    var arr = s.split(",", 2);
    for (var i = 0; i < arr.length; i++) {
        document.write(arr[i]);
        document.write("<br>");
    }
</script>
```

本例 split() 方法中指定最多返回两个成员的数组，代码执行结果如图 4-27 所示。

请注意，如果 split() 方法中第二个参数指定的数值大于可分割的数量，则会忽略此参数。

需要替换字符串中的内容时，可以使用 replace() 方法，如下面的代码。

```
<script>
    var s1 = "abc,def,ghi";
```

```
    var s2 = s1.replace(/,/g, "|");
    document.write(s2);
</script>
```

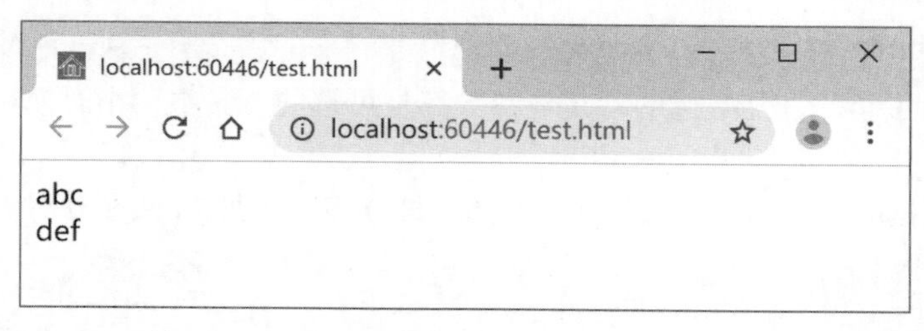

图　4-27

replace() 方法需要两个参数，第一个参数指定需要替换的原始内容，这里使用了正则表达式，/,/ 匹配逗号字符，而 g 表示全局替换，如果没有指定 g 字符，则只会替换第一个逗号。

replace() 方法会返回内容替换后的新字符串对象，代码执行结果为“abc|def|ghi”。

4.8　日期与时间（Date 类）

在 JavaScript 中处理日期和时间数据时，有一个基准时点的概念，定义为 1970 年 1 月 1 日 0 点。

可使用 Date 类处理日期和时间数据，包括年、月、日、时、分钟、秒和毫秒数据。下面的代码使用 Date 类的无参数构造函数，用于返回系统当前的日期、时间和时区信息。

```
<script>
    var now = new Date();
    document.write(now.toString());
    document.write("<br>");
    document.write(now.toLocaleString());
    now = null;
</script>
```

执行代码会显示当时的系统时间，代码使用了 Date 对象的 toString() 方法和 toLocaleString() 方法，分别显示了数据的通用格式和本地格式。可以根据图 4-28 的内容观察不同的格式效果。

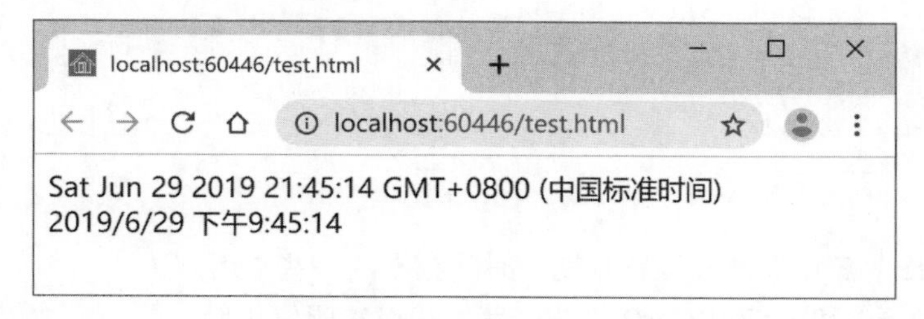

图　4-28

第一个 document.write() 方法中使用 toString() 方法返回完整的日期和时间信息，其中的 GMT 含义为格林尼治标准时间，+0800 为时区中的正八区，也就是北京时间所在的时区。第二个 document.write() 方法中使用 toLocaleString() 方法，返回系统当前区域设置中的日期和时间格式。

应用 Date 对象时，除了使用没有参数的构造函数获取系统当前时间，还可以指定对象的日期和时间数据，如：

```
Date(年,月,日,时,分,秒,毫秒)
```

参数中，除了年、月是必选的，其他参数都是可选的，其中，小时使用 24 小时制，取值为 0 ~ 23。

指定月份数据时应注意，其值是从 0 开始，即 0 表示 1 月，1 表示 2 月，如下面的代码。

```
<script>
    var d = new Date(2017, 0, 27);
    document.write(d.toLocaleDateString());
</script>
```

代码执行结果如图 4-29 所示。

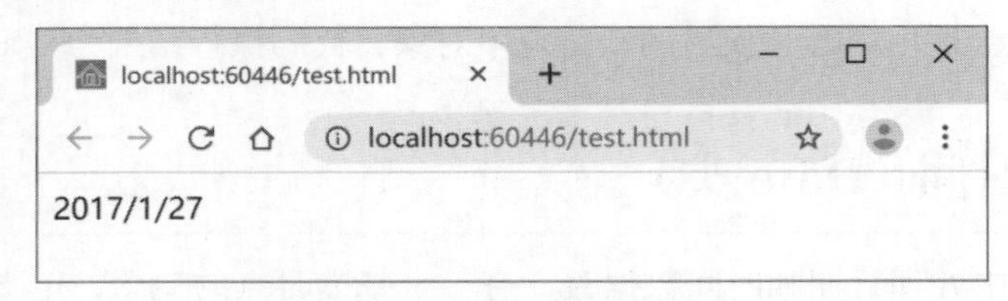

图 4-29

此外，还可以使用日期字符串创建 Date 对象，常用的格式包括“月 / 日 / 年”“年 / 月 / 日”等。这里使用中国人常用的日期值，如下面的代码。

```
<script>
    var d1 = new Date("2017/1/28");
    document.write(d1.toLocaleDateString());
    document.write("<br>");
    var d2 = new Date("1/29/2017");
    document.write(d2.toLocaleDateString());
</script>
```

代码执行结果如图 4-30 所示。

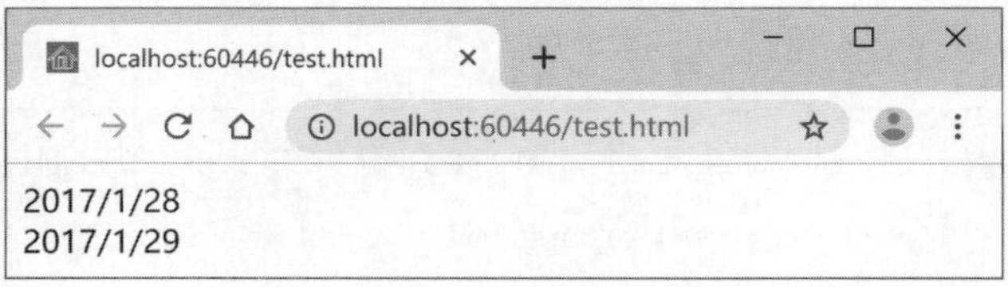

图 4-30

下面是 Date 对象中获取和设置日期、时间数据的一些常用方法：

- getFullYear() 和 setFullYear() 方法，获取和设置四位年份。
- getMonth() 和 setMonth() 方法，获取和设置月份。请注意，月份数据是从 0 开始的。
- getDate() 和 setDate() 方法，获取和设置当前日期是月份中的第几天。
- getHours() 和 setHours() 方法，获取和设置小时数据。
- getMinutes() 和 setMinutes() 方法，获取和设置分钟数据。

- getSeconds() 和 setSeconds() 方法，获取和设置秒。
- getMilliseconds() 和 setMilliseconds() 方法，获取和设置毫秒数。
- getDay() 和 setDay() 方法，获取和设置当前日期是一周中的第几天，其中，周日为 0，周一为 1，周二为 2，以此类推。
- getTime() 和 setTime() 方法，获取或设置距离基准时点（1970 年 1 月 1 日 0 时）的毫秒数。如果是大于 0 的值，则是基准时点以后的时间；如果是小于 0 的值，则是基准时点以前的时间。

处理不同时区的统一时间时，可以使用一系列含有 UTC（通用时间代码，与 GMT 是一个概念）字样的方法，如 getUTCFullYear() 方法会根据对象中的日期和系统中的区域设置给出 UTC 时间中的年份。前面给出的方法中，除了 getTime() 和 setTime() 方法，其他的方法都有 UTC 版本，大家可以参考使用。

此外，需要日期和时间的字符串形式时，可以使用如下方法：toString() 方法、toDateString() 方法、toTimeString() 方法、toLocaleString() 方法、toLocaleDateString() 方法、toLocaleTimeString() 方法和 toUTCString() 方法。

下面的代码演示了这些方法的应用。请注意，区域设置是基于中国大陆时区的（正八区），而 UTC 时间比北京时间晚 8 个小时。

```
<script>
    //元宵节
    var d = new Date(2017, 1, 11, 16, 30, 55, 99);
    document.write(d.toString());
    document.write("<br>");
    document.write(d.toDateString());
    document.write("<br>");
    document.write(d.toTimeString());
    document.write("<br>");
    document.write(d.toLocaleString());
    document.write("<br>");
    document.write(d.toLocaleDateString());
    document.write("<br>");
    document.write(d.toLocaleTimeString());
    document.write("<br>");
    document.write(d.toUTCString());
</script>
```

代码执行结果如图 4-31 所示。

图　4-31

4.9 数学计算（Math 类）

Math 类中定义了一系列与数学相关的常量、计算方法与转换方法，这些成员直接使用 Math 类引用。下面了解一些常用的成员。

首先是几个将浮点数转换为整数的方法，如：

- floor() 方法，返回小于或等于参数的最大整数。
- ceil() 方法，返回大于或等于参数的最小整数。
- round() 方法，返回参数整数部分，小数部分四舍五入。

下面的代码演示了这几个方法的使用。

```
<script>
    document.write(Math.floor(10.9));    //10
    document.write("<br>");
    document.write(Math.ceil(10.1));     //11
    document.write("<br>");
    document.write(Math.round(10.5));    //11
    document.write("<br>");
    document.write(Math.round(10.4));    //10
</script>
```

random() 方法会返回一个 0 ~ 1 的随机浮点数。实际应用中，可以通过以下公式计算出指定范围的随机整数。

```
<script>
    var min = 10;
    var max = 99;
    var rndInt = Math.floor(Math.random() * (max - min + 1) + min);
    document.write(rndInt);
</script>
```

执行代码会返回 10 ~ 99 的随机整数。

下面是 Math 类中几个常用的数学常量与计算方法：

- E，常数 e 的值。
- PI，圆周率。
- abs() 方法，计算参数的绝对值，如 Math.abs(-9) 和 Math.abs(9) 都返回 9。
- sqrt() 方法，计算参数的算术平方根，如 Math.sqrt(9) 等于 3。
- pow() 方法，如 Math.pow(x, y) 就是计算 x 的 y 次方。

此外，在 Math 类中还包括一些三角计算函数，可以参考使用，如：

- sin() 方法，如 Math.sin(a) 返回 a 的正弦值。
- cos() 方法，如 Math.cos(a) 返回 a 的余弦值。
- tan() 方法，如 Math.tan(a) 返回 a 的正切值。
- asin() 方法，如 Math.asin(a) 返回 a 的反正弦值。
- acos() 方法，如 Math.acos(a) 返回 a 的反余弦值。
- atan() 方法，如 Math.atan(a) 返回 a 的反正切值。
- atan2() 方法，如 Math.atan2(a,b) 返回 a/b 的反正切值。

最后，Math 类中的 min() 和 max() 方法可以判断数值序列中的最小值和最大值，如下面的代码。

```
<script>
    document.write(Math.min(1, 10, 99, 0, -10)); // -10
    document.write("<br>");
    document.write(Math.max(1, 10, 99, 0, -10)); // 99
</script>
```

4.10　URI 编码

浏览网页时，经常会在地址栏中看到一些含有百分号（%）的内容，这些内容是经过编码的信息。

因为一些符号在网址中有特殊的含义，如果在地址的数据中包含了这些符号，就应该对它们进行编码。另外，一些数据交换时，使用编码传递会更有效，如汉字内容。JavaScript 代码可以使用函数对 URI 内容进行编码和解码操作。

encodeURI() 和 decodeURI() 函数只对文本中的特殊字符进行编码和解码。下面的代码演示了这两个方法的应用。

```
<script>
    var s = "http://www.test.com/?keyword= 测试 ";
    var encode = encodeURI(s);
    document.write(encode);
    document.write("<br>");
    document.write(decodeURI(encode));
</script>
```

代码执行结果如图 4-32 所示。

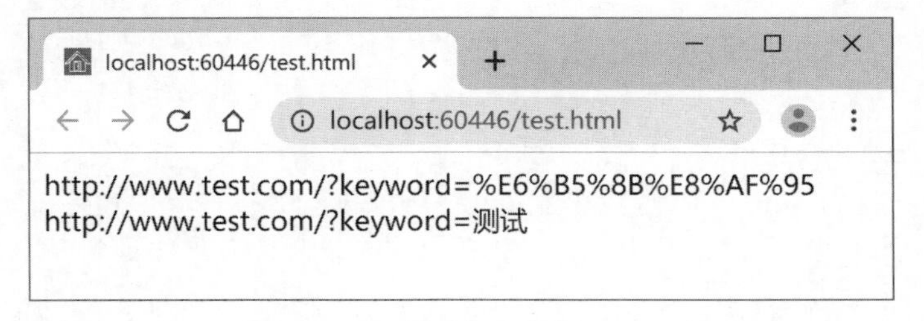

图　4-32

encodeURI() 和 decodeURI() 函数不会进行编码的字符包括字母、数字、#、-、_、.、!、~、*、'、(、)、;、,、/、?、:、@、&、=、+、$。

encodeURIComponent() 和 decodeURIComponent() 函数对文本中除字母、数字、(、)、.、!、~、*、'、- 和 _ 字符之外的其他内容进行编码和解码，如下面的代码。

```
<script>
    var s = "http://www.test.com/?keyword= 测试 ";
    var encode = encodeURIComponent(s);
    document.write(encode);
    document.write("<br>");
    document.write(decodeURIComponent(encode));
</script>
```

代码执行结果如图 4-33 所示。

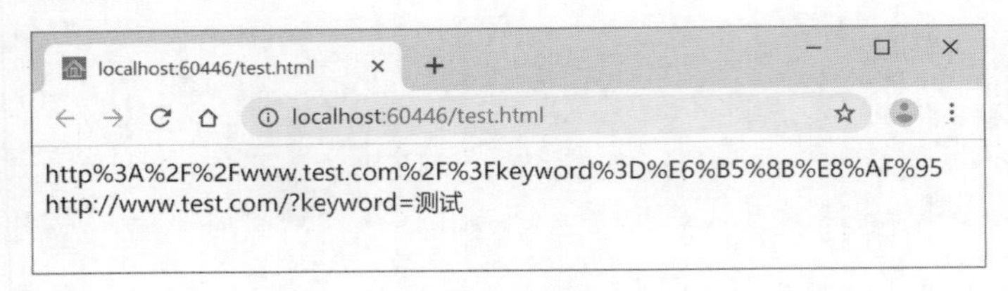

图 4-33

4.11 计时器

需要定时重复执行代码时，可以使用计时器函数，包括：

- setTimeout() 函数，参数一指定调用的函数名，参数二指定多长时间后执行，单位为毫秒。此函数只会执行一次任务，如果需要一定时间后再次执行，则需要再次调用 setTimeout() 函数。
- setInterval() 函数，严格按一定的时间重复执行函数内容。参数一指定调用的函数名，参数二指定执行的间隔时间，单位同样为毫秒。

这两个函数都会返回一个任务标识代码，代码可以作为 clearTimeout() 或 clearInterval() 函数的参数来终止任务。

首先来看 setTimeout() 函数的应用，如下面的代码。

```
<!DOCTYPE html>
<html>
<head>
<meta charset="utf-8" />
<title></title>
</head>
<body>
<div id="msg"></div>
</body>
</html>
<script>
    //显示当前时间
    function showTime() {
        var eMsg = document.getElementById("msg");
        var d = new Date();
        eMsg.innerText = d.toLocaleTimeString();
        //循环调用
        setTimeout(showTime, 1000);
    }
    //开始执行
    showTime();
</script>
```

执行代码，页面会自动更新时间，显示效果如图 4-34 所示。

代码定义了 showTime() 函数，其功能是在 id 为 msg 的元素中显示系统的当前时间。其中，document.getElementById() 方法会根据元素 id 值返回元素对象。接着，通过元素的

innerText 属性设置元素中显示的文本内容。最后一行代码调用 setTimeout() 函数，参数一指定了执行的函数名，这里就是 showTime() 函数；参数二指定多少毫秒之后执行。这样一来，每隔 1000ms（1s）就会执行一次 showTime() 函数，以显示最新的时间。

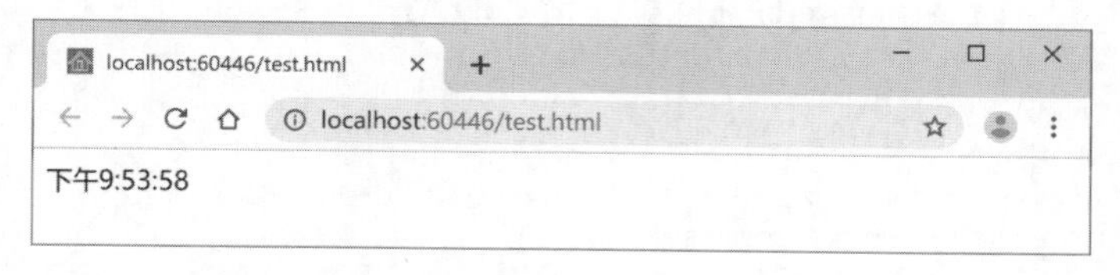

图 4-34

下面的代码使用 setInterval() 函数实现相同的功能。

```
<!DOCTYPE html>
<html>
<head>
<meta charset="utf-8" />
<title></title>
</head>
<body>
<div id="msg"></div>
</body>
</html>
<script>
    //显示当前时间
    function showTime() {
        var eMsg = document.getElementById("msg");
        var d = new Date();
        eMsg.innerText = d.toLocaleTimeString();
    }
    //开始执行
    setInterval(showTime, 1000);
</script>
```

那么，setTimeout() 和 setInterval() 函数有什么区别呢？从这两个实例中可以看到，setTimeout() 函数等待一定时间后执行一次指定的函数，如果需要重复执行，就需要在任务函数中循环调用。而 setInterval() 函数则会每隔一定的时间就执行一次指定的函数，所以，它只调用一次就可以实现循环工作。

现在已经可以实现计时功能了，如何停止 setTimeout() 和 setInterval() 函数的工作呢？答案是使用 clearTimeout() 或 clearInterval() 函数，这两个函数需要使用对应的 setTimout() 和 setInterval() 函数的返回值作为参数。

下面的代码通过 setInterval() 和 clearInterval() 函数演示一个 10s 倒计时的功能。

```
<!DOCTYPE html>
<html>
<head>
<meta charset="utf-8" />
<title></title>
</head>
<body>
<div id="msg">10</div>
</body>
```

```
</html>
<script>
    var seconds = 10;
    var handle;
    var eMsg = document.getElementById("msg");
    //计时函数
    function timer() {
        seconds--;
        if (seconds < 1) {
            clearInterval(handle);
            eMsg.innerText = "时间到";
        } else {
            eMsg.innerText = seconds.toString();
        }
    }
    //开始计时
    handle = setInterval(timer, 1000);
</script>
```

其中，首先定义了三个变量。其中，seconds 变量为倒计时的秒数；handle 变量保存 setInterval() 函数返回的句柄，它是一个数值型数据；eMsg 则表示显示信息的元素对象。

每次调用 timer() 函数时，seconds 变量的值都会减 1，当其值小于 1 时，则使用 clearInterval() 函数停止任务，并显示“时间到”。

代码的最后调用 setInterval() 函数启动计时器，并将函数的返回值赋给 handle 变量。

打开此页面，会从 10 倒计时到 1，然后停止执行，并显示“时间到”。

实际应用中，如果循环任务的工作量比较大，可以考虑使用 setTimeout() 函数，因为它是在每次任务完成后再启动下一次任务。而 setInterval() 函数会在固定的时间后准时启动下一次任务，但是，如果上一次的任务还没有完成，就会造成一些冲突，比如某些数据的计算还没有完成，却又要开始新一轮的计算任务。当然，在任务需要每隔一定时间就要准时执行的情况下，setInterval() 函数又是比较合适的选择，开发中可以根据实际需要选择使用。

第5章 BOM

BOM（Browser Object Model，浏览器对象模型）定义了浏览器的操作对象，本章将讨论如何通过 BOM 操作浏览器窗口、网址、导航操作，以及屏幕信息等内容。

5.1 window 对象

window 对象表示浏览器窗口，开发者可以通过 window 对象修改浏览器的外观、控制状态栏信息等。

window 是整个 BOM 结构中的主对象，其中包含一些子对象，如：

- document 对象，表示页面的内容，将在第 6 章详细讨论。
- location 对象，用于处理页面的 URL 内容。
- navigator 对象，可以获取用户浏览器的相关信息。
- history 对象，用于控制浏览历史操作，如 back() 方法执行后退操作，forward() 方法执行前进操作，go() 方法指定前进（正数）或后退（负数）的记录数。实际开发中，建议用户使用浏览器的“前进”与“后退”功能。
- screen 对象，可以获取用户的屏幕信息。

开发中，可以通过 window 对象的属性或直接使用这些对象，接下来先了解 window 对象的一些常用操作。

5.1.1 对话框

在 JavaScript 中，可以使用三种基本的对话框，即：

- alert() 方法，显示消息对话框，参数指定显示的文本内容。
- prompt() 方法，显示输入对话框，用于获取用户输入的数据。参数一指定提示信息，参数二指定默认值，这两个参数都是可选的。
- confirm() 方法，显示确认对话框，选择“确定”按钮时返回 true 值，否则返回 false 值。

这三个方法可以使用 window 对象调用，也可以直接调用。下面的代码演示了 alert() 方法的使用。

```
<script>
    window.alert("Hello BOM");
</script>
```

打开页面，会显示如图 5-1 所示的对话框（Google Chrome 浏览器）。

prompt() 方法可以获取用户输入的文本内容，如下面的代码。

```
<script>
var input = prompt("请输入一个数值", "0");
```

```
    //
    if (Number(input) % 2 == 0)
        document.write(" 输入的是偶数 ");
    else
        document.write(" 输入的不是偶数 ")
</script>
```

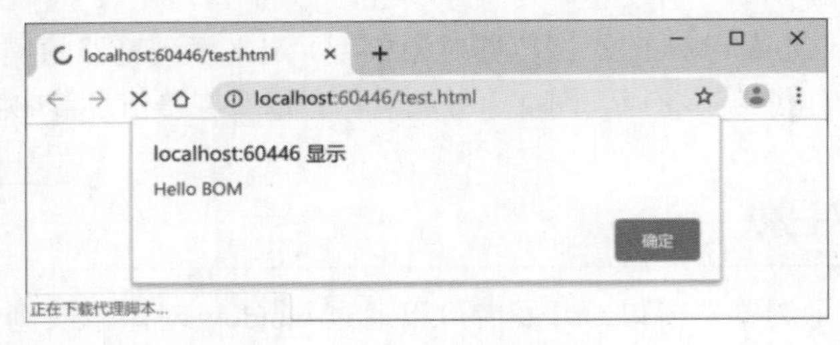

图　5-1

打开页面会显示如图 5-2 所示的对话框（Google Chrome 浏览器），然后会判断输入的内容是否为偶数。

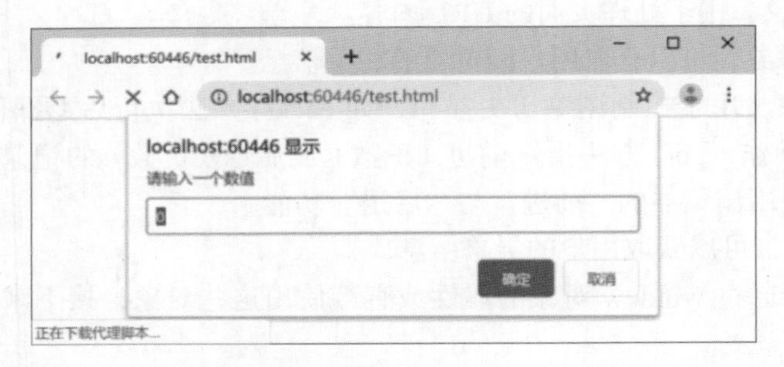

图　5-2

confirm() 方法会让用户做出选择，如下面的代码。

```
<script>
    var result = confirm(" 确定要继续吗？ ");
    //
    if (result)
        document.write(" 确认操作 ");
    else
        document.write(" 取消操作 ")
</script>
```

执行代码会显示如图 5-3 所示的对话框（Google Chrome 浏览器），然后显示用户的选择结果。

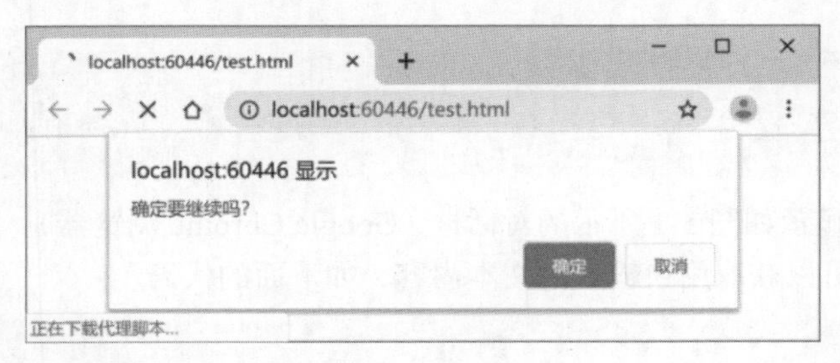

图　5-3

5.1.2 onload 事件

window.onload 事件会在页面元素完全载入后执行，在此添加页面元素的操作代码会比较安全，可以避免因页面没有完全载入而产生的错误。可以在此事件中添加页面的初始化代码。

指定 onload 事件代码时，一般会使用一个函数，如下面的代码，会在页面载入后显示一条信息。

```
<script>
    window.onload = function () {
        document.write("页面已载入");
    }
</script>
```

页面载入后会显示如图 5-4 所示的内容。

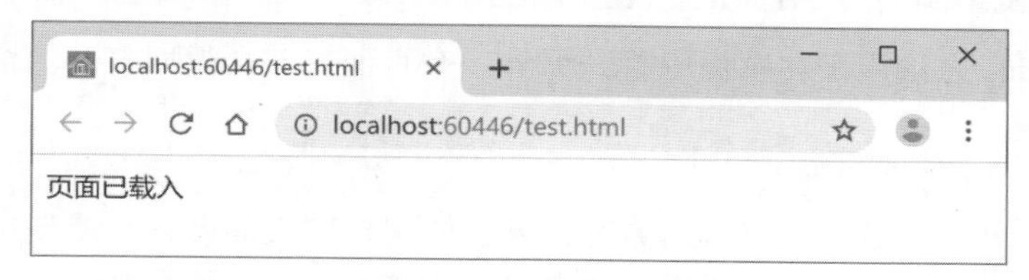

图 5-4

实际开发过程中，可能需要向 onload 事件添加多个函数，可以参考下面的代码完成。

```
<script>
    // 添加 onload() 执行函数
    function addOnLoadFunc(fn) {
        if (typeof window.onload === "function") {
            var oldFn = window.onload;
            window.onload = function () {
                oldFn();
                fn();
            };
        } else {
            window.onload = fn;
        }
    }

    // 三个初始化函数
    function init1() {
        alert("init1");
    }
    function init2() {
        alert("init2");
    }
    function init3() {
        alert("init3");
    }

    // 添加到 onload 事件
    addOnLoadFunc(init1);
```

```
    addOnLoadFunc(init2);
    addOnLoadFunc(init3);
</script>
```

其中，addOnLoadFunc(fn) 函数用于向 window.onload 事件添加函数。其中，首先判断 window.onload 是否是函数类型，即是否已添加了函数，如果已添加过函数，使用 oldFn 对象备份 window.onload 中的函数，然后，将 window.onload 设置为新的函数，新函数中需要调用 oldFn() 和参数带入的 fn() 函数。如果 window.onload 不是函数类型，则直接将参数 fn 指定给 onload 事件。

这里共向 window.onload 事件添加了三个函数，页面加载后会显示三个消息对话框。

此外，还可以将 addOnLoadFunc(fn) 函数定义在 JavaScript 文件中，以便在项目中重复使用。本书通用代码会定义在 /js/Common.js 文件中。

5.1.3 open() 与 close() 方法

window.open() 方法用于在页面中打开另外一个页面，并会返回打开的窗口对象，方法的参数包括：

- 参数一，打开资源的地址。
- 参数二，可选，指定新窗口的名称，可以使用自定义的名称，或使用特殊值指定新窗口的打开方式，如 _blank 打一个新的窗口（或标签）显示页面，_self 在当前窗口（或标签）显示页面等。
- 参数三，可选，使用字符串指定新窗口的显示参数。

close() 方法用于关闭窗口，如 window.close() 会关闭当前窗口，在 window.open() 方法返回的对象中调用 close() 方法会关闭打开的窗口。

IE 浏览器中调用 window.close() 方法关闭当前窗口时会弹出确认对话框，如果想直接关闭当前窗口，可以使用类似下面的代码。

```
<!DOCTYPE html>
<html>
<head>
<meta charset="utf-8" />
<title></title>
</head>
<body>
<button type="button" onclick="window.close();">关闭窗口 1</button>
<button type="button" onclick="closeMe();">关闭窗口 2</button>
</body>
</html>
<script>
    function closeMe() {
        var w = window.open("","_self");
        w.close();
    }
</script>
```

在 IE11 浏览器中单击“关闭窗口 1”按钮时会弹出图 5-5 中的对话框，而单击“关闭窗口 2”按钮时会直接关闭浏览器窗口。

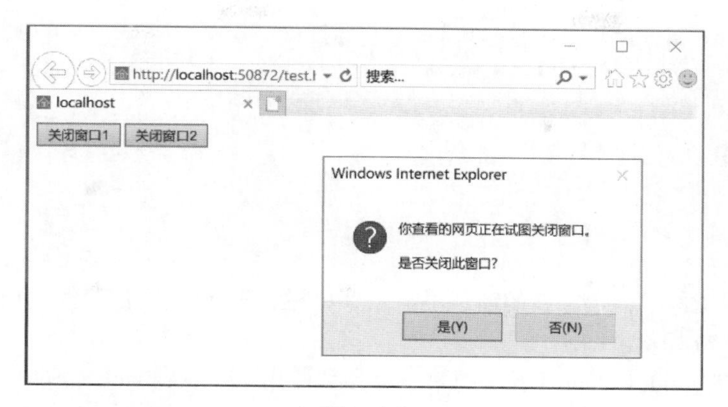

图 5-5

下面的代码在页面载入时会在一个新窗口中打开作者的个人网站。

```
<script>
    window.open("http://caohuayu.com","_blank");
</script>
```

一些情况下，浏览器或安全软件会拦截弹出式窗口，图 5-6 中就是 Google Chrome 浏览器中的提示。

图 5-6

弹出式窗口并不是一个好的网站浏览体验，因为在实际应用中，更多的是弹出广告，而不是真正有意义的内容。

项目中，如果真的需要动态创建窗口，还可以通过 window.open() 方法的第三个参数设置窗口的外观，常用的属性有：

- menubar，是否显示菜单栏，包括 yes 和 no 值。
- location，是否显示地址栏，包括 yes 和 no 值。
- resizable，是否允许修改窗口尺寸，包括 yes 和 no 值。
- scrollbars，是否允许显示滚动条，包括 yes 和 no 值。
- status，是否显示状态栏，包括 yes 和 no 值。
- width，指定窗口的宽度，设置为一个数值，单位是像素。
- height，指定窗口的高度，设置为一个数值，单位是像素。
- top 和 left，指定窗口左上角在屏幕中的坐标，单位是像素。

下面的代码会创建并显示一个提示页面。

```
<script>
    var features = "menubar=no,resizable=no,width=500,height=150";
    var win = window.open("about:blank", "new window", features);
    win.document.open();
```

```
        win.document.write("<h1>小提示^_^</h1>");
        win.document.write(win.name);
        win.document.close();
        //
        window.onclick = function () {
            win.close();
        }
    </script>
```

在 features 变量中，指定新的窗口不显示菜单栏、不允许改变尺寸，并设置宽度为 500 像素，高度为 150 像素。

请注意，在 window.open() 方法的第一个参数使用了 about:blank，这样，打开的窗口会是一个完全空白的页面。接下来调用 win.doucment 对象的三个方法，分别是：

- open() 方法，打开页面内容的写入流。
- write() 方法，向页面中写入内容，我们已多次使用这个方法。另一个相关的方法是 writeln()，其功能是在写入参数指定的内容后，还会添加一个换行符（\n）。
- close() 方法，关闭页面内容的写入流。

执行代码会显示如图 5-7 所示的新窗口（需要用户允许网站弹出窗口）。

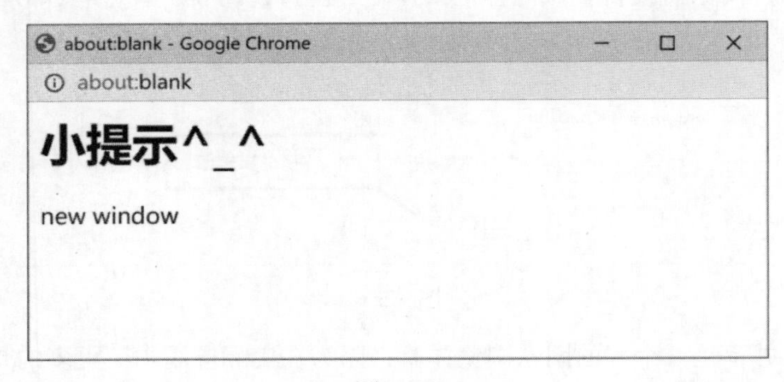

图 5-7

此外，在原页面的 window.onclick 事件中还可定义当单击原窗口时，调用 win.close() 方法关闭弹出的窗口。

5.2 location 对象

location 对象同时定义为 window 和 document 对象的属性，用于处理当前页面的网址（URL）信息。对象的常用成员包括：

- href 属性和 toString() 方法，都可以获取完整的 URL 内容。
- host 和 hostname 属性，获取 URL 中的服务器主机名称。
- pathname 属性，获取主机后的资源路径。
- port 属性，获取 URL 中主机的端口信息。
- protocal 属性，获取 URL 中使用的协议。
- search 属性，获取 URL 中 ? 符号及以后的内容，即 URL 中的查询参数。
- hash 属性，获取 URL 中 # 符号及以后的内容。

下面的代码会在页面中显示一些 URL 信息。

```
<script>
    document.write(location.href);
    document.write("<br/>");
    document.write(location.protocol);
    document.write("<br/>");
    document.write(location.host);
    document.write("<br/>");
    document.write(location.port);
    document.write("<br/>");
    document.write(location.pathname);
</script>
```

在 IIS Express 中打开页面，会显示类似图 5-8 所示的内容。

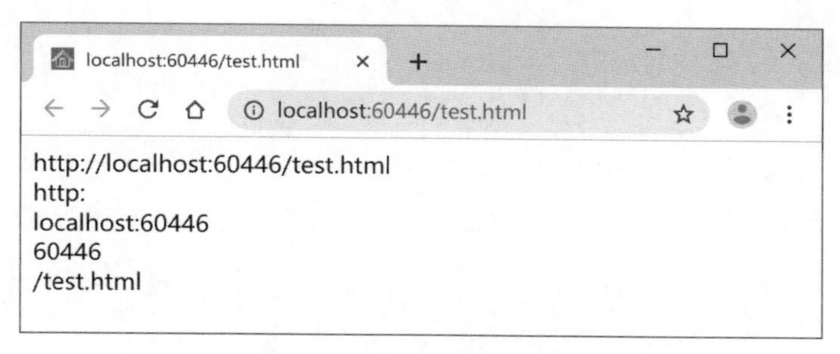

图　5-8

本例中分别显示了完整的 URL、协议、主机名、端口号，以及资源在服务器中的路径。

此外，在 location 对象中还包含 assign()、replace() 和 reload() 等方法，用于处理访问记录或重新载入页面，实际应用中，建议用户使用浏览器进行操作，如前进、后退和刷新等操作。

5.3　navigator 对象

navigator 对象可以帮助开发者获取用户的操作系统和浏览器相关信息，对象的常用成员有：

- appCodeName 属性，返回浏览器代码名称。
- appName 属性，返回浏览器名称。
- appVersion 属性，返回操作系统版本。
- language 属性，返回浏览器语言，其中 zh-CN 表示简体中文，en-US 表示美国英语。
- platform 属性，返回系统平台名称。

下面的代码演示了这几个属性的使用。

```
<script>
    document.write(navigator.appCodeName);
    document.write("<br>");
    document.write(navigator.appName);
    document.write("<br>");
    document.write(navigator.appVersion);
```

```
    document.write("<br>");
    document.write(navigator.language);
    document.write("<br>");
    document.write(navigator.platform);
</script>
```

大家可以观察在不同浏览器中显示的结果。

- cookieEnabled 属性，返回一个布尔值，表示浏览器是否开启 Cookie 功能，这是一种基于文本的客户端数据存储技术。
- plugins 属性，返回一个包含浏览器已安装插件的数组，如下面的代码，可以显示所有已安装插件的名称。

```
<script>
    var arr = navigator.plugins;
    for (var i = 0; i < arr.length; i++) {
        document.write(arr[i].name);
        document.write("<br>");
    }
</script>
```

如果需要检测浏览器中是否安装了 Flash Player 插件，可以使用类似下面的代码。

```
<script>
    function hasFlash() {
        var arr = navigator.plugins;
        for (var i = 0; i < arr.length; i++) {
            if (arr[i].name == "Shockwave Flash")
                return true;
        }
        return false;
    }
    //
    if (hasFlash())
        document.write("已安装 Flash 插件");
    else
        document.write("没有安装 Flash 插件");
</script>
```

一般来讲，网站是不应该挑选浏览器的，但如果真的需要某个类型或版本的浏览器，可以从 navigator.userAgent 属性返回的信息中获取。如图 5-9 所示，先观察不同浏览器中 userAgent 属性返回的内容，从上到下分别是 IE11、Firefox 和 Google Chrome 浏览器中显示的信息。

从图 5-9 中可以看到，浏览器的类型和版本并没有什么固定的格式，这就对获取浏览器信息的操作带来了一些困难。不过，可以从另一个角度来考虑问题，可以使用目标驱动法来判断浏览器是不是所需要的类型和版本。

比如，需要检测是否为 Firefox 浏览器时，可以使用类似如下的代码。

```
<script>
    function isFirefox() {
        return navigator.userAgent.indexOf("Firefox") >-1;
    }
    //
```

```
    if (isFirefox())
        document.write(" 正在使用 Firefox 浏览器 ");
    else
        document.write(" 没有使用 Firefox 浏览器 ");
</script>
```

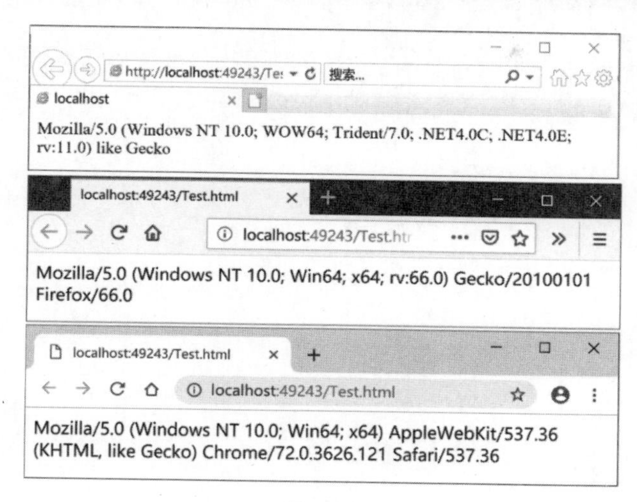

图　5-9

5.4　screen 对象

screen 对象可以返回与屏幕相关的信息，主要的成员包括：

- width 属性，返回屏幕尺寸的完整宽度（像素）。
- height 属性，返回屏幕尺寸的完整高度（像素）。
- availWidth 属性，返回屏幕可用尺寸的宽度（像素）。
- availHeight 属性，返回屏幕可用尺寸的高度（像素）。
- colorDepth 属性，返回屏幕显示的颜色位，如 24 位等。

下面的代码用于显示这五个属性的数据。

```
<script>
    document.write(screen.width);
    document.write("<br>");
    document.write(screen.height);
    document.write("<br>");
    document.write(screen.availWidth);
    document.write("<br>");
    document.write(screen.availHeight);
    document.write("<br>");
    document.write(screen.colorDepth);
</script>
```

如果需要将弹出的新窗口放在屏幕的居中位置，可以使用类似下面的代码。

```
<script>
    var winWidth = 500;
```

```
    var winHeight = 150;
    var winTop = (screen.height - winHeight) / 2;
    var winLeft = (screen.width - winWidth) / 2;
    var features = "menubar=no,resizable=no,width=500,height=150,top=" +
        String(winTop) + ",left=" + String(winLeft);
    var win = window.open("about:blank", "new window", features);
    win.document.open();
    win.document.write("<h1>窗口居中</h1>");
    win.document.close();
</script>
```

第 6 章　DOM

DOM（Document Object Model，文档对象模型）可以处理 XML、HTML、XHTML 等格式的文档模型。HTML 页面中主要使用 document 对象等资源进行操作。实际上，document 对象也是 BOM 的一部分，它定义在 window 对象中，也就是说，使用 document 对象和使用 window.document 对象是一回事。

本章将讨论如何利用元素和节点对象操作页面内容。

6.1　获取元素

操作页面内容首先需要获取相应的元素或节点对象，通过 document 对象中的一些方法可以完成这些工作。常用的方法包括：

- getElementById() 方法，通过元素的 id 属性值获取唯一的元素对象。
- getElementsByClassName() 方法，通过元素的 class 属性值获取元素对象。该方法会返回一个元素对象数组。
- getElementsByName() 方法，通过元素的 name 属性值获取元素对象。该方法返回一个元素对象数组。
- getElementsByTagName() 方法，通过元素类型获取元素对象。该方法返回一个元素对象数组。
- 通过 doucment 中的元素集合属性，如 images 属性获取页面中所有 img 元素的集合、links 获取所有含有 href 属性的 a 元素集合等。

接下来具体了解这些获取元素方式的应用。

6.1.1　根据 id 属性获取元素

下面的代码演示了 document.getElementById() 方法的应用。

```
<!DOCTYPE html>
<html>
<head>
<meta charset="utf-8" />
<title></title>
</head>
<body>
<div id="e1">元素一</div>
<div id="e2">元素二</div>
</body>
</html>
<script>
    var e = document.getElementById("e1");
    window.alert(e.innerText);
</script>
```

其中，首先使用 document.getElementById() 方法获取 id 为 e1 的元素，然后通过元素对象的 innerText 属性获取其中的文本内容，并由消息对话框显示。页面显示效果如图 6-1 所示。

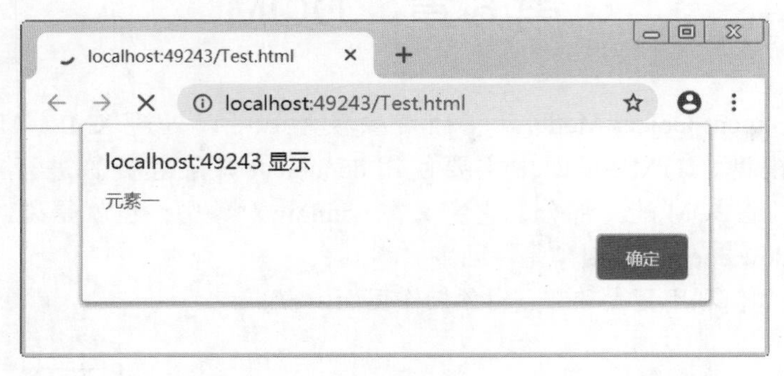

图 6-1

6.1.2 根据 class 属性获取元素集合

页面中的多个元素可能使用相同的 class 属性值，所以，使用 doucment.getElements-ByClassName() 方法会返回一个元素集合（数组）。下面的代码演示了相关的操作。

```
<!DOCTYPE html>
<html>
<head>
<meta charset="utf-8" />
<title></title>
</head>
<body>
<div class="ea">元素一</div>
<div class="ea">元素二</div>
<div class="ea">元素三</div>
</body>
</html>
<script>
var arr = document.getElementsByClassName("ea");
    for (var i = 0; i < arr.length; i++)
window.alert(arr[i].innerText);
</script>
```

执行代码会显示三个消息对话框，分别显示了三个 div 元素中的文本内容。

6.1.3 根据 name 属性获取元素集合

页面中，多个元素也可能有着相同名称，如 input 元素中的 checkbox、radio 等类型。下面的代码演示了如何使用 document.getElementsByName() 方法获取同名元素集合。

```
<!DOCTYPE html>
<html>
<head>
```

```
<meta charset="utf-8" />
<title></title>
</head>
<body>
<form action="" method="get">
<label>性别</label>
<input type="radio" name="sex" value="0" checked="checked" />保密
<input type="radio" name="sex" value="1" />先生
<input type="radio" name="sex" value="2" />女士
</form>
</body>
</html>
<script>
    var arr = document.getElementsByName("sex");
        for (var i = 0; i < arr.length; i++)
            window.alert(arr[i].value);
</script>
```

执行代码会显示三个消息对话框，分别显示三个 radio 元素的 value 属性，即 0、1、2。若需要获取已选择项的值，则可以参考如下代码。

```
<!DOCTYPE html>
<html>
<head>
<meta charset="utf-8" />
<title></title>
</head>
<body>
<form action="" method="get">
<p>
<label>性别</label>
<input type="radio" name="sex" value="0" checked="checked" />保密
<input type="radio" name="sex" value="1" />先生
<input type="radio" name="sex" value="2" />女士
</p>
<p>
<button onclick="btnTest();">测试</button>
</p>
</form>
</body>
</html>
<script>
    function btnTest() {
        var arr = document.getElementsByName("sex");
        for (var i = 0; i < arr.length; i++) {
            if (arr[i].checked == true)
                window.alert("选中的值：" + arr[i].value);
        }
    }
</script>
```

页面显示效果如图 6-2 所示。

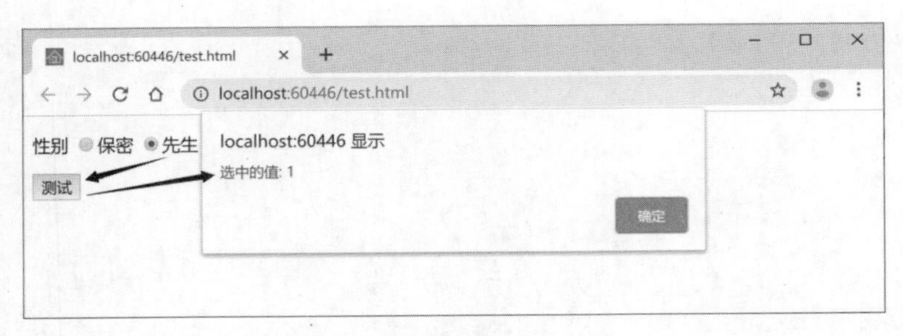

图 6-2

6.1.4 获取指定类型元素

通过 document.getElementsByTagName() 方法，可以获取指定类型的元素集合，即通过元素标签名获取一组元素。下面的代码演示了相关的操作。

```
<!DOCTYPE html>
<html>
<head>
<meta charset="utf-8" />
<title></title>
</head>
<body>
<p> 段落一 </p>
<p> 段落二 </p>
<p> 段落三 </p>
</body>
</html>
<script>
    var arr = document.getElementsByTagName("p");
    for (var i = 0; i < arr.length; i++)
        window.alert(arr[i].innerText);
</script>
```

执行代码，会通过三个消息对话框分别显示三个 p 元素中的文本内容。

6.1.5 特定元素集合

document 对象中定义了一些属性，用于获取特殊元素的集合（如图片、链接等），常用的属性包括：

- images 属性，包含了页面中所有 img 元素的集合。
- links 属性，包含了页面中含有 href 属性的 a 元素的集合。
- forms 属性，包含了页面中所有表单（form 元素）的集合。
- applets 属性，包含了页面中所有 applet 应用集合。
- embeds 属性，包含了所有 embed 元素集合。

这些属性会返回一个包含元素对象的数组。下面的代码演示了 images 属性的应用。

```
<!DOCTYPE html>
<html>
<head>
```

```
<meta charset="utf-8" />
<title></title>
<style>
#slide img {
            display:none;
        }
</style>
</head>
<body>
<div id="slide">
<img id="img_earth" src="/img/Earth.png" alt=" 地球 "/>
<img id="img_mars" src="/img/Mars.png" alt=" 火星 " />
<img id="img_jupiter" src="/img/Jupiter.png" alt=" 木星 " />
</div>
</body>
</html>
<script>
    var arrImage = document.images;
    var curSlide = -1;
    var maxIndex = arrImage.length - 1;
    // 切换下一张
    function nextSlide() {
        curSlide = curSlide + 1;
        if (curSlide > maxIndex) curSlide = 0;
        for (var i = 0; i <= maxIndex; i++) {
            if (i == curSlide)
                arrImage[i].style.display = "block";
            else
                arrImage[i].style.display = "none";
        }
        // 下一张
        setTimeout(nextSlide, 1000);
    }
    // 开始播放
    nextSlide();
</script>
```

本实例实现了一个简单的幻灯片播放效果，页面会循环显示地球、火星和木星图片。可以通过 setTimeout() 函数的第二个参数修改图片切换的间隔时间。

此外，如果 img 元素中定义了 name 属性，还可以在索引中使用这个名称来访问图片元素，如 document.images["img_earth"]。

6.2 获取节点对象

节点（node）和元素的概念比较容易混淆，实际上，在页面中，或者说 DOM 中，节点类型有多种，而元素（element）类型只是其中的一种。下面就是处理 DOM 时可用的节点类型。

- 1（ELEMENT_NODE）。

- 2（ATTRIBUTE_NODE）。
- 3（TEXT_NODE）。
- 4（CDATA_SECTION_NODE）。
- 5（ENTITY_REFERENCE_NODE）。
- 6（ENTITY_NODE）。
- 7（PROCESSING_INSTRUCTION_NODE）。
- 8（COMMENT_NODE）。
- 9（DOCUMENT_NODE）。
- 10（DOCUMENT_TYPE_NODE）。
- 11（DOCUMENT_FRAGMENT_NODE）。
- 12（NOTATION_NODE）。

本书常用的节点类型是 1 和 3，也就是使用标记定义的元素，以及单纯的文本内容。

获取一个元素对象后，可以使用与节点相关的操作成员，例如，使用以下属性获取节点信息。

- nodeName 属性，返回元素标记名称的大写形式，如 P、INPUT 等。
- nodeValue 属性，返回元素的值，若没有元素则返回 null 值。
- nodeType 属性，如元素节点 1 和文本节点 3。

下面的代码演示了这几个属性的应用。

```
<!DOCTYPE html>
<html>
<head>
<meta charset="utf-8" />
<title></title>
</head>
<body>
<form>
<p>
<label>用户名</label>
<input id="username" name="username" maxlength="15" size="15" />
</p>
<p>
<button onclick="btnTest();">测试</button>
</p>
</form>
</body>
</html>
<script>
    function btnTest() {
        var e = document.getElementById("username");
        document.write("节点名称：" + e.nodeName + "<br>");
        document.write("节点类型：" + e.nodeType + "<br>");
        document.write("节点的值：" + e.nodeValue + "<br>");
    }
</script>
```

页面初始效果如图 6-3 所示。

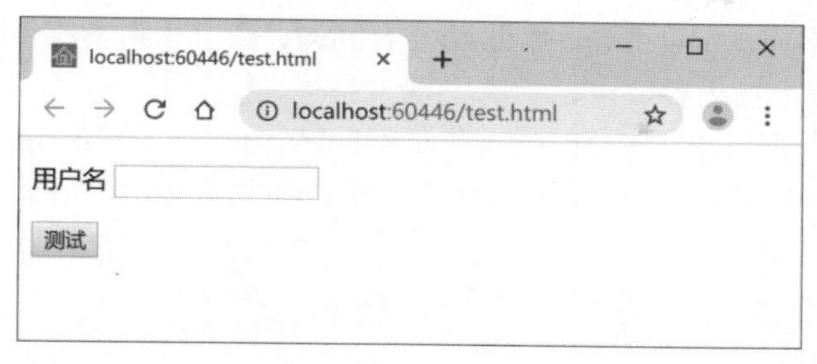

图　6-3

单击“测试”按钮后，页面显示效果如图 6-4 所示。

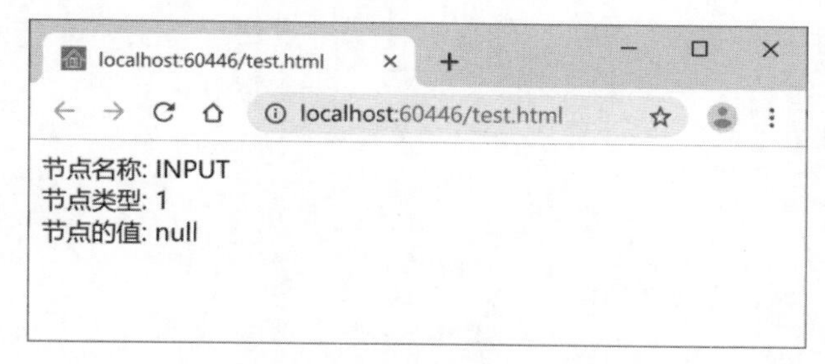

图　6-4

与元素操作不同，通过节点对象可以直接操作页面中的文本节点，如下面的代码。

```
<!DOCTYPE html>
<html>
<head>
<meta charset="utf-8" />
<title></title>
</head>
<body>
<p id="p1">段落一</p>
</body>
</html>
<script>
    var e = document.getElementById("p1");
    var t = e.childNodes[0];
    document.write("节点名称：" + t.nodeName + "<br>");
    document.write("节点类型：" + t.nodeType + "<br>");
    document.write("节点的值：" + t.nodeValue + "<br>");
</script>
```

页面显示效果如图 6-5 所示。

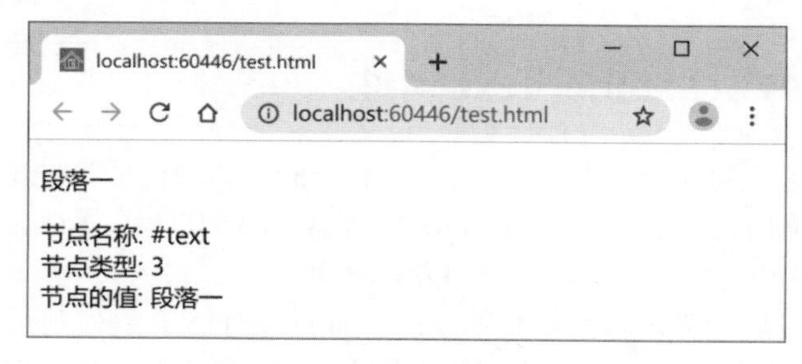

图　6-5

本例中，文本节点的 nodeName 属性返回了 #text，数字 3 则表示节点类型为文本节点，而文本节点的值就是它的内容。

关于文本节点，需要特别注意的是，在处理 DOM 时，很多浏览器会将元素之间的空白内容当作文本节点来处理，这样，在页面中就可能多出很多并不期望的节点对象。下面的代码演示了这一特性。

```
<!DOCTYPE html>
<html>
<head>
<meta charset="utf-8" />
<title></title>
</head>
<body>
<div id="article1">
<h1 id="h1">标题一</h1>
<p id="p1">段落一</p>
<p id="p2">段落二</p>
<p id="p3">段落三</p>
</div>
</body>
</html>
<script>
    var eDiv = document.getElementById("article1");
    var e = eDiv.firstChild;
    alert(e.nodeValue.length);
</script>
```

在消息对话框中会显示 9，包括 <div id="article1"> 后的换行符和 <h1 id="h1"> 前的 8 个空格符，共 9 个字符。

获取一个节点对象后，还可以获取与当前节点相关的节点对象或集合，常用的节点对象成员有：

- parentNode 属性，获取节点的上级节点（Node 类型）。
- hasChildNodes() 方法，判断元素中是否有子节点（Boolean 类型）。
- firstChild 属性，返回节点中的第一个子节点（Node 类型），没有返回 undefined 值。
- lastChild 属性，返回节点的最后一个子节点（Node 类型），没有返回 undefined 值。
- childNodes 属性，返回节点中所有子节点的集合。

处理一系列的节点对象时，应注意文本节点的问题，如果已明确处理的内容中没有多余的空白字符就没有问题，如果无法确认，则需要根据实际情况选择正确的方式来处理元素对象或节点对象。

6.3 innerHTML 和 innerText 属性

虽然可以使用节点对象操作页面内容，但对于熟悉 HTML 元素的开发者来讲，有更加便利的方法处理页面内容，如元素的 innerText 属性和 innerHTML 属性，这两个属性都定义为字符串类型，但它们对字符串内容的处理方式不同。

其中，innerText 属性将内容当作文本处理，而 innerHTML 属性则将内容解析为 HTML 代码，可以使用标签生成页面元素。下面的代码演示了这两个属性的应用。

```
<!DOCTYPE html>
<html>
<head>
<meta charset="utf-8" />
<title></title>
</head>
<body>
<p id="p1">段落一</p>
<p id="p2">段落二</p>
</body>
</html>
<script>
    var p1 = document.getElementById("p1");
    var p2 = document.getElementById("p2");
    var s = "<b>加粗文本</b>";
    p1.innerText += s;
    p2.innerHTML += s;
</script>
```

代码使用 += 运算符将字符串内容分别追加到两个 p 元素中，代码执行结果如图 6-6 所示。

图　6-6

6.4　元素属性与样式

获取元素对象后，可以对元素进行各种操作。本节介绍元素属性操作，以及如何通过属性设置元素的样式。

首先，HTML 元素的属性会映射为元素对象的一系列属性，下面的代码会通过表单元素中的 value 属性获取这些元素中的数据。

```
<!DOCTYPE html>
<html>
<head>
<meta charset="utf-8" />
<title></title>
</head>
<body>
<p>
<label for="username">用户名</label>
<input id="username" name="username" maxlength="15" size="15" />
</p>
<p>
```

```
<label for="sex">性别</label>
<select id="sex" name="sex">
<option value="0" selected>保密</option>
<option value="1">男</option>
<option value="2">女</option>
</select>
</p>
<p>
<button onclick="btnTest();">测试</button>
</p>
</body>
</html>
<script>
    function btnTest() {
        var username = document.getElementById("username");
        username.value = "Tom";
    }
</script>
```

页面显示时，“用户名”显示为空，单击“测试”按钮时，在“用户名”文本框中就会显示 Tom。代码执行结果如图 6-7 所示。

图 6-7

需要获取用户名文本框中的数据，可以使用类似下面的代码。

```
<script>
    function btnTest() {
        var username = document.getElementById("username");
        alert(username.value);
    }
</script>
```

页面中的 select 和 option 元素定义了一个显示性别的下拉列表，此时，可以通过 select 对象的 value 属性来操作选项，如下面的代码可以将选中的项目设置为“男”(值 1)。

```
<script>
    function btnTest() {
        var sex = document.getElementById("sex");
        sex.value = 1;
    }
</script>
```

除了使用元素对象的属性外，还可以使用 setAttribute() 和 getAttribute() 方法设置和获取元素的属性值。其中，setAttribute() 方法包括两个参数，参数一为属性名，参数二为属性值，如下面的代码。

```
<script>
    function btnTest() {
        var username = document.getElementById("username");
        username.setAttribute("value", "Jerry");
    }
</script>
```

下面的代码演示了 getAttribute() 方法的使用。

```
<script>
    function btnTest() {
        var username = document.getElementById("username");
        alert(username.getAttribute("maxlength"));
    }
</script>
```

请注意，使用 getAttribute() 方法时，如果参数指定了元素中没有定义的属性，则会返回 null 值。

如果需要通过编程改变元素的样式，则可在元素的 style 属性中进一步调用样式属性名称，如下面的代码。

```
<script>
    function btnTest() {
        var username = document.getElementById("username");
        username.style.backgroundColor = "#eee";
    }
</script>
```

本例单击“测试”按钮后，“用户名”文本框的背景色会变成浅灰色。

大多数情况下，可能会直接使用属性，而不是使用 setAttribute() 和 getAttribute() 方法。不过，在某些情况下，用 setAttribute() 方法编写代码可能更灵活，比如，同时设置多个 CSS 样式属性时，就可以直接设置元素的 style 属性，如下面的代码。

```
<script>
    function btnTest() {
        var username = document.getElementById("username");
        username.setAttribute("style",
                "font-weight:bold;background-color:#eee;color:steelblue;");
    }
</script>
```

单击“测试”按钮后，“用户名”文本框中的字体会加粗，颜色变为 steelblue 色，而背景色会变为浅灰色。

6.5 事件

事件（event) 可以理解为在什么情况下执行什么任务，其中，执行的时机就是事件，如 onclick 事件就是单击某个元素时触发的事件。事件触发时执行的具体代码则由开发者来决定。

下面讨论一些常用的事件。

6.5.1 事件响应

首先，回顾一下 onload 事件，它会在页面和元素完全载入后触发。指定事件触发代码时，可以使用一个函数，如下面的代码。

```
window.onload = function() {
    //事件代码
};
```

下面的代码会在页面载入后显示一个消息对话框。

```
<!DOCTYPE html>
<html>
<head>
<meta charset="utf-8" />
<title></title>
</head>
<body>
</body>
</html>
<script>
    window.onload = function () {
        window.alert("页面已载入");
    };
</script>
```

页面显示效果如图 6-8 所示。

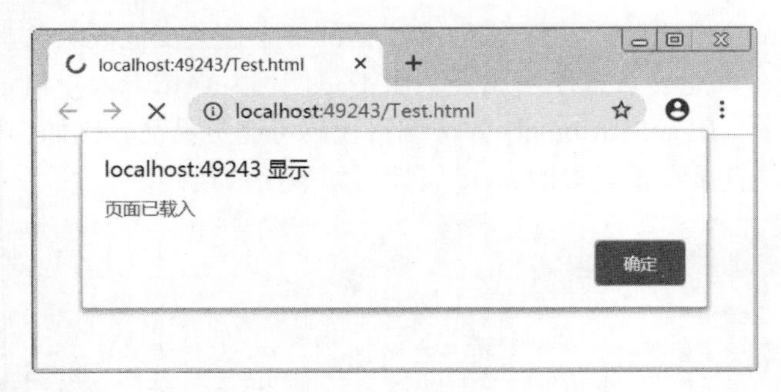

图 6-8

onfocus 事件会在焦点转移到元素时触发，如果需要突出正在操作的元素，可以使用 CSS 中的 :focus 伪类设置外观，也可以通过 onfocus 事件进行其他操作。相应地，onblur 事件会在焦点离开元素时触发。下面的代码演示了这两个事件的使用。

```
<!DOCTYPE html>
<html>
<head>
<meta charset="utf-8" />
<title></title>
```

```
</head>
<body>
<form id="login" action="" method="get">
<p>
<label for="username">姓名</label>
<input id="username" type="text" value="" maxlength="30" />
</p>
<p>
<label for="userpwd">密码</label>
<input id="userpwd" type="password" value="" maxlength="30" />
</p>
<p><input type="button" value="登录" onclick="loginOnClick();" /></p>
</form>
</body>
</html>
<script>
    var inputs = document.getElementsByTagName("input");
    for (var i = 0; i < inputs.length; i++) {
        var t = inputs[i].type;
        if (t == "text" || t == "password") {
            inputs[i].onfocus = function () {
                this.style.backgroundColor = "lightyellow";
            }
            inputs[i].onblur = function () {
                this.style.backgroundColor = "white";
            }
        }
    }
</script>
```

本例通过循环访问了页面中所有的 input 元素，当元素类型（type 属性）为 text 或 password 时，在元素中定义了 onfocus 和 onblur 事件的响应代码，其功能是，当焦点进入 input 元素时，背景色设置为亮黄色，焦点离开时，背景色设置为白色。页面显示效果如图 6-9 所示。

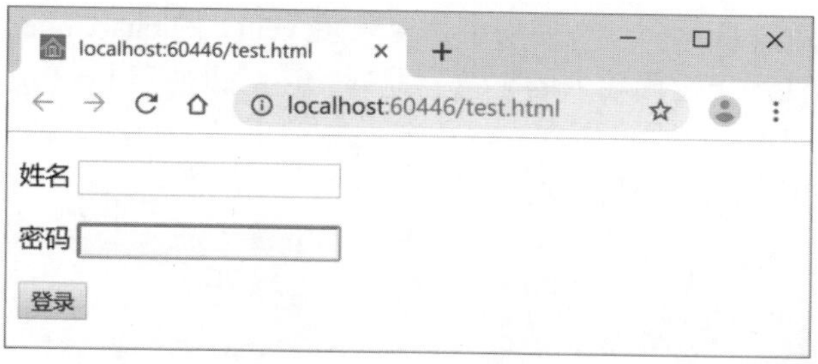

图　6-9

开发中，使用 CSS 也可以完成相同的工作，下面的代码就是通过属性选择器和 focus 伪类完成相同的任务。

```
<style>
#login [type=text]:focus,#login [type=password]:focus {
background-color:lightyellow;
}
</style>
```

实际工作中，应合理地选择实现技术，如果只是设置背景色，使用 CSS 当然更简便，但是，如果需要更复杂的执行逻辑，使用 JavaScript 代码会更适合。

6.5.2 键盘事件

元素响应的键盘事件按执行顺序分别是 onkeydown、onkeypress 和 onkeyup 事件。

使用键盘事件时，可以根据输入的内容进行相应的处理工作。下面的代码定义了两个文本框，在第一个文本框中输入一些内容，第二个文本框中会显示输入的最后一个字符的代码。

```
<!DOCTYPE html>
<html>
<head>
<meta charset="utf-8" />
<title></title>
</head>
<body>
<p>
<input id="text1" type="text"
              onkeypress="textOnKeyPress();" />
</p>
<p><input id="text2" type="text" /></p>
</body>
</html>
<script>
    function textOnKeyPress() {
        var text2 = document.getElementById("text2");
        text2.value = event.charCode;
    }
</script>
```

本例 textOnKeyPress() 函数中，使用事件对象（event）的 charCode 属性获取输入字符的 ASCII 编码，char 属性用于返回输入的字符。此外，还可以使用 keyCode 获取输入按键的虚拟码。

下面的代码用于检测 Shift 键的状态。

```
<script>
    function textOnKeyPress() {
        var text2 = document.getElementById("text2");
        text2.value = event.shiftKey;
    }
</script>
```

其中，事件对象（event）的 shiftKey 属性返回 Shift 键的状态，如果在输入字符时按下了 Shift 键则返回 true 值，否则返回 false 值。此外，如果需要检测 Ctrl 功能键的状态，可以使用 ctrlKey 属性。

6.5.3 鼠标事件

鼠标操作中，最常用的就是单击（onclick）事件，而双击操作时使用 ondblclick 事件响应。此外，还可以使用的鼠标事件有：

- onmousedown，鼠标单击元素。
- onmousemove，移动鼠标指针。
- onmouseout，鼠标指针移开元素区域。
- onmouseover，鼠标指针进入元素区域。
- onmouseup，松开鼠标键。
- onmousewheel，鼠标滚轮转动。

请注意，使用触摸屏进行操作时，大部分鼠标事件都是无法使用的，实际开发工作中，应充分考虑用户使用的场景，尽可能地兼容不同的设备。

操作鼠标时，同样可以使用事件对象（event）获取一些必要的数据，如：

- clientX 和 clientY 属性，获取鼠标的坐标位置。
- shiftKey 属性，获取 Shift 键的状态。
- ctrlKey 属性，获取 Ctrl 键的状态。
- altKey 属性，获取 Alt 键的状态。
- button 属性，按下的是鼠标的哪个按钮，包括左键（0）、中键或滚轮（1）和右键（2）。
- wheelDelta 属性，获取滚轮的转动刻度值，向上转动为正数，向下转动为负数。
- type 属性，返回事件名称，不包含 on，如 mouseup。

下面的代码演示了如何通过 onmouseup 和 onmousewheel 事件获取鼠标操作的数据。

```
<!DOCTYPE html>
<html>
<head>
<meta charset="utf-8" />
<title></title>
</head>
<body>
<div style="width:600px;height:400px;border:1px solid gray;"
         onmouseup="textOnMouseUp();"
         onmousewheel="textOnMouseWheel();">
<p><input id="text1" type="text" size="50" /></p>
</div>
</body>
</html>
<script>
    //
    function textOnMouseUp() {
        var text1 = document.getElementById("text1");
        var s = String(event.button) + "(" + event.clientX + "," + event.clientY + ")";
        text1.value = s;
    }
    //
    function textOnMouseWheel() {
        var text1 = document.getElementById("text1");
```

```
        var s = event.wheelDelta;
        text1.value = s;
    }
</script>
```

本例在一个 div 元素中测试了鼠标事件响应。onmouseup 事件中，在 div 元素中单击时，就会在 text1 文本框中显示“按键 (x, y)”格式的数据。当在 div 元素中转动鼠标滚轮时，会在 text1 文本框中显示相应的数据。

关于鼠标，还有一个常用的操作，那就是拖曳（drag），下面的代码（/demo/06/DragTest.html）演示了使用鼠标拖曳实现元素移动的操作。

```
<!DOCTYPE html>
<html>
<head>
<meta charset="utf-8" />
<title></title>
<style>
        div {
            position:fixed;
            width: 100px;
            height: 100px;
            background-color: gray;
        }
</style>
</head>
<body>
<div id="block1" draggable="true"
         ondragstart="elementDragStart();"
         ondragend="elementDragEnd(this);">block1</div>
</body>
</html>
<script>
    /* 通过拖动移动元素 */
    var move_x, move_y;
    function elementDragStart() {
        move_x = event.clientX;
        move_y = event.clientY;
    }
    function elementDragEnd(el) {
        el.style.left = el.offsetLeft + (event.clientX - move_x) + "px";
        el.style.top = el.offsetTop + (event.clientY - move_y) + "px";
    }
</script>
```

需要移动的元素 position 属性不应该是 static 值，本例使用了 fixed 值。页面中，可以通过鼠标拖曳 block1 元素到指定的位置。页面显示效果如图 6-10 所示。

本例中，首先设置了元素中关于拖曳的三个属性，分别是：

- draggable 属性，指定元素是否允许拖曳操作，本例设置为 true。
- ondragstart 属性，响应拖曳开始事件。这里执行 elementDragStart() 函数，将鼠标的当前位置数据保存到 move_x 和 move_y 变量中。
- ondragend 属性，响应拖曳结束事件。这里执行了 elementDragEne() 函数，根据鼠标新坐标与原坐标（move_x 和 move_y 全局变量）的差值，重新设置了元素样式（style 属性）中的 top 和 left 属性，从而达到改变元素位置的目的。

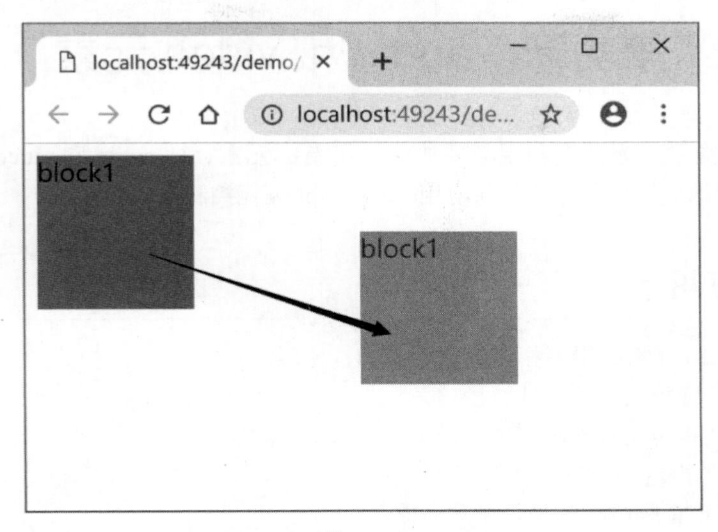

图 6-10

代码的 move_x 和 move_y 变量、elementDragStart() 和 elementDragEnd(el) 函数都是通用代码，可以定义到一个 JavaScript 文件中重复使用，如 /js/Common.js 文件。

此外，oncontextmenu 事件用于响应上下文菜单，即右键快捷菜单，响应代码返回 false 值时可以禁用右键快捷菜单，如 oncontextmenu="return false;"。如果需要禁止用户在元素中进行粘贴操作，可以将 onpaste 事件响应代码设置为返回 false 值，如 onpaste="return false;"。

第 7 章　audio 和 video 元素

HTML5 标准中，为音频和视频播放添加了新的元素，即 audio 和 video 元素，本章将讨论这两个元素的应用，并介绍如何使用 JavaScript 编程控制播放操作。

7.1　基础应用

audio 和 video 元素有很多相似的属性，如：

- src，指定音频或视频文件路径。
- controls，指定是否显示媒体播放的控制界面。
- autoplay，指定是否自动开始播放。
- loop，指定音频或视频是否循环播放。
- preload，指定媒体文件的加载方式，属性值包括 none、auto 和 metadata。设置为 auto 值时，会自动在后台下载全部内容；而 none 和 metadata 值则不会自动下载全部内容，只会在开始播放时才下载需要的内容。
- mediagroup，将多个元素设置为相同的媒体组，可以同时播放它们。如果多个音频同时播放，则比较乱，但也有比较实用的地方，比如，同时观看多角度拍摄的视频（如足球比赛、晚会的多个分会场等）。

下面的代码显示了如何在页面中使用 audio 元素添加音频。

```
<!DOCTYPE html>
<html>
<head>
<meta charset="utf-8" />
<title></title>
</head>
<body>
<audio src="/aud/a1.mp3" controls></audio>
</body>
</html>
```

图 7-1 中分别是 andio 元素在 IE11、Firefox 和 Google Chrome 浏览器中显示的效果。

需要在页面中循环播放背景音乐时，可以不使用 controls 属性，但应指定 autoplay 和 loop 属性，如下面的代码。

```
<audio src="/aud/a1.mp3" autoplay loop></audio>
```

应注意，很多用户可能并不喜欢在网页中播放背景音乐，因为不能进行控制，所以，使用网页背景音乐时一定要慎重。实际上，很多浏览器并不允许自动播放，所以，还是建议使用元素的控制栏或 JavaScript 编程控制播放功能。

使用 video 元素播放视频时，还可以使用 width 和 height 属性设置元素的尺寸。poster 属性则可以设置在视频没有开始播放时显示一张图片，例如，视频没有加载，或者没有设置自动开始，或者用户没有单击播放。

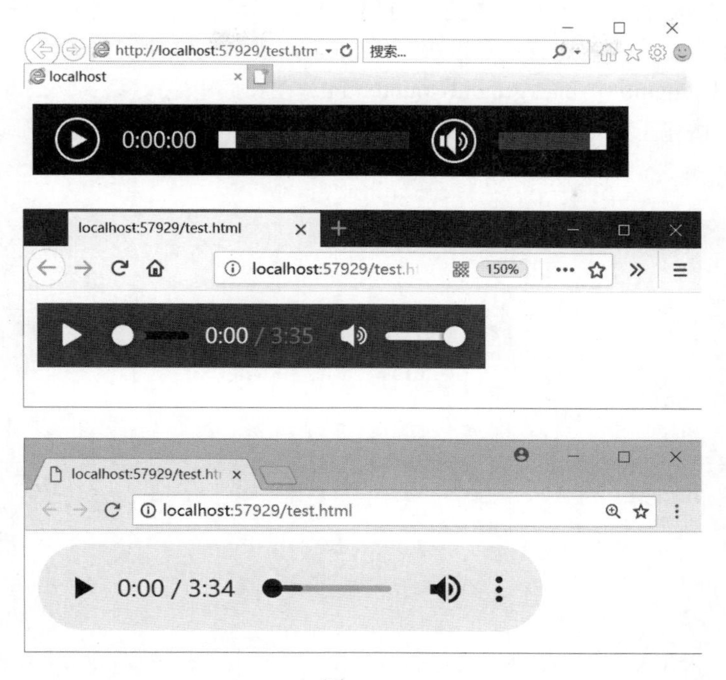

图　7-1

用于上网的设备和浏览器类型很多，它们对音频和视频格式的兼容性也各有不同，开发者不得不准备多种格式的文件。不过，在 audio 和 video 元素中，可以使用一个简单的机制让设备和浏览器选择自己支持的文件格式进行播放。实现的方法是，在 audio 或 video 元素中不使用 src 属性，而是添加 source 元素，如下面的代码。

```
<audio controls>
<source src="/aud/a1.mp3" type="audio/mp3" />
<source src="/aud/a1.ogg" type="audio/ogg" />
<source src="/aud/a1.wma" type="audio/x-ms-wma" />
</audio>
```

多个 source 元素中，分别使用 src 属性指定需要播放的不同格式的媒体文件，而 type 属性指定文件的 MIME 类型。不同的设备和浏览器中，可以根据 MIME 类型选择支持的格式进行播放。

7.2　JavaScript 控制

HTML5 标准中的很多元素都是在和 JavaScript 配合使用时，才发挥出最大的能量，如本章的 audio 元素和 video 元素，以及第 8 章讨论的 canvas 元素。

控制播放时，首先需要获取 audio 或 video 元素，可以为元素定义 id 属性，并使用 document.getElementById() 方法获取这个元素。然后，可以使用一些方法和属性操作播放。

- ❑ play() 方法，开始播放。
- ❑ pause() 方法，暂停播放。

- currentTime 属性，指定媒体流的位置，开始位置为 0。
- playbackRate 属性，控制播放的方向和速度。正数表示正向播放，1 表示正常速度播放，2 表示 2 倍速度播放；负数表示倒放，-1 表示正常速度倒放。

下面的代码（/demo/07/background-sound.html）在页面中定义了一个 audio 元素，而“播放”和“停止”按钮可以用来控制音乐的播放。

```
<!DOCTYPE html>
<html>
<head>
<meta charset="utf-8" />
<title></title>
</head>
<body>
<audio id="background_music" loop="loop">
<source src="/aud/a1.mp3" type="audio/mp3">
</audio>
<button type="button" onclick="audio_play();">播放</button>
<button type="button" onclick="audio_pause();">停止</button>
</body>
</html>
<script>
    //
    function audio_play() {
        var bm = document.getElementById("background_music");
        bm.play();
    }
    //
    function audio_pause() {
        var bm = document.getElementById("background_music");
        bm.pause();
    }
</script>
```

可以准备一首自己喜欢的音乐，并命名为 /aud/a1.mp3 文件。页面显示效果如图 7-2 所示。

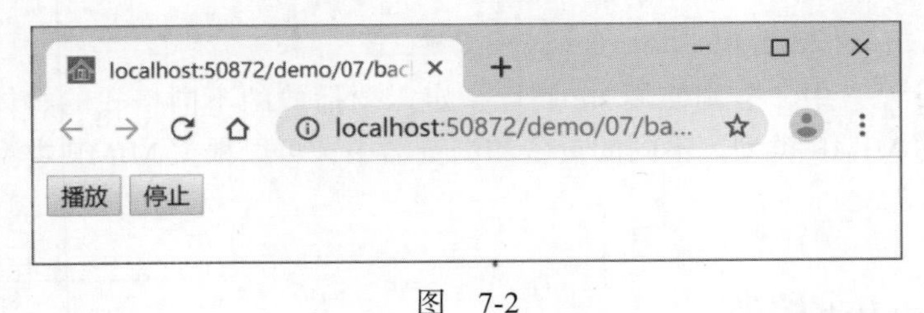

图 7-2

第 8 章　canvas 元素

canvas 元素也是 HTML5 标准中新增加的元素，用于定义一个画布元素。本章将讨论如何通过 JavaScript 编程在 canvas 元素中进行绘图操作。

8.1　canvas 元素编程基础

页面中，使用 canvas 元素的定义非常简单，而且属性也不多，一般只需要使用 id、width 和 height 属性，分别指定元素的 id、宽度和高度。

下面的代码创建一个绘图的模板文件，其中包含一个 canvas 元素，稍后，会以此作为基础来讨论图形、图像的绘制。

```
<!DOCTYPE html>
<html>
<head>
<meta charset="utf-8" />
<title></title>
</head>
<body>
<canvas id="whiteboard" width="600" height="400"
            style="border:1px solid gray;">
</canvas>
</body>
</html>
<script>

</script>
```

默认情况下，canvas 元素的背景色是透明色，看不到元素的边界。代码给 canvas 元素添加了一个边框（border 属性），页面显示效果如图 8-1 所示。

这里，canvas 元素的宽度设置为 600 像素，高度设置为 400 像素，id 设置为 whiteboard，JavaScript 代码需要使用此 id 值获取 canvas 元素，如下面的代码。

```
<script>
    var e = document.getElementById("whiteboard");
    var g = e.getContext("2d");
    g.beginPath();
    // 绘制代码
    //
    g.closePath();
</script>
```

其中，获取的 e 对象就是 id 为 whiteboard 的 canvas 元素，然后，通过 canvas 元素的 getContext() 方法获取图像绘制的上下文（context），请注意，方法的参数使用的是 2d，指定获取的二维图像绘制上下文。

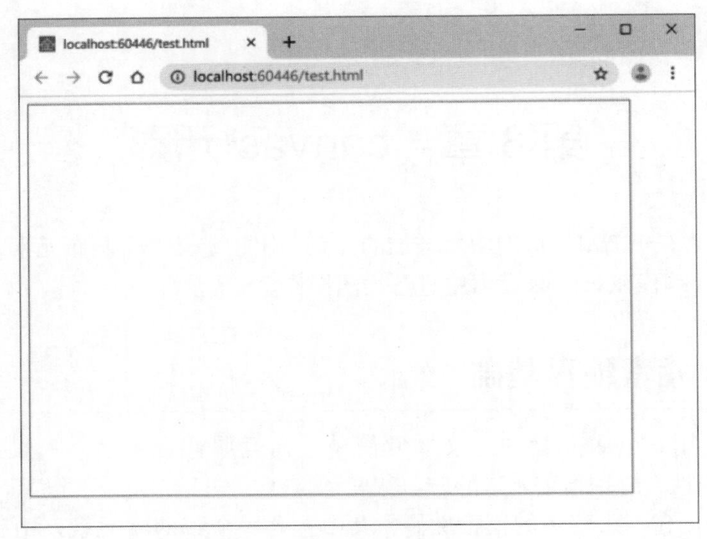

图 8-1

beginPath() 方法用于打开新的路径，作为一组绘制操作的开始；closePath() 方法用于关闭当前路径，作为一组绘制操作的结束。如果只有一组操作，也可以省略这两个方法。

绘制操作时，stroke() 系列方法绘制线条类图形，而 fill() 系列方法则用于绘制填充图形，下面会有详细的应用实例。

8.2 常用绘制方法

在 canvas 元素中绘制图像时，绘制原点，也就是坐标值为（0,0）的点位于左上角。接下来，使用图像绘制上下文对象的一系列方法进行绘制操作，首先从线条的绘制开始。

8.2.1 绘制线条

下面的代码会绘制一条直线。

```
<script>
    var e = document.getElementById("whiteboard");
    var g = e.getContext("2d");
    //绘制直线
    g.moveTo(30, 30);
    g.lineTo(300, 300);
    g.stroke();
</script>
```

其中，moveTo() 方法用于定位起始位置，lineTo() 方法指定从上一位置画线到指定的位置，stroke() 方法则执行实际的绘制操作，页面显示效果如图 8-2 所示。

绘制线条时，还可以使用一些属性来指定线条的参数，比如，lineWidth 属性设置线条的宽度。

lineCap 属性用于指定线帽风格，其值包括：

- butt，默认值，线条两端为方形。

❑ square，线条两端同样为方形，但线帽在线条长度之外。
❑ round，线条两端为半圆形，线帽在线条长度之外。

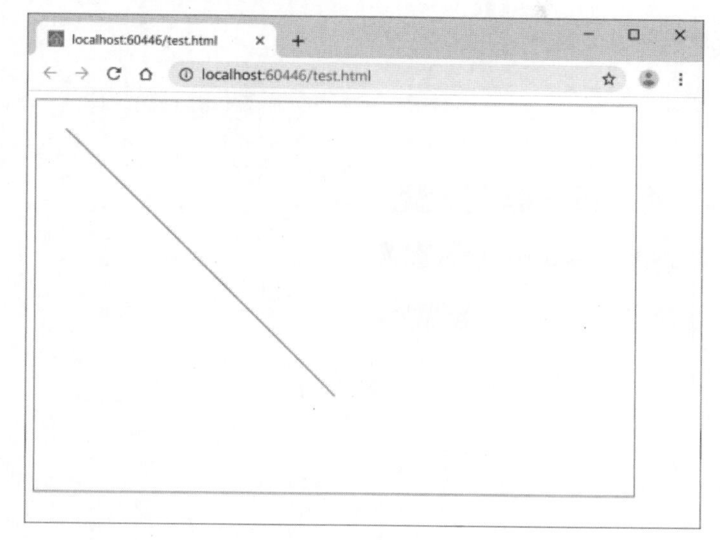

图　8-2

此外，还可以通过 strokeStyle 属性绘制线条的颜色。下面的代码使用三种颜色分别绘制了三种线帽风格的线条。

```
<script>
    var e = document.getElementById("whiteboard");
    var g = e.getContext("2d");
    //
    g.beginPath();
    g.moveTo(30, 30);
    g.lineWidth = 30;
    g.lineCap = "butt";
    g.lineTo(300, 30);
    g.strokeStyle = "black";
    g.stroke();
    g.closePath();
    //
    g.beginPath();
    g.moveTo(30, 90);
    g.lineWidth = 30;
    g.lineCap = "square";
    g.lineTo(300, 90);
    g.strokeStyle = "red";
    g.stroke();
    g.closePath();
    //
    g.beginPath();
    g.moveTo(30, 150);
    g.lineWidth = 30;
    g.lineCap = "round";
    g.lineTo(300, 150);
    g.strokeStyle = "green";
```

```
    g.stroke();
    g.closePath();
</script>
```

页面显示效果如图 8-3 所示。

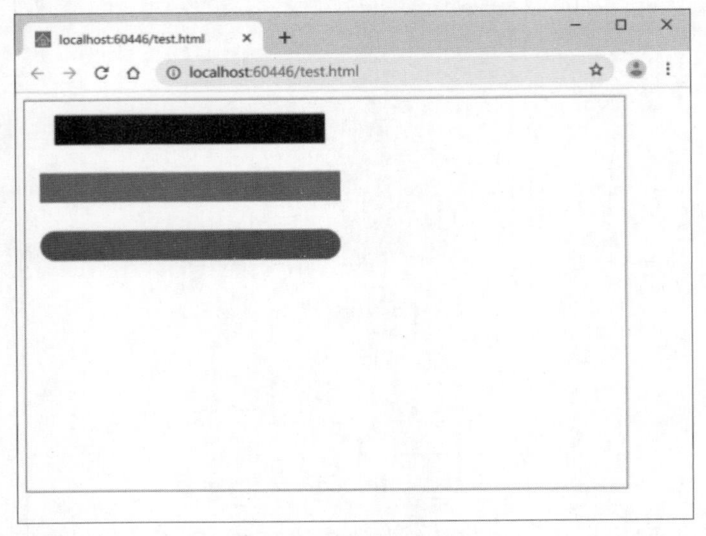

图 8-3

8.2.2 绘制矩形

绘制矩形时，可以使用 rect() 方法设置左上角 *X* 坐标、*Y* 坐标、宽度和高度值，然后调用 stroke() 方法执行操作，如下面的代码。

```
<script>
    var e = document.getElementById("whiteboard");
    var g = e.getContext("2d");
    //
    g.beginPath();
    // 绘制矩形
    g.rect(30, 30, 300, 100);
    g.lineWidth = 3;
    g.strokeStyle = "black";
    g.stroke();
    //
    g.closePath();
</script>
```

页面显示效果如图 8-4 所示。

此外，还可以直接使用 strokeRect() 方法绘制矩形，同时，可以使用 lineWidth 属性设置线条尺寸，使用 strokeStyle 属性设置线条的颜色。绘制填充矩形时，可以使用 fillRect() 方法，此时，使用 fillStyle 属性设置填充色。

strokeRect() 和 fillRect() 方法都包括四个参数，分别是左上角 *X* 坐标、左上角 *Y* 坐标、宽度和高度值。下面的代码演示了这两种矩形的绘制过程。

```
<script>
    var e = document.getElementById("whiteboard");
    var g = e.getContext("2d");
    //
    g.beginPath();
    //绘制矩形
    g.lineWidth = 10;
    g.strokeStyle = "black";
    g.strokeRect(30,30,300,100);
    //填充矩形
    g.fillStyle = "gray";
    g.fillRect(30, 150, 300, 100);
    //
    g.closePath();
</script>
```

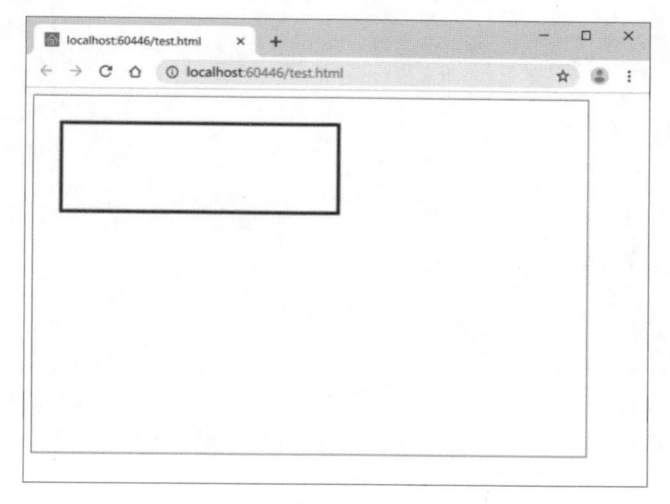

图　8-4

页面显示效果如图 8-5 所示。

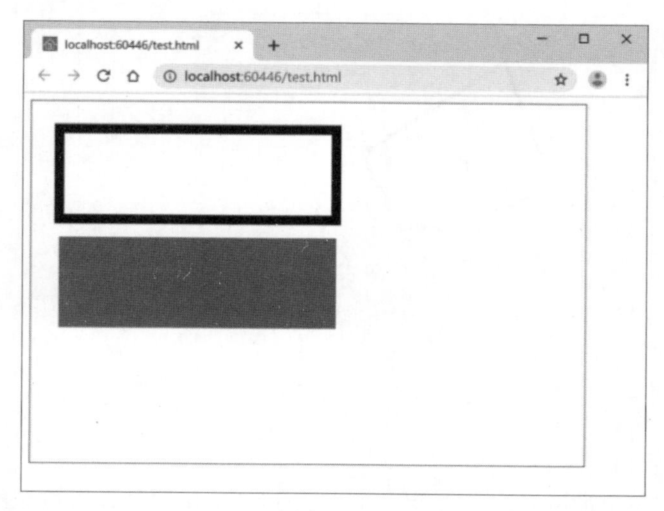

图　8-5

如果需要绘制正方形，将 strokeRect() 和 filleRect() 方法的后两个参数，也就是矩形的宽度和高度设置为相同即可。

8.2.3 绘制多边形

在 canvas 元素中，没有直接的多边形绘制方法，不过，可以通过多点连接线构成一个封闭的多边形，下面的代码演示了基本的多边形绘制方法。

```
<script>
    var e = document.getElementById("whiteboard");
    var g = e.getContext("2d");
    g.beginPath();
    //
    // 定义多个点连接线
    g.moveTo(150, 50);
    g.lineTo(300, 150);
    g.lineTo(260, 230);
    g.lineTo(180, 230);
    g.lineTo(100, 180);
    g.closePath();
    //
    g.lineWidth = 5;
    g.strokeStyle = "black";
    g.stroke();
    //
    g.closePath();
</script>
```

代码通过 moveTo() 和 lineTo() 方法共定义了五个点，决定了绘制的图形是五边形。请注意 lineTo() 方法后调用的 closePath() 方法，它可以自动完成多边形的封闭。页面显示效果如图 8-6 所示。

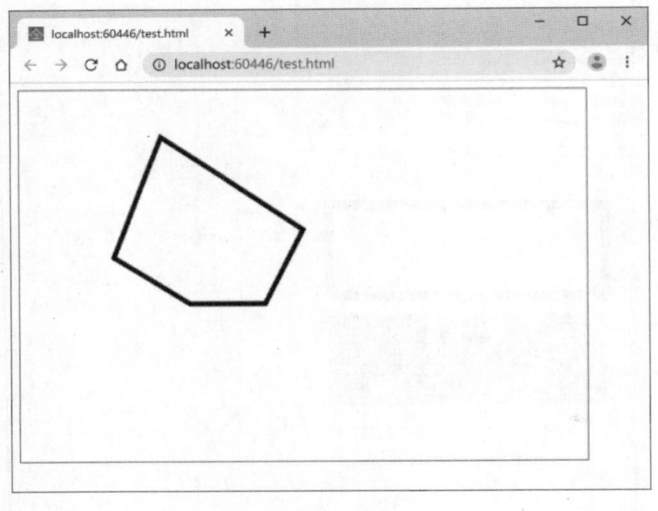

图 8-6

如果需要绘制一个带填充的多边形，可以使用 fillStyle 属性设置填充色，然后使用 fill() 方法完成填充操作，如下面的代码。

```
<script>
    var e = document.getElementById("whiteboard");
    var g = e.getContext("2d");
    g.beginPath();
    //定义多个点连接线
    g.moveTo(150, 50);
    g.lineTo(300, 150);
    g.lineTo(260, 230);
    g.lineTo(180, 230);
    g.lineTo(100, 180);
    g.closePath();
    //填充
    g.fillStyle = "gray";
    g.fill();
    //
    g.lineWidth = 5;
    g.strokeStyle = "black";
    g.stroke();
    //
    g.closePath();
</script>
```

页面显示效果如图 8-7 所示。

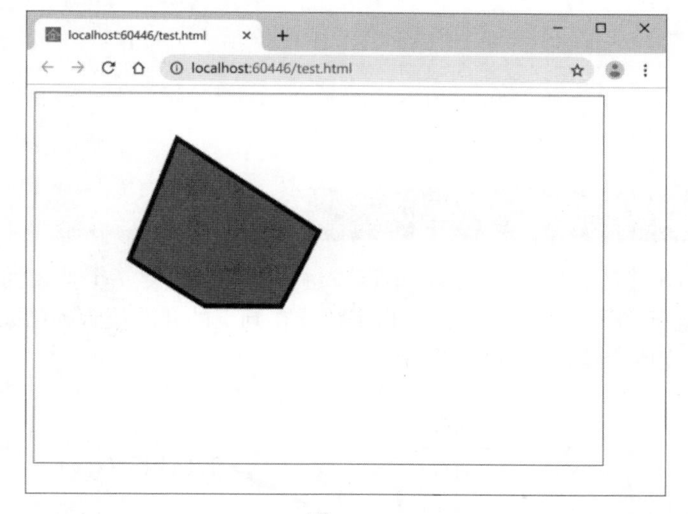

图　8-7

如果不需要填充图形的边框，可以不再调用 stroke() 和相关的方法，如下面的代码。

```
<script>
    var e = document.getElementById("whiteboard");
    var g = e.getContext("2d");
    g.beginPath();
    //定义多个点连接线
    g.moveTo(150, 50);
    g.lineTo(300, 150);
    g.lineTo(260, 230);
    g.lineTo(180, 230);
    g.lineTo(100, 180);
```

```
    g.closePath();
    // 填充
    g.fillStyle = "gray";
    g.fill();
    //
    g.closePath();
</script>
```

页面显示效果如图 8-8 所示。

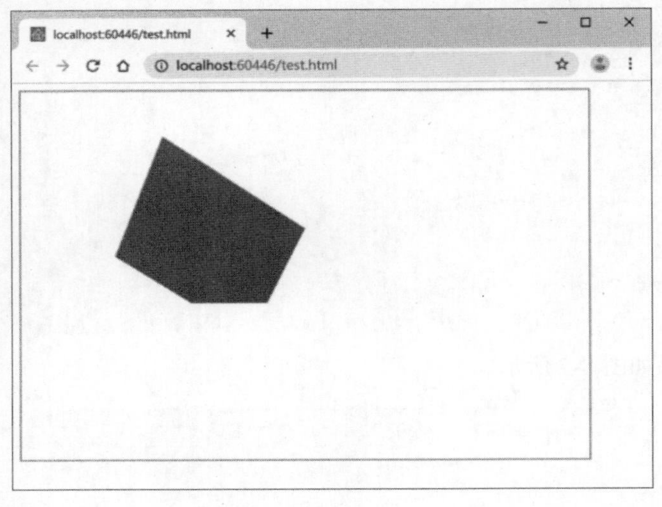

图 8-8

8.2.4 绘制弧线和圆形

绘制基于圆形的弧线时，可以使用 arc() 方法。首先，需要一个抽象的圆形作为弧线的基础，包括圆心坐标和半径。然后，需要指定弧线在圆上的开始位置和结束位置，位置使用以 π 为单位的角度值确定，如图 8-9 所示。

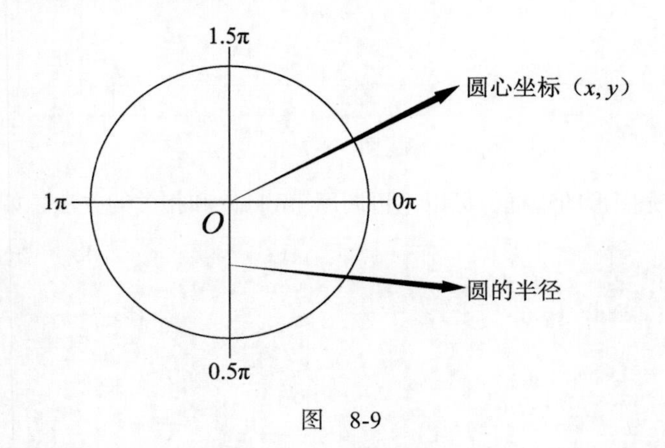

图 8-9

绘制弧线时，按照顺时针方向进行，下面的代码将开始角度与结束角度的位置交换后会得到不同的弧线。

```
<script>
    var e = document.getElementById("whiteboard");
    var g = e.getContext("2d");
    //左灰圆
    g.beginPath();
    g.arc(100, 150, 90, 0, 2 * Math.PI);
    g.lineWidth = 10;
    g.strokeStyle = "gray";
    g.stroke();
    g.closePath();
    //左半弧线
    g.beginPath();
    g.arc(100, 150, 90, 0.5 * Math.PI, 1.5 * Math.PI);
    g.lineWidth = 10;
    g.strokeStyle = "black";
    g.stroke();
    g.closePath();
    //右灰圆
    g.beginPath();
    g.arc(300, 150, 90, 0, 2 * Math.PI);
    g.lineWidth = 10;
    g.strokeStyle = "gray";
    g.stroke();
    g.closePath();
    //右半弧线
    g.beginPath();
    g.arc(300, 150, 90, 1.5 * Math.PI, 0.5 * Math.PI);
    g.lineWidth = 10;
    g.strokeStyle = "black";
    g.stroke();
    g.closePath();
</script>
```

页面显示效果如图 8-10 所示。

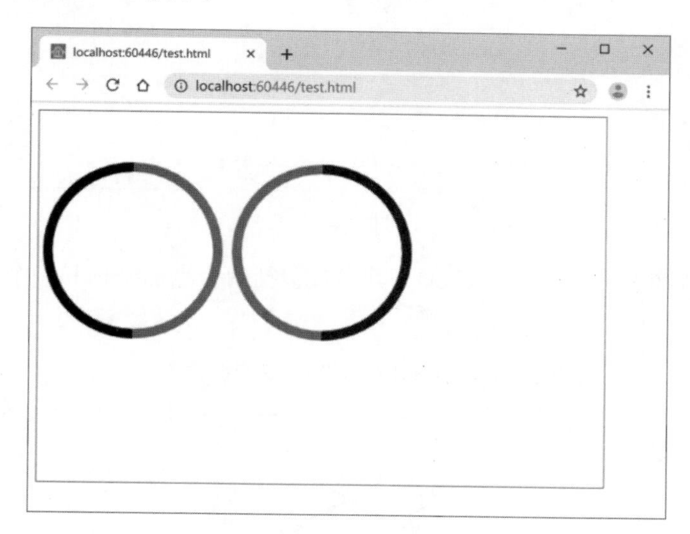

图　8-10

本例为了更有效显示弧线在圆形中的位置，首先绘制了两个灰色的圆作为基础图形，然后在圆上绘制了 0.5π ～ 1.5π 的弧线，可以看到，弧线从开始位置沿顺时针方向进行绘制。

绘制圆形时，只需要将弧线的结束角度设置为开始角度加上 2π 即可，如 0π ～ 2π。

下面的代码演示绘制一个带填充的半圆形和一个带填充的圆形的过程。

```
<script>
    var e = document.getElementById("whiteboard");
    var g = e.getContext("2d");
    // 填充半圆
    g.beginPath();
    g.arc(100, 150, 90, 0.5 * Math.PI, 1.5 * Math.PI);
    g.fillStyle = "gray";
    g.fill();
    g.closePath();
    // 填充圆形
    g.beginPath();
    g.arc(300, 150, 90, 0, 2 * Math.PI);
    g.fillStyle = "gray";
    g.fill();
    g.closePath();
</script>
```

页面显示效果如图 8-11 所示。

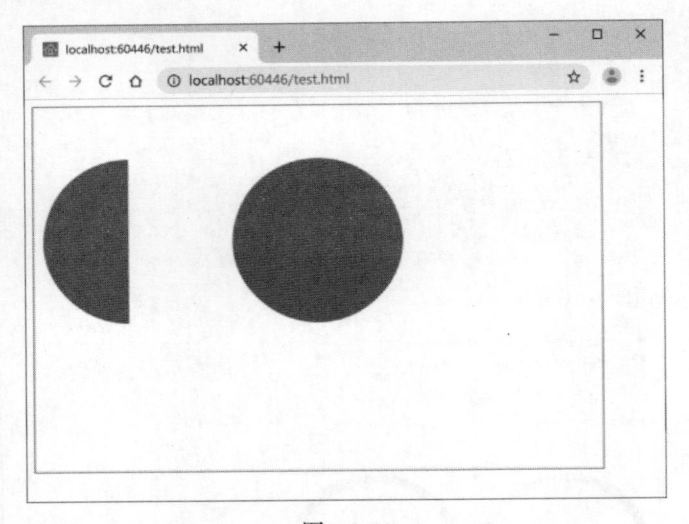

图 8-11

此外，绘制弧线的方法还有 arcTo()，其参数包括两个点的坐标和一个半径值，可以参考图 8-12 中的位置设置参数。

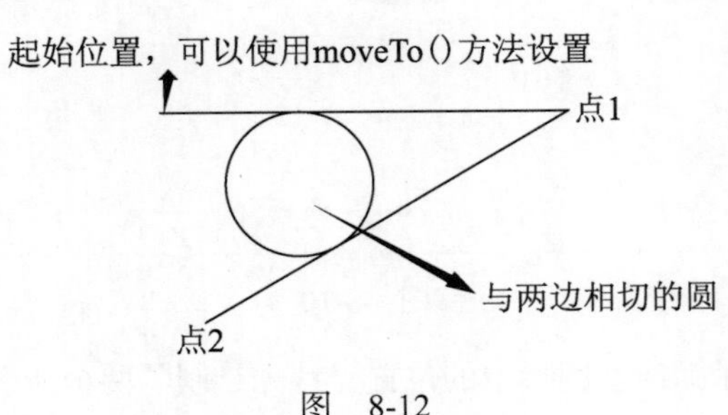

图 8-12

设置 arcTo() 参数的数据如下：

```
arcTo(点 1X 坐标，点 1Y 坐标，点 2X 坐标，点 2Y 坐标，与两边相切圆的半径)；
```

下面的代码演示了 arcTo() 方法的使用过程。

```
<script>
    var e = document.getElementById("whiteboard");
    var g = e.getContext("2d");
    //三角形
    g.beginPath();
    g.moveTo(50, 50);
    g.lineTo(400, 50);
    g.lineTo(50, 350);
    g.fillStyle = "gray";
    g.fill();
    g.closePath();
    //弧线
    g.beginPath();
    g.moveTo(50, 50);
    g.arcTo(400,50,50,350,90);
    g.lineWidth = 5;
    g.lineStyle = "black";
    g.stroke();
    g.closePath();
</script>
```

页面显示效果如图 8-13 所示。

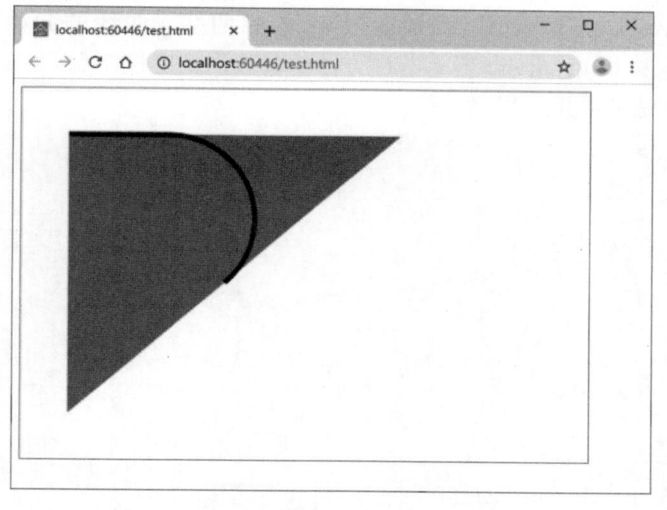

图　8-13

8.2.5　绘制曲线

canvas 元素中，绘制贝塞尔曲线可以使用 bezierCurveTo() 方法。

绘制贝塞尔曲线时，需要四个点的坐标，起点可以由 moveTo() 方法设置，bezierCurveTo() 方法的参数用于设置第一控制点坐标、第二控制点坐标和绘制结束点坐标。

下面的代码演示了 bezierCurveTo() 方法的应用过程。

```
<!DOCTYPE html>
<html>
<head>
<meta charset="utf-8" />
<title></title>
</head>
<body>
<canvas id="whiteboard" width="600" height="400"
            style="border:1px solid gray;"></canvas>
</body>
</html>
<script>
    var e = document.getElementById("whiteboard");
    var g = e.getContext("2d");
    //
    g.beginPath();
    g.moveTo(50, 50);
    g.bezierCurveTo(100, 100,200, 50,250, 150);
    g.lineWidth = 5;
    g.lineStyle = "black";
    g.stroke();
    g.closePath();
</script>
```

本例绘制的曲线如图 8-14 中起点到结束点的曲线，而两条线段是由两个控制点分别到起点和结束点的连接线，其关系是，第一控制点到起点的线段与曲线开始部分相切，第二控制点到结束点的线段与曲线结束部分相切。

quadraticCurveTo() 方法使用一个控制点来绘制曲线，曲线的起始点同样可以使用 moveTo() 方法定义，而 quadraticCurveTo() 方法的参数则指定控制点和结束点的坐标，下面的代码演示了此方法的应用过程。

```
<!DOCTYPE html>
<html>
<head>
<meta charset="utf-8" />
<title></title>
</head>
<body>
<canvas id="whiteboard" width="600" height="400"
            style="border:1px solid gray;"></canvas>
</body>
</html>
<script>
    var e = document.getElementById("whiteboard");
    var g = e.getContext("2d");
    //
    g.beginPath();
    g.moveTo(10, 110);
    g.quadraticCurveTo(10,10,210,10);
    g.lineWidth = 5;
    g.lineStyle = "black";
    g.stroke();
    g.closePath();
</script>
```

绘制的线条如图 8-15 中起点到结束点的曲线，同时，图中也显示了起点、控制点和结束点的位置关系。

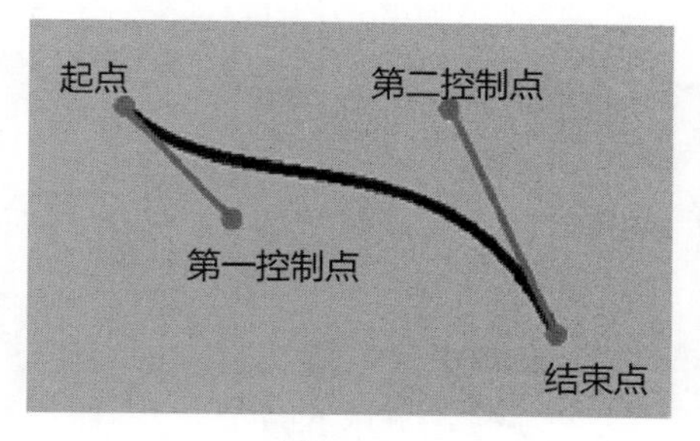

图　8-14

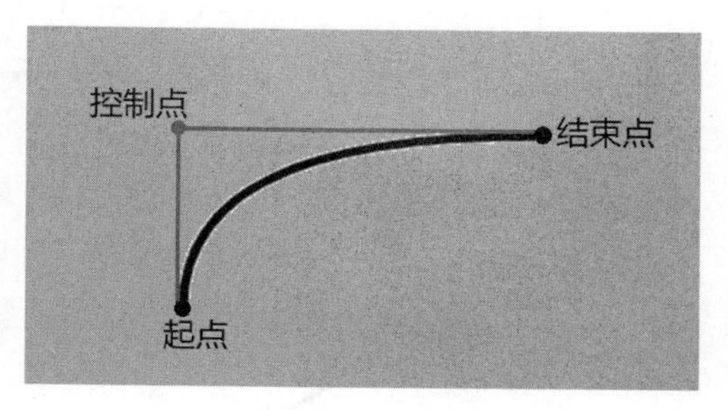

图　8-15

8.2.6　绘制椭圆

绘制椭圆时，可以使用 ellipse() 方法，这个方法在 IE 浏览器中不支持，但在 Google Chrome、Fixfox 和 Edge 等浏览器中都可以使用。

ellipse() 方法的参数包括中心 *X* 坐标、中心 *Y* 坐标，水平半径、垂直半径、旋转角度、开始角度、结束角度、是否逆时针方向绘制。实际上，这个方法与 arc() 方法比较相似，可以用来绘制椭圆或椭圆上的部分弧线。

下面的代码演示了 ellipse() 方法的使用，首先绘制一个灰色的椭圆，然后绘制基于这个椭圆的弧线。

```
<script>
    var e = document.getElementById("whiteboard");
    var g = e.getContext("2d");
    //
    g.beginPath();
    g.ellipse(300, 200, 260, 150, 0, 0, 2 * Math.PI);
    g.lineWidth = 5;
    g.strokeStyle="gray";
    g.stroke();
    g.closePath();
    //
    g.beginPath();
    g.ellipse(300, 200, 260, 150, 0, 0, Math.PI);
    g.lineWidth = 5;
    g.strokeStyle="black";
    g.stroke();
    g.closePath();
</script>
```

页面显示效果如图 8-16 所示。

本例并没有使用 ellipse() 方法的最后一个参数，默认是沿顺时针方向绘制。下面的代码，将 ellipse() 方法的最后一个参数设置为 true，即沿逆时针方向绘制。

```
g.ellipse(300, 200, 260, 150, 0, 0, Math.PI,true);
```

页面显示效果如图 8-17 所示。

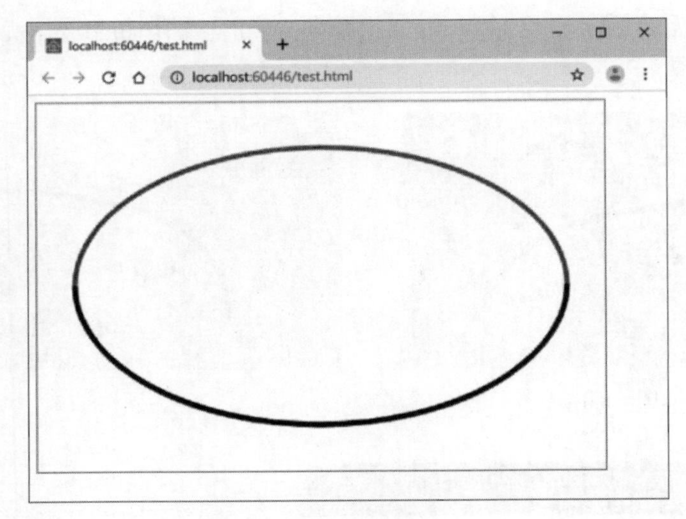

图 8-16

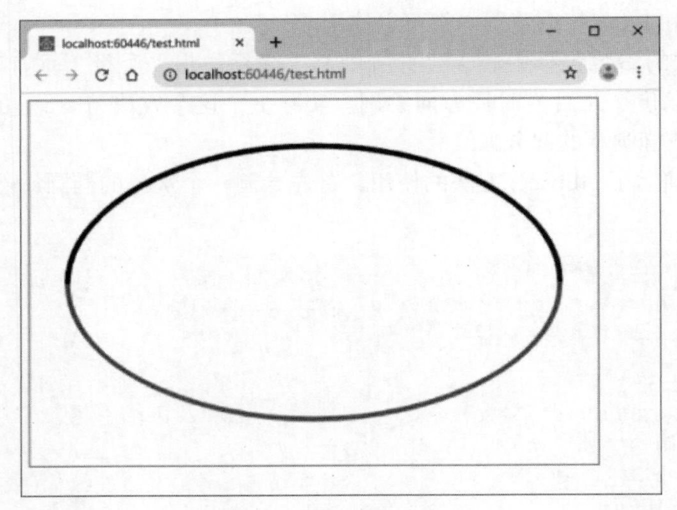

图 8-17

绘制填充椭圆时，可以参考如下代码。

```
<script>
    var e = document.getElementById("whiteboard");
    var g = e.getContext("2d");
    //
    g.beginPath();
    g.ellipse(300, 200, 260, 150, 0, 0, 2 * Math.PI);
    g.lineWidth = 5;
    g.fillStyle="gray";
    g.fill();
    g.closePath();
</script>
```

页面显示效果如图 8-18 所示。

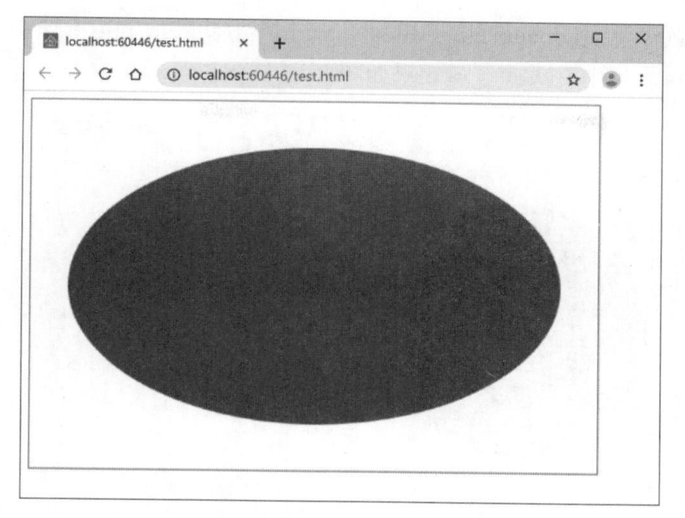

图　8-18

8.2.7　绘制图片

canvas 元素中，可以使用 drawImage() 方法绘制图片，基本的参数分别是图片对象、绘制开始的左上角 *X* 坐标和 *Y* 坐标、绘制宽度和高度。如果使用图片原始尺寸绘制，则可以不使用后两个参数。

准备图片对象时，可以使用页面中的 img 元素，也可以动态创建 Image 对象。由于图片需要单独下载，所以，图片的使用代码放在页面加载完成之后比较完全，如下面的代码，在 window.onload 事件中将 img 元素定义的图片绘制到 canvas 元素中。

```
<!DOCTYPE html>
<html>
<head>
<meta charset="utf-8" />
<title></title>
</head>
<body>
<canvas id="whiteboard" width="600" height="400"
            style="border:1px solid gray;"></canvas>
<img id="mars" src="/img/Mars.png" alt=" 火星图片 " style="display:none;"/>
</body>
</html>
<script src="/js/canvas.js"></script>
<script>
    window.onload = function () {
        var e = document.getElementById("whiteboard");
        var g = e.getContext("2d");
        //
        var img = document.getElementById("mars");
        g.drawImage(img, 0, 0);
    };
</script>
```

代码将 img 元素样式中的 display 属性设置为 none，这样它就不会显示在页面中。在

JavaScript 代码部分，使用 document.getElementById() 方法获取 img 元素，并由 drawImage() 方法绘制到 canvas 元素中。页面显示效果如图 8-19 所示。

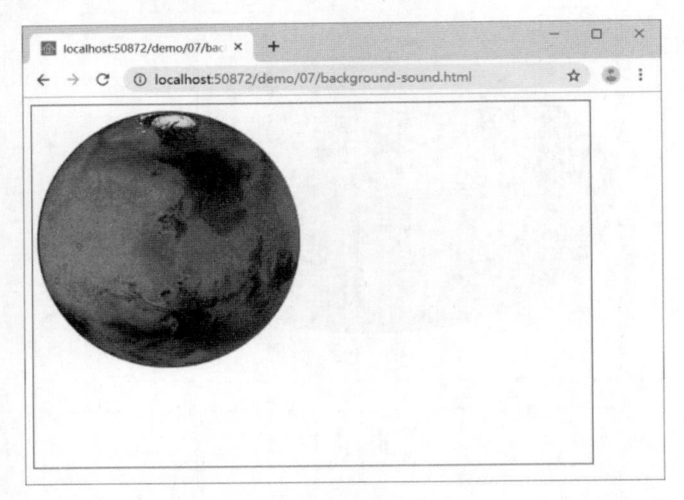

图 8-19

动态生成图片对象时，可以参考如下代码。

```
<script>
    window.onload = function () {
        var e = document.getElementById("whiteboard");
        var g = e.getContext("2d");
        //
        var img = new Image();
        img.src = "/img/Mars.png";
        g.drawImage(img, 0, 0);
    };
</script>
```

代码执行结果与图 8-19 相同。

除了绘制完整的图片外，还可以剪裁图片的一部分进行绘制，如下面的代码，只绘制火星的上半部分。

```
<script>
    window.onload = function () {
        var e = document.getElementById("whiteboard");
        var g = e.getContext("2d");
        //
        var img = document.getElementById("mars");
        g.drawImage(img, 0, 0, 300, 150, 0, 0, 300, 150);
    };
</script>
```

这里 drawImage() 方法的参数比较多，其含义如下：

- ❑ 参数一，指定图片对象。
- ❑ 参数二，指定裁剪起始位置的 *X* 坐标。
- ❑ 参数三，指定裁剪起始位置的 *Y* 坐标。
- ❑ 参数四，指定裁剪的宽度。

- ❑ 参数五，指定裁剪的高度。
- ❑ 参数六，指定绘制左上角 X 坐标。
- ❑ 参数七，指定绘制左上角 Y 坐标。
- ❑ 参数八，指定绘制宽度。
- ❑ 参数九，指定绘制高度。

页面显示效果如图 8-20 所示。

图 8-20

8.2.8 绘制文本

绘制文本时，可以使用 strokeText() 方法绘制文本轮廓，使用 fillText() 方法则绘制填充文本。下面的代码演示了这两个方法的应用过程。

```
<script>
    window.onload = function () {
        var e = document.getElementById("whiteboard");
        var g = e.getContext("2d");
        // 文本轮廓
        g.beginPath();
        g.font = "bold italic 60px Arial"
        g.lineWidth = 3;
        g.strokeStyle = "black";
        g.strokeText("HELLO CANVAS", 30, 60);
        g.closePath();
        // 填充文本
        g.beginPath();
        g.font = "bold italic 60px Arial";
        g.fillStyle = "black";
        g.fillText("HELLO CANVAS", 30, 160);
        g.closePath();
    };
</script>
```

页面显示效果如图 8-21 所示。

图 8-21

8.3 填充图案

前面的文本是单色的，如果需要增加点效果，则可以将图片作为文本的背景，如下面的代码。

```
<script>
    window.onload = function () {
        var e = document.getElementById("whiteboard");
        var g = e.getContext("2d");
        //
        g.beginPath();
        var img = new Image();
        img.src = "/img/Mars.png";
        var pattern = g.createPattern(img, "repeat");
        g.fillStyle = pattern;
        //
        g.font = "bold italic 60px Arial";
        g.fillText("HELLO CANVAS", 10, 150);
        g.closePath();
    };
</script>
```

页面显示效果如图 8-22 所示。

HELLO CANVAS

图 8-22

除了使用图片作为填充图案外，还可以使用线性渐变和放射性渐变生成填充图案。下面的代码使用线性渐变作为文本的图案。

```
<script>
    window.onload = function () {
        var e = document.getElementById("whiteboard");
        var g = e.getContext("2d");
        //
        g.beginPath();
        var lg = g.createLinearGradient(0, 0, 300, 0);
        lg.addColorStop(0, "red");
        lg.addColorStop(1, "lightgreen");
        g.fillStyle = lg;
        //
        g.font = "bold italic 60px Arial";
        g.fillText("HELLO CANVAS", 10, 150);
        g.closePath();
    };
</script>
```

页面显示效果如图 8-23 所示。

HELLO CANVAS

图 8-23

下面的代码使用放射性渐变作为图形的填充图案。

```
<script>
    window.onload = function () {
        var e = document.getElementById("whiteboard");
        var g = e.getContext("2d");
        //
        //g.beginPath();
        var gd = g.createRadialGradient(200, 200, 50, 200, 200, 250);
        gd.addColorStop(0, "red");
        gd.addColorStop(0.5, "blue");
        gd.addColorStop(1, "yellow");
        // 填充矩形
        g.fillStyle = gd;
        g.fillRect(10, 10, 580, 380);

        //g.closePath();
    };
</script>
```

页面显示效果如图 8-24 所示。

使用 createRadialGradient() 方法定义放射性渐变效果时，需要两组参数，前三个参数设置第一个圆的圆心坐标和半径，后三个参数设置第二个圆的圆心坐标和半径。

此外，使用 addColorStop() 方法添加颜色时，第一个参数为 0 ~ 1 的数值，用于设置放射范围；参数二设置颜色。

大家可以多尝试不同的参数，并观察呈现的效果。

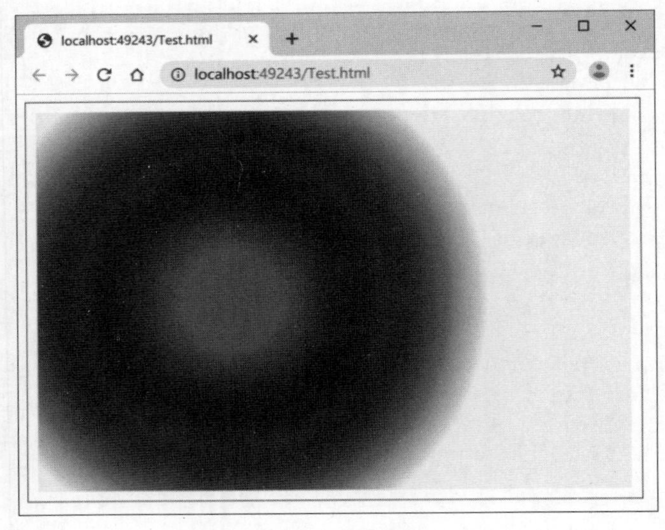

图 8-24

8.4 小结

本章介绍了 canvas 编程的主要特性，包括图形、图像、文本的绘制和填充等内容。如果更深入地学习，并配合 setTimeout() 或 setInterval() 函数，还可以创建动画效果，再配合 audio 元素的应用，甚至可以创建出有趣的多媒体应用，如客户端小游戏等应用，有兴趣的读者可深入研究。

现在，我们已经讨论了客户端技术中的 HTML、CSS 及 JavaScript 编程，接下来介绍服务器端的开发技术，主要包括 ASP.NET 及数据库的应用，这些内容同样是 Web 开发的重要组成部分，同时，它们也和客户端技术一样充满乐趣和挑战。

第 9 章　C# 编程基础

本书使用的动态页面技术是基于 .NET 平台的 ASP.NET，在服务器端使用了 C# 编程语言，这是和 .NET 平台一起发布的现代化编程语言，结合强大的 .NET Framework 类库，可以快速实现各种软件功能。本书将着重讨论与 Web 应用开发相关的内容，如果需要更多的 C# 语言和 .NET Framework 类库学习资料，可以参考作者的另一本书《 C# 开发实用指南：方法与实践》。

本章将讨论 C# 中的一些重要概念，目的是让读者能够读懂 C# 代码，并可编写简单的代码。在后续的内容中还将学习大量的 .NET Framework 类库开发资源。

9.1　ASP.NET 项目中测试 C# 代码

本书的实例使用了 ASP.NET Web 项目类型，对于简单的 C# 代码，可以直接在 .aspx 页面文件中测试。此外，网站的根目录下的 app_code 目录是一个特殊目录，用于保存 C# 代码文件（.cs 文件）或其他类型的代码文件（如 .vb 文件），而 bin 目录用于存放编译后的 .dll 库文件。

下面在 Visual Studio 中的"解决方案资源管理器"中选择网站的根目录，并通过菜单"网站"→"添加新项"打开"添加新项"对话框，然后，选择 Visual C# →"Web 窗体"模板，并命名为 Test.aspx，选中"将代码放在单独的文件中"复选框，如图 9-1 所示。

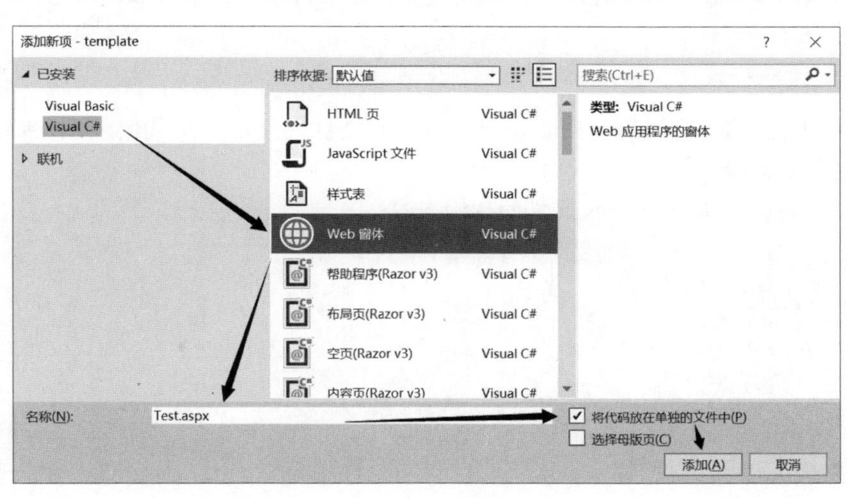

图　9-1

然后，在"解决方案资源管理器"中可以看到两个文件，如图 9-2 所示。

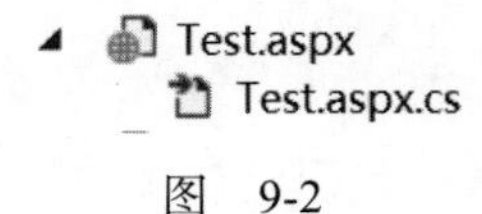

图　9-2

在 Test.aspx 文件中，大部分内容是熟悉的 HTML 内容，如下面的代码。

```
<%@ Page Language="C#" AutoEventWireup="true"
    CodeFile="Test.aspx.cs" Inherits="Test" %>

<!DOCTYPE html>

<html xmlns="http://www.w3.org/1999/xhtml">
<head runat="server">
<meta http-equiv="Content-Type" content="text/html; charset=utf-8"/>
<title></title>
</head>
<body>
<form id="form1" runat="server">
<div>
</div>
</form>
</body>
</html>
```

这里，与 HTML 页面的不同之处主要包括：

- <html> 标记中使用了 xmlns 属性，用于指定 XML 命名空间（namespace）。
- <head> 标记中添加了 runat="server" 属性，指定页面的首部会在服务器端进行处理，这是 ASP.NET 项目的主要特征之一。
- <meta> 标记指定了页面内容（Content-Type）的相关信息，同时说明了页面为 HTML 文件，字符集使用 utf-8 编码。
- <form> 标记同样使用了 runat="server" 属性，这是 ASP.NET 项目中 Web 窗体的声明方式。通过 Web 窗体，可以在一个页面中处理表单及其数据，这也是 ASP.NET 项目中处理表单数据的优势所在。

以上这些内容是比较容易理解的，现在主要关注 @Page 指令，下面再单独看一下。

```
<%@ Page Language="C#" AutoEventWireup="true"
    CodeFile="Test.aspx.cs" Inherits="Test" %>
```

这段代码主要指定了 .aspx 页面如何关联代码文件，其中指定代码使用 C# 编程语言，代码文件是 Test.aspx.cs。

下面的代码就是 Test.aspx.cs 文件的初始内容。

```
using System;
using System.Collections.Generic;
using System.Linq;
using System.Web;
using System.Web.UI;
using System.Web.UI.WebControls;

public partial class Test : System.Web.UI.Page
{
    protected void Page_Load(object sender, EventArgs e)
    {
        // 在这里添加测试代码
    }
}
```

代码默认添加了响应页面 OnLoad 事件的 Page_Load() 方法，用于编写页面加载后执行的代码。接下来，如果没有特殊说明，只需要在注释的位置添加测试代码。

下面修改 Test.aspx.cs 文件内容，其功能是在页面中显示一些文本信息。

```
public partial class Test : System.Web.UI.Page
{
    protected void Page_Load(object sender, EventArgs e)
    {
        Response.Write("<h1>Hello ASP.NET</h1>");
    }
}
```

页面显示效果如图 9-3 所示。

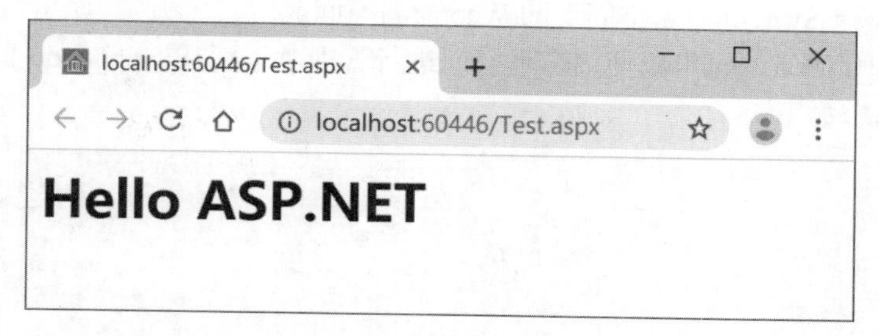

图　9-3

C# 代码也可以添加注释行和注释块，如下面的代码。

```
/*
* 注释块一
*/
public partial class Test : System.Web.UI.Page
{
   /* 注释块二 */
    protected void Page_Load(object sender, EventArgs e)
    {
        // 注释行一
        Response.Write("<h1>Hello ASP.NET</h1>");       // 注释行二
    }
}
```

9.2　命名空间

ASP.NET 项目中，C# 代码主要定义在页面文件或 .cs 文件中，这是 C# 代码的物理存放方式。对于不同功能的代码，还可以使用命名空间进行管理，这是代码的抽象组织方式。

在 .NET Framework 类库中包含了大量的开发资源，主要定义在一个名为 System 的命名空间中。接下来讨论引用的资源时，会说明资源所在的命名空间。使用这些资源时，需要在代码文件中使用 using 关键字引用相应的命名空间，如 Test.aspx.cs 文件中默认引用了一些命名空间，如下面的代码。

```
using System;
using System.Collections.Generic;
using System.Linq;
using System.Web;
```

```
using System.Web.UI;
using System.Web.UI.WebControls;

public partial class Test : System.Web.UI.Page
{
    protected void Page_Load(object sender, EventArgs e)
    {
        //在这里添加测试代码
    }
}
```

可以看到，命名空间中还可以包括子命名空间，它们使用圆点进行级别的区分，如 System.Web 就是指 System 命名空间下的 Web 命名空间。

组织自己的代码时，也可以使用命名空间进行管理。下面在 /app_code 目录下创建 ns.cs 文件，并修改内容如下。

```
namespace x.y
{
   public class ClassA
    {
    }
}

namespace x.z
{
   public class ClassA
    {
    }
}
```

请注意，在 x.y 和 x.z 命名空间中都定义了一个名为 ClassA 的类。这种情况是使用命名空间的好处之一，可以将同名的资源进行有效的分离，但在使用时应注意区分它们。

下面是引用命名空间需要注意的一些问题。首先，如果不使用 using 关键字引用命名空间，就需要使用完整的命名空间路径引用资源，如下面的代码。

```
using System;
using x.y;

public partial class Test : System.Web.UI.Page
{
    protected void Page_Load(object sender, EventArgs e)
    {
        ClassA ca1 = new ClassA();
        Response.Write(ca1.GetType().FullName);
        Response.Write("<br />");
        //
        x.z.ClassA ca2 = new x.z.ClassA();
        Response.Write(ca2.GetType().FullName);
    }
}
```

本例中，ca1 对象定义为 ClassA 类型，由于使用 using 语句引用了 x.y 命名空间，所以它实际上就是 x.y.ClassA 类型的对象。ca2 对象明确地定义为 x.z.ClassA 类型。代码使用

GetType() 方法返回对象的实际类型，然后通过 FullName 属性显示其完整的定义，页面显示效果如图 9-4 所示。

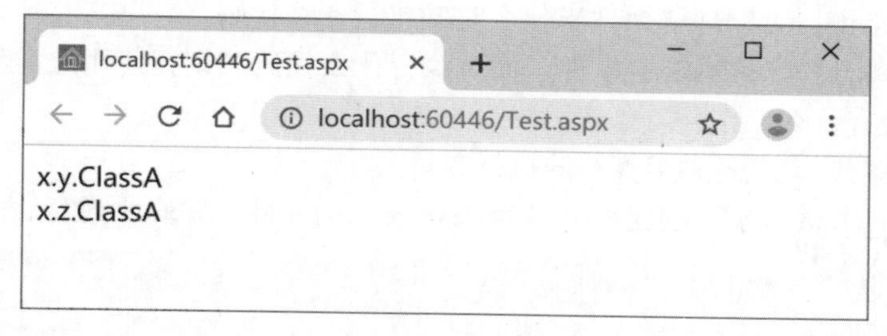

图　9-4

此外，using 关键字除了引用命名空间外，还可定义类的别名，如下面的代码。

```
using System;
using C1 = x.y.ClassA;
using C2 = x.z.ClassA;

public partial class Test : System.Web.UI.Page
{
    protected void Page_Load(object sender, EventArgs e)
    {
        C1 ca1 = new C1();
        Response.Write(ca1.GetType().FullName);
        Response.Write("<br />");
        //
        C2 ca2 = new C2();
        Response.Write(ca2.GetType().FullName);
    }
}
```

本例中，将 x.y.ClassA 类的别名定义为 C1，x.z.ClassA 类的别名定义为 C2，然后，在代码中就可以简化它们的调用，页面显示效果与图 9-4 相同。

9.3　面向对象编程

与 JavaScript 不同，C# 中有专用的语法支持面向对象编程，如使用 class 关键字定义类。本节将介绍 C# 中面向对象编程的基本要素。

9.3.1　类与对象

类（class）是面向对象概念中的基本数据类。C# 的类中可以定义的成员类型包括：

- 构造函数，创建对象时调用，与类同名的方法。
- 析构函数，对象清理时调用，以“~<类名>”命名的方法。
- 常量，运算过程中数据不会改变的量，使用 const 关键字定义。
- 字段，类中定义的变量。
- 方法，执行的操作，类似 JavaScript 中的函数。
- 属性，数据载体。

- 索引器，主要以整数、字符串类型作为索引的数据结构，如 arr[0]、dict["earth"] 等格式，稍后讨论的数组就是索引器的一个典型应用。
- 事件（event），可以理解为“当什么时候执行什么代码”，其中，“什么时候”就是事件，如单击就定义为 click 事件，而“执行什么代码”则在使用此类型时编写，如单击按钮会有什么操作，需要使用按钮的开发者编写代码。
- 重载运算符，定义各种运算符的执行逻辑。

下面在 /app_code 目录下创建一个名为 CAuto.cs 的文件，并修改内容如下。

```
public class CAuto
{

}
```

是不是有点太简单了？没关系，这已经是一个可以工作的类了，接下来，修改网站根目录下的 Test.aspx.cs 文件内容如下。

```
using System;

public partial class Test : System.Web.UI.Page
{
    protected void Page_Load(object sender, EventArgs e)
    {
        CAuto car = new CAuto();
        Response.Write(car.ToString());
    }
}
```

页面显示效果如图 9-5 所示。

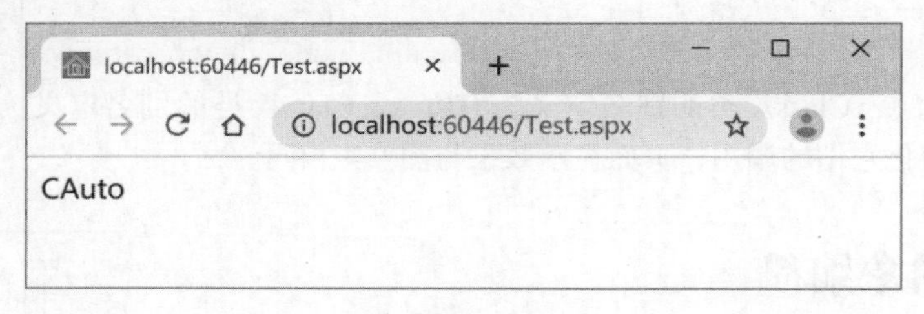

图 9-5

代码定义了 CAuto 类的一个实例，即 car 对象，并使用代码“new CAuto()”进行实例化。然后通过 Response.Write() 方法在页面中显示 car 对象的 ToString() 方法返回的结果。

通过这个实例可以看到，面向对象编程中最基本的两个要素是类和对象，类定义一个类型，对象则是某个类的实例，这里，也可以简单地理解为对象是某个类类型的变量。

需要注意的是，对象必须被实例化才能够使用，在很多面向对象编程语言中都是使用 new 关键字来完成这项工作。对于没有初始化的对象，其默认值为 null（空引用）。

9.3.2 字段与属性

在 C# 的类中，简单的数据可以使用字段来表示，如下面的代码。

```
public class CAuto
{
    public int Doors;
}
```

这里，定义了 int 类型的字段 Doors，用于表示汽车的车门数量，public 关键字指定此成员是一个公共成员，可以在类的外部调用。

下面的代码演示了 Doors 字段的使用方法。

```
using System;

public partial class Test : System.Web.UI.Page
{
    protected void Page_Load(object sender, EventArgs e)
    {
        CAuto car = new CAuto();
        car.Doors = 5;
        Response.Write(car.Doors);
    }
}
```

执行代码，页面会显示 5，即赋值给 Doors 字段的数据。

如果给车门数设置为负数会怎么样呢？

会照单全收！这明显是不科学的。那么，如何对字段的数据进行限制和判断呢？在 C# 的类中可以使用属性，如下面的代码。

```
public class CAuto
{
    private int myDoors;
    //
    public int Doors
    {
        get { return myDoors; }
        set
        {
            if (value >= 0 && value <= 5)
                myDoors = value;
            else
                myDoors = 4;
        }
    }
}
```

这里将 myDoors 字段设置为私有的（private），它只能在类的内部使用，然后，定义了 Doors 属性。其中，get 代码段用于返回属性值，这就是 myDoors 字段的数据；set 代码段用于设置属性值，其中，value 就是设置属性时带入的数据，当它在 0 ~ 5 时会赋值到 myDoors 字段，否则会将 myDoors 字段数据设置为 4。

实际开发中，对于属性的赋值需要一些约定，设置一个默认值可以保证代码不会出错，但是，如果数据不是真正需要的，也可能出现问题。当属性值设置不正确时，是给一个默认值还是抛出异常终止程序的执行，需要根据实际情况综合考虑。第 10 章会讨论如何处理异常情况。

下面的代码演示了Doors属性的使用方法。

```
using System;

public partial class Test : System.Web.UI.Page
{
    protected void Page_Load(object sender, EventArgs e)
    {
        CAuto car = new CAuto();
        car.Doors = 5;
        Response.Write(car.Doors);
        car.Doors = -1;
        Response.Write("<br/>");
        Response.Write(car.Doors);
    }
}
```

执行代码，页面会显示5和4。

定义类的数据时，建议使用属性。一方面，在接口（interface）类型中不能定义字段，只能定义属性；另一方面，在属性中可以通过get和set代码块提供更加丰富的操作。

定义属性时，如果get和set块并不需要执行代码，则可以使用简写形式，如下面的代码：

```
public class CAuto
{
    //
    public string Model { get; set; }
    //其他代码
}
```

另一种常见的属性形式是只读属性，此时，只需要指定get部分即可。但有一点需要注意，只读属性也需要赋值，一般是通过内部计算或构造函数获取数据。此时，属性的定义可以使用如下格式。

```
public class CAuto
{
    public CAuto(string sNumber)
    {
        Number = sNumber;
    }
    //
    public string Number { get; private set; }
    //其他代码
}
```

代码定义的Number属性只能通过构造函数设置数据，如果使用下面的代码给对象的Number属性赋值，则会产生错误。

```
CAuto car = new CAuto("123456789");
car.Number = "012345678";
```

因为Number是只读属性，所以不能在外部重新设置它的数据，代码会出现如图9-6所示的提示。

```
public partial class Test : System.Web.UI.Page
{
    protected void Page_Load(object sender, EventArgs e)
    {
        CAuto car = new CAuto("123456789");
        car.Number = "012345678";
    }        string CAuto.Number { get; private set; }
}            属性或索引器"CAuto.Number"不能用在此上下文中，因为 set 访问器不可访问
```

图　9-6

9.3.3　方法

方法是类的重要成员，表示一系列的数据操作过程。在类中，定义方法的格式如下：

```
<修饰符><返回值类型><方法名> (<参数列表>)
{
    //<方法体>
}
```

其中，<修饰符>包括成员的访问级别及其限定符。这里先了解成员的访问级别，它们包括：

- public，公共成员，可以在类的外部使用。
- private，私有成员，只能在类的内部使用。
- protected，受保护成员，只在类的内部或其子类中使用，在 9.3.5 节中会讨论具体的应用。
- internal，内部成员，其访问级别与 public 相似，但这些成员只能在当前程序集中使用。

<返回值类型>指方法返回数据的类型，稍后会介绍 C# 中的常用数据类型。如果方法不需要返回数据，则使用 void 关键字指定。

<方法名>指定方法的名称，一般采用单词首字母大写的形式。

<参数列表>可以为空，也可以指定一个或多个参数。C# 中，参数类型是很丰富的，稍后会讨论具体的应用。

<方法体>中会定义方法的执行代码，它们包含在一对花括号之间。如果方法需要返回值，可以使用 return 语句返回数据。

C# 中的数据类型分为值类型和引用类型，它们的默认传递方式是不同的。默认情况下，值类型会传递数据的副本，如下面的代码。

```
using System;

public partial class Test : System.Web.UI.Page
{
    protected void Page_Load(object sender, EventArgs e)
    {
        int a = 10;
        M1(a);
        Response.Write(a);
    }
```

```
    //测试方法
    private void M1(int x)
    {
        x = x + 10;
    }
}
```

这里定义了 M1() 方法，它包含一个 int 类型的参数，方法体中，将参数的值加 10。在 Page_Load() 方法中，设置了变量 a，将其带入 M1() 方法后，实际复制 a 的数据，在方法中对数据的修改并不会影响 a 的值，所以，页面显示 10（而不是 20）。

C# 中，另一种数据类型是引用类型（如类类型），默认情况下会按引用传递，也就是说，传递的只是对象的地址。下面的代码演示了按引用传递的参数。

```
using System;

public partial class Test : System.Web.UI.Page
{
    protected void Page_Load(object sender, EventArgs e)
    {
        CAuto car = new CAuto();
        car.Doors = 4;
        M2(car);
        Response.Write(car.Doors);
    }
    //测试方法
    private void M2(CAuto auto)
    {
        auto.Doors = 2;
    }
}
```

本例中定义的 M2() 方法，其参数为 CAuto 类型，该方法中，将对象的 Doors 属性设置为 2；Page_Load() 方法中，首先创建一个 CAuto 对象 car，并设置 Doors 属性为 4，然后将 car 对象带入 M2() 方法，实际传递到 M2() 内部的是 car 对象的引用，修改对象 auto 时也就是在修改 car 对象，所以，最终会显示 2。

按引用传递参数，一方面可以提高数据传递的效率（不用复制数据），另一方面，一些功能也需要按引用传递。那么如何将值类型的数据按引用传递到方法中呢？答案是在参数中使用 ref 关键字，如下面的代码。

```
using System;

public partial class Test : System.Web.UI.Page
{
    protected void Page_Load(object sender, EventArgs e)
    {
        int a = 10, b = 99;
        M3(ref a, ref b);
        Response.Write(a);
        Response.Write("<br />");
        Response.Write(b);
    }
    //测试方法
```

```
    private void M3(ref int x, ref int y)
    {
        int tmp = x;
        x = y;
        y = tmp;
    }
}
```

本例中，M3() 方法使用了两个 int 类型的参数，它们使用了 ref 关键字，这样，参数就会按引用传递到方法中，当修改参数变量的值时，也就是在修改带入的变量。

可以看到，M3() 方法的功能是交换两个 int 变量的值。Page_Load() 方法中，定义的两个变量，a 的初始值为 10，b 的初始值为 99，调用 M3() 方法后，它们的值进行了交换，最终会显示 99 和 10。

对于一些功能稍复杂的方法，可能需要返回两个或更多数据，这种情况下，只使用返回值是不够的，此时可以使用 out 关键字定义输出参数。

在基本的值类型中，都定义了一个 TryParse() 方法，它的功能是尝试将字符串转换为相应的值类型。TryParse() 方法包括两个参数：第一个参数为字符串（string）类型；第二个参数是相应的值类型，并定义为输出参数。当字符串成功转换为指定类型的数据时，方法返回 true 值，转换后的数据由第二个参数带出；如果转换不成功，则 TryParse() 方法会返回 false 值。

下面的代码演示了如何将字符串（string）转换为 int 类型。

```
using System;

public partial class Test : System.Web.UI.Page
{
    protected void Page_Load(object sender, EventArgs e)
    {
        string s = "123";
        int x;
        bool result = int.TryParse(s, out x);
        Response.Write(result);
        Response.Write("<br />");
        Response.Write(x);
    }
}
```

由于 "123" 可以正确转换为整数，因此，页面会显示 true 和 123。可以修改 s 的内容来观察执行结果。如果字符串不能正确转换为 int 类型，则 TryParse() 方法返回 false 值，而输出转换结果是 int 类型的默认值 0。

如果方法需要很多相同类型的参数，可以使用 params 关键字定义参数数组。如下面的代码，使用 M4() 方法求出不定数量的双精度浮点数（double）的平均数。

```
using System;

public partial class Test : System.Web.UI.Page
{
    protected void Page_Load(object sender, EventArgs e)
    {
        Response.Write(M4(1.2, 3.9));
```

```
        Response.Write("<br />");
        Response.Write(M4(5, 6, 7, 8, 9.1, 4.5));
    }
    //测试方法
    private double M4(double x ,params double[] args)
    {
        double sum = x;
        for (int i = 0; i < args.Length; i++)
            sum += args[i];
        return sum / (args.Length + 1);
    }
}
```

其中，M4() 方法首先定义了一个固定参数 x，这样就可以保证最少有一个参数，然后，使用 params 关键字定义了一个 double 数组参数 args。方法中，sum 变量用于保存所有参数的和，然后除以数据数量得出平均数。Page_Load() 方法中，调用的 M4() 方法分别使用了不同数量的参数。

使用参数数组请注意，应将其放在参数列表的最后。

定义方法的参数时，还可以设置参数的默认值。有一点需要注意，在参数列表中可以为多个参数设置默认值。但是，使用了参数的默认值后，就不能定义参数数组，而且，有默认值的参数同样需要放在参数列表的最后。下面的代码显示了参数默认值的使用。

```
using System;

public partial class Test : System.Web.UI.Page
{
    protected void Page_Load(object sender, EventArgs e)
    {
        M5(10);
        Response.Write("<br/>");
        M5(10, 66);
    }
    //测试方法
    private void M5(int x , int y = 99)
    {
        Response.Write(string.Format("x={0}, y={1}", x, y));
    }
}
```

其中，M5() 方法定义了两个参数，其中，第二个参数设置了默认值。Page_Load() 方法中，第一次调用 M5() 方法只指定了第一个参数 x 的数据，此时 y 的值就使用默认的 99；第二次调用 M5() 方法时，同时指定了 x 和 y 的数据，方法中的 y 就会使用指定的数据，页面显示效果如图 9-7 所示。

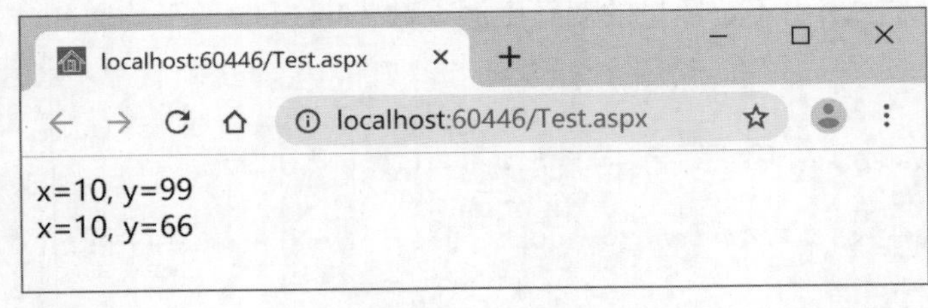

图 9-7

接下来了解一下方法的重载。方法的重载是指同名方法具有多个版本，它们是通过方法参数的类型和数量进行区分，调用方法时，可以根据参数自动找到方法的匹配版本。

再简单回顾一下参数数组和参数默认值的使用。

- 参数数组，只能使用相同类型的参数，但参数的数量是灵活的。
- 参数默认值，参数是固定的，但可以设置一个合理的默认值。

如果参数的类型、数量和顺序有很大的不同，则需要使用方法重载，即分别定义不同版本的同名方法，如下面的代码。

```
//
private void Swap(ref int x , ref int y)
{
    int tmp = x;
    x = y;
    y = tmp;
}
//
private void Swap(ref double x, ref double y)
{
double tmp = x;
    x = y;
y = tmp;
}
```

代码定义了两个名为 Swap() 的方法，分别用于交换两个 int 或 double 类型的数据。可以看到，这两个方法的名称相同，但参数设置不同，在调用 Swap() 方法时，可以根据带入的参数类型找到合适的版本。

充分利用参数数组、参数默认值和方法重载，可以灵活地创建不同版本的同名方法，大家可以根据方法的特点选择使用。此外，对于 Swap() 方法这种功能相同，只是数据类型不同的情况，还可以使用泛型进行处理，稍后会有相关讨论。

9.3.4　构造函数与析构函数

构造函数的功能是在对象实例化时进行一些初始化工作，比如设置初始数据等。

定义类时，如果没有创建构造函数，则默认包含一个没有参数的构造函数；如果创建了包含参数的构造函数，则无参数的构造函数不再默认存在，如果需要，就必须再创建一个。

类中，构造函数有些像方法，但它与方法有一些明显的区别，如构造函数没有返回值，它的名称与类名相同。下面的代码在 CAuto 类中定义了两个构造函数。

```
public class CAuto
{
//构造函数
    public CAuto() { }
    public CAuto(string sNumber)
    {
        Number = sNumber;
    }
    //
    public string Number { get; private set; }
```

```
    //
    public string Model { get; set; }
    //
    private int myDoors;
    //
    public int Doors
    {
        get { return myDoors; }
        set
        {
            if (value >= 0 && value <= 5)
                myDoors = value;
            else
                myDoors = 4;
        }
    }
}
```

和方法的重载相似，创建对象时，也可以根据参数的不同选择合适版本的构造函数，如下面的代码。

```
CAuto car1 = new CAuto();
CAuto car2 = new CAuto("123456789");
```

重载构造函数时，还可以使用 this 关键字调用类中的其他构造函数，如下面的代码。

```
public class CAuto
{
    //构造函数
    public CAuto() : this("000000000") { }
    //
    public CAuto(string sNumber)
    {
        Number = sNumber;
    }
    //其他代码
}
```

代码在 CAuto() 构造函数后使用冒号，随后的 this 关键字表示当前实例，这里就是调用了 CAuto(string) 构造函数，并将 Number 属性默认设置为 000000000。下面的代码演示了此构造函数的使用。

```
using System;

public partial class Test : System.Web.UI.Page
{
    protected void Page_Load(object sender, EventArgs e)
    {
        CAuto car = new CAuto();
        Response.Write(car.Number);
    }
}
```

代码执行结果如图 9-8 所示。

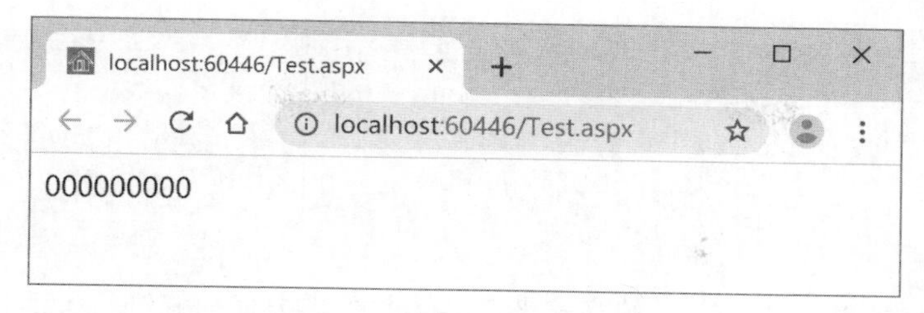

图　9-8

除了使用构造函数，创建对象时，还可以使用一种简便的语法来为属性赋值，称为初始化器，如下面的代码。

```
using System;

public partial class Test : System.Web.UI.Page
{
    protected void Page_Load(object sender, EventArgs e)
    {
        CAuto car = new CAuto
        {
            Model = "X-1",
            Doors = 5
        };
        Response.Write(car.Model);
    }
}
```

本例中，没有使用类的构造函数，而是使用一对花括号包含属性的赋值代码，有多个属性赋值时，使用逗号分隔。当然，同时调用构造函数和初始化器也是可以的，如下面的代码。

```
using System;

public partial class Test : System.Web.UI.Page
{
    protected void Page_Load(object sender, EventArgs e)
    {
        CAuto car = new CAuto("123456789")
        {
            Model = "X-1",
            Doors = 5
        };
        Response.Write(car.Number);
    }
}
```

.NET Framework 环境中，对内存管理的自动化程度是非常高的，对象一般是不需要手工释放的，当对象不再使用时会自动清理。不过，在一些特殊情况下，如果在释放对象时需要进行额外的资源清理工作，可以在析构函数中添加处理代码，如下面的代码。

```
public class CAuto
{
    //其他代码
```

```
    //析构函数
    ~CAuto()
    {
        //对象释放时的处理
    }
}
```

析构函数使用“~<类名>”的格式来命名，并不需要任何修饰符，而且，代码也不需要显式地调用它，当对象释放时，会自己执行析构函数中的代码。

9.3.5 继承

继承可以最大限度地重复使用已存在的代码，如创建 CRacer 类，就可以继承于 CAuto 类。接下来，在 /app_code 目录下创建 CRacer.cs 文件，并修改其内容如下。

```
public class CRacer : CAuto
{
    //构造函数
    public CRacer(string sNubmer) : base(sNubmer)
    {
        Doors = 2;
        Model = "R19";
    }
    public CRacer() : this("000000000") {   }
    //
}
```

定义类时，这里的冒号（:）表示继承，代码的 CRacer 类就是继承于 CAuto 类，此时，CAuto 类称为父类（或基类、超类），而 CRacer 就是 CAuto 类的子类。

这里定义了两个构造函数，CRacer(string) 构造函数使用了 base 关键字，它继承于 CAuto 类的 CAuto(string) 构造函数；然后，将 Doors 属性设置为 2，Model 属性设置为 R19。CRacer() 函数调用了本类的 CRacer(string) 构造函数，默认将 Number 属性设置为 000000000。

下面的代码演示了 CRacer 类的应用。

```
using System;

public partial class Test : System.Web.UI.Page
{
    protected void Page_Load(object sender, EventArgs e)
    {
        CRacer car = new CRacer();
        Response.Write(car.Model);
        Response.Write("<br />");
        Response.Write(car.Number);
    }
}
```

页面显示效果如图 9-9 所示。

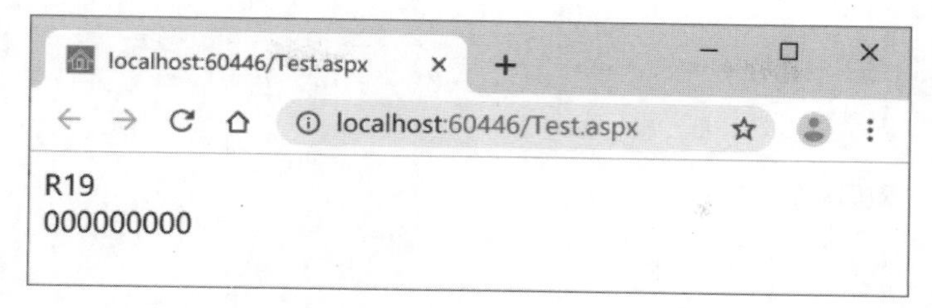

图　9-9

实例中，CRacer 类并没有定义 Number、Model、Doors 等成员，它们都是从 CAuto 继承而来的。

实际上，在 C# 中的类，如果没有指定父类，那么它的父类就是 Object 类，这是一个唯一没有父类的终极类型，这样一来，CRacer、CAuto 和 Object 类的关系如图 9-10 所示。

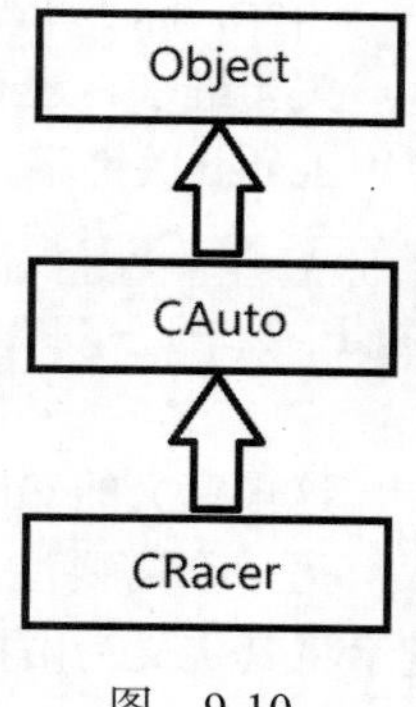

图　9-10

这里，CRacer 实际上也可以使用 Object 类中的非私有成员，如 ToString() 方法。默认情况下，ToString() 方法会显示类的名称，如果在 CRacer 类中改变它的输出内容，可以重写 ToString() 方法，并使用 new 关键字让它覆盖父类中的 ToString() 方法，如下面的代码。

```
public class CRacer : CAuto
{
    // 构造函数
    public CRacer(string sNubmer) : base(sNubmer)
    {
        Doors = 2;
        Model = "R19";
    }
    public CRacer() : this("000000000") {   }
    //
    new public string ToString()
    {
        return " 双门跑车 ";
    }
    //
}
```

下面的代码测试 CRacer 类中的新 ToString() 方法。

```
using System;

public partial class Test : System.Web.UI.Page
{
    protected void Page_Load(object sender, EventArgs e)
    {
        CRacer car = new CRacer();
        Response.Write(car.ToString());
    }
}
```

页面显示效果如图 9-11 所示。

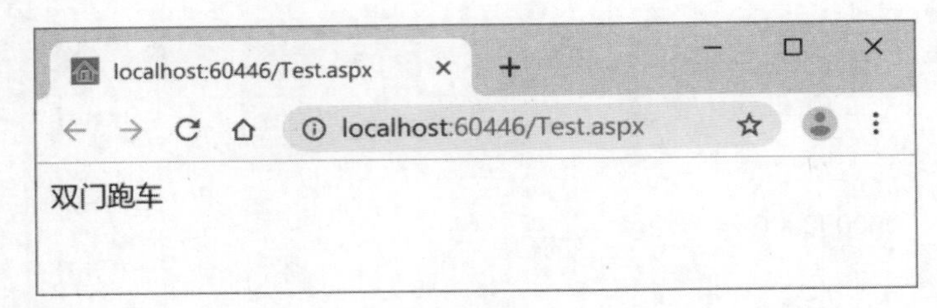

图 9-11

当然，除了重写父类成员，在子类中也可以添加新的成员，如定义属性、方法等。

关于继承，还有两个特性需要注意。首先，如果一个类不允许被继承，则在定义时可以使用 sealed 关键字，如：

```
public sealed class C1
{
}
```

这里定义的 C1 类就不能被继承。

另一个需要注意的是，如果类的成员明确指定可以被子类重写，则可以使用 virtual 关键字将其定义为虚拟成员，这样，在子类中就可以使用 override 关键字进行重写，如下面的代码。

```
public class C2
{
   public virtual void M1()
   {
   }
}
//
public class C3 : C2
{
   public override void M1()
{
}
}
```

除了重写成员外，在类中还可以使用 base 关键字调用父类的非私有成员，如前面的 C3 类的 M1() 方法中可以通过 base.M1() 调用 C2 类中的 M1() 方法。此外，this 关键字表示当前实例。多数情况下，调用当前实例的成员时，this 关键字都是可以省略的。

9.3.6 抽象类

抽象类更像一种类型模板，使用者不能创建抽象类的实例。下面的代码（/app_code/Unit.cs）中，创建的 CUnit 类就是一个抽象类，定义时使用了 abstract 关键字。

```
public abstract class CUnit
{
    public string Model { get; set; }
    public abstract void MoveTo(int x, int y);
}
```

本例的 CUnit 类中包括 Model 属性和 MoveTo() 方法，其中，MoveTo() 方法定义为抽象方法，并不包括方法的实现部分。请注意，如果一个类中定义了一个抽象成员，这个类就必须定义为抽象类。

下面的代码（/app_code/Unit.cs）定义了三个 CUnit 类的子类。

```
using System.Web;

public abstract class CUnit
{
    public string Model { get; set; }
    public abstract void MoveTo(int x, int y);
}
//
public class CPlane : CUnit
{
    public CPlane()
    {
        Model = "J-20";
    }
    //
    public override void MoveTo(int x, int y)
    {
        HttpContext.Current.Response.Write(
            string.Format("{0} 飞行到 ({1},{2})",Model,x,y));
    }
}
//
public class CTank : CUnit
{
    public CTank()
    {
        Model = "99A";
    }
    //
    public override void MoveTo(int x, int y)
    {
        HttpContext.Current.Response.Write(
            string.Format("{0} 行驶到 ({1},{2})", Model, x, y));
    }
}
//
public class CShip : CUnit
{
    public CShip()
    {
        Model = "055";
    }
    //
    public override void MoveTo(int x, int y)
    {
        HttpContext.Current.Response.Write(
            string.Format("{0} 航行到 ({1},{2})", Model, x, y));
    }
}
//
```

本例中，CUnit 的三个子类分别是 CPlane、CTank 和 CShip 类，它们分别重写了 MoveTo() 抽象方法。下面的代码演示了这三个类的使用。

```
using System;

public partial class Test : System.Web.UI.Page
{
    protected void Page_Load(object sender, EventArgs e)
    {
        CTank tank = new CTank();
        CPlane plane = new CPlane();
        CShip ship = new CShip();
        tank.MoveTo(10, 99);
        Response.Write("<br />");
        plane.MoveTo(10, 99);
        Response.Write("<br />");
        ship.MoveTo(10, 99);
    }
}
```

页面显示效果如图 9-12 所示。

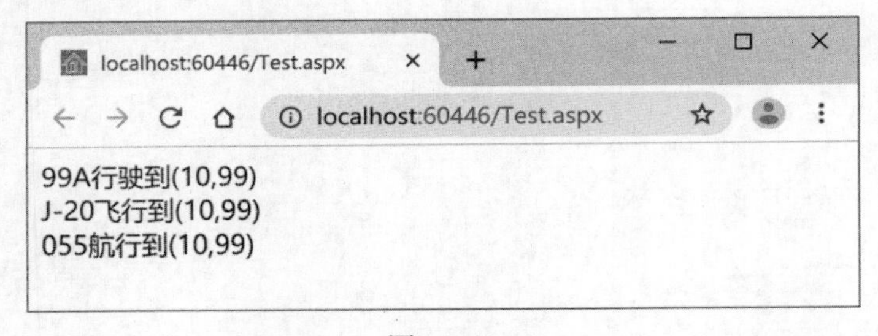

图 9-12

虽然抽象类不能被实例化，却可以用来定义对象，但需要将对象实例化为具体的类型，如下面的代码，使用 CUnit 类定义 tank、plane 和 ship 对象。

```
CUnit tank = new CTank();
CUnit plane = new CPlane();
CUnit ship = new CShip();
```

此外，抽象类中可以有属性、方法等成员的具体实现，可以使用 virtual 关键字将它们定义为虚拟成员，然后，可以在子类中根据需要重写（override）这些成员。

如果需要定义纯粹的模板，并不包含任何具体的实现，则可以使用接口类型，本章稍后会有讨论。

9.3.7 分部类

实际上，打开 Test.aspx.cs 文件就可以发现，Test 类就定义为分部（partial）类，在 Test.aspx.cs 文件中它只负责其中的一部分工作。

通过下面的代码看 Test 类的基本定义。

```
public partial class Test : System.Web.UI.Page
{
}
```

代码中定义 Test 类时使用了 partial 关键字，表示这里的代码只是 Test 类的一部分。

开发工作中，一个大型的类可能需要多人配合完成，此时，可以创建不同的文件分别编写代码，但需要使用相同的命名空间和类名，并在定义类时使用 partial 关键字。当这些代码文件放在一起编译时，就可以合并成一个完整的类。

9.4 静态类与扩展方法

静态类是另一种不能实例化的类，它的主要功能就是代码的封装，比如 System 命名空间中的 Math 类就封装了一系列数学计算资源，下面的代码显示了其中一些成员的使用。

```
using System;

public partial class Test : System.Web.UI.Page
{
    protected void Page_Load(object sender, EventArgs e)
    {
        Response.Write(Math.E);
        Response.Write("<br/>");
        Response.Write(Math.PI);
        Response.Write("<br/>");
        Response.Write(Math.Sqrt(9));
    }
}
```

页面显示效果如图 9-13 所示。

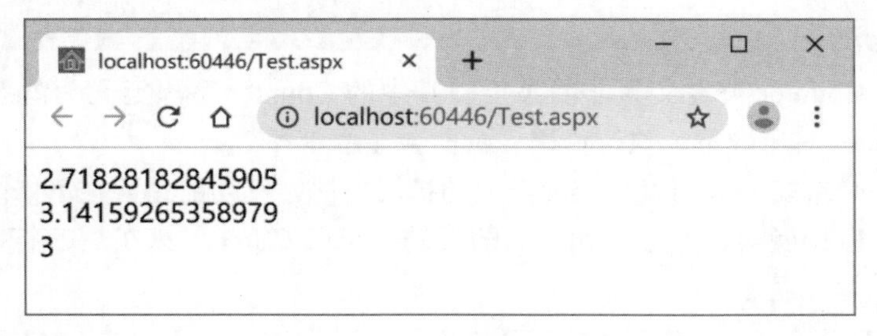

图 9-13

本例中，Math.E 表示常数 e 的值，Math.PI 表示圆周率的值，而 Math.Sqrt() 方法则用于计算平方根。此外，Math 类中还包含很多其他数学计算方法，使用时可以参考帮助文档，这里不再一一举例。

实际工作中，也可以通过静态类来封装自己的代码。比如，在项目中可以定义 CApp 类作为项目主类，其中可以定义一个项目初始化方法，如下面的代码。

```
public static class CApp
{
    //ASP.NET 项目需要在 Global.asax 文件中执行
    public static bool Init()
```

```
    {
        //初始化工作
        return true;
    }
}
```

请注意，定义静态类和静态成员时需要使用 static 关键字，而且静态类中只能定义静态成员。

不过，在非静态类中是可以定义静态成员的，如下面的代码。

```
using System;

public partial class Test : System.Web.UI.Page
{
    protected void Page_Load(object sender, EventArgs e)
    {
        CCounter obj1 = new CCounter();
        Response.Write(CCounter.Counter);
        CCounter obj2 = new CCounter();
        Response.Write("<br>");
        Response.Write(CCounter.Counter);
    }
}

public class CCounter
{
    public static int Counter=0;
    //
    public CCounter()
    {
        Counter++;
    }
}
```

本例中将 CCounter 类定义为非静态类，其中的 Counter 字段定义为静态成员，用于保存创建的 CCounter 对象数量。执行代码，页面会显示 1 和 2。

静态类另一个重要的应用就是定义类型的扩展方法，其功能是，在不修改类型代码的情况下，为已有类型扩展操作方法。如下面的代码，定义 CStr1 类来扩展字符串（string 类型）的操作。

```
public static class CStr1
{
    // 组合
    public static string Combine(this string s,params object[] args)
    {
        return string.Format(s, args);
    }
}
```

扩展方法的重点是方法的第一个参数，定义参数时使用了 this 关键字，这里的参数类型就是需要扩展此方法的类型，本例定义为 string 类型的扩展方法，其功能是通过调用 string.Format() 方法将各种数据类型组合为字符串。

那么，这个 Combine() 扩展方法如何使用呢？只要引用了 CStr1 类所在的使命空间，就可以直接在 string 类型的对象中使用了。本例中，将 CStr1 类定义在项目的默认命名空间中，所以，在 Test.aspx.cs 文件中可以直接使用，如下面的代码。

```
using System;

public partial class Test : System.Web.UI.Page
{
    protected void Page_Load(object sender, EventArgs e)
    {
        int x = 10 , y =99;
        Response.Write("{0}+{1}={2}".Combine(x, y, x + y));
    }
}
```

页面显示效果如图 9-14 所示。

图　9-14

9.5　结构类型

结构类型使用 struct 关键字定义，表面上看来，它和类差不多，但结构是值类型，类是引用类型，它们在内存的管理以及数据传递的默认方式上是不同的，比如，传递结构类型数据时，默认会复制其内容。

结构类型中，可以定义的成员包括构造函数、常量、字段、属性、方法、索引器和事件，并可以重载运算符。

下面的代码（/app_code/SAuto.cs）创建一个名为 SAuto 的结构类型。

```
public struct SAuto
{
    public string Model { get; set; }
    public int Doors { get; set; }
}
```

下面的代码测试 SAuto 结构的使用方法。

```
public partial class Test : System.Web.UI.Page
{
    protected void Page_Load(object sender, EventArgs e)
    {
        SAuto auto = new SAuto() {
            Model = "X19",
            Doors = 5
        };
        Response.Write(auto.Model);
        Response.Write("<br />");
```

```
        Response.Write(auto.Doors);
    }
}
```

页面显示效果如图 9-15 所示。

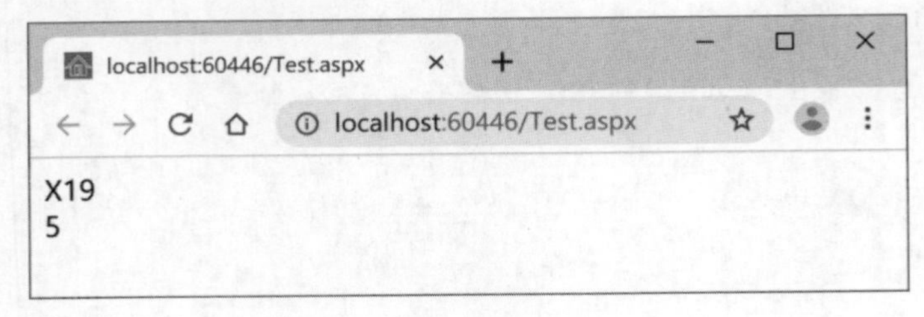

图 9-15

结构中的其他类型成员的应用与类相似，这里不再一一举例说明。

9.6 枚举类型

枚举类型可以将一组关联的值定义为类型，如星期、性别等。下面的代码（/app_code/ESex.cs）定义一个名为 ESexr 的枚举类型。

```
public enum ESex
{
    Unknow = 0,
    Male = 1,
    Female = 2
}
```

默认情况下，枚举值对应的数据为 int 类型，并且是从 0 开始的，也就是说，下面的代码定义的两个枚举类型与上述代码功能相同。

```
public enum ESex1 : int
{
    Unknow,
    Male,
    Female
}

public enum ESex2 : int
{
    Unknow = 0,
    Male = 1,
    Female = 2
}
```

下面的代码测试 ESex 枚举类型的使用方法。

```
public partial class Test : System.Web.UI.Page
{
    protected void Page_Load(object sender, EventArgs e)
    {
        ESex sex = ESex.Male;
```

```
        Response.Write(sex);
        Response.Write("<br />");
        Response.Write((int)sex);
        Response.Write("<br />");
        Response.Write((ESex)2);
    }
}
```

页面显示效果如图 9-16 所示。

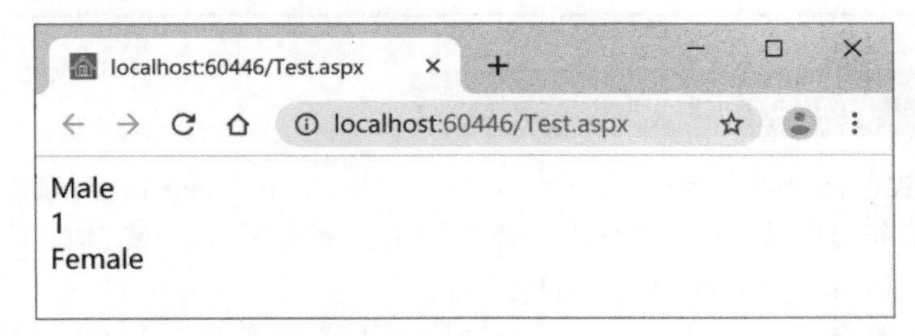

图　9-16

本例中演示了枚举类型的应用，并了解了如何在枚举值和数值之间进行转换。此外，枚举类型也是值类型，传递数据时默认会复制其内容。

9.7　基本数据类型

C# 中的数据类型实际上是 .NET Framework 中标准数据类型的映射，这些数据类型定义在 System 命名空间，表 9-1 给出了基本数据类型的对照，其中包括了 C# 类型名称、.NET 类型名称，以及它们可以处理的数据范围，在学习和工作中可以参考使用。

表　9-1

分　　类	C# 类型	.NET 类型	取值范围与说明
整数型	sbyte	SByte 结构	–128 ～ +127 的整数（1 字节）
	byte	Byte 结构	0 ～ 255 的无符号整数（1 字节）
	short	Int16 结构	–32 768 ～ +32 767 的整数（2 字节）
	ushort	UInt16 结构	0 ～ 65 535 的无符号整数（2 字符）
	int	Int32 结构	–2 147 483 648 ～ +2 147 483 647 的整数（4 字节）
	uint	UInt32 结构	0 ～ 4 294 967 295 的无符号整数（4 字节）
	long	Int64 结构	–9 223 372 036 854 775 808 ～ +9 223 372 036 854 775 807 的整数（8 字节）
	ulong	UInt64 结构	0 ～ 18 446 744 073 709 551 615 的无符号整数（8 字节）
浮点型	float	Single 结构	–3.402 823e38 ～ +3.402 823e38 的单精度数字（4 字节）
	double	Double 结构	–1.797 693 134 864 32e308 ～ +1.797 693 134 862 32e308 的双精度数位（8 字节）
Decimal	decimal	Decimal 结构	–79 228 162 514 264 337 593 543 950 335 ～ +79 228 162 514 264 337 593 543 950 335 的十进制数（16 字节）
布尔型	bool	Boolean 结构	true 或 false 值，在 .NET 中定义为 True 和 False 值

续表

分　类	C# 类型	.NET 类型	取值范围与说明
字符	char	Char 结构	Unicode 字符（2 字节）
字符串	string	String 类	Unicode 字符系列，0 ~ 2^{31} 个 Unicode 字符。定义为不可变字符串
对象	object	Object 类	任何类型，它是 .NET Framework 所有类型的终极基类
日期与时间	—	DataTime 结构	公元 0001 年 1 月 1 日 00：00：00—9999 年 12 月 31 日 23:59:59（8 字节）

9.7.1 整数、浮点数与 Decimal 类型

C# 中的整数包括 sbyte、byte、short、ushort、int、uint、long 和 ulong，其中，int 类型用于处理 32 位有符号整数，uint 类型用于处理 32 位无符号整数。相应地，long 类型处理 64 位有符号整数，ulong 类型处理 64 位无符号整数。

C# 中的浮点数包括 float 和 double，分别用于处理 32 位浮点数（大约 7 位精度）和 64 位浮点数（双精度，大约 15 位精度）。此外，对于高精度要求的数据，可以使用 decimal 类型。

C# 中的算术运算包括：

- 加法运算，使用 + 运算符，如 x+y。
- 减法运算，使用 – 运算符，如 x–y，只有右运算数时为取负值运算，如 –x。
- 乘法运算，使用 * 运算符，如 x*y。
- 除法运算，使用 / 运算符，如 x/y。
- 取余数运算，使用 % 运算符，如 x%y。

进行算术运算时应注意，如果运算数的类型相同，则运算结果也是此类型；如果运算数的类型不同，则会自动将取值范围小的类型转换为取值范围大的类型，然后进行运算，运算结果为取值范围大的类型。

此外，C# 代码中，整数的直接量默认为 int 类型，而带有小数部分的数值直接量默认为 double 类型。

下面的代码演示了 int 和 double 类型数据的算术运算。

```
using System;

public partial class Test : System.Web.UI.Page
{
    protected void Page_Load(object sender, EventArgs e)
    {
        int x = 99;
        double y = 10.0;
        Response.Write(x + y);
        Response.Write("<br/>");
        Response.Write(x - y);
        Response.Write("<br/>");
        Response.Write(x * y);
        Response.Write("<br/>");
        Response.Write(x / y);
        Response.Write("<br/>");
```

```
            Response.Write(x % y);
        }
    }
```

页面显示效果如图 9-17 所示。

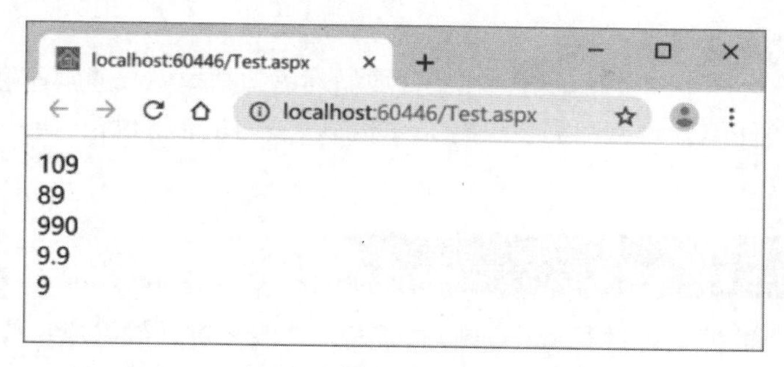

图　9-17

可以使用如下代码验证计算结果的类型。

```
int x = 99;
double y = 10.0;
Response.Write((x + y).GetType().FullName);
```

此代码会输出 System.Double，这是 double 类型对应的 .NET 数据类型（结构类型），定义在 System 命名空间。

和大多类 C 风格的编程语言一样，C# 中也可以使用增量运算和减量运算，其中，增量运算包括前增量和后增量运算，相应地，减量运算也包括前减量和后减量运算。在 JavaScript 部分已经讨论过相关内容，这里不再赘述。

整数的位运算也和 JavaScript 类似，包括：

- 按位与运算，使用 & 运算符。两个二进制位都是 1 时，结果为 1，否则运算结果为 0。
- 按位或运算，使用 | 运算符。两个二进制位中有一个是 1 时，结果为 1，只有两个二进制位都为 0 时，运算结果才为 0。
- 按位取反运算，使用 ~ 运算符。二进制位中，1 取反为 0，0 取反为 1。
- 按位异或运算，使用 ^ 运算符。两个二进制位的值不同时，结果为 1，相同时运算结果为 0。
- 位左移运算，使用 << 运算符，如 x<<n 相当于 $x*2^n$ 运算。
- 位右移运算，使用 >> 运算符，如 x>>n 相当于 $x/2^n$ 运算。

9.7.2　布尔类型

布尔类型又称为逻辑类型，C# 代码可以使用 bool 关键字定义，它对应的是 System.Boolean 结构类型。布尔类型数据包括两个值，即 true 和 false，分别对应于 .NET 中的 True 和 False 值。

布尔运算也称为逻辑运算，包括：

- 与（and）运算，使用 && 运算符。两个运算数都为 true 时，结果为 true，否则运算结果为 false。

- ❑ 或（or）运算，使用 || 运算符。两个运算符中有一个为 true 时，结果为 true，只有两个运算数都为 false 时，运算结果为 false。
- ❑ 取反（not）运算，使用！运算符只需要一个运算数。true 值取反得到 false 值，false 值取反得到 true 值。

比较运算时，会产生一个布尔值，在条件或循环语句结构中，通常通过布尔结果进行条件的判断。多个条件组合时，则需要进行布尔运算。第 10 章将讨论 C# 中的比较运算和代码流程控制。

9.7.3 数组

数组是对一个数据集合进行操作的基本形式，一般来讲，数组成员应该使用相同的类型，这样就可以方便地使用相同的代码分别操作数组的所有成员。

C# 中的数组实际上可以看作 Array 类的一个实例，虽然并不需要显式地声明为 Array 类型的对象，但可以使用 Array 类中定义的成员来操作数组。

创建数组时，如果能够确认成员的数量，可以使用类似下面的代码定义。

```
using System;

public partial class Test : System.Web.UI.Page
{
    protected void Page_Load(object sender, EventArgs e)
    {
        int[] arr = new int[5];
        for(int i=0;i<arr.Length;i++)
        {
            Response.Write(arr[i]);
            Response.Write("<br/>");
        }
    }
}
```

执行代码，页面会显示 5 个 0。

如果没有给数组成员赋值，它们的值就是成员类型的默认值，如数值型的默认值是 0、布尔型的默认值是 false、对象的默认值是 null 等。

本例还使用了 Length 属性来获取数组成员的数量。请注意，访问数组成员的索引值是从 0 开始的，所以，最后一个成员的索引值就是成员数量减 1，这一点和 JavaScript 中的数组操作是相同的。

9.7.4 字符与字符串

C# 中，字符类型用于处理单个字符，使用 char 关键字定义，其字面量需要使用一对单引号定义，如 'A'。处理多字符的文本内容时，可以使用 string 类型，其字面量需要使用一对双引号定义，如 "Hello"。

定义字符和字符串内容时需要使用单引号和双引号，所以，如果在内容中包含单引号和双引号等特殊符号时就需要进行转义，如 '\'' 表示一个单引号字符。表 9-2 给出了常用转义字符。

表　9-2

转义符号	字　符
\0	空值（NULL）
\'	单引号
\"	双引号
\\	反斜线
\a	报警符
\b	退格符
\f	换页符
\n	换行符
\r	回车符
\t	水平制表符
\v	垂直制表符

此外，定义字符串时，还可以使用逐字字符串，方法是在定义字符串的一对双引号前添加 @ 符号。

逐字字符串中只有双引号需要转义，方法是使用两个双引号，其他的字符（包括可见字符和不可见字符）都会原样包含在逐字字符串中。实际应用中，使用逐字符串定义一个路径就是不错的选择，如下面的代码。

```
string path = @"D:\test.txt";
```

本例在逐字字符串中并不需要对路径的 \ 符号进行转义。

需要注意的是，页面内容呈现时，会忽略文本中的空白字符，所以，某些字符可能无法在页面中正确显示。此外，在页面中显示内容还需要注意考虑 HTML 标记等内容，对于需要在页面中输出的文本内容，应充分考虑编码和解码问题，可以参考第 11 章中 Server 对象的应用。

9.7.5　日期与时间

.NET Framework 类库中，日期和时间处理资源定义在 System 命名空间，主要的类型有 DateTime 结构、TimeSpan 结构等。

首先，.NET Framework 中处理日期和时间时使用的基本单位为 tick，定义为 100ns，即 10^{-7}s。计时的标准时点为公元 0001 年 1 月 1 日 0 时，一个 DateTime 类型数据的 Ticks 属性表示距离标准时点的 tick 值。

DateTime 定义为结构类型，常用的构造函数包括：

- DateTime(Int64)，使用 tick 值数据初始化日期和时间数据。
- DateTime(Int32, Int32, Int32)，使用年、月、日数据初始化日期数据，时间设置为 0。
- DateTime(Int32, Int32, Int32, Int32, Int32, Int32)，使用年、月、日、时、分、秒数据初始化日期和时间数据。
- DateTime(Int32, Int32, Int32, Int32, Int32, Int32, Int32)，使用年、月、日、时、分、秒、毫秒数据初始化日期和时间数据。

此外，还可以使用以下两个静态属性获取系统当前的日期和时间：

❑ Now 属性，获取系统当前的日期和时间。

❑ Today 属性，获取系统当前日期，时间数据为 0。

下面的代码在页面中显示服务器的当前日期和时间。

```
public partial class Test : System.Web.UI.Page
{
    protected void Page_Load(object sender, EventArgs e)
    {
        Response.Write(DateTime.Now.ToString());
    }
}
```

获取一个 DateTime 数据后，可以使用一系列属性返回需要的数据值，如：

❑ Year 属性，年。

❑ Month 属性，月。

❑ Day 属性，日。

❑ Hour 属性，时。

❑ Minute 属性，分。

❑ Second 属性，秒。

❑ Millisecond 属性，毫秒值。

❑ Ticks 属性，距离标准时点的 tick 值。

❑ DayOfWeek 属性，一周中的第几天。

❑ DayOfYear 属性，一年中的第几天。

需要推算早一些或晚一些的时间，可以使用一系列的 AddXXX() 方法，如：

❑ AddYears(int) 方法，根据年份值推算。

❑ AddMonths(int) 方法，根据月份值推算。

❑ AddDays(double) 方法，根据天数推算。

❑ AddHours(double) 方法，根据小时数推算。

❑ AddMinutes(double) 方法，根据分钟数推算。

❑ AddSeconds(double) 方法，根据秒数推算。

❑ AddMilliseconds(double) 方法，根据毫秒数推算。

❑ AddTicks(long) 方法，根据 tick 值推算。

使用这些方法时需要注意两个问题：一是它们的参数类型，如果是 double 则说明可以使用小数部分，如 AddDays(0.5) 表示晚半天的时间；二是当参数为正数时表示向后推算，参数为负数时表示向前推算。如下面的代码。

```
public partial class Test : System.Web.UI.Page
{
    protected void Page_Load(object sender, EventArgs e)
    {
        DateTime dt1 = new DateTime(2019,1,1,12,35,59);
        Response.Write(dt1.AddDays(0.5));
        Response.Write("<br/>");
        Response.Write(dt1.AddHours(-16));
    }
}
```

页面显示效果如图 9-18 所示。

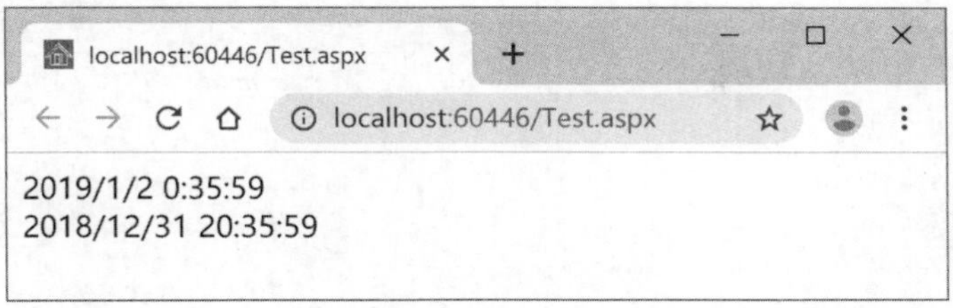

localhost:60446/Test.aspx

2019/1/2 0:35:59
2018/12/31 20:35:59

图　9-18

除了使用一系列的 AddXXX() 方法，DateTime 数据还可以进行加、减等运算，此时，需要使用 TimeSpan 类型配合，先来看下面的代码。

```
public partial class Test : System.Web.UI.Page
{
    protected void Page_Load(object sender, EventArgs e)
    {
        DateTime dt1 = new DateTime(2019,1,2,12,35,59);
        DateTime dt2 = new DateTime(2018, 1, 1, 10, 5, 29);
        TimeSpan ts = dt1 - dt2;
        Response.Write(ts.Days);
        Response.Write("<br/>");
        Response.Write(ts.TotalDays);
    }
}
```

页面显示效果如图 9-19 所示。

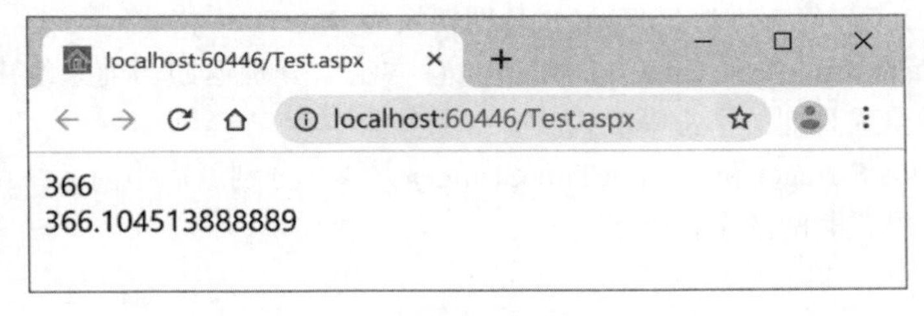

图　9-19

本例中，分别定义了 dt1 和 dt2 变量，它们都是 DateTime 类型。然后，使用 dt1 减去 dt2，计算结果的类型是 TimeSpan 结构。通过 TimeSpan 结构的 Days 属性显示两个时间相隔的整天数量，而 TotalDays 属性则返回包含小数部分的天数。

使用 TimeSpan 结构类型时，可以根据需要分别获取整数或浮点数数据，相关的属性包括：

- Days 和 TotalDays 属性，获取天数。
- Hours 和 TotalHours 属性，获取小时数。
- Minutes 和 TotalMinutes 属性，获取分钟数。
- Seconds 和 TotalSeconds 属性，获取秒数。
- Milliseconds 和 TotalMilliseconds 属性，获取毫秒数。
- Ticks 属性，获取 tick 值。

下面的代码演示了如何使用 TimeSpan 变量推算日期和时间数据。

```
public partial class Test : System.Web.UI.Page
{
    protected void Page_Load(object sender, EventArgs e)
    {
        DateTime dt1 = new DateTime(2019,1,2,10,35,59);
        TimeSpan ts = new TimeSpan(10,5,0,0);
        Response.Write(dt1 + ts);
    }
}
```

本例中，通过 TimeSpan 类型的构造函数设置了需要加上的天数、小时、分钟和秒数据，然后，使用 DateTime 类型的变量 dt1 加上这些数据，页面显示效果如图 9-20 所示。

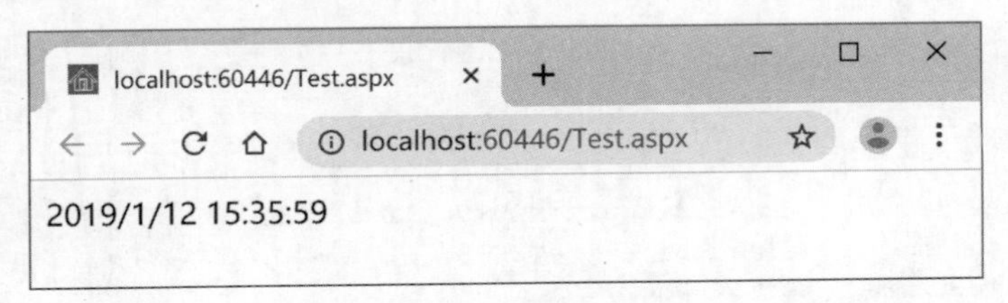

图 9-20

关于日期和时间，再了解一下 DateTime 结构中定义的一些常用方法，如：

- ToOADate() 方法，返回 OLE 自动化日期数据，类型为 double，表示距离 1899 年 12 月 30 日 0 点的天数。处理 Access、Excel 中的日期和时间数据时，可能需要使用此格式的数据。
- FromOADate() 静态方法，将 OLE 日期转换为 DateTime 格式。
- ToShortDateString() 和 ToLongDateString() 方法，分别返回当前系统中设置的短格式日期和长格式日期的字符串形式。
- ToShortTimeString() 和 ToLongTimeString() 方法，分别返回当前系统中设置的短格式时间和长格式时间的字符串形式。

9.8 委托类型

委托（delegate）提供了一种代码嵌入机制，可以在使用组件时重新定义代码的具体实现。下面的代码（/app_code/Delegate.cs）定义了一个委托类型和一个类。

```
public delegate string DHello(string name);

public class CHello
{
    public DHello SayHello = (string name) =>
    {
        return string.Format("Hello, {0}.", name);
    };
}
```

其中，首先定义了 DHello 委托，它很像一个方法，其中包括返回值类型和一个参数。

接下来，在 CHello 类中定义了一个 DHello 类型的字段，它的值如下：

```
(string name) =>
{
    return string.Format("Hello, {0}.", name);
}
```

这里是通过 Lambda 表达式简化了委托的实现。请注意，(string name) 表示参数定义，返回值则是通过 return 语句返回。这里，参数和返回数据的类型要和 DHello 委托的定义相同。

下面的代码演示了 CHello 类的基本应用。

```
public partial class Test : System.Web.UI.Page
{
    protected void Page_Load(object sender, EventArgs e)
    {
        CHello hello = new CHello();
        Response.Write(hello.SayHello("Tom"));
    }
}
```

代码执行结果如图 9-21 所示。

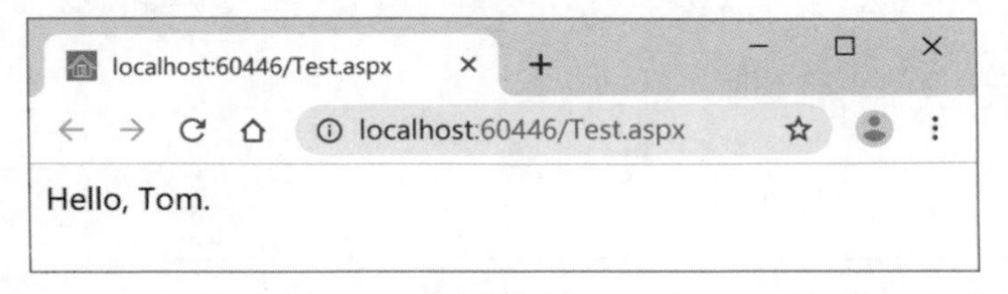

图 9-21

下面的代码演示了如何在不修改 CHello 类实现代码的情况下改变输出结果。

```
using System;

public partial class Test : System.Web.UI.Page
{
    protected void Page_Load(object sender, EventArgs e)
    {
        CHello hello = new CHello();
        hello.SayHello = new DHello(SayHelloZh);
        Response.Write(hello.SayHello("Tom"));
    }

    private string SayHelloZh(string name)
    {
        return string.Format(" 您好，{0}！ ",name);
    }
}
```

请注意，代码定义的 SayHelloZh() 方法与 DHello 委托中的参数和返回值定义是相同的，这样，它就可以作为 DHello 委托调用的方法。在 Page_Load() 方法中，修改了 SayHello 字段的值，将其修改为引用 SayHelloZh() 方法，代码执行结果如图 9-22 所示。

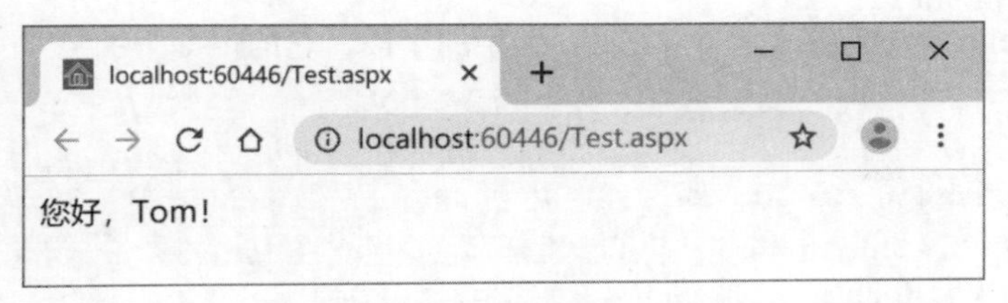

图 9-22

这里还可以使用 Lambda 表达式简化代码。

```
using System;

public partial class Test : System.Web.UI.Page
{
    protected void Page_Load(object sender, EventArgs e)
    {
        CHello hello = new CHello();
        hello.SayHello = (string name)=> {
            return string.Format("您好，{0}！", name);
        };
        Response.Write(hello.SayHello("Tom"));
    }
}
```

代码执行结果与图 9-22 相同。

9.9 接口

前面讨论抽象类时说过，它更像是一个类型模板，更多的具体实现需要其子类来实现，而接口（interface）则是更加彻底的类型模板，它不允许有任何的实现代码，而且接口定义的成员都是公共的，并不需要指定访问级别。

接口中可以定义的成员类型包括属性、方法、事件和索引器。下面的代码（/app_code/Interface.cs）定义了一个名为 I1 的接口类型。

```
public interface I1
{
    string Name { get; set; }
    string M1();
}
```

下面的代码（/app_code/Interface.cs）使用 C1 类来实现这个接口。

```
public class C1 : I1
{
    public string Name { get; set; }
    public string M1()
    {
        return "C1.M1()";
    }
}
```

接口也可以继承，但与类不同的是，接口可以同时继承多个接口，如下面的代码

（/app_code/Interface.cs）。

```
public interface I1
{
    string Name { get; set; }
    string M1();
}

publicinterface I2
{
    string M1();
    string M2();
}

public interface I3 : I1, I2 { }
```

这里的 I3 接口同时继承了 I1 和 I2 接口，请注意，I1 和 I2 接口都包含了 M1() 方法，如果这两个方法的实现相同，可以直接用一个方法来实现，如下面的代码（/app_code/Interface.cs）。

```
public class C3 : I3
{
    public string Name { get; set; }
    //
    public string M1()
    {
        return "C3.M1()";
    }
    //
    public string M2()
    {
        return "C3.M2()";
    }
}
```

如果 I1 和 I2 接口中 M1() 方法实现不同，则需要使用接口名称进行区分。此时，类中的方法不再使用访问级别修饰符，如下面的代码（/app_code/Interface.cs）。

```
public class C3A : I3
{
    public string Name { get; set; }
    //
    string I1.M1()
    {
        return "I1.M1()";
    }
    //
    string I2.M1()
    {
        return "I2.M1()";
    }
    //
    public string M2()
    {
        return "C3.M2()";
    }
}
```

下面的代码演示了 C3A 类的使用。

```
using System;

public partial class Test : System.Web.UI.Page
{
    protected void Page_Load(object sender, EventArgs e)
    {
        C3A c3 = new C3A();
        Response.Write((c3 as I1).M1());
        Response.Write("<br />");
        Response.Write((c3 as I2).M1());
    }
}
```

代码执行结果如图 9-23 所示。

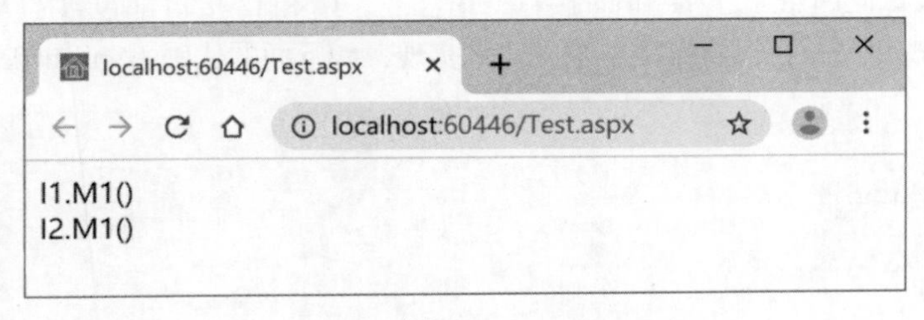

图 9-23

本例在使用不同接口的同名方法时，首先需要 as 运算符将对象转换为相应的接口类型，然后才可以调用对应的方法。

实际上，使用接口更强大的地方在于，可以将对象定义为接口类型，然后根据需要实例化为实现了此接口的各种类型。

下面的代码（/app_code/Interface.cs）分别定义了两个实现 I1 接口的类。

```
public class C1A : I1
{
    public string Name { get; set; }
    public string M1()
    {
        return "C1A.M1()";
    }
}
public class C1B : I1
{
    public string Name { get; set; }
    public string M1()
    {
        return "C1B.M1()";
    }
}
```

下面的代码演示了如何使用同一个对象操作 C1、C1A 和 C1B 类的实例。

```
using System;

public partial class Test : System.Web.UI.Page
```

```
{
    protected void Page_Load(object sender, EventArgs e)
    {
        I1 c1 = new C1();
        Response.Write(c1.M1());
        Response.Write("<br />");
        c1 = new C1A();
        Response.Write(c1.M1());
        Response.Write("<br />");
        c1 = new C1B();
        Response.Write(c1.M1());
    }
}
```

代码执行结果如图 9-24 所示。

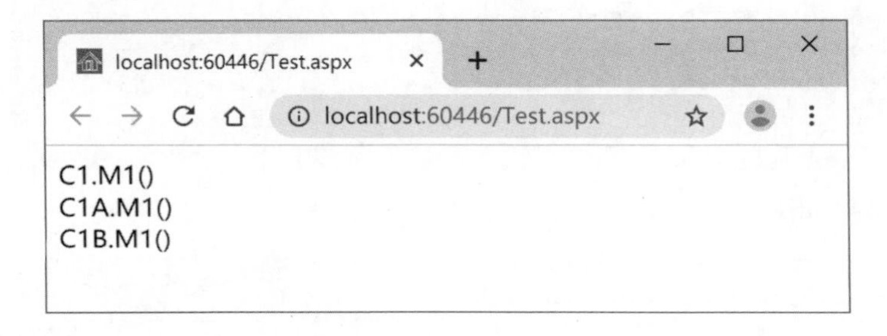

图　9-24

9.10　泛型

泛型（generic）是现代编程语言的重要标志之一。使用泛型可以通过一次编写代码实现多种数据类型的相同操作。也就是说，泛型更像是定义一个算法模板，然后，不同类型的数据通过这个模板执行相同的操作。

开发过程中，使用泛型可以减少代码工作量，有效提高了开发效率。执行过程中，泛型会绑定具体的数据类型，并不会影响执行效率。后续的内容中，还会使用大量的泛型类型，大家可以更深入地体会泛型所带来的便利性。下面通过一些简单的实例了解泛型的应用。

首先是交换两个变量数据的操作，可以通过一个泛型方法来实现，如下面的代码。

```
namespace chyx2
{
    public static class CGeneric
    {
        // 交换两个数据的值
        public static void Swap<T>(ref T x,ref T y)
        {
            T tmp = x;
            x = y;
            y = tmp;
        }
    }
}
```

这是一个封装在 chyx 代码库中的 Swap() 方法，它定义在 chyx2 命名空间中的 CGeneric 类中。可以看到，在方法名称的后面，使用一对尖括号定义了一个类型标识 T，这是一个习惯用法。实际应用中，这里也可以定义多个类型标识，并使用逗号分隔它们。

下面的代码演示了 CGeneric.Swap() 泛型方法的使用方法。

```
using System;
using chyx2;

public partial class Test : System.Web.UI.Page
{
    protected void Page_Load(object sender, EventArgs e)
    {
        int x = 10, y=99;
        Response.Write(string.Format("x={0},y={1}",x,y));
        Response.Write("<br />");
        CGeneric.Swap(ref x, ref y);
        Response.Write(string.Format("x={0},y={1}", x, y));
    }
}
```

代码执行结果如图 9-25 所示。

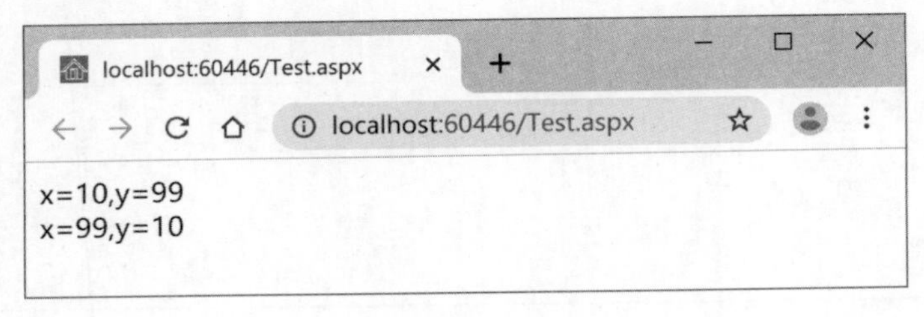

图 9-25

下面的代码演示了 Dictionary 泛型类的使用方法。

```
using System;
using System.Collections.Generic;

public partial class Test : System.Web.UI.Page
{
    protected void Page_Load(object sender, EventArgs e)
    {
        Dictionary<string, string> dict =
            new Dictionary<string, string>();
        dict.Add("Earth", " 地球 ");
        dict.Add("Moon", " 月球 ");
        dict.Add("Mars", " 火星 ");
        //
        Response.Write(dict["Mars"]);
    }
}
```

代码执行结果如图 9-26 所示。

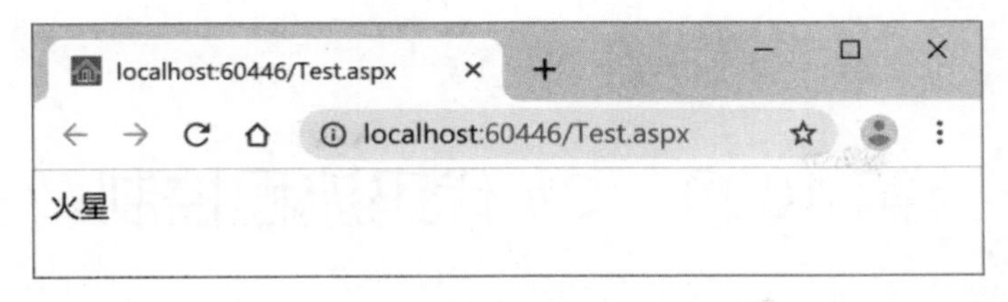

图　9-26

Dictionary 泛型类用于处理成员为“键 (key)/ 值 (value)”结构的集合，其中需要使用两个类型，即键的类型和值的类型，Dictionary<string,string> 表示键和值都是 string 类型。

关于集合的更多泛型类型定义在 System.Collections.Generic 命名空间，如 List<T> 类型用于处理有序列表对象，可以使用从 0 开始的索引访问列表成员，其中的 T 定义了列表成员的类型。下面的代码显示了 List<T> 类型的使用方法。

```
using System;
using System.Collections.Generic;

public partial class Test : System.Web.UI.Page
{
    protected void Page_Load(object sender, EventArgs e)
    {
        List<string> lst = new List<string>();
        lst.Add(" 地球 ");
        lst.Add(" 火星 ");
        lst.Add(" 木星 ");
        Response.Write(lst[1]);
    }
}
```

代码执行结果如图 9-27 所示。

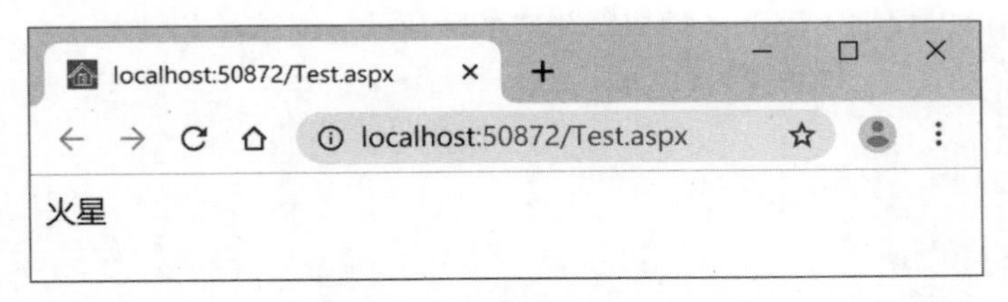

图　9-27

第 10 章　C# 代码流程控制

代码流程控制是实现软件功能的重要组成部分，本章将讨论 C# 代码的流程控制相关内容，主要包括比较运算、if 语句、switch 语句、循环语句，以及异常处理等。

10.1　比较运算

C# 中的比较运算包括：

- 等于，使用 == 运算符，如 x==y。
- 不等于，使用 != 运算符，如 x!=y。
- 大于，使用 > 运算符，如 x>y。
- 大于或等于，使用 >= 运算符，如 x>=y。
- 小于，使用 < 运算符，如 x<y。
- 小于或等于，使用 <= 运算符，如 x<=y。

比较运算符的结果是布尔型，也就是说，结果成立时返回 true 值，结果不成立时返回 false 值。此外，还可以使用布尔运算组合多个比较运算，从而进行复杂的条件判断，接下来的 if 语句测试中，会看到相关的应用。

10.2　if 语句

if 语句结构可以根据不同的条件执行相应的代码块，其应用格式如下：

```
if (<条件1>)
{
<语句块1>
}
else if (<条件2>)
{
<语句块2>
}
else if (<条件3>)
{
<语句块3>
}
else
{
<语句块n>
}
```

这不是和 JavaScript 中的 if 语句结构一样吗？的确是这样的，C 风格的编程语言，如 JavaScript、C#、Java 等，它们的语法很相似，都参考了 C 语言的设计，这样也有好处，便于学习。

这个结构中，如果 <条件 1> 成立（true 值）则执行 <语句块 1>；否则，如果 <条件 2> 成立则执行 <语句块 2>；否则，如果 <条件 3> 成立则执行 <语句块 3>；否则执行 <语句块 n>。

这是比较完整的 if 语句结构，其中，如果只需要判断一个条件，只使用一个 if 语句块即可；else if 语句块可以没有也可以有多个，每个语句块处理一个条件；else 语句块可以不使用，但使用时只能有一个，并且要在整个 if 语句结构的最后。

实际应用中，if 语句结构可以有很多变形或简化方式，如下面的代码，会根据年份是不是闰年分别显示不同的信息。

```
using System;

public partial class Test : System.Web.UI.Page
{
    protected void Page_Load(object sender, EventArgs e)
    {
        int year = 2019;
        if (DateTime.IsLeapYear(year))
            Response.Write(string.Format("{0} 是闰年 ",year));
        else
            Response.Write(string.Format("{0} 不是闰年 ", year));
    }
}
```

代码执行结果如图 10-1 所示。

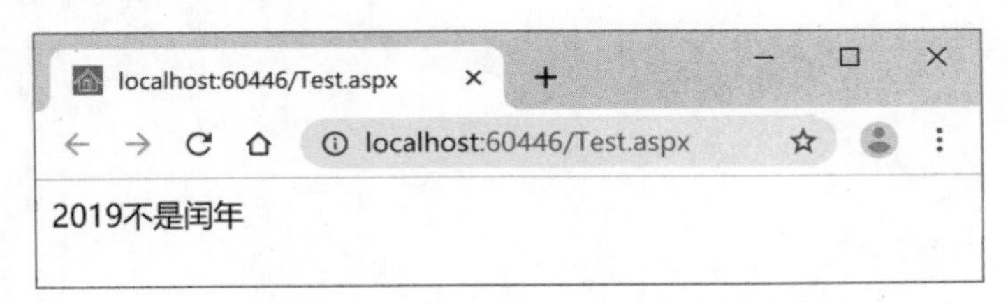

图　10-1

本例中只使用了 if 和 else 语句块，而且，当语句块中只有一条语句时，还可以省略定义语句块的一对花括号。

10.3　switch 语句

switch 语句用于处理单个条件多个值的情况，常用的形式是根据变量的不同值分别处理不同的代码块，应用格式如下：

```
switch(< 表达式 >)
{
   case < 值 1>:
      < 语句块 1>
   case < 值 2>:
      < 语句块 2>
   case < 值 3>:
      < 语句块 3>
   default:
```

```
        <语句块n>
}
```

在 switch 语句结构中，每一个 case 块会处理一个 <表达式> 的值。如果每个值都是独立的处理代码，代码块的最后需要 break 语句结束代码块，否则会贯穿，即继续执行下面的代码。不过，在一些特殊情况下，可以利用这一特性，比如多个值使用相同的处理代码时。default 语句块用于处理 case 没有列出的值，很多时候是作为处理特殊情况的备用代码。

下面的代码通过 switch 语句结构返回指定年份中某月的天数。

```
using System;

public partial class Test : System.Web.UI.Page
{
    protected void Page_Load(object sender, EventArgs e)
    {
        int year = 2019;
        int month = 3;
        int days = 0;
        switch (month)
        {
            case 1:
            case 3:
            case 5:
            case 7:
            case 8:
            case 10:
            case 12:
                days = 31;
                break;
            case 4:
            case 6:
            case 9:
            case 11:
                days = 30;
                break;
            case 2:
                if (DateTime.IsLeapYear(year)) days = 29;
                else days = 28;
                break;
        }
        //
        Response.Write(string.Format("{0}年{1}月有{2}天", year, month, days));
    }
}
```

代码执行结果如图 10-2 所示。

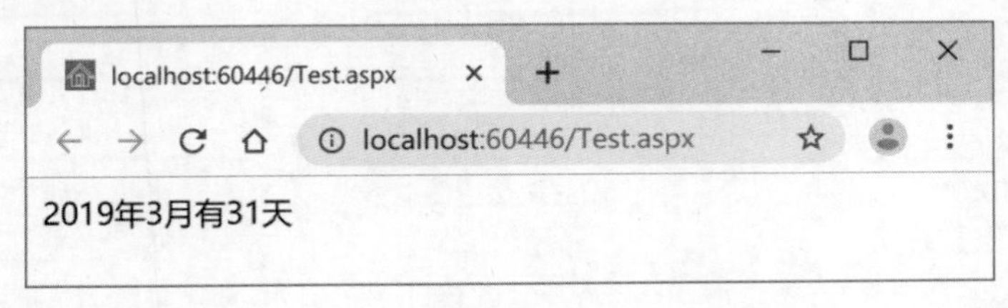

图　10-2

判断某年某月有多少天，C# 代码可以使用 DateTime.DaysInMonth() 方法，如 DateTime.DaysInMonth(2019, 3) 返回 31。

10.4　for 语句

for 语句用于可预知循环次数的情况，其应用格式如下：

```
for(< 初始化循环变量 >; < 循环条件 >; < 每次循环后的变量值改变 >)
{
< 语句块 >
}
```

下面的代码使用 for 语句结构计算 1 ~ 100 的和。

```
using System;

public partial class Test : System.Web.UI.Page
{
    protected void Page_Load(object sender, EventArgs e)
    {
        int sum = 0;
        for(int i=1;i<=100;i++)
        {
            sum += i;
        }
        //
        Response.Write(sum);
    }
}
```

执行代码会显示 5050。如果是计算 1 ~ 100 中偶数的和，可以使用如下代码。

```
using System;

public partial class Test : System.Web.UI.Page
{
    protected void Page_Load(object sender, EventArgs e)
    {
        int sum = 0;
        for(int i=2;i<=100;i+=2)
        {
            sum += i;
        }
        //
        Response.Write(sum);
    }
}
```

请注意，每次循环后会执行 i+=2，也就是 i 的值会加 2，这样就可以直接获取下一个偶数。执行代码会显示 2550。

循环语句中，还可以使用 break 语句随时终止。下面的代码计算一个整数是否为质数（只能被 1 和它自己整除）。

```
using System;

public partial class Test : System.Web.UI.Page
{
    protected void Page_Load(object sender, EventArgs e)
    {
        int num = 19;
        int sqr = (int)Math.Sqrt(num);
        bool isPrime = true;
        if (num < 1)
        {
            isPrime = false;
        }
        else
        {
            for (int i = 2; i <= sqr; i++)
            {
                if (num % i == 0)
                {
                    isPrime = false;
                    break;
                }
            }
        }
        //
        Response.Write(string.Format("{0}{1} 质数 ",
            num, isPrime ? " 是 " : " 不是 "));
    }
}
```

代码执行结果如图 10-3 所示。

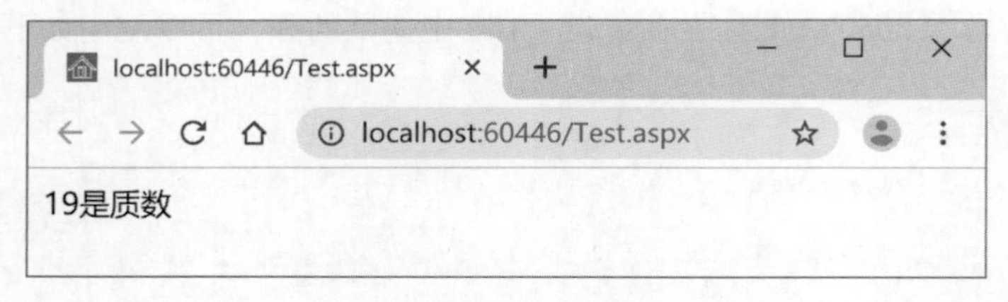

图 10-3

循环语句结构中，continue 语句的功能是终止当前循环，并执行下一循环，下面的代码利用 continue 语句来计算 1 ~ 100 中偶数的和。

```
using System;

public partial class Test : System.Web.UI.Page
{
    protected void Page_Load(object sender, EventArgs e)
    {
        int sum = 0;
        for(int i=1;i<=100;i++)
        {
            if (i % 2 != 0) continue;
            else sum += i;
```

```
        }
        //
        Response.Write(sum);
    }
}
```

代码执行结果是 2550。

10.5　foreach 语句

foreach 语句结构用于访问数组和集合，可以很方便地遍历所有成员。如下面的代码，通过 foreach 语句结构显示数组中的成员。

```
using System;

public partial class Test : System.Web.UI.Page
{
    protected void Page_Load(object sender, EventArgs e)
    {
        int[] arr = { 1, 3, 5, 7, 9 };
        foreach (int n in arr)
        {
            Response.Write(n);
            Response.Write("<br />");
        }
    }
}
```

代码执行结果如图 10-4 所示。

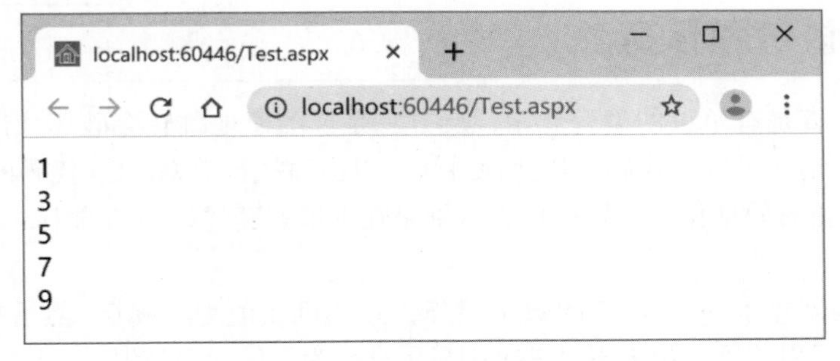

图　10-4

其中，可以看到 foreach 语句结构的应用格式，即：

```
foreach(<成员类型及变量> in <数组或集合>)
{
    <语句块>
}
```

10.6　while 和 do-while 语句

while 和 do-while 循环语句的区别在于检查循环条件的时机不同，while 语句会在每次循环之前检查条件是否满足，而 do-while 语句则是在每次循环之后检查条件。它们的应用格式如下。

```
while(<条件>)                                   do
{                                               {
    <语句块>                                        <语句块>
}                                               }while(<条件>);
```

大多数情况下，使用 while 语句会更安全，因为在 do-while 语句中，如果第一次循环就有不满足条件的情况，程序就可能出现问题。

下面的代码使用 while 语句结构计算 1 ~ 100 的和。

```
using System;

public partial class Test : System.Web.UI.Page
{
    protected void Page_Load(object sender, EventArgs e)
    {
        int n = 1, sum = 0;
        while(n<=100)
        {
            sum += n;
            n++;
        }
        Response.Write(sum);
    }
}
```

执行代码会显示 5050。

10.7 goto 语句和标签

goto 语句一直是有争议的编程元素，反方总是说随意地跳转会破坏代码的可读性，而正方则表示 goto 语句可以让代码更快捷地跳转，以提高执行效率。C# 代码的 goto 语句和标签配合的确可以更有效地执行跳转操作，特别是在多层嵌套的语句结构中，可以直接跳转到多层结构的外部。

下面的代码创建了一个 3×3 的数字矩阵，并随机赋值为 1 或 0，然后挑出前三个为 1 的位置并显示其索引位置，如果不足三个则显示全部为 1 的索引位置。

```
using System;

public partial class Test : System.Web.UI.Page
{
    protected void Page_Load(object sender, EventArgs e)
    {
        int[,] metrix = new int[3, 3];
        Random rnd = new Random();
        for (int x = 0; x < 3; x++)
        {
            for (int y = 0; y < 3; y++)
            {
```

```
                metrix[x, y] = rnd.Next(0, 2);
                Response.Write(metrix[x, y]);
                Response.Write(" ");
            }
            Response.Write("<br />");
        }
        //
        int counter = 0;
        for (int x = 0; x < 3; x++)
        {
            for (int y = 0; y < 3; y++)
            {
                if (metrix[x, y] == 1)
                {
                    Response.Write(string.Format("[{0},{1}]=1<br />",x,y));
                    counter++;
                    if (counter == 3) goto end_for;
                }
            }
        }
    end_for:;
    }
}
```

图 10-5 就是其中一次执行的结果。

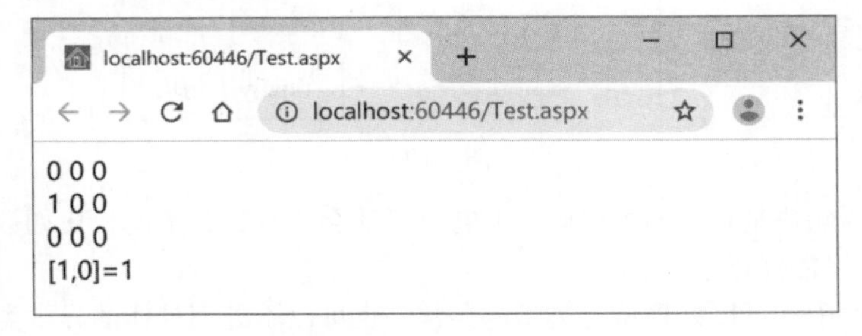

图　10-5

10.8　异常处理

代码执行过程中，如果出现问题就会抛出异常（exception），可以使用 try-catch-finally 语句结构捕捉这些异常，并做相应的处理。

在 System 命名空间中定义的 Exception 类是所有其他异常类的基类，也可以作为未知或通用的异常处理类使用。

try-catch-finally 语句结构的基本应用格式如下：

```
try
{
<主语句块>
}
catch(<异常 1>)
{
//处理<异常 1>
```

```
}
catch(<异常2>)
{
//处理<异常2>
}
catch
{
//处理其他异常
}
finally
{
//清理代码
}
```

整个语句结构执行的基本逻辑流程如图 10-6 所示。

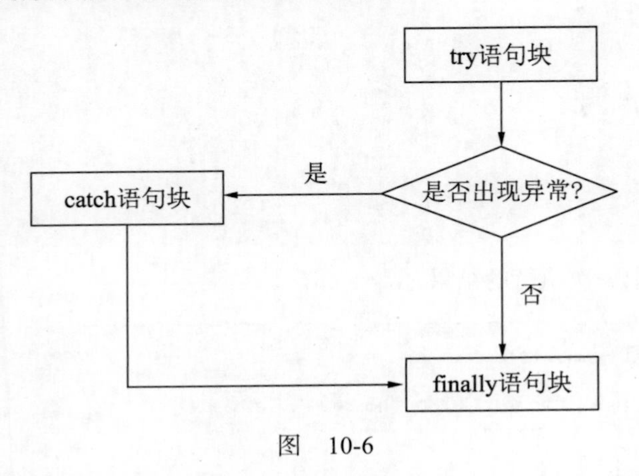

图　10-6

这里，try 语句块是程序的主代码，但它有可能会出现异常情况，比如数据库不能正确连接、文件不能正常打开等。

catch 语句块中，可以处理特定类型的异常，也可以不处理具体的异常类型，但需要注意，不处理具体类型的 catch 语句块只能有一个，并且只能在所有 catch 语句块序列的最后。

finally 语句块可有可无，如果定义此语句块，无论 try 语句中是否出现异常，最终都会执行其中的代码。

其中，如果无法处理异常，还可以使用 throw 语句向上一层抛出异常，下面的代码演示了使用 throw 语句抛出异常。

```
using System;

public partial class Test : System.Web.UI.Page
{
    protected void Page_Load(object sender, EventArgs e)
    {
        throw new Exception("抛个异常玩一下");
    }
}
```

执行代码会看到如图 10-7 所示的提示。

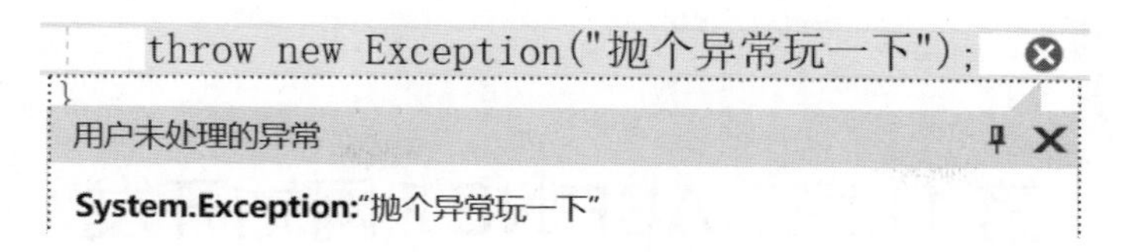

图　10-7

下面的代码使用 try 语句结构捕捉这个异常。

```
using System;

public partial class Test : System.Web.UI.Page
{
    protected void Page_Load(object sender, EventArgs e)
    {
        try
        {
            throw new Exception(" 抛个异常玩一下 ");
        }
        catch(Exception ex)
        {
            Response.Write(ex.Message);
        }
        finally
        {
            Response.Write("<br /> 执行完毕 ");
        }
    }
}
```

代码执行结果如图 10-8 所示。

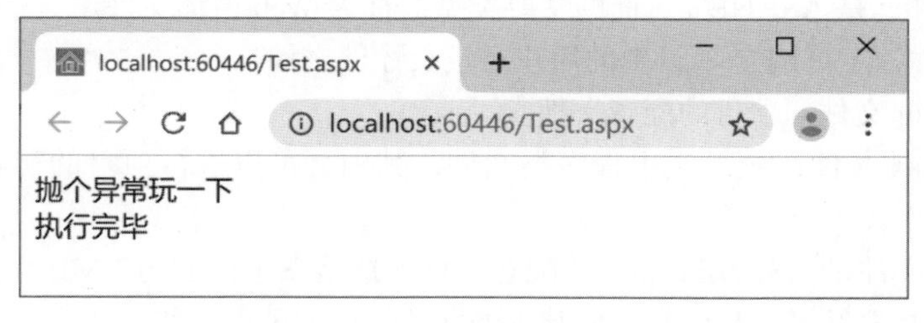

图　10-8

实际开发工作中，应尽最大可能检查代码逻辑和所需要的资源是否正确，如用户输入的数据是否正确、需要的文件是否存在等，当需要的资源有问题时，可以给用户一些提示，并给出可行的解决方案。另外，如果真的有无法预知的问题，如数据库连接突然中断等，此时，也就只能通过 catch 语句来捕捉和处理这些异常情况了。但这里还是要以友好的方式给用户提示，而不是直接抛出异常，或者将技术细节暴露给用户，这样对于交互体验来讲是非常糟糕的，对系统来讲也是不安全的。

第 11 章　ASP.NET 网站开发

虽然本书的实例使用的就是一个 ASP.NET 项目，但到目前为止还极少涉及 ASP.NET 的核心内容。本章就开始学习 ASP.NET 网站的基础知识，包括 Web 窗体、Web 控件、自定义控件，以及常用对象的应用，如 Request、Response、Server、Session 等。

下面，首先了解 ASP.NET 网站开发的一些基本概念。

11.1　概述

ASP.NET 项目中有一些特殊的文件夹，其中的资源不能通过 URL 直接访问，这样就可以保证服务器资源的安全。以下是一些常用的文件夹，它们位于网站的根目录。

- app_code，存放 C#（.cs）、VisualBasic.NET（.vb）等 .NET Framework 中支持的源代码文件。在 app_code 文件夹中，还可以创建多层文件夹，也可以有不同类型的代码文件，比如，同时使用 C# 和 VisualBasic.NET 代码文件。
- app_data，存放数据文件，比如 Access 数据库文件、用户上传的文件等。
- bin，存放引用的开发资源（.dll 文件）。

如果 ASP.NET 项目中不包含这些文件夹，则可以手工创建它们。

ASP.NET 项目中的文件类型，除了传统的 HTML、CSS、JavaScript 文件，以及图片、音频、视频等资源，还有一些专用的文件类型，常用的包括：

- .aspx 文件，是 ASP.NET 页面的主要类型，称为 Web 窗体文件。
- .ascx 文件，ASP.NET 项目中的用户自定义控件文件。
- Web.config 文件，项目的配置文件。
- Global.asax 文件，全局应用程序类文件，其中，可以进行项目的初始化、全局错误处理等工作。

Web.config 文件是 ASP.NET 项目的配置文件，这是一个标准的 XML 文件。网站的整体配置文件位于网站根目录，其中有一些基本的配置项，如下面的代码。

```
<?xml version="1.0"?>
<configuration>
<system.web>
<compilation debug="true" targetFramework="4.0"/>
<pages>
<controls>
</controls>
</pages>
</system.web>
</configuration>
```

在 compilation 节点使用了两个参数，即：

- debug，指定是否使用调试模式。开发过程中应该设置为 true，当出现异常时，相关信息会显示在浏览器中。网站正式发布时，应该设置为 false，这样可以提高执行效率，并且不会将核心代码逻辑暴露到客户端。

❑ targetFramework，指定 .NET Framework 平台的版本，这里使用了 4.0 版本。

在后续的内容中，一些功能还需要修改相应的配置项，后面会有详细说明。

新建 Global.asax 文件时，默认包含 5 个方法，代码如下：

```
<%@ Application Language="C#" %>

<script runat="server">

    void Application_Start(object sender, EventArgs e)
    {
        // 在应用程序启动时运行的代码
        CApp.Init();
    }

    void Application_End(object sender, EventArgs e)
    {
        // 在应用程序关闭时运行的代码
    }

    void Application_Error(object sender, EventArgs e)
    {
        // 在出现未处理的错误时运行的代码
    }

    void Session_Start(object sender, EventArgs e)
    {
        // 在新会话启动时运行的代码
    }

    void Session_End(object sender, EventArgs e)
    {
        // 在会话结束时运行的代码
        // 注意：只有在 Web.config 文件中的 sessionstate 模式设置为
        //InProc 时，才会引发 Session_End 事件
        // 如果会话模式设置为 StateServer 或 SQLServer，则不引发该事件
    }

</script>
```

这 5 个方法分别是：

❑ Application_Start() 方法，在 ASP.NET 应用启动时调用，这里是初始化项目的好地方，代码的 CApp.Init() 方法就是创建的项目初始化方法，它定义在 /app_code/common/CApp.cs 文件中。

❑ Application_End() 方法，ASP.NET 应用关闭时执行的代码。

❑ Application_Error() 方法，对于在项目中没有处理的错误，可以放在这里统一处理，如显示一个未知错误的页面，其中提供一些帮助用户解决问题的方法。

- Session_Start() 方法，一个新的访问连接（会话）开始时执行的代码。
- Session_End() 方法，连接关闭时执行的代码。

此外，项目代码还可以使用 Application 对象保存全局数据，如 Application["counter"]。下面的代码修改 Global.asax 文件的内容，其功能是记录在线用户的数量。

```
<%@ Application Language="C#" %>

<script runat="server">

    void Application_Start(object sender, EventArgs e)
    {
        Application["online_counter"] = 0;
    }

    void Application_End(object sender, EventArgs e)
    {
        Application.Clear();
    }

    void Application_Error(object sender, EventArgs e)
    {
    }

    void Session_Start(object sender, EventArgs e)
    {
        Application["online_counter"] =
            (int)Application["online_counter"] + 1;
    }

    void Session_End(object sender, EventArgs e)
    {
        Application["online_counter"] =
            (int)Application["online_counter"] - 1;
    }

</script>
```

接下来在 Test.aspx.cs 文件中修改代码如下：

```
using System;

public partial class Test : System.Web.UI.Page
{
    protected void Page_Load(object sender, EventArgs e)
    {
        Response.Write(Application["online_counter"]);
    }
}
```

运行项目，浏览器中会显示 1。然后，复制网址到更多的浏览器，就可以模拟多个用户访问了，代码执行结果如图 11-1 所示。

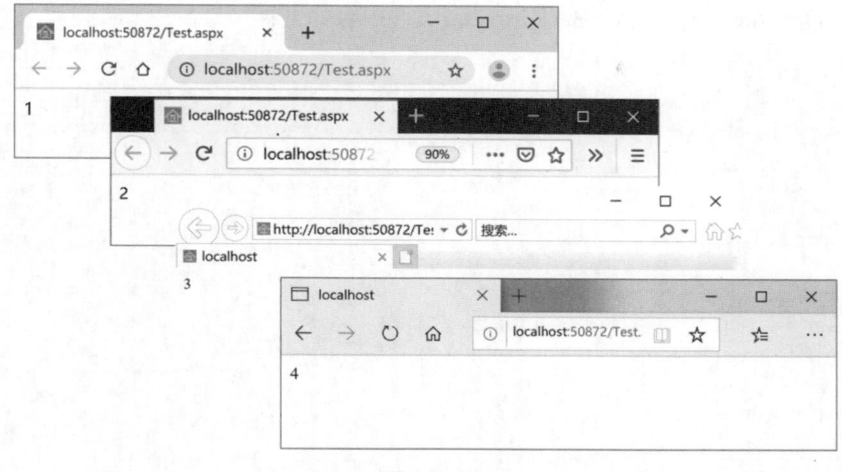

图　11-1

11.2　Web 窗体

ASP.NET 项目中，主要的文件类型之一就是 Web 窗体，它有两种基本工作方式：一种是单文件模式，以 .aspx 为扩展名，将 HTML 和 C# 代码放在同一文件中处理；另一种是将 HTML 内容放在 .aspx 文件中，C# 代码放在相应的 .aspx.cs 文件中，如 Test.aspx 文件存放 HTML 内容，C# 代码放在 Test.aspx.cs 文件中。

Web 窗体所在的页面文件从 System.Web.UI.Page 类继承而来，可以在帮助文档中查看此类的完整定义。下面介绍 Web 窗体的应用基础。

首先了解 IsPostBack 属性。创建 /demo/11/IsPostBack.aspx 页面，这是一个 HTML 与代码分开的页面，在 HTML 部分中添加两个标签控件（Label），如下面的代码。

```
<%@ Page Language="C#" AutoEventWireup="true"
    CodeFile="IsPostBack.aspx.cs" Inherits="demo_11_IsPostBack" %>

<!DOCTYPE html>

<html xmlns="http://www.w3.org/1999/xhtml">
<head runat="server">
<meta http-equiv="Content-Type" content="text/html; charset=utf-8"/>
<title></title>
</head>
<body>
<form id="form1" runat="server">
<div>
<p> 打开时间: <asp:Label ID="lbl1" runat="server"></asp:Label></p>
<p> 回调时间: <asp:Label ID="lbl2" runat="server"></asp:Label></p>
            <p><asp:Button ID="btn1" Text=" 回调测试 " runat="server" /></p>
</div>
</form>
</body>
</html>
```

接下来修改 /demo/11/IsPostBack.aspx.cs 文件内容如下：

```
using System;

public partial class demo_11_IsPostBack : System.Web.UI.Page
{
    protected void Page_Load(object sender, EventArgs e)
    {
        if(IsPostBack==false)
        {
            //首次打开页面
            lbl1.Text = DateTime.Now.ToString();
            lbl2.Text = DateTime.Now.ToString();
        }
        else
        {
            //页面回调
            lbl2.Text = DateTime.Now.ToString();
        }
    }
}
```

页面首次打开时，两个 Label 控件显示的时间是一致的，如图 11-2 所示。

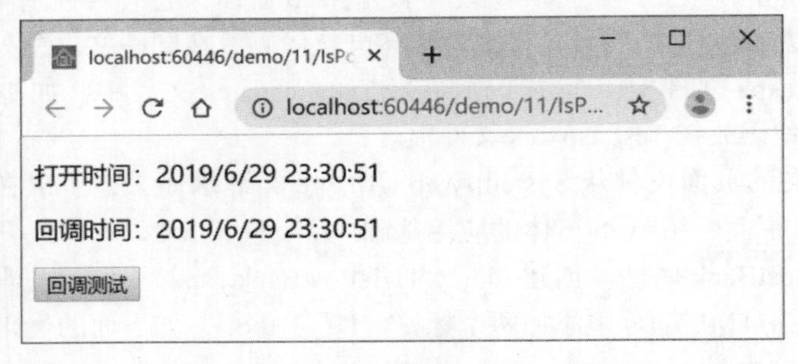

图 11-2

页面中的 Button 控件用于回调测试，单击此按钮后，表单的数据会提交到服务器，也就是页面的回调操作，此时，只有 lbl2 中的时间发生变化，如图 11-3 所示。

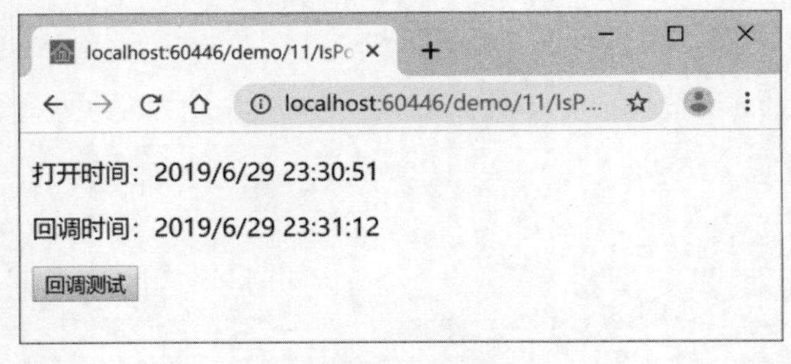

图 11-3

IsPostBack 属性可以区分页面是首次打开还是回调状态。如果页面首次打开，即 IsPostBack 属性值为 false 时，可以进行一些初始化操作，如显示默认数据、设置页面状态等。

此外，在 Web 窗体文件中，还有一些要素需要注意。页面可以使用 Page 指令设置一些基本的参数，如下面的代码。

```
<%@ Page Language="C#" AutoEventWireup="true"
    CodeFile="IsPostBack.aspx.cs" Inherits="demo_11_IsPostBack" %>
```

其中，Language 参数设置动态代码的语言类型，可以使用 C#、VB 等 .NET 环境支持的编程语言；AutoEventWireup 参数设置是否自动响应事件；CodeFile 参数指定页面关联的动态代码文件，一般是页面文件加代码文件扩展名，如代码指定 IsPostBack.aspx 页面的代码文件是 IsPostBack.aspx.cs 文件；Inherits 参数设置页面继承的类，本例可以在 IsPostBack.aspx.cs 文件中看到此类的定义，如下面的代码。

```
using System;

public partial class demo_11_IsPostBack : System.Web.UI.Page
{
    //
}
```

除了 Page 指令，常用的指令还有：

- Import 指令，一般用于单页面的 Web 窗体文件，用于引用命名空间，可以使用 Namespace 参数设置引用的命名空间名称，这与 C# 代码的 using 语句相似。
- OutputCache 指令，指定页面的缓存参数。Duration 参数指定可能的缓存时间，单位为秒，请注意，当服务器资源紧张时，可能会自动清理页面缓存。VaryByParam 参数指定需要分别缓存的参数，对所有参数分别缓存时使用 * 通配符，不对参数分别缓存时使用 none 值，多个参数可以使用逗号分隔。

Web 窗体文件中还有一个特殊的 form 元素，这是 Web 窗体的关键；与 HTML 表单不同的是，这个 form 元素包含一个 runat="server" 属性，说明这是一个需要在服务器处理的元素。需要注意的是，在客户端，Web 窗体同样显示为表单元素，所以，使用 JavaScript 代码是可以对表单进行操作的，稍后讨论的 Web 控件也有类似的应用特点。

页面中的 head 元素同样使用了 runat="server" 属性，这样，在服务器端就可以对页面进行一些特殊的操作，如修改标题内容、应用主题、添加首部信息等。下面的代码在页面初始化时修改其标题。

```
using System;

public partial class Test : System.Web.UI.Page
{
    protected void Page_Load(object sender, EventArgs e)
    {
        if(IsPostBack == false)
        {
            Title = "测试页面";
        }
    }
}
```

打开页面后就可以看到浏览器标题栏或标签上显示了此标题，如图 11-4 所示。

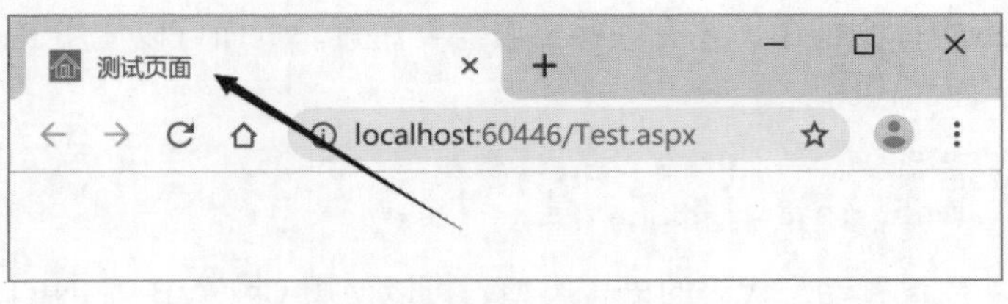

图 11-4

11.3 常用对象

Web 应用中，客户端与服务器之间会有大量的交互过程和数据交换，在 ASP.NET 项目中对这些操作进行了大量的封装，可以简化很多开发工作，本节会介绍一些常用的资源，在后续的内容中，还可以看到这些资源的大量应用实例。

11.3.1 Request 对象

Request 对象定义为 System.Web.HttpRequest 类，封装了从客户端传递到服务器的大量数据，下面是一些常用的成员。

- Browser 属性，客户端浏览器的信息，定义为 HttpBrowserCapabilities 类型，其中，Browser 属性（即 Request.Browser.Browser 属性）返回浏览器名称，Version 属性返回浏览器的版本。
- Headers 属性，获取 HTTP 头集合，定义为 NameValueCollection 集合类型。
- PhysicalPath 属性，获取请求的 URL 的物理路径。
- RawUrl 属性，获取 URL 原始内容。
- UserHostAddress 属性，获取客户端的 IP 地址。
- UserHostName 属性，获取客户端的 DNS 名称，如果无法获取，其返回结果与 UserHostAddress 相同。
- UserLanguages 属性，获取客户端语言的字符串数组。
- Form 属性，获取客户提交的窗体数据集合。
- QueryString 属性，获取查询字符串集合，如 URL 中包含的参数。
- Params 属性，获取 QueryString、Form、Cookies 和 ServerVariables 项的数据集合。

下面的代码会显示用户浏览器的名称和版本。

```
using System;

public partial class Test : System.Web.UI.Page
{
    protected void Page_Load(object sender, EventArgs e)
    {
        Response.Write(Request.Browser.Browser);
        Response.Write("<br>");
        Response.Write(Request.Browser.Version);
    }
}
```

图 11-5 是使用 Google Chrome 浏览器 75.0 版本的显示效果。

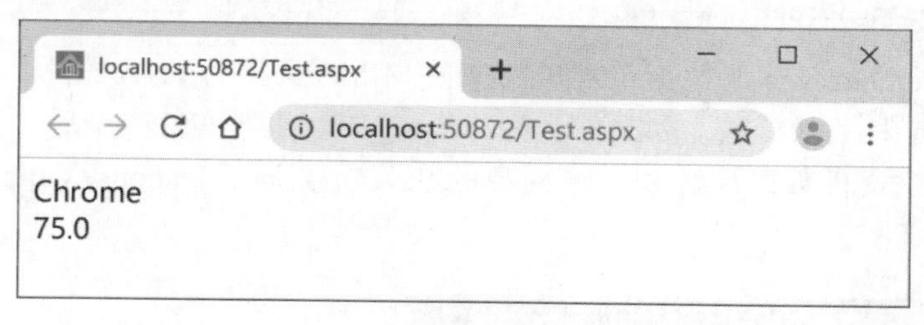

图　11-5

11.3.2　Response 对象

Response 对象定义为 System.Web.HttpResponse 类型，封装了服务器对客户端请求的响应的相关资源，下面是一些常用的属性。

- Charset 属性，设置 HTTP 字符集，如 utf-8。
- ContentType 属性，设置 MIME 类型。
- Headers 属性，响应头信息的集合。
- IsClientConnected 属性，判断客户端是否仍连接在服务器上。
- Output 属性，向客户端发送的文本内容。
- OutputStream 属性，向客户端发送的二进制内容。
- Status 属性，设置返回到客户端 Status 栏的内容。
- StatusCode 属性，获取或设置返回给客户端的 HTTP 状态代码。
- StatusDescription 属性，获取或设置返回给客户端的 HTTP 状态描述文本。

下面是 Response 对象中一些常用的方法。

- AppendHeader() 方法，将 HTTP 头信息添加到输出流。
- BinaryWrite() 方法，将二进制字符串写入 HTTP 输出流。
- Clear() 方法，清除缓冲区流中的所有内容。
- ClearContent() 方法，清除缓冲区流中的所有内容。
- ClearHeaders() 方法，清除缓冲区流中的所有头部信息。
- Close() 方法，关闭客户端连接。
- End() 方法，将当前所有缓冲的数据输出发送到客户端，并停止该页的执行，该方法会引发 EndRequest 事件。
- Flush() 方法，向客户端发送当前缓存内容。
- Redirect(String) 方法，将请求重定向到新 URL，如页面跳转操作。
- Redirect(String, Boolean) 方法，将客户端重定向到新的 URL。参数一指定新的 URL，参数二指定当前页的执行是否终止。
- Write() 方法，将内容写入 HTTP 响应输出流。
- WriteFile() 方法，将指定文件的内容直接写入 HTTP 响应输出流。

这些方法中，Response.Write() 方法已经多次应用，用于向页面添加内容。此外，向客户端发送文件时，还可以通过 Response 对象指定文件的 MIME 类型等信息，如下面的代码。

```
Response.ContentType = "image/png";
Response.AppendHeader("Content-Disposition", "attachment;filename=test.png;");
```

代码通过 ContentType 属性指定发送的文件 MIME 类型为 PNG 图片，并通过 Append-Header() 方法指定相关的参数，如文件名为 test.png 等。设置文件类型后，就可以通过一些方式向客户端发送文件数据，如 Bitmap 对象的 Save() 方法向 Response.OutputStream 属性发送数据。

11.3.3 Server 对象

Server 对象定义为 System.Web.HttpServerUtility 类，常用方法有：

- HtmlDecode(String) 方法，对 HTML 编码的字符串进行解码，并返回解码后的字符串。
- HtmlDecode(String, TextWriter) 方法，对 HTML 编码的字符串进行解码，并将结果输出发送到 TextWriter 输出流。
- HtmlEncode(String) 方法，对字符串进行 HTML 编码，并返回编码后的字符串。
- HtmlEncode(String, TextWriter) 方法，对字符串进行 HTML 编码，并将结果输出发送到 TextWriter 输出流。
- MapPath() 方法，返回 Web 服务器中指定虚拟路径对应的物理路径。
- UrlDecode(String) 方法，对字符串进行 URL 解码并返回已解码的字符串。
- UrlDecode(String, TextWriter) 方法，对 URL 进行解码，并将结果发送到 TextWriter 输出流。
- UrlEncode(String) 方法，对字符串进行 URL 编码，并返回编码后的字符串。
- UrlEncode(String, TextWriter) 方法，对字符串进行 URL 编码，并将结果发送到 TextWriter 输出流。
- UrlPathEncode() 方法，对 URL 的路径部分进行 URL 编码，并返回编码后的字符串。

前面说过，在页面中添加内容时，应注意 HTML 编码问题，下面的代码演示了相关应用。

```
using System;

public partial class Test : System.Web.UI.Page
{
    protected void Page_Load(object sender, EventArgs e)
    {
        string s = @"<h1>Server 对象测试 </h1>";
        Response.Write(Server.HtmlEncode(s));
        Response.Write("<br>");
        Response.Write(s);
    }
}
```

其中，在 s 字符串中定义了一个 h1 元素，第一个 Response.Write() 方法中，使用 Server.HtmlEncode() 方法进行 HTML 编码，结果会显示 s 字符串的原始内容；第二个 Response.Write() 方法直接使用了 s 字符串，当它发送到客户端后，会显示为一个 h1 元素。页面显示效果如图 11-6 所示。

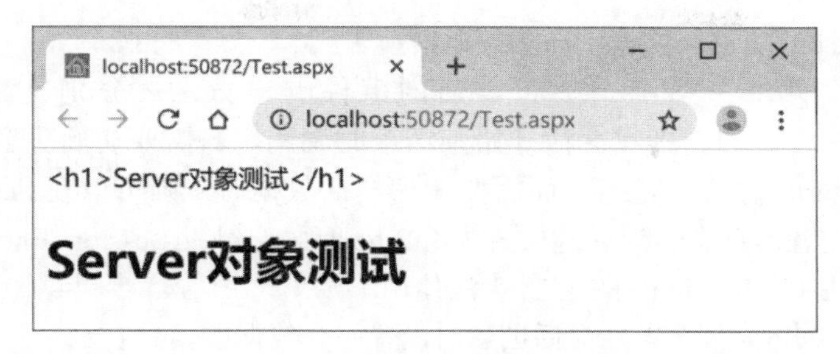

图　11-6

操作服务器中的文件时，可以使用 MapPath() 方法将资源的虚拟路径转换为服务器中的物理路径，如下面的代码会返回网站根目录在服务器中的物理路径。

```
string rootPath = Server.MapPath(@"/");
```

11.3.4　Session 对象

简单来说，会话（session）就是客户端和服务器之间的连接。一个会话的周期从客户端第一次访问服务器资源开始，在服务器关闭会话后结束。

会话连接过程中，服务器经常会保存一些当前会话的数据，如用户的登录信息等，而处理会话数据最直接的方法就是使用 Session 对象。

ASP.NET 服务器中的会话管理模式包括以下几个类型：

- InProc 模式，默认设置。将会话状态存储在 Web 服务器内存中。
- StateServer 模式，将会话状态保存在 ASP.NET 状态服务的单独进程中。重新启动 Web 应用程序时会保留会话状态，这些会话状态可以用于网络中的多个 Web 服务器。
- SQLServer 模式，将会话状态存储到 SQL Server 数据库中。
- Custom 模式，允许指定自定义存储提供程序。
- Off 模式，禁用会话状态。

这些模式可以使用 Web.config 配置文件中的 sessionState 参数进行设置。下面主要讨论 InProc 模式下 Session 对象的应用，这也是默认的会话处理方式。

当客户端发起会话后，ASP.NET 服务器中就会生成一个当前会话的 Session 对象，可以在当前上下文中使用这个对象。单独的 C# 代码文件中，如 app_code 目录中的代码文件中，可以使用 HttpContext.Current.Session 对象引用当前会话，在 Web 窗体中，已经默认包含了 HttpContext.Current 的引用，所以，可以直接使用 Session 对象。

Session 对象定义为 HttpSessionState 类型（System.Web.SessionState 命名空间），其常用成员包括：

- SessionID 只读属性，表示当前会话的唯一标识符，它定义为 string 类型。
- 索引器，实际上，Session 对象就是一个会话数据容器，它可以通过数值或字符串索引保存会话数据，如 Session["username"]="user01"。
- Count 属性，返回 Session 对象中保存的数据数量。
- IsNewSession 属性，表示会话是不是与访问请求一起创建的。
- Clear() 方法，清除当前会话中的数据。
- Remove(string) 方法，按名称删除数据项。

❑ RemoveAt(int) 方法，按索引删除数据项。

Global.asax 文件中包括两个关于会话的事件响应方法，分别是 Session_Start() 和 Session_End() 方法，它们分别在会话开始和结束时调用。当需要初始化会话中的数据时，可以在 Session_Start() 方法中进行，而需要清理会话数据时，则可以在 Session_End() 方法中进行，这里应注意，只有会话处理模式为 InProc 时才会触发 Session_End() 方法，而且在 Session_End() 方法中，Session 对象已经无法使用。

下面的代码（/Global.asax）在会话创建时设置一个数据项。

```
<%@ Application Language="C#" %>

<script runat="server">

    void Application_Start(object sender, EventArgs e)
    {
        CApp.Init();
    }

    void Application_End(object sender, EventArgs e)
    {    }

    void Application_Error(object sender, EventArgs e)
    {    }

    void Session_Start(object sender, EventArgs e)
    {
        Session["username"] = "anonymous";
    }

    void Session_End(object sender, EventArgs e)
    {    }

</script>
```

下面的代码（/Test.aspx.cs）在 Test.aspx 页面中显示这个数据项。

```
using System;

public partial class Test : System.Web.UI.Page
{
    protected void Page_Load(object sender, EventArgs e)
    {
        Response.Write(Session["username"]);
    }
}
```

页面显示效果如图 11-7 所示。

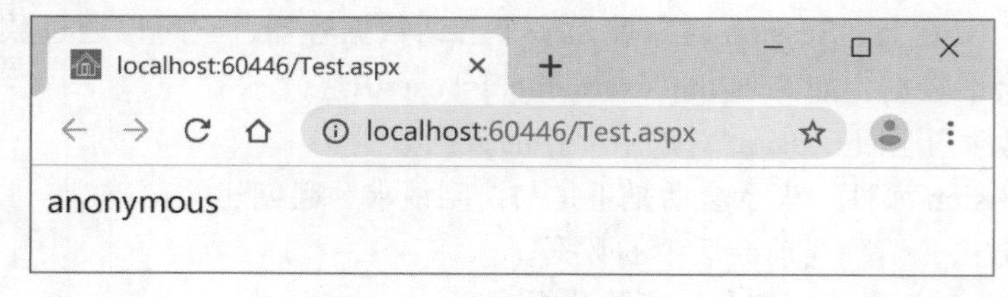

图 11-7

测试完成后，请删除 Global.asax 文件中 Session_Start() 方法中的代码，以免在用户登录功能测试时出现问题。

11.3.5　封装 CWeb 类

客户端与服务器的交互过程中，Request、Response、Server 和 Session 对象为功能开发提供了便利性，但常用的功能并不是太多。接下来，将这些对象中的常用资源封装在 CWeb 类中，以简化应用。

下面的代码（/app_code/chyx2.webx/chyx2.webx.CWeb.cs）将 CWeb 定义为静态类。

```
using System.Web;

namespace chyx2.webx
{
    public static class CWeb
    {
        //
        public static void Write(object obj)
        {
            HttpContext.Current.Response.Write(obj);
        }
        //
        public static void Write(string s)
        {
            HttpContext.Current.Response.Write(s);
        }
        //
        public static void WriteLine(object obj)
        {
            HttpContext.Current.Response.Write(obj);
            HttpContext.Current.Response.Write("<br>");
        }
        //
        public static void WriteLine(string s)
        {
            HttpContext.Current.Response.Write(s);
            HttpContext.Current.Response.Write("<br>");
        }
        // 其他代码
    }
}
```

这里定义了 Write() 和 WriteLine() 静态方法，主要功能是向当前会话的客户端发送数据，比如，在页面中写入一些文本内容。其中，WriteLine() 方法会在内容的后面添加一个 br 元素。

需要获取客户端信息时，可以使用以下静态属性。

```
//
public static string UserIp
{
get
    {
```

```
            return HttpContext.Current.Request.UserHostAddress;
        }
    }
    //
    public static string UserHost
    {
    get
        {
            return HttpContext.Current.Request.UserHostName;
        }
    }
    //用户浏览器名称
    public static string UserBrowser
    {
    get
        {
            return HttpContext.Current.Request.Browser.Browser;
        }
    }
    //
    public static string UserBrowserVersion
    {
        get
        {
            return HttpContext.Current.Request.Browser.Version;
        }
    }

    //
    public static string UserLanguage
    {
        get
        {
            return HttpContext.Current.Request.UserLanguages[0];
        }
    }
```

代码定义的属性包括：

❑ UserIp 属性，返回客户端 IP 地址。

❑ UserHost 属性，返回客户端 DNS 名称。

❑ UserBrowser 属性，返回客户端使用的浏览器名称。

❑ UserBrowserVersion 属性，返回客户端使用的浏览器版本。

❑ UserLanguage 属性，返回客户端支持的第一个语言类型。

下面的代码显示了 CWeb 类中一些成员的使用。

```
using System;
using chyx2.webx;

public partial class Test : System.Web.UI.Page
{
    protected void Page_Load(object sender, EventArgs e)
    {
        CWeb.WriteLine(CWeb.UserIp);
```

```
        CWeb.WriteLine(CWeb.UserHost);
        CWeb.WriteLine(CWeb.UserBrowser);
        CWeb.WriteLine(CWeb.UserBrowserVersion);
        CWeb.WriteLine(CWeb.UserLanguage);
    }
}
```

在作者的一个测试环境中显示了如图 11-8 所示的信息。

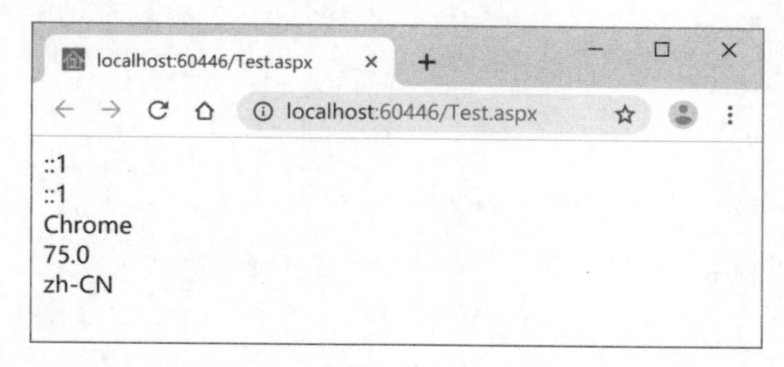

图　11-8

11.4　Web 控件

HTML5 表单的功能已经非常丰富了，不过，表单数据还是需要发送到服务器进行处理。ASP.NET 项目中，Web 窗体可以进行回调操作，简化客户端和服务器之间的数据交换操作。另外，Web 窗体中还可以使用大量的 Web 控件，以各种形式处理不同类型的数据。本节将介绍一些常用的 Web 控件，并讨论如何在 Web 控件中配合使用 HTML、CSS 和 JavaScript 等资源。

Web 窗体中，每一个 Web 控件都应该有唯一的 ID 属性，此属性值返回客户端时会同时显示为 HTML 元素的 id 和 name 属性值。Web 控件的 CssClass 属性返回到客户端时会呈现为 HTML 元素的 class 属性，通过这个属性值可以进行样式设置或其他操作。此外，每一个 Web 控件都应该有一个 runat="server" 属性，表示控件需要在服务器端处理。

使用 Web 控件时还有一个小技巧，如果给控件设置了 Web 控件中没有的属性，属性会直接发送至客户端。利用这一特性，可以简化很多工作，比如，使用 style 属性直接为 Web 控件设置样式等。

11.4.1　文本类

常用的文本类控件有标签（Label）、文本框（TextBox）和纯文本（Literal）控件，其中，Literal 控件使用 Text 属性设置的文本内容会直接显示在页面中，如下面的代码，会在页面中显示 abc。

```
<asp:Literal ID="literal1" Text="abc" runat="server"></asp:Literal>
```

下面的代码（/demo/11/TextBox.aspx）演示了 Label 和 TextBox 控件的定义。

```
<%@ Page Language="C#" %>
```

```
<!DOCTYPE html>

<script runat="server">

</script>

<html xmlns="http://www.w3.org/1999/xhtml">
<head runat="server">
<meta http-equiv="Content-Type" content="text/html; charset=utf-8"/>
<title></title>
</head>
<body>
<form id="form1" runat="server">
<div>
<asp:Label ID="lbl1" Text="请输入内容" runat="server">
</asp:Label>
<asp:TextBox ID="txt1" runat="server" placeholder="请输入内容">
</asp:TextBox>
</div>
</form>
</body>
</html>
```

代码定义了一个 Label 控件和一个 TextBox 控件。请注意，TextBox 控件中使用了 placeholder 属性，这是 HTML5 标准中的新属性，Web 控件中并没有此属性，它会原样发送至客户端，页面显示效果如图 11-9 所示。

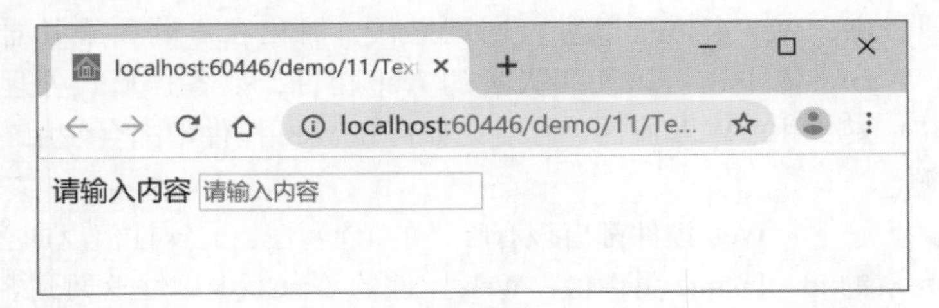

图 11-9

通过浏览器查看源代码的功能，可以看到 Label 和 TextBox 在客户端的呈现元素，如下面的代码。

```
<span id="lbl1">请输入内容</span>
<input name="txt1" type="text" id="txt1" placeholder="请输入内容" />
```

了解了 Web 控件在客户端显示的元素类型，可以很方便地进行 JavaScript 编程和 CSS 样式设置，这对于开发的灵活性来讲是非常重要的。

TextBox 控件中的 TextMode 属性定义了文本框的样式，允许的值包括：

- SingleLine 值，单行文本框，呈现为 type 属性为 text 的 input 元素。
- MultiLine 值，多行文本框，呈现为 textarea 元素。
- Password 值，密码输入框，呈现为 type 属性为 password 的 input 元素。

TextBox 还有一些常用的属性，如：

- Columns 属性，设置控件的宽度，单位为字符，在 input 元素中显示为 size 属性，在 textarea 元素中显示为 cols 属性。

- ❑ Rows 属性，设置控件的高度，单位为字符数，只在 MultiLine 模式下有效，在 textarea 元素中显示为 rows 属性。
- ❑ MaxLength 属性，设置输入的最大字符数，在 input 和 textarea 元素中显示为 maxlength 属性。
- ❑ ReadOnly 属性，控件内容是否为只读，在客户端显示为 readonly 属性。

11.4.2　按钮类

Web 控件中的按钮主要包括 Button、LinkButton 和 ImageButton，下面的代码（/demo/11/ButtonType.aspx）分别定义了这三种按钮控件。

```
<%@ Page Language="C#" %>

<!DOCTYPE html>

<html xmlns="http://www.w3.org/1999/xhtml">
<head runat="server">
<meta http-equiv="Content-Type" content="text/html; charset=utf-8"/>
<title></title>
</head>
<body>
<form id="form1" runat="server">
<div>
<asp:Button ID="btn1" Text=" 普通按钮 " runat="server" />
<asp:LinkButton ID="lnkBtn1" Text=" 链接按钮 " runat="server" />
<asp:ImageButton ID="imgBtn1" Text=" 图像按钮 "
                AlternateText=" 图像按钮 "
                ImageUrl="/img/pin16.png" runat="server" />
</div>
</form>
</body>
</html>
```

页面显示效果如图 11-10 所示。

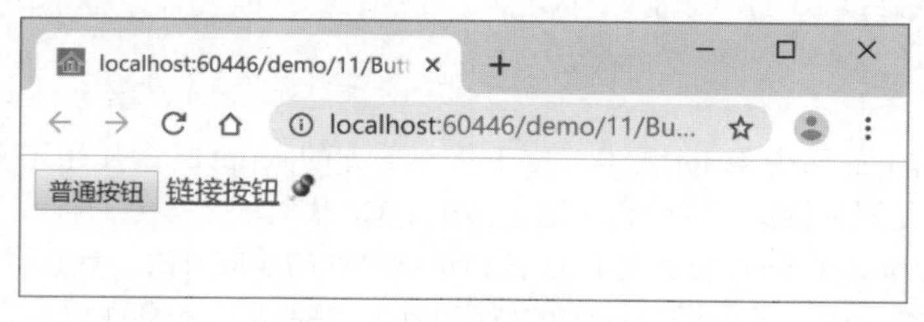

图　11-10

这三种按钮在客户端呈现的 HTML 内容如下。

```
<input type="submit" name="btn1" value=" 普通按钮 " id="btn1" />
<a id="lnkBtn1" href="javascript:__doPostBack()"> 链接按钮 </a>
<input type="image" name="imgBtn1" id="imgBtn1" Text=" 图像按钮 "
src="/img/pin16.png" alt=" 图像按钮 " />
```

无论是哪种按钮，其主要功能都是响应用户的操作。这里需要注意两个属性，分别是

OnClick 和 OnClientClick 属性。其中，OnClick 属性定义单击按钮后服务器端的响应方法；OnClientClick 属性指定单击按钮时客户端的操作，操作应该返回一个 bool 类型的值，当结果为 ture 值时，表单数据会提交到服务器，如果返回 false 值，则不会执行表单的提交操作。

下面的代码（/demo/11/ButtonClick.aspx）演示了这两个属性的应用。

```
<%@ Page Language="C#" %>

<!DOCTYPE html>

<script runat="server">
    protected void btn1_Click(object sender, EventArgs e)
    {
        txt1.Text = "提交时间" + DateTime.Now.ToString();
    }
</script>

<html xmlns="http://www.w3.org/1999/xhtml">
<head runat="server">
<meta http-equiv="Content-Type" content="text/html; charset=utf-8"/>
<title></title>
</head>
<body>
<form id="form1" runat="server">
<div>
<asp:TextBox ID="txt1" runat="server" Columns="30"></asp:TextBox>
<asp:Button ID="btn1" Text="提交测试" OnClick="btn1_Click"
                 OnClientClick="return clientCheck();" runat="server" />
</div>
</form>
</body>
</html>
<script>
    function clientCheck() {
        return confirm("真的要提交数据吗？");
    }
</script>
```

请注意页面中的两个 script 元素，位于页面上方的 script 元素使用了 runat="server" 属性，说明定义的是服务器执行的代码，这里使用了 C# 代码。

代码定义的 btn1_Click() 方法是 btn1 按钮单击事件的响应方法，参数设置是标准的事件委托。其中，参数一带入发送事件的对象（如 btn1），参数二带入事件相关的参数。

位于页面下方的 script 元素用于定义 JavaScript 代码，这里创建了一个 clientCheck() 函数，它会返回确认对话框的选择结果，选择“取消”时返回 false 值，选择“确定”时返回 true 值。

再看 Web 窗体中的 Button 控件，使用 OnClick 属性设置了服务器端单击响应方法为 btn1_Click()，OnClientClick 属性设置了客户端单击事件响应为 clientCheck() 函数。

打开页面，单击“提交测试”按钮，会弹出一个确认对话框，选择“确定”或“取消”时，会执行不同的操作，如图 11-11 所示。

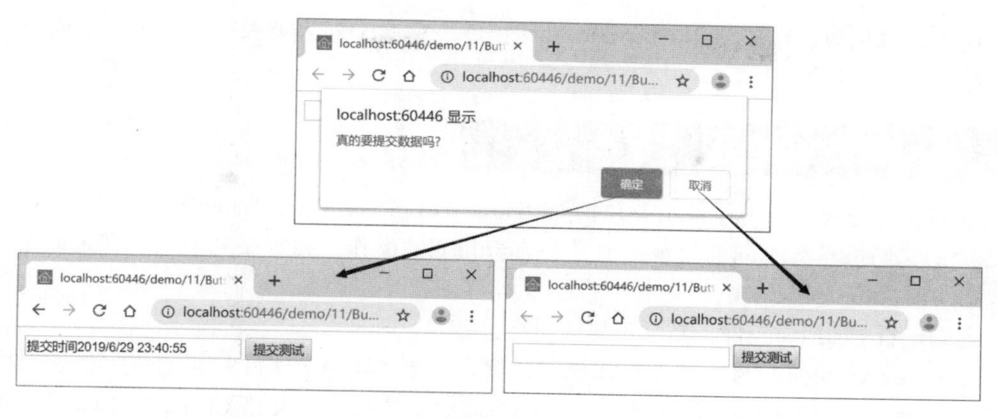

图 11-11

11.4.3 复选框

复选框（CheckBox）用于定义一个“开 / 关”“是 / 否”等类型的数据选项，其主要包括：

- Checked 属性，设置和获取选择的状态，定义为 bool 类型，包括 true 或 false 值。
- Text 属性，指定复选框旁显示的文本内容。
- TextAlign 属性，指定文本在复选框的哪边，默认为右边（Right），还可以设置文本位于复选框的左边（Left）。

下面的代码（/demo/11/CheckBox.aspx）演示了 CheckBox 控件的定义。

```
<%@ Page Language="C#" %>

<!DOCTYPE html>

<html xmlns="http://www.w3.org/1999/xhtml">
<head runat="server">
<meta http-equiv="Content-Type" content="text/html; charset=utf-8"/>
<title></title>
</head>
<body>
<form id="form1" runat="server">
<div>
<asp:CheckBox ID="chk1" Text="是否同意"
               Checked="true" runat="server" />
</div>
</form>
</body>
</html>
```

页面显示效果如图 11-12 所示。

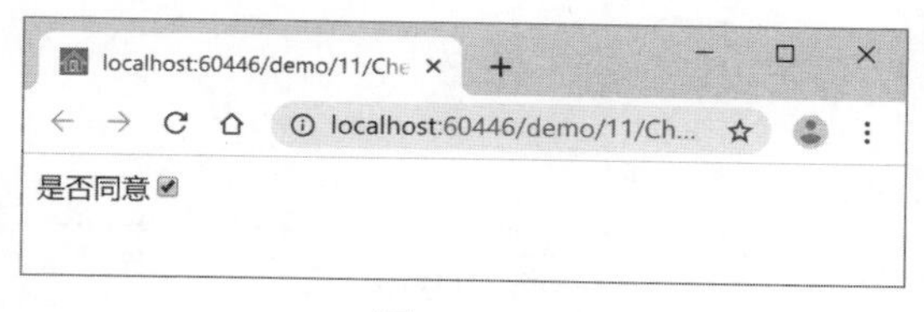

图 11-12

使用多选项时，可以使用 CheckBoxList 控件，它属于列表类控件的一种，下面讨论相关内容。

11.4.4 列表类控件

本部分讨论的列表类控件主要包括 ListBox、DropDownList、RadioButtonList 和 CheckBoxList，它们虽然有不同的外观，但是却有着相似的操作，如定义列表项、绑定数据、获取选择的项目等。

首先来看 ListBox 控件，其常用属性包括：

- SelectionMode 属性，设置选择模式，默认只能选择一个项目（Single），需要多选时，可以设置为 Multiple 值。请注意，如果需要多选操作，使用 CheckBoxList 控件可能会更加直观。
- Rows 属性，设置 ListBox 控件显示的高度，以行为单位。
- Items 属性，包含了所有列表项的集合，可以使用 Count 属性返回列表项的数量，并使用从 0 开始的索引访问列表项（ListItem 对象）。

操作列表项数据时，应注意以下几个属性：

- SelectedIndex 属性，返回已选择项的索引值，第一个列表项索引为 0、第二个为 1，以此类推。如果列表中没有项目或者没有选择，此属性会返回 -1。
- SelectedItem 属性，返回已选择的列表项（ListItem 对象），其中，可以使用 Text 属性获取列表项显示的文本，Value 属性返回列表项的数据。
- SelectedValue 属性，已选择列表项的数据，与 SelectedItem.Value 返回值相同。

创建列表项时，使用 ListItem 对象，主要包括 Text 和 Value 值，也可以使用 Selected 属性设置此项是否已选中，但应注意，单选列表中只能有一个列表项被选中。

下面的代码（/demo/11/ListBox.aspx）演示了 ListBox 控件及列表项的定义。

```
<div>请选择直辖市：</div>
<asp:ListBox ID="lst1" runat="server" Rows="5">
<asp:ListItem Value="1" Text="北京" Selected="True"></asp:ListItem>
<asp:ListItem Value="2" Text="天津"></asp:ListItem>
<asp:ListItem Value="3" Text="上海"></asp:ListItem>
<asp:ListItem Value="4" Text="重庆"></asp:ListItem>
</asp:ListBox>
```

页面显示效果如图 11-13 所示。

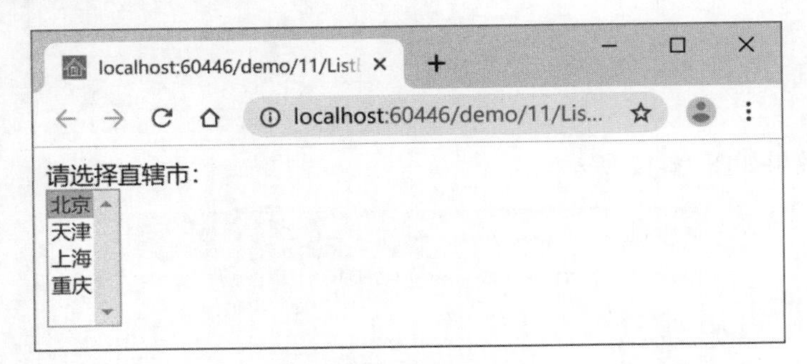

图 11-13

需要获取多选项时，可以使用每个 ListItem 对象的 Selected 属性来判断项目是否被选中，下面的代码（/demo/11/ListBoxMultiple.asxp）演示了如何获取列表中选中的多个项目。

```
<%@ Page Language="C#" %>

<!DOCTYPE html>

<script runat="server">

    protected void btn1_Click(object sender, EventArgs e)
    {
        int counter = 0;
        for(int i=0;i<lst1.Items.Count;i++)
        {
            if (lst1.Items[i].Selected)
            {
                counter++;
                lbl2.Text += lst1.Items[i].Value + ",";
                lbl3.Text += lst1.Items[i].Text + ",";
            }
        }
        lbl1.Text = "共选中" + counter.ToString() + "个项目";
    }
</script>

<html xmlns="http://www.w3.org/1999/xhtml">
<head runat="server">
<meta http-equiv="Content-Type" content="text/html; charset=utf-8"/>
<title></title>
</head>
<body>
<form id="form1" runat="server">
<div>
<div>请选择直辖市：</div>
<asp:ListBox ID="lst1" runat="server"
                SelectionMode="Multiple" Rows="5">
<asp:ListItem Value="1" Text="北京" Selected="True">
            </asp:ListItem>
<asp:ListItem Value="2" Text="天津"></asp:ListItem>
<asp:ListItem Value="3" Text="上海"></asp:ListItem>
<asp:ListItem Value="4" Text="重庆"></asp:ListItem>
</asp:ListBox>
<p>
            <asp:Button ID="btn1" OnClick="btn1_Click"
            Text="已选择" runat="server" />
        </p>
<p><asp:Label ID="lbl1" runat="server"></asp:Label></p>
<p><asp:Label ID="lbl2" runat="server"></asp:Label></p>
<p><asp:Label ID="lbl3" runat="server"></asp:Label></p>
</div>
</form>
</body>
</html>
```

图 11-14 中显示了选中两个列表项的执行结果。

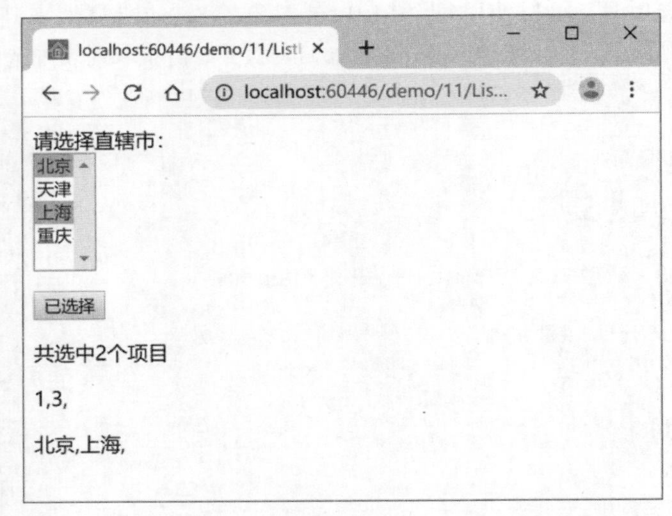

图 11-14

本例在 lbl1 标签中显示了选中的列表项数量，这里使用 counter 变量进行统计，每次循环时，如果列表项被选中，counter 变量就会加 1。在 lbl2 标签中显示选中项的数据（Value 属性），在 lbl3 标签中显示选中项的文本（Text 属性）。

除了外观不同外，DropListBox 控件与 ListBox 的使用非常相似，下面的代码（/demo/11/DropDownList.aspx）使用 DropDownList 控件定义了选择直辖市的下拉列表。

```
<%@ Page Language="C#" %>

<!DOCTYPE html>

<html xmlns="http://www.w3.org/1999/xhtml">
<head runat="server">
<meta http-equiv="Content-Type" content="text/html; charset=utf-8"/>
<title></title>
</head>
<body>
<form id="form1" runat="server">
<div>
请选择直辖市：
<asp:DropDownList ID="lst1" runat="server">
<asp:ListItem Value="1" Text="北京" Selected="True">
                        </asp:ListItem>
<asp:ListItem Value="2" Text="天津"></asp:ListItem>
<asp:ListItem Value="3" Text="上海"></asp:ListItem>
<asp:ListItem Value="4" Text="重庆"></asp:ListItem>
</asp:DropDownList>
</div>
</form>
</body>
</html>
```

页面显示效果如图 11-15 所示。

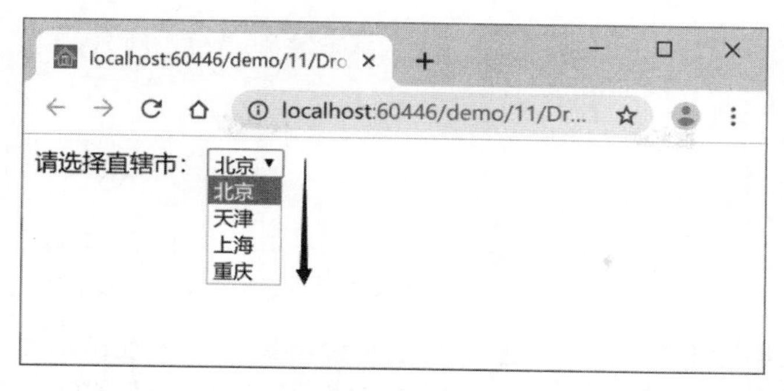

图　11-15

获取 DropDownList 控件的选中状态和项目，同样可以使用 SelectedIndex、SelectedItem 和 SelectedValue 属性。

RadioButtonList 用于显示一个单选按钮组，除了与 ListBox 控件相似的属性外，还可以使用如下属性设置单选项的排列方式：

- RepeatDirection 属性，指定单选按钮排列的方向，包括 Vertical 值（垂直方向，默认值）和 Horizontal 值（水平方向）。
- RepeatColumns 属性，设置显示列的数量。

下面的代码（/demo/11/RadioButtonList.aspx）演示了 RadioButtonList 控件的应用。

```
<%@ Page Language="C#" %>

<!DOCTYPE html>

<script runat="server">

</script>

<html xmlns="http://www.w3.org/1999/xhtml">
<head runat="server">
<meta http-equiv="Content-Type" content="text/html; charset=utf-8"/>
<title></title>
</head>
<body>
<form id="form1" runat="server">
<div>
称呼:
<asp:RadioButtonList ID="rdo1" runat="server"
                 RepeatDirection="Horizontal"
                 RepeatColumns="3">
<asp:ListItem Value="0" Text=" 保密 " Selected="True">
                     </asp:ListItem>
<asp:ListItem Value="1" Text=" 男 "></asp:ListItem>
<asp:ListItem Value="2" Text=" 女 "></asp:ListItem>
</asp:RadioButtonList>
</div>
</form>
</body>
</html>
```

页面显示效果如图 11-16 所示。

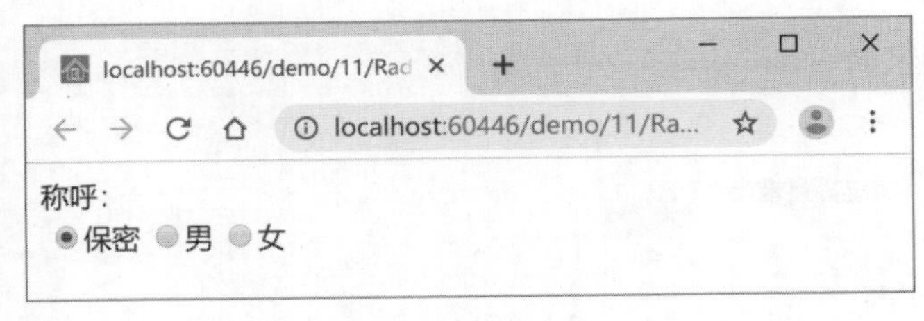

图 11-16

RadioButtonList 控件在客户端是以 table 元素组织的，所以显示在“称呼”的下方。实际应用中，可能更希望 RadioButtonList 控件显示在“称呼”的后面，此时，可以在 RadioButtonList 控件中使用 style 属性将 display 样式设置为 inline-table 值，如下面的代码。

```
<div>
    称呼：
<asp:RadioButtonList ID="rdo1" runat="server"
            RepeatDirection="Horizontal"
            RepeatColumns="3"
            style="display:inline-table; vertical-align:middle;">
<asp:ListItem Value="0" Text=" 保密 " Selected="True"></asp:ListItem>
<asp:ListItem Value="1" Text=" 男 "></asp:ListItem>
<asp:ListItem Value="2" Text=" 女 "></asp:ListItem>
    </asp:RadioButtonList>
</div>
```

页面显示效果如图 11-17 所示。

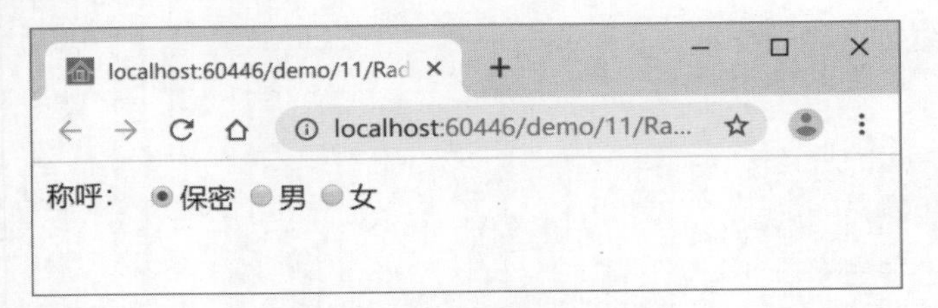

图 11-17

关于列表类控件，最后关注 CheckBoxList 控件，下面的代码（/demo/11/CheckBoxList.aspx）演示了 CheckBoxList 控件的应用。

```
<%@ Page Language="C#" %>

<!DOCTYPE html>

<html xmlns="http://www.w3.org/1999/xhtml">
<head runat="server">
<meta http-equiv="Content-Type" content="text/html; charset=utf-8"/>
<title></title>
</head>
<body>
<form id="form1" runat="server">
<div>
<div>请选择直辖市：</div>
<asp:CheckBoxList ID="lst1" runat="server"
                 RepeatDirection="Horizontal"
```

```
                    RepeatColumns="3">
<asp:ListItem Value="1" Text=" 北京 "></asp:ListItem>
<asp:ListItem Value="2" Text=" 天津 "></asp:ListItem>
<asp:ListItem Value="3" Text=" 上海 "></asp:ListItem>
<asp:ListItem Value="4" Text=" 重庆 "></asp:ListItem>
</asp:CheckBoxList>
</div>
</form>
</body>
</html>
```

页面显示效果如图 11-18 所示。

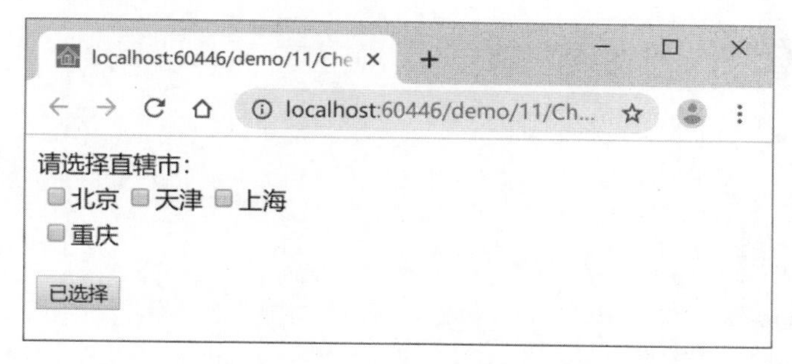

图　11-18

获取 CheckBoxList 控件中已选择的项目时，同样需要遍历所有的项目（Items 属性），然后判断每个项目的 Selected 属性，可以参考多选 ListBox 控件的实例代码进行操作。

此外，对于列表类、网格类（Grid）等控件类型还可以进行数据绑定操作，第 13 章会讨论相关的内容。

11.4.5　自动回调操作

很多 Web 控件中都包含了 AutoPostBack 属性，它指定当控件的数据改变时，如文本框的内容改变、列表中选择的项目改变等，是否自动回调到服务器。大多数情况下，在客户端使用 JavaScript 代码就可以完成很多控件内容改变时的响应工作，使用自动回调时应综合考虑系统的性能问题。

下面以两个 DropDownList 控件为例来演示自动回调操作。其中，第一个列表选项改变时，第二个列表会同步改变，如下面的代码（/demo/11/AutoPostBack.aspx）。

```
<%@ Page Language="C#" %>

<!DOCTYPE html>

<script runat="server">
    protected void Page_Load(object s,EventArgs e)
    {
        if (IsPostBack == false)
        {
            // 初始化列表
            for(int i=1;i<10;i++)
            {
```

```
                ListItem item = new ListItem(i.ToString(), i.ToString());
                lst1.Items.Add(item);
                lst2.Items.Add(item);
            }
        }
    }

    protected void lst1_SelectedIndexChanged(object sender, EventArgs e)
    {
        lst2.SelectedIndex = lst1.SelectedIndex;
    }
</script>

<html xmlns="http://www.w3.org/1999/xhtml">
<head runat="server">
<meta http-equiv="Content-Type" content="text/html; charset=utf-8"/>
<title></title>
</head>
<body>
<form id="form1" runat="server">
<div>
<asp:DropDownList ID="lst1" runat="server"
                AutoPostBack="true"
                OnSelectedIndexChanged="lst1_SelectedIndexChanged">
</asp:DropDownList>
<asp:DropDownList ID="lst2" runat="server"></asp:DropDownList>
</div>
</form>
</body>
</html>
```

打开页面，当重新选择 lst1 列表的项目时，lst2 列表就会同步变化，代码执行结果如图 11-19 所示。

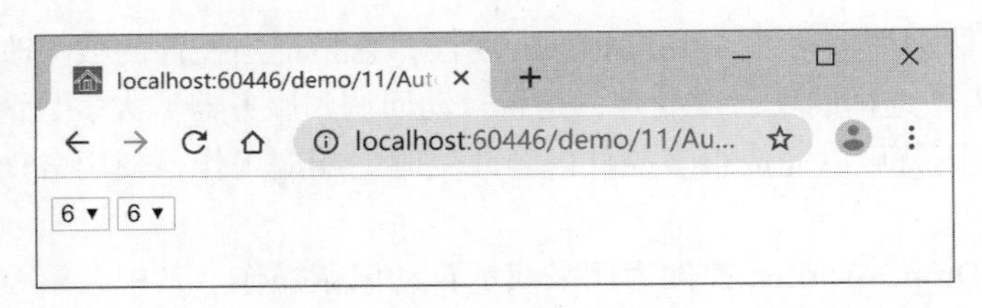

图 11-19

本例中，第一个 DropDownList 列表的 AutoPostBack 属性设置为 true，对应的响应事件为 OnSelectedIndexChanged；而在 TextBox 控件中，自动回调的响应事件应该是 OnTextChanged。

11.4.6 Panel 控件

Panel 控件是一个容器控件，在客户端会显示为 div 元素，可以将一组相关的控件定义在一个 Panel 控件中。

在服务器端，可以使用 Panel 控件的 Controls 属性遍历其中所有的控件。下面的代码（/demo/11/Panel.aspx）显示了如何在 Web 窗体中显示 sale_main 表的记录数据。

```
<%@ Page Language="C#" %>
<%@ Import Namespace="chyx" %>
<%@ Import Namespace="chyx.dbx" %>

<!DOCTYPE html>

<script runat="server">
    protected void Page_Load(object s, EventArgs e)
    {
        //获取记录 ID
        long saleid = 1;
        if (IsPostBack == false)
        {
            //首次载入页面时显示记录
            ITask qry = CApp.DbConn.NewTask("sale_main");
            qry.Limit = 1;
            qry.SetQueryFields("ordernum", "customer", "cashier", "paytime");
            qry.SetCondFields("saleid");
            qry.SetCondValues(saleid);
            CDataColl coll = qry.GetFirstRow();
            for (int i = 0; i < coll.Count; i++)
            {
                foreach (Control ctr in pnl.Controls)
                {
                    if (ctr.ID == coll[i].Name)
                    {
                        if (ctr is TextBox)
                        {
                            (ctr as TextBox).Text = coll[i].StrValue;
                        }
                    }
                }
            }
        }
    }
</script>

<html xmlns="http://www.w3.org/1999/xhtml">
<head runat="server">
<meta http-equiv="Content-Type" content="text/html; charset=utf-8"/>
<title></title>
</head>
<body>
<form id="form1" runat="server">
<asp:Panel ID="pnl" runat="server">
<p>销售单号
<asp:TextBox ID="ordernum" MaxLength="30" Columns="30" runat="server" />
</p>
<p>客户编号
<asp:TextBox ID="customer" MaxLength="30" Columns="30" runat="server" />
</p>
<p>收银员
<asp:TextBox ID="cashier" MaxLength="30" Columns="30" runat="server" />
</p>
<p>交易时间
```

```
<asp:TextBox ID="paytime" MaxLength="30" Columns="30" runat="server" />
</p>
</asp:Panel>
</form>
</body>
</html>
```

本例演示了如何将查询数据显示到同名ID的控件中，此时会根据控件类型进行相应的操作，如TextBox控件使用Text属性设置显示的数据。使用其他控件时应注意显示数据的属性，如列表控件可以使用SelectedValue属性设置数据。

代码使用的ITask、CDataColl等类型是作者封装的chyx代码库的一部分，用于简化数据库的操作，在第16章会有使用说明。在接下来的两章中还有关于数据库操作的相关内容。项目开发中，读者可以根据需要选择自己编写代码或使用已有的代码库来实现软件功能。

11.5 自定义控件

前面介绍了一些常用的Web控件，而更多的Web控件则定义在System.Web.UI.WebControls命名空间，大家可以参考使用。接下来的内容将介绍如何创建自己的控件，以满足不同的开发需求。

在ASP.NET项目中创建自定义控件，主要有两种方式：一种是使用.ascx文件；另一种是直接使用C#代码封装控件类。下面分别讨论。

使用.ascx文件定义控件，比较容易实现，和Web窗体页面（.aspx）的创建非常相似，可以通过HTML和动态代码来实现。

11.5.1 创建页脚控件

下面的代码（/demo/ctr/CPageFooter.ascx）定义了一个页脚控件。

```
<%@ Control Language="C#" ClassName="CPageFooter" %>
<%@ OutputCache Duration="600" VaryByParam="none" Shared="true" %>

<script runat="server">

</script>

<div id="cpage_footer" class="cpage_footer">
    1995-2019 版权所有 &copy;
</div>
```

这里定义的CPageFooter控件同时设置了缓存信息，主要包括：

- Duration，设置缓存时间为600s。
- VaryByParam，设置不为页面参数单独缓存。
- Shared，设置所有使用的CPageFooter控件是同一资源。

请注意，如果控件中的数据需要单独控制，则不应设置缓存和共享。

此外，控件文件是不能直接浏览的，只能作为页面的一部分使用，而且在应用前还应在Web.config配置文件中进行注册，如下面的代码（/Web.config）。

```
<?xml version="1.0"?>
<configuration>
<system.web>
<compilation debug="true" targetFramework="4.0">
<assemblies>
</assemblies>
</compilation>
<httpRuntime maxRequestLength="20480" executionTimeout="120"/>
<pages>
<controls>
<add tagPrefix="chyx" tagName="PageFooter"
            src="/demo/ctr/CPageFooter.ascx" />
</controls>
</pages>
</system.web>
</configuration>
```

在 controls 节点中，使用 add 节点添加控件信息，其中使用了三个属性：

❑ tagPrefix，设置控件标记的前缀，如 asp:TextBox 中的 asp。

❑ tagName，设置控件标记的名称，如 asp:TextBox 中的 TextBox。

❑ src，设置控件文件的路径。

这里注册的 CPageFooter 控件在页面中定义时使用 chyx:PageFooter 标记，如下面的代码（/demo/11/CPageFooter.aspx）。

```
<%@ Page Language="C#" %>

<!DOCTYPE html>

<script runat="server">

</script>

<html xmlns="http://www.w3.org/1999/xhtml">
<head runat="server">
<meta http-equiv="Content-Type" content="text/html; charset=utf-8"/>
<title></title>
<style>
        .cpage_footer {
            text-align:center;
            padding:2em 0em;
        }
</style>
</head>
<body>
<form id="form1" runat="server">
<div>
<h1>页脚控件测试</h1>
<chyx:PageFooter ID="footer1" runat="server" />
</div>
</form>
</body>
</html>
```

页面显示效果如图 11-20 所示。

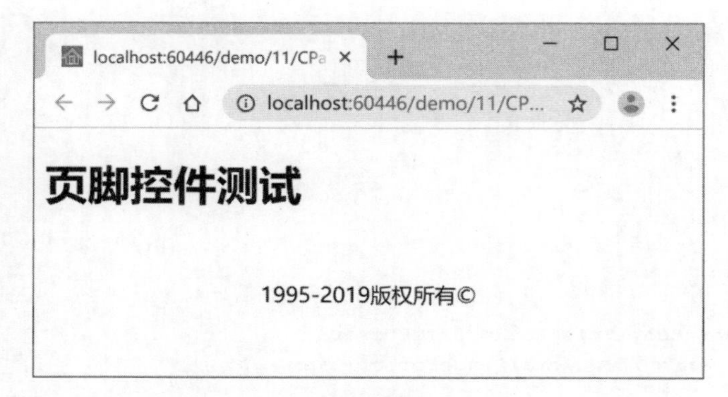

图 11-20

11.5.2 创建数字输入控件

本部分将创建一个基于 TextBox 控件的 CNumericBox 控件，用于输入和显示数值。这里直接使用 C# 类进行创建，而 CNumericBox 控件将由 TextBox 控件继承而来。

实现代码如下（/app_code/chyx2.webx.ctrx/chyx2.webx.ctrx.CNumericBox.cs）。

```
using System.Web.UI.WebControls;

namespace chyx2.webx.ctrx
{
    public class CNumericBox : TextBox
    {
        public CNumericBox()
        {
            Attributes.Add("style", "text-align:right;");
        }
        //
        public decimal Value
        {
            get
            {
                return CC.ToDec(Text);
            }
            set
            {
                Text = value.ToString();
            }
        }
        //
        public bool IsNumeric
        {
            get
            {
                return CC.IsDec(Text);
            }
        }
        //
    }
}
```

和 CPageFooter 控件一样，CNumericBox 控件在使用前还需要进行注册，如下面的代码（/Web.config）。

```
<pages>
  <controls>
    <add tagPrefix="chyx" tagName="PageFooter"
      src="/demo/ctr/CPageFooter.ascx"/>
    <add tagPrefix="chyx" namespace="chyx2.webx.ctrx"/>
  </controls>
</pages>
```

与 .ascx 控件不同的是，直接使用类定义的控件，只需要注册其定义的命名空间即可。下面的代码（/demo/11/CNumericBox.aspx）用于测试 CNumericBox 控件的使用。

```
<%@ Page Language="C#" %>

<!DOCTYPE html>

<script runat="server">

    protected void btnWrite_Click(object sender, EventArgs e)
    {
        num1.Value = 10;
    }

    protected void btnRead_Click(object sender, EventArgs e)
    {
        txt1.Text = num1.Value.ToString();
    }
</script>

<html xmlns="http://www.w3.org/1999/xhtml">
<head runat="server">
<meta http-equiv="Content-Type" content="text/html; charset=utf-8"/>
<title></title>
</head>
<body>
<form id="form1" runat="server">
<div>
<p>
<chyx:CNumericBox ID="num1" runat="server" />
<asp:Button ID="btnWrite" OnClick="btnWrite_Click"
                    Text=" 设置数值 " runat="server" />
<asp:Button ID="btnRead" OnClick="btnRead_Click"
                    Text=" 读取数值 " runat="server" />
</p>
<p>
<asp:TextBox ID="txt1" runat="server"></asp:TextBox>
</p>
</div>
</form>
</body>
</html>
```

图 11-21 中显示了 CNumericTextBox 控件的使用效果。

图 11-21

实际应用中，还可以使用 JavaScript 代码在客户端对数字文本框进行更多的操作，获取文本框元素时可以参考如下代码。

```
var eNum = document.getElementById("num1");
```

11.5.3 创建日期和时间输入控件

使用 .ascx 格式的控件，可以简化很多服务器和客户端之间的数据交换工作。接下来，创建的日期和时间输入与显示控件就基于 .ascx 格式的控件。

下面的代码（/controls/CDateBox.ascs）首先创建日期控件 HTML 部分。

```
<%@ Control Language="C#" AutoEventWireup="true"
    CodeFile="CDateBox.ascx.cs" Inherits="controls_CDateBox" %>

<asp:TextBox ID="txtYear" MaxLength="4"
    style="text-align:right;width:2.5em;" runat="server">
</asp:TextBox>
 / 
<asp:TextBox ID="txtMonth" MaxLength="2"
    style="text-align:right;width:1.5em;" runat="server">
</asp:TextBox>
 / 
<asp:TextBox ID="txtDay" MaxLength="2"
    style="text-align:right;width:1.5em;" runat="server">
</asp:TextBox>
```

下面的代码（/controls/CDateBox.ascx.cs）是 CDateBox 控件的逻辑实现过程。

```
using System;
using chyx2;

public partial class controls_CDateBox : System.Web.UI.UserControl
{
    protected void Page_Load(object sender, EventArgs e)
    {

    }

    //
    protected string GetDateStr()
    {
        return txtYear.Text + "/" + txtMonth.Text + "/" + txtDay.Text + " 00:00:00";
    }
```

```
    //
    public bool IsDate
    {
        get { return CC.IsDate(GetDateStr()); }
    }
    //
    public DateTime Value
    {
        get
        {
            return CC.ToDate(GetDateStr());
        }
        set
        {
            txtYear.Text = value.Year.ToString();
            txtMonth.Text = value.Month.ToString();
            txtDay.Text = value.Day.ToString();
        }
    }
    //
    public void Clear()
    {
        txtYear.Text = "";
        txtMonth.Text = "";
        txtDay.Text = "";
    }
}
```

CDateBox 控件中创建了两个属性和两个方法，分别是：

- GetDateStr() 方法，返回日期的字符串形式，参数指定年、月、日的分隔符，默认为 / 符号，其中的时间部分设置为“00:00:00”。
- IsDate 只读属性，bool 类型，判断输入的内容是否是合法的日期数据。
- Value 属性，DateTime 类型，设置或读取日期值。
- Clear() 方法，清除年、月、日的显示数据。

控件创建后，同样需要在 Web.config 文件中进行注册，如下面的代码（/Web.config）。

```
<pages>
<controls>
<add tagPrefix="chyx" tagName="PageFooter"
        src="/demo/ctr/CPageFooter.ascx" />
<add tagPrefix="chyx" namespace="chyx2.webx.ctrx" />
<add tagPrefix="chyx" tagName="DateBox" src="/controls/CDateBox.ascx"/>
</controls>
</pages>
```

下面的代码（/demo/11/CDateBox.aspx）测试 CDateBox 控件的使用方法。

```
<%@ Page Language="C#" %>

<!DOCTYPE html>
<script runat="server">
    protected void Page_Load(object s, EventArgs e)
    {
        if(IsPostBack==false)
```

```
        {
            date1.Value = DateTime.Today;
        }
    }

    protected void btn1_Click(object sender, EventArgs e)
    {
        //设置日期
        date1.Value = new DateTime(2019,8,7);
    }

    protected void btn2_Click(object sender, EventArgs e)
    {
        //读取数据
        txt1.Text = date1.Value.ToLongDateString();
    }
</script>

<html xmlns="http://www.w3.org/1999/xhtml">
<head runat="server">
<meta http-equiv="Content-Type" content="text/html; charset=utf-8"/>
<title></title>
</head>
<body>
<form id="form1" runat="server">
<div>
<p>
<chyx:DateBox ID="date1" runat="server" />
<asp:Button ID="btn1" Text="设置日期" OnClick="btn1_Click" runat="server" />
</p>
<p>
<asp:TextBox ID="txt1" runat="server"></asp:TextBox>
<asp:Button ID="btn2" Text="读取日期" OnClick="btn2_Click" runat="server" />
</p>
</div>
</form>
</body>
</html>
```

页面首次载入时会显示系统的当前日期，两个按钮则分别用于设置和读取日期数据。页面显示效果如图 11-22 所示。

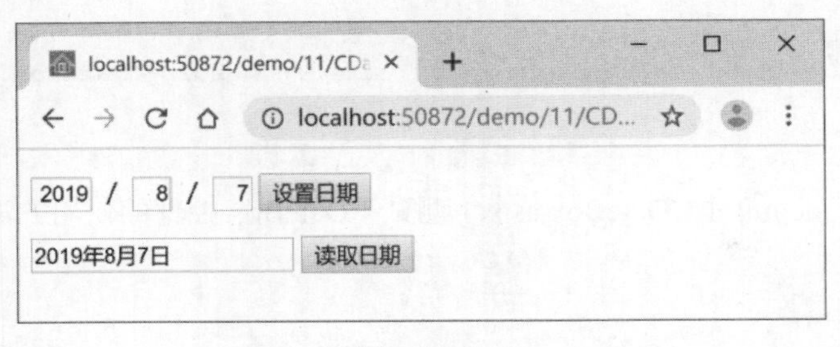

图 11-22

CDateBox 控件中，CDateTime.DefaultValue 值是一个标准时点，设置为 1970 年 1 月 1 日零时。获取数据时，如果必须有一个可用的值，则可以使用 Value 属性直接获取，如果输入的数据不正确则返回标准时点；如果需要判断输入内容是否为正确的日期数据，则可以使用 IsDate 属性。

客户端中，如果使用 JavaScript 代码操作日期数据，需要获取日期数据时，可以参考下面的代码。

```
var eYear = document.getElementById("date1_txtYear");
var eMonth = document.getElementById("date1_txtMonth");
var eDay = document.getElementById("date1_txtDay");
var d = Date(eYear.value, eMonth.value - 1, eDay.value);
```

下面的代码（/controls/CTimeBox.ascx）创建了时间控件 CTimeBox 的 HTML 部分。

```
<%@ Control Language="C#" AutoEventWireup="true"
    CodeFile="CTimeBox.ascx.cs" Inherits="controls_CTimeBox" %>
<asp:TextBox ID="txtHour" MaxLength="2"
    style="text-align:right;width:1.5em;" runat="server"></asp:TextBox>
 : 
<asp:TextBox ID="txtMinute" MaxLength="2"
    style="text-align:right;width:1.5em;" runat="server"></asp:TextBox>
 : 
<asp:TextBox ID="txtSecond" MaxLength="2"
    style="text-align:right;width:1.5em;" runat="server"></asp:TextBox>
```

下面是 TimeBox 控件的逻辑代码部分（/controls/CTimeBox.ascx.cs）。

```
using System;
using System.Collections.Generic;
using System.Linq;
using System.Web;
using System.Web.UI;
using System.Web.UI.WebControls;
using chyx2;

public partial class controls_CTimeBox : System.Web.UI.UserControl
{
    protected void Page_Load(object sender, EventArgs e)
    {

    }
    //
    protected string GetTimeStr()
    {
        return DateTime.Today.ToShortDateString() + " " +
            txtHour.Text + ":" + txtMinute.Text + ":" + txtSecond.Text;
    }
    //
    public bool IsTime
    {
        get { return CC.IsDate(GetTimeStr()); }
    }
    //
    public DateTime Value
    {
        get
        {
```

```
            return CC.ToDate(GetTimeStr());
        }
        set
        {
            txtHour.Text = value.Hour.ToString();
            txtMinute.Text = value.Minute.ToString();
            txtSecond.Text = value.Second.ToString();
        }
    }
    //
    public void Clear()
    {
        txtHour.Text = "";
        txtMinute.Text = "";
        txtSecond.Text = "";
    }
}
```

代码同样给 CTimeBox 控件定义了两个属性和两方法，分别是：

- GetTimeStr() 方法，返回时间的字符串形式，时、分、秒数据之间使用冒号（:）分隔，其中的日期部分为系统设置的当前日期。
- IsTime 只读属性，bool 类型，判断输入的内容是否为正确的时间数据。
- Value 属性，DateTime 类型，设置或读取时间值。
- Clear() 方法，清除时间数据。

下面的代码（/demo/11/CTimeBox.aspx）演示了 CTimeBox 控件的使用过程。

```
<%@ Page Language="C#" %>

<!DOCTYPE html>

<script runat="server">

    protected void btn1_Click(object sender, EventArgs e)
    {
        time1.Value = DateTime.Now;
    }

    protected void btn2_Click(object sender, EventArgs e)
    {
        txt1.Text = time1.Value.ToLongTimeString();
    }
</script>

<html xmlns="http://www.w3.org/1999/xhtml">
<head runat="server">
<meta http-equiv="Content-Type" content="text/html; charset=utf-8"/>
<title></title>
</head>
<body>
<form id="form1" runat="server">
<div>
<p>
<chyx:TimeBox ID="time1" runat="server" />
```

```
<asp:Button ID="btn1" Text=" 设置时间 "
                      OnClick="btn1_Click" runat="server" />
</p>
<p>
<asp:TextBox ID="txt1" runat="server"></asp:TextBox>
<asp:Button ID="btn2" Text=" 读取时间 "
                      OnClick="btn2_Click" runat="server" />
</p>
</div>
</form>
</body>
</html>
```

页面显示效果如图 11-23 所示，单击“设置时间”按钮时会显示执行操作时的系统时间。

图 11-23

客户端使用 JavaScript 代码获取时间元素时，可以参考如下代码。

```
var eHour = document.getElementById("time1_txtHour");
var eMinute = document.getElementById("time1_txtMinute");
var eSecond = document.getElementById("time1_txtSecond");
```

有了日期和时间控件，创建它们的组合控件也不会很困难，如下面的代码（/controls/CDateTimeBox.ascx）就是 CDateTimeBox 控件 HTML 部分。

```
<%@ Control Language="C#" AutoEventWireup="true"
    CodeFile="CDateTimeBox.ascx.cs" Inherits="controls_CDateTimeBox" %>

<asp:TextBox ID="txtYear" MaxLength="4"
    style="text-align:right;width:2.5em;" runat="server"></asp:TextBox>
 / 
<asp:TextBox ID="txtMonth" MaxLength="2"
    style="text-align:right;width:1.5em;" runat="server"></asp:TextBox>
 / 
<asp:TextBox ID="txtDay" MaxLength="2"
    style="text-align:right;width:1.5em;" runat="server"></asp:TextBox>
   
<asp:TextBox ID="txtHour" MaxLength="2"
    style="text-align:right;width:1.5em;" runat="server"></asp:TextBox>
 : 
<asp:TextBox ID="txtMinute" MaxLength="2"
    style="text-align:right;width:1.5em;" runat="server"></asp:TextBox>
 : 
<asp:TextBox ID="txtSecond" MaxLength="2"
    style="text-align:right;width:1.5em;" runat="server"></asp:TextBox>
```

下面的代码（/controls/CDateTimeBox.ascx.cs）是 CDateTimeBox 控件的逻辑实现部分。

```
using System;
using chyx2;

public partial class controls_CDateTimeBox : System.Web.UI.UserControl
{
    protected void Page_Load(object sender, EventArgs e)
    {

    }

    protected string GetDateTimeStr()
    {
        return string.Format("{0:d4}/{1:d2}/{2:d2} {3:d2}:{4:d2}:{5:d2}",
txtYear.Text,txtMonth.Text,txtDay.Text,txtHour.Text,txtMinute.Text,txtSecond.Text);
    }

    public bool IsDateTime
    {
        get { return CC.IsDate(GetDateTimeStr()); }
    }

    public DateTime Value
    {
        get
        {
            return CC.ToDate(GetDateTimeStr());
        }
        set
        {
            txtYear.Text = value.Year.ToString();
            txtMonth.Text = value.Month.ToString();
            txtDay.Text = value.Day.ToString();
            txtHour.Text = value.Hour.ToString();
            txtMinute.Text = value.Minute.ToString();
            txtSecond.Text = value.Second.ToString();
        }
    }
    //
    public void Clear()
    {
        txtYear.Text = "";
        txtMonth.Text = "";
        txtDay.Text = "";
        txtHour.Text = "";
        txtMinute.Text = "";
        txtSecond.Text = "";
    }
}
```

CDateTimeBox 控件中同样包括两个属性和两个方法，分别是：

- GetDateTimeStr() 方法，返回日期和时间字符串。
- IsDateTime 只读属性，判断输入的内容是否为正确的日期时间数据。

- ❑ Value 属性，DateTime 类型，设置或读取日期时间值。
- ❑ Clear() 方法，清除数据。

下面的代码（/demo/11/CDateTimeBox.aspx）演示了 CDateTimeBox 控件的使用方法。

```
<%@ Page Language="C#" %>

<!DOCTYPE html>

<script runat="server">

    protected void btn1_Click(object sender, EventArgs e)
    {
        dt1.Value = DateTime.Now;
    }

    protected void btn2_Click(object sender, EventArgs e)
    {
        txt1.Text = dt1.Value.ToString();
    }
</script>

<html xmlns="http://www.w3.org/1999/xhtml">
<head runat="server">
<meta http-equiv="Content-Type" content="text/html; charset=utf-8"/>
<title></title>
</head>
<body>
<form id="form1" runat="server">
<div>
<p>
<chyx:DateTimeBox ID="dt1" runat="server" />
<asp:Button ID="btn1" Text="设置日期时间"
                     OnClick="btn1_Click" runat="server" />
</p>
<p>
<asp:TextBox ID="txt1" runat="server"></asp:TextBox>
<asp:Button ID="btn2" Text="读取日期时间"
                     OnClick="btn2_Click" runat="server" />
</p>
</div>
</form>
</body>
</html>
```

设置日期时间数据时会显示系统当前时间，页面显示效果如图 11-24 所示。

图　11-24

客户端使用 JavaScript 代码获取 CDateTimeBox 控件中的日期和时间数据时，可以参考下面的代码获取相应的元素。

```
var eYear = document.getElementById("dt1_txtYear");
var eMonth = document.getElementById("dt1_txtMonth");
var eDay = document.getElementById("dt1_txtDay");
var eHour = document.getElementById("dt1_txtHour");
var eMinute = document.getElementById("dt1_txtMinute");
var eSecond = document.getElementById("dt1_txtSecond");
```

11.6 全站编译

网站发布时，全站编译可以减少预编译操作，提高系统的响应速度，并可以有效地保证源代码的安全。

网站编译前，应注意配置问题，比如，调试状态可以关闭，如下面的代码（/Web.config）。

```
<?xml version="1.0"?>
<configuration>
<system.web>
<compilation debug="false" targetFramework="4.7.2">
<assemblies>
</assemblies>
</compilation>
<httpRuntime maxRequestLength="20480" executionTimeout="120"/>
<pages>
<namespaces>
<add namespace="chyx2.webx.ctrx"/>
</namespaces>
<controls>
<add tagPrefix="chyx" tagName="PagingView"
src="/controls/CPagingView.ascx"/>
<add tagPrefix="chyx" tagName="TreeView"
src="/controls/CTreeView.ascx"/>
<add tagPrefix="chyx" tagName="PageFooter"
src="/demo/ctr/CPageFooter.ascx"/>
<add tagPrefix="chyx" namespace="chyx2.webx.ctrx"/>
<add tagPrefix="chyx" tagName="DateBox"
                src="/controls/CDateBox.ascx"/>
<add tagPrefix="chyx" tagName="TimeBox"
                src="/controls/CTimeBox.ascx"/>
<add tagPrefix="chyx" tagName="DateTimeBox"
                src="/controls/CDateTimeBox.ascx"/>
</controls>
</pages>
</system.web>
</configuration>
```

编译网站时，可以使用 .NET Framework 安装目录中的 aspnet_compiler.exe 工具。基本的命令如下面的代码（实际执行时为一行），pause 命令单独占一行。

```
%windir%\Microsoft.NET\Framework64\v4.0.30319\aspnet_compiler.exe -v /
-p< 网站根目录路径 >< 发布目录路径 >
pause
```

aspnet_compiler 命令中，-v 参数指定虚拟目录路径，/ 表示网站根目录。-p 参数指定实际路径，包括网站源代码根目录路径和发布目录的路径（使用空格分隔）。最后，pause 命令会在编译后暂停，以便观察编译结果。

实际应用中，可以将编译命令保存为一个批处理文件（.bat），编译网站的新版本时，只需要修改 < 发布目录路径 > 即可。

第 12 章　SQL Server 数据库

Web 项目中，即使是纯展示的网站，收集一些操作数据也是很常见的，对于数据驱动的项目，数据管理则会有更高的要求。作为开发人员，熟练掌握一种数据库系统是非常重要的。本章以 SQL Server 为例，讨论关系型数据库的应用问题。

大部分情况下，我们会使用 SQL（Structured Query Language，结构化查询语言）代码操作数据库。虽然 SQL 有一定的标准，但不同的数据库系统中的实现都会有些不同，比如，在 SQL Server 数据库中的 SQL 称为 T-SQL（Transact-SQL），本书直接使用 SQL 术语。

如果用户的计算机中还没有安装 SQL Server 数据库，可以参考第 1 章的内容进行安装，本章主要使用 SSMS 执行 SQL 语句，并查看操作结果。

12.1　概述

数据库（database）系统用于海量数据的管理工作，可以定义数据结构，并对数据进行存储、查询和分析等操作，是现代软件体系中不可或缺的一部分。现在，比较流行的是关系型数据库和 NoSQL 数据库。

本章讨论的 SQL Server 属于关系型数据库，其主要特征是，数据结构定义为二维表的形式，整个数据集合就是由一系列的二维表及其之间的关系组成。

关于二维表，相信大家并不陌生，Excel 表单就是典型的二维表形式，如图 12-1 所示。

记录 ID	销售单号	客户	收银员	支付时间
1	S2019030300156	C0015	1015	2019-3-3 10:56:45
2	S2019030300206	C1026	1015	2019-3-3 15:11:32
3	S2019040500011	C2055	1016	2019-4-5 10:36:39
4	S2019040900013	C8156	1023	2019-4-9 16:40:15
5	S2019041600001	C0189	1356	2019-4-16 11:30:16
6	S2019041900256	C2689	1511	2019-4-19 15:25:10

图　12-1

图 12-1 中显示了简单的销售单信息，基本的数据项目包括“记录 ID”“销售单号”“客户”“收银员”和“支付时间”。这些数据项在表中称为字段（field)，表示二维表中的列信息，但不是数据的一部分。

数据库中，字段信息定义了表中存放哪些数据，包括名称、类型、是否允许为空、默认值等，稍后会介绍如何定义这些字段的特性。

记录 ID 为 1 ~ 6 的行称为记录（record)，它们是表中真正的数据。图 12-1 中的表共有 5 个字段，6 条记录。

除了基本的二维表外，还可以通过主键（或唯一键）和外键将两个或更多表联系起来，这样就可以定义更加复杂的数据结构。

此外，在数据库系统中，还很多实用的特性，如强大的数据分析和应用功能，在学习了基础知识以后，可以根据需要更加深入地学习。

12.2　表

表（table）是数据库中最基本的数据存储单元，本节讨论表的创建、设置字段信息、修改表结构，以及删除表等内容。

12.2.1　创建表结构

创建表结构时，可以使用 create table 语句，格式如下：

```
create table <表名>(<字段定义列表>);
```

下面的代码创建本书测试用的 cdb_demo 数据库，以及 sale_main 和 sale_sub 表的结构。

```
create database cdb_demo;
go

use cdb_demo;
go

create table sale_main(
saleid bigint identity(1,1) not null primary key,
ordernum nvarchar(30) not null unique,
customer nvarchar(30) not null,
cashier nvarchar(15) not null,
paytime datetime not null
);

create table sale_sub(
recid bigint identity(1,1) not null primary key,
saleid bigint foreign key references sale_main(saleid),
mdsenum nvarchar(30) not null,
mdsename nvarchar(30) not null,
price decimal(10,2),
quantity decimal(10,2),
subtotal decimal(10,2)
);
```

打开 SSMS，新建查询或打开源代码完成数据库和表的创建工作。

其中，create database 语句用于创建数据库，go 语句则指定前一代码段成功执行后再执行后续的代码。

use 语句用于引用数据库，即指定 SQL 操作的默认数据库，这里指定为新创建的 cdb_demo 数据库。

下面了解 sale_main 和 sale_sub 表的字段、外键、主键设置等内容。首先是 sale_main 表，用于保存销售单的主信息，其字段定义如下：

- saleid 字段，销售 ID，定义为 64 位整数、自动管理的 ID、不能为空值，并作为表的主键（primary key）。
- ordernum 字段，销售单号，可以存放最多 30 个 Unicode 字符，不能为空值，并且每条记录的此数据不能重复（唯一键，unique）。
- customer 字段，客户，可以存放最多 30 个 Unicode 字符，不能为空值。
- cashier 字段，收银员，可以存放最多 30 个 Unicode 字符，不能为空值。
- paytime 字段，支付时间，存放日期和时间，不能为空值。

sale_sub 表用于保存销售单中的商品信息，其字段定义如下：

- recid 字段，记录 ID。
- saleid 字段，定义为表的外键（foreign key），用于关联销售单主信息。
- mdsenum 字段，商品编号，最多 30 个 Unicode 字符，不能为空。
- mdsename 字段，商品名称，最多 30 个 Unicode 字符，不能为空。
- price 字段，商品单价，可以处理 8 位整数和 2 位小数的数据。
- quantity 字段，商品数量。
- subtotal 字段，商品价格小计。

这里定义的数据结构是一个“一对多”的关系，即一条销售信息可以有多个商品信息，如图 12-2 所示。

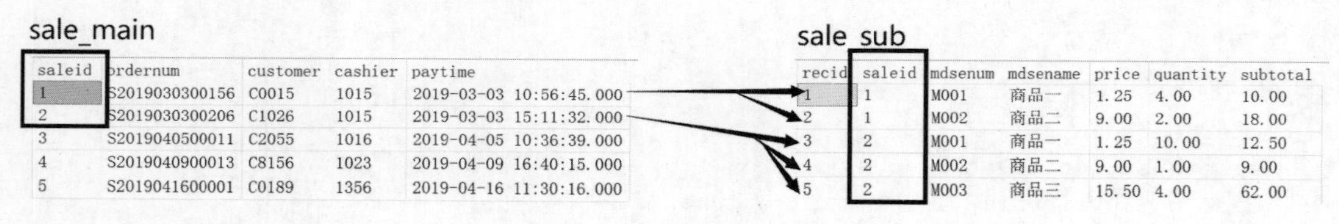

sale_main

saleid	ordernum	customer	cashier	paytime
1	S2019030300156	C0015	1015	2019-03-03 10:56:45.000
2	S2019030300206	C1026	1015	2019-03-03 15:11:32.000
3	S2019040500011	C2055	1016	2019-04-05 10:36:39.000
4	S2019040900013	C8156	1023	2019-04-09 16:40:15.000
5	S2019041600001	C0189	1356	2019-04-16 11:30:16.000

sale_sub

recid	saleid	mdsenum	mdsename	price	quantity	subtotal
1	1	M001	商品一	1.25	4.00	10.00
2	1	M002	商品二	9.00	2.00	18.00
3	2	M001	商品一	1.25	10.00	12.50
4	2	M002	商品二	9.00	1.00	9.00
5	2	M003	商品三	15.50	4.00	62.00

图　12-2

12.2.2　字段定义

SQL Server 数据库中，可以使用的数据类型很多，有些则是为了兼容早期版本而保留的。在 SQL Server 2005 以后，数据库系统与 .NET 平台高度融合，本章讨论的内容主要用于 SQL Server 2005 及更高版本。

下面先来了解 SQL Server 数据库中常用的数据类型。

- 整数类型，常用的整数类型包括 int 和 bigint，分别用于处理 32 位和 64 位的有符号整数。
- 十进制数，使用 decimal(p,s) 格式定义，处理数据的范围为 $-10^{38}+1$ ~ $10^{38}-1$。其中，p 表示整数和小数部分共有几位，s 表示小数位。比如，decimal(10,2) 表示最大可以处理 8 位整数和 2 位小数格式的数据。

处理文本数据的常用类型有：

- nchar(n) 类型，定长文本类型，n 指定 Unicode 字符数。
- nvarchar(n) 类型，可变长度文本类型，n 指定允许的最大 Unicode 字符数，范围为 1 ~ 4000。当 n 使用 max 关键字时，即定义为 nvarchar(max) 类型时，可以处理最大 $2^{31}-1$ 个 Unicode 字符的文本内容。

处理日期和时间数据时，可以使用 datetime 类型定义。如果需要将二进制数据保存到数据库，则可以使用 image 类型，最多可以保存 $2^{31}-1$ 个字节。

使用数据直接量时应注意，数值类及空值（NULL）直接书写即可，如 1、2、3、10.99。而文本和日期时间数据则需要使用一对单引号定义，如 'abc'、'2019-10-16'。

定义字段时，除了定义数据类型，还可以指定一些字段的特性，如：

- identity，将字段定义为自动管理的 ID 字段，如 identity(1,1) 表示从 1 开始，每次增加 1。添加记录时，此字段的数据会自动生成，不需要指定，如 sale_main 表中的 saleid、sale_sub 表中 recid 字段。
- not null，指定字段数据不能为空值。请注意，空值是指没有数据，与数值 0 或空字符串是不同的概念。定义字段时，默认是允许为空。此外，C# 或 JavaScript 中的 NULL 值表示未实例化的对象，与这里的 NULL 也是有区别的。
- default 关键字，可以指定字段的默认值，指定默认值以后，使用 insert 语句添加记录时，如果没有指定些字段的值，默认会使用此数据。如“ islocked int default 1”表示 islocked 字段为 32 位整数，如果添加记录时不指定它的数据，其数据就会是 1。

此外，primary key 和 foreign key 分别定义表的主键和外键，unique 关键字指定字段的数据不能重复，下面详细讨论。

12.2.3 主键、外键和唯一约束

主键（primary key）用于定义表中能够表示唯一一条记录的一个或多个字段。前面创建的 sale_main 和 sale_sub 表中，分别将 saleid 和 recid 定义为两个表的主键字段。

如果表中的主键是多个字段，需要单独定义，如下面的代码：

```
use cdb_demo;
go

create table t_a (
fa int,
fb nvarchar(10),
fc nvarchar(30),
primary key (fa,fb)
);
```

创建的 ta 表中，同时指定 fa 和 fb 字段为主键，这样一来，在表中的所有记录中，fa 和 fb 字段的数据组合是不能重复的。

唯一约束（unique constraint）用于指定字段数据不能重复，如 sale_main 表中的 ordernum 字段就定义添加了唯一约束，因为销售单号是不能重复的。

外键（foreign key）用于将表中的字段关联到另外一个表中的指定字段，以创建两表之间的关系。如 sale_main 和 sale_sub 表就是通过 saleid 字段创建关联的。具体关系是，在 sale_sub 表中的每一条商品销售记录都应属于某个销售单。设置外键约束时，除了使用 foreign key 关键字，还需要使用 references 关键字指定关联的表和字段，如“ saleid bigint foreign key references sale_main(saleid)”。

外键除了可以关联指定表中的主键字段，也可以关联具有唯一约束的字段。这两种情况下，都可以创建“一对多”的关系，如一个销售 ID 或销售单号都可以对应多个销售商品信息。

实际应用中，可以根据实际需要定义外键及其引用的字段。一般来讲，整数比大量文本的处理更有效率，所以，本书中会使用整数类型的 ID 字段定义表与表的关系。

12.2.4 添加与删除字段

创建数据表以后，还可以修改表的结构，如添加、删除字段等。此时，使用 alter table 语句及相关的子句。

在表中添加字段定义，可以使用如下语句。

```
alter table <表名>
add <字段定义>;
```

下面的代码在 t_a 表中添加一个名为 fd 的字段，并定义为 int 类型。

```
use cdb_demo;
go

alter table t_a
add fd int;
```

删除表中的字段定义时，应使用 alter table 中的 drop column 子句，格式如下：

```
alter table <表名>
drop column <字段名>;
```

下面的代码在 t_a 表中删除刚刚添加的 fd 字段。

```
use cdb_demo;
go

alter table t_a
drop column fd;
```

实际上，alter table 语句还可以做很多事情，不只是修改字段定义。表中定义的元素都可以通过 alter table 进行修改，可以参考帮助文档学习使用。

12.2.5 删除表

删除表时，使用 drop table 语句，其格式如下：

```
drop table <表名>;
```

如删除 t_a 表时，可以使用如下语句：

```
drop table t_a;
```

12.2.6 判断表是否存在

在 SQL Server 数据库中，每个表都有一个数值类型的对象 ID，可以根据这个 ID 判断表是否存在，如下面的代码。

```
use cdb_demo;
go
```

```
select object_id(N't_a');
```

这里使用 select 语句查看 object_id() 函数的调用结果，其参数就是表的名称，其中的大写字母 N 表示一对单引号中的内容为 Unicode 字符。

执行代码，如果看到类似图 12-3 中的结果，也就是显示了一个数值 ID，就说明 t_a 表是存在的。

如果表已不存在，则 object_id() 函数会返回 NULL 值，如图 12-4 所示。

图　12-3　　　　图　12-4

12.3　添加数据

前面已经讨论了表结构的定义，本节将学习如何操作表中的数据。首先来看如何在表中添加数据记录，继续以 sale_main 和 sale_sub 表为例。

现在需要注意的一个问题是可不可以直接添加 sale_sub 表的数据？在 sale_sub 表中，saleid 字段定义为外键，它必须对应 sale_main 表中 saleid 字段的数据，所以，在 sale_main 表没有记录时是不能添加 sale_sub 表数据的。

在表中添加记录时使用 insert into 语句，应用格式如下：

```
insert into <表名>(<字段列表>)
values(<值列表>);
```

下面的代码在 sale_main 表中添加一条新的数据记录。

```
use cdb_demo;
go

insert into sale_main(ordernum,customer,cashier,paytime)
values('S2019030300156','C0015','1015','2019-3-3 10:56:45');
```

代码在 SSMS 中执行后，如果结果如图 12-5 所示，则表示已成功添加了一条新记录。

```
SQLQuery1.sql -...60\caohuayu (57))*    对象资源管理器详细信息
use cdb_demo;
go

insert into sale_main(ordernum, customer, cashier, paytime)
values('S2019030300156','C0015','1015','2019-3-3 10:56:45');
146 %
消息
(1 行受影响)
```

图　12-5

有了销售单的主信息，还需要在 sale_sub 表中添加销售单中的销售商品信息，而我们还不知道新添加的 saleid 数据是多少。SQL Server 数据库中，获取新添加记录 ID 数据主要使用两种方法：一种方法是通过 @@IDENTITY 系统变量返回；另一种方法是通过 SQL Server 2005 版本中新增加的 inserted 表返回。下面分别了解一下。

下面的代码继续在 sale_main 表中添加记录，并通过 @@IDENTITY 变量返回最新添加的 ID 数据。

```
use cdb_demo;
go

insert into sale_main(ordernum,customer,cashier,paytime)
values('S2019030300206','C1026','1015','2019-3-3 15:11:32');

select @@IDENTITY;
```

代码执行结果如图 12-6 所示。

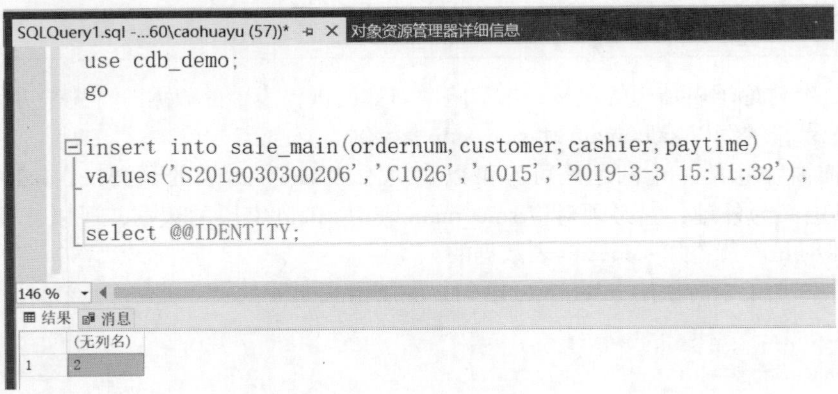

图　12-6

从图 12-6 中可以看到，新添加记录的 ID 值为 2。

下面的代码通过 SQL Server 数据库的 inserted 表特性返回新记录的 ID 数据。

```
use cdb_demo;
go

insert into sale_main(ordernum,customer,cashier,paytime)
output inserted.saleid
values('S2019040500011','C2055','1016','2019-4-5 10:36:39');
```

代码执行结果如图 12-7 所示。

inserted 表会临时保存新增记录的数据，可以在 insert into 语句中直接使用 output 子句输出新增加的数据，此时，可以输出一个字段，如实例中的 ID 字段数据；如果有需要，还可以通过多个或全部字段，如下面的代码就是显示新增记录的 ID 值和销售单号。

```
use cdb_demo;
go

insert into sale_main(ordernum,customer,cashier,paytime)
output inserted.saleid,inserted.ordernum
```

```
values('S2019040900013','C8156','1023','2019-4-9 16:40:15');
```

代码执行结果如图 12-8 所示。

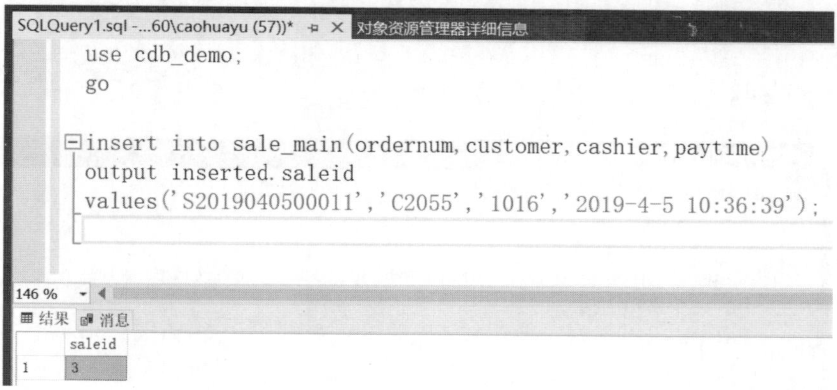

```
SQLQuery1.sql -...60\caohuayu (57))*  对象资源管理器详细信息
use cdb_demo;
go

insert into sale_main(ordernum,customer,cashier,paytime)
output inserted.saleid
values('S2019040500011','C2055','1016','2019-4-5 10:36:39');

146 %
结果  消息
   saleid
1  3
```

图 12-7

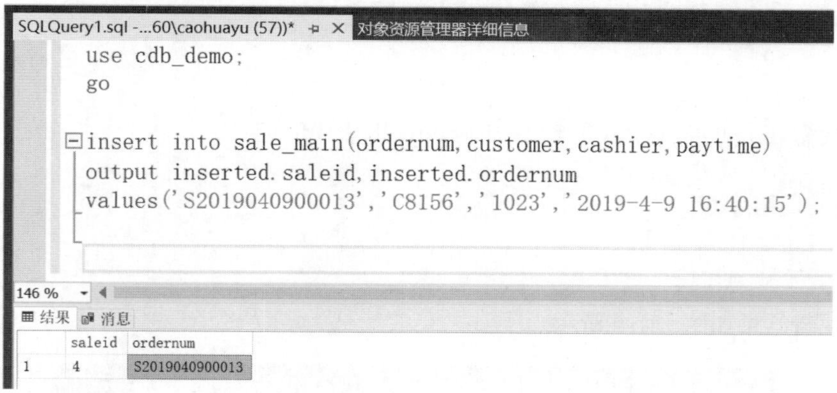

```
SQLQuery1.sql -...60\caohuayu (57))*  对象资源管理器详细信息
use cdb_demo;
go

insert into sale_main(ordernum,customer,cashier,paytime)
output inserted.saleid,inserted.ordernum
values('S2019040900013','C8156','1023','2019-4-9 16:40:15');

146 %
结果  消息
   saleid  ordernum
1  4       S2019040900013
```

图 12-8

下面的代码通过 inserted.* 返回新记录的全部数据。

```
use cdb_demo;
go

insert into sale_main(ordernum,customer,cashier,paytime)
output inserted.*
values('S2019041600001','C0189','1356','2019-4-16 11:30:16');
```

代码执行结果如图 12-9 所示。

至此已经添加了 5 条销售单主记录。接下来可以添加 sale_sub 表中的销售商品记录了。下面的代码添加了销售 ID（saleid）分别为 1 和 2 的几条销售商品信息。

```
use cdb_demo;
go

insert into sale_sub(saleid,mdsenum,mdsename,price,quantity,subtotal)
values(1,'M001','商品一',1.25,4.00,10.00);
insert into sale_sub(saleid,mdsenum,mdsename,price,quantity,subtotal)
```

```
values(1,'M002','商品二',9.00,2.00,18.00);
insert into sale_sub(saleid,mdsenum,mdsename,price,quantity,subtotal)
values(2,'M001','商品一',1.25,10.00,12.50);
insert into sale_sub(saleid,mdsenum,mdsename,price,quantity,subtotal)
values(2,'M002','商品二',9.00,1.00,9.00);
insert into sale_sub(saleid,mdsenum,mdsename,price,quantity,subtotal)
values(2,'M003','商品三',15.50,4.00,62.00);
```

SQLQuery1.sql -...60\caohuayu (57))* 对象资源管理器详细信息

```
use cdb_demo;
go

insert into sale_main(ordernum, customer, cashier, paytime)
output inserted.*
values('S2019041600001','C0189','1356','2019-4-16 11:30:16');
```

146 % 结果 消息

	saleid	ordernum	customer	cashier	paytime
1	5	S2019041600001	C0189	1356	2019-04-16 11:30:16.000

图 12-9

添加数据后，可以通过如下代码查询 sale_sub 表中的记录。

```
use cdb_demo;
go

select * from sale_sub;
```

代码执行结果如图 12-10 所示。

SQLQuery1.sql -...60\caohuayu (57))* 对象资源管理器详细信息

```
use cdb_demo;
go

select * from sale_sub;
```

146 % 结果 消息

	recid	saleid	mdsenum	mdsename	price	quantity	subtotal
1	1	1	M001	商品一	1.25	4.00	10.00
2	2	1	M002	商品二	9.00	2.00	18.00
3	3	2	M001	商品一	1.25	10.00	12.50
4	4	2	M002	商品二	9.00	1.00	9.00
5	5	2	M003	商品三	15.50	4.00	62.00

图 12-10

本例中，通过 select 语句可以很灵活地查询数据，下面详细讨论。

12.4　查询数据

使用 select 语句查询数据是数据库最基本的操作之一，但是，这并不是一项简单的工作。本节将讨论 select 语句的一些基本功能，包括数据查询、排序、分组等操作。

select 语句的基本应用格式如下：

```
select <字段列表>
from <表名>
where <条件>;
```

其中：

- <字段列表>指定需要返回数据的字段，多个字使用逗号分隔，需要返回所有字段数据时，可以使用 * 符号。
- <表名>指定查询数据的表或视图（稍后讨论）等数据库元素，如 @@IDENTITY 变量等。
- <条件>指定查询数据的条件，如果返回所有数据，则不需要使用 where 关键字指定查询条件。

下面结合查询条件的设置来演示 select 语句的基础应用。

12.4.1　查询条件

SQL 中，数据查询、更新和删除等操作时，都需要指定相应的条件，常用的条件类型包括：

- 等于，使用 = 运算符。
- 不等于，使用 <> 运算符。
- 大于，使用 > 运算符。
- 大于或等于，使用 >= 运算符。
- 小于，使用 < 运算符。
- 小于或等于，使用 <= 运算符。
- 数据范围查询，使用 between-and 子句，如 age between 18 and 30 表示 age 字段数据为 18 ~ 30 的记录。
- 数据列表查询，使用 in 子句，如“flags in(1,8,16)”表示 flags 字段值为 1、8 和 16 的记录。
- 文本模糊查询，使用 like 子句，可以使用百分号（%）匹配 0 或多个字符，如 name like 'T%' 表示 name 字段值以字母 T 开头的记录。匹配单个字符时，可以用 _ 符号，如 name like 'T--'（两个下画线）匹配以字母 T 开头，总长度为 3 个字符的记录。
- 空值查询，判断字段数据是否为空值，如 name is null 表示 name 字段数据为空的记录。
- 非空查询，判断字段是否包含数据，如 name is not null 表示 name 字段数据不为空的记录，包括数据为空字符串的记录。

下面的代码会返回 sale_sub 表中 saleid 为 2 的数据。

```
use cdb_demo;
go

select * from sale_sub
where saleid=2;
```

代码执行结果如图 12-11 所示。

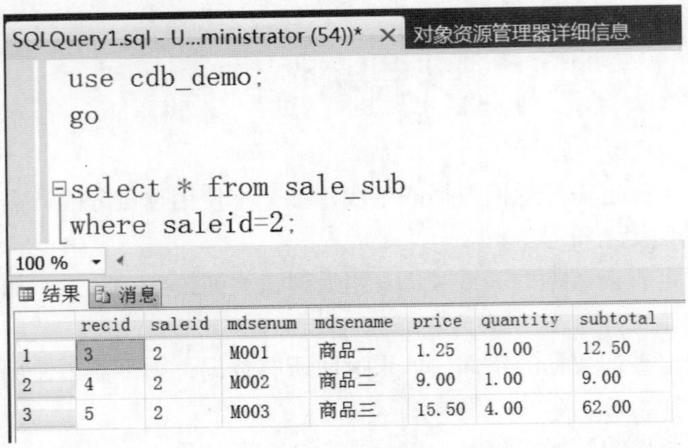

SQLQuery1.sql - U...ministrator (54))* × 对象资源管理器详细信息

```
use cdb_demo;
go

select * from sale_sub
where saleid=2;
```

100 %

结果 消息

	recid	saleid	mdsenum	mdsename	price	quantity	subtotal
1	3	2	M001	商品一	1.25	10.00	12.50
2	4	2	M002	商品二	9.00	1.00	9.00
3	5	2	M003	商品三	15.50	4.00	62.00

图　12-11

下面的代码会返回购买商品数量大于 1 的记录。

```
use cdb_demo;
go

select * from sale_sub
where quantity > 1;
```

代码执行结果如图 12-12 所示。

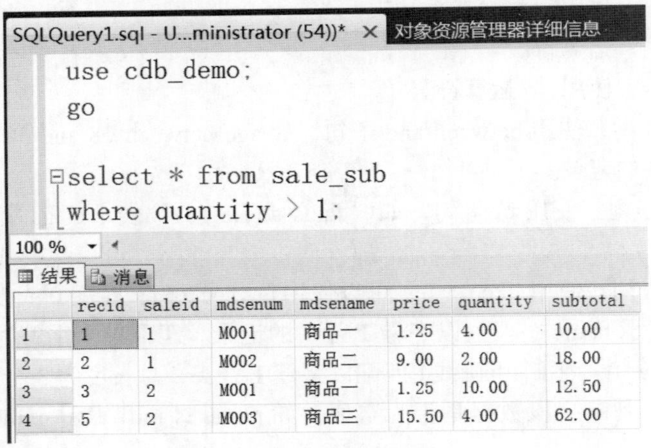

SQLQuery1.sql - U...ministrator (54))* × 对象资源管理器详细信息

```
use cdb_demo;
go

select * from sale_sub
where quantity > 1;
```

100 %

结果 消息

	recid	saleid	mdsenum	mdsename	price	quantity	subtotal
1	1	1	M001	商品一	1.25	4.00	10.00
2	2	1	M002	商品二	9.00	2.00	18.00
3	3	2	M001	商品一	1.25	10.00	12.50
4	5	2	M003	商品三	15.50	4.00	62.00

图　12-12

使用多个条件时，还可以使用 and 和 or 关键字指定条件的逻辑关系，并可以使用圆括号来组合条件。其中，and 运算符指定两个条件都满足，or 运算符指定两个条件中有一个满足即可，这和编程语言中的逻辑运算是相同的。指定相反的条件时，将 not 关系字放在条件的前面，如“not age>=18”条件的实际含义就是 age 小于 18。

12.4.2　排序

select 语句中，还可以使用一些子句以实现不同的功能，如 order by 子句就可以实现排序功能。

order by 子句的基本应用格式如下：

```
order by < 排序字段 >< 排序方式 >
```

参数含义如下：

- < 排序字段 > 指定需要排序的字段名。
- < 排序方式 > 指定是按升序（asc）或降序（desc）排列。如果不指定排序方式，则默认使用升序方式排列。

下面的代码按商品代码升序显示销售的商品信息。

```
use cdb_demo;
go

select * from sale_sub
order by mdsenum;
```

代码执行结果如图 12-13 所示。

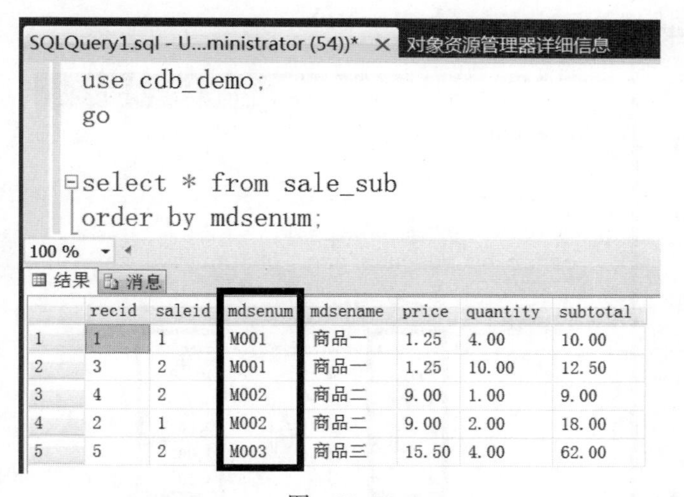

	recid	saleid	mdsenum	mdsename	price	quantity	subtotal
1	1	1	M001	商品一	1.25	4.00	10.00
2	3	2	M001	商品一	1.25	10.00	12.50
3	4	2	M002	商品二	9.00	1.00	9.00
4	2	1	M002	商品二	9.00	2.00	18.00
5	5	2	M003	商品三	15.50	4.00	62.00

图　12-13

降序排列时，需要在排序字段后使用 desc 关键字，如下面的代码。

```
use cdb_demo;
go

select * from sale_sub
order by mdsenum desc;
```

代码执行结果如图 12-14 所示。

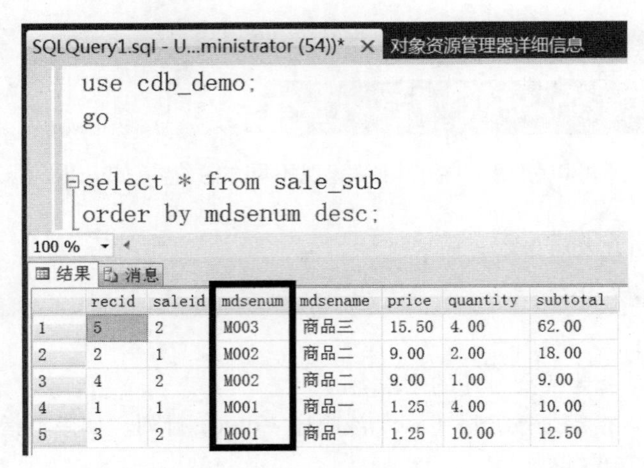

	recid	saleid	mdsenum	mdsename	price	quantity	subtotal
1	5	2	M003	商品三	15.50	4.00	62.00
2	2	1	M002	商品二	9.00	2.00	18.00
3	4	2	M002	商品二	9.00	1.00	9.00
4	1	1	M001	商品一	1.25	4.00	10.00
5	3	2	M001	商品一	1.25	10.00	12.50

图　12-14

实际应用时，还可以使用多字段排序，当第一字段数据相同时，还可以指定第二排序字段，如下面的代码，按商品代码升序和销售数量降序进行排列。

```
use cdb_demo;
go

select * from sale_sub
order by mdsenum asc, quantity desc;
```

代码执行结果如图 12-15 所示。

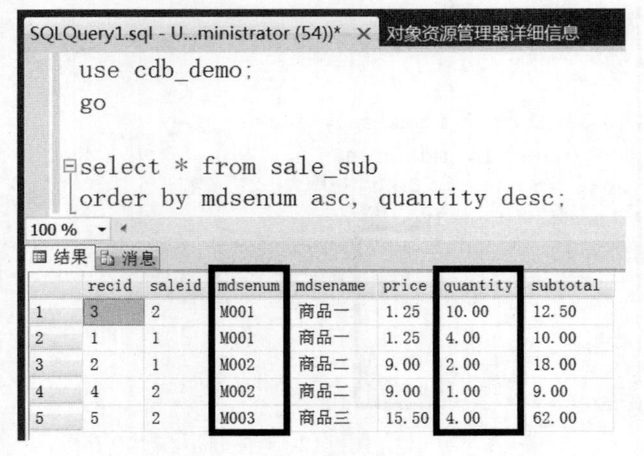

	recid	saleid	mdsenum	mdsename	price	quantity	subtotal
1	3	2	M001	商品一	1.25	10.00	12.50
2	1	1	M001	商品一	1.25	4.00	10.00
3	2	1	M002	商品二	9.00	2.00	18.00
4	4	2	M002	商品二	9.00	1.00	9.00
5	5	2	M003	商品三	15.50	4.00	62.00

图　12-15

本例中，商品销售记录首先会按商品代码（mdsenum）升序排列，当商品代码相同时会按销售数量（quantity）降序排列。

12.4.3　函数

select 语句中，还可以通过函数进行一些简单的计算，如：

- avg() 函数，求平均值。
- count() 函数，计数。

- min() 函数，求最小值。
- max() 函数，求最大值。
- sum() 函数，求和。

下面的代码计算所有销售商品记录中小计（subtotal）的平均值。

```
use cdb_demo;
go

select avg(subtotal) from sale_sub;
```

代码执行结果如图 12-16 所示。

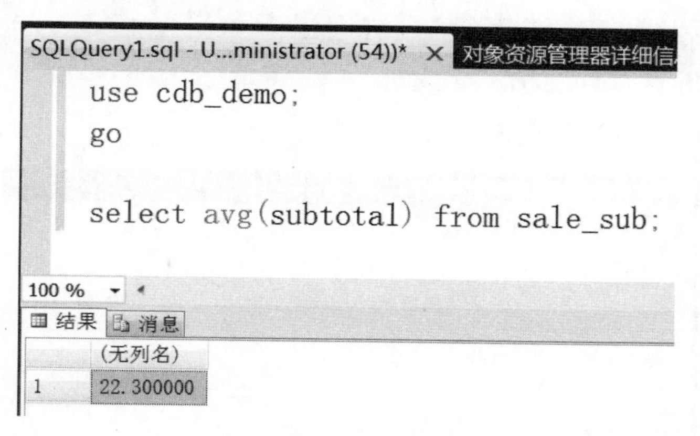

图　12-16

如果需要返回的结果更具有可读性，还可以使用 as 关键字指定返回数据项的别名。下面的代码计算 saleid 为 2 的销售单的总金额。

```
use cdb_demo;
go

select sum(subtotal) as [金额总计] from sale_sub
where saleid = 2;
```

代码执行结果如图 12-17 所示。

SQLQuery1.sql - U...ministrator (54))*　对象资源管理器详细信息

```
use cdb_demo;
go

select sum(subtotal) as [金额总计] from sale_sub
where saleid = 2;
```

100 %

结果　消息

	金额总计
1	83.50

图　12-17

本例中除了使用 as 关键字指定项目别名外，还需要注意的是，指定对象名称时使用了一对方括号，这是 SQL Server 数据库中定义对象名称的标准格式。

使用方括号定义对象名称的好处就是，可以有效地避免歧义，如字段名中可能有空格的时候。

12.4.4 分组

前面的实例，在 sale_sub 表中可以通过 saleid 数据区分销售单，并计算单个销售单中的总金额，如果需要统计所有销售单的总金额，则可以使用分组。

在 select 语句中使用 group by 子句，可以对指定字段进行分组，并进一步计算。下面的代码将计算 sale_sub 表中所有销售单中的金额总计。

```
use cdb_demo;
go

select saleid as [销售单ID],sum(subtotal) as [金额总计]
from sale_sub
group by saleid;
```

代码执行结果如图 12-18 所示。

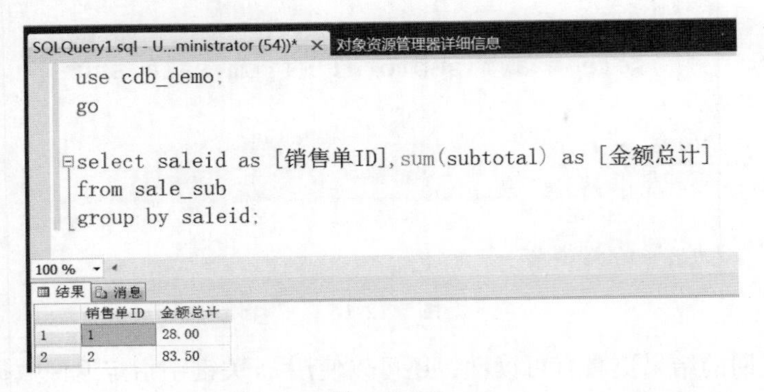

图 12-18

下面的代码计算每个销售单中的商品类型的数量。

```
use cdb_demo;
go

select saleid as [销售单ID],count(mdsenum) as [商品数量]
from sale_sub
group by saleid;
```

代码执行结果如图 12-19 所示。

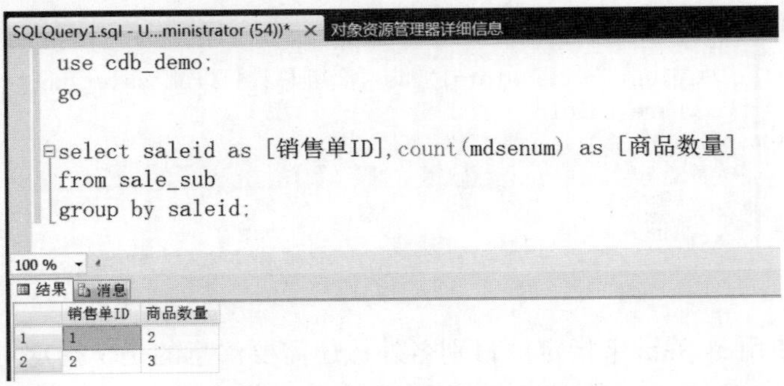

图 12-19

12.4.5 distinct 子句

使用 distinct 子句可以过滤重复的记录。请注意，这里的重复记录是指所有字段数据都相同的情况。下面的代码将只显示销售记录中的商品名称。

```
use cdb_demo;
go

select distinct mdsename from sale_sub;
```

代码执行结果如图 12-20 所示。

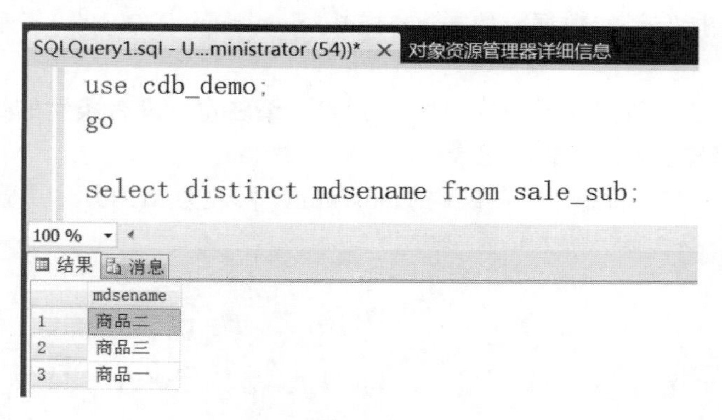

图 12-20

12.4.6 top 子句

不需要返回查询结果中的所有数据时，可以使用 top 子句指定返回的记录数量。下面的代码将返回 sale_sub 表中 saleid 为 2 的记录。

```
use cdb_demo;
go

select top 1 * from sale_sub
where saleid = 2;
```

代码执行结果如图 12-21 所示。

SQLQuery1.sql - U...ministrator (54))*　对象资源管理器详细信息

```
use cdb_demo;
go

select top 1 * from sale_sub
where saleid = 2;
```

100 %

结果　消息

	recid	saleid	mdsenum	mdsename	price	quantity	subtotal
1	3	2	M001	商品一	1.25	10.00	12.50

图 12-21

12.5 更新数据

修改表中的数据，使用 update 语句操作，应用格式如下：

```
update <表名>
set <新数据>
where <条件>;
```

参数含义如下：

- <表名>更新数据的表。
- <新数据>指定新的数据，如 price=15.6、mdsenum='M2019'，多个数据项使用逗号分隔。
- <条件>指定更新记录的条件，如 recid=1。**请注意，没有条件的数据更新操作是很危险的，那样会修改所有的记录。**

下面的代码将所有"商品一"的编码（mdsenum）修改为 M1001，并显示修改后的结果。

```
use cdb_demo;
go

update sale_sub
set mdsenum = 'M1001'
where mdsename = '商品一';
go

select * from sale_sub;
```

代码执行结果如图 12-22 所示。

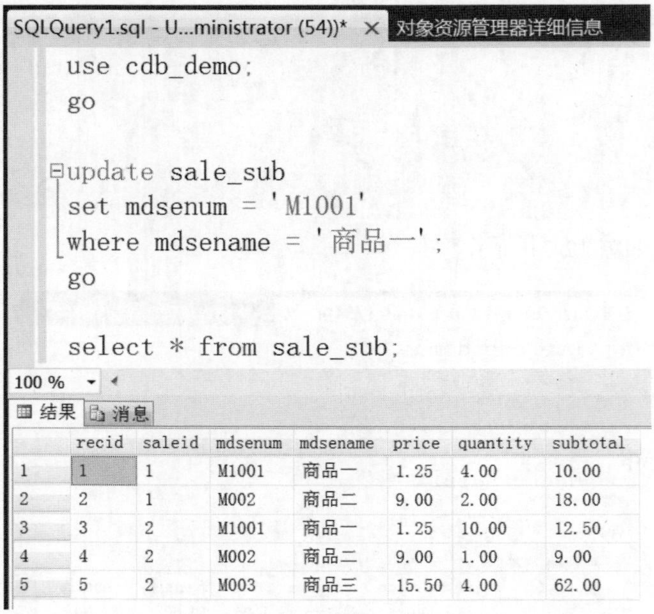

SQLQuery1.sql - U...ministrator (54))* × 对象资源管理器详细信息

```
use cdb_demo;
go

update sale_sub
set mdsenum = 'M1001'
where mdsename = '商品一';
go

select * from sale_sub;
```

100 %

结果 消息

	recid	saleid	mdsenum	mdsename	price	quantity	subtotal
1	1	1	M1001	商品一	1.25	4.00	10.00
2	2	1	M002	商品二	9.00	2.00	18.00
3	3	2	M1001	商品一	1.25	10.00	12.50
4	4	2	M002	商品二	9.00	1.00	9.00
5	5	2	M003	商品三	15.50	4.00	62.00

图 12-22

更新数据时，如果只需要修改一条记录的数据，使用主键数据或唯一约束数据指定条件是不错的选择。

12.6　删除数据

删除数据表的数据时，使用 delete 语句操作，格式如下：

```
delete from <表名>
where <条件>;
```

请注意，没有条件的删除语句同样是非常危险的。

SQL Server 数据库中，还可以使用 deleted 表返回删除的数据。下面的代码删除 t_a 表中的记录，并显示已删除数据。

```
use cdb_demo;
go

insert into t_a(fa,fb,fc,fd) values(1,'a','A',101);
insert into t_a(fa,fb,fc,fd) values(2,'b','B','102');
go

delete from t_a output deleted.* where fa = 2 ;
```

代码执行结果如图 12-23 所示。

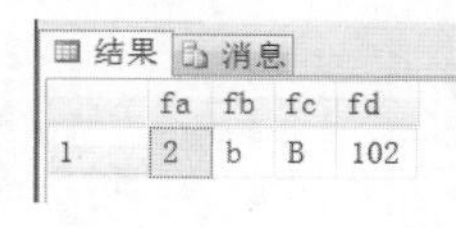

结果　消息

	fa	fb	fc	fd
1	2	b	B	102

图　12-23

实际应用中，如果需要删除数据表中的所有数据，还可以使用 truncate table 语句，其功能是清空数据表，并重置 ID 计数，此时，数据表就像新创建的一样。truncate table 语句的格式如下：

```
truncate table <表名>;
```

清除被其他表的外键引用的表时，可能会提示错误，这主要是防止外键引用的数据被误删除。

SQL Server 数据库中，有外键引用字段的表是不能使用 truncate 语句清除数据的。如果想重置表，有两种方：一种方法是删除外键约束后使用 truncate 语句；另一种方法是使用 delete 语句删除所有数据，然后将 ID 字段计数重新设置为从 1 开始。下面的代码就是在 SQL Server 2008 或更新版本的数据库中重置 sale_sub 和 sale_main 表。请注意，应先清除 sale_sub 表，再清除 sale_main 表。

```
use cdb_demo;
go

truncate table sale_sub;

-- 删除数据
delete from sale_main;
-- 重置 ID 字段计数
dbcc checkident (sale_main,reseed,0) ;
```

在 MySQL 数据库中，确实要清除数据表时，可以设置不检查外键约束。下面的代码就是在 MySQL 数据库清除 sale_sub 和 sale_main 表。

```
USE cdb_demo;

TRUNCATE table sale_sub;

SET foreign_key_checks=0;
TRUNCATE table sale_main;
SET foreign_key_checks=1;
```

12.7 视图与连接查询

大多数情况下，视图（view）可以作为查询模板来使用。比如，对于比较复杂的数据查询，可以定义为一个视图，然后，通过视图名称进行访问，从而简化数据查询代码。下面结合连接查询来讨论视图的应用。

前面的实例中分别操作了销售单主表（sale_main）和子表（sale_sub）。如果需要查询完整的销售信息，就应该将这两个表结合起来使用。这里就可以使用连接查询来完成。

下面的代码用于连接查询并显示 sale_main 和 sale_sub 表中全部字段的数据。

```
use cdb_demo;
go

select * from
sale_main join sale_sub
on sale_main.saleid = sale_sub.saleid;
```

代码执行结果如图 12-24 所示。

结果 消息

	saleid	ordernum	customer	cashier	paytime	recid	saleid	mdsenum	mdsename	price	quantity	subtotal
1	1	S2019030300156	C0015	1015	2019-03-03 10:56:45.000	1	1	M1001	商品一	1.25	4.00	10.00
2	1	S2019030300156	C0015	1015	2019-03-03 10:56:45.000	2	1	M002	商品二	9.00	2.00	18.00
3	2	S2019030300206	C1026	1015	2019-03-03 15:11:32.000	3	2	M1001	商品一	1.25	10.00	12.50
4	2	S2019030300206	C1026	1015	2019-03-03 15:11:32.000	4	2	M002	商品二	9.00	1.00	9.00
5	2	S2019030300206	C1026	1015	2019-03-03 15:11:32.000	5	2	M003	商品三	15.50	4.00	62.00

图 12-24

本例中，sale_main 和 sale_sub 表中的 saleid 字段都显示了，显然有些冗余，下面的代码创建了名为 v_sale 的视图，而且只显示一次 saleid 字段。

```
use cdb_demo;
go

create view v_sale
as
select M.*,S.recid,S.mdsenum,S.mdsename,S.price,S.quantity,S.subtotal
from sale_main as M join sale_sub as S on M.saleid=S.saleid;
```

接下来可以通过视图查询数据了，从语法上看就和数据表一样。下面的代码会显示 v_sale 视图查询结果的所有数据。

```
use cdb_demo;
go

select * from v_sale;
```

代码执行结果如图 12-25 所示。

结果 消息

	saleid	ordernum	customer	cashier	paytime	recid	mdsenum	mdsename	price	quantity	subtotal
1	1	S2019030300156	C0015	1015	2019-03-03 10:56:45.000	1	M1001	商品一	1.25	4.00	10.00
2	1	S2019030300156	C0015	1015	2019-03-03 10:56:45.000	2	M002	商品二	9.00	2.00	18.00
3	2	S2019030300206	C1026	1015	2019-03-03 15:11:32.000	3	M1001	商品一	1.25	10.00	12.50
4	2	S2019030300206	C1026	1015	2019-03-03 15:11:32.000	4	M002	商品二	9.00	1.00	9.00
5	2	S2019030300206	C1026	1015	2019-03-03 15:11:32.000	5	M003	商品三	15.50	4.00	62.00

图 12-25

下面是连接查询部分的语法：

```
<表 1>  join  <表 2>  on  <连接条件>
```

再看一下创建 v_sale 视图中使用的连接查询代码。

```
sale_main as M join sale_sub as S on M.saleid=S.saleid
```

这里是对 sale_main 和 sale_sub 表进行连接操作，其中，sale_main 表设置别名为 M，sale_sub 表设置别名为 S。设置表的别名以后，可以在字段、条件等部分使用。本例的连接条件是 saleid 字段数据相等，即对销售单信息和销售商品信息进行关联。

前面的实例中只显示了包含销售商品信息的销售单信息，还有几条销售单记录中没有商品信息，那么如何在连接操作中显示这些销售单的信息呢？

如果还将 sale_main 表放在 join 关键字的左边，可以添加 left 关键字来实现，如下面的代码。

```
use cdb_demo;
go

select M.*,S.recid,S.mdsenum,S.mdsename,S.price,S.quantity,S.subtotal
from sale_main as M left join sale_sub as S on M.saleid=S.saleid;
```

代码执行结果如图 12-26 所示。

结果 消息

	saleid	ordernum	customer	cashier	paytime	recid	mdsenum	mdsename	price	quantity	subtotal
1	1	S2019030300156	C0015	1015	2019-03-03 10:56:45.000	1	M1001	商品一	1.25	4.00	10.00
2	1	S2019030300156	C0015	1015	2019-03-03 10:56:45.000	2	M002	商品二	9.00	2.00	18.00
3	2	S2019030300206	C1026	1015	2019-03-03 15:11:32.000	3	M1001	商品一	1.25	10.00	12.50
4	2	S2019030300206	C1026	1015	2019-03-03 15:11:32.000	4	M002	商品二	9.00	1.00	9.00
5	2	S2019030300206	C1026	1015	2019-03-03 15:11:32.000	5	M003	商品三	15.50	4.00	62.00
6	3	S2019040500011	C2055	1016	2019-04-05 10:36:39.000	NULL	NULL	NULL	NULL	NULL	NULL
7	4	S2019040900013	C8156	1023	2019-04-09 16:40:15.000	NULL	NULL	NULL	NULL	NULL	NULL
8	5	S2019041600001	C0189	1356	2019-04-16 11:30:16.000	NULL	NULL	NULL	NULL	NULL	NULL

图 12-26

需要注意的是，视图并不真正地物理存放数据。调用视图时，实际上还是需要从表中读取数据。

最后，当一个视图不再需要时，可以通过如下语句删除视图。

```
drop view <视图名>;
```

12.8 存储过程

存储过程（Stored Procedure，SP）是数据库中一个重要的可编程特性。通过调用存储过程，可以简化很多数据操作。

下面的代码在数据库中定义一个为 usp_sale_mdse 的存储过程，其功能是通过销售单号返回对应的商品销售信息。

```
use cdb_demo;
go

create procedure usp_sale_mdse
   @ordernum as nvarchar(30)
as
begin
   select recid,mdsenum,mdsename,price,quantity,subtotal
   from v_sale
   where ordernum= @ordernum;
end
```

代码使用 create procedure（或 create proc）语句创建存储过程，一般来讲，用户自定义的存储过程以 usp_ 作为名称的前缀，这里就是 usp_sale_mdse。

as 关键字后面是存储过程执行的主体，在 create procedure 语句和 as 语句之前定义存储过程需要的参数，这里定义了一个输入参数 @ordernum，用于带入查询的销售单号，其类型为 nvarchar(30)，即最大 30 个 Unicode 字符的文本类型，这和 sale_main 表中的定义是相同的。如果需要多个参数，则使用逗号分隔。

存储过程的主体中，通过一个简单的查询语句从 v_sale 视图中返回指定销售单号的商品信息。请注意，这里的查询条件中使用的是参数，而不是数据的直接量，即 ordernum = @ordernum。

下面的代码通过调用 usp_sale_mdse 存储过程来显示指定销售单号的商品信息。

```
use cdb_demo;
go

declare @ordernum as nvarchar(30);
set @ordernum = 'S2019030300156';
exec usp_sale_mdse @ordernum;
```

本例中，declare 语句用于声明变量，set 语句对变量进行赋值。最后，通过 exec 语句调用存储过程，并带入参数。代码执行结果如图 12-27 所示。

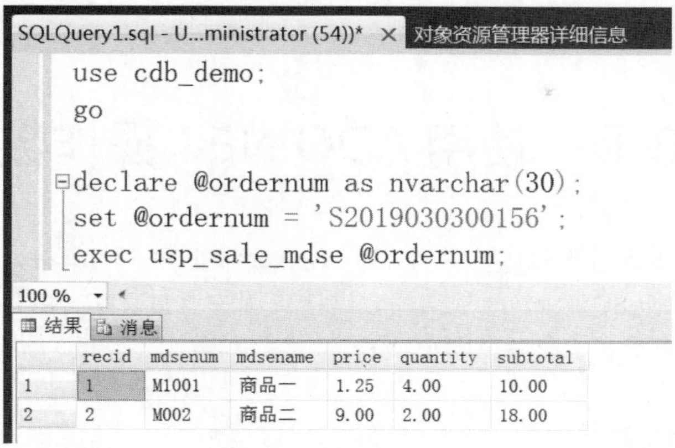

SQLQuery1.sql - U...ministrator (54))* × 对象资源管理器详细信息

```
use cdb_demo;
go

declare @ordernum as nvarchar(30);
set @ordernum = 'S2019030300156';
exec usp_sale_mdse @ordernum;
```

100 %

结果 消息

	recid	mdsenum	mdsename	price	quantity	subtotal
1	1	M1001	商品一	1.25	4.00	10.00
2	2	M002	商品二	9.00	2.00	18.00

图 12-27

12.9 小结

本章讨论了 SQL Server 数据库的基本操作，可以在 Web 项目中有效地处理数据。

数据库的众多概念中，还有一个是比较重要的，这就是事务（transaction）。事务作为操作单元，其中的多个任务要么全部完成，要么什么也不做。最典型的例子就是转账操作，如 A 账户向 B 账户转账 100 元需要两个操作，即 A 账户扣除 100 元，B 账户加上 100 元，只有这两个操作都成功，转账操作才算完成，否则，一定会有人不同意的。第 13 章会介绍如何使用 C# 代码执行事务。

SQL Server 数据库系统的功能是非常强大的，如果要成为熟练的数据库管理员或者在软件开发中能够更有效地使用数据库，还需要更深入学习。

第 13 章　使用 ADO.NET 操作数据库

第 12 章介绍了如何在 SSMS 中操作 SQL Server 数据库。本章将介绍如何使用 C# 代码的 ADO.NET 组件操作 SQL Server 数据库，这些资源主要封装在 .NET Framework 类库中的 System.Data 命名空间及其子命名空间中。

13.1　连接数据库

在项目中使用数据库，首先需要通过连接字符串连接。连接 SQL Server 数据库时，主要的参数包括服务器与实例、数据库名称、验证方式、用户名、密码等，下面分别讨论。

服务器与实例使用 DataSource 或 Server 参数设置，指定 SQL Server 服务器地址、端口及连接的实例等信息。如果服务器是本机，并且使用默认地址和默认实例，可以使用一个圆点（.）表示，否则，需要明确相关信息。下面是几种常用的情况：

- 本机默认实例，可以使用圆点（.）或“(local)”指定。
- 如果服务器使用了特定的端口，可以在服务器后使用逗号分隔指定端口号，如“127.0.0.1,1433”。
- 不使用默认实例时，需要使用 \ 符号指定实例名称，如“127.0.0.1,1433\MSSQLSERVER1”。请注意，C# 代码的字符串内容中，\ 为转义操作字符，在普通的字符中显示 \ 字符时需要转义，如 ".\\MSSQLSERVER1"。此外，C# 代码还可以使用逐字字符串，如 @".\MSSQLSERVER1"。

数据库名称使用 InitialCatalog 或 Database 参数设置。

针对验证方式，SQL Server 数据库的连接方式主要有两种，包括“ Windows 身份验证”和“ SQL Server 身份验证”。使用“ Windows 身份验证”时，可以使用 IntegratedSecurity 参数设置为 sspi、true 或 yes 值。

用户名和密码是指在通过“ SQL Server 身份验证”登录时需要提供的用户名和密码，分别使用 UserID 和 Password（或 pwd）参数设置。

下面的连接字符串用于连接本书实例中的 cdb_demo 数据库。

```
DataSource=.\MSSQLSERVER1;InitialCatalog=cdb_demo;IntegratedSecurity=true;
Async=true;
```

代码连接的 SQL Server 数据库是本机的 MSSQLSERVER1 实例，数据库名称为 cdb_demo，连接方式是“Windows 身份验证”。

实际应用中，还可以通过 SqlConnectionStringBuilder 类帮助构建数据库连接字符串，如下面的代码：

```
//创建本地服务器连接串
public static string GetLocalCnnStr(string dbName,string server=".")
{
```

```
    SqlConnectionStringBuilder sb = new SqlConnectionStringBuilder();
        sb.DataSource = server;
        sb.InitialCatalog = dbName;
        sb.IntegratedSecurity = true;
        sb.Pooling = true;
        sb.AsynchronousProcessing = true;
        return sb.ConnectionString;
    }
```

这是 chyx 库 chyx2.dbx.sqlx.CSql 类中定义的一个方法，用于生成本地数据库的连接字符串。本书使用的数据库可以通过如下代码生成连接字符串：

```
string cnnstr = GetLocalCnnStr("cdb_demo",".\MSSQLSERVER1");
```

连接 SQL Server 数据库时，需要使用 SqlConnection 类，下面的代码用于测试数据库是否可以正确连接。

```
using System;
using System.Data.SqlClient;

public partial class Test : System.Web.UI.Page
{
    protected void Page_Load(object sender, EventArgs e)
    {
        string cnnstr =@"Data Source=.\MSSQLSERVER1;Initial Catalog=cdb_demo;
Integrated Security=true";
        using (SqlConnection cnn = new SqlConnection(cnnstr))
        {
            cnn.Open();
            Response.Write(" 数据库连接成功 ");
        }
    }
}
```

请确认实例数据库可以正确连接，这样才能够进行接下来的测试工作。

为了简化数据库连接字符串的使用，可以在 /app_code/common/CApp.cs 文件中添加如下内容：

```
using System;

public static class CApp
{
    // 数据库连接字符串
    public static string SqlCnnStr=@"Data Source=.\MSSQLSERVER1;Initial Catalog=
cdb_demo;Integrated Security=true;Async=true;";

//
}
```

现在，可以使用 CApp.SqlCnnStr 静态字段表示本书实例数据库的连接字符串。接下来，如果没有特殊说明，主要在 Test.aspx 页面和 Test.aspx.cs 文件中进行测试，并以如下代码作为数据库操作的基本结构。

```
using (SqlConnection cnn = new SqlConnection(CApp.SqlCnnStr))
{
```

```
        cnn.Open();
        //测试代码
    }
```

13.2 执行命令和存储过程

第 12 章中使用了大量的 SQL 语句来操作 SQL Server 数据库。C# 代码依然需要使用 SQL，而这些语句是通过 SqlCommand 类来执行的，下面就来学习 SqlCommand 类的应用。

13.2.1 SqlCommand 类

SqlCommand 类用于执行 SQL Server 数据库的 SQL 语句或存储过程，主要属性包括：

- CommandText 属性，指定需要执行的 SQL 语句或存储过程名称。
- CommandType 属性，定义为 CommandType 枚举类型，指定 CommandText 属性中内容的类型，默认为 Text，即 SQL 语句；另一个常用的值是 StoredProcedure，即指定为执行存储过程。CommandType 枚举的第三个值为 TableDirect，指定数据表名称，此类型只用于 OLEDB 数据源。

执行命令后，需要返回执行结果，以下是三个基本的方法：

- ExecuteNonQuery() 方法，执行 SQL 语句，返回影响的数据行数。常用于 insert、delete、update 等语句，如果不是这三类语句，则返回 -1。
- ExecuteScalar() 方法，返回查询结果中第一行第一个字段的数据，没有结果时返回 null 值。
- ExecuteReader() 方法，返回查询记录集，类型为 SqlDataReader 对象，稍后讨论如何从中读取数据。

除了以上三个方法，对于 ExecuteNonQuery() 和 ExecuteReader() 方法还有相应的异步方法，分别是 BeginExecuteNonQuery() 和 EndExecuteNonQuery() 方法，以及 BeginExecute-Reader() 和 EndExecuteReader() 方法。

下面的代码会在页面中显示 saleid 为 2 的销售商品记录数。

```
using System;
using System.Data;
using System.Data.SqlClient;

public partial class Test : System.Web.UI.Page
{
    protected void Page_Load(object sender, EventArgs e)
    {
        using (SqlConnection cnn = new SqlConnection(CApp.SqlCnnStr))
        {
            cnn.Open();
            SqlCommand cmd = cnn.CreateCommand();
            cmd.CommandText =
                @"select count(*) from sale_sub where saleid=2;";
            Response.Write(cmd.ExecuteScalar());
        }
```

```
    }
}
```

代码执行结果如图 13-1 所示。

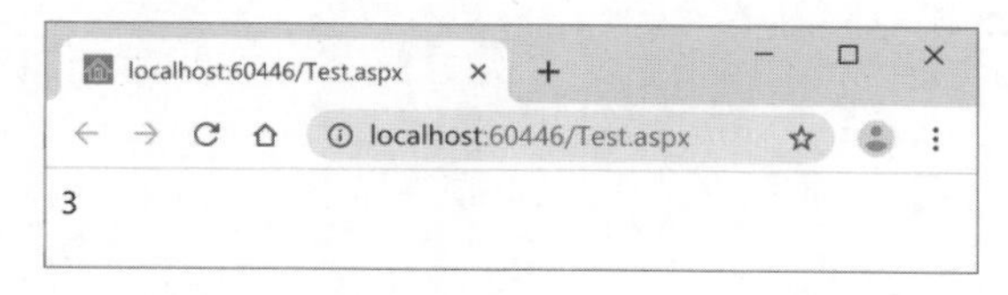

图　13-1

13.2.2　使用 SqlDataReader 读取数据

SqlCommand 对象中的 ExecuteReader() 方法及其异步版本会返回查询结果数据集，定义为 SqlDataReader 对象，从中可以读取字段和数据记录。

SqlDataReader 对象中的常用成员包括：

- FieldCount 属性，返回结果中包含多少个字段。
- HasRows 属性，是否包含记录行。
- Read() 方法，向下读取一行数据，若成功则返回 true，否则返回 false。
- GetName(index) 方法，返回字段名。
- 索引器，可以使用从 0 开始的整数索引，也可以使用字段名作为索引，返回当前数据行中指定字段的数据。
- 一系列 GetXXX() 方法，参数可以使用整数索引或字段名，直接读取字段中的指定类型的数据，如 GetInt32() 方法返回 32 位整数值、GetString() 方法返回字符串等，方法名使用的类型与 System 命名空间中定义的数据类型相对应。

下面的代码读取 saleid 为 2 的销售商品信息，并逐条显示在页面中。

```
using System;
using System.Data;
using System.Data.SqlClient;

public partial class Test : System.Web.UI.Page
{
    protected void Page_Load(object sender, EventArgs e)
    {
        using (SqlConnection cnn = new SqlConnection(CApp.SqlCnnStr))
        {
            cnn.Open();
            SqlCommand cmd = cnn.CreateCommand();
            cmd.CommandText = @"select * from sale_sub where saleid=2;";
            IAsyncResult ar = cmd.BeginExecuteReader();
            using (SqlDataReader dr = cmd.EndExecuteReader(ar))
            {
                while(dr.Read())
                {
                    for(int col=0;col<dr.FieldCount;col++)
                    {
                        Response.Write(dr[col]);
```

```
                        Response.Write(" , ");
                    }
                    Response.Write("<br />");
                }
            }
        }

    }
}
```

代码执行结果如图 13-2 所示。

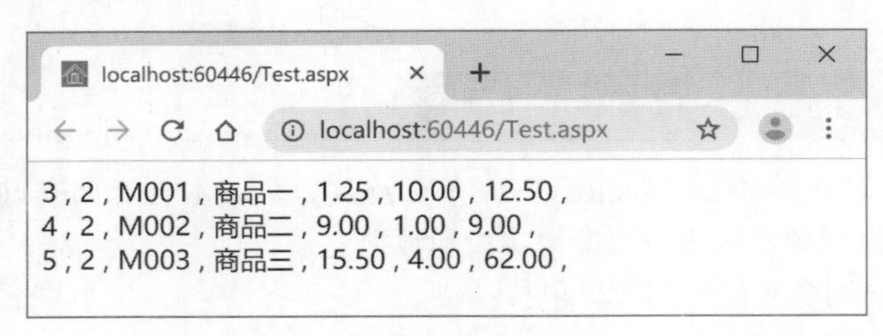

图 13-2

本例使用 ExecuteReader() 方法的异步版本。首先，BeginExecuteReader() 方法会返回一个 IAsyncResult 接口对象，然后，在 EndExecuteReader() 方法的参数中需要指定相应的 IAsyncResult 对象，以便返回正确的查询结果。

13.2.3 使用参数

当执行的 SQL 或存储过程需要使用参数时，可以使用 SqlCommand 对象中 Parameters 集合的 AddWithValue() 方法添加参数数据。下面的代码调用 usp_sale_mdse 存储过程，并指定 @ordernum 参数数据。

```
using System;
using System.Data;
using System.Data.SqlClient;

public partial class Test : System.Web.UI.Page
{
    protected void Page_Load(object sender, EventArgs e)
    {
        using (SqlConnection cnn = new SqlConnection(CApp.SqlCnnStr))
        {
            cnn.Open();
            SqlCommand cmd = cnn.CreateCommand();
cmd.CommandText = @"usp_sale_mdse";
            cmd.CommandType = CommandType.StoredProcedure;
            cmd.Parameters.AddWithValue("@ordernum", "S2019030300156");
            IAsyncResult ar = cmd.BeginExecuteReader();
            using (SqlDataReader dr = cmd.EndExecuteReader(ar))
            {
                while(dr.Read())
                {
                    for(int col=0;col<dr.FieldCount;col++)
```

```
                        {
                            Response.Write(dr[col]);
                            Response.Write(" , ");
                        }
                        Response.Write("<br/>");
                    }
                }
            }

        }
}
```

使用 SqlCommand 对象调用存储过程时，注意将 CommandType 属性设置为 CommandType.StoredProcedure 值。

调用 Parameters.AddWithValue() 方法添加参数数据时，需要指定两个参数，参数一指定参数名称，参数二指定参数数据。如果需要清除所有参数，则可以调用 Parameters.Clear() 方法。

13.3　DataSet 和数据绑定

前面讨论的 SqlConnection、SqlCommand、SqlDataReader 等类型称为连接组件，其特点是，操作数据库时需要和数据库保持连接。在 ADO.NET 组件中，还有一类组件，它们在使用时并不需要连接数据库，称为非连接组件或脱机组件，其中，最常用的是 DataSet 及相关组件。

DataSet 对象用于处理一个数据集，其中可以包含一系列的数据表（DataTable）和表之间的关系（DataRelation）。本节将着重讨论 DataSet、DataTable 组件的应用，以及如何将数据快速地绑定到 Web 控件。

13.3.1　DataSet 和 DataTable

DataSet 对象中包含了一个 Tables 属性，这是包含数据表的集合，其中，可以使用 Count 属性返回数据表的数量，还可以使用索引值返回具体的数据表对象（DataTable）。

接下来，通过 SqlDataAdapter 对象读取数据，并在 GridView 控件中显示读取的数据。首先，需要在 Test.aspx 文件中添加一个 GridView 控件，如下面的代码。

```
<%@ Page Language="C#" AutoEventWireup="true" CodeFile="Test.aspx.cs"
Inherits="Test" %>

<!DOCTYPE html>

<html xmlns="http://www.w3.org/1999/xhtml">
<head runat="server">
<meta http-equiv="Content-Type" content="text/html; charset=utf-8"/>
<title></title>
</head>
<body>
<form id="form1" runat="server">
<asp:GridView ID="grd" runat="server"></asp:GridView>
```

```
</form>
</body>
</html>
```

接下来回到 Test.aspx.cs 文件，修改代码如下。

```
using System;
using System.Data;
using System.Data.SqlClient;

public partial class Test : System.Web.UI.Page
{
    protected void Page_Load(object sender, EventArgs e)
    {
        using (SqlConnection cnn = new SqlConnection(CApp.SqlCnnStr))
        {
            cnn.Open();
            SqlCommand cmd = cnn.CreateCommand();
            cmd.CommandText = @"usp_sale_mdse";
            cmd.CommandType = CommandType.StoredProcedure;
            cmd.Parameters.AddWithValue("@ordernum", "S2019030300156");
            using (SqlDataAdapter ada = new SqlDataAdapter(cmd))
            {
                DataSet ds = new DataSet();
                ada.Fill(ds);
                grd.DataSource = ds;
                grd.DataBind();
            }
        }
    }
}
```

代码执行结果如图 13-3 所示。

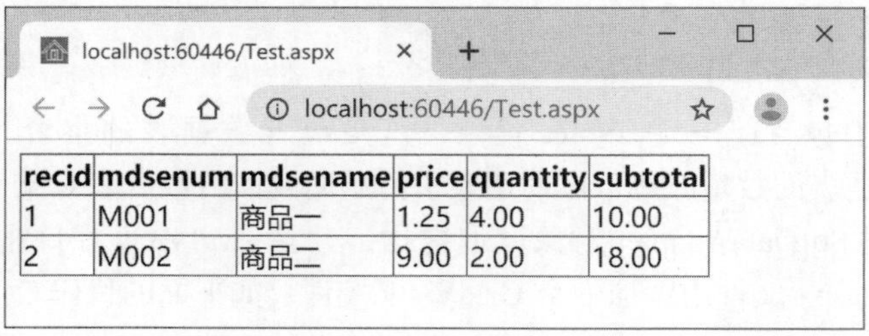

localhost:60446/Test.aspx

recid	mdsenum	mdsename	price	quantity	subtotal
1	M001	商品一	1.25	4.00	10.00
2	M002	商品二	9.00	2.00	18.00

图 13-3

代码将 DataSet 对象中的数据绑定到 GridView 控件是非常方便的，这里主要使用了 GridView 控件的两个成员：

- DataSource 属性，指定数据源，本例直接指定为 DataSet 对象，此时会使用 Tables[0] 表中的数据，如果需要指定不同数据表的数据，则可以直接使用 DataTable 对象作为数据源。
- DataBind() 方法，执行数据绑定操作。

为了更加熟悉 DataTable 和 DataSet 的操作，下面的代码通过 SqlDataReader 对象读取数据，并手工创建 DataTable 和 DataSet 对象。

```
using System;
using System.Data;
using System.Data.SqlClient;

public partial class Test : System.Web.UI.Page
{
    protected void Page_Load(object sender, EventArgs e)
    {
        using (SqlConnection cnn = new SqlConnection(CApp.SqlCnnStr))
        {
            cnn.Open();
            SqlCommand cmd = cnn.CreateCommand();
            cmd.CommandText = @"usp_sale_mdse";
            cmd.CommandType = CommandType.StoredProcedure;
            cmd.Parameters.AddWithValue("@ordernum", "S2019030300156");
            using (SqlDataReader dr = cmd.ExecuteReader())
            {
                DataTable tbl = new DataTable();
                //添加列
                for (int col = 0; col < dr.FieldCount; col++)
                    tbl.Columns.Add(dr.GetName(col));
                //添加数据行
                while(dr.Read())
                {
                    DataRow dRow = tbl.NewRow();
                    for (int col = 0; col < dr.FieldCount; col++)
                        dRow[col] = dr[col];
                    tbl.Rows.Add(dRow);
                }
                //
                DataSet ds = new DataSet();
                ds.Tables.Add(tbl);
                //绑定数据
                grd.DataSource = ds;
                grd.DataBind();
            }
        }
    }
}
```

代码执行结果与图 13-3 相同。本例中包含的操作主要有：

- DataTable 表中添加新列时，使用 Columns 集合中的 Add() 方法。
- 创建新的数据行时，使用 DataTable 对象的 NewRow() 方法。
- 添加行数据时，使用 DataRow 对象的索引器。
- 将数据行添加到 DataTable 对象时，使用其 Rows 集合的 Add() 方法。
- 将 DataTable 对象添加到 DataSet 时，使用 DataSet 对象 Tables 集合的 Add() 方法。

读取 DataSet 和 DataTable 数据时，可以参照如下代码。

```
using System;
using System.Data;
using System.Data.SqlClient;

public partial class Test : System.Web.UI.Page
```

```
{
    protected void Page_Load(object sender, EventArgs e)
    {
        using (SqlConnection cnn = new SqlConnection(CApp.SqlCnnStr))
        {
            cnn.Open();
            SqlCommand cmd = cnn.CreateCommand();
            cmd.CommandText = @"usp_sale_mdse";
            cmd.CommandType = CommandType.StoredProcedure;
            cmd.Parameters.AddWithValue("@ordernum", "S2019030300156");
            using (SqlDataAdapter ada = new SqlDataAdapter(cmd))
            {
                DataSet ds = new DataSet();
                ada.Fill(ds, "table1");
                // 读取数据
                DataTable tbl = ds.Tables["table1"];
                // 显示字段名
                for(int col=0;col<tbl.Columns.Count;col++)
                {
                    Response.Write(tbl.Columns[col].ColumnName);
                    Response.Write(" , ");
                }
                Response.Write("<br />");
                // 显示数据行
                for(int row=0;row<tbl.Rows.Count;row++)
                {
                    for (int col = 0; col < tbl.Columns.Count; col++)
                    {
                        Response.Write(tbl.Rows[row][col]);
                        Response.Write(" , ");
                    }
                    Response.Write("<br />");
                }
            }
        }
    }
}
```

代码执行结果如图 13-4 所示。

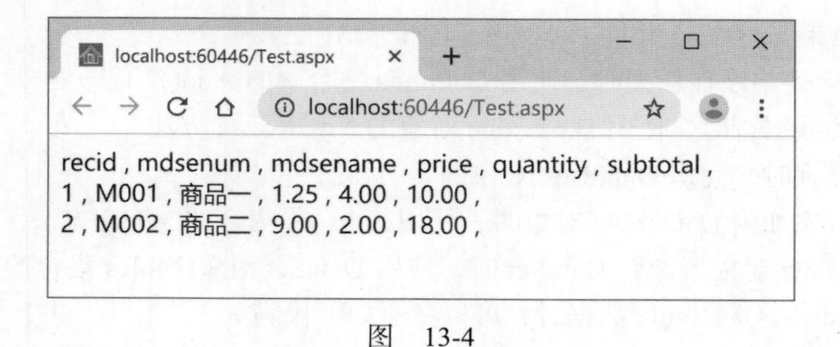

图 13-4

13.3.2 列表类控件与数据绑定

在页面中显示数据，列表类控件也是比较常用的，而且从数据库中读取数据填充列表内容也是常见的操作。

ASP.NET 项目中，列表类控件主要有 ListBox、DropDownList、RadioButtonList、CheckBoxList 等。列表项中主要包含两个内容，一个是列表项显示的文本，另一个就是列表项对应的数据。

下面修改 Test.aspx 页面内容，其中定义了一个 ListBox 控件。

```
<%@ Page Language="C#" AutoEventWireup="true" CodeFile="Test.aspx.cs"
Inherits="Test" %>

<!DOCTYPE html>

<html xmlns="http://www.w3.org/1999/xhtml">
<head runat="server">
<meta http-equiv="Content-Type" content="text/html; charset=utf-8"/>
<title></title>
</head>
<body>
<form id="form1" runat="server">
<asp:ListBox ID="lst" Rows="10" runat="server"></asp:ListBox>
</form>
</body>
</html>
```

回到 Test.aspx.cs 文件并修改代码，其功能是在列表中显示 sale_main 表中的 saleid 和 ordernum 字段数据。

```
using System;
using System.Data;
using System.Data.SqlClient;

public partial class Test : System.Web.UI.Page
{
    protected void Page_Load(object sender, EventArgs e)
    {
        using (SqlConnection cnn = new SqlConnection(CApp.SqlCnnStr))
        {
            cnn.Open();
            SqlCommand cmd = cnn.CreateCommand();
            cmd.CommandText = @"select saleid,ordernum from sale_main;";
            using (SqlDataAdapter ada = new SqlDataAdapter(cmd))
            {
                DataSet ds = new DataSet();
                ada.Fill(ds);
                //
                lst.DataSource = ds.Tables[0];
                lst.DataValueField = "saleid";
                lst.DataTextField = "ordernum";
                lst.DataBind();
            }
        }
    }
}
```

代码执行结果如图 13-5 所示。

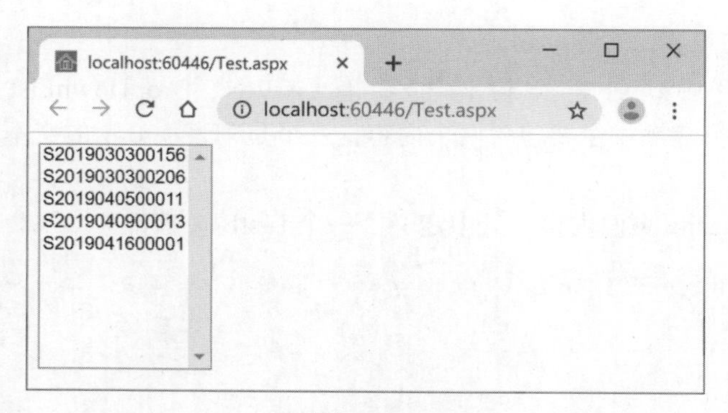

图 13-5

可通过浏览器的查看源代码功能来查看实际返回到客户端的代码，如图 13-6 所示。

```
        <select size="10" name="lst" id="lst">
    <option value="1">S2019030300156</option>
    <option value="2">S2019030300206</option>
    <option value="3">S2019040500011</option>
    <option value="4">S2019040900013</option>
    <option value="5">S2019041600001</option>

</select>
```

图 13-6

从图 13-6 中可以看到，ListBox 控件实际返回的内容是由 select 和 option 元素组成的。其中，saleid 字段数据定义为 option 元素的 value 属性，而 ordernum 字段数据则显示为每一项的文本内容。了解了这些内容，就可以在客户端使用 JavaScript 代码操作这些元素。

如果在客户端选择新列表项时需要自动回调到服务器，可以将 AutoPostBack 属性设置为 true，然后通过 OnSelectedIndexChanged 属性设置一个响应方法。下面的代码在 /demo/13/ListAutoPostBack.aspx 文件中设置 ListBox 控件的 AutoPostBack 属性及事件响应。

```
<%@ Page Language="C#" %>
<%@ Import Namespace="System.Data" %>
<%@ Import Namespace="System.Data.SqlClient" %>

<!DOCTYPE html>

<script runat="server">

    //
    protected void Page_Load()
    {
        if (IsPostBack == false)
        {
            //显示销售单列表
            using (SqlConnection cnn = new SqlConnection(CApp.SqlCnnStr))
            {
                cnn.Open();
                SqlCommand cmd = cnn.CreateCommand();
                cmd.CommandText =
                        @"select saleid,ordernum from sale_main;";
```

```
                using (SqlDataAdapter ada = new SqlDataAdapter(cmd))
                {
                    DataSet ds = new DataSet();
                    ada.Fill(ds);
                    lstOrderNum.DataSource = ds;
                    lstOrderNum.DataValueField = "saleid";
                    lstOrderNum.DataTextField = "ordernum";
                    lstOrderNum.DataBind();
                }
            }
        }
    }

    // 回调响应
    protected void lstOrderNum_SelectedIndexChanged(object sender, EventArgs e)
    {
        ShowMdse();
    }

    // 显示销售商品
    protected void ShowMdse()
    {
        if(lstOrderNum.SelectedIndex == -1)
        {
            grdMdse.DataSource = null;
            grdMdse.DataBind();
        }
        else
        {
            using (SqlConnection cnn = new SqlConnection(CApp.SqlCnnStr))
            {
                cnn.Open();
                SqlCommand cmd = cnn.CreateCommand();
                cmd.CommandText = @"usp_sale_mdse";
                cmd.CommandType = CommandType.StoredProcedure;
                cmd.Parameters.AddWithValue("@ordernum",
                    lstOrderNum.SelectedItem.Text);
                using (SqlDataAdapter ada = new SqlDataAdapter(cmd))
                {
                    DataSet ds = new DataSet();
                    ada.Fill(ds);
                    grdMdse.DataSource = ds;
                    grdMdse.DataBind();
                }
            }
        }
    }
</script>

<html xmlns="http://www.w3.org/1999/xhtml">
<head runat="server">
<meta http-equiv="Content-Type" content="text/html; charset=utf-8"/>
<title></title>
</head>
<body>
```

```
<form id="form1" runat="server">
<div>
<h3>销售单号</h3>
<asp:ListBox ID="lstOrderNum" Rows="10"
    AutoPostBack="true"
    OnSelectedIndexChanged="lstOrderNum_SelectedIndexChanged"
    runat="server">
</asp:ListBox>
<h3>销售商品</h3>
<asp:GridView ID="grdMdse" runat="server"></asp:GridView>
</div>
</form>
</body>
</html>
```

页面中，首先在 Page_Load() 方法中进行初始化，在首次载入页面时，会将销售单号填充到 lstOrderNum 列表中。ShowMdse() 方法用于显示指定销售单号的商品信息。

需要注意的是 lstOrderNum 控件的定义，其中 AutoPostBack 属性设置为 true，OnSelectedIndexChanged 属性设置为 lstOrderNum_SelectedIndexChanged，这是列表控件自动回传后的响应方法。此方法中调用了自定义的 ShowMdse() 方法。

图 13-7 显示了选择一个销售单号后的效果。

图　13-7

13.4　处理事务

前面已经介绍事务的特点是，事务中的任务要么全部完成，要么什么也不做。在项目中，如果多个任务关系密切，就应该使用事务来完成。如下面的代码，在 Test.aspx.cs 文件中使用事务添加一个销售单主信息，并通过 @@IDENTITY 变量返回新记录的 ID 值。

```
using System;
using System.Data.SqlClient;
```

```
public partial class Test : System.Web.UI.Page
{
    protected void Page_Load(object sender, EventArgs e)
    {
        try
        {
            using (SqlConnection cnn = new SqlConnection(CApp.SqlCnnStr))
            {
                cnn.Open();
                SqlCommand cmd = cnn.CreateCommand();
                using (SqlTransaction tran = cnn.BeginTransaction())
                {
                    cmd.Transaction = tran;
                    //添加记录
                    cmd.CommandText = @"insert into sale_main(ordernum,customer,
cashier,paytime) values(@ordernum,@customer,@cashier,@paytime);";
                    cmd.Parameters.AddWithValue("@ordernum",
                            "S2019041900256");
                    cmd.Parameters.AddWithValue("@customer", "C2689");
                    cmd.Parameters.AddWithValue("@cashier", "1511");
                    cmd.Parameters.AddWithValue("@paytime",
                            new DateTime(2019, 4, 19, 15, 25, 10));
                    int insertResult = cmd.ExecuteNonQuery();
                    //返回 ID 值
                    if (insertResult == 1)
                    {
                        cmd.Parameters.Clear();
                        cmd.CommandText = "select @@IDENTITY;";
                        Response.Write(cmd.ExecuteScalar());
                        //提交事务
                        tran.Commit();
                    }
                }
            }
        }
        catch(Exception ex)
        {
            Response.Write(ex.Message);
        }
    }
}
```

第一次执行代码成功后，页面显示新记录的 saleid 值。再次执行，就只能得到一条错误信息，因为 ordernum 字段设置了唯一约束，是不能添加重复数据的，如图 13-8 所示。

图　13-8

通过 ADO.NET 执行事务时，需要使用 SqlTransaction 对象，应注意的地方包括：

- SqlTransaction 对象由 SqlConnection 对象的 BeginTransaction() 方法创建。
- 事务必须关联一个 SqlCommand 对象，需要将 SqlTransaction 对象赋值给 SqlCommand 对象的 Transaction 属性。
- 事务执行完成后，需要使用 SqlTransaction 对象的 Commit() 方法提交事务执行结果，这样，数据库中的数据才会真正被修改。
- 如果事务中的任务执行错误，则 using 结构会自动调用 SqlTransaction 对象的 Rollback() 方法进行回滚操作，并不会修改数据。
- 当事务执行失败时，ID 字段的计数器并不会回滚。比如，添加新记录时的 ID 应该是 7，但添加新记录操作失败了，此时，ID 值 7 将被跳过，下一次添加记录时会使用 8。

13.5 小结

本章学习了如何使用 ADO.NET 组件操作 SQLServer 数据库。其中，连接组件包括：SqlConnection、SqlCommand、SqlDataReader、SqlDataAdapter 和 SqlTransaction 等。非连接组件包括 DataSet、DataTable 等。

本章还介绍了如何将 DataSet 和 DataTable 对象中的数据绑定到 GridView 和列表类控件。

通过浏览器查看源代码的功能，可以看到各种控件在浏览器中呈现的 HTML 元素。通过这些元素，可以让客户更加灵活、高效地对其应用 CSS 样式以及 JavaScript 编程实现更多的功能。

第 14 章　GDI+ 绘图

利用服务器端的绘图功能，可以创建验证码图片、报表、折线图、柱形图、饼图等。本章将讨论 .NET Framework 类库中图形、图像绘制的相关资源，这些资源主要定义在 System. Drawing 命名空间。

14.1　图形绘制

首先了解图形绘制的两个主要类，即 Bitmap 和 Graphics 类的应用。

下面的代码（/demo/14/Template.aspx）创建了一个 600 像素 ×400 像素的图形，并初始化为白色背景。

```
<%@ Page Language="C#" %>
<%@ Import Namespace="System.Drawing" %>
<%@ Import Namespace="System.Drawing.Drawing2D" %>
<%@ Import Namespace="System.Drawing.Imaging" %>

<script runat="server">
    protected void Page_Load(object s,EventArgs e)
    {
        Bitmap bmp = new Bitmap(600, 400);
        Graphics g = Graphics.FromImage(bmp);
        g.Clear(Color.White);
        //
        // 绘制测试代码
        //
        Response.ContentType = "image/png";
        Response.AppendHeader("Content-Disposition","filename=test.png");
        bmp.Save(Response.OutputStream, ImageFormat.Png);
    }
</script>
```

其中，首先，使用 Bitmap 类的构造函数创建了一个 600 像素 ×400 像素的位图对象；然后，通过 Graphics.FromImage() 方法将 Bitmap 对象和 Graphics 对象关联；最后，通过 Graphics 对象的 Clear() 方法将图像的背景色设置为白色。稍后会介绍如何使用 Graphics 对象中的一系列方法绘制位图内容。

页面会返回一个 600 像素 ×400 像素的白色图片，其文件名为 test.png，图 14-1 显示了它在 Google Chrome 浏览器中的显示效果。

如果修改图片文件的默认处理方式，如下载文件，可以修改 Response.AppendHeader() 方法如下。

```
Response.AppendHeader("Content-Disposition","attachment;filename=test.png");
```

再次执行代码，会看到浏览器下载了此文件，如图 14-2 所示。

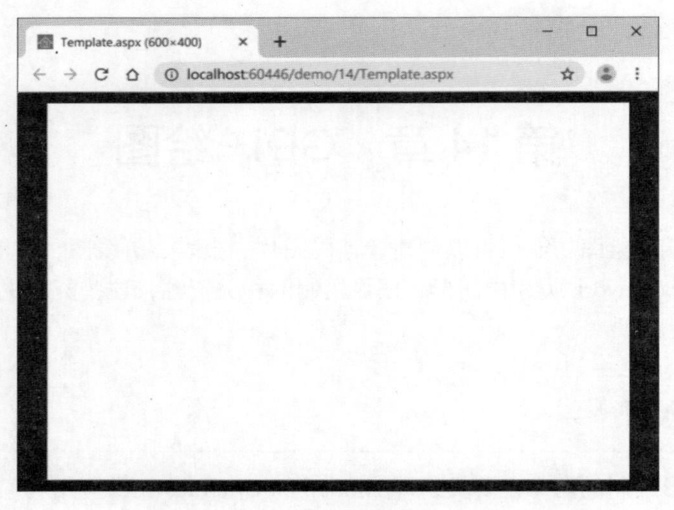

图 14-1

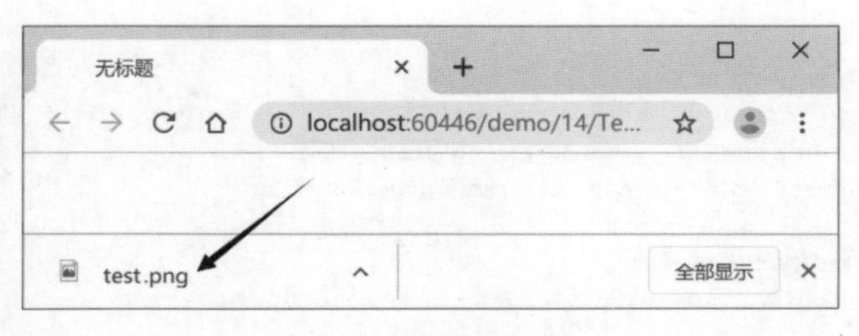

图 14-2

下面以 /demo/14/Template.aspx 页面为模板进行图形绘制的测试工作。

14.1.1 绘制图形

Graphics 对象中，线条类图形绘制使用了一系列 DrawXXX() 形式命名的方法，如：

- DrawArc() 方法，绘制弧线。
- DrawBezier() 方法，绘制贝塞尔曲线。
- DrawBeziers() 方法，绘制一组贝塞尔曲线。
- DrawClosedCurve() 方法，绘制由曲线构成的封闭图形。
- DrawCurve() 方法，绘制曲线。
- DrawEllipse() 方法，绘制椭圆。
- DrawLine() 方法，绘制线段。
- DrawLines() 方法，绘制相连的线段。
- DrawPie() 方法，绘制扇形。
- DrawPolygon() 方法，绘制多边形。
- DrawRectangle() 方法，绘制矩形。
- DrawRectangles() 方法，绘制多个矩形。

下面的代码将绘制一个矩形。

```
<%@ Page Language="C#" %>
<%@ Import Namespace="System.Drawing" %>
<%@ Import Namespace="System.Drawing.Drawing2D" %>
<%@ Import Namespace="System.Drawing.Imaging" %>

<script runat="server">
    protected void Page_Load(object s,EventArgs e)
    {
        Bitmap bmp = new Bitmap(600, 400);
        Graphics g = Graphics.FromImage(bmp);
        g.Clear(Color.White);
        //
        g.DrawRectangle(Pens.Black, 30, 30, 200, 100);
        //
        Response.ContentType = "image/png";
        Response.AppendHeader("Content-Disposition","filename=test.png");
        bmp.Save(Response.OutputStream, ImageFormat.Png);
    }
</script>
```

其中，DrawRectangle() 方法使用了 5 个参数，其中，参数一指定绘制线条的画笔（Pen）对象，参数二和参数三指定矩形左上角的 *X* 和 *Y* 坐标，参数四和参数五指定了矩形的宽度和高度。页面显示效果如图 14-3 所示。

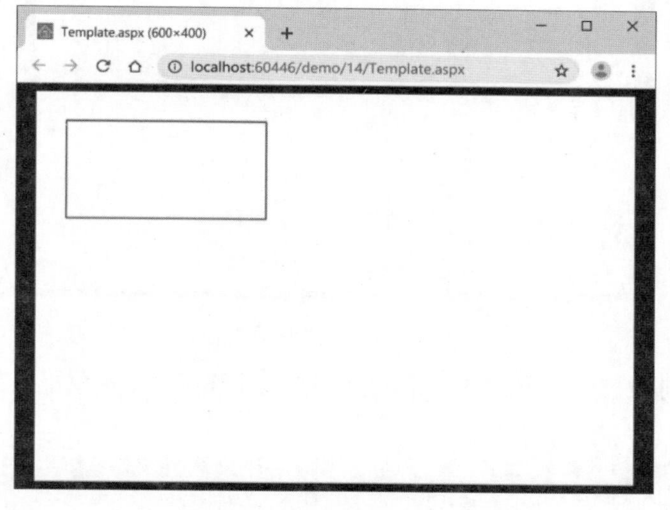

图　14-3

绘制椭圆和绘制矩形的参数相同，通过下面的代码和输出结果可以看到它们之间的关系。

```
<%@ Page Language="C#" %>
<%@ Import Namespace="System.Drawing" %>
<%@ Import Namespace="System.Drawing.Drawing2D" %>
<%@ Import Namespace="System.Drawing.Imaging" %>

<script runat="server">
    protected void Page_Load(object s,EventArgs e)
    {
```

```
        Bitmap bmp = new Bitmap(600, 400);
        Graphics g = Graphics.FromImage(bmp);
        g.Clear(Color.White);
        //绘制矩形和椭圆
        g.DrawRectangle(Pens.Black, 30, 30, 200, 100);
        g.DrawEllipse(Pens.Black, 30, 30, 200, 100);
        //绘制正方形和圆
        g.DrawRectangle(Pens.Black, 300, 30, 100, 100);
        g.DrawEllipse(Pens.Black, 300, 30, 100, 100);
        //
        Response.ContentType = "image/png";
        Response.AppendHeader("Content-Disposition","filename=test.png");
        bmp.Save(Response.OutputStream, ImageFormat.Png);
    }
</script>
```

页面显示效果如图 14-4 所示。

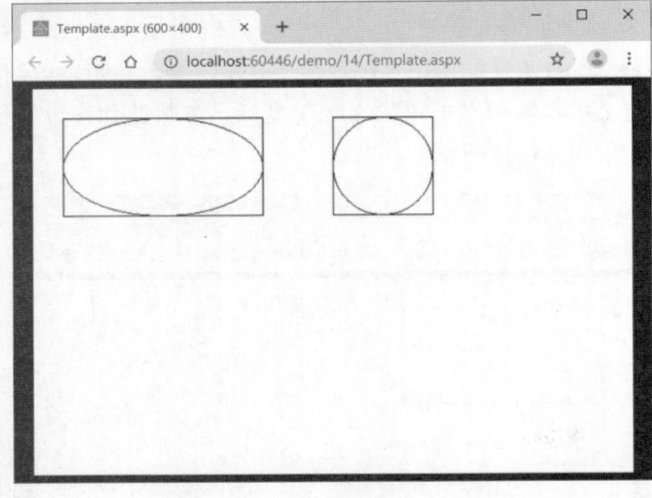

图 14-4

弧线和扇形都是椭圆（或圆）的一部分，当然也少不了一个抽象矩形区域的定义，如下面的代码。

```
<%@ Page Language="C#" %>
<%@ Import Namespace="System.Drawing" %>
<%@ Import Namespace="System.Drawing.Drawing2D" %>
<%@ Import Namespace="System.Drawing.Imaging" %>

<script runat="server">
    protected void Page_Load(object s,EventArgs e)
    {
        Bitmap bmp = new Bitmap(600, 400);
        Graphics g = Graphics.FromImage(bmp);
        g.Clear(Color.White);
        //
        g.DrawRectangle(Pens.Black, 30, 30, 200, 100);
        g.DrawArc(Pens.Black, 30, 30, 200, 100, 0, 90);
        //
```

```
        Response.ContentType = "image/png";
        Response.AppendHeader("Content-Disposition","filename=test.png");
        bmp.Save(Response.OutputStream, ImageFormat.Png);
    }
</script>
```

代码使用了 Graphics 对象的 DrawArc() 方法来绘制弧线。其中，前五个参数与绘制矩形和椭圆的参数相同；参数六指定开始角度，0 角度是指水平向右的方向；参数七设置旋转角度，顺时针方向为正角度。页面显示效果如图 14-5 所示。

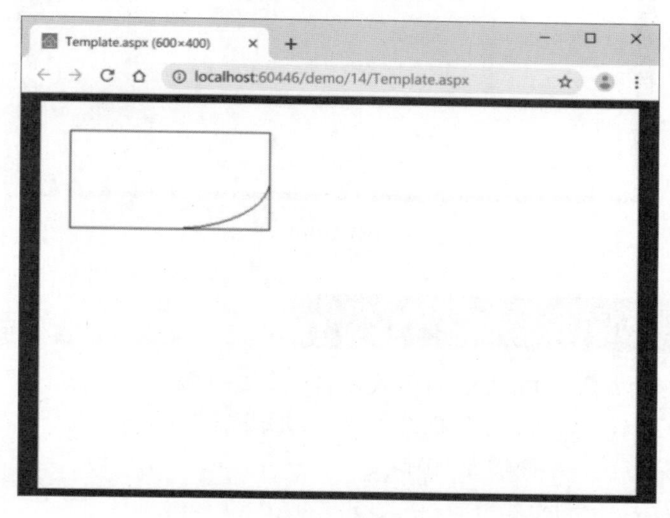

图　14-5

绘制扇形与绘制弧线的参数相似，如下面的代码。

```
<%@ Page Language="C#" %>
<%@ Import Namespace="System.Drawing" %>
<%@ Import Namespace="System.Drawing.Drawing2D" %>
<%@ Import Namespace="System.Drawing.Imaging" %>

<script runat="server">
    protected void Page_Load(object s,EventArgs e)
    {
        Bitmap bmp = new Bitmap(600, 400);
        Graphics g = Graphics.FromImage(bmp);
        g.Clear(Color.White);
        //
        g.DrawEllipse(Pens.Black, 30, 30, 200, 100);
        g.DrawPie(Pens.Black, 30, 30, 200, 100, 0, 90);
        //
        Response.ContentType = "image/png";
        Response.AppendHeader("Content-Disposition","filename=test.png");
        bmp.Save(Response.OutputStream, ImageFormat.Png);
    }
</script>
```

页面显示效果如图 14-6 所示。

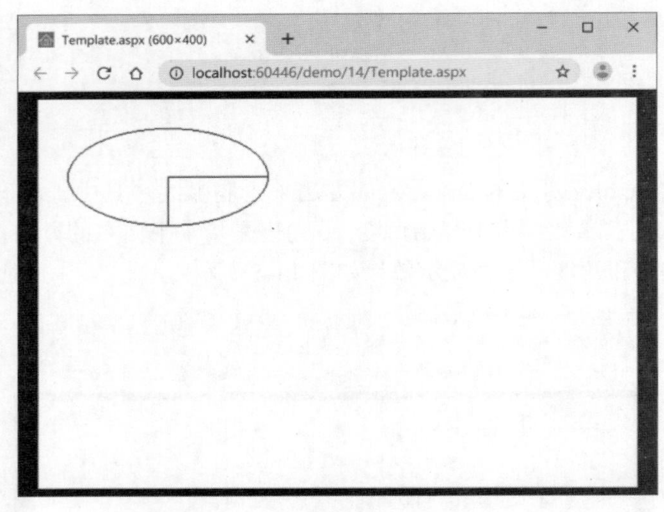

图 14-6

14.1.2 绘制填充图形

绘制填充图形的方法以 FillXXX() 方式命名，主要包括：

- ❑ FillClosedCurve() 方法，绘制曲线构造的封闭填充图形。
- ❑ FillEllipse() 方法，绘制填充椭圆。
- ❑ FillPie() 方法，绘制填充扇形。
- ❑ FillPolygon() 方法，绘制填充多边形。
- ❑ FillRectangle() 方法，绘制填充矩形。
- ❑ FillRectangles() 方法，绘制填充多个矩形。

填充图形的内部可以使用颜色或图案，使用格式刷（Brush）对象定义，稍后会详细讨论。如下面的代码，先来看一个简单的填充三角形的绘制。

```
<%@ Page Language="C#" %>
<%@ Import Namespace="System.Drawing" %>
<%@ Import Namespace="System.Drawing.Drawing2D" %>
<%@ Import Namespace="System.Drawing.Imaging" %>

<script runat="server">
    protected void Page_Load(object s,EventArgs e)
    {
        Bitmap bmp = new Bitmap(600, 400);
        Graphics g = Graphics.FromImage(bmp);
        g.Clear(Color.White);
        //
        Point[] pts = { new Point(30,30),
            new Point(200,60),
            new Point(60,220)};
        g.FillPolygon(Brushes.Gray, pts);
        //
        Response.ContentType = "image/png";
        Response.AppendHeader("Content-Disposition","filename=test.png");
```

```
        bmp.Save(Response.OutputStream, ImageFormat.Png);
    }
</script>
```

页面显示效果如图 14-7 所示。

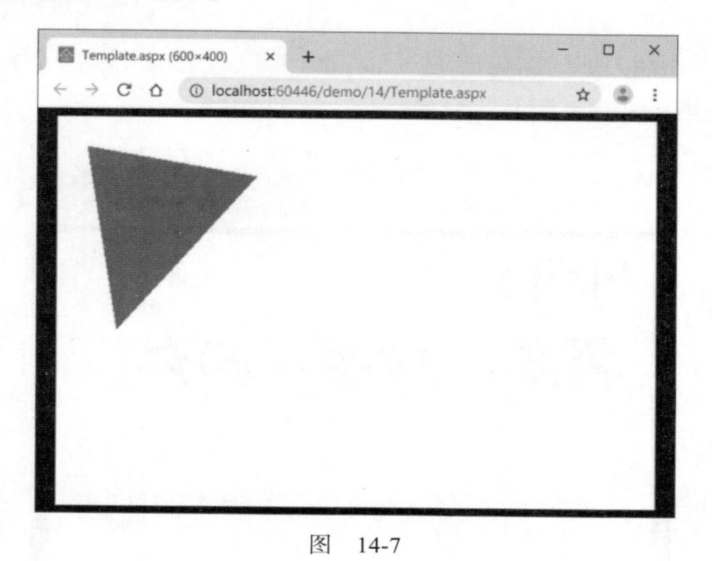

图　14-7

14.1.3　绘制文本

在位图中绘制文本，使用 Graphics 对象的 DrawString() 方法，首先需要注意字体的设置。

设置字体时，使用 Font 类，常用的参数包括字体名称、字体风格（如正常、加粗、斜体）、尺寸和尺寸单位等，这些参数可以使用 Font 类的构造函数进行设置。

下面的代码演示了文本绘制操作。

```
using System;
using System.Drawing;
using System.Drawing.Drawing2D;
using System.Drawing.Imaging;

public partial class Test : System.Web.UI.Page
{
    protected void Page_Load(object sender, EventArgs e)
    {
        Bitmap bmp = new Bitmap(600, 400);
        Graphics g = Graphics.FromImage(bmp);
        g.Clear(Color.White);
        //
        Font f1 = new Font("Arial", 60,
            FontStyle.Regular, GraphicsUnit.Pixel);
        g.DrawString("Hello", f1, Brushes.Black, 10, 10);
        Font f2 = new Font("黑体", 60,
            FontStyle.Bold | FontStyle.Italic, GraphicsUnit.Pixel);
        g.DrawString("黑体、加粗、斜体", f2, Brushes.Black, 10, 100);
```

```
            //
            Response.ContentType = "image/png";
            Response.AppendHeader("Content-Disposition", "filename=test.png");
            bmp.Save(Response.OutputStream, ImageFormat.Png);


        }
}
```

页面显示效果如图 14-8 所示。

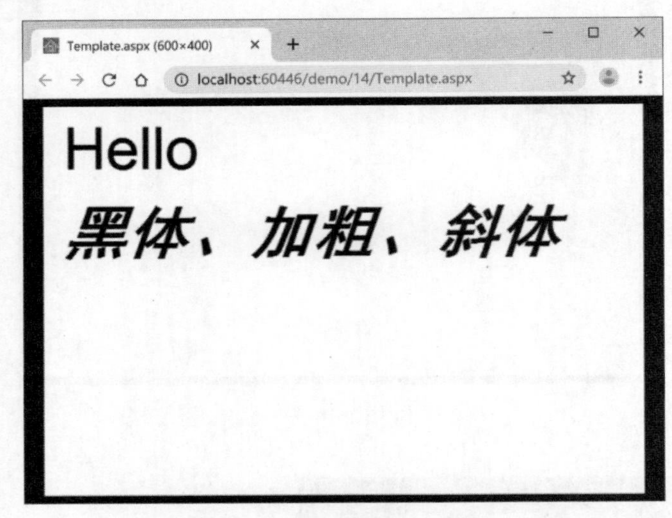

图 14-8

设置字体风格时，使用 FontStyle 枚举类型，其成员包括：

- ❑ Regular，普通文本。
- ❑ Bold，加粗。
- ❑ Italic，斜体。
- ❑ Underline，下画线。
- ❑ Strikeout，中间贯穿线。

其中的一些效果可以组合使用，如代码的“ FontStyle.Bold | FontStyle.Italic ”就是加粗和斜体风格一起使用。

GraphicsUnit 枚举定义了尺寸的单位，其成员包括：

- ❑ World，环境中的默认单位。
- ❑ Display，显示设备度量单位。一般来讲，屏幕使用的单位是像素，打印机使用的单位是 1/100in（1in=25.4mm）。
- ❑ Document，文档单位（1/300in）。
- ❑ Point，打印机点（1/72in）。
- ❑ Pixel，设备像素。
- ❑ Inch，英寸。
- ❑ Millimeter，毫米。

关于图像的尺寸问题，稍后还会有讨论，暂时以像素为单位。

14.2　画笔

画笔用于定义线条的样式和风格，基类为 Pen 类，常用的属性包括：

- ❑ Width 属性，定义线宽，即画笔的尺寸。
- ❑ Color 属性，定义画笔的颜色。

Pens 类定义了一系列纯色的 Pen 对象字段，这些对象的 Width 属性值都定义为 1，DashStyle 都定义为 Solid（实线）。如果需要更多风格的线条，就需要自定义 Pen 对象。

实际应用中，还可以定义线条的起始和结束的风格，需要使用 StartCap 和 EndCap 属性，它们都定义为 LineCap 枚举类型，成员如下：

- ❑ Flat，平线帽。
- ❑ Square，方形线帽。
- ❑ Round，圆形线帽。
- ❑ Triangle，三角形线帽。
- ❑ NoAnchor，没有锚。
- ❑ SquareAnchor，方形锚头帽。
- ❑ RoundAnchor，圆形锚头帽。
- ❑ DiamondAnchor，菱形锚头帽。
- ❑ ArrowAnchor，箭头锚头帽。
- ❑ Custom，自定义线帽。

下面的代码演示了使用笔帽的线段绘制效果。

```
<%@ Page Language="C#" %>
<%@ Import Namespace="System.Drawing" %>
<%@ Import Namespace="System.Drawing.Drawing2D" %>
<%@ Import Namespace="System.Drawing.Imaging" %>

<script runat="server">
    protected void Page_Load(object s,EventArgs e)
    {
        Bitmap bmp = new Bitmap(600, 400);
        Graphics g = Graphics.FromImage(bmp);
        g.Clear(Color.White);
        //
        Pen p = new Pen(Color.Black, 30);
        p.StartCap = LineCap.RoundAnchor;
        p.EndCap = LineCap.ArrowAnchor;
        g.DrawLine(p, 50, 50, 400, 50);
        //
        Response.ContentType = "image/png";
        Response.AppendHeader("Content-Disposition","filename=test.png");
        bmp.Save(Response.OutputStream, ImageFormat.Png);
    }
</script>
```

页面显示效果如图 14-9 所示。

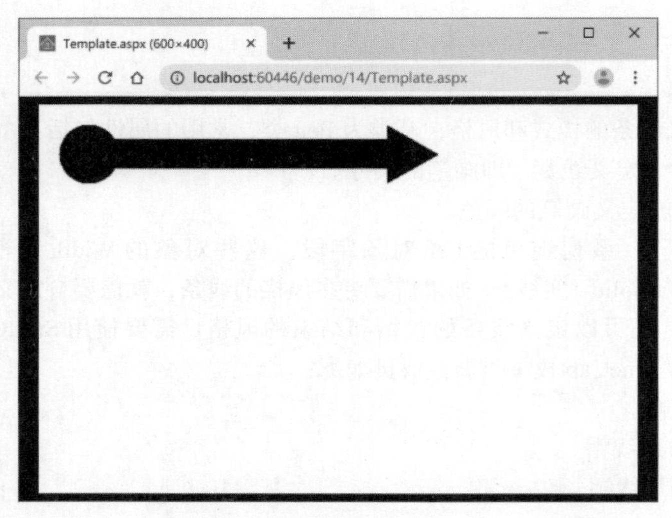

图 14-9

除了绘制实线，还可以通过 Pen 对象的 DashStyle 属性来设置线条风格，它定义为 DashStyle 枚举类型，成员包括：

- Solid，默认值，实线。
- Dash，短线组成的线条。
- Dot，点组成的线条。
- DashDot，“线 – 点”风格。
- DashDotDot，“线 – 点 – 点”风格。
- Custom，自定义线段样式。

下面的代码分别显示了这几种风格的线段。

```
<%@ Page Language="C#" %>
<%@ Import Namespace="System.Drawing" %>
<%@ Import Namespace="System.Drawing.Drawing2D" %>
<%@ Import Namespace="System.Drawing.Imaging" %>

<script runat="server">
    protected void Page_Load(object s,EventArgs e)
    {
        Bitmap bmp = new Bitmap(600, 400);
        Graphics g = Graphics.FromImage(bmp);
        g.Clear(Color.White);
        //
        g.DrawLine(new Pen(Color.Black, 8) { DashStyle=DashStyle.Dash},
            30, 30, 400, 30);
        g.DrawLine(new Pen(Color.Black, 8) { DashStyle=DashStyle.DashDot},
            30, 70, 400, 70);
        g.DrawLine(new Pen(Color.Black, 8) { DashStyle=DashStyle.DashDotDot},
            30, 110, 400, 110);
        g.DrawLine(new Pen(Color.Black, 8) { DashStyle=DashStyle.Dot},
            30, 150, 400, 150);
        g.DrawLine(new Pen(Color.Black, 8) { DashStyle=DashStyle.Solid},
            30, 190, 400, 190);
        g.DrawLine(new Pen(Color.Black, 8)
```

```
        { DashStyle=DashStyle.Custom,DashPattern=new float[] { 1f,2f,3f,1f} },
        30, 230, 400, 230);
        //
        Response.ContentType = "image/png";
        Response.AppendHeader("Content-Disposition","filename=test.png");
        bmp.Save(Response.OutputStream, ImageFormat.Png);
    }
</script>
```

页面显示效果如图 14-10 所示。

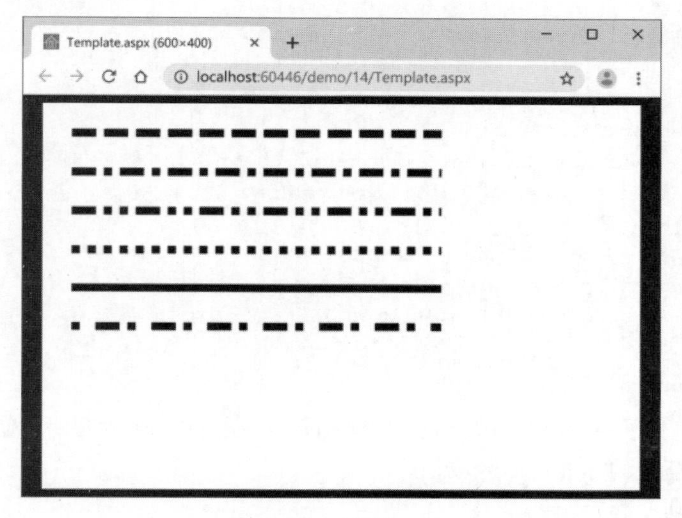

图　14-10

实例中，如果 DashStyle 设置为自定义（Custom），可以使用 DashPattern 属性设置线条风格的模式和数据，如设置为“ new float[] { 1f,2f,3f,1f} ”，四个数据表示模式的一组有四个部分组成，即“线段 – 空白 – 线段 – 空白”，四个部分的长度比例是“1 ： 2 ： 3 ： 1”，其中 1 个单位等于 Pen 对象的 Width 属性值。如果线条长度大于模式长度，则按此模式循环显示。

14.3　格式刷

格式刷用于定义图形的填充风格，其基类定义为 Brush 类。不过，Brush 类定义为抽象类，并不能直接创建它的对象，下面会介绍一些常用的格式刷类型。

14.3.1　纯色格式刷

需要使用纯色填充图形时，可以使用纯色格式刷。在 Brushes 类中定义了一系列纯色格式刷字段，如 Brushes.Black 表示黑色格式刷。

14.3.2　线性渐变格式刷

线性渐变格式刷使用 LinearGradientBrush 类（System.Drawing.Drawing2D 命名空间）定义。下面的代码演示了 LinearGradientBrush 类的应用。

```
<%@ Page Language="C#" %>
<%@ Import Namespace="System.Drawing" %>
<%@ Import Namespace="System.Drawing.Drawing2D" %>
<%@ Import Namespace="System.Drawing.Imaging" %>

<script runat="server">
    protected void Page_Load(object s,EventArgs e)
    {
        Bitmap bmp = new Bitmap(600, 400);
        Graphics g = Graphics.FromImage(bmp);
        g.Clear(Color.White);
        //
        Rectangle rect = new Rectangle(0,0,300,200);
        LinearGradientBrush b =
            new LinearGradientBrush(rect, Color.White, Color.Black, 0f);
        g.FillRectangle(b, 0, 0, 300, 200);
        //
        Response.ContentType = "image/png";
        Response.AppendHeader("Content-Disposition","filename=test.png");
        bmp.Save(Response.OutputStream, ImageFormat.Png);
    }
</script>
```

其中，首先定义了一个矩形结构 rect。创建 LinearGradientBrush 对象时，使用了如下参数：

- 参数一，渐变的标准矩形区域。
- 参数二，渐变起始颜色。
- 参数三，渐变结束颜色。
- 参数四，渐变的方向，这是一个角度值，同样是向右水平方向为 0°。

页面显示效果如图 14-11 所示。

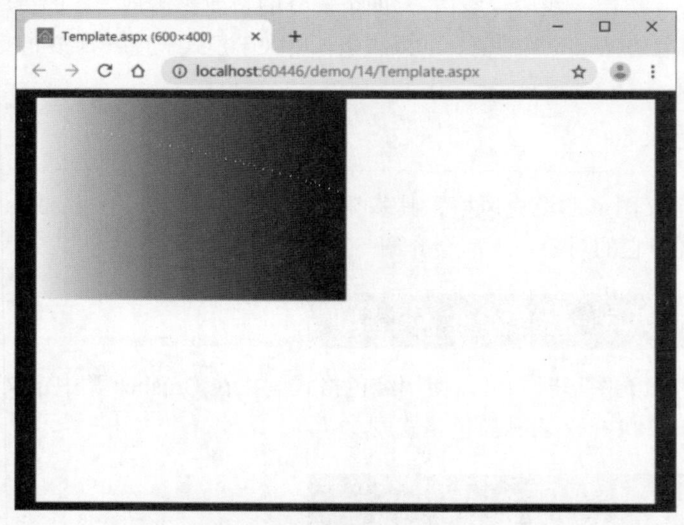

图 14-11

下面的代码会将整个图像使用 45° 渐变填充。

```
<%@ Page Language="C#" %>
<%@ Import Namespace="System.Drawing" %>
<%@ Import Namespace="System.Drawing.Drawing2D" %>
<%@ Import Namespace="System.Drawing.Imaging" %>

<script runat="server">
    protected void Page_Load(object s,EventArgs e)
    {
        Bitmap bmp = new Bitmap(600, 400);
        Graphics g = Graphics.FromImage(bmp);
        g.Clear(Color.White);
        //
        Rectangle rect = new Rectangle(0,0,600,400);
        LinearGradientBrush b =
            new LinearGradientBrush(rect, Color.White, Color.Black, 45f);
        g.FillRectangle(b, rect);
        //
        Response.ContentType = "image/png";
        Response.AppendHeader("Content-Disposition","filename=test.png");
        bmp.Save(Response.OutputStream, ImageFormat.Png);
    }
</script>
```

页面显示效果如图 14-12 所示。

图　14-12

当渐变区域小于图像区域时，还可以设置循环平铺，如下面的代码。

```
<%@ Page Language="C#" %>
<%@ Import Namespace="System.Drawing" %>
<%@ Import Namespace="System.Drawing.Drawing2D" %>
<%@ Import Namespace="System.Drawing.Imaging" %>

<script runat="server">
    protected void Page_Load(object s,EventArgs e)
```

```
    {
        Bitmap bmp = new Bitmap(600, 400);
        Graphics g = Graphics.FromImage(bmp);
        g.Clear(Color.White);
        //
        Rectangle rect = new Rectangle(0,0,100,100);
        LinearGradientBrush b =
            new LinearGradientBrush(rect, Color.White, Color.Black, 45f);
        g.FillRectangle(b, 0, 0, 600, 400);
        //
        Response.ContentType = "image/png";
        Response.AppendHeader("Content-Disposition","filename=test.png");
        bmp.Save(Response.OutputStream, ImageFormat.Png);
    }
</script>
```

页面显示效果如图 14-13 所示。

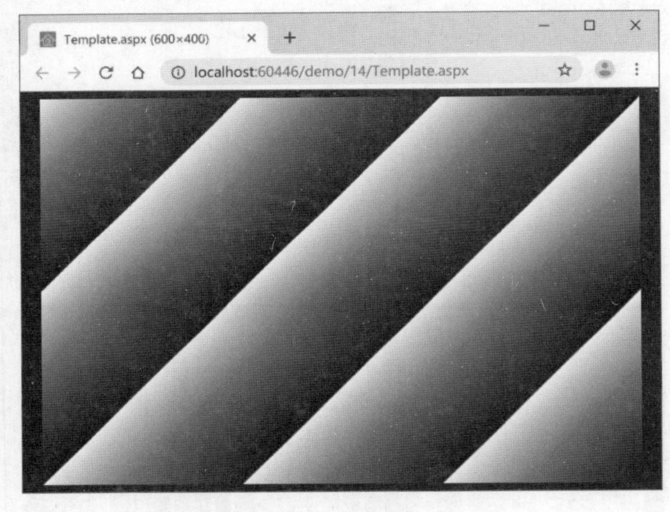

图 14-13

默认情况下，图案会采用直接拼接的平铺方式，看起来可能并不太自然。此时，可以通过 LinearGradientBrush 对象的 WrapMode 属性进行设置。WrapMode 属性定义为 WrapMode 枚举类型，其值包括：

- Tile，默认值，平铺。
- TileFlipX，水平反转后平铺。
- TileFlipY，垂直反转后平铺。
- TileFlipXY，水平和垂直反转后平铺。
- Clamp，不进行平铺。

下面的代码使用 TileFlipXY 方式平铺。

```
<%@ Page Language="C#" %>
<%@ Import Namespace="System.Drawing" %>
<%@ Import Namespace="System.Drawing.Drawing2D" %>
```

```
<%@ Import Namespace="System.Drawing.Imaging" %>

<script runat="server">
    protected void Page_Load(object s,EventArgs e)
    {
        Bitmap bmp = new Bitmap(600, 400);
        Graphics g = Graphics.FromImage(bmp);
        g.Clear(Color.White);
        //
        Rectangle rect = new Rectangle(0,0,100,100);
        LinearGradientBrush b =
            new LinearGradientBrush(rect, Color.White, Color.Black, 45f);
        b.WrapMode = WrapMode.TileFlipXY;
        g.FillRectangle(b, 0, 0, 600, 400);
        //
        Response.ContentType = "image/png";
        Response.AppendHeader("Content-Disposition","filename=test.png");
        bmp.Save(Response.OutputStream, ImageFormat.Png);
    }
</script>
```

页面显示效果如图 14-14 所示。

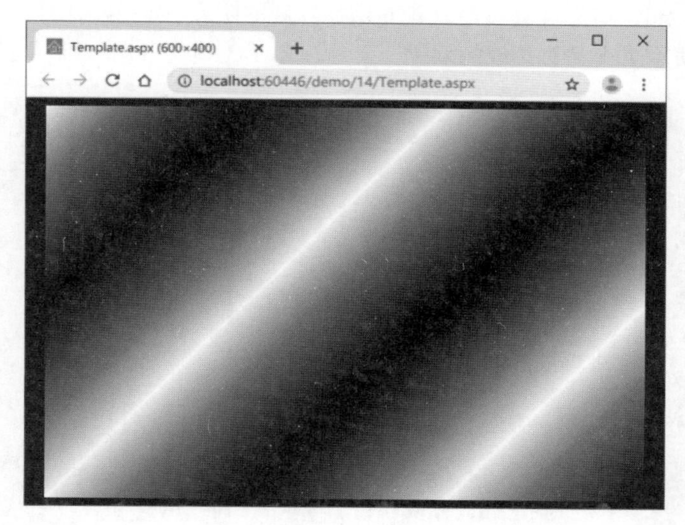

图　14-14

14.3.3　图案填充格式刷

通过 HatchBrush 类，可以定义一些图案填充格式，主要通过 HatchStyle 属性进行设置，它定义为 HatchStyle 枚举类型，常用的图案类型有：

- Horizontal，水平线图案。
- Vertical，垂直线图案。
- ForwardDiagonal，从左上到右下的对角线的线条图案。
- BackwardDiagonal，从右上到左下的对角线的线条图案。

- Cross，交叉的水平线和垂直线。
- DiagonalCross，交叉对角线的图案。
- Percent05，Percent10，…，Percent90，指定 5% ~ 90% 阴影，前景色与背景色的比例为 5:95 ~ 90:10。
- ZigZag，由 Z 字形构成的水平线。
- Wave，由 ~ 符号构成的水平线。
- DiagonalBrick，指定具有分层砖块外观的阴影，从顶点到底点向左倾斜。
- HorizontalBrick，指定具有水平分层砖块外观的阴影。
- Weave，指定具有编织物外观的阴影。
- Plaid，指定具有格子花呢材料外观的阴影。
- Divot，指定具有草皮层外观的阴影。
- Shingle，指定具有对角分层鹅卵石外观的阴影，从顶点到底点向右倾斜。
- Trellis，指定具有格架外观的阴影。
- Sphere，指定具有球体彼此相邻放置的外观的阴影。
- SmallCheckerBoard，指定具有棋盘外观的阴影。
- LargeCheckerBoard，指定具有较大棋盘外观的阴影，棋盘所具有的方格大小是 SmallCheckerBoard 大小的两倍。
- SolidDiamond，指定具有对角放置的棋盘外观的阴影。

下面的代码演示了交叉对角线的效果。

```
<%@ Page Language="C#" %>
<%@ Import Namespace="System.Drawing" %>
<%@ Import Namespace="System.Drawing.Drawing2D" %>
<%@ Import Namespace="System.Drawing.Imaging" %>

<script runat="server">
    protected void Page_Load(object s,EventArgs e)
    {
        Bitmap bmp = new Bitmap(600, 400);
        Graphics g = Graphics.FromImage(bmp);
        g.Clear(Color.White);
        //
        HatchBrush b = new HatchBrush(HatchStyle.DiagonalCross,
            Color.Black,Color.White);
        g.FillRectangle(b, 0, 0, 600, 400);
        //
        Response.ContentType = "image/png";
        Response.AppendHeader("Content-Disposition","filename=test.png");
        bmp.Save(Response.OutputStream, ImageFormat.Png);
    }
</script>
```

页面显示效果如图 14-15 所示。

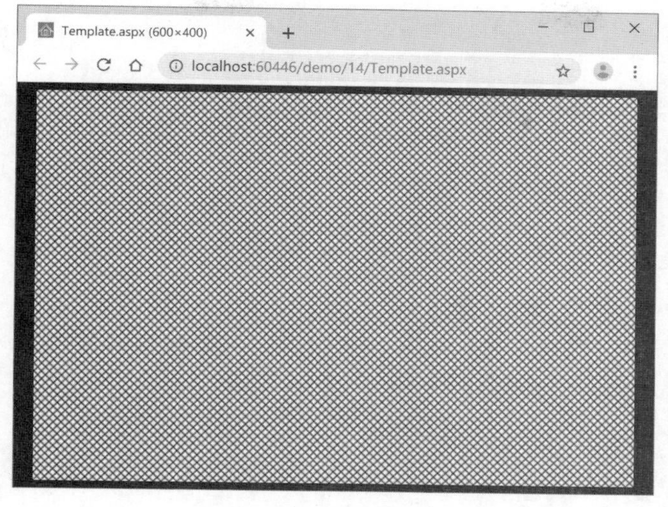

图　14-15

14.4　图像尺寸与 DPI

前面在处理图像尺寸时使用的单位主要是像素，但像素的实际大小与设备有关。如果需要处理实际尺寸，如毫米或英寸作为单位的图像，就应该考虑图像的 DPI。

DPI(Dots Per Inch)，即每英寸有多少点，在这里也可以理解为 1in 包含多个像素（PPI）。图像中的 DPI 包含水平方向和垂直方向，一般情况下，这两个方向的 DPI 会使用相同的设置。在 Bitmap 对象中，可以使用 SetResolution() 方法设置水平和垂直方向的 DPI 值。

有了 DPI 和像素数据，就可以推算出图像以英寸为单位的尺寸数据。此外，1in 约等于 25.4mm，可以通过换算得出图像的毫米尺寸。

下面的代码（/app_code/common/CImageX.cs）定义了 CImageX 类，其功能是以毫米为单位来处理图像。其中包含了对图像尺寸和 DPI 的基本设置。

```
using System;
using System.Drawing;
using System.Drawing.Drawing2D;
using System.Drawing.Imaging;
using System.Drawing.Printing;

//以毫米为单位处理图像
public class CImageX
{
    //构造函数
    public CImageX(float fWidth,float fHeight,float fDpi = 300f)
    {
        Width = fWidth;
        Height = fHeight;
        Dpi = fDpi;
        //
        ppmm = fDpi / 25.4f;
        myBmp = new Bitmap((int)ToPixel(Width),(int)ToPixel(Height));
        myBmp.SetResolution(Dpi, Dpi);
```

```
            myG = Graphics.FromImage(myBmp);
        }
        //图像绘制对象
        protected Bitmap myBmp = null;
        protected Graphics myG = null;
        //每毫米多少像素
        protected float ppmm;
        //毫米转换为像素
        protected float ToPixel(float mm)
        {
            return mm * ppmm;
        }
        //像素转换为毫米
        protected float ToMm(float pixel)
        {
            return pixel / ppmm;
        }
        //基本属性：宽、高、DPI 值
        public float Width { get; private set; }
        public float Height { get; private set; }
        public float Dpi { get; private set; }
        //返回位图
        public Bitmap GetBmp()
        {
            return myBmp;
        }
        //清理并设置背景色
        public void Clear(Color color)
        {
            myG.Clear(color);
        }
    }
```

代码定义的公共成员包括：

- 构造函数，需要设置图像尺寸和 DPI。请注意，尺寸使用的单位是毫米，而 DPI 默认值为 300，这个分辨率已经达到印刷级水平，如果没有特殊要求，这个设置已经足够清晰。
- Width、Height 和 Dpi 属性都定义为只读，分别表示图像的尺寸（毫米）和 DPI 值。
- GetBmp() 方法，返回绘制的位图对象。
- Clear() 方法，清理并设置背景色。

此外，CImageX 类中还定义了一些受保护成员，如：

- myBmp 和 myG 对象，用于图像实际绘制操作的对象。
- ppmm 字段，每毫米有多少像素，根据 DPI 值计算而来。
- ToPixel() 方法，将毫米值转换为像素值。
- ToMm() 方法，将像素值转换为毫米值。

接下来定义一些绘制方法，并使用毫米作为绘制图像的单位。下面的代码（/app_code/x/img/CImageX.cs）定义了绘制矩形和椭圆的方法。

```
//绘制矩形
public void DrawRectangle(Color color,float penWidth,
    float x,float y,float width,float height)
```

```
{
    myG.DrawRectangle(new Pen(color, ToPixel(penWidth)),
        ToPixel(x), ToPixel(y), ToPixel(width), ToPixel(height));
}

public void DrawRectangle(Pen pen,
    float x,float y,float width,float height)
{
    myG.DrawRectangle(pen, ToPixel(x), ToPixel(y),
        ToPixel(width), ToPixel(height));
}
//绘制椭圆
public void DrawEllipse(Color color, float penWidth,
    float x, float y, float width, float height)
{
    myG.DrawEllipse(new Pen(color, ToPixel(penWidth)),
        ToPixel(x), ToPixel(y), ToPixel(width), ToPixel(height));
}

public void DrawEllipse(Pen pen,
    float x, float y, float width, float height)
{
    myG.DrawEllipse(pen, ToPixel(x), ToPixel(y),
        ToPixel(width), ToPixel(height));
}
```

在 Graphics 类中，并没有定义圆的绘制方法。但实际工作中，可能需要根据圆心位图和半径进行绘制，下面的代码就是在 CImageX 类中封装的 DrawCircle() 方法。

```
//绘制圆形
public void DrawCircle(Color color,float penWidth,
        float cx,float cy,float radius)
{
    float diameter = radius * 2;
    DrawEllipse(color, penWidth, cx - radius, cy - radius,
        diameter, diameter);
}

public void DrawCircle(Pen pen,float cx,float cy,float radius)
{
    float diameter = radius * 2;
    DrawEllipse(pen, cx - radius, cy - radius,
        diameter, diameter);
}
```

下面的代码在 /demo/14/CImageXTest.aspx 文件中测试 CImageX 类的使用。

```
<%@ Page Language="C#" %>
<%@ Import Namespace="System.Drawing" %>
<%@ Import Namespace="System.Drawing.Drawing2D" %>
<%@ Import Namespace="System.Drawing.Imaging" %>

<script runat="server">
    protected void Page_Load(object s,EventArgs e)
    {
        CImageX img = new CImageX(300f, 200f);
```

```
        img.Clear(Color.White);
        img.DrawRectangle(Color.Black, 1f, 10f, 10f, 100f, 50f);
        img.DrawEllipse(Color.Black, 1f, 10f, 100f, 100f, 50f);
        img.DrawCircle(Color.Black, 1f, 200f, 50f, 30f);
        //
        Response.ContentType = "image/png";
        Response.AppendHeader("Content-Disposition","filename=test.png");
        img.GetBmp().Save(Response.OutputStream, ImageFormat.Png);
    }
</script>
```

页面显示效果如图 14-16 所示。

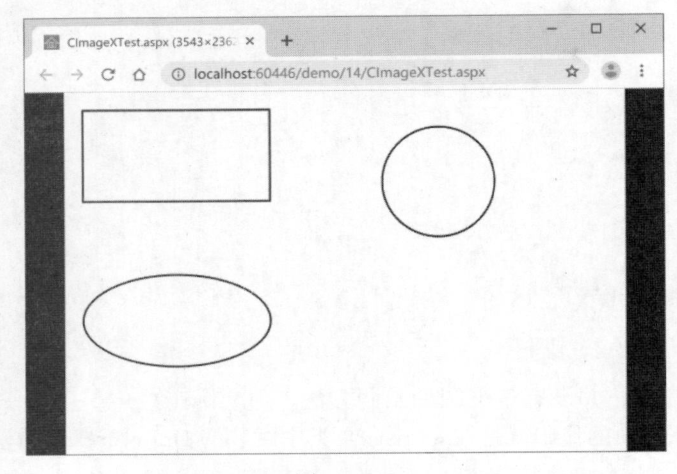

图　14-16

在屏幕上显示，也许并不能突出 CImageX 的作用，但是，如果保存的图像需要达到一定的清晰度，就需要一个合理的 DPI 值。另外，如果需要生成和打印特定尺寸的卡片、表单等时，使用一个熟悉的尺寸单位是很重要的，这可以帮助更直观地进行设计，此时使用 CImageX 类就很方便了。

14.5　保存与转换图像

前面的实例中已经使用了 Bitmap 类的 Save() 方法，可以通过 Response 对象的输出流（OutputStream）将位图对象发送到客户端。开发中，Save() 方法还可以将位图对象以指定的图像格式保存到文件系统中，其中，参数一指定保存的文件路径，定义为 string 类型；参数二指定图像文件类型，定义为 ImageFormat 类（System.Drawing.Imaging 命名空间），其中的一些静态字段定义了各种图像格式，如：

- ❑ Bmp，位图（Bitmap）格式。
- ❑ Emf，增强型图元文件（WMF）格式。
- ❑ Exif，可交换图像文件（Exif）格式。
- ❑ Gif，图形交换格式（GIF）格式。
- ❑ Icon，Windows 图标格式。
- ❑ Jpeg，联合图像专家组（JPEG）格式。

❑ Png，可移植网络图形（PNG）格式。

❑ Tiff，标记图像文件格式（TIFF）。

❑ Wmf，Windows 图元文件（WMF）。

下面的代码会将 bmp 对象以 PNG 格式保存到指定的文件。

```
bmp.Save(@"d:\test.png", ImageFormat.Png);
```

实际应用中，如果需要修改图像的格式也是非常方便的，只需要将源文件读取到 Bitmap 对象，然后另存为指定格式的文件即可。此外，通过 Graphics 对象的 DrawImage() 方法及相关资源，可以很方便地改变图像的尺寸。

下面的代码（/app_code/chyx2.imgx/chyx2.imgx.CImageConvert.cs）创建一个 CImage-Convert 类，用来封装图像转换的相关操作。

```
using System;
using System.Drawing;
using System.Drawing.Imaging;
using System.IO;

namespace chyx2.imgx
{
    public static class CImageConvert
    {
        // 转换图像格式
        public static bool Convert(string source, string target,
            ImageFormat targetFormat)
        {
            try
            {
                using (Bitmap bmp = new Bitmap(source))
                {
                    bmp.Save(target, targetFormat);
                    return true;
                }
            }
            catch (Exception ex)
            {
                CLog.Err(ex, -1000L, "Error[CImageConvert.ConvertFormat()]");
                return false;
            }
        }

        // 根据图像扩展名给出相应的 ImageFormat 值
        public static ImageFormat GetImageFormat(string filename)
        {
            // 给出扩展名小写形式
            string ext = Path.GetExtension(filename).ToLower();
            switch(ext)
            {
                case ".png":return ImageFormat.Png;
                case ".jpg": case ".jpeg": return ImageFormat.Jpeg;
                case ".emf":return ImageFormat.Emf;
                case ".exif":return ImageFormat.Exif;
                case ".gif":return ImageFormat.Gif;
                case ".icon":return ImageFormat.Icon;
```

```
                case ".tif":return ImageFormat.Tiff;
                case ".wmf":return ImageFormat.Wmf;
                default: return ImageFormat.Bmp;
            }
        }

        //转换图像格式，根据目标扩展名自动确认图像格式
        public static bool Convert(string source,string target)
        {
            return Convert(source, target, GetImageFormat(target));
        }

    }
}
```

代码首先定义了三个方法，分别是：

- Convert(source,target,targetFormat) 方法，将 source 文件另存为 target 文件，并转换为 targetFormat 指定的图像格式。
- GetImageFormat() 方法，根据文件扩展名给出相应的图像类型对象（ImageFomrat 类型）。
- Convet(source,target) 方法，将 source 文件另存为 target 文件，并根据 target 的扩展名自动确定图像格式。

下面的代码在 CImageConvert 类中定义了 Scale() 方法，用于对图像文件按比例缩放。

```
//按比例缩放图像，自动判断目标类型
public static bool Scale(string source, string target, float scale)
{
    try
    {
        //计算新尺寸
        using (Bitmap sBmp = new Bitmap(source))
        {
            int width = (int)(sBmp.Width * scale);
            int height = (int)(sBmp.Height * scale);
            using (Bitmap tBmp = new Bitmap(width, height))
            {
                Graphics g = Graphics.FromImage(tBmp);
                g.DrawImage(sBmp, 0, 0, width, height);
                tBmp.Save(target, GetImageFormat(target));
                return true;
            }
        }
    }
    catch (Exception ex)
    {
        CLog.Err(ex, -1000L, "Error[CImageConvert.Scale()]");
        return false;
    }
}
```

其中，Scale() 方法定义了三个参数，分别是源文件、目标文件和缩放比例，如放大两倍就将 scale 参数设置为 2。下面的代码演示了 Scale() 方法的应用。

```
using System;
using chyx;
using chyx.webx;
using chyx.imgx;

public partial class Test : System.Web.UI.Page
{
    protected void Page_Load(object sender, EventArgs e)
    {
        string sFile = CWeb.MapPath(@"/img/earth.png");
        string tFile = CWeb.MapPath(@"/img/earth2x.jpg");
        CWeb.Write(CImageConvert.Scale(sFile, tFile, 2));
    }
}
```

14.6　打印图像

如果需要打印图像，可以参考如下代码（/app_code/common/CImageX.cs），这里是 CImageX 类中定义的 Print() 方法，用于将图像直接输出到本机的默认打印机。

```
//使用本机默认打印机输出
public void Print()
{
    PrintDocument doc = new PrintDocument();
    doc.PrintPage += (object s, PrintPageEventArgs e) =>
    {
        e.Graphics.DrawImage(myBmp, 0f, 0f);
    };
    doc.Print();
}
```

实例中使用了 PrintDocument 类，它定义在 System.Drawing.Printing 命名空间。执行的打印需要 PrintDocument 对象的 PrintPage 事件实现，其定义格式如下。

```
public delegate void PrintPageEventHandler(
    Object sender,
    PrintPageEventArgs e
)
```

Print() 方法中，使用 Lambda 表达式实现这个委托，参数 PrintPageEventArgs 对象中的 Graphics 对象用于绘制需要打印的内容，这里使用 DrawImage() 方法直接绘制了 myBmp 对象中的内容。最后，调用 PrintDocument 对象的 Print() 方法执行打印操作。

第 15 章　发送邮件

Web 项目中经常需要自动发送邮件的功能，如验证用户邮箱有效性、通过邮箱找回密码等操作。在 ASP.NET 项目中，可以使用 .NET Framework 资源很方便地实现网络邮件的发送工作。

下面的代码（/app_code/common/CEmailX.cs）创建了 CEmailX 类，用于 SMTP 发送邮件的操作封装。

```
using System.Collections.Generic;
using System.Net;
using System.Net.Mail;

//发送网络邮件
public class CEmailX
{
    public CEmailX()
    {
        IsHtml = false;
        DisplayName = "";
        Files = null;
    }
    //SMTP 服务器信息
    public string SmtpHost { get; set; }
    public string SmtpUser { get; set; }
    public string SmtpPwd { get; set; }
    //发件人信息
    public string FromAddr { get; set; }
    public string DisplayName { get; set; }
    //邮件内容及附件文件
    public string Subject { get; set; }
    public string Content { get; set; }
    public bool IsHtml { get; set; }
    public List<string> Files { get; set; }            // 附件
    //
    //发送到指定的邮箱地址
    public bool SendTo(List<string> toAddr)
    {
        try
        {
            MailMessage msg = new MailMessage();
            msg.Subject = Subject;
            msg.Body = Content;
            msg.IsBodyHtml = IsHtml;
            msg.From = new MailAddress(FromAddr, DisplayName);
            //收件人
            for (int i = 0; i < toAddr.Count; i++)
                msg.To.Add(toAddr[i]);
            //附件
```

```
            if(Files!=null)
            {
                for(int i=0;i<Files.Count;i++)
                    msg.Attachments.Add(new Attachment(Files[i]));
            }
            //发送邮件
            SmtpClient smtp = new SmtpClient();
            smtp.Host = SmtpHost;
            smtp.Credentials = new NetworkCredential(SmtpUser, SmtpPwd);
            smtp.DeliveryMethod = SmtpDeliveryMethod.Network;
            smtp.Send(msg);
            return true;
        }
        catch
        {
            return false;
        }
    }
    //
}
```

代码首先定义了一系列的属性，包括：

- SmtpHost 属性，定义为 string 类型，指定 SMTP 服务器。
- SmtpUser 属性，定义为 string 类型，指定邮件系统登录用户。
- SmtpPwd 属性，定义为 string 类型，指定邮件系统登录密码。
- FromAddr 属性，定义为 string 类型，指定发件人地址。
- DisplayName 属性，定义 string 类型，指定邮件中显示的发件人信息。
- Subject 属性，定义为 string 类型，指定邮件的主题。
- Content 属性，定义为 string 类型，指定邮件的内容。
- IsHtml 属性，指定邮件内容是否为 HTML 格式，定义为 bool 类型，默认为 false，即邮件内容默认为文本内容。
- Files 属性，附件的文件路径，定义为 List<string> 类型。

SendTo() 方法用于执行发送邮件操作，它的参数定义为 List<string> 类型，用于指定收件人的邮箱地址列表。其中，邮件信息和发送操作主要使用了 System.Net 和 System.Net.Mail 命名空间中的相关资源。

MailMessage 类用于定义邮件信息，主要的成员包括：

- Subject 属性，指定邮件主题。
- Body 属性，指定邮件内容。
- IsBodyHtml 属性，指定邮件内容是否为 HTML 格式。
- From 属性，指定发件人信息，定义为 MailAddress 类型，可以通过构造函数指定发件人邮箱地址和显示名称。
- To 属性，指定收件人信息，这是一个集合类型，可以使用 Add() 方法添加收件人邮箱地址。
- Attachments 属性，指定附件，同样是一个集合类型，使用 Add() 方法添加附件文件的路径。

实际的发送操作使用了 SmtpClient 类，其功能是通过 SMTP 发送邮件，主要成员包括：

- Host 属性，指定 SMTP 服务器地址。
- Credentials 属性，指定用户登录凭证，定义为 NetworkCredential 类型，通过构造函数指定登录用户名和密码。
- DeliveryMethod 属性，指定邮件传送方式，定义为 SmtpDeliveryMethod 枚举类型，这里指定为网络方式，使用 Network 值。
- Send() 方法，执行邮件发送操作，参数为 MailMessage 对象。

CEmailX 类中已经定义了发送邮件所需要的基础操作，下面的代码演示了它的应用方式。

```
using System;
using System.Collections.Generic;

public partial class Test : System.Web.UI.Page
{
    protected void Page_Load(object sender, EventArgs e)
    {
        CEmailX m = new CEmailX();
        //SMTP 服务器设置
        m.SmtpHost = "smtp.sina.com.cn";
        m.SmtpUser = "< 邮箱账号 >";
        m.SmtpPwd = "< 邮箱密码 >" ;
        // 邮件内容
        m.Subject = "< 邮件主题 >";
        m.Content = "< 邮件主题 >";
        m.IsHtml = true;                          // 邮件内容是否为 HTML 格式
        // 附件文件
        m.Files = new List<string>();
        m.Files.Add("< 附件文件路径 >");
        // 发件人信息
        m.FromAddr = "< 发送人邮箱 >";
        m.DisplayName = "< 显示的发送人名称 >";
        // 收件人地址
        List<string> addr = new List<string>();
        addr.Add("< 收件人 1>");
        addr.Add("< 收件人 2>");
        // 发送邮件
        Response.Write(m.SendTo(addr));
    }
}
```

实际测试时，需要指定发件人和收件人邮箱的有效信息。

如果需要更加直观地使用，还可以在 CEmailX 类中添加一些辅助方法。如下面的代码（/app_code/common/CEmailX.cs），添加了几个设置数据的方法。

```
// 设置服务器信息
public void SetSmtpHost(string sHost,string sUser,string sPwd)
{
    SmtpHost = sHost;
    SmtpUser = sUser;
    SmtpPwd = sPwd;
}
// 设置发件人信息
```

```
public void SetFrom(string sFromAddr,string sDisplayName)
{
    FromAddr = sFromAddr;
    DisplayName = sDisplayName;
}
//设置邮件内容
public void SetMail(string sSubject,string sContent,bool blIsHtml =false)
{
    Subject = sSubject;
    Content = sContent;
    IsHtml = blIsHtml;
}
//添加附件
public void AddFiles(params string[] path)
{
    Files = new List<string>();
    for(int i=0;i<path.Length;i++)
    {
        Files.Add(path[i]);
    }
}
```

代码定义了四个方法，分别用于设置 SMTP 服务器信息、发件人信息、邮件内容和添加附件操作，下面的代码演示了这些方法的使用。

```
using System;
using System.Collections.Generic;

public partial class Test : System.Web.UI.Page
{
    protected void Page_Load(object sender, EventArgs e)
    {
        CEmailX m = new CEmailX();
        // SMTP 服务器设置
        m.SetSmtpHost("smtp.sina.com.cn", "<邮箱账号>", "<邮箱密码>");
        // 邮件内容
        m.SetMail("<邮件主题>", "<邮件主题>", true);
        // 附件文件
        m.AddFiles(@"f:\high.jpg");
        // 发件人信息
        m.SetFrom("<发送人邮箱>", "<显示的发送人名称>");
        // 收件人地址
        List<string> addr = new List<string>();
        addr.Add("<收件人1>");
        addr.Add("<收件人2>");
        // 发送邮件
        Response.Write(m.SendTo(addr));
    }
}
```

如果需要只发送给某一个收件人的方法，可以继续扩展 CEmailX 类，如下面的代码（/app_code/common/CEmailX.cs）。

```
//发送给某一个收件人
public bool SendTo(string toAddr)
```

```
{
    List<string> addr = new List<string>();
    addr.Add(toAddr);
    return SendTo(addr);
}
```

大多数情况下，系统邮件并没有附件，为了提高执行效率和灵活性，可以再定义一个方法，其功能就是发送邮件给某一个收件人，没有附件，并且单独指定邮件的主题、内容等信息，如下面的代码（/app_code/common/CEmailX.cs）。

```
//某一个收件人，没有附件，单独指定邮件主题和内容
public bool SendToNoFile(string toAddr,
string sSubject, string sContent, bool blIsHtml = false)
{
try
    {
        MailMessage msg = new MailMessage();
        msg.Subject = sSubject;
        msg.Body = sContent;
        msg.IsBodyHtml = blIsHtml;
        msg.From = new MailAddress(FromAddr, DisplayName);
        //收件人
msg.To.Add(toAddr);
        //发送邮件
        SmtpClient smtp = new SmtpClient();
        smtp.Host = SmtpHost;
smtp.Credentials = new NetworkCredential(SmtpUser, SmtpPwd);
smtp.DeliveryMethod = SmtpDeliveryMethod.Network;
        smtp.Send(msg);
        return true;
}
    catch
    {
        return false;
    }
}
```

实现验证用户邮箱或用户找回密码等功能时，需要发送一些系统邮件，此时，可以定义一个系统邮件类，设置好服务邮箱信息，并定义好邮件内容的模板，然后根据需要发送到用户邮箱。

下面的代码（/app_code/common/CSysMailX.cs）定义了一个系统邮件发送模板类。

```
//系统邮件
public static class CSysMailX
{
    private static CEmailX mail = new CEmailX();
    //构造函数
    static CSysMailX()
    {
        //SMTP 服务器
        mail.SetSmtpHost("服务器", "用户", "密码");
        //发件人
        mail.SetFrom("发件人邮箱", "显示名");
        //
```

```
    }
    //邮箱验证邮件
    public static bool CheckEmailAddr(string addr)
    {
        //生成验证码发送到用户邮箱
        string subject = "验证邮箱";
        string content = "";
        //
        return mail.SendToNoFile(addr,subject,content,false);
    }
    //重置邮箱密码
    public static bool ResetPassword(string addr)
    {
        //确认注册的邮箱后发送新的密码
        string subject = "重置密码";
        string content = "";
        //
        return mail.SendToNoFile(addr, subject, content, false);
    }
    //
}
```

实际应用中，可以通过 CSysMailX.CheckEmailAddr("xxx@xxx.xxx") 的形式发送系统邮件，也可以根据需要修改实现代码。

第 16 章　chyx 代码库

前面几章介绍了 ASP.NET 项目开发的相关知识，如 C# 编程语言、SQL Server 数据库、常用的 .NET Framework 类库资源等。通过这些内容的学习，相信大家已经可以实现很多 Web 应用的功能了。

实践中可以看到，很多功能需要一定数量的代码来实现，不过，也有很多方法来简化开发工作，如本章讨论的 chyx 代码库，这是作者封装的 .NET Framework 平台开发代码库，可以帮助大家尽快地实现各种 .NET 应用功能。

本书使用的是 chyx 代码库的第 2 版，所有资源封装在 chyx2 命名空间下。最新的版本和完整的参考手册可以关注作者的个人网站，网址是 http://caohuayu.com。

此外，《 C# 开发实用指南：方法与实践》一书也讨论了大量的 .NET Framework 类库应用，并有代码封装思路，以及如何应用方面的讨论，有兴趣的朋友可以参考。

16.1　常用功能

本部分资源定义在 chyx2 命名空间，下面首先来看字符串相关的操作。

16.1.1　字符串

与字符串相关的操作封装在 chyx2.CStr 类中。首先来看字符串的连接和组合功能，在 CStr 类中，定义了 String 类的两个扩展方法实现这两项操作，这两个方法分别是 Append() 和 Combine()。下面先看 Append() 方法的使用。

```
string s = "abc".Append("def","ghi");
```

代码执行后，s 的内容是 abcdefghi。

Combine() 方法用于组合带有占位符的字符串和数据，如下面的代码。

```
int counter = 16;
string s = " 成功更新 {0} 条记录 ".Combine(counter);
```

代码执行后，s 的内容为“成功更新 16 条记录”。此功能与 string.Format() 方法相似。

需要对字符串内容进行完全散列编码时，可以使用如下扩展方法：

- ToMd5(this string) 方法，返回字符串的 MD5 编码字符串。
- ToSha1(this string) 方法，返回字符串的 SHA-1 编码字符串。
- ToSha256(this string) 方法，返回字符串的 SHA-256 编码字符串。
- ToSha384(this string) 方法，返回字符串的 SHA-384 编码字符串。
- ToSha512(this string) 方法，返回字符串的 SHA-512 编码字符串。

此外，Base64Encode() 和 Base64Decode() 方法用于字符串的 BASE64 编码和解码。

需要给资源分配一个全局唯一标识（GUID）时，可以使用 CStr.GetGuid() 方法生成一个新的 GUID，返回的形式是包含小写字母和数字的字符串。

最后，以下一些方法可以判断特殊格式的字符串：

- IsChinese(this string) 方法，判断字符串内容是否为汉语。
- IsDate(this string) 方法，判断字符串是否可以转换为 DateTime 类型。
- IsEmailAddr(this string) 方法，判断字符串是否为 E-mail 邮箱地址。
- IsIdCardNumber(this string) 方法，判断字符串内容是否为 18 位身份证号码。
- IsNumeric(this string) 方法，判断字符串内容是否可以转换为数值。
- IsUserName(this string) 方法，判断字符串是否为有效的用户名，以字母开头，并由字母、数字和下画线（_）组成，6 ~ 15 位。

16.1.2　中国农历信息

使用 CChineseCalendar 类，可以获取日期的中国农历信息，其中，构造函数包括：

- CChineseCalendar()，根据系统当前日期创建对象。
- CChineseCalendar(int, int, int)，根据年、月、日创建对象。
- CChineseCalendar(System.DateTime)，根据指定的 DateTime 值创建对象。

类中定义的方法包括：

- ShiChen(int) 方法，根据小时数据返回十二时辰的名称。
- ToStr() 方法，返回完整的农历日期信息。

以下是一些只读属性，用于获取农历信息：

- Date 属性，返回公元日期值，定义为 DateTime 类型。
- Day 属性，返回农历的日子，1 ~ 30，定义为 int 类型。
- DayName 属性，返回农历的日子名称，定义为 string 类型。
- DiZhi 属性，返回地支值，1 ~ 12，定义为 int 类型。
- DiZhiName 属性，返回地支名称，定义为 string 类型。
- LeapMonth 属性，返回闰月的月份，如闰七月为 8，定义为 int 类型。
- Month 属性，返回农历月份数值，1 ~ 12，定义为 int 类型。
- MonthName 属性，返回农历月份名称，如正月、二月、……、冬月、腊月，定义为 string 类型。
- ShengXiaoName 属性，返回十二生肖名称，定义为 string 类型。
- TianGan 属性，返回天干值，1 ~ 10，定义为 int 类型。
- TianGanName 属性，返回天干名称，定义为 string 类型。
- Year 属性，返回甲子年份值，1 ~ 60，定义为 int 类型。
- YearName 属性，返回甲子年份名称，定义为 string 类型。

下面的代码使用 ToStr() 方法显示某个日期的完整农历信息。

```
using System;
using chyx2;
using chyx2.dbx;
using chyx2.webx;

public partial class Test : System.Web.UI.Page
{
```

```
    protected void Page_Load(object sender, EventArgs e)
    {
        CChineseCalendar cale = new CChineseCalendar(2019,8,7);
        CWeb.WriteLine(cale.ToStr());
    }
}
```

页面显示效果如图 16-1 所示。

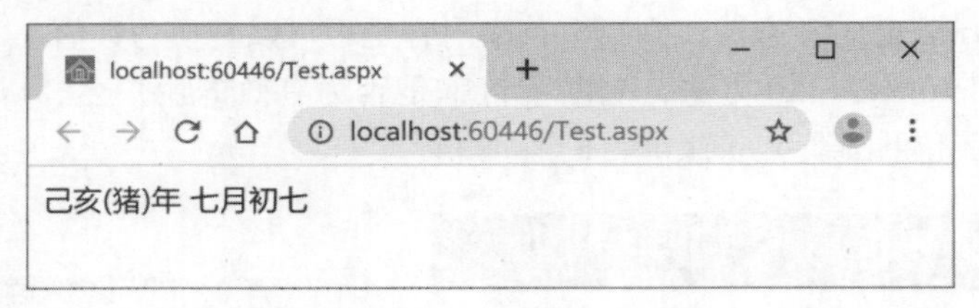

图 16-1

16.1.3 随机数

chyx2.CRnd 类定义了一些常用随机数据的静态生成方法，包括：

- GetDbl() 方法，返回一个大于或等于 0.0 并小于 1.0 的随机浮点数。
- GetInt() 方法，返回一个大于或等于 0 并小于 Int32.MaxValue 的随机整数。
- GetInt(int) 方法，返回一个大于或等于 0 并小于参数的随机整数。
- GetInt(int, int) 方法，返回一个大于或等于参数一并小于参数二的随机整数。
- GetLower() 方法，随机返回一个小写英文字母。
- GetUpper() 方法，随机返回一个大写英文字母。

如果需要生成四位随机验证码，可以参考如下代码。

```
using System;
using System.Text;
using chyx2;
using chyx2.dbx;
using chyx2.webx;

public partial class Test : System.Web.UI.Page
{
    protected void Page_Load(object sender, EventArgs e)
    {
        StringBuilder sb = new StringBuilder(4);
        for(int i=0;i<4;i++)
        {
            int flag = CRnd.GetInt(3);
            if (flag == 0)
                sb.Append(CRnd.GetInt(10));
            else if (flag == 1)
                sb.Append(CRnd.GetLower());
            else
                sb.Append(CRnd.GetUpper());
        }
        CWeb.WriteLine(sb.ToString());
```

```
    }
}
```

代码会生成四个字符，可能包括数字、大写字母或小写字母。第 19 章会介绍完整的验证码实现方法。

16.1.4 数据类型转换

C# 代码需要数据类型转换时，主要有以下几种方式：

- C# 中的强制转换，如果不能正确转换则会产生异常。
- System.Convert 类，各种类型之间的相互转换方法。如果不能正确转换则会产生异常。
- 值类型中的 TryParse() 方法，尝试将字符串类型转换为指定的值类型。源类型只能是字符串。

在 chyx 代码库中，chyx2.CC 类用于常用类型的转换工作，如果需要直接获取某个数据的 int 类型值，可以使用 CC.ToInt(object) 方法，如果转换成功则返回相应的 int 类型数据，如果不能成功转换则返回 0。也就是说，无论转换是否成功，都会有一个可用的 int 类型数据。

下面的代码演示了 CC.ToInt() 方法的使用。

```
int x = CC.ToInt("123");                    // x 等于 123
int y = CC.ToInt("abc");                    // y 等于 0
```

需要尝试转换，并返回转换结果和数据时，可以使用 CC.TryToInt(object, out int) 方法，如下面的代码。

```
int x;
bool result = CC.TryToInt("abc", out x);         // result 值为 false，x 值为 0
result = CC.TryToInt("123", out x);              // result 值为 true，x 值为 123
```

CC 类中定义了一系列方法，可以执行转换的目标类型包括：

- byte 类型，使用 ToByte() 和 TryToByte() 方法。
- sbyte 类型，使用 ToSByte() 和 TryToSByte() 方法。
- short 类型，使用 ToShort() 和 TryToShort() 方法。
- ushort 类型，使用 ToUShort() 和 TryToUShort() 方法。
- int 类型，使用 ToInt() 和 TryToInt() 方法。
- uint 类型，使用 ToUInt() 和 TryToUInt() 方法。
- long 类型，使用 ToLng() 和 TryToLng() 方法。
- ulong 类型，使用 ToULng() 和 TryToULng() 方法。
- float 类型，使用 ToSng() 和 TryToSng() 方法。
- double 类型，使用 ToDbl() 和 TryToDbl() 方法。
- decimal 类型，使用 ToDec() 和 TryToDec() 方法。
- char 类型，使用 ToChar() 和 TryToChar() 方法。
- string 类型，使用 ToStr() 和 TryToStr() 方法。
- bool 类型，使用 ToBool() 和 TryToBool() 方法。

❑ DateTime 类型，使用 ToDate() 和 TryToDate() 方法。

此外，如果只需要判断数据能否成功转换为目标类型，则可以使用相应的 IsXXX() 方法，比如，判断一个值是否可以转换为 int 类型，可以使用 CC.IsInt(obj) 方法。

16.1.5 日志

chyx 代码库中包含了大量的代码，对于可能产生错误的地方，我们添加了日志记录功能，类似下面的代码结构：

```
try
{
}
catch(Exception ex)
{
    CLog.Err(ex, -1000L, "代码错误");
}
```

不过，默认情况下，CLog.Err 并不会有任何操作，在代码比较成熟、应用运行比较稳定后，这是一项提高代码执行效率的措施。

在开发或调试过程中，可以通过重写 CLog.Err 委托来保存错误信息，如下面的代码（/app_code/common/CApp.cs），在 CApp.Init() 方法中使用 Lambda 表达式重写了 CLog.Err 的实现。

```
using System;
using System.Collections.Generic;
using chyx2;
using chyx2.dbx;
using chyx2.dbx.sqlx;
using chyx2.dbx.mysqlx;
using chyx2.webx;
using System.IO;

public static class CApp
{
    //其他代码

    //项目初始化方法
    public static bool Init()
    {
        //记录最后一个错误
        CLog.Err = (Exception ex, long code, string msg) =>
        {
            string[] ss = new string[4];
            ss[0] = ex.Source;
            ss[1] = ex.Message;
            ss[2] = code.ToString();
            ss[3] = msg;
            File.WriteAllLines(CWeb.MapPath("/ERR.txt"), ss);
        };
```

```
        //
        return true;
    }
}
```

ASP.NET 项目中，只需要在 Global.asax 文件中的 Application_Start() 方法中调用一次 CApp.Init() 方法，就可以将最后一个错误的信息保存在网站根目录下的 ERR.txt 文件中。

16.2　数据操作组件

ASP.NET 项目中，可以使用 ADO.NET 组件操作数据库，前面已经通过 SQL Server 数据库进行测试，代码使用了 SqlConnection、SqlCommand、SqlDataReader、SqlDataAdapter 等一系列组件，从组件的名称可以看出，它们是 SQL Server 数据库的专用组件。

项目中，如果需要使用其他类型的数据库，就使用不同的操作组件，比如，MySQL 数据需要使用 MySqlConnection 类连接，使用 MySqlCommand 类执行命令和存储过程等，这些组件由数据库厂商提供，那么，有没有可能使用相同的代码来操作不同的数据库呢？特别是在需要使用多种数据库或者需要切换数据库的项目中。

在 chyx 代码库中定义了一系列数据操作组件，这些资源定义在 chyx2.dbx 命名空间。下面先了解这些组件的定义，稍后会有应用演示。

16.2.1　CDataItem 和 CDataColl 类

CDataItem 类用于处理数据项，基本属性包括 Name（名称）和 Value（值），分别定义为 string 和 object 类型。通过下面的只读属性，还可以直接获取指定类型的数据，这可以简化很多数据的类型转换工作。

- BoolValue，直接获取 bool 类型数据。
- ByteValue，直接获取 byte 类型数据。
- DateValue，直接获取 DateTime 类型数据。
- DblValue，直接获取 double 类型数据。
- DecValue，直接获取 decimal 类型数据。
- IntValue，直接获取 int 类型数据。
- LngValue，直接获取 long 类型数据。
- SByteValue，直接获取 sbyte 类型数据。
- ShortValue，直接获取 short 类型数据。
- StrValue，直接获取 string 类型数据。
- UIntValue，直接获取 uint 类型数据。
- ULngValue，直接获取 ulong 类型数据。
- UShortValue，直接获取 ushort 类型数据。

此外，还可以判断数据的一些特性，如下面的只读属性：

- IsDate，数据是否可以转换为 DateTime 类型。
- IsDbNull，数据是否为 DBNull.Value 值。

❑ IsEmpty，数据是否名称为空字符串，并且值为 null 值。

❑ IsNull，数据是否为 null 值。

❑ IsNumeric，数据是否可以转换为数值类型。

CDataColl 类用于处理有序数据集合，实现了 List<CDataItem> 类型，并扩展了一些成员，如：

❑ Find(string sName) 方法，查询数据名称，返回索引值，若没有找到则返回 –1 值。

❑ Add(string sName,object oValue) 方法，根据名称和值添加数据项。

下面的代码演示了 CDataItem 和 CDataColl 类的使用方法。

```
using System;
using chyx2;
using chyx2.dbx;
using chyx2.webx;

public partial class Test : System.Web.UI.Page
{
    protected void Page_Load(object sender, EventArgs e)
    {
        CDataColl coll = new CDataColl();
        coll.Add("Name", "Tom");
        coll.Add("Age", 19);
        coll.Add("Addr", "XX 大街 19 号 ");
        foreach (CDataItem item in coll)
        {
            CWeb.WriteLine("{0} : {1}".Combine(item.Name, item.Value));
        }
    }
}
```

页面显示效果如图 16-2 所示。

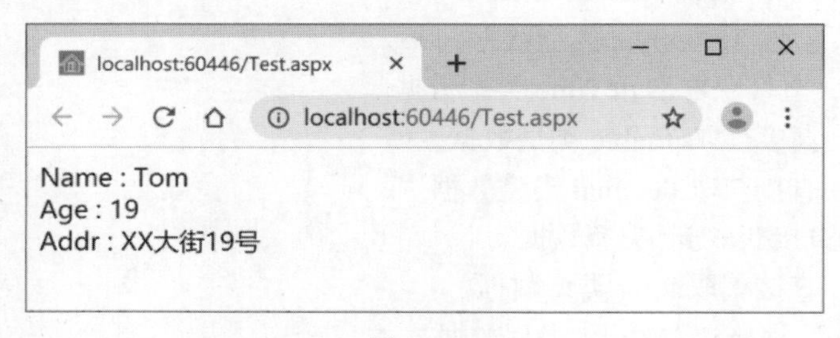

图 16-2

16.2.2 CCond 类

CCond 类用于定义条件对象，可用于数据的查询、更新和删除操作，其中定义的属性包括：

❑ Name 属性，string 类型，字段名或 SQL 语句。

❑ SubCondition 属性，List<CCond> 类型，条件组中的子条件集合。

❑ SubRelation 属性，ERelation 枚举类型，子条件的关系，And 或 Or 值。

- Type 属性，CCondType 枚举类型，条件类型。
- UseNot 属性，bool 类型，是否条件取反，即在条件前使用 not 关键字。
- Values 属性，object[] 数组类型，条件中需要的数据。

除了这些基本的属性外，还可以使用一系列静态方法创建不同类型的条件对象，它们都会返回 CCond 对象，这些方法包括：

- CreateGroup(ERelation, CCond, CCond[]) 方法，创建条件组。参数一指定各条件的关系，参数二开始指定条件。
- CreateEqual(string, object) 方法，创建等于条件。
- CreateNotEqual(string, object) 方法，创建不等于条件。
- CreateGreater(string, object) 方法，创建大于条件。
- CreateGreaterEqual(string, object) 方法，创建大于或等于条件。
- CreateLess(string, object) 方法，创建小于条件。
- CreateLessEqual(string, object) 方法，创建小于或等于条件。
- CreateBetween(string, object, object) 方法，创建 between-and 条件。
- CreateIn(string, object, object[]) 方法，创建 in 条件，判断字段数据是否包含在参数二开始指定的数据中。
- CreateIsNull(string) 方法，创建 is null 条件，即字段数据为空值。
- CreateIsNotNull(string) 方法，创建 is not null 条件，即字段数据不为空值（null 值）。
- CreateLike(string, object) 方法，创建 like 条件，即文本内容的模糊查询。
- CreateDirect(string) 方法，创建直接使用 SQL 语句的条件，语句应该是简单的标准语句，可以兼容所有的数据库。

这里需要注意的是，对于 like 和 driect 查询，应防止 SQL 注入，可以在创建条件对象前对其内容进行检查，防止破坏性的 SQL 语句组合到真正的查询语句中。

下面的代码会生成一个 name 字段等于 Tom 的查询条件：

```
CCond cond = CCond.CreateEqual("name", "Tom");
```

稍后的综合演示中可以看到如何在查询、更新和删除操作中使用 CCond 对象。

16.2.3　IConnector 接口组件

IConnector 接口组件用于连接数据库，提供不同数据库的一些关键特性，如 GetObjName() 方法会给出数据库中的对象名等。同时，IConnector 组件也可以进行数据库的连接测试等操作。

下面是 IConnector 接口的定义。

```
//数据库连接器接口
public interface IConnector
{
    string CnnStr { get; }
    bool Connected { get; }
    char ParamChar { get; }
    char MatchChar { get; }
    string GetObjName(string sName);
    //SQL 执行任务
```

```
        bool Execute(string sql);
        CDataItem GetValue(string sql);
        //任务工厂
        ITaskFactory TaskFactory { get; }
    } // end interface IConnector
```

IConnector 接口的成员定义如下。

- CnnStr 只读属性，返回数据库连接字符串，需要使用类的构造函数带入。
- Connected 只读属性，测试数据库是否能够正确连接。
- ParamChar 只读属性，返回定义参数的字符，如 @、?、: 等。
- MatchChar 只读属性，返回 like 查询时的零到多个字符的匹配字符，如 %。
- GetObjName() 方法，返回数据库对象的特定格式，如参数是 sale_main，则 SQL Server 数据库对象格式为 [sale_main]、MySQL 数据库对象格式为 'sale_main'、Oracle 数据库对象格式为 "sale_main"。
- Execute() 方法，执行 SQL 语句，若成功则返回 true 值，否则返回 false 值。
- GetValue() 方法，执行 SQL 语句，返回执行结果中第一条记录第一个字段的值。
- TaskFactory 只读属性，ITaskFactory 接口对象，用于生成基于特定数据库的各种任务对象，稍后介绍 ITaskFactory 接口类型。

chyx 代码库中默认实现了对 SQL Server 和 MySQL 数据库的支持，IConnector 接口组件分别由 CSqlConnector 和 CMySqlConnector 类实现。

16.2.4 ITask 和 ITaskX 接口组件

ITask 和 ITaskX 接口组件都用于数据表记录的操作，包括查询、添加、更新和删除操作，它们的区别在于条件处理。首先来看 ITask 接口类型的定义，如下面的代码。

```
using System.Data;
using System.Collections.Generic;

namespace chyx2.dbx
{
    // ITask 接口
    public interface ITask
    {
        IConnector Connector { get; }
        string TableName { get; }

        void SetDataFields(params string[] fields);
        void SetDataValues(params object[] values);
        void SetCondFields(params string[] fields);
        void SetCondValues(params object[] values);
        void SetDirectCond(string cond);
        ERelation CondRelation { get; set; }
        long Insert();
        long Delete();
        long Update();

        long Query(bool insertWhenNotExists,
            bool updateWhenExists, bool deleteWhenExists);
```

```
        void SetQueryFields(string field, params string[] fields);
        int Limit { get; set; }
        void SetOrderBy(string field, string ascOrDesc);
        CDataItem GetValue();
        List<object> GetFirstColumn();
        CDataColl GetFirstRow();
        DataTable GetTable();
    } // end interface ITask
}
```

ITask 接口的成员包括：

- Connector 只读属性，指定 IConnector 对象，用于数据库的连接，需要从构造函数带入。
- TableName 只读属性，指定操作的数据表名称，需要从构造函数中带入。如果只是查询操作，如使用 GetValue()、GetFirstColumn()、GetFirstRow() 和 GetTable() 方法执行查询的时候，也可以指定为视图名称。
- SetDataFields(params string[] fields) 方法，设置数据字段名。数据用于添加和更新操作。
- SetDataValues(params object[] values) 方法，设置数据值列表，要求与 SetDataFields() 方法指定的字段名一一对应。
- SetCondFields(params string[] fields) 方法，指定条件字段名。条件用于更新、删除和查询操作。
- SetCondValues(params object[] values) 方法，指定条件字段对应的数据，需要和 SetCondFields() 方法指定的字段名一一对应。条件都使用等于运算。
- SetDirectCond(string cond) 方法，使用 SQL 添加简单的条件，应该使用通用的 SQL 语句。这里同样需要注意防止 SQL 注入操作，应对 SQL 内容进行检查后再执行。
- CondRelation 属性，指定条件之间的逻辑关系，包括 ERelation 枚举中的 And 或 Or 值。
- Insert() 方法，执行添加记录操作，需要指定数据。
- Delete() 方法，执行删除数据操作，需要指定删除条件。
- Update() 方法，执行更新数据操作，需要指定新数据和更新条件。
- Query() 方法，一个复合操作方法，它不会返回查询结果，而是在查询记录存在或不存在时做一些其他工作，执行的操作由参数来指定，如 insertWhenNotExists 参数为 true 时表示当记录不存在时就添加数据；updateWhenExists 参数为 true 时表示当记录存在时更新数据；deleteWhenExists 参数为 true 时则表示在记录存在时删除它们。代码实现中，这三个操作只会执行其中一个。执行添加操作时会返回新记录的 ID 值，更新或删除操作时会返回影响的记录数量。
- SetQueryFields(string field, params string[] fields) 方法，设置查询返回的字段，全部字段使用 * 即可。
- Limit 属性，指定返回的查询结果记录数量。
- SetOrderBy(string field, string ascOrDesc) 方法，设置查询结果排序字段和排序方法。其中，参数一指定排序字段名，参数二可以指定为 asc（升序）或 desc（降序）。

- GetValue() 方法，执行查询，返回第一行第一个字段的数据（CDataItem 类型）；没有查询结果时返回没有名称和数据的 CDataItem 对象。
- GetFirstColumn() 方法，返回第一个字段的所有数据（List<object> 类型），没有数据时返回没有成员的 List<object> 对象，即 Count 属性为 0 的对象，而不是空对象（null）。
- GetFirstRow() 方法，返回第一行的数据（CDataColl 类型），没有数据时返回 Count 属性为 0 的 CDataColl 对象。
- GetTable() 方法，返回所有查询结果（DataTable 类型），没有数据时返回 null 值。

ITaskX 接口与 ITask 接口的区别在于条件的设置，其定义如下面的代码。

```
using System.Data;
using System.Collections.Generic;

namespace chyx2.dbx
{
    // ITaskX 接口
    public interface ITaskX
    {
        IConnector Connector { get; }
        string TableName { get; }
        //
        void SetDataFields(params string[] fields);
        void SetDataValues(params object[] values);
        // 条件类
        CCond Condition { get; set; }

        long Insert();
        long Delete();
        long Update();

        long Query(bool insertWhenNotExists,
            bool updateWhenExists, bool deleteWhenExists);

        void SetQueryFields(string field, params string[] fields);
        int Limit { get; set; }
        void SetOrderBy(string field, string ascOrDesc);
        CDataItem GetValue();
        List<object> GetFirstColumn();
        CDataColl GetFirstRow();
        DataTable GetTable();
    } // end interface ITaskX
}
```

ITaskX 接口组件中，设置添加、更新和删除数据的条件时使用 CCond 类，在使用比较复杂的条件时，应使用 ITaskX 接口组件。

稍后会有 ITask 和 ITaskX 接口组件的具体应用实例。

16.2.5 ITable 接口组件

ITable 接口组件用于操作数据表结构，包括创建表、添加字段、添加外键等操作，其定义如下面的代码。

```
namespace chyx2.dbx
{
    public interface ITable
    {
        IConnector Connector { get; }
        string TableName { get; }
        string IdName { get; }
        bool IsExists { get; }
        bool Create(); // 自动创建 ID 字段
        bool Truncate(); // 清除表数据
        bool AddField(CField fld);
        bool AddFields(params CField[] fields);
        bool DeleteField(string name);
        bool AddForeignKey(string name,string refTable,string refField);
    }
}
```

ITable 接口定义的成员如下：

- ❑ Connector 只读属性，数据库连接对象，需要从构造函数中带入。
- ❑ TableName 只读属性，数据表名称，需要从构造函数中带入。
- ❑ IdName 只读属性，数据表自增长整数 ID 字段名称，会自动创建，需要从构造函数中带入。
- ❑ IsExists 只读属性，判断数据表是否已存在。
- ❑ Create() 方法，创建数据表，会自动创建 ID 字段；若创建成功则返回 true 值，否则返回 false 值。
- ❑ Truncate() 方法，执行 truncate table 语句重置数据表。请注意，当其他表有外键引用表时，表是不能直接使用 truncate table 语句清空数据的。
- ❑ AddField() 方法，向数据表添加一个字段，参数为 CField 类型。
- ❑ AddFields() 方法，向数据表中添加多个字段。
- ❑ DeleteField() 方法，删除指定名称的字段。
- ❑ AddForeignKey() 方法，添加外键，需要指定设置为外键的字段名，以及引用的表名和字段名。

稍后会有相关的应用测试。

16.2.6　ITaskFactory 接口组件

这里介绍数据库操作的最后一个组件——I Task Factory 接口组件，用于创建各种数据库操作任务对象，其定义如下（chyx2.dbx 命名空间）：

```
namespace chyx2.dbx
{
    public interface ITaskFactory
    {
        IConnector Connector { get; }
        ITask NewTask(string sTableName);
        ITaskX NewTaskX(string sTableName);
        ITable NewTable(string sTableName, string sIdName);
    }
}
```

16.3 准备 MySQL 数据库

chyx 代码库中的数据组件，默认支持 SQL Server 和 MySQL 数据库，具体的实现分别位于 chyx2.dbx 命名空间下的 sqlx 和 mysqlx 命名空间，如 chyx2.dbx.sqlx 命名空间下就包含如下几个类型：

- CSql 静态类，封装了 SQL Server 数据库的通用操作代码，如 GetLocalCnnStr() 和 GetRemoteCnnStr() 方法分别用于创建本地数据库和网络数据库的连接字符串。
- CSqlConnector 类，IConnector 接口组件的 SQL Server 实现。
- CSqlTask 类，ITask 接口组件的 SQL Server 实现。
- CSqlTaskX 类，ITaskX 接口组件的 SQL Server 实现。
- CSqlTaskFactory 类，ITaskFactory 接口组件的 SQL Server 实现，创建 SQL Server 数据库的各种数据操作任务。

接下来使用 MySQL 数据库进行测试，如果继续使用 SQL Server 数据库测试，可以跳过本节内容，并将 SQL Server 中的 cdb_demo 数据库清空。

从 https://dev.mysql.com/downloads/file/?id=485812 下载 MySQL 8 数据库的压缩包文件，下载的文件名类似 mysql-8.0.16-winx64.zip。下载完成后，将此文件解压到计算机的 D 盘下，并修改文件夹名称为 mysql8。打开 D:\mysql8 文件夹，可以看到图 16-3 中的内容。

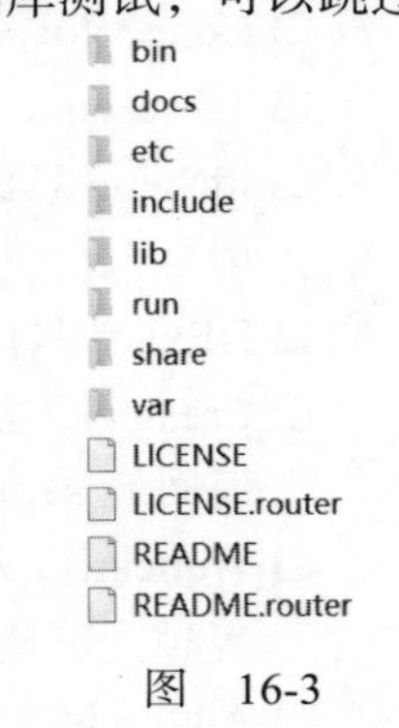

图 16-3

接下来，需要对 MySQL 环境进行初始化，并安装为 Windows 系统服务。首先，需要以管理员身份运行 cmd 命令，在 Windows 操作系统中，可以通过搜索或 Cortana 按钮输入 cmd 查找“命令提示符”工具，然后，通过右键菜单“以管理员身份运行”执行，如图 16-4 所示。

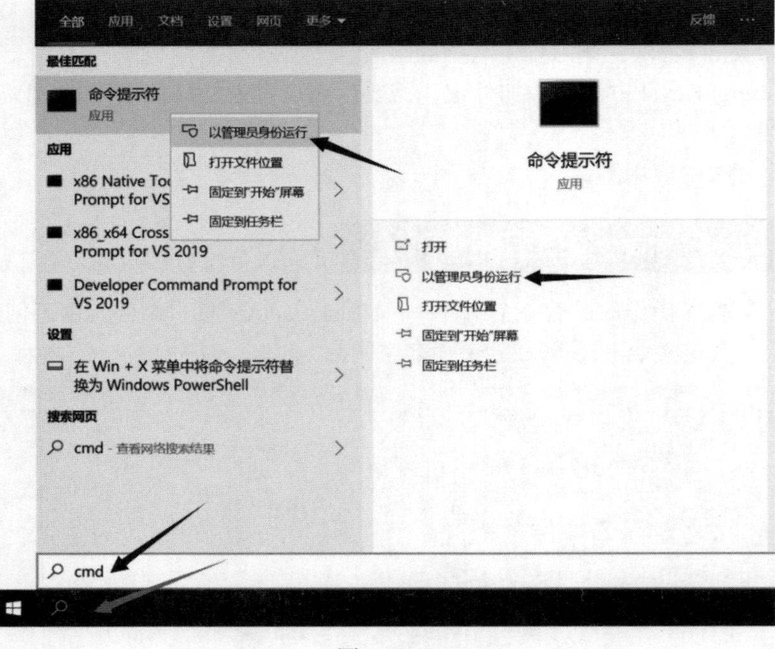

图 16-4

在命令行窗口中执行如下命令进入 D:\mysql8\bin 目录。

```
d: <回车>
cd mysql8\bin <回车>
```

执行后的提示符应为 D:\mysql8\bin>，如图 16-5 所示。

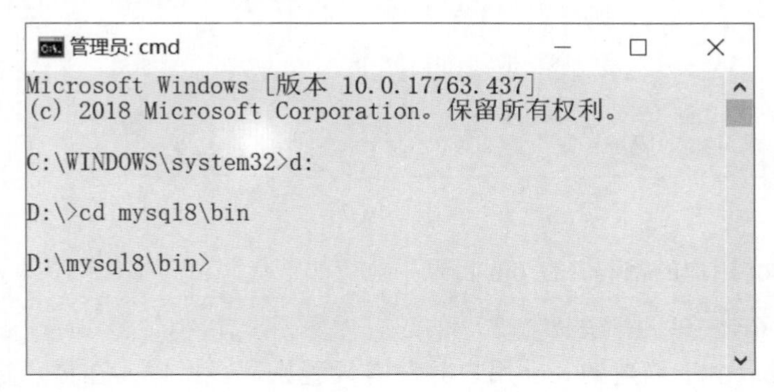

图　16-5

初始化 MySQL 的数据目录，即 mysql8\data 目录，需要在 mysql8\bin 目录中执行如下命令：

```
mysqld --initialize-insecure
```

此命令的功能是创建 data 目录，并创建没有密码的 root 用户，这当然很不安全。不过，后面很快就会修改登录密码。命令执行成功并没有提示，但可以看到，已经创建了 D:\mysql8\data 目录。

如需要将 MySQL 安装为 Windows 系统服务，则应在 bin 目录中进行操作，继续执行如下命令：

```
mysqld  --install
```

代码执行结果如图 16-6 所示。

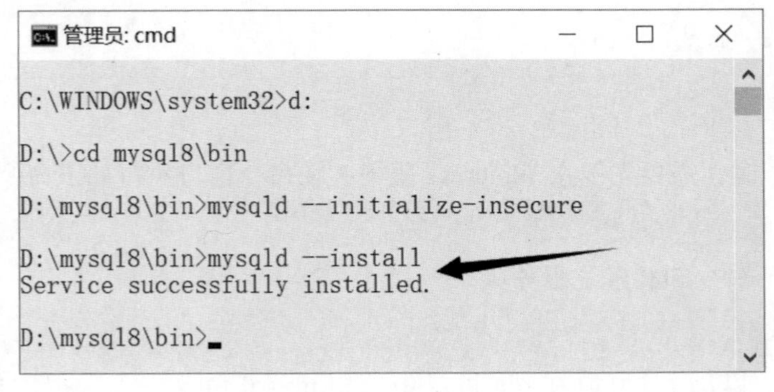

图　16-6

接下来是启动 MySQL 服务，执行如下命令：

```
net start mysql
```

代码执行成功后提示如图 16-7 所示。

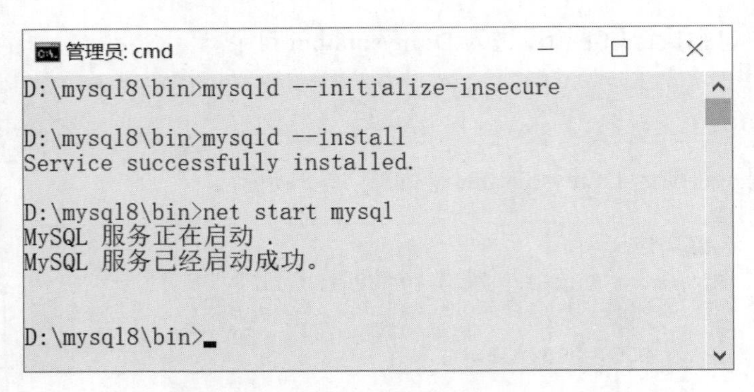

图 16-7

下面修改 root 用户的密码，在 bin 目录中执行如下代码：

```
mysqladmin -u root -p password
```

命令执行时，由于创建的 root 用户并没有设置密码，所以，在提示输入密码（Enter password）时回车（按 Enter 键）即可。接下来需要输入两次密码，即输入新密码（New password）并确认（Confirm new passowrd）。

本书中使用的密码是 DEV_Test123456，如果用户不使用此密码，请牢记自己的密码，并在需要的地方正确设置。

密码设置成功后提示如图 16-8 所示。

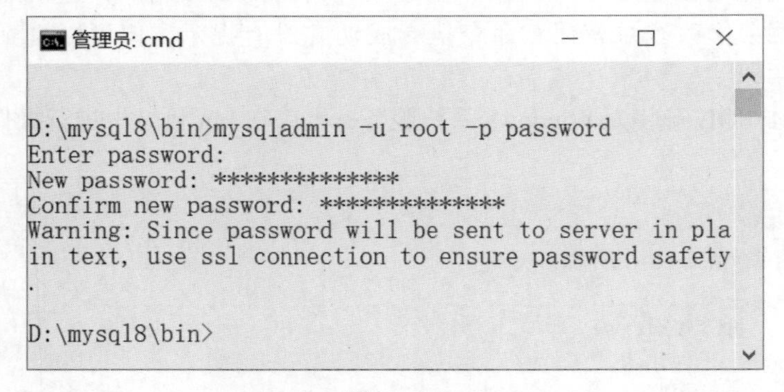

图 16-8

卸载 MySQL 时，需要先停止 Windows 服务，在命令窗口执行如下命令：

```
net stop mysql
```

然后使用如下命令卸载系统服务：

```
sc delete mysql
```

MySQL 安装成功后，可以在 bin 目录中使用 mysql 命令进入数据库操作的命令行界面，如：

```
mysql -u root -p
```

执行命令后，会提示输入密码，如图 16-9 所示。

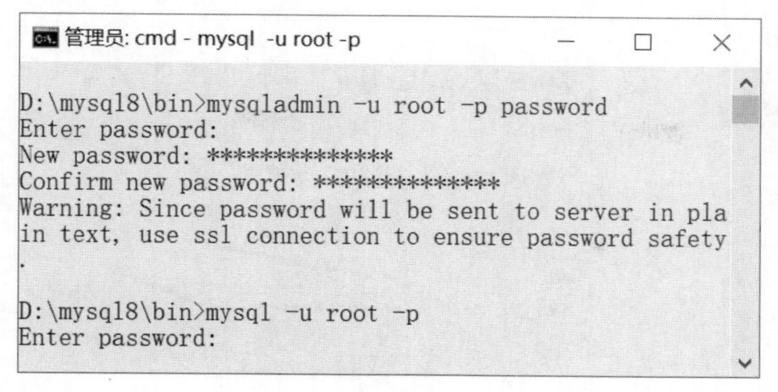

图　16-9

输入正确的密码后，即进入 MySQL 命令行环境，如图 16-10 所示。

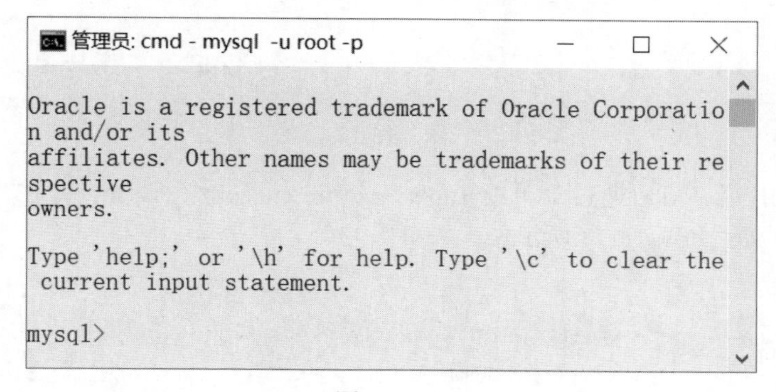

图　16-10

退出 MySQL 环境时，执行 quit 命令即可，如图 16-11 所示。

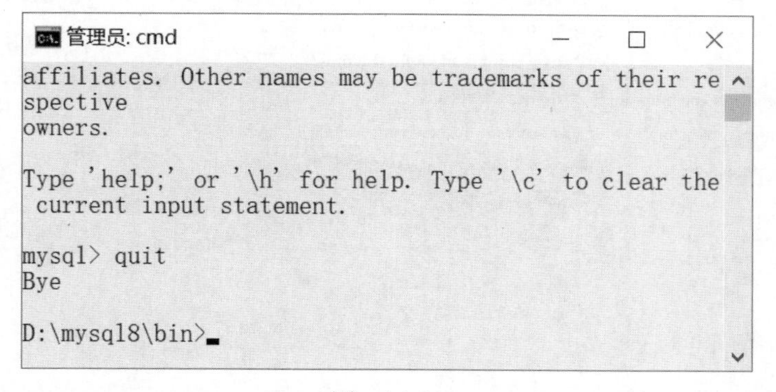

图　16-11

为了更直观、更方便地操作 MySQL 数据库和查看执行结果，接下来，会使用一个图形化的客户端工具——HeidiSQL。可以从 https://www.heidisql.com/ 网站下载，本书使用的是 10.x 版本。

启动 HeidiSQL 后，需要设置本机的 MySQL 服务参数，主要包括主机名 /IP 地址、用户和密码，如图 16-12 所示。

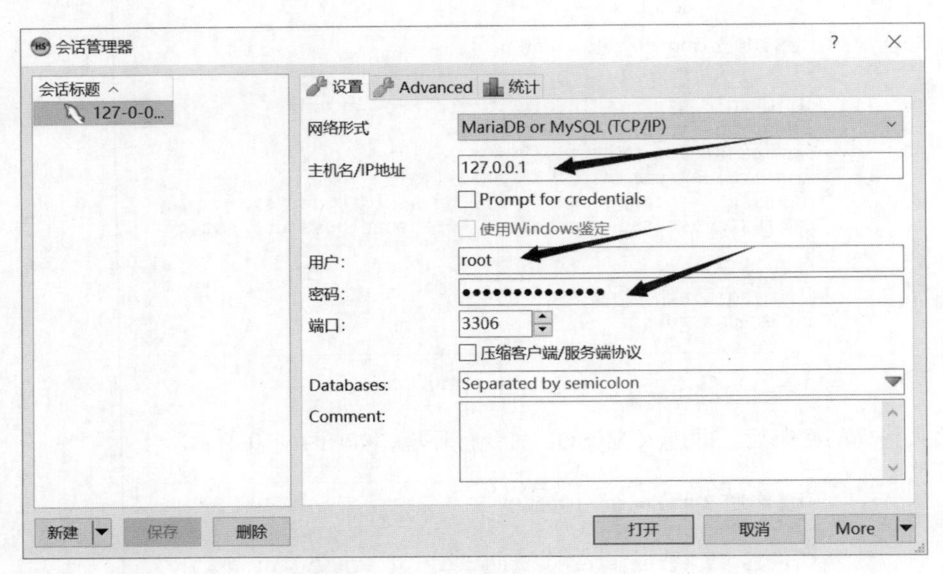

图 16-12

登录 MySQL 后，可以通过菜单项 Tools → Preferences 打开设置，并在“常规”页中修改应用语言为中文，如图 16-13 所示。

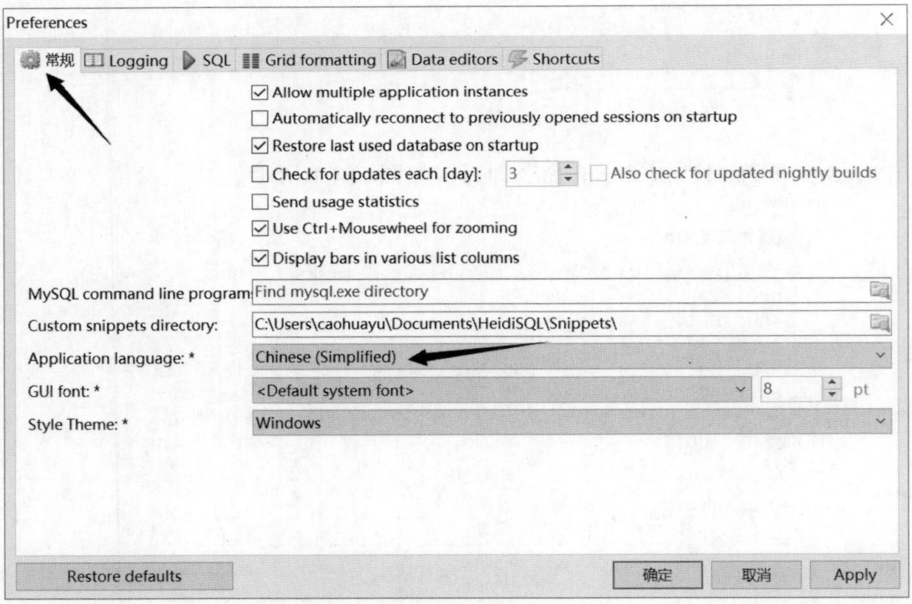

图 16-13

单击“确定”按钮后重新打开 HeidiSQL，界面就变成中文了，如图 16-14 所示。

接下来，可以通过“查询”窗口执行 SQL 语句，也可以通过“添加查询”创建新的查询窗口，如图 16-15 所示。

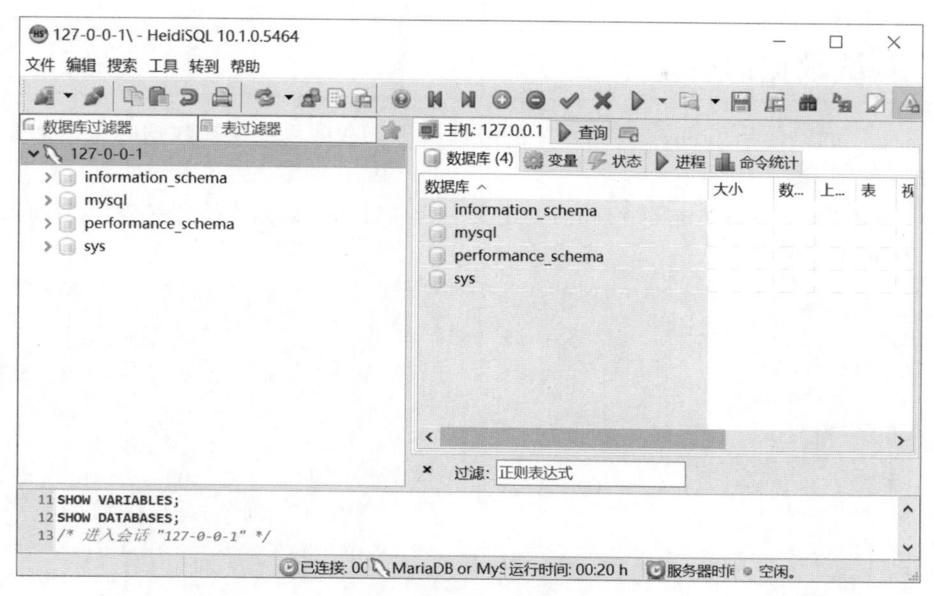

图 16-14

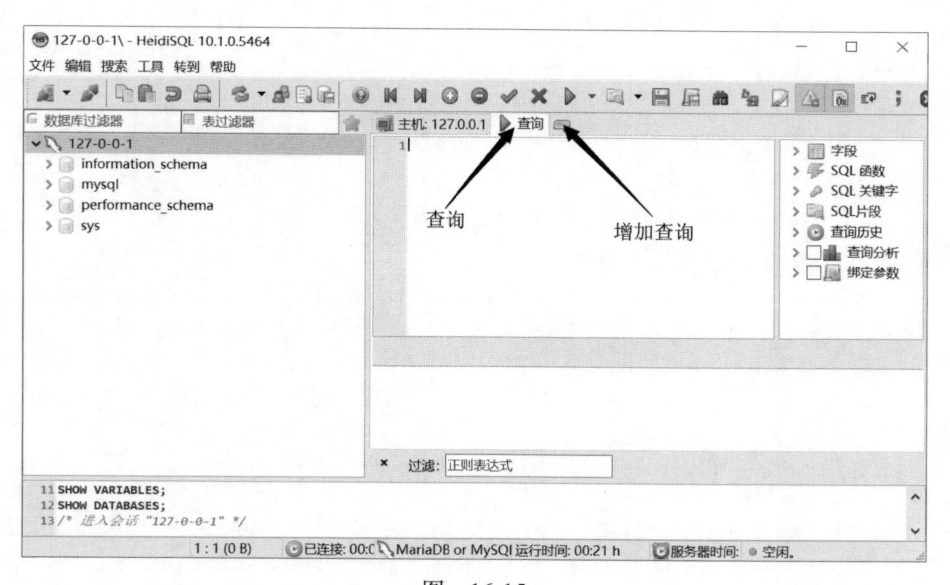

图 16-15

下面的代码在 MySQL 中创建一个空的 cdb_demo 数据库。

```
create database cdb_demo;
```

执行后，在连接列表中按 F5 键刷新，就可以看到新创建的 cdb_demo 数据库，如图 16-16 所示。

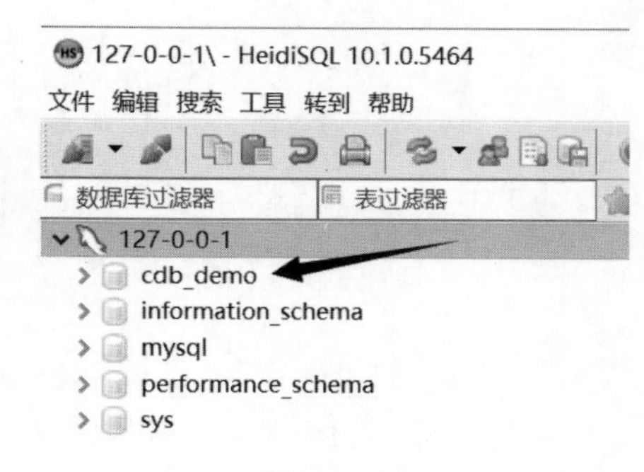

图 16-16

接下来会使用 chyx 代码库组件进行数据库操作。

16.4 测试数据组件

实际上，如果使用了 chyx 代码库中的数据组件，在项目中切换数据库是非常方便的，可以实现一键切换。

/app_code/common/CApp.cs 代码需要定义一个项目的主数据连接器对象（IConnector 类型），如下面的代码。

```
using System;
using System.Collections.Generic;
using System.Linq;
using System.Web;
using System.IO;
using chyx2;
using chyx2.dbx;
using chyx2.dbx.mysqlx;
using chyx2.dbx.sqlx;
using chyx2.webx;

public static class CApp
{
    // SQL Server 测试数据库
    public static string SqlCnnStr =
        CSql.GetLocalCnnStr("cdb_demo", @".\MSSQLSERVER1");

    // MySQL 测试数据库
    public static string MySqlCnnStr =
        CMySql.GetCnnStr("cdb_demo", "127.0.0.1", "root", "DEV_Test123456");

    //应用主数据库连接器
    public static IConnector DbConn = new CMySqlConnector(MySqlCnnStr);
    //public static IConnector DbConn = new CSqlConnector(SqlCnnStr);


    //项目初始化
    public static bool Init()
    {
        //记录最后一个错误
        CLog.Err = (Exception ex, long code, string msg) =>
        {
            string[] ss = new string[4];
            ss[0] = ex.Source;
            ss[1] = ex.Message;
            ss[2] = code.ToString();
            ss[3] = msg;
            File.WriteAllLines(CWeb.MapPath("/ERR.txt"), ss);
        };
        //
        return true;
    }
}
```

这是演示项目中的 CApp 类定义，包括如下成员：

❑ SqlCnnStr 静态字段，定义了 SQL Server 演示数据库的连接字符串，使用 chyx 组件操作数据库时，不再需要此字段。如果自己编写数据库操作代码，则可以使用统一的数据库连接字符串，方便对代码的维护。

- MySqlCnnStr 字段，定义了测试用 MySQL 数据库的连接字符串。
- DbConn 静态字段，定义了项目的主数据库连接器对象。请注意，这里是唯一需要关注数据库类型的地方，需要定义为具体的 IConnector 类型。chyx 代码库中已定义了 CSqlConnector 类和 CMySqlConnector 类，用于支持 SQL Server 和 MySQL 数据库操作。此外，如果项目中需要使用多个数据库，可以定义多个 IConnector 对象，如 DbMain、DbLog 等。
- Init() 方法，用于项目的初始化操作，需要在 Global.asax 文件的 Application_Start() 方法中调用。

代码已经将 DbConn 初始化为 CMySqlConnector 对象，接下来的操作将会使用 MySQL 数据库进行演示。如果使用 SQL Server 数据库，切换代码的 DbConn 对象的定义即可。

16.4.1　数据库连接测试

首先测试能否正确连接数据库，如下面的代码（可以继续在 /Test.aspx.cs 文件中测试）。

```
using System;
using chyx2;
using chyx2.dbx;
using chyx2.webx;

public partial class Test : System.Web.UI.Page
{
    protected void Page_Load(object sender, EventArgs e)
    {
        CWeb.Write(CApp.DbConn.Connected);
    }
}
```

如果页面显示 True，则说明数据库已正确连接。请确保数据库正确连接以后再继续下面的测试。

16.4.2　创建数据表

在项目中动态创建数据表的场景可能并不多，但对于简单的数据表创建工作，还是可以很方便地通过 ITable 组件完成。

下面的代码用于创建 sale_main 表，并添加字段定义。

```
using System;
using chyx2;
using chyx2.dbx;
using chyx2.webx;

public partial class Test : System.Web.UI.Page
{
    protected void Page_Load(object sender, EventArgs e)
    {
        ITable tbl = CApp.DbConn.TaskFactory.NewTable("sale_main", "saleid");
```

```
        //创建表
        CWeb.WriteLine(tbl.Create());
        //添加字段
        bool result = tbl.AddFields(
            CField.CreateVarChar("ordernum", 30, null, false, true),
            CField.CreateVarChar("customer", 30, null, false),
            CField.CreateVarChar("cashier", 15, null, false),
            CField.CreateDateTime("paytime", null, false)
            );
        CWeb.WriteLine(result);
    }
}
```

如果页面显示两个 True，则说明 sale_main 数据表及字段已成功添加。其中，第一个 true 表示 sale_main 表及 saleid 字段添加成功；第二个 true 表示成功添加了一系列字段。

接下来是 sale_sub 表的创建，如下面的代码。

```
using System;
using chyx2;
using chyx2.dbx;
using chyx2.webx;

public partial class Test : System.Web.UI.Page
{
    protected void Page_Load(object sender, EventArgs e)
    {
        ITable tbl = CApp.DbConn.TaskFactory.NewTable("sale_sub", "recid");
        //创建表
        CWeb.WriteLine(tbl.Create());
        //添加字段
        bool result = tbl.AddFields(
            CField.CreateInt64("saleid", null, false),
            CField.CreateVarChar("mdsenum", 30, null, false),
            CField.CreateVarChar("mdsename", 30, null, false),
            CField.CreateDecimal("price", 10, 2, null),
            CField.CreateDecimal("quantity", 10, 2, null),
            CField.CreateDecimal("subtotal", 10, 2, null)
            );
        CWeb.WriteLine(result);
        //设置外键
        result = tbl.AddForeignKey("saleid", "sale_main", "saleid");
        CWeb.WriteLine(result);
    }
}
```

这一次，操作成功时页面中会显示三个 true 值，分别是创建表、字段和外键约束的操作结果。

现在，已经创建了 sale_main 和 sale_sub 表，下面的 SQL 代码需要在 MySQL 数据库中执行，可以使用 HeidiSQL 进行操作，其功能是在 cdb_demo 数据库中创建 v_sale 视图。

```
use cdb_demo;

create view v_sale
as
```

```
select M.*,S.recid,S.mdsenum,S.mdsename,S.price,S.quantity,S.subtotal
from sale_main as M join sale_sub as S on M.saleid=S.saleid;
```

16.4.3　添加数据

ITask 和 ITaskX 组件中包含了数据的添加、更新、删除和查询操作，首先看添加数据的操作。下面的代码会在 sale_main 表中添加一条销售记录。

```
using System;
using chyx2;
using chyx2.dbx;
using chyx2.webx;

public partial class Test : System.Web.UI.Page
{
    protected void Page_Load(object sender, EventArgs e)
    {
        ITask dbIns = CApp.DbConn.TaskFactory.NewTask("sale_main");
        dbIns.SetDataFields("ordernum", "customer", "cashier", "paytime");
        dbIns.SetDataValues("S2019030300156", "C0015", "1015",
            new DateTime(2019, 3, 3, 10, 56, 45));
        Response.Write(dbIns.Insert());
    }
}
```

如果页面显示为大于 0 的整数，则说明记录已成功添加，显示的数值就是新记录的 ID 值，即新记录的 saleid 字段数据。

请注意，由于 sale_main 表的 ordernum 字段添加了唯一约束，所以，重复添加相同的数据会产生错误。

此外，如果 CApp 类是按本章的代码定义的，最后一个错误会记录在 /ERR.text 文件中，需要时可以查看错误的详细信息。

16.4.4　查询数据

查询记录时，需要指定 ITask 或 ITaskX 组件的查询条件，请注意它们在指定条件时的不同。

下面的代码在 Test.aspx 中添加一个 GridView 控件，用于显示查询结果。

```
<%@ Page Language="C#" AutoEventWireup="true" CodeFile="Test.aspx.cs" Inherits=
"Test" %>

<!DOCTYPE html>

<html xmlns="http://www.w3.org/1999/xhtml">
<head runat="server">
<meta http-equiv="Content-Type" content="text/html; charset=utf-8"/>
<title></title>
</head>
<body>
<form id="form1" runat="server">
<asp:GridView ID="grd" runat="server"></asp:GridView>
```

```
</form>
</body>
</html>
```

回到 Test.aspx.cs 文件，可以使用如下代码查询 sale_main 表中的所有数据。

```
using System;
using chyx2;
using chyx2.dbx;

public partial class Test : System.Web.UI.Page
{
    protected void Page_Load(object sender, EventArgs e)
    {
        //查询数据
        ITask qry = CApp.DbConn.TaskFactory.NewTask("sale_main");
        grd.DataSource = qry.GetTable();
        grd.DataBind();
    }
}
```

页面显示效果如图 16-17 所示。

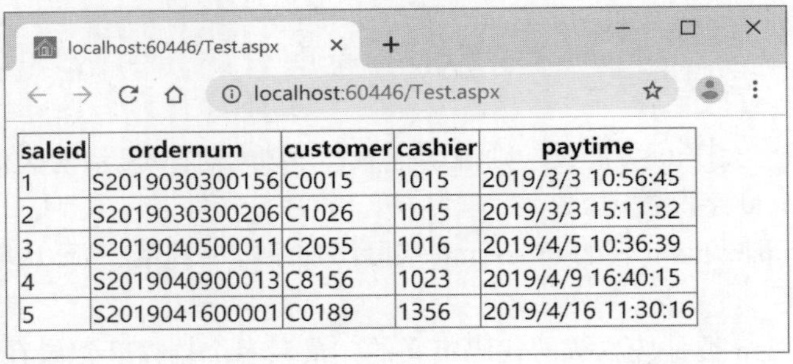
localhost:60446/Test.aspx
localhost:60446/Test.aspx

saleid	ordernum	customer	cashier	paytime
1	S2019030300156	C0015	1015	2019/3/3 10:56:45
2	S2019030300206	C1026	1015	2019/3/3 15:11:32
3	S2019040500011	C2055	1016	2019/4/5 10:36:39
4	S2019040900013	C8156	1023	2019/4/9 16:40:15
5	S2019041600001	C0189	1356	2019/4/16 11:30:16

图　16-17

下面的代码查询收银员（cashier）为 1015 的记录。

```
using System;
using chyx2;
using chyx2.dbx;
using chyx2.webx;

public partial class Test : System.Web.UI.Page
{
    protected void Page_Load(object sender, EventArgs e)
    {
        //查询数据
        ITask qry = CApp.DbConn.TaskFactory.NewTask("sale_main");
        qry.SetCondFields("cashier");
        qry.SetCondValues("1015");
        grd.DataSource = qry.GetTable();
        grd.DataBind();
    }
}
```

页面显示效果如图 16-18 所示。

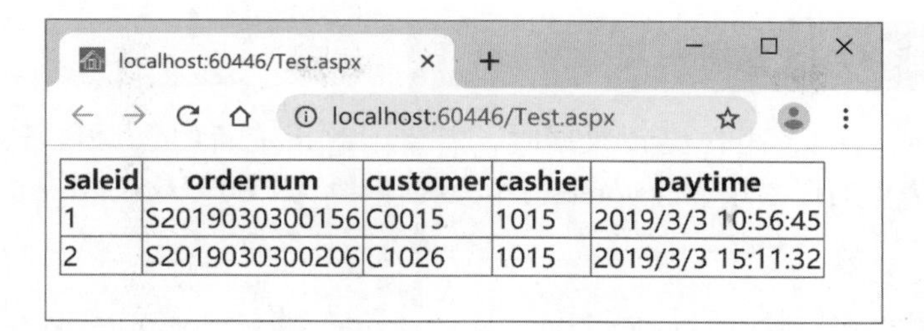
saleid	ordernum	customer	cashier	paytime
1	S2019030300156	C0015	1015	2019/3/3 10:56:45
2	S2019030300206	C1026	1015	2019/3/3 15:11:32

图　16-18

如果查询客户为 C0015，并且收银员为 1015 的记录，则可以使用如下代码。

```
using System;
using chyx2;
using chyx2.dbx;
using chyx2.webx;

public partial class Test : System.Web.UI.Page
{
    protected void Page_Load(object sender, EventArgs e)
    {
        //查询数据
        ITask qry = CApp.DbConn.TaskFactory.NewTask("sale_main");
        qry.SetCondFields("customer", "cashier");
        qry.SetCondValues("C0015", "1015");
        grd.DataSource = qry.GetTable();
        grd.DataBind();
    }
}
```

使用 ITaskX 组件时，可以使用如下代码，请注意条件设置的不同。

```
using System;
using chyx2;
using chyx2.dbx;
using chyx2.webx;

public partial class Test : System.Web.UI.Page
{
    protected void Page_Load(object sender, EventArgs e)
    {
        //查询数据
        ITaskX qry = CApp.DbConn.TaskFactory.NewTaskX("sale_main");
        qry.Condition = CCond.CreateGroup(
            ECondRelation.And,
            CCond.CreateEqual("customer", "C0015"),
            CCond.CreateEqual("cashier", "1015"));
        grd.DataSource = qry.GetTable();
        grd.DataBind();
    }
}
```

16.4.5 更新数据

使用 ITask 或 ITaskX 组件更新数据时，需要同时指定新的数据和条件。如下面的代码，将记录 ID 为 1 的记录中，customer 字段数据修改为 C0015A，cashier 字段数据修改为 A0015。

```
using System;
using chyx2;
using chyx2.dbx;
using chyx2.webx;

public partial class Test : System.Web.UI.Page
{
    protected void Page_Load(object sender, EventArgs e)
    {
        //更新操作
        ITask dbUpdate = CApp.DbConn.TaskFactory.NewTask("sale_main");
        dbUpdate.SetDataFields("customer", "cashier");
        dbUpdate.SetDataValues("C0015A", "A1015");
        dbUpdate.SetCondFields("saleid");
        dbUpdate.SetCondValues(1);
        Response.Write(dbUpdate.Update());
    }
}
```

更新操作成功时，页面会显示大于或等于零的整数，操作失败返回小于零的整数，并可以在 /ERR.txt 文件中显示具体的错误信息。请注意，如果返回的值是 0，则说明满足条件的记录并不存在。

16.4.6 删除数据

使用 ITask 或 ITaskX 组件删除数据表的记录时，只需要指定删除条件，如下面的代码。

```
using System;
using chyx2;
using chyx2.dbx;
using chyx2.webx;

public partial class Test : System.Web.UI.Page
{
    protected void Page_Load(object sender, EventArgs e)
    {
        //删除操作
        ITask dbDel = CApp.DbConn.TaskFactory.NewTask("sale_main");
        dbDel.SetCondFields("saleid");
        dbDel.SetCondValues(1);
        Response.Write(dbDel.Delete());
    }
}
```

删除操作成功时显示大于或等于零的整数，否则返回小于零的整数。如果返回的是 0 值，则说明满足条件的记录并不存在。

16.5　小结

项目中，数据库的使用应与项目的特点相结合，比如，外键的使用会影响数据库性能，如果数据处理量非常大，可以在表中不使用外键设置，而是将相关的工作放在逻辑代码中完成。

软件开发的技术和方法是多种多样的，也是非常灵活的，chyx 代码库的封装只是给大家一种思路，读者完全可以根据项目的需要选择开发技术和方法。

为了减少代码量，本书后面的内容，会使用很多 chyx 代码库的开发资源，特别是数据库的操作，不过，这些功能是如何实现的，在前面的内容中已经介绍过了，大家可以尝试使用 ADO.NET 组件及 SQL 语句实现。

第 17 章　页面布局

本章将讨论传统页面布局和响应式 Web 设计（Responsive Web Design），实际工作时，可以从中寻找适合项目和页面类型的布局方案。

首先回顾一下传统的页面布局设计。

17.1　传统布局设计

网页刚刚出现时，并不需要进行太多布局设计，大量的语义元素和格式元素已经包含了内容和格式设计的大量工作。随着互联网应用的高速发展，以及不同上网设备的出现，页面布局工作的重要性才逐渐突显。

当计算机为主要的上网设备时，大家更多会使用固定尺寸的布局设计。页面在任何设备中显示时，都是一个固定的宽度，大多数方案选择的页面宽度是 900 ~ 1000 像素。

固定尺寸的设计可以简化很多设计工作，但问题也同样明显，就是在不同尺寸的设备中显示的效果有很大的区别，比如，在小屏幕中显示不完整、在大屏幕中两边又有太多的空白区域。下面的代码（/demo/17/fixed.html）演示了固定尺寸页面布局的基本结构。

```
<!DOCTYPE html>
<html>
<head>
<meta charset="utf-8" />
<title></title>
<style>
        body {
            margin:0px;
            padding:0px;
            text-align:center;
        }
        .page_content {
            width:1000px;
            margin:0px auto;
            text-align:left;
        }
        .page_header {
            clear:both;
            background-color:lightsteelblue;
            height:80px;
            width:100%;
        }
        .left_content {
            float:left;
            width:200px;
```

```
            background-color:lightblue;
            padding:16px;
            text-align:center;
        }
        .main_content {
            float:left;
            width:500px;
            padding:16px;
        }
        .right_content {
            float:left;
            width:200px;
            padding:16px;
            text-align:center;
            background-color:lightyellow;
        }
        .page_footer {
            clear:both;
            width:100%;
            text-align:center;
            padding:30px 0px;
            background-color:lightskyblue;
        }
</style>
</head>
<body>
<div class="page_content">
<div class="page_header">
            Header
</div>
<div class="left_content">
左栏
</div>
<div class="main_content">
页面主内容
</div>
<div class="right_content">
右栏
</div>
<div class="page_footer">
            1995-2019 版权所有 &copy;
</div>
</div>
</body>
</html>
```

页面显示效果如图 17-1 所示，图中的浏览区域大于 1000 像素，页面内容的两侧会出现空白。

如果浏览器尺寸过小，页面显示效果如图 17-2 所示。

可以看到，页面中的“右栏”并没有显示，只能通过浏览器下方的水平滚动条才能查看完整的页面内容。

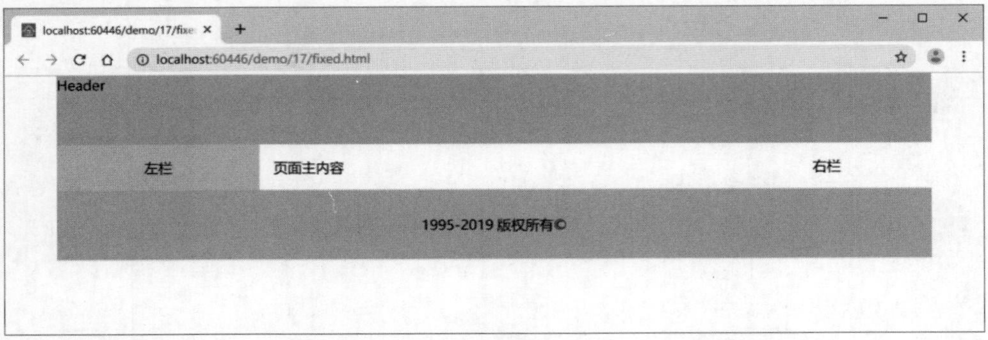

图 17-1

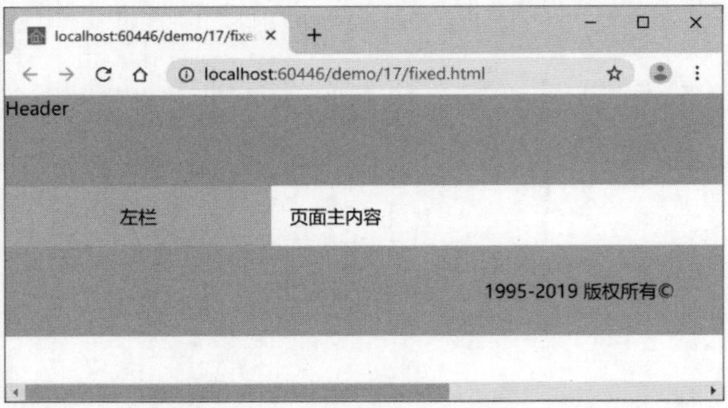

图 17-2

实际上，随着浏览器的发展，浏览器的放大和缩小功能可以部分解决固定尺寸页面在浏览器中的显示问题，比如，当屏幕尺寸比较大时，就可以通过放大功能来填充空白，以获取更佳的显示效果。相应地，当浏览器尺寸过小时，可以通过缩小功能查看完整的页面，不过，当屏幕过小时（如手机），其中的内容可能就无法有效地查看了。

为了解决固定尺寸页面的问题，又出现了流式布局。页面中的元素会通过百分比尺寸、浮动等样式的应用，充分利用页面的实际宽度。下面的代码（/demo/17/flow.html）演示了流式布局的基本结构。

```
<!DOCTYPE html>
<html>
<head>
<meta charset="utf-8" />
<title></title>
<style>
        body {
            margin:0px;
            padding:0px;
        }
        .page_header {
            clear:both;
            width:100%;
            height:80px;
```

```
            background-color:lightsteelblue;
        }
        .left_content {
            float:left;
            width:22%;
            background-color:lightblue;
            padding:1%;
            text-align:center;
        }
        .main_content {
            float:left;
            width:50%;
            padding:1%;
            text-align:left;
        }
        .right_content {
            float:right;
            width:22%;
            background-color:lightyellow;
            padding:1%;
            text-align:center;
        }
        .page_footer {
            clear:both;
            padding:30px 0px;
            text-align:center;
            background-color:lightskyblue;
        }
</style>
</head>
<body>
<div class="page_header">
        Header
</div>
<div class="left_content">
左栏
</div>
<div class="main_content">
页面主内容
</div>
<div class="right_content">
右栏
</div>
<div class="page_footer">
        1995-2019 版权所有 &copy;
</div>
</body>
</html>
```

页面显示效果如图 17-3 所示。

如果浏览区域很宽，页面主内容的文本会显示得很长，对于用户阅读来讲可能不太友好。

当浏览器宽度缩小时，左栏、页面主内容和右栏的比例不变，但实际尺寸可能过小，如图 17-4 所示。

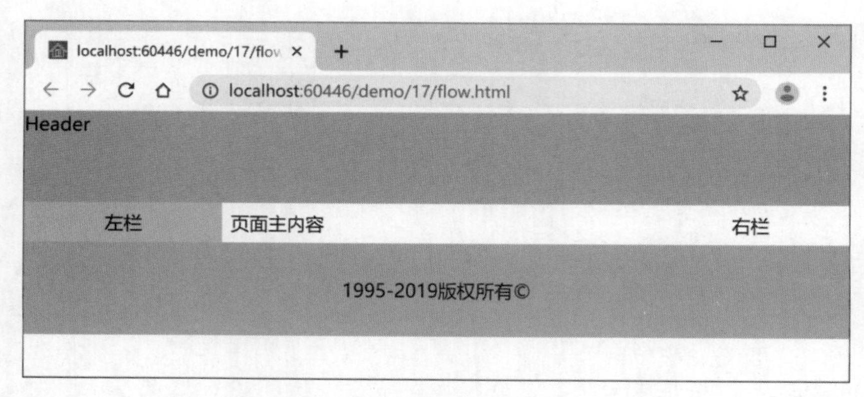

图 17-3

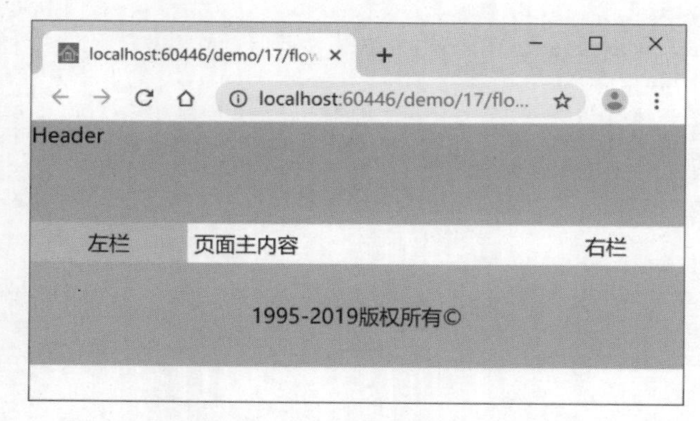

图 17-4

这种情况下，各个部分都会缩小宽度，过小的尺寸会感觉有些不协调，从而影响用户浏览体验。针对这个问题，可以使用一个折中方案，即左栏和右栏使用固定宽度，页面主内容使用自动尺寸，同时也可以设置最大或最小尺寸。

下面的代码（/demo/17/flow1.html）演示了这一布局的基本结构。

```
<!DOCTYPE html>
<html>
<head>
<meta charset="utf-8" />
<title></title>
<style>
        body {
            margin:0px;
            padding:0px;
        }
        .page_header {
            clear:both;
            width:100%;
            height:80px;
            background-color:lightsteelblue;
        }
        .left_content {
            float:left;
            width:200px;
```

```
            background-color:lightblue;
            padding:16px;
            text-align:center;
        }
        .main_content {
            float:left;
            max-width:500px;
            padding:16px;
            text-align:left;
            border:1px solid black;
        }
        .right_content {
            float:right;
            width:200px;
            background-color:lightyellow;
            padding:16px;
            text-align:center;
        }
        .page_footer {
            clear:both;
            padding:30px 0px;
            text-align:center;
            background-color:lightskyblue;
        }
</style>
</head>
<body>
<div class="page_header">
        Header
</div>
<div class="left_content">
左栏
</div>
<div class="main_content">
页面主内容
</div>
<div class="right_content">
右栏
</div>
<div class="page_footer">
        1995-2019 版权所有 &copy;
</div>
</body>
</html>
```

页面显示效果如图 17-5 所示。

这里，当浏览器尺寸过大，页面主内容和右栏之间会出现大量的空白区域，如图 17-5 中箭头所指的区域；当浏览器宽度小于左栏 + 右栏 + 页面主内容的宽度时，右栏会被挤到下一行，又因为右栏设置了向右浮动，所以，显示效果就会像图 17-6 中那样。

如果设置右栏向左浮动（float:left;），则当浏览器宽度较大时，在右栏的右侧会有大量空白区域；当浏览器宽度较小时，右栏会紧贴着左边界，如图 17-7 所示。

这里还有一种情况，当左栏的高度大于页面主内容时，右栏会紧贴左栏的右边界，也就是会显示在页面主内容的下方，如图 17-8 所示。

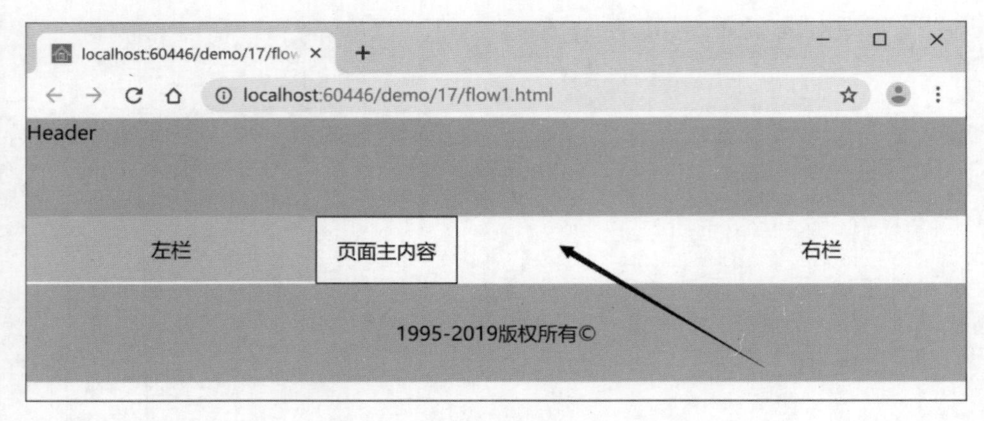

图 17-5

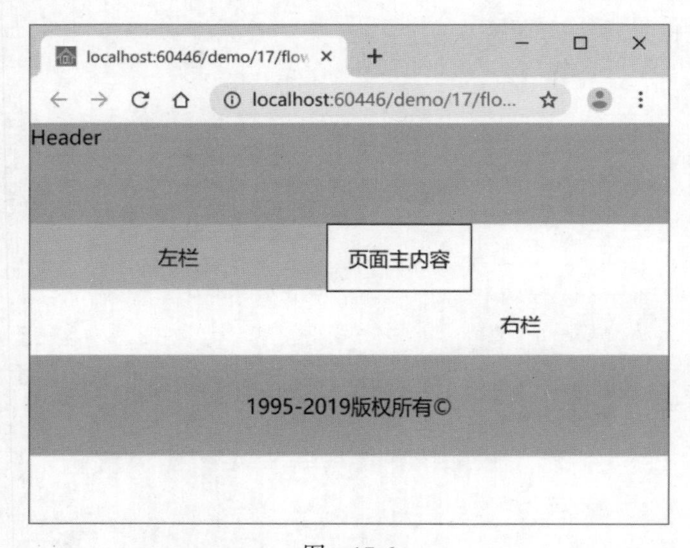

图 17-6

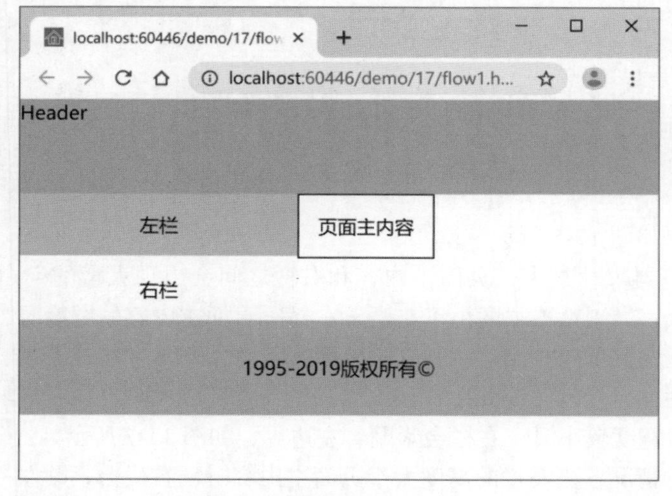

图 17-7

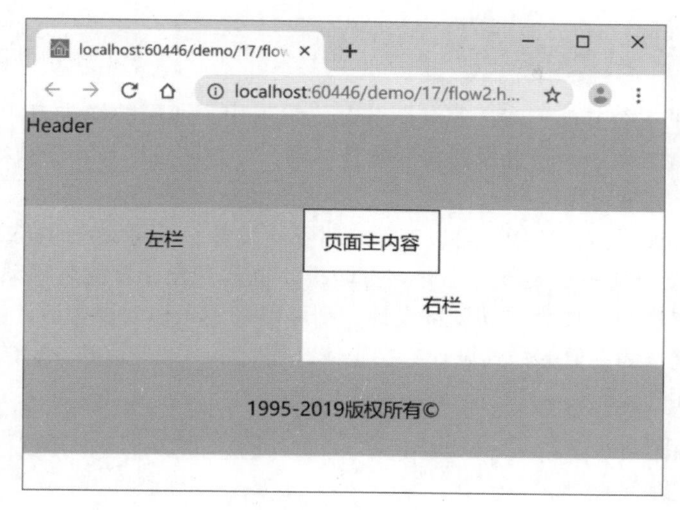

图　17-8

到目前为止，这也是一个比较能接受的布局设计，其代码位于源代码中的 /demo/17/flow2.html 文件中。

实际上，页面布局不只是简单的页面区域划分和排版，还要结合页面内容、交互友好性等要素进行合理设计。

17.2　响应式设计

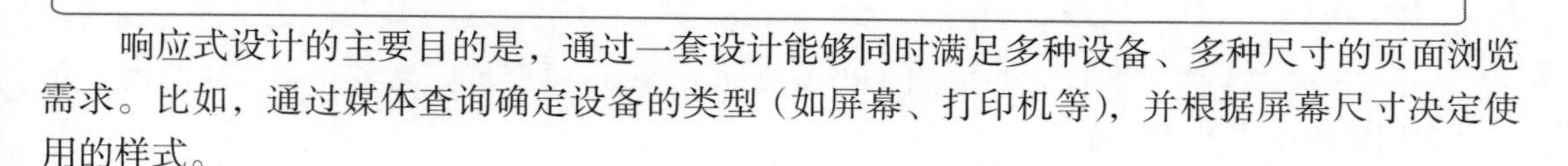

响应式设计的主要目的是，通过一套设计能够同时满足多种设备、多种尺寸的页面浏览需求。比如，通过媒体查询确定设备的类型（如屏幕、打印机等），并根据屏幕尺寸决定使用的样式。

确定设备类型及尺寸时，可以在 <link> 标记中使用 media 属性设置媒体查询参数，也可以在 <style> 标记中使用 media 属性设置媒体查询参数，或者使用 @media 指令进行媒体查询，下面分别讨论。

17.2.1　在 <link> 标记中使用 media 属性设置媒体查询参数

在 <link> 标记中，可以使用 media 属性设置媒体查询参数，如下面的代码。

```
<link rel="stylesheet" href="/css/print.css" media="print" />
```

代码定义打印页面时使用 /css/print.css 文件中定义的样式。

实际应用中，还可以使用一些比较复杂的参数，如下面的代码。

```
<link rel="stylesheet" href="" media="screen and (min-width:30em)" />
```

本例中，当设备类型为屏幕，并且浏览区域宽度大于或等于 30 个字符时载入指定的 CSS 文件。

一般情况下，可将没有媒体查询的 link 元素放在前面，其中包含一些通用或默认的样式，对于特殊媒体类型的 CSS 文件则放在引用序列的后面，如下面的代码。

```
<link rel="stylesheet" href="" />
```

```
<link rel="stylesheet" href="" media="screen and (max-width:30em)" />
<link rel="stylesheet" href="" media="print" />
```

本例中定义了三个 link 元素：第一个 link 元素引用了通用的样式表，主要应用于平板电脑或计算机；第二个 link 元素设置当设备是屏幕，并且浏览区域小于或等于 30 个字符时引用；第三个 link 元素引用了打印时的样式。

通过这三个 link 元素的使用，可以有效应对不同设备、不同尺寸的样式需求。

这里的样式应用顺序是大屏 > 小屏 > 打印机，也就是先计算机后移动设备的方案。响应式设计中，如果项目主要为移动设备设计，则可以采用先移动设备后计算机的设计方案，也就是将小屏浏览作为主要的样式设计，在媒体查询时，当屏幕达到一定的宽度时引用大屏样式设计，如下面的代码。

```
<link rel="stylesheet" href="" />
<link rel="stylesheet" href="" media="screen and (min-width:30em)" />
```

其中，第一个 link 元素引用基于小屏设计的样式文件，第二个 link 元素在当浏览区域大于或等于 30 个字符时引用此样式文件。

17.2.2 在 <style> 标记中使用 media 属性设置媒体查询参数

在 <style> 标记中，也可以使用 media 属性设置媒体查询参数，如下面的代码。

```
<style media="screen and (max-width:30em)">

</style>
```

<style> 标记中定义的样式只应用于当前页面，media 属性可以参考 link 属性及稍后介绍的常用媒体查询参数设置。

17.2.3 使用 @media 指令进行媒体查询

页面的 style 元素或独立的 CSS 文件中，都可以使用 @media 指令进行媒体查询，并指定相应的样式，如下面的代码。

```
body { background-color:blue; }

@media screen and (max-width:30em) {
   body { background-color:red; }
}
```

本例中，当浏览区域宽度小于或等于 30 个字符时，body 元素背景显示为红色，否则显示为蓝色。可以使用下面的代码进行测试。

```
<!DOCTYPE html>
<html>
<head>
<meta charset="utf-8" />
<title></title>
<style>
```

```
        body {
            background-color: blue;
        }

        @media screen and (max-width:30em) {
            body {
                background-color: red;
            }
        }
</style>
</head>
<body>

</body>
</html>
```

可以通过改变浏览器窗口的宽度简单地测试一下 body 背景色的变化。

17.2.4　常用媒体查询参数

进行媒体查询操作时，有一系列的参数可以帮助开发者识别设备类型及相关参数，如：

- width，显示区域宽度。min-width 和 max-height 分别指定最小宽度和最大宽度。
- height，显示区域高度。min-height 和 max-height 分别指定最小高度和最大高度。
- aspet-ratio，可视区域的宽高比，如 16:9、9:16 等。
- device-width，设备宽度。min-device-width 和 max-device-height 分别指定最小宽度和最大宽度。
- device-height，设备高度。min-device-height 和 max-device-height 分别指定最小高度和最大高度。
- device-aspet-ratio，宽度与高度的比值，如 16:9、9:16 等。
- orientation，设备的方向，包括横向（landscape）和竖向（portrait）。
- color，设置设备支持的颜色位数，1 表示设备只能黑白输出，而彩色输出设备大多为 24 位。

下面通过一些实例更多地了解页面布局设计。

17.3　综合应用与讨论

响应式 Web 设计时有两个主要的方向：一是以计算机浏览优先，然后进行移动设备的浏览设计；二是移动设备优先，再进行计算机浏览设计，可以根据项目特点进行合理的设计。

实际上，即使是一个项目中，不同的页面在响应式设计的适用性上也不会完全一样，比如，文章浏览页面就可以很方便地进行响应式设计，因为它的内容比较简单，一般由文字、图像和表格等元素组成。

另外，对于有大量内容的页面，如门户网站或新闻频道主页等，这类页面的内容会尽可能多，在计算机和小屏幕移动设备中浏览效果不可能完全一致。

接下来，先以一篇宋词的排版为例演示如何在页面中使用响应式设计，下面就是页面的初始代码（/demo/17/rwd.html），其中并没有使用任何样式。

```
<!DOCTYPE html>
<html>
<head>
<meta charset="utf-8" />
<title></title>
</head>
<body>
<div class="page_header">
<h1> 古诗词鉴赏 </h1>
</div>
<div class="left_content">
<ul class="navi_list">
<li><a href=""> 虚拟导航一 </a></li>
<li><a href=""> 虚拟导航二 </a></li>
<li><a href=""> 虚拟导航三 </a></li>
<li><a href=""> 虚拟导航四 </a></li>
<li><a href=""> 虚拟导航五 </a></li>
</ul>
</div>
<div class="main_content">
<h1> 念奴娇 </h1>
<div class="author"> 苏轼 </div>
<p>
大江东去，浪淘尽，千古风流人物。
故垒西边，人道是，三国周郎赤壁。
乱石穿空，惊涛拍岸，卷起千堆雪。
江山如画，一时多少豪杰。
</p>
<p>
遥想公瑾当年，小乔初嫁了，雄姿英发。
羽扇纶巾，谈笑间，强虏灰飞烟灭。
故国神游，多情应笑我，早生华发。
人生如梦，一樽还酹江月。
</p>
</div>
<div class="page_footer">
        1995-2019 版权所有 &copy;
</div>
</body>
</html>
```

页面显示效果如图 17-9 所示。

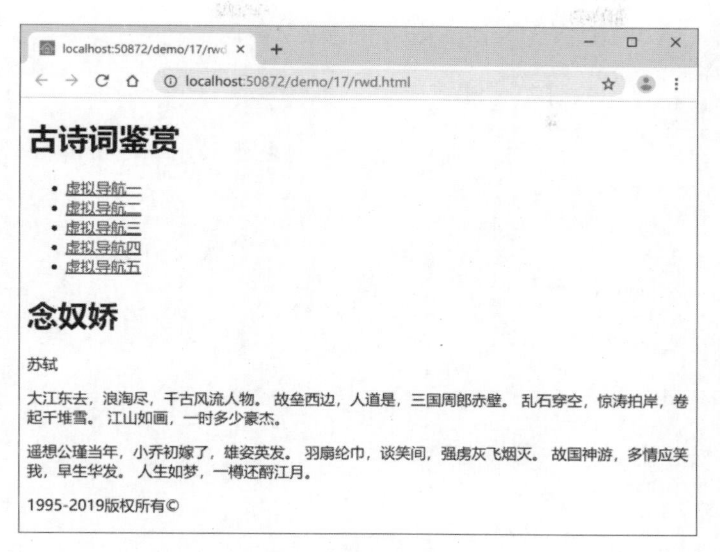

图　17-9

可以看到，这是一个典型的文章浏览类页面，其中包括了页面的基本构成，如页眉、页脚、左栏和主内容部分。接下来，先以计算机浏览为基础，样式设计定义在 /demo/17/rwd-default.css 文件中，如下面的代码。

```
body {
    margin: 0px;
    padding: 0px;
}

.page_header {
    width: 100%;
    clear: both;
}
.page_header h1 {
    font-family: '华文行楷';
}

.page_footer {
    width: 100%;
    clear: both;
    text-align: center;
    padding-top: 1em;
    padding-bottom: 1em;
}

.left_content {
    display: block;
    float: left;
    width: 280px;
    text-align: center;
}

.navi_list {
    list-style: none;
```

```
}

    .navi_list li {
        margin: 0em auto 1em 0em;
    }

        .navi_list li a {
            display: block;
            text-decoration: none;
            height: 2em;
            line-height: 2em;
            vertical-align: middle;
            background-color: lightsteelblue;
            border-radius: 0.3em;
            text-align: center;
color:black;
        }

.main_content {
    display: block;
    float: left;
    margin-left:1em;
    max-width: 600px;
}

    .main_content h1 {
        font-family: '华文行楷';
        text-align: center;
    }

    .main_content .author {
        font-family: '隶书';
        text-align: center;
    }

    .main_content p {
        text-indent: 2em;
    }
```

下面的代码在 /demo/17/rwd.html 页面中引用此样式表文件。

```
<!DOCTYPE html>
<html>
<head>
<meta charset="utf-8" />
<title></title>
<link rel="stylesheet" href="rwd-default.css" />
</head>
<body>
...
</body>
</html>
```

计算机中，当浏览器宽度超过 900 像素时，浏览效果如图 17-10 所示。

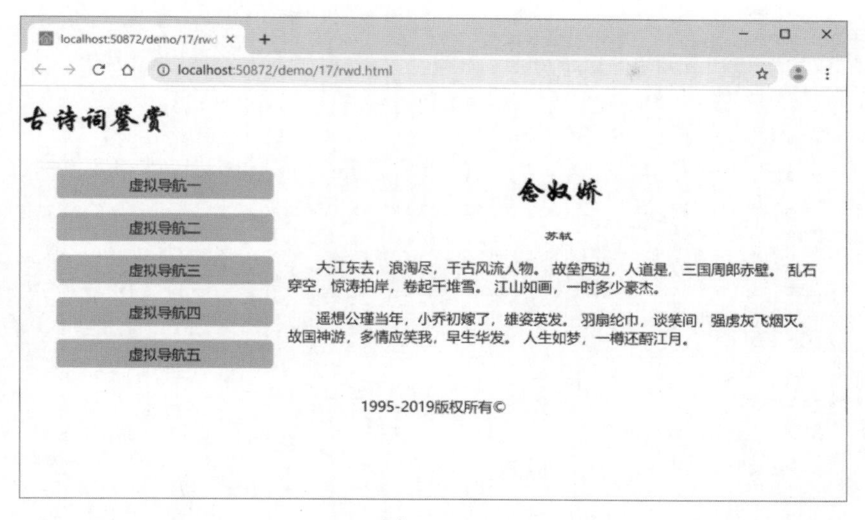

图　17-10

当浏览器窗口的宽度缩小时，主内容就会显示在左栏的下方，如图 17-11 所示。

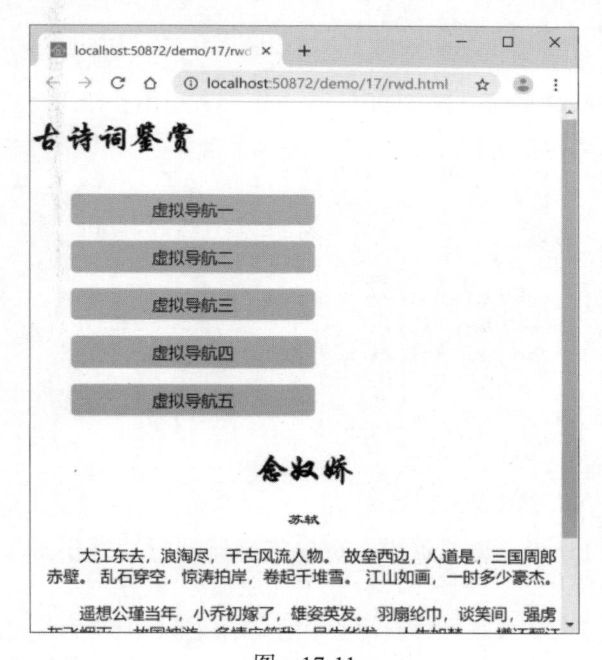

图　17-11

此时，左栏占用了显示区域的起始部分，主内容却显示在下面，这显然是不合理的。下面通过另一个样式表来解决这个问题，如下面的代码（/demo/17/rwd-ss.css）。

```
.page_header {
    text-align:center;
}
.left_content {
    width: 100%;
    clear:both;
}
```

```
.navi_list {
    margin:0px;
    padding:0px;
}
.navi_list li {
    display:block;
    float:left;
    margin:0.2em;
}
.navi_list li a {
    float:left;
    background-color:white;
    text-decoration:underline;
    color:navy;
}
.main_content {
    width:100%;
    margin:0px;
}
.main_content p {
    margin-left:1em;
    margin-right:1em;
}
```

接下来，在 rwd.html 页面中需要使用一个 link 元素引用此样式表文件，如下面的代码。

```
<!DOCTYPE html>
<html>
<head>
<meta charset="utf-8" />
<title></title>
<link rel="stylesheet" href="rwd-default.css" />
<link rel="stylesheet" href="rwd-ss.css"
            media="screen and (max-width:30em)"/>
</head>
<body>
...
</body>
</html>
```

在 IE 浏览器和 Firefox 浏览器中，可以将浏览器尺寸缩小来观察样式的变化，如图 17-12 所示。

虽然这样不能完全测试页面在移动设备中的显示效果，但在简单测试时也不失为一个选择。实际工作中，开发者会不断地遇到新的问题和挑战，所以，多思考、多尝试、多测试才能做出最合适的选择。

前面也说过，并不是所有的网站项目和页面都可以使用响应式开发来解决问题。很多网站，如新闻类和购物类网站，并没有使用完全的响应式设计，而是使用了独立的“移动版网站”，如 https://www.xxx.yyy 网站的移动版网址可能就是 https://m.xxx.yyy，其中的 m 就是 mobile 的第一个字母。

为什么要开发两套网站？主要的原因还是由于这类网站需要显示的内容太多，在浏览器和移动设备显示时，不可能显示完全一样的内容，而且交互方式也有很大的区别，为了有更好的用户体验，这类网站一般会使用一个独立的移动版网站。

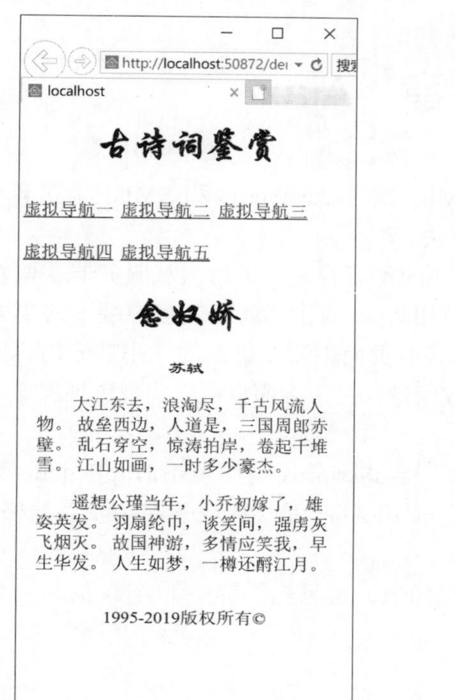

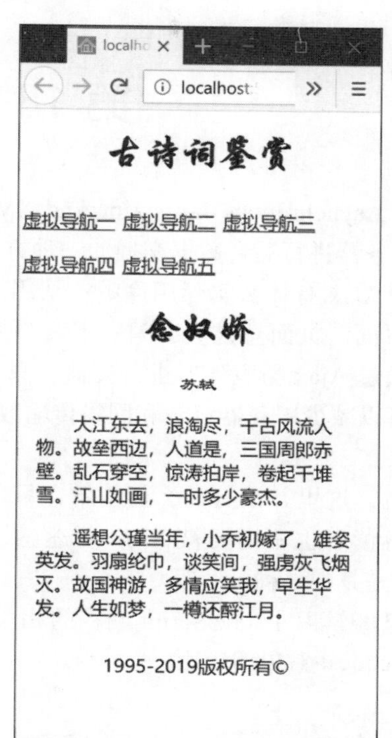

图　17-12

从整体上看，标准版网站和移动版网站也不是完全孤立的，只是在前端，HTML、CSS 和 JavaScript 的代码可能不同。在服务器端处理的业务逻辑代码、数据库等资源是完全可以共享的。

所以，在设计一个网站时，要根据网站特点，充分考虑所有技术的综合应用，合理地进行架构设计和资源分配，以内容和用户体验为中心，灵活、有效地进行开发工作。

第 18 章 Ajax

Ajax（Asynchronous Javascript And XML，异步 JavaScript 和 XML）是在客户端（如浏览器）与服务器进行后台数据交换的一种方法。

那么，Ajax 有什么实际用途呢？从用户的角度看，如果每次从服务器获取新的数据都刷新整个页面，页面总是会“闪一下”。使用 Ajax 的作用就是，客户端不需要刷新整个页面，而是通过 Ajax 与服务器进行交流，只获取页面中需要更新的一小部分内容即可。这么做一方面可以减少服务器负载和网络传输数据量，另一方面也可以实现更加友好、更加丰富的交互效果。

请注意，这里并没有什么新技术，只是 JavaScript 代码和 XMLHttpRequest 对象的综合应用，而且读者也不需要被 XML 所迷惑，使用 Ajax 可以从服务器接收多种格式的数据，而 XML 只是其中一种。

前面已经学习了 JavaScript 编程的相关知识，这里先了解一下 Ajax 的另一个主角，即 XMLHttpRequest 对象的应用。

18.1 XMLHttpRequest 对象

现代浏览器对 XMLHttpRequest 对象的支持已经非常全面了，所以，可以很方便地创建 XMLHttpRequest 对象，如下面的代码。

```
var xhr = new XMLHttpRequest();
```

下面是 XMLHttpRequest 对象的一些常用属性。

- onreadystatechange 属性，指定从服务器返回的状态值改变时的响应函数。
- readyState 属性，表示服务器返回的状态值，4 表示成功完成。请注意，服务器返回状态 4 并不表示正确获取资源，还需要 status 属性确认。
- status 属性，返回获取资源的状态码。200 表示从服务器成功获取；304 表示资源没有变化，可以缓存中获取资源。处于这两种状态时都有可用的资源。
- statusText 属性，返回获取资源状态的文本描述，如 200 状态码对应的描述文本就是 OK。
- responseText 属性，从服务器返回的文本内容。
- responseXML 属性，从服务器返回的 XML 数据。

下面是 XMLHttpRequest 对象中常用的方法。

- abort() 方法，取消向服务器请求的操作。
- getAllResponseHeaders() 方法，获取服务器返回的所有首部信息。
- getResponseHeader() 方法，获取服务器返回的指定首部信息。
- open() 方法，设置请求信息。
- send() 方法，向服务器独立发送数据，如使用 POST 方式向服务器传递数据时，就需要使用此方法发送。

❑ setRequestHeader() 方法，设置请求时的首部信息。

下面以一个请求文本内容的操作为例来讨论 Ajax 的基本操作。首先，在服务器创建一个文本文件（/demo/18/msg.txt），修改文件内容如下：

```
您好！这是来自 Web 服务器的消息。
```

下面的代码在 /demo/18/AjaxTest.html 页面中使用 Ajax 读取这个文本文件。

```
<!DOCTYPE html>
<html>
<head>
<meta charset="utf-8" />
<title></title>
</head>
<body>
<h1 id="msg"></h1>
</body>
</html>
<script>
    window.onload = function () {
        var xhr = new XMLHttpRequest();
        if (xhr === null) return;
        xhr.onreadystatechange = function () {
            if (xhr.readyState === 4) {
                if (xhr.status === 200 || xhr.status === 304) {
                    var e = document.getElementById("msg");
                    e.innerText = xhr.responseText;
                    xhr = null;
                }
            }
        };
        //
        var url = "/demo/18/msg.txt";
        xhr.open("GET", url, true);
        xhr.send(null);
    };
</script>
```

首先看一下执行效果，如图 18-1 所示。

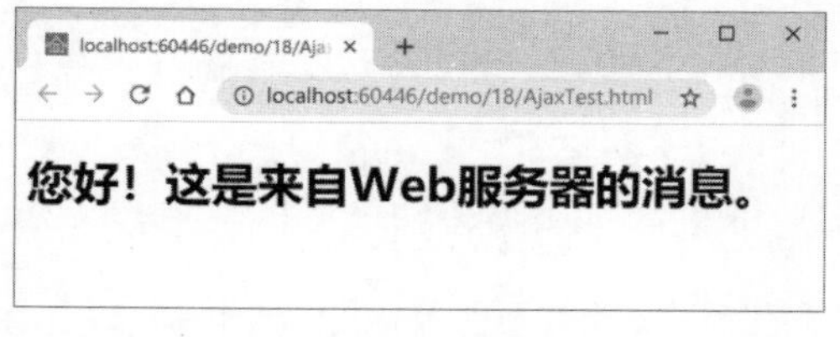

图　18-1

创建 XMLHttpRequest 对象后，首先设置了 onreadystatechange 属性值，定义为一个函数，结构如下：

```
xhr.onreadystatechange = function () {
   // 对服务器状态的响应
};
```

然后，通过 open() 方法设置请求（request）信息，参数包括：

❑ 参数一，指定数据的发送方式，包括 GET 和 POST 方式。

❑ 参数二，指定资源的 URL，当有 GET 方式发送的数据时，需要拼接到地址中，如“article.aspx?id=123”。

❑ 参数三，指定是否异步操作，一般都会设置为 true 值，即异步操作，避免页面停止响应。

- 参数四和参数五，当获取的资源需要凭证时，分别使用这两个参数设置用户和密码。一般的资源可以不使用这两个参数。

send() 方法会向服务器发起请求，如果数据发送方式设置为 POST，则需要在 send() 方法的参数中设置发送的数据；数据发送方式为 GET 或没有需要发送的数据时，send() 方法的参数就设置为 null 值。

向服务器发送请求后，就可以通过 onreadystatechange 属性设置的函数响应服务器返回的状态和数据，如下面的代码。

```
if (xhr.readyState === 4) {
    if (xhr.status === 200 || xhr.status === 304) {
        var e = document.getElementById("msg");
        e.innerText = xhr.responseText;
        xhr = null;
    }
}
```

如果使用从服务器获取的资源，首先，需要 readyState 属性返回 4，即服务器正确地进行了响应；然后，status 属性值为 200 或 304 时都有可用的资源。

如果只需要从服务器获取最新的资源，则只响应 status 属性值为 200 时的状态即可。这里有一个小技巧，向服务器发起请求时，可以添加一个动态的参数避免使用缓存的资源，如下面的代码就是动态添加了一个时间戳参数。

```
var url = "article.aspx?id=123&ts=" + new Date().getTime();
```

以上就是通过 Ajax 从服务器获取文本的完整操作过程。下面再看一下从服务器获取 XML 数据的实例。首先，在服务器中创建一个 XML 文件，内容如下（/demo/18/records.xml）。

```
<?xml version="1.0" encoding="utf-8" ?>
<records>
<record>
<userid>1</userid>
<username>Tom</username>
</record>
<record>
<userid>2</userid>
<username>Jerry</username>
</record>
<record>
<userid>3</userid>
<username>John</username>
</record>
</records>
```

代码的第一行声明了文件类型是 XML，字符集为 utf-8。接下来的内容才是 XML 数据内容，其中，根节点为 records，然后，每一个 record 节点都包含了两个子节点，即 userid 和 username 节点，这两个节点的子节点就是具体的数据，在 XML 中称为文本节点。

下面的代码在页面中通过 Ajax 获取 XML 数据。

```
<script>
    window.onload = function () {
        var xhr = new XMLHttpRequest();
        if (xhr === null) return;
        xhr.onreadystatechange = function () {
            if (xhr.readyState === 4) {
                if (xhr.status === 200 || xhr.status === 304) {
                    var records =
                        xhr.responseXML.getElementsByTagName("record");
                    for (var i = 0; i < records.length; i++) {
                        document.write("userid : " +
       records[i].getElementsByTagName("userid")[0].firstChild.nodeValue);
                        document.write("<br>");
                        document.write("username : " +
       records[i].getElementsByTagName("username")[0].firstChild.nodeValue);
                        document.write("<br>");
                    }
                    xhr = null;
                }
            }
        };
        //
        var url = "/demo/18/records.xml";
        xhr.open("GET", url, true);
        xhr.send(null);
    };
</script>
```

页面显示效果如图 18-2 所示。

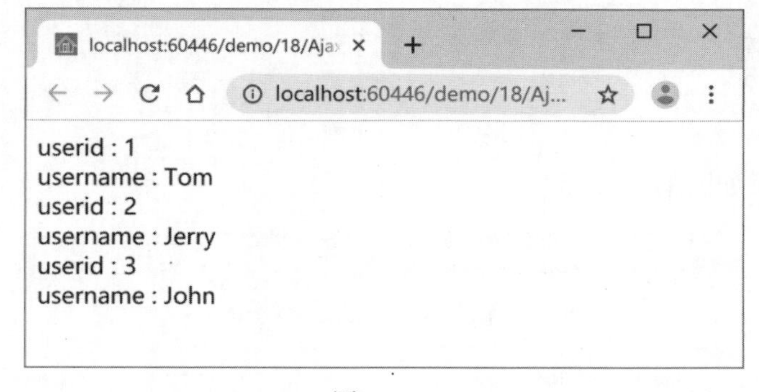

图　18-2

实际应用中，使用 Ajax 获取数据主要包括四种情况，即使用 POST 或 GET 方式传递参数，分别获取文本内容或 XML 数据。下面针对这四种情况进行代码封装。

18.2　封装 ajax.js 文件

下面的代码，在 /js/ajax.js 文件中创建 ajaxGetText() 函数，其功能是通过 GET 方式传递参数，并获取文本内容。

```
// 使用 GET 方式传递参数并获取文本内容
function ajaxGetText(url, param, fn) {
```

```
    var xhr = new XMLHttpRequest();
    if (xhr === null) return;
    xhr.onreadystatechange = function () {
        if (xhr.readyState === 4) {
            if (xhr.status === 200 || xhr.status === 304) {
                fn(xhr.responseText);
                xhr = null;
            }
        }
    };
    xhr.open("GET", url + "?" + param, true);
    xhr.send(null);
}
```

这里，ajaxGetText() 函数有三个参数，分别是：

- url，获取资源的主 URL。
- param，获取资源所需要的参数，它们会通过一个问号（?）连接在 url 后面。
- fn，一个函数类型，它应包含一个参数，用于带入服务器返回的文本内容。

使用 ajaxGetText() 函数的基本格式如下：

```
ajaxGetText(url,param,function(txt) {
   //处理服务器返回的 txt 内容
});
```

下面的代码测试了 ajaxGetText() 函数的应用。

```
<script src="/js/ajax.js"></script>
<script>
    var url = "/demo/18/msg.txt";
    ajaxGetText(url, null, function (txt) {
        alert(txt);
    });
</script>
```

代码执行结果如图 18-3 所示。

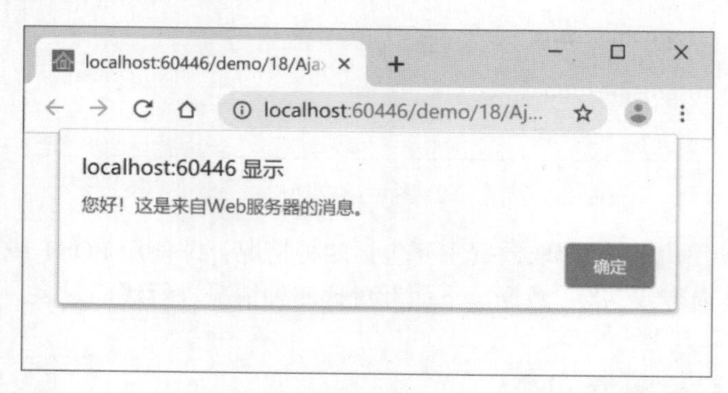

图 18-3

下面的代码（/js/ajax.js）继续创建 ajaxPostText() 函数，它的功能是通过 POST 方式向服务器传递数据，并返回文本内容。

```
//使用 POST 方式向服务器传递数据，并返回文本内容
function ajaxPostText(url, param, fn) {
```

```
    var xhr = new XMLHttpRequest();
    if (xhr === null) return;
    xhr.onreadystatechange = function () {
        if (xhr.readyState === 4) {
            if (xhr.status === 200 || xhr.status === 304) {
                fn(xhr.responseText);
                xhr = null;
            }
        }
    };
    xhr.open("POST", url, true);
    xhr.setRequestHeader("Content-Type", "application/x-www-form-urlencoded;");
    xhr.send(param);
}
```

接下来分别通过 GET 和 POST 方式向服务器传递参数，并返回 XML 数据的函数，如下面的代码（/js/ajax.js）。

```
//使用 GET 方式传递参数，获取 XML 数据
function ajaxGetXml(url, param, fn) {
    var xhr = new XMLHttpRequest();
    if (xhr === null) return;
    xhr.onreadystatechange = function () {
        if (xhr.readyState === 4) {
            if (xhr.status === 200 || xhr.status === 304) {
                fn(xhr.responseXML);
                xhr = null;
            }
        }
    };
    xhr.open("GET", url + "?" + param, true);
    xhr.send(null);
}

//使用 POST 方式传递参数，获取 XML 数据
function ajaxPostXml(url, param, fn) {
    var xhr = XMLHttpRequest();
    if (xhr === null) return;
    xhr.onreadystatechange = function () {
        if (xhr.readyState === 4) {
            if (xhr.status === 200 || xhr.status === 304) {
                fn(xhr.responseXML);
                xhr = null;
            }
        }
    };
    xhr.open("POST", url, true);
    xhr.setRequestHeader("Content-Type", "application/x-www-form-urlencoded;");
    xhr.send(param);
}
```

在本书后面的内容中还可以看到这些函数的大量应用，这里不再举例说明。

第 19 章　验证码

Web 应用中，验证码功能是很常见的，其目的就是确认客户端的操作是真正的人类。验证码的实现有很多方法，但工作原理都是相同的，本章介绍验证码的基本实现方法。

验证码实现的基本流程如下：

（1）在服务器端生成验证码并保存，生成验证码图片。

（2）在页面中显示验证码图片。

（3）在客户端用户输入验证码。

（4）输入的内容提交到服务器进行验证。

接下来演示如何在 ASP.NET 项目中实现验证码。

19.1　实现验证码

下面的代码（/app_code/common/CCheckCode.cs）定义了一个实现验证码的基础类。

```
using System.Text;
using System.Drawing;
using System.Drawing.Imaging;
using System.Web;
using chyx2;
using chyx2.webx;

//验证码
public static class CCheckCode
{
    //生成的验证码，参数指定key及长度、验证码图片的尺寸
    public static void Create(string key, int len = 4)
    {
        int width = 100, height = 40;
        Bitmap bmp = new Bitmap(width, height);
        Graphics g = Graphics.FromImage(bmp);
        g.Clear(Color.White);
        StringBuilder code = new StringBuilder(len);
        //生成并绘制验证码
        int x1, y1, x2, y2;
        for (int i = 0; i < len; i++)
        {
            int scale = i*16;
            x1 = CRnd.GetInt(1+scale, 10+scale);
            y1 = CRnd.GetInt(0, 16);
            string ch = GetChar();
            g.DrawString(ch, GetFont(), GetBrush(), x1, y1);
            code.Append(ch);
        }
        //加几条线
        for(int i=0;i<5;i++)
```

```
        {
            x1 = CRnd.GetInt(1 , 10 );
            y1 = CRnd.GetInt(1, 39);
            x2 = CRnd.GetInt(80, width);
            y2 = CRnd.GetInt(1, 39);
            g.DrawLine(GetPen(), x1, y1, x2, y2);
        }
        //保存验证码
        SaveCode(key, code.ToString());
        //通过 Response.OutputStream 发送至客户端
        HttpContext.Current.Response.ContentType = "image/png";
        HttpContext.Current.Response.AppendHeader("Content-Disposition",
"attachment;filename=checkcode.png;");
        bmp.Save(HttpContext.Current.Response.OutputStream,
ImageFormat.Png);
    }

    //检查指定 key 的输入是否正确
    public static bool Check(string key,string inputCode)
    {
        string code = CC.ToStr(HttpContext.Current.Session[key]);
        return inputCode!=null && inputCode!=""&& code == inputCode;
    }

    //验证码保存
    private static void SaveCode(string key, string code)
    {
        HttpContext.Current.Session[key] = code;
    }

    //
    private static string GetChar()
    {
        if (CRnd.GetInt(2) == 0)
            return CRnd.GetInt(10).ToString();
        else
            return CRnd.GetLower().ToString();
    }

    //随机字体
    private static Font GetFont()
    {
        int n = CRnd.GetInt(3);
        if (n == 0)
        {
            return new Font("Arial", CRnd.GetInt(25, 29),
                FontStyle.Regular, GraphicsUnit.Pixel);
        }
        else if (n == 1)
        {
            return new Font("Georgia", CRnd.GetInt(25, 29),
                FontStyle.Bold, GraphicsUnit.Pixel);
        }
        else
        {
```

```
            return new Font("Georgia", CRnd.GetInt(25, 29),
                FontStyle.Bold | FontStyle.Italic, GraphicsUnit.Pixel);
        }
    }

    //随机格式刷
    private static Brush GetBrush()
    {
        int n = CRnd.GetInt(5);
        switch (n)
        {
            case 0: return Brushes.Red;
            case 1: return Brushes.Black;
            case 2: return Brushes.Navy;
            case 3: return Brushes.DarkRed;
            case 4: return Brushes.Green;
            default: return Brushes.DarkGray;
        }
    }

    //随机画笔
    private static Pen GetPen()
    {
        int n = CRnd.GetInt(5);
        switch (n)
        {
            case 0:
                return new Pen(Brushes.Red, CRnd.GetInt(1, 3));
            case 1:
                return new Pen(Brushes.Black, CRnd.GetInt(1, 3));
            case 2:
                return new Pen(Brushes.Navy,CRnd.GetInt(1,3));
            case 3:
                return new Pen(Brushes.DarkRed, CRnd.GetInt(1, 3));
            case 4:
                return new Pen(Brushes.Green, CRnd.GetInt(1, 3));
            default:
                return new Pen(Brushes.DarkGray, CRnd.GetInt(1, 3));
        }
    }
} // end class CCheckCode
```

CCheckCode 静态类中只定义了两个公共成员，即 Create() 和 Check() 方法，它的功能分别是：

- Create() 方法用于创建验证码，包括两个参数。其中，参数 key 指定验证码的名称，参数 len 指定验证码的字符数量，一般 4 ~ 5 个就可以了。方法中，随机生成并绘制了验证码字符，然后在字符上绘制了几条线，防止自动识别。最后，通过 SaveCode() 方法保存验证码，并通过 Response 对象的 OutputStream 属性将验证码图片发送到客户端。
- Check() 方法检查用户输入的验证码，同样需要两个参数。其中，参数 key 指定验证码名称，参数 inputCode 指定用户输入的验证码。输入正确时，返回 true 值，否则返回 false 值。

此外，代码还定义了一些辅助方法，包括：

- SaveCode() 方法，通过 Session 对象保存验证码，也可以考虑使用其他方式保存验证码，如使用数据库。
- GetChar() 方法，随机生成一个字符。这里生成的是数字和小写字母，可以根据需要修改生成字符的类型，如只生成 0 ~ 9 的数字。
- GetFont() 方法，随机返回一个 Font 对象。
- GetBrush() 方法，随机返回一个 Brush 对象。
- GetPen() 方法，随机返回一个 Pen 对象。

下面的代码（/app_code/common/CCheckCode.cs）是修改后的 GetChar() 方法，其功能是返回 0 ~ 9 的数字。

```
private static string GetChar()
{
    return CRnd.GetInt(10).ToString();
}
```

下面测试 CCheckCode 类的使用。

19.2　应用测试

首先，在 /demo/19/ 目录中创建一个单一文件的 Web 窗体文件，名为 CheckCode.aspx，然后修改内容如下面的代码。

```
<%@ Page Language="C#" %>
<script runat="server">
    protected void Page_Load(object s,EventArgs e)
    {
        CCheckCode.Create("username");
    }
</script>
```

其中，只需要在 Page_Load() 方法中调用 CCheckCode.Create() 方法创建验证码并返回图片。这里应注意验证码的名称（key），稍后验证输入正确性时需要使用。

其次，在同一目录创建 CheckCodeTest.aspx 页面，其 HTML 部分如下面的代码。

```
<%@ Page Language="C#" AutoEventWireup="true"
CodeFile="CheckCodeTest.aspx.cs" Inherits="demo_19_CheckCodeTeat" %>

<!DOCTYPE html>

<html xmlns="http://www.w3.org/1999/xhtml">
<head runat="server">
<meta http-equiv="Content-Type" content="text/html; charset=utf-8"/>
<title></title>
</head>
<body>
<form id="form1" runat="server">
<p>
<label for="txtCode">验证码</label>
<asp:TextBox ID="txtCode" MaxLength="4" runat="server">
```

```
</asp:TextBox>
<img id="imgCheckCode" onclick="changeImage();"
                src="CheckCode.aspx" alt=" 验证码 " />
<a href="javascript:changeImage();"> 换一张 </a>
</p>
<p>
<asp:Button ID="btnCheck" OnClick="btnCheck_Click"
                Text=" 检查输入 " runat="server" />
</p>
</form>
</body>
</html>
<script>
    function changeImage() {
        var e = document.getElementById("imgCheckCode");
        e.setAttribute("src", "CheckCode.aspx?ts=" +new Date().toString());
    }
</script>
```

页面显示效果如图 19-1 所示。

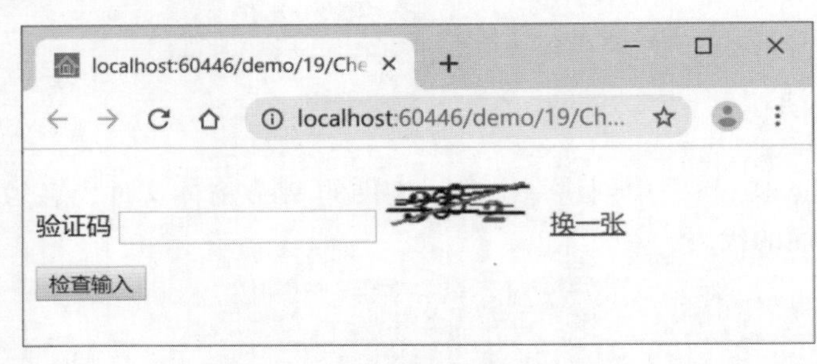

图 19-1

页面中，包括以下主要元素。

- TextBox 控件，用于输入验证码。
- img 元素，显示验证码图片，其中，OnClick 事件会调用 changeImage() 函数，单击图片时会重新生成验证码。
- a 元素，同样用于重新生成验证码，其中，元素显示的“换一张”可以更加直观地告诉用户：看不清时可以换一张图片。
- Button 控件用于检查输入的验证码是否正确。
- JavaScript 函数 changeImage()，用于重新调用 CheckCode.aspx 文件，以生成新的验证码。请注意，这里使用 ts 带入一个时间参数，以防止 CheckCode.aspx 页面因缓存造成不能及时显示新图片的问题。

最后，Button 控件的 OnClick 事件响应代码定义在 CheckCodeTest.aspx.cs 文件中，如下面的代码。

```
using System;
using chyx2.webx;

public partial class demo_19_CheckCodeTeat : System.Web.UI.Page
{
    protected void Page_Load(object sender, EventArgs e)
```

```
    {

    }

    protected void btnCheck_Click(object sender, EventArgs e)
    {
        if (CCheckCode.Check("username", txtCode.Text))
            CJs.Alert("验证码输入正确");
        else
            CJs.Alert("验证码输入错误");
    }
}
```

验证码的输入结果会通过客户端消息对话框显示。

19.3　小结

本章讨论了字符验证码的实现与应用过程。

验证码的本质就是要验证客户端是否真的是人类在操作，而字符验证码也不是唯一的选择，在使用网站服务时，可以看到各式各样的验证方式，如手工移动拼图、字符与汉字混合、数学计算、图形判断等。

虽然验证方法各有不同，但都有一些基本原则需要注意。比如，不要将验证码的生成算法和最终的验证工作放在客户端，因为客户端的代码是透明的，毫无安全性可言。

验证用户具体的身份时还有更多的方式，比如，使用用户名和密码等，第 20 章将讨论相关内容。

第 20 章　用户模块

用户管理功能几乎是 Web 应用的必备模块，如常见的社交、购物等应用都会要求用户注册、登录后再使用。本章将讨论如何通过各种开发技术和方法综合实现用户的注册、登录等功能。

20.1　创建用户信息数据表

用户信息一般会保存在数据库中，下面的代码在 SQL Server 的 cdb_demo 数据库中创建用户数据表，可以使用 SSMS 执行。

```
use cdb_demo;
go

-- 用户主表
create table user_main(
userid bigint identity(1,1) not null primary key,
username nvarchar(30) not null unique,
userpwd nvarchar(40) not null,
islocked int default(1),
email nvarchar(30) not null,
sex int default(0),
phone nvarchar(30),
weixin nvarchar(30),
creationtime datetime,
creationip nvarchar(23),
);

-- 用户权限表
create table user_priv(
privid bigint identity(1,1) not null primary key,
username nvarchar(30) not null,
privkey nvarchar(30) not null,
);
```

代码共创建了两个数据表，其中，user_main 为用户信息主表，定义的字段包括：

- userid，用户 ID 字段。
- username，用户名，最多 30 个字符。
- userpwd，用户密码，这里使用 SHA-1 编码保存，实际应用中可以使用特定的加密算法。
- islocked，用户锁定状态，默认为 1（锁定），为 0 值时允许用户活动（如登录操作）。
- email，用户的 E-mail 地址。
- sex，性别，默认为 0（保密或未知），约定 1 表示男，2 表示女。
- creationtime，用户创建或注册的时间。

- creationip，用户创建或注册的 IP 地址。

user_priv 表用于保存用户权限，字段定义如下：

- privid，数据表 ID 字段。
- username，用户名。请注意，出于整体性能考虑，这里并没有定义为外键，也就是说不与 user_main 表的 username 字段关联。
- privkey，权限标识。

如果使用 MySQL 数据库，可以在 HeidiSQL 中执行如下代码。

```
create database cdb_demo;

use cdb_demo;

create table sale_main(
saleid bigint auto_increment not null primary key,
ordernum varchar(30) not null unique,
customer varchar(30) not null,
cashier varchar(15) not null,
paytime datetime not null
)engine=INNODB , default CHARSET="utf8";

create table sale_sub(
recid bigint auto_increment not null primary key,
saleid bigint,
mdsenum varchar(30) not null,
mdsename varchar(30) not null,
price decimal(10,2),
quantity decimal(10,2),
subtotal decimal(10,2),
constraint fk_saleid foreign key (saleid) references sale_main(saleid)
)engine=INNODB , default CHARSET="utf8";
```

下面的代码可以创建名为 administrator 的管理员用户，并设置为超级权限（SUPER）。

```
using System;
using chyx2;
using chyx2.dbx;
using chyx2.webx;

public partial class Test : System.Web.UI.Page
{
    protected void Page_Load(object sender, EventArgs e)
    {
        // 添加用户基本信息
        ITask dbIns = CApp.DbConn.TaskFactory.NewTask("user_main");
        dbIns.SetDataFields("username", "userpwd",
"islocked", "email");
        dbIns.SetDataValues("administrator", "123456".ToSha1(),
            0, "admin@admin.admin");
        CWeb.WriteLine(dbIns.Insert());
        // 设置权限
        dbIns = CApp.DbConn.TaskFactory.NewTask("user_priv");
        dbIns.SetDataFields("username", "privkey");
        dbIns.SetDataValues("administrator", "SUPER");
```

```
            CWeb.WriteLine(dbIns.Insert());
        }
    }
```

如果页面显示两个大于 0 的值，则说明 administrator 用户信息和权限已分别成功添加到 user_main 表和 user_priv 表。

20.2 CUser 类

网站项目中需要用户注册时，一般不应要求太多的用户信息，那样并不友好。如果没有特殊要求，只需要用户登录名、登录密码、电子信箱就可以。其中，登录名和密码用于登录，电子信箱的功能一方面可以验证用户的身份，另一方面可以帮助用户找回密码，同时也可以给用户发送一些必要的系统邮件。此外，如果方便交流，了解用户的性别也是有必要的，比如，在邮件中称呼“xx 先生”或“xx 女士”。

下面的代码（/app_code/common/CUser.cs）创建了 CUser 类，用于封装用户的相关操作。

```
using System;
using chyx2;
using chyx2.dbx;
using chyx2.webx;

//用户操作封装
public static class CUser
{
    const string tableName = "user_main";
    const string idName = "userid";

    //判断用户名是否已使用
    public static bool UserNameExists(string username)
    {
        ITask qry = CApp.DbConn.TaskFactory.NewTask(tableName);
        qry.SetQueryFields(idName);
        qry.Limit = 1;
        qry.SetCondFields("username");
        qry.SetCondValues(username);
        return qry.GetValue().LngValue > 0;
    }

    // 判断邮箱是否已使用
    public static bool EmailExists(string email)
    {
        ITask qry = CApp.DbConn.TaskFactory.NewTask(tableName);
        qry.SetQueryFields(idName);
        qry.Limit = 1;
        qry.SetCondFields("username", "email");
        qry.SetCondValues(email, email);
        qry.CondRelation = ECondRelation.Or;
        return qry.GetValue().LngValue > 0;
    }
    //
```

```
    //
    //
}   // end class CUser
```

代码定义了两个方法，其中，UserNameExists() 方法判断用户（username）是否存在，EmailExists() 方法用于判断电子邮箱地址是否已注册，这里包括用户（username）和电子邮箱（email）两个字段的数据。

接下来，在 CUser 类中添加用户注册的功能。如下面的代码，在 CUser 类中再添加三个方法，分别用于添加用户信息（注册）、生成用户注册验证码和检查注册验证码的输入，其中，验证码相关的两个方法调用了第 19 章封装的 CCheckCode 类（/app_code/common/CCheckCode.cs）。

```
//添加用户信息（注册）
public static bool Register(string username,
    string userpwd1,string userpwd2,string email,int sex=0)
{
    //去除前后空白字符
    username = username.Trim();
    //用户名，6 ~ 30 个字符
    if (username.Length<6) return false;
    //用户名是否存在
    if (UserNameExists(username)) return false;
    //两次密码要一致，最少 6 个字符
    if (userpwd1.Length < 6 || userpwd1.Equal(userpwd2)==false)
            return false;
    //电子邮箱格式
    if (email.IsEmailAddr() == false || EmailExists(email)) return false;
    //
    ITask ins = CApp.DbConn.TaskFactory.NewTask(tableName);
    ins.SetDataFields("username", "userpwd", "email",
"islocked","creationtime","creationip","sex");
    ins.SetDataValues(username, userpwd1.ToSha1(), email,
            0, DateTime.Now, CWeb.UserIp,sex);
    return ins.Insert() > 0;
}

//生成注册验证码
public static void CreateRegisterCheckCode()
{
    CCheckCode.Create("user_register");
}

//检查注册验证码
public static bool CheckRegisterCheckCode(string inputCode)
{
    return CCheckCode.Check("user_register", inputCode);
}
```

20.3　注册页面（HTML 表单）

本节首先通过传统的方式创建注册页面，综合应用 HTML 表单、Ajax 和 ASP.NET 等技术实现用户的注册功能，通过这部分的实践，可以帮助开发者更加灵活地实现数据表单功能。

下面的代码是注册的主页面（/user/Reg.html）。

```
<!DOCTYPE html>
<html>
<head>
<meta charset="utf-8" />
<title>注册</title>
</head>
<body>
<form id="formLogin" class="form_larger" method="post" action="/user/Reg.aspx">
<h1>注册</h1>
<p>
<label for="username">注册昵称</label>
<input type="text" id="username" name="username"
                 maxlength="30" size="30" required />
</p>
<p>
<label for="userpwd">登录密码</label>
<input type="password" id="userpwd" name="userpwd"
                 maxlength="15"  size="15" required />
</p>
<p>
<label for="userpwd1">确认密码</label>
<input type="password" id="userpwd1" name="userpwd1"
                 maxlength="15" size="15" required />
</p>
<p>
<label for="email">电子邮箱</label>
<input type="email" id="email" name="email"
                 maxlength="30" size="30" required />
</p>
<p>
<label>您的称呼</label>
<input type="radio" id="sex_0" name="sex" value="0" checked />保密
<input type="radio" id="sex_1" name="sex" value="1" />先生
<input type="radio" id="sex_2" name="sex" value="2" />女士
</p>
<p>
<label for="checkcode">验证码</label>
<input type="text" id="checkcode" name="checkcode"
maxlength="4"size="4" required />
<img id="imgCheckCode" onclick="changeImage();"
               src="RegisterCheckCode.aspx" alt="验证码" />
<a href="javascript:changeImage();">换一张</a>
</p>
<p>
<input type="submit"class="button_larger" value="注册" />
</p>
</form>
</body>
</html>
<script src="/js/ajax.js"></script>
<script>
```

```
    // 重新生成验证码图片
    function changeImage() {
        var e = document.getElementById("imgCheckCode");
        e.setAttribute("src",
"RegisterCheckCode.aspx?ts=" + new Date().toString());
    }
</script>
```

默认的显示效果如图 20-1 所示。

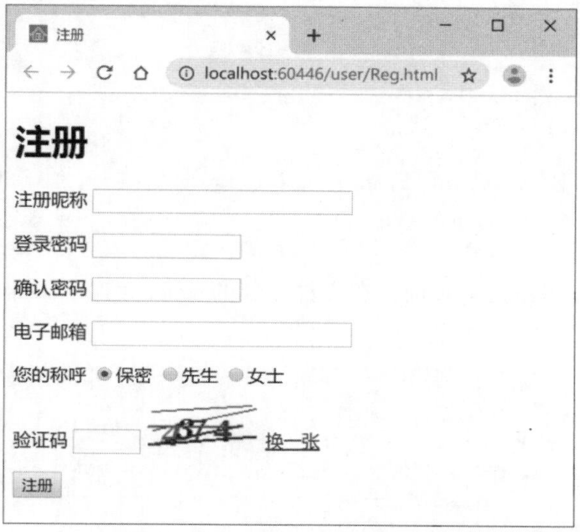

图　20-1

表单中，所有输入项都使用了 required 属性，这是 HTML5 标准中的属性，说明这些字段都是必填项。稍后会讨论表单的样式定义。此外，页面中还导入了 /js/ajax.js 文件，用于实现 Ajax 操作。

接下来逐步完善各种交互功能。

20.3.1　检查昵称是否存在

这里，注册的昵称实际就是用户名，可以使用 6 ~ 30 个字符。注册新用户时，还需要判断用户名是否已使用，这个功能可以由 CUser 类中的 UserNameExists() 方法判断。

为最大限度减少对用户操作的干扰，可以在焦点离开 username 元素时通过 Ajax 判断对用户名的检查结果，并在元素后显示相关信息。

首先，在 username 元素中添加 onblur 事件，其响应函数为 checkUsername()；然后，在 username 元素后添加一个 span 元素，id 属性值为 username_msg，用于显示对用户名的检查信息，如下面的代码（/user/Reg.html）。

```
<p>
<label for="username">注册昵称</label>
<input type="text" id="username" name="username"
          maxlength="15" size="15" requiredonblur="checkUsername();" />
    <span id="username_msg"></span>
</p>
```

对于用户名的检查工作，还是在服务器端通过 ASP.NET 代码完成。创建一个单文件的 Web 窗体（/user/CheckUserName.aspx），并修改代码如下。

```
<%@ Page Language="C#" %>
<script runat="server">
    protected void Page_Load(object s, EventArgs e)
    {
        string username = chyx2.CC.ToStr(Request.Form["username"]).Trim();
        if (username.Length < 6)
            Response.Write(@"<span class='err_msg'>昵称至少 6 个字符，可以使用手
机号码或电子邮箱</span>");
        else if (CUser.UserNameExists(username))
            Response.Write(@"<span class='err_msg'>昵称已使用，可以使用手机号码或
电子邮箱</span>");
        else
            Response.Write(@"<span class='inf_msg'>恭喜！你可以使用此昵称</span>");
    }
</script>
```

接下来，回到 /user/Reg.html 页面，在文件底部的 script 元素中添加 checkUsername() 函数，如下面的代码。

```
//检查用户名
function checkUsername() {
    var url = "CheckUserName.aspx";
    var param = "username=" + document.getElementById("username").value;
    ajaxPostText(url, param, function (txt) {
        document.getElementById("username_msg").innerHTML = txt;
    });
}
```

下面执行 Reg.html 页面，可以在 username 元素中输入一些内容，然后移开焦点。图 20-2 中显示了输入不同内容后的验证信息。

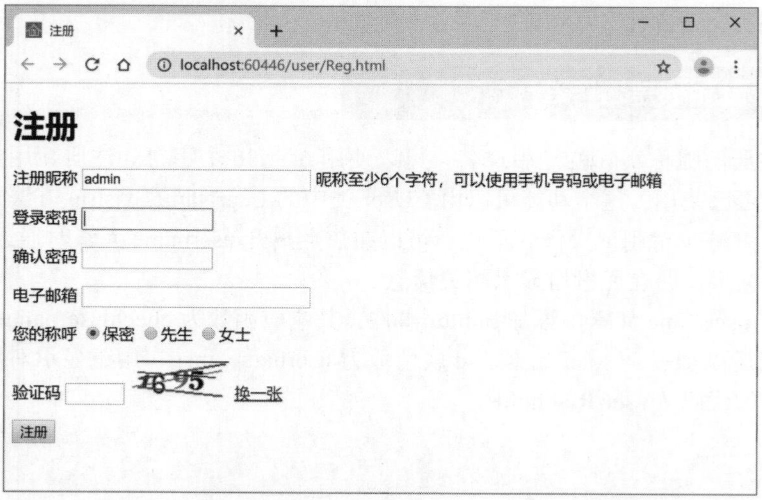

(a)

图　20-2

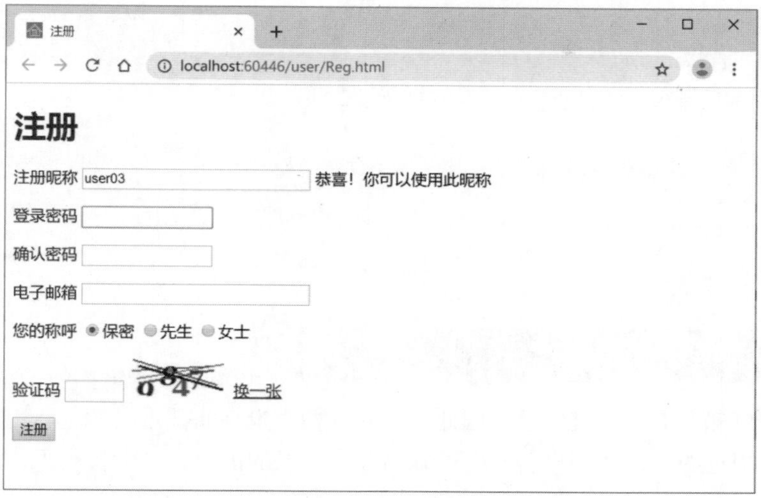

（b）

图　20-2

20.3.2　检查密码输入

关于密码，约定至少需要 6 个字符，并且两次输入要一致，初步验证可以在客户端完成。下面的代码首先在 userpwd 和 userpwd1 元素中添加 onblur 事件的响应，但检查的结果只在 userpwd 元素后显示。

```
<p>
    <label for="userpwd">登录密码</label>
<input type="password" id="userpwd" name="userpwd"
        maxlength="15"  size="15" required onblur="checkUserpwd();" />
<span id="userpwd_msg"></span>
</p>
<p>
    <label for="userpwd1">确认密码</label>
<input type="password" id="userpwd1" name="userpwd1"
        maxlength="15" size="15" required onblur="checkUserpwd();" />
</p>
```

在页面底部的 script 元素中，添加 checkUserpwd() 函数用于检查密码的输入，如下面的代码。

```
// 检查密码的输入
function checkUserpwd() {
var pwd = document.getElementById("userpwd");
    var pwd1 = document.getElementById("userpwd1");
    var msg = document.getElementById("userpwd_msg");
    if (pwd.value.length < 6) {
        msg.innerHTML = "<span class='err_msg'>密码至少 6 个字符</span>";
    } else if (pwd.value != pwd1.value) {
msg.innerHTML = "<span class='err_msg'>密码两次输入不一致</span>";
    } else {
msg.innerHTML = "<span class='inf_msg'>密码输入一致</span>";
```

```
    }
}
```

图 20-3 中显示了登录密码输入后的一些效果。

登录密码 ····· 密码至少6个字符
确认密码

登录密码 ····· 密码两次输入不一致
确认密码 ·····

图 20-3

20.3.3 检查电子邮箱格式

由于电子邮箱具有全球唯一性，因此，对它的检查也是非常重要的。新用户注册的邮箱应该是没有使用过的，包括用户名和电子邮箱两个字段的内容，这个检查工作也需要由服务器端来完成。

下面的代码（/user/CheckEmail.aspx）创建用于 Ajax 的单文件 Web 窗体文件。

```
<%@ Page Language="C#" %>
<script runat="server">
    protected void Page_Load(object s, EventArgs e)
    {
        string email = chyx2.CC.ToStr(Request.Form["email"]).Trim();
        if (chyx2.CStr.IsEmailAddr(email) == false)
            Response.Write(@"<span class='err_msg'>电子邮箱地址格式不正确</span>");
        else if (CUser.EmailExists(email))
            Response.Write(@"<span class='err_msg'>电子邮箱已注册</span>");
        else
            Response.Write(@"<span class='inf_msg'>恭喜！您可以使用此邮箱</span>");
    }
</script>
```

接下来，在 Reg.html 页面的 email 元素中添加 onblur 事件的响应函数，定义为 checkEmail() 函数，同时添加显示信息的 email_msg 元素，如下面的代码（/user/Reg.html）。

```
<p>
<label for="email">电子邮箱</label>
<input type="email" id="email" name="email"
           maxlength="30" size="30" required onblur="checkEmail();" />
<span id="email_msg"></span>
</p>
```

下面的代码（/user/Reg.html）同样在页面底部的 script 元素中定义 checkEmail() 函数。

```
//检查邮箱
function checkEmail() {
    var url = "CheckEmail.aspx";
    var param = "email=" + document.getElementById("email").value;
    ajaxPostText(url, param, function (txt) {
        document.getElementById("email_msg").innerHTML = txt;
    });
}
```

图 20-4 显示了电子邮箱输入后的检查结果。

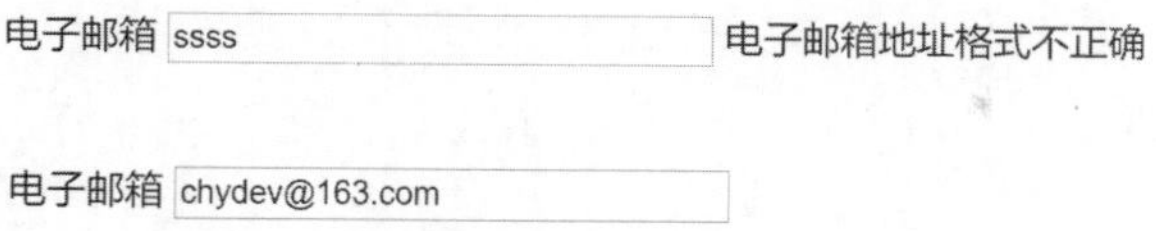

图 20-4

20.3.4 提交数据

到目前为止，在 HTML、JavaScript、Ajax 和 ASP.NET 等技术的综合应用下，客户端已经执行的数据检查工作包括：

- 全部元素为必填项。此功能使用了 HTML5 中元素的 required 属性。
- 用户名。用户名为 6 ~ 30 个字符，必须是唯一值，并建议用户使用手机或邮箱。
- 密码。登录密码为 6 ~ 15 个字符，两次输入一致才能确认。
- 电子邮箱。必须是没有注册过的，需要检查用户名和电子邮箱字段是否已经使用。

既然客户端已经进行了这些数据的检查工作，是不是可以放心地上传到服务器直接保存呢？

答案是否定的！无论如何，在服务器中保存数据之前，都需要完整的数据检查工作，然后才可以保存到数据库中。

在 Reg.html 页面的表单（form 元素）中，接收数据的页面设置为 Reg.aspx。请注意，在 form 元素中设置的数据传递方法为 post()，所以，在 Reg.aspx 页面中需要使用 Request.From 集合获取上传的注册数据。

下面就是 Reg.aspx 文件的实现代码（/user/Reg.aspx）。

```
<%@ Page Language="C#" %>
<%@ Import Namespace="chyx2" %>
<%@ Import Namespace="chyx2.webx" %>

<script runat="server">
    protected void Page_Load(object s, EventArgs e)
    {
        // 用户名，6 ~ 30 个字符，不能重复
        string username = CC.ToStr(Request.Form["username"]).Trim();
        // 密码，6 ~ 15 个字符，两次输入要一致
        string userpwd = CC.ToStr(Request.Form["userpwd"]);
        string userpwd1 = CC.ToStr(Request.Form["userpwd1"]);
        //Email，格式要正确，用户名和邮箱没有使用
        string email = CC.ToStr(Request.Form["email"]).Trim();
        // 性别
        int sex = CC.ToInt(Request.Form["sex"]);
        // 验证码
        string code = CC.ToStr(Request.Form["checkcode"]);
        if (CUser.CheckRegisterCheckCode(code) == false)
        {
            Response.Write(@" 验证码输入错误，您可以返回 <a href='Reg.html'> 注册页
面 </a> 或 <a href='/'> 主页 </a>");
            return;
        }
        // 保存注册信息
```

```
        bool result = CUser.Register(username, userpwd, userpwd1, email, sex);

        if (result)
        {
            CJs.Alert("注册成功，单击"确定"后进入登录页面");
            CJs.Open("Login.aspx");
        }
        else
        {
            Response.Write(@"注册失败，您可以返回<a href='Reg.html'>注册页面</a>
或<a href='/'>主页</a>");
        }
    }
</script>
```

注册成功后会出现如图 20-5 所示的界面。

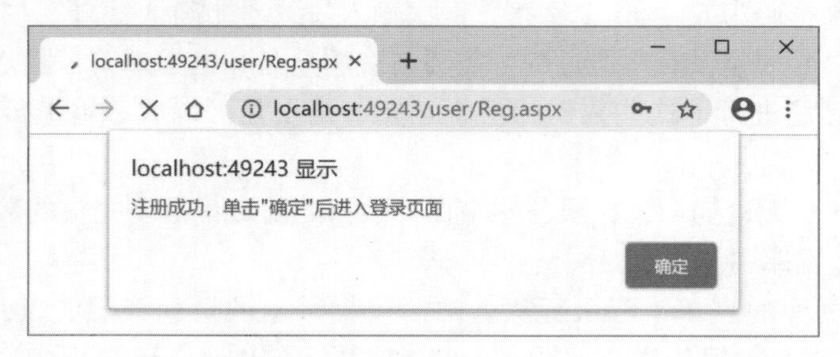

图　20-5

20.3.5　定义表单样式

下面的代码（/css/form.css）简单地设置一些注册表单的样式。

```
/* 表单样式 */
.form_larger {
    background-color:#eee;
    border-radius: 3em;
    padding:2em;
}
.form_larger p {
    font-size:1.2em;
}
.form_larger p label {
margin-right:1em;
float:left;
}

.form_larger p input[type="text"]:focus,
.form_larger p input[type="password"]:focus,
.form_larger p input[type="email"]:focus {
    background-color: lightyellow;
}
.form_larger p img {
    height:1.5em;
    vertical-align:top;
```

```
}
.form_larger .button_larger {
    padding:0.3em 2em;
    background-color:orange;
    border:1px solid gray;
    border-radius:3em;
    font-size:1em;
}
.err_msg {
    display:inline-block;
    background:url(/img/err30.png) no-repeat left;
    padding-left:1.5em;
}
.inf_msg {
    display: inline-block;
    background: url(/img/inf30.png) no-repeat left;
    padding-left: 1.5em;
}
```

默认的效果如图 20-6 所示。

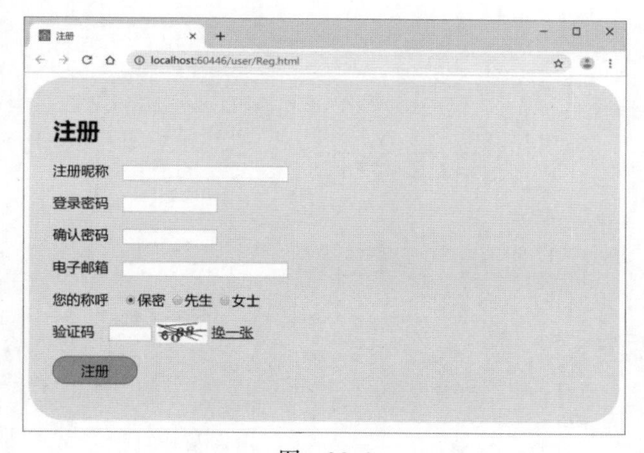

图　20-6

输入的信息正确或不正确时，会出现如图 20-7 所示的标识。

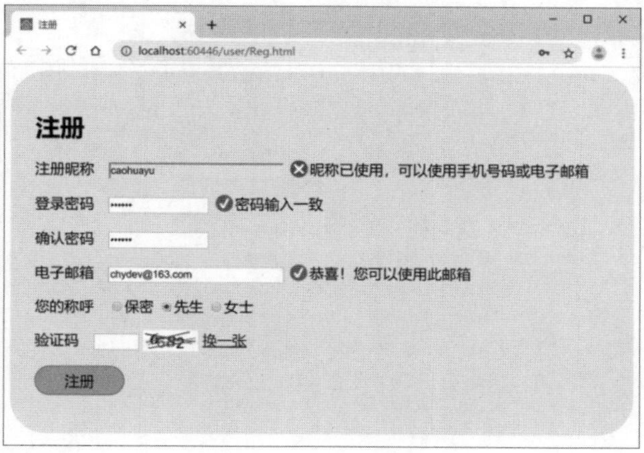

图　20-7

20.4 注册页面（Web 窗体）

下面的代码（/user/Register.aspx）显示注册页面的 HTML 部分。

```
<%@ Page Language="C#" AutoEventWireup="true"
    CodeFile="Register.aspx.cs" Inherits="demo_20_Register" %>

<!DOCTYPE html>

<html xmlns="http://www.w3.org/1999/xhtml">
<head runat="server">
<meta http-equiv="Content-Type" content="text/html; charset=utf-8"/>
<title>注册</title>
<link rel="stylesheet" href="/css/form.css" />
</head>
<body>
<form id="form1" runat="server">
<div  class="form_larger">
<h1>注册</h1>
<p>
<label for="username">登录昵称</label>
<asp:TextBox ID="username" MaxLength="15" Width="200"
    runat="server" required onblur="checkUsername();"></asp:TextBox>
<span id="username_msg"></span>
</p>
<p>
<label for="userpwd">登录密码</label>
<asp:TextBox ID="userpwd" MaxLength="15" Width="200"
runat="server" TextMode="Password" required onblur="checkUserpwd();">
</asp:TextBox>
<span id="userpwd_msg"></span>
</p>
<p>
<label for="userpwd1">确认密码</label>
<asp:TextBox ID="userpwd1" MaxLength="15" Width="200"
    runat="server" TextMode="Password" required onblur="checkUserpwd();">
</asp:TextBox>
</p>
<p>
<label for="email">电子邮箱</label>
<asp:TextBox ID="email" MaxLength="50" Width="300"
runat="server" required onblur="checkEmail();"></asp:TextBox>
<span id="email_msg"></span>
</p>
<p>
<label for="sex">您的称呼</label>
<asp:RadioButtonList ID="sex" runat="server"
                    RepeatDirection="Horizontal" TextAlign="Left">
<asp:ListItem Value="0" Text="保密" Selected="True"></asp:ListItem>
<asp:ListItem Value="1" Text="先生"></asp:ListItem>
<asp:ListItem Value="2" Text="女士"></asp:ListItem>
</asp:RadioButtonList>
</p>
<p>
```

```
<label for="txtCode">验证码</label>
<asp:TextBox ID="txtCode" MaxLength="4" Width="80" runat="server">
</asp:TextBox>
<img id="imgCheckCode" onclick="changeImage();"
     src="RegisterCheckCode.aspx" alt="验证码" />
<a href="javascript:changeImage();">换一张</a>
</p>
<p>
<asp:Button ID="btnRegister" CssClass="button_larger"
    Text="注册" OnClick="btnRegister_Click" runat="server" />
</p>
</div>
</form>
</body>
</html>
<script src="/js/ajax.js"></script>
<script src="Register.js"></script>
```

页面显示效果如图 20-8 所示。

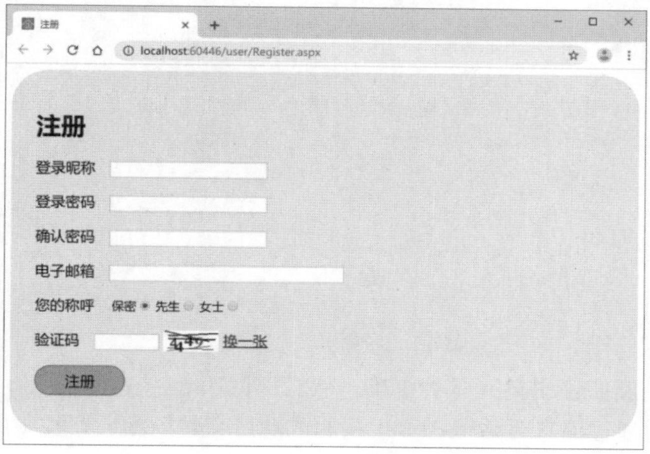

图　20-8

大部分内容并不陌生，实际的视觉效果也和使用 HTML 表单差不多，不过，还有几个方面需要注意。

与前面的注册页面相比，因为引用了相同的样式文件（/css/form.css），所以显示的外观是相同的。

TextBox 控件中使用了 required 和 onblur 属性，这两个属性会直接返回到客户端的 HTML 元素中。这样，就实现了客户端的一些检查工作，即 requried 属性设置必填项，onblur 属性用于客户端数据检查，这和 Reg.html 页面中的操作是相同的。

此外，将 Reg.html 中定义的数据检查代码（JavaScript 代码）保存到 /user/Register.js 文件中，并在 Register.aspx 页面中引用此文件。

接下来需要验证注册信息并保存到数据，如下面的代码（/user/Register.aspx.cs）。

```
using System;
using chyx2;
using chyx2.webx;
```

```
public partial class demo_20_Register : System.Web.UI.Page
{
    protected void Page_Load(object sender, EventArgs e)
    {    }

    protected void btnRegister_Click(object sender, EventArgs e)
    {
        //验证码
        if(CUser.CheckRegisterCheckCode(txtCode.Text)==false)
        {
            CJs.Alert("验证码输入错误");
            return;
        }
        //注册
        bool result = CUser.Register(username.Text,
            userpwd.Text,
            userpwd1.Text,
            email.Text,
            CC.ToInt(sex.SelectedValue));
        //
        if (result)
        {
            CJs.Alert("注册成功，单击'确定'后进入登录页面");
            CJs.Open("Login.aspx");
        }
        else
        {
            CJs.Alert("注册失败");
        }
    }
}
```

其中，首先判断验证码输入是否正确。然后，调用 CUser.Register() 方法保存用户注册数据。注册失败后通过消息对话框提示，注册成功后会转到相同路径中的 Login.aspx 页面，下面就来创建此页面，用于用户的登录操作。

20.5 登录

相对于注册操作，登录的操作会简单一些，下面结合用户数据、CUser 类、Web 窗体、客户端对话框等讨论登录功能的实现。

20.5.1 CUser.Login() 方法

下面的代码（/app_code/common/CUser.cs）在 CUser 类中添加了 Login() 方法，用于在数据层面检查用户的登录操作。

```
//检查用户名和密码登录
public static bool Login(string username,string userpwd)
{
    ITask qry = CApp.DbConn.TaskFactory.NewTask(tableName);
    qry.SetQueryFields(idName);
```

```
    qry.Limit = 1;
    qry.SetCondFields("username", "userpwd", "islocked");
    qry.SetCondValues(username, userpwd.ToSha1(), 0);
    //
    if(qry.GetValue().LngValue > 0)
    {
        HttpContext.Current.Session["username"] = username;
        return true;
    }
    else
    {
        return false;
    }
}
```

这里通过查询来判断用户注册信息，主要包括用户名、密码（SHA-1 编码），此外，islocked 为 0 时表示用户可以正常登录。登录成功时，会通过 Session 对象保存用户名。

如果检查用户是否登录，可以使用 Session 对象给出保存的用户名，下面的代码（/app_code/common/CUser.cs）在 CUser 类中定义了与用户相关的三个静态属性。

```
// 当前会话登录的用户名
public static string CurUsername
{
    get { return CC.ToStr(HttpContext.Current.Session["username"]); }
}

// 是否已登录
public static bool IsLogined
{
    get { return CurUsername != ""; }
}

// 当前用户 ID
public static long CurUserId
{
    get
    {
        ITask qry = CApp.DbConn.TaskFactory.NewTask(tableName);
        qry.SetQueryFields(idName);
        qry.Limit = 1;
        qry.SetCondFields("username");
        qry.SetCondValues(CurUsername);
        return qry.GetValue().LngValue;
    }
}
```

其中，CurUsername 属性返回当前会话中登录的用户名，没有登录时会返回空字符串；IsLogined 属性返回当前会话中是否已有用户登录；CurUserId 属性返回当前登录用户的 ID。

下面的代码（/app_code/common/CUser.cs）创建了登录验证码的生成和检查方法。

```
// 生成登录验证码
public static void CreateLoginCheckCode()
{
    CCheckCode.Create("user_login");
```

```
}

//检查登录验证码
public static bool CheckLoginCheckCode(string inputCode)
{
    return CCheckCode.Check("user_login", inputCode);
}
```

接下来就可以创建登录页面了。

20.5.2 登录页面

登录页面中，需要用户输入昵称、密码和验证码，下面的代码就是登录页面的HTML部分（/user/Login.aspx）。

```
<%@ Page Language="C#" AutoEventWireup="true"
    CodeFile="Login.aspx.cs" Inherits="user_Login" %>

<!DOCTYPE html>

<html xmlns="http://www.w3.org/1999/xhtml">
<head runat="server">
<meta http-equiv="Content-Type" content="text/html; charset=utf-8"/>
<title>登录</title>
<link rel="stylesheet" href="/css/form.css" />
</head>
<body>
<form id="form1" runat="server">
<div class="form_larger">
<h1>登录</h1>
<p>
<label for="username">昵称</label>
<asp:TextBox ID="username" MaxLength="30" Width="200"
                runat="server" required onblur="checkUsername();">
</asp:TextBox>
<span id="username_msg"></span>
</p>
<p>
<label for="userpwd">密码</label>
<asp:TextBox ID="userpwd" MaxLength="15" Width="200"
                TextMode="Password" runat="server"
                required onblur="checkUserpwd();">
</asp:TextBox>
<span id="userpwd_msg"></span>
</p>
<p>
<label for="checkcode">验证码</label>
<asp:TextBox ID="checkcode" MaxLength="4" Width="80"
                runat="server" required></asp:TextBox>
<img id="imgCheckCode" onclick="changeImage();"
                src="LoginCheckCode.aspx" alt="验证码" />
<a href="javascript:changeImage();">换一张</a>
</p>
<p>
```

```
<asp:Button ID="btnLogin" CssClass="button_larger"
                    Text=" 登录 " OnClick="btnLogin_Click" runat="server" />
</p>
</div>
</form>
</body>
</html>
<script src="/js/ajax.js"></script>
<script src="Login.js"></script>
```

页面中引用了两个文件，首先是产生登录验证码的 LoginCheckCode.aspx 页面，这是一个单文件页面，其定义如下面的代码。

```
<%@ Page Language="C#" %>
<script runat="server">
    protected void Page_Load(object s ,EventArgs e)
    {
        CUser.CreateLoginCheckCode();
    }
</script>
```

另一个是关于登录操作的 JavaScript 代码文件，如下面的代码（/user/Login.js）。

```
//重新生成验证码图片
function changeImage() {
    var e = document.getElementById("imgCheckCode");
    e.setAttribute("src",
"LoginCheckCode.aspx?ts=" + new Date().toString());
}

//检查用户名长度
function checkUsername() {
    var msg = document.getElementById("username_msg");
    if (document.getElementById("username").value.length < 6) {
        msg.innerHTML =
"<span class='err_msg'>昵称最少 6 个字符</span>";
    } else {
        msg.innerHTML =
"<span class='inf_msg'> </span>";
    }
}

//检查用户密码长度
function checkUserpwd() {
    var msg = document.getElementById("userpwd_msg");
    if (document.getElementById("userpwd").value.length < 6) {
        msg.innerHTML =
"<span class='err_msg'>密码最少 6 个字符</span>";
    } else {
        msg.innerHTML =
"<span class='inf_msg'> </span>";
    }
}
```

最后是登录检查，如下面的代码（/user/Login.aspx.cs）。

```
using System;
using chyx2;
using chyx2.webx;

public partial class user_Login : System.Web.UI.Page
{
    protected void Page_Load(object sender, EventArgs e)
    {    }

    protected void btnLogin_Click(object sender, EventArgs e)
    {
        //检查验证码
        if(CUser.CheckLoginCheckCode(checkcode.Text)==false)
        {
            CJs.Alert("验证码输入错误");
            return;
        }
        //
        bool result = CUser.Login(username.Text.Trim(),userpwd.Text);
        if(result==false)
        {
            CJs.Alert("登录失败，请检查登录信息或稍后再试");
        }
        else
        {
            //登录成功，有re参数，并是本网站URL，返回此页面
            //否则返回首页
            string re = CC.ToStr(Request.QueryString["re"]);
            if (re.Length > 0 && re.Substring(0, 1) == "/")
                Response.Redirect(re, true);
            else
                Response.Redirect("/", true);
        }
    }
}
```

Login.aspx 页面效果如图 20-9 所示，其中显示了一些输入登录信息后的结果。

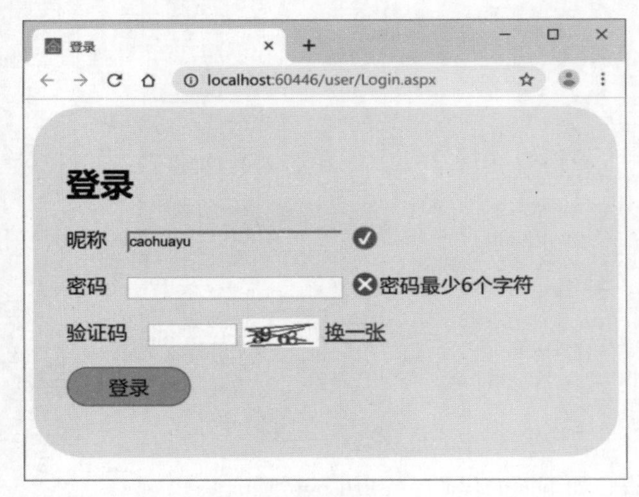

图 20-9

单击“登录”按钮后，如果验证码或登录信息错误，则给出相应的提示，如图 20-10 所示。

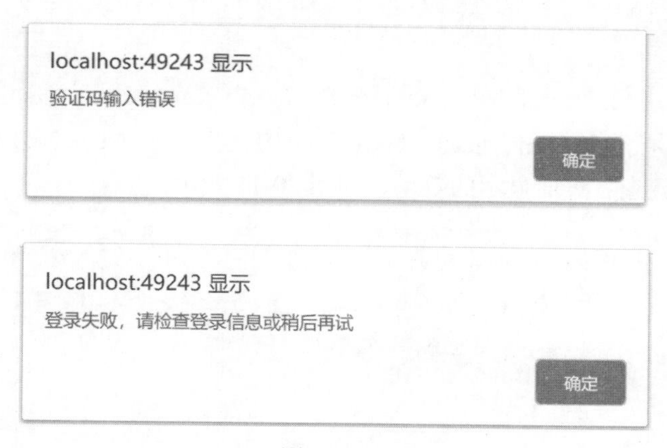

图　20-10

登录成功后，如果 URL 中有参数 re，并且是以“/”开头，则跳转到此页面，否则返回网站的首页。

20.5.3　客户端登录对话框

Web 应用中，很多操作都需要用户登录后进行，那么，在需要登录的地方能够弹出一个对话框完成操作，对用户来讲就很方便了。下面完成用户登录对话框功能。

首先，需要登录对话框的 HTML 代码，可以在一个单独的文件里创建和测试效果，如下面的代码（/user/LoginDialog.html）。

```
<div id="login_dialog" class="dialog_larger">
<link rel="stylesheet" href="/user/LoginDialog.css" />
<div class="dialog_title">
用户登录 <span class="dialog_control_box"
                onclick="closeLoginDialog();">[X]</span>
</div>
<p>
<label for="username"> 昵称 </label>
<input id="username" name="username"
            type="text" maxlength="30" size="30" />
</p>
<p>
<label for="userpwd"> 密码 </label>
<input id="userpwd" name="userpwd"
            type="password" maxlength="15" size="30" />
</p>
<p>
<label for="checkcode"> 验证码 </label>
<input id="checkcode" name="checkcode"
            maxlength="4" size="4" />
<img id="imgCheckCode" onclick="changeImage();"
          src="/user/LoginCheckCode.aspx" alt=" 验证码 " />
<a href="javascript:changeImage();"> 换一张 </a>
</p>
```

```
<p>
<input id="btn_login" name="btn_login"
               type="button" value="登录" class="button_larger"
               onclick="dialogLogin();" />
</p>
</div>
```

这个页面并没有定义 html、head、body 等结构元素，不过，在 HTML5 标准中，这都是允许的。可以直接查看页面显示的效果，如图 20-11 所示。

图　20-11

在 LoginDialog.html 文件中，使用 link 元素引用了 /user/LoginDialog.css 文件，用于定义登录对话框的样式，图 20-11 中的样式定义如下。

```
#login_dialog {
    display:block;
    width:22em;
    text-align:center;
    background-color:#eee;
    border-radius:2em;
    padding-bottom:1em;
    position:fixed;
}
#login_dialog .dialog_title {
    background-color:#ccc;
    border-radius:2em 2em 0em 0em;
    padding:0.5em 2em;
}
#login_dialog .dialog_title .dialog_control_box {
    float: right;
    cursor: pointer;
}
#login_dialog p label {
    margin-right:1em;
}
#login_dialog p .button_larger {
    padding: 0.3em 2em;
}
#login_dialog p img {
```

```
    height:1.5em;
    vertical-align:top;
}
```

实践中，可以通过此文件修改登录对话框的外观。

关于验证码显示，可以继续使用 /user/LoginCheckCode.aspx 文件。此外，在 LoginDialog.html 页面中还调用了两个 JavaScript 函数，分别是：

- closeLoginDialog() 函数，用于关闭登录对话框。
- dialogLogin() 函数，用于执行登录操作。

那么，如何在页面中打开登录对话框呢？这里使用了 showLoginDialog() 函数，它与以上两个函数都定义在 /user/Login.js 文件中，如下面的代码。

```
// 显示登录对话框
function showLoginDialog() {
    var url = "/user/LoginDialog.html";
    //
    ajaxGetText(url, "", function (txt) {
        var e = document.getElementsByTagName("body")[0];
        e.innerHTML += txt;
    });
}

// 关闭登录对话框
function closeLoginDialog() {
    var e = document.getElementById("login_dialog");
    if (e !== undefined)
        e.parentNode.removeChild(e);
}

// 对话框登录操作
function dialogLogin() {
    var username = document.getElementById("username").value;
    var userpwd = document.getElementById("userpwd").value;
    var checkcode = document.getElementById("checkcode").value;
    var url = "/user/DialogLogin.aspx";
    var param = "user=" + username + "&pwd=" + userpwd + "&code=" + checkcode;
    //
    ajaxPostText(url, param, function (txt) {
        if (txt === "OK") {
            alert(" 登录成功 ");
            var e = document.getElementById("login_dialog");
            e.parentNode.removeChild(e);
        } else {
            alert(txt);
        }
    });
}
```

showLoginDialog() 函数读取了 LoginDialog.html 文件的所有内容，并添加到页面 body 元素中。请注意，在样式中已经将对话框的 position 属性设置为 fixed，但没有修改它的位置，默认情况下，登录对话框会显示在页面的左上角。

下面的代码（LoginDialogTest.html）演示了如何调用登录对话框。

```
<!DOCTYPE html>
<html>
<head>
<meta charset="utf-8" />
<title>登录对话框测试</title>
</head>
<body>
<button id="btn_login" onclick="showLoginDialog();">我要登录</button>
</body>
</html>
<script src="/js/ajax.js"></script>
<script src="Login.js"></script>
```

打开页面，单击其中的“我要登录”按钮，显示效果如图 20-12 所示。

图　20-12

如果需要移动登录对话框，可以使用元素的拖曳事件，如 draggable、ondragstart 和 ondragend 事件。下面的代码在 LoginDialog.html 文件中修改对话框元素（login_dialog）的定义。

```
<div id="login_dialog" class="dialog_larger"
    draggable="true"
    ondragstart="elementDragStart();"
    ondragend="elementDragEnd(this);">
```

实际上，拖曳功能的代码已经在 /js/common.js 文件中定义，这里，也可以在页面中单独使用这些代码。下面的代码（/user/LoginDialogTest.html）在页面的底部使用一个 script 元素添加拖曳的支持代码。

```
<!DOCTYPE html>
<html>
<head>
<meta charset="utf-8" />
<title>登录对话框测试</title>
</head>
<body>
<button id="btn_login" onclick="showLoginDialog();">我要登录</button>
</body>
```

```
</html>
<script src="/js/ajax.js"></script>
<script src="Login.js"></script>
<script>
    /* 通过拖动移动元素,draggable、ondragstart 和 ondragend 事件 */
    var move_x, move_y;
    function elementDragStart() {
        move_x = event.clientX;
        move_y = event.clientY;
    }

    function elementDragEnd(el) {
        el.style.left = el.offsetLeft + (event.clientX - move_x) + "px";
        el.style.top = el.offsetTop + (event.clientY - move_y) + "px";
    }
</script>
```

20.6　权限处理

应用中的权限处理方式是多样化的，开发中，可以根据实际需要设计权限的管理。本节将讨论一个简单的权限处理方式。

本章开始时，在 cdb_demo 数据库中已经创建了保存用户权限的数据表 user_priv，其字段定义如下：

- privid 字段，定义为表的 ID 字段。
- username 字段，用户名，最多 30 个字符。
- privkey 字段，权限关键字，最多 30 个字符。本书约定，权限关键字都使用大写字母和下画线，如 SUPER、USER_PRIV、ARTICLE_ADD 等。

下面的代码创建了 CUserPriv 类（/app_code/common/CUserPriv.cs），用于封装用户权限操作。

```
using System;
using chyx2;
using chyx2.dbx;

public static class CUserPriv
{
    //
    const string tableName = @"user_priv";
    const string idName = @"privid";

    // 某个用户是否拥有某个权限，如果有超级权限，则有所有权限
    public static bool HasPriv(string username,string privkey)
    {
        ITaskX qry = CApp.DbConn.TaskFactory.NewTaskX(tableName);
        qry.SetQueryFields(idName);
        qry.Limit = 1;
        qry.Condition = CCond.CreateGroup(ECondRelation.And,
            CCond.CreateEqual("username", username),
            CCond.CreateGroup(ECondRelation.Or,
            CCond.CreateEqual("privkey", "SUPER"),
```

```
            CCond.CreateEqual("privkey", privkey))
            );
        return qry.GetValue().LngValue > 0;
    }
    //
}
```

代码定义了 HasPriv() 方法，用于判断某个用户是否拥有指定的权限。

本章开始在 user_priv 表中添加了 administrator 用户的超级权限（SUPER），如果成功注册了自己的用户，可以参考下面的代码判断用户权限。

```
using System;

public partial class Test : System.Web.UI.Page
{
    protected void Page_Load(object sender, EventArgs e)
    {
        Response.Write(CUserPriv.HasPriv("administrator","USER_ADD"));
    }
}
```

由于 administrator 用户设置了 SUPER 权限，因此，除非是代码执行错误，否则代码都会显示 true 值，即 administrator 用户拥有所有操作权限。大家可以修改代码，使用不同的用户名和权限关键字进行测试。

20.7 小结

本章详细介绍了用户管理模块中的注册、登录、权限等功能，并从数据库、客户端和服务器端等多个角度综合演示了这些功能的实现，包括 HTML 表单、Web 窗体、客户端登录对话框等。

通过本章的学习，读者应该进一步了解 HTML、CSS、动态页面技术和数据库在 Web 功能实现中的角色，另外，也应该了解 JavaScript 代码和 Ajax 技术在客户端和服务器之间的桥梁作用。

使用 ASP.NET 的 Web 窗体等资源可以提高表单处理的效率，但是，如果能够熟练地综合应用 HTML、CSS、Ajax 等技术，可以为 Web 开发带来更多的灵活性，并创建更加丰富的交互效果。大家可以在实践中根据需要综合应用不同的开发技术和方法来实现 Web 功能。

第 21 章　文件上传及处理

Web 应用中，经常需要用户上传个性化头像、照片等文件。本章将介绍如何通过 ASP.NET 中的 FileUpload 控件上传文件，以及如何在服务器端处理上传文件，如将上传的文件保存到文件系统或数据库等操作。

21.1　FileUpload 控件

FileUpload 控件定义在 System.Web.UI.WebControls.WebControl 命名空间，它封装了大量的文件上传细节，在 ASP.NET 项目中，可以帮助开发者很方便地实现文件上传功能。

下面的代码创建 /demo/21/FileUpload1.aspx 页面。

```
<%@ Page Language="C#" AutoEventWireup="true"
    CodeFile="FileUpload1.aspx.cs" Inherits="demo_21_FileUpload1" %>

<!DOCTYPE html>

<html xmlns="http://www.w3.org/1999/xhtml">
<head runat="server">
<meta http-equiv="Content-Type" content="text/html; charset=utf-8"/>
<title></title>
</head>
<body>
<form id="form1" runat="server">
<p><asp:FileUpload ID="file1" runat="server" /></p>
<p><asp:Button ID="btnUpload" Text=" 上传文件 " runat="server" OnClick="btnUpload_
Click" /></p>
</form>
</body>
</html>
```

页面显示效果如图 21-1 所示。

图　21-1

上传文件之前，还应考虑上传的文件在服务器中保存在什么地方、怎么命名等一系列问题。这里约定上传文件放在 /app_data/upload/ 目录中，如果网站中还没有这个目录，可以手工创建。对于文件的命名，将使用 GUID 字符串作为基本文件名，并使用上传文件的原始扩展名。

接下来，在 /demo/21/FileUpload1.aspx.cs 文件的 btnUpload_Click() 方法中测试文件上传操作，如下面的代码。

```
using System;
using System.IO;
using chyx2;


public partial class demo_21_FileUpload1 : System.Web.UI.Page
{
    protected void Page_Load(object sender, EventArgs e)
    {

    }

    protected void btnUpload_Click(object sender, EventArgs e)
    {
        if(file1.HasFile==false)
        {
            Response.Write(" 请选择需要上传的文件 ");
            return;
        }
        // 保存上传的文件
        string s = "{0}{1}.{2}".Combine(Server.MapPath(@"/app_data/upload/"),
            CStr.GetGuid(),Path.GetExtension(file1.FileName));
        file1.SaveAs(s);
        Response.Write(" 文件已成功上传 ");
    }
}
```

成功上传文件后，页面显示效果如图 21-2 所示。

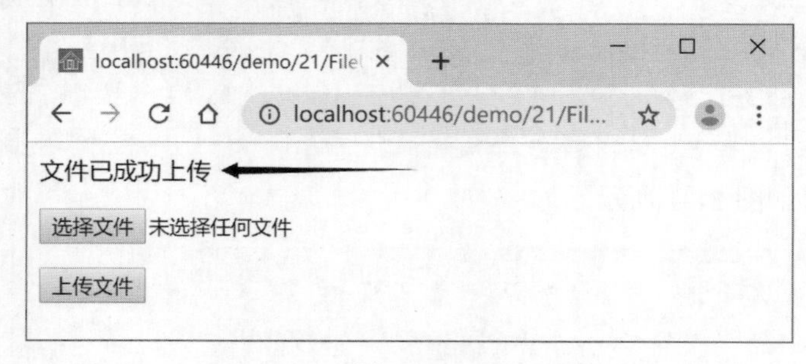

图 21-2

本例演示了 FileUpload 控件上传文件的基本应用方法，下面再来了解一些 FileUpload 控件的常用成员：

- FileBytes 属性，获取已上传文件的字节数组。
- FileContent 属性，获取已上传文件的流（Stream）对象。
- FileName 属性，获取已上传文件在客户端的文件名。
- HasFile 属性，定义为 bool 类型，表示 FileUpload 控件中是否包含已上传文件。

- SaveAs() 方法，将已上传的文件保存到指定的路径。

此外，PostedFile 属性定义为 HttpPostedFile 类型（System.Web 命名空间），表示已上传的文件对象，其常用成员包括：

- ContentLength 属性，获取已上传文件的字节数。
- ContentType 属性，获取上传文件的 MIME 类型。
- FileName 属性，获取已上传文件在客户端的完整路径，包括目录和文件名。
- InputStream 属性，获取已上传文件的流对象。
- SaveAs() 方法，保存已上传的文件。

21.2 Web.config 参数设置

前面的实例中，如果选择了一个较大的文件，如大于 4MB 时，就会出现如图 21-3 所示的异常提示，这是因为网站的参数设置限制了上传文件的大小，如果有需要，则可以通过修改 Web.config 配置文件来改变这个限制。

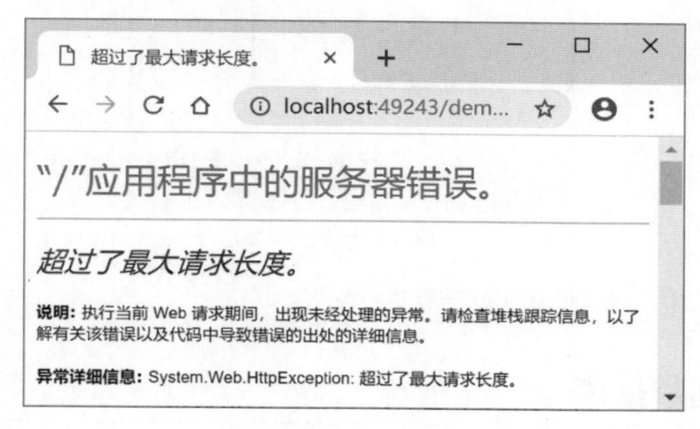

图　21-3

Web.config 配置文件中，上传文件尺寸与响应时间相关的参数可以通过 httpRuntime 节点进行配置，如下面的代码。

```
<?xml version="1.0"?>
<configuration>
<system.web>
<compilation debug="true" targetFramework="4.0"/>
<httpRuntime maxRequestLength="20480" executionTimeout="120" />
<pages>
<controls>
</controls>
</pages>
</system.web>
</configuration>
```

在 httpRuntime 节点中使用了两个属性，分别是：

- maxRequestLength 属性，允许提交内容的最大容量，单位为 KB。默认值为 4096，即 4MB。这里修改为 20 480，即允许上传最大 20MB 的文件。

- executionTimeout 属性，设置执行的超时时间，单位为 s。默认值为 110s，这里修改为 120s。

通过 IIS 发布的 Web 应用，对发送数据的尺寸也有相关的配置，如网站配置中的“请求筛选”→“编辑功能设置”，打开后如图 21-4 所示。

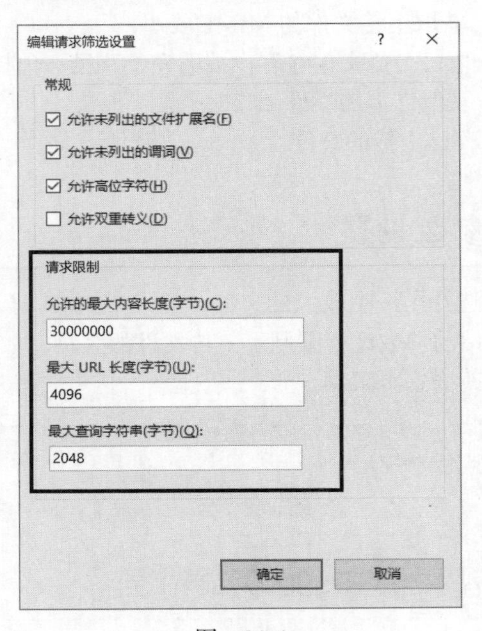

图 21-4

在自己的网站中，可以根据实际需要进行配置。

21.3 保存到数据库

前面的实例中将上传的文件保存到 /app_data/upload 目录，由于 /app_data 是 ASP.NET 网站的特殊目录，客户端通过 URL 不能直接访问其中的资源，所以，将文件保存在这个目录是比较安全的。不过，单纯地将文件保存在文件系统中，管理起来并不方便，如查询上传文件信息，或者与其他资源进行关联等操作。此时，可以考虑使用数据库来配合管理上传的文件。

使用数据库管理上传的文件，主要有两种方案：一种方案是将文件信息和内容都保存到数据库中；另一种方案是混合模式，也就是将文件信息保存到数据库，而文件还是保存到文本系统（如 ASP.NET 网站的 /app_data 目录）。先来看第一种情况。

首先，创建保存文件信息和内容的数据表，如下面的代码，用于在 SQL Server 的 cdb_demo 数据库中创建 file_main 表。

```
use cdb_demo;
go

create table file_main(
f_id bigint identity(1,1) not null primary key,
f_title nvarchar(30) not null,
```

```
f_name nvarchar(50) not null,
f_client_name nvarchar(255),
f_content nvarchar(max),
-- f_bytes varbinary(max),
f_time datetime,
f_ip nvarchar(23)
);
```

file_main 表中包含以下字段：

- f_id，定义为 ID 字段和主键。
- f_title，文件的标题。
- f_name，文件在服务器中保存的名称，使用 GUID 和原始扩展名。
- f_client_name，文件在客户端的文件名，不包含路径。
- f_content，文件内容。请注意，这里定义为文本类型，将保存文件字节的 BASE64 编码。如果需要保存文件的字节数据，可以使用 varbinary(max) 类型，如加了注释的 f_bytes 字段。
- f_time，文件上传的时间。
- f_ip，文件上传的 IP 地址。

如果需要使用 MySQL 数据库进行测试，可以在 HeidiSQL 中执行如下代码，在 cdb_demo 数据库创建 file_main 表。

```
USE cdb_demo;

create table file_main(
f_id bigint auto_increment not null primary key,
f_title varchar(30) not null,
f_name varchar(50) not null,
f_client_name varchar(255),
f_content longtext,
-- f_bytes longblob,
f_time datetime,
f_ip varchar(23)
) ENGINE=INNODB, DEFAULT CHARSET ='utf8';
```

实际使用哪一种数据库，还应注意 CApp 类中的 DbConn 字段设置，下面使用 chyx 代码库中的组件来操作数据库。

接下来，在 /demo/21/FileUpload2Write.aspx 页面中添加一个 FileUpload 控件（file1）和一个 Button 控件（btnUpload），可参考 FileUpload1.aspx 页面内容创建。

上传并保存文件内容的代码（/demo/21/FileUpload2Write.aspx.cs）如下。

```
using System;
using System.IO;
using chyx2;
using chyx2.dbx;
using chyx2.webx;

public partial class demo_21_FileUpload2Write : System.Web.UI.Page
{
    protected void Page_Load(object sender, EventArgs e)
    {
```

```
    }

    protected void btnUpload_Click(object sender, EventArgs e)
    {
        if (file1.HasFile == false)
        {
            Response.Write("请选择需要上传的文件");
            return;
        }
        //保存上传的文件
        string fTitle = "上传文件测试";
        string fName = "{0}.{1}".Combine(
            CStr.GetGuid(), Path.GetExtension(file1.FileName));
        string fContent = Convert.ToBase64String(file1.FileBytes);
        //
        ITask ins = CApp.DbConn.TaskFactory.NewTask("file_main");
        ins.SetDataFields("f_title","f_name","f_client_name",
"f_content","f_ip","f_time");
        ins.SetDataValues(fTitle,fName,file1.FileName,
            fContent,CWeb.UserIp,DateTime.Now);
        if (ins.Insert() > 0)
            Response.Write("文件已成功上传");
        else
            Response.Write("文件上传失败");
    }
}
```

下面的代码通过 /demo/21/FileUpload2Read.aspx 页面读取 f_id 为 1 的文件。

```
using System;
using chyx2;
using chyx2.dbx;


public partial class demo_21_FileUpload2Read : System.Web.UI.Page
{
    protected void Page_Load(object sender, EventArgs e)
    {
        ITask qry = CApp.DbConn.TaskFactory.NewTask("file_main");
        qry.SetQueryFields("f_client_name","f_content");
        qry.Limit = 1;
        qry.SetCondFields("f_id");
        qry.SetCondValues(2);
        CDataColl data = qry.GetFirstRow();
        //向客户端发送文件
        Response.AppendHeader("Content-Disposition",
"attachment;filename={0};".Combine(data[0].StrValue));
        Response.BinaryWrite(Convert.FromBase64String(data[1].StrValue));
    }
}
```

打开此页面，会下载已成功上传的文件，而下载的文件名就是上传时的客户端文件名。

21.4　实现用户图像上传功能

本节将实现用户图像的上传与管理功能，主要讨论如何通过数据库和文件系统的配合来管理用户上传文件，并将讨论如何使用统一的格式来管理用户图像。

这里统一约定，用户的图像文件保存在 /app_data/user_img 目录中，并使用 PNG 图片格式，文件的命名格式为"<用户 ID>.png"。请注意，如果 /app_data/user_img 目录不存在，应先手工创建。

接下来创建用户图像的信息数据表。如下面代码的功能是在 SQL Server 的 cdb_demo 数据库中创建 user_img 表。

```
use cdb_demo;
go

create table user_img (
f_id bigint identity(1,1) not null primary key,
userid bigint not null unique,
f_client_name nvarchar(255),
f_time datetime,
f_ip nvarchar(23),
);
```

如果使用 MySQL 数据库，可以通过如下代码创建 user_img 表。

```
use cdb_demo;

create table user_img (
f_id bigint auto_increment not null primary key,
userid bigint not null unique,
f_client_name varchar(255),
f_time datetime,
f_ip varchar(23)
)ENGINE=INNODB, DEFAULT CHARSET = "utf8";
```

接下来，使用 /user/UploadImage.aspx 页面完成图像上传的功能。首先是 HTML 部分，如下面的代码（/user/UploadImage.aspx）。

```
<%@ Page Language="C#" AutoEventWireup="true"
CodeFile="UploadImage.aspx.cs" Inherits="user_UploadImage" %>

<!DOCTYPE html>

<html xmlns="http://www.w3.org/1999/xhtml">
<head runat="server">
<meta http-equiv="Content-Type" content="text/html; charset=utf-8"/>
<title> 上传图像 </title>
<link rel="stylesheet" href="/css/form.css" />
</head>
<body>
<form id="form1" runat="server">
<div class="form_larger">
<h1> 上传图像 </h1>
<p>
```

```
<label for="file1">请选择图片文件</label>
<asp:FileUpload ID="file1" runat="server" />
</p>
<p>
<asp:Button ID="btnUpload" Text="上传图像"
 OnClick="btnUpload_Click"
runat="server" CssClass="button_larger" />
</p>
</div>
</form>
</body>
</html>
```

页面显示效果如图 21-5 所示。

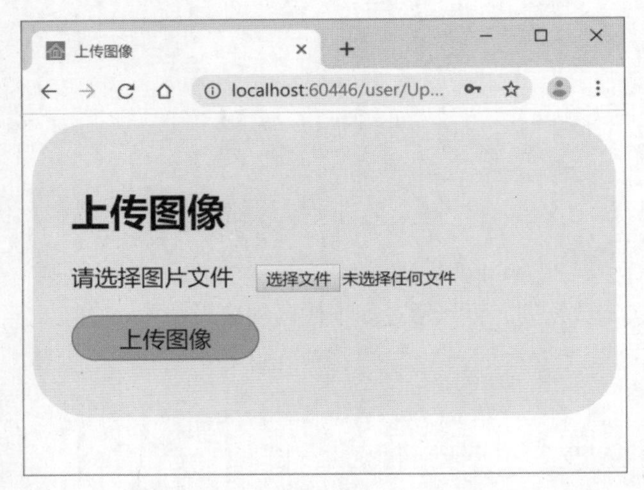

图　21-5

实际上，打开 UploadImage.aspx 页面的应该是已登录的用户，可以在页面的 Page_Load() 方法中检查登录状态，如下面的代码（/user/UploadImage.aspx.cs）。

```
using System;

public partial class user_UploadImage : System.Web.UI.Page
{
    protected void Page_Load(object sender, EventArgs e)
    {
        if (CUser.IsLogined == false)
        {
            Response.Redirect("/user/Login.aspx?re=" + Request.RawUrl);
        }
    }
}
```

打开 /user/UploadImage.aspx 页面时，如果没有登录，则会跳转到 /user/Login.aspx 页面，并会添加 re 参数，这样，当用户成功登录后就会自动跳回图像上传页面。

此外，为更方便显示 err_msg 和 inf_msg 风格的消息，定义 CMsg 类来封装信息元素生成代码，如下面的代码（/app_data/common/CMsg.cs）。

```
using System.Text;

public static class CMsg
{
    public static string GetErrMsgHtml(string msg)
    {
        StringBuilder sb = new StringBuilder("<span class='err_msg'>", 100);
        sb.Append(msg);
        sb.Append("</span>");
        return sb.ToString();
    }

    public static string GeInfMsgHtml(string msg)
    {
        StringBuilder sb = new StringBuilder("<span class='inf_msg'>", 100);
        sb.Append(msg);
        sb.Append("</span>");
        return sb.ToString();
    }
}
```

其方法会返回一个 span 元素的 HTML 代码，其中：

- GetErrMsgHtml() 方法，用于生成错误类消息，生成的 span 元素的 class 属性值设置为 err_msg。
- GetInfMsgHtml() 方法，用于生成信息类消息，生成的 span 元素的 class 属性值设置为 inf_msg。

下面的代码（/user/UploadImage.aspx.cs）用于保存用户上传的图像及文件信息。

```
using System;
using System.Drawing;
using System.Drawing.Imaging;
using chyx2;
using chyx2.dbx;
using chyx2.webx;

public partial class user_UploadImage : System.Web.UI.Page
{

    protected void Page_Load(object sender, EventArgs e)
    {
        if (CUser.IsLogined == false)
        {
            Response.Redirect("/user/Login.aspx?re=" + Request.RawUrl);
        }
    }
    protected void btnUpload_Click(object sender, EventArgs e)
    {
        //是否有上传的文件
        if(file1.HasFile==false)
        {
            Response.Write(CMsg.GetErrMsgHtml("请选择需要上传的图片"));
            return;
        }
        //处理上传文件，转换为 PNG 格式
```

```
        try
        {
            using (Bitmap bmp = new Bitmap(file1.PostedFile.InputStream))
            {
                //保存的图像最大宽度为 300 像素
                float maxWidth = 300F;
                //计算保存尺寸
                float fWidth = bmp.Width;
                float fHeight = bmp.Height;
                if (fWidth > maxWidth)
                {
                    float rate =  fWidth/ fHeight;
                    fWidth = maxWidth;
                    fHeight = maxWidth / rate;
                }
                //转换尺寸
                Bitmap saveBmp = new Bitmap((int)fWidth, (int)fHeight);
                Graphics g = Graphics.FromImage(saveBmp);
                g.DrawImage(bmp, 0, 0,fWidth,fHeight);
                //保存图片
                long userid = CUser.CurUserId;
                //
                string filename =
CWeb.MapPath("/app_data/user_img/{0}.png".Combine(userid));
                //保存文件上传信息
                saveBmp.Save(filename, ImageFormat.Png);
                //判断文件是否存在，保存或更新数据库
                ITask task = CApp.DbConn.TaskFactory.NewTask("user_img");
                task.SetQueryFields("f_id");
                task.Limit = 1;
                task.SetCondFields("userid");
                task.SetCondValues(userid);

                task.SetDataFields("userid", "f_client_name",
"f_time", "f_ip");
                task.SetDataValues(CUser.CurUserId, file1.FileName,
                    DateTime.Now, CWeb.UserIp);

                long result = task.Query(true, true, false);
                //显示执行结果
                if (result > 0)
                    Response.Write(CMsg.GeInfMsgHtml("图像已成功上传"));
                else
                    Response.Write(CMsg.GetErrMsgHtml(
                    @"图像上传失败，请选择正确的图片文件或稍后再试"));
            }
        }
        catch (Exception ex)
        {
            CLog.Err(ex, -1000L, "用户图像上传错误");
            Response.Write(CMsg.GetErrMsgHtml(
                @"上传图像错误，请选择正确的图片或稍后再试"));
        }
    }
}
```

保存用户上传图像代码的主要操作包括：

（1）重新计算图片尺寸，最大的宽度为300像素。修改maxWidth变量的值就可以改变保存图片的大小。

（2）保存图片时设置图片为PNG格式。

（3）上传图像时，保存用户ID、图片客户端文件名、上传时间和上传IP数据。

下面的代码（/user/MyImage.aspx）用于返回当前用户的图像文件。

```
<%@ Page Language="C#" %>
<%@ Import Namespace="chyx2" %>
<%@ Import Namespace="chyx2.webx" %>
<%@ Import Namespace="System.IO" %>
<%@ Import Namespace="System.Drawing" %>
<%@ Import Namespace="System.Drawing.Imaging" %>

<script runat="server">
    protected void Page_Load(object s, EventArgs e)
    {
        if (CUser.IsLogined == false) return;
        //
        long userid = CUser.CurUserId;
        string filename = CWeb.MapPath("/app_data/user_img/{0}.png".Combine
(userid));
        if (File.Exists(filename) == false) return;
        //
        Response.ContentType = "image/png";
        Response.AppendHeader("Content-Disposition",
"attachment;filename=img.png;");
        Response.BinaryWrite(File.ReadAllBytes(filename));
        Response.Flush();
    }
</script>
```

最后，在/user/MyZone.aspx页面中查看上传的图像，如下面的代码。

```
<%@ Page Language="C#" AutoEventWireup="true"
CodeFile="MyZone.aspx.cs" Inherits="user_MyZone" %>

<!DOCTYPE html>

<html xmlns="http://www.w3.org/1999/xhtml">
<head runat="server">
<meta http-equiv="Content-Type" content="text/html; charset=utf-8"/>
<title>我的主页</title>
</head>
<body>
<form id="form1" runat="server">
<div>
<img src="MyImage.aspx" alt="我的图像" />
</div>
</form>
</body>
</html>
```

当然，这个页面也是登录后才可以查看的。下面的代码定义了用户登录状态的检查

（/user/MyZone.aspx.cs）。

```
using System;

public partial class user_MyZone : System.Web.UI.Page
{
    protected void Page_Load(object sender, EventArgs e)
    {
        if (CUser.IsLogined == false)
        {
            Response.Redirect("/user/Login.aspx?re=" + Request.RawUrl);
        }
    }
}
```

打开页面，登录成功后就可以查看用户上传的图片了。

21.5 使用 HTML 表单上传文件

前面的内容中已充分利用了 ASP.NET 等技术带来的便利性，但从本质上讲，它们仍然是对 HTML 表单及服务器端的处理技术进行了封装，本节将通过 HTML 表单和 Web 窗体模拟传统的文件上传方式。

下面的代码（/demo/21/HtmlFormUpload.html）就是用于上传文件的 HTML 表单定义。

```
<!DOCTYPE html>
<html>
<head>
<meta charset="utf-8" />
<title></title>
</head>
<body>
<form id="form1" method="post" action="HtmlFormUpload.aspx"
        enctype="multipart/form-data">
<p>
<label for="">请选择上传文件</label>
<input type="file" id="file1" name="file1" />
</p>
<p>
<input type="submit" value="上传文件" />
</p>
</form>
</body>
</html>
```

下面的代码通过 /demo/21/HtmlFormUpload.aspx 页面接收 HTML 表单上传的文件。

```
<%@ Page Language="C#" %>
<%@ Import Namespace="System.IO" %>

<script runat="server">
    protected void Page_Load(object s, EventArgs e)
    {
        byte[] bytes = Request.BinaryRead(Request.TotalBytes);
```

```
        string path = Server.MapPath(@"/app_data/upload/file1");
        File.WriteAllBytes(path, bytes);
        Response.Write("OK");
    }
</script>
```

代码的功能非常简单，无论用户上传的是什么文件，都会保存到 /app_data/upload/file1 文件中。

在 ASP.NET 项目中，建议使用 FileUpload 控件上传文件，此控件封装了大量的信息和操作方法，如客户端文件名、保存上传文件等。此外，在其他动态页面技术（如 PHP）中，也有上传文件的处理资源，这些资源和 FileUpload 控件相似，封装了大量的操作细节，可以简化很多开发工作。

第 22 章　常用数据交换格式

现代 Web 应用或移动应用中，服务器与客户端的数据交换工作时时刻刻都在发生。不同的应用场景，对数据的格式也有着不同的要求。本章将讨论在数据交换中经常用使用的四种格式，分别是 Excel、CSV、XML 和 JSON，主要讨论这几种数据格式的读取和写入、服务器生成与客户端解析等操作。

为了更有效地测试，需要在数据库中准备几条记录，首先在 SQL Server 的 cdb_demo 数据库的 sale_main 表中添加 5 条记录，如下面的代码。

```
USE cdb_demo;
GO

INSERT INTO sale_main(ordernum, customer, cashier, paytime)
VALUES('S2019030300156', 'C0015', '1015', '2019-03-03 10:56:45');

INSERT INTO sale_main(ordernum, customer, cashier, paytime)
VALUES('S2019030300206', 'C1026', '1015', '2019-03-03 15:11:32');

INSERT INTO sale_main(ordernum, customer, cashier, paytime)
VALUES('S2019040500011', 'C2055', '1016', '2019-04-05 10:36:39');

INSERT INTO sale_main(ordernum, customer, cashier, paytime)
VALUES('S2019040900013', 'C8156', '1023', '2019-04-09 16:40:15');

INSERT INTO sale_main(ordernum, customer, cashier, paytime)
VALUES('S2019041600001', 'C0189', '1356', '2019-04-16 11:30:16');
```

如果使用的是 MySQL 数据库，可以使用如下代码。

```
USE cdb_demo;

INSERT INTO sale_main(ordernum, customer, cashier, paytime)
VALUES
( 'S2019030300156', 'C0015', '1015', '2019-03-03 10:56:45'),
('S2019030300206', 'C1026', '1015', '2019-03-03 15:11:32'),
('S2019040500011', 'C2055', '1016', '2019-04-05 10:36:39'),
('S2019040900013', 'C8156', '1023', '2019-04-09 16:40:15'),
('S2019041600001', 'C0189', '1356', '2019-04-16 11:30:16');
```

接下来，先从比较熟悉的 Excel 文件操作开始。

22.1　Excel

在服务器与客户端交换数据时，Excel 文件是很多用户比较喜欢的一种文件格式，因为可以使用 Microsoft office、WPS 表格等软件进行数据分析、汇总、计算等工作，使用起来的确非常方便。

本节将讨论两种在 C# 项目中读写 Excel 数据的方式，分别是使用 Excel 对象库和 NPOI 开源库。

22.1.1 使用 Excel 对象库读写

在项目中使用 Excel 对象库，首先需要引用相应的组件，在 Visual Studio 开发环境的“解决方案资源管理器”中，通过项目的右键快捷菜单选择“添加”→“引用”，然后，在 COM 项目中选中 Microsoft Excel 16.0 Object Library，并单击“确定”按钮完成操作，如图 22-1 所示。

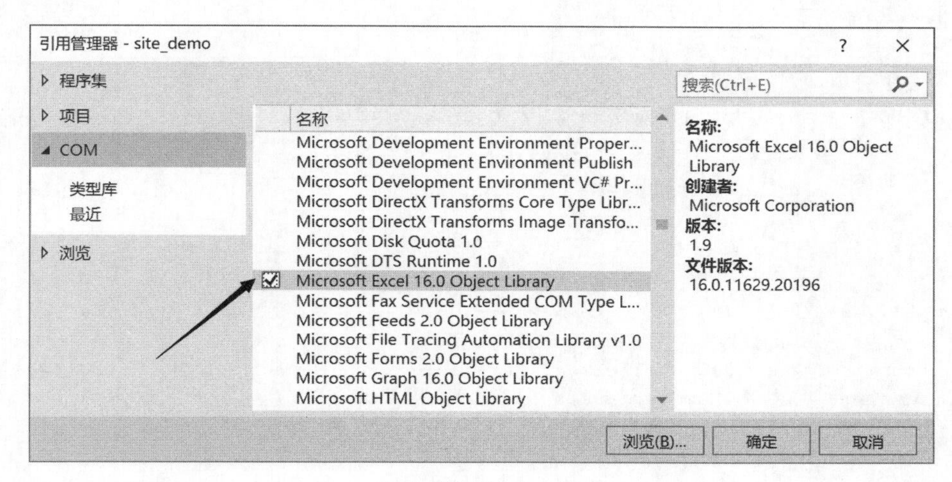

图 22-1

请注意，计算机中安装的 Office 版本不同，这里显示的数字也不同，16.0 则是 Office 2016 的版本号。不过，即使版本不同，操作代码基本是一样的。

下面的代码（/app_code/common/CExcelLib.cs）创建 CExcelLib 类，封装了 Excel 对象库对 .xlsx 和 .xls 文件的操作。首先创建 WriteExcel() 方法，用于将 DataTable 对象中的数据写到 Excel 文件的第一个工作表（worksheet）中。

```
using System;
using System.Diagnostics;
using System.Runtime.InteropServices;
using System.Data;
using System.Linq;
using Excel = Microsoft.Office.Interop.Excel;
using chyx2;

public static class CExcelLib
{
    // WinAPI，根据窗口句柄获取进程 ID
    [DllImport("User32.dll", CharSet = CharSet.Auto)]
    public static extern int GetWindowThreadProcessId(IntPtr hwnd, out int id);

    //终止指定窗口句柄的 Excel 进程
    public static void KillExcel(int hWnd)
    {
        int delPid;
```

```
        GetWindowThreadProcessId(new IntPtr(hWnd), out delPid);
        Process[] ps = Process.GetProcessesByName("excel");
        foreach (Process p in ps)
        {
            if (p.Id == delPid)
            {
                p.Kill();
                return;
            }
        }
    }

    //终止Excel进程
    public static void KillExcel()
    {
        Process[] ps = Process.GetProcessesByName("excel");
        foreach (Process p in ps)
        {
            p.Kill();
        }
    }


    //将DataSet数据写入指定的文件
    public static bool WriteExcel(DataTable tbl, string path,
        bool hasColName = true)
    {
        try
        {
            if (tbl == null || tbl.Columns.Count < 1)
                return false;
            //在后台打开Excel应用
            Excel.Application xApp = new Excel.Application();
            xApp.Visible = false;
            xApp.DisplayAlerts = false;
            //打开工作表
            Excel.Workbook wb = xApp.Workbooks.Add();
            Excel.Worksheet ws = wb.Worksheets[1] as Excel.Worksheet;
            //是否写入字段名
            int xCurRow = 1;
            if (hasColName)
            {
                for (int col = 0; col < tbl.Columns.Count; col++)
                {
                    (ws.Cells[xCurRow, col + 1] as Excel.Range).Value =
                        tbl.Columns[col].ColumnName;
                }
                xCurRow++;
            }
            //写入数据
            for (int row = 0; row < tbl.Rows.Count; row++)
            {
                for (int col = 0; col < tbl.Columns.Count; col++)
                {
                    (ws.Cells[xCurRow, col + 1] as Excel.Range).Value =
```

```
                        CC.ToStr(tbl.Rows[row][col]);
                }
                xCurRow++;
            }
            //保存并关闭文件和 Excel 应用
            wb.SaveAs2(path);
            wb.Close();
            xApp.Quit();
            KillExcel(xApp.Hwnd);
            return true;
        }
        catch
        {
            return true;
        }
    }

}
```

其中，WriteExcel() 方法设置了三个参数，分别是：

- 参数一，指定一个 DataTable 对象作为数据源。
- 参数二，指定写入数据的 Excel 文件路径。
- 参数三，指定是否导出字段名作为工作表的第一行数据。

请注意两个重载版本的 KillExcel() 方法。每一次创建 Excel.Application 对象时都会创建一个系统进程，进程名是 Excel，但在调用 Quit() 方法退出 Excel 应用时并不会清理这些 Excel 进程。如果应用中读写 Excel 文件的次数过多，就会产生大量无用的 Excel 进程，造成系统资源的浪费。

如果一次性删除所有 Excel 进程有可能造成误删除。比如，在 Web 应用中，可能有多名用户正在使用 Excel 的读写功能，此时就不应该清除所有 Excel 进程。

一个比较安全的做法是，只删除操作的当前 Excel.Application 对象进程。在 KillExcel(int) 方法中，参数会带入一个窗口句柄参数，根据这个句柄判断哪个 Excel 进程需要删除。下面再单独看一下 KillExcel(int) 方法和调用 WinAPI 的代码。

```
// WinAPI，根据窗口句柄获取进程 ID
[DllImport("User32.dll", CharSet = CharSet.Auto)]
public static extern int GetWindowThreadProcessId(IntPtr hwnd, out int id);

//终止指定窗口句柄的 Excel 进程
private static void KillExcel(int hWnd)
{
    int delPid;
    GetWindowThreadProcessId(new IntPtr(hWnd), out delPid);
    Process[] ps = Process.GetProcessesByName("excel");
    foreach (Process p in ps)
    {
        if (p.Id == delPid)
        {
            p.Kill();
            return;
```

```
            }
        }
    }
```

代码通过 WinAPI 中的 GetWindowThreadProcessId() 函数获取指定窗口句柄的进程 ID，参数设置包括：

- 参数一，带入窗口句柄的 IntPtr 类型，如果是 int 类型，则可以使用 new IntPtr(n) 语句进行转换。
- 参数二，定义为输出参数，用于返回获取的进程 ID。

KillExcel(int) 方法中，首先获取指定窗口句柄的进程 ID，然后获取所有的 Excel 进程，并根据 ID 的对比找到并删除指定 Excel 进程。

没有参数的 KillExcel() 方法用于删除所有的 Excel 进程，可以在系统维护时使用，用于清理应用出现异常而没有正常删除的 Excel 进程。

下面的代码（/demo/22/CExcelLibWriteTest.aspx），将 sale_main 表中的数据导出到 /app_data/sale_main.xlsx 文件的第一个工作表中。

```
<%@ Page Language="C#" %>
<%@ Import Namespace="System.Data" %>
<%@ Import Namespace="chyx2" %>
<%@ Import Namespace="chyx2.dbx" %>
<%@ Import Namespace="chyx2.webx" %>

<script runat="server">
    protected void Page_Load(object s,EventArgs e)
    {
        ITask qry = CApp.DbConn.TaskFactory.NewTask("sale_main");
        DataTable tbl = qry.GetTable();
        if (tbl == null) return;

        string path = CWeb.MapPath("/app_data/sale_main.xlsx");
        CWeb.Write(CExcelLib.WriteExcel(tbl, path, true));
    }
</script>
```

如果页面显示 true 则说明导出成功，可以在 /app_data/sale_main.xlsx 文件中看到如图 22-2 所示的内容。

	A	B	C	D	E
1	saleid	ordernum	customer	cashier	paytime
2	1	S2019030300156	C0015	1015	2019/3/3 10:56
3	2	S2019030300206	C1026	1015	2019/3/3 15:11
4	3	S2019040500011	C2055	1016	2019/4/5 10:36
5	4	S2019040900013	C8156	1023	2019/4/9 16:40
6	5	S2019041600001	C0189	1356	2019/4/16 11:30

图 22-2

接下来是读取 Excel 文件的操作。在 CExcelLib 类中使用 ReadExcel() 方法实现，如下面的代码（这个方法的代码有点长）。

```
// 读取 Excel 文件
public static DataTable ReadExcel(string path,
```

```
    bool hasColName = true, int emptyThreshold = 5)
{
    try
    {
        Excel.Application xApp = new Excel.Application();
        xApp.Visible = false;

        Excel.Workbook wb = xApp.Workbooks.Open(path);
        Excel.Worksheet ws = wb.Worksheets[1] as Excel.Worksheet;
        //预处理，判断读取的列数和行数
        int emptyFirst = 0;
        int emptyCounter = 0;                          //空单元格计数器
        //读取第一行判断读取的列数
        int colCount = 1;
        for (int col = 1; col <= 256; col++)
        {
            if (CC.ToStr((ws.Cells[1, col] as Excel.Range).Value) == "")
            {
                //记录第一个空列
                if (emptyCounter == 0) emptyFirst = col;
                //空列计数
                emptyCounter++;
                //判断连续空列
                if (emptyCounter > emptyThreshold)
                {
                    colCount = emptyFirst - 1;
                    break;
                }
            }
            else
            {
                colCount = col;
                //不是空单元格时，空值计数归零
                emptyCounter = 0;
                emptyFirst = 0;
            }
        }
        //读取第一列判断读取的行数
        int rowCount = 1;
        emptyFirst = 0;
        emptyCounter = 0;
        for (int row = 1; row < 65536; row++)
        {
            if (CC.ToStr((ws.Cells[row, 1] as Excel.Range).Value) == "")
            {
                //记录第一个空行
                if (emptyCounter == 0) emptyFirst = row;
                //空行计数
                emptyCounter++;
                //判断连续空行
                if (emptyCounter > emptyThreshold)
                {
                    rowCount = emptyFirst - 1;
                    break;
                }
```

```
                }
                else
                {
                    rowCount = row;
                    //不是空单元格时计数归零
                    emptyCounter = 0;
                    emptyFirst = 0;
                }
            }
            //按 rowCount 和 colCount 读取数据
            DataTable tbl = new DataTable();
            //添加列，并判断是否读取字段名
            int curRow = 1;
            if (hasColName)
            {
                for (int col = 1; col <= colCount; col++)
                {
                    tbl.Columns.Add(
                        CC.ToStr((ws.Cells[1, col] as Excel.Range).Value));
                }
                curRow = 2;
            }
            else
            {
                for (int col = 1; col <= colCount; col++)
                    tbl.Columns.Add();
            }
            //读取数据
            for (int row = curRow; row <= rowCount; row++)
            {
                DataRow newRow = tbl.NewRow();
                for (int col = 1; col <= colCount; col++)
                {
                    newRow[col - 1] =
                        (ws.Cells[row, col] as Excel.Range).Value;
                }
                tbl.Rows.Add(newRow);
            }

            wb.Close();
            xApp.Quit();
            KillExcel(xApp.Hwnd);

            return tbl;
        }
        catch
        {
            return null;
        }
    }
```

下面单独看方法的声明部分。

```
public static DataTable ReadExcel(string path,
        bool hasColName = true, int emptyThreshold = 5)
```

其中，参数一指定 Excel 文件的路径，参数二指定是否读取第一行作为字段名。下面着重讨论第三个参数及相关的操作。

读取 Excel 工作表中的数据，最大的难点是确定读取的范围，也就是说需要读取多少行和多少列。ReadExcel() 方法中，确定读取的列数时，会检查第一行的数据，如果出现连续的多个空白单元格，则判定读取到最后一个非空列。这里，判断有几个连续空白单元格就是由方法的第三个参数 emptyThreshold 指定的，默认为 5。

判断读取多少行时，会检查第一列的数据，同样，当检测到连续几个空白单元格时，则确定读取到最后一个非空行。

下面的代码（/demo/22/CExcelLibReadTest.aspx）使用 ReadExcel() 方法读取 /app_data/sale_main.xlsx 文件的内容，并绑定到 GridView 控件上。

```
<%@ Page Language="C#" %>
<%@ Import Namespace="System.Data" %>
<%@ Import Namespace="chyx2" %>
<%@ Import Namespace="chyx2.dbx" %>
<%@ Import Namespace="chyx2.webx" %>

<!DOCTYPE html>

<script runat="server">
    protected void Page_Load(object s,EventArgs e)
    {
        string path = CWeb.MapPath("/app_data/sale_main.xlsx");
        DataTable tbl = CExcelLib.ReadExcel(path,true);
        grd.DataSource = tbl;
        grd.DataBind();
    }
</script>

<html xmlns="http://www.w3.org/1999/xhtml">
<head runat="server">
<meta http-equiv="Content-Type" content="text/html; charset=utf-8"/>
<title></title>
</head>
<body>
<form id="form1" runat="server">
<div>
<asp:GridView ID="grd" runat="server"></asp:GridView>
</div>
</form>
</body>
</html>
```

页面显示效果如图 22-3 所示。

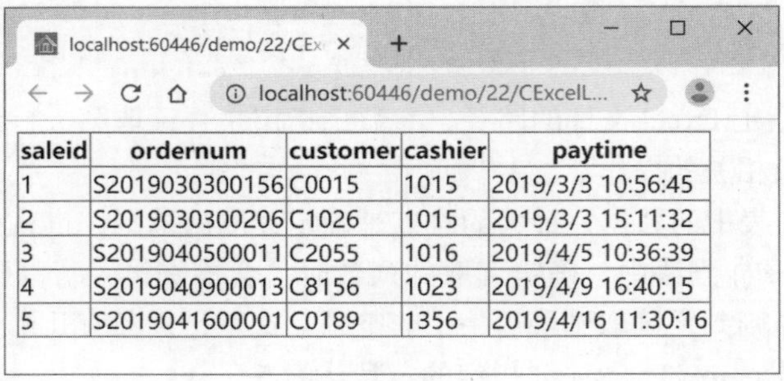

saleid	ordernum	customer	cashier	paytime
1	S2019030300156	C0015	1015	2019/3/3 10:56:45
2	S2019030300206	C1026	1015	2019/3/3 15:11:32
3	S2019040500011	C2055	1016	2019/4/5 10:36:39
4	S2019040900013	C8156	1023	2019/4/9 16:40:15
5	S2019041600001	C0189	1356	2019/4/16 11:30:16

图 22-3

实际上，ReadExcel() 方法中判断数据的读取范围时，是有一个假设前提的，那就是，一般认为第一行和第一列是最重要的数据，不会有数据中断的空白单元格。但实际情况是，有时第一行或第一列也可能会出现空白单元格，针对这一情况，在 CExcelLib 类中再创建一个 ReadExcelEx() 方法，方法中可以设置检查空白单元格的行数和列数，如下面的代码。

```
// 读取 Excel 文件
public static DataTable ReadExcelEx(string path,
    bool hasColName = true, int emptyThreshold = 3,
    int checkRows = 3,int checkCols = 3)
{
    try
    {
        Excel.Application xApp = new Excel.Application();
        xApp.Visible = false;

        Excel.Workbook wb = xApp.Workbooks.Open(path);
        Excel.Worksheet ws = wb.Worksheets[1] as Excel.Worksheet;
        //预处理，判断读取的列数和行数
        int emptyFirst = 0;
        int emptyCounter = 0;            // 空单元格计数器
        //检查行中每行的最大列
        int[] colCounts = new int[checkRows];
        //最终会使用最大的列数
        int colCount = 1;

        for (int row = 1; row <= checkRows; row++)
        {
            //每行开始计数器归零
            emptyCounter = 0;
            emptyFirst = 0;
            for (int col = 1; col <= 256; col++)
            {
                if (CC.ToStr((ws.Cells[row, col] as Excel.Range).Value) == "")
                {
                    //记录第一个空列
                    if (emptyCounter == 0) emptyFirst = col;
                    //空列计数
                    emptyCounter++;
                    //判断连续空列
                    if (emptyCounter > emptyThreshold)
                    {
```

```
                    colCounts[row-1] = emptyFirst - 1;
                    break;
                }
            }
            else
            {
                colCounts[row-1] = col;
                //不是空单元格时，空值计数归零
                emptyCounter = 0;
                emptyFirst = 0;
            }
        }
    }
    colCount = colCounts.Max();
    //检查列中每列最大行
    int[] rowCounts = new int[checkCols];
    //最终使用最大的值
    int rowCount = 1;
    for (int col = 1; col <= checkCols; col++)
    {
        emptyFirst = 0;
        emptyCounter = 0;
        for (int row = 1; row < 65536; row++)
        {
            if (CC.ToStr((ws.Cells[row, col] as Excel.Range).Value) == "")
            {
                //记录第一个空行
                if (emptyCounter == 0) emptyFirst = row;
                //空行计数
                emptyCounter++;
                //判断连续空行
                if (emptyCounter > emptyThreshold)
                {
                    rowCounts[col-1] = emptyFirst - 1;
                    break;
                }
            }
            else
            {
                rowCounts[col-1] = row;
                //不是空单元格时计数归零
                emptyCounter = 0;
                emptyFirst = 0;
            }
        }
    }
    rowCount = rowCounts.Max();
    //按 rowCount 和 colCount 读取数据
    DataTable tbl = new DataTable();
    //添加列，并判断是否读取字段名
    int curRow = 1;
    if (hasColName)
    {
        for (int col = 1; col <= colCount; col++)
        {
            tbl.Columns.Add(
                CC.ToStr((ws.Cells[1, col] as Excel.Range).Value));
```

```
                }
                curRow = 2;
            }
            else
            {
                for (int col = 1; col <= colCount; col++)
                    tbl.Columns.Add();
            }
            //读取数据
            for (int row = curRow; row <= rowCount; row++)
            {
                DataRow newRow = tbl.NewRow();
                for (int col = 1; col <= colCount; col++)
                {
                    newRow[col - 1] =
                        (ws.Cells[row, col] as Excel.Range).Value;
                }
                tbl.Rows.Add(newRow);
            }

            wb.Close();
            xApp.Quit();
            KillExcel(xApp.Hwnd);

            return tbl;
        }
        catch
        {
            return null;
        }
    }
```

ReadExcelEx() 方法的参数设置如下：

- 参数一，指定 Excel 文件的路径。
- 参数二，指定是否读取 Excel 工作表的第一行作为字段名，默认值为 true。
- 参数三，设置连续空白单元格的数据，也就是检查空白单元格数量，默认值为 3。
- 参数四，设置检查数据的行数，默认值为 3，用于确定读取的列数。
- 参数五，设置检查数据的列数，默认值为 3，用于确定读取的行数。

首先，准备一个第一行和第一列数据不连续的 Excel 文件，这里，将 /app_data/sale_main.xlsx 文件复制一份，保存在相同目录下，并命名为 sale_main1.xlsx；最后，修改其中的内容，类似图 22-4 中所示的内容。

saleid	ordernum	customer	cashier	paytime		
1	S2019030300156	C0015	1015	2019/3/3 10:56	2019/3/3 10:56	
2	S2019030300206	C1026	1015	2019/3/3 15:11		2019/4/9 16:40
3	S2019040500011	C2055	1016	2019/4/5 10:36		
4	S2019040900013	C8156	1023	2019/4/9 16:40		2019/4/9 16:40
5	S2019041600001	C0189	1356	2019/4/16 11:30		
	S2019041600001	C0189	1356	2019/4/16 11:30		

图 22-4

下面通过修改 /demo/22/CExcelLibReadTast.aspx 页面的代码来测试 ReadExcelEx() 方法的应用。

```
<%@ Page Language="C#" %>
<%@ Import Namespace="System.Data" %>
<%@ Import Namespace="chyx2" %>
<%@ Import Namespace="chyx2.dbx" %>
<%@ Import Namespace="chyx2.webx" %>

<!DOCTYPE html>

<script runat="server">
    protected void Page_Load(object s,EventArgs e)
    {
        string path = CWeb.MapPath("/app_data/sale_main1.xlsx");
        DataTable tbl = CExcelLib.ReadExcelEx(path,true,3,3,3);
        grd.DataSource = tbl;
        grd.DataBind();
    }
</script>

<html xmlns="http://www.w3.org/1999/xhtml">
<head runat="server">
<meta http-equiv="Content-Type" content="text/html; charset=utf-8"/>
<title></title>
</head>
<body>
<form id="form1" runat="server">
<div>
<asp:GridView ID="grd" runat="server"></asp:GridView>
</div>
</form>
</body>
</html>
```

页面显示效果如图 22-5 所示。

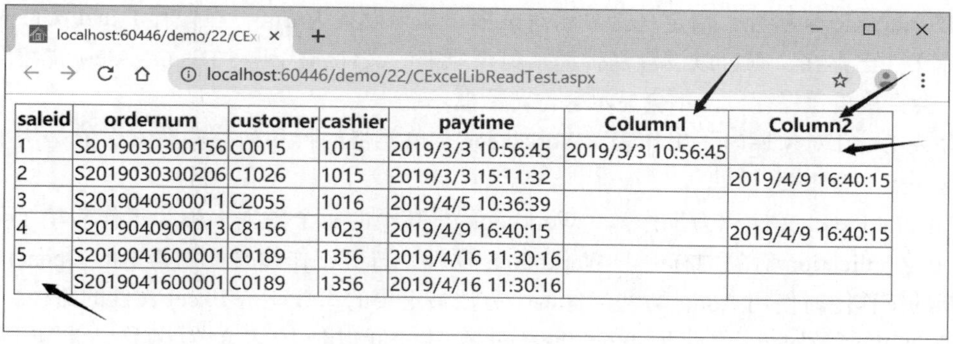
localhost:60446/demo/22/CEx
localhost:60446/demo/22/CExcelLibReadTest.aspx

saleid	ordernum	customer	cashier	paytime	Column1	Column2
1	S2019030300156	C0015	1015	2019/3/3 10:56:45	2019/3/3 10:56:45	
2	S2019030300206	C1026	1015	2019/3/3 15:11:32		2019/4/9 16:40:15
3	S2019040500011	C2055	1016	2019/4/5 10:36:39		
4	S2019040900013	C8156	1023	2019/4/9 16:40:15		2019/4/9 16:40:15
5	S2019041600001	C0189	1356	2019/4/16 11:30:16		
	S2019041600001	C0189	1356	2019/4/16 11:30:16		

图　22-5

对比图 22-4 与图 22-5 中四个箭头所指的位置，可以看到：

- 读取的字段名为空时，DataTable 会自动以“ Column+< 序号 >”的格式作为字段名，如图 22-5 中的 Column1 和 Column2。

- 第一行和第二行的数据都没有第三行的列数多，如果只检查前两行，Column2 列的数据就不会被读取。
- 同样，第一列中也出现了空白单元格，如果只检查第一列，就不会读取实例中最后一行的数据。

这里，如果将 ReadExcelEx() 方法中的 checkRows 和 checkCols 参数都设置为 1，执行效果就和 ReadExcel() 方法相同，载入的数据如图 22-6 所示。

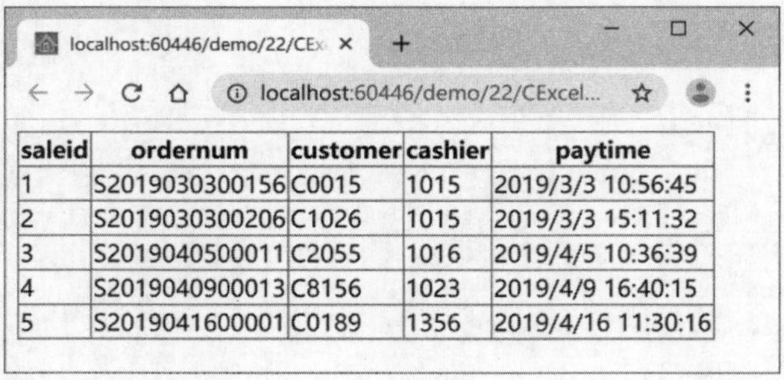

saleid	ordernum	customer	cashier	paytime
1	S2019030300156	C0015	1015	2019/3/3 10:56:45
2	S2019030300206	C1026	1015	2019/3/3 15:11:32
3	S2019040500011	C2055	1016	2019/4/5 10:36:39
4	S2019040900013	C8156	1023	2019/4/9 16:40:15
5	S2019041600001	C0189	1356	2019/4/16 11:30:16

图 22-6

下面回顾一下使用 Excel 对象库操作 Excel 文件时需要注意的地方。

代码文件中通过“using Excel = Microsoft.Office.Interop.Excel;”语句引用 Excel 对象库，这里是为了避免命名空间中的资源与其他同名资源冲突。然后，代码引用 Excel 资源时，都要通过命名空间的别名“Excel”来引用，如 Excel.Application、Excel.Workbook、Excel.Worksheet 等。

操作 Excel 文件时，需要 Application 对象支持，每一个 Application 对象都会产生一个系统进程，无论读取或写入 Excel 数据。Application 对象操作完成后需要使用 Quit() 方法退出，但退出并不会清理系统进程，这样一来，系统就会遗留过多的无用进程，从而影响系统性能。封装的代码可以使用 KillExcel(int) 方法清理相应的 Excel 进程。系统维护时，可以使用无参数的 KillExcel() 方法，以清理系统中没有正常清除的 Excel 进程。代码使用了 Application 对象的两个基本属性：一个是 Visible 属性，指定是否显示 Excel 应用界面；另一个是 DisplayAlerts 属性，指定是否显示对话框，如果设置为 true，在保存 Excel 文件时，假如目标文件已存在，则可以设置是否提示覆盖原来的文件，代码将 DisplayAlert 属性设置为 false，会直接覆盖保存，并不会显示警告对话框。

使用 Excel 对象库时，工作表（Worksheet）、单元格的行和列等整数索引值是从 1 开始的，这一点非常重要。

打开的 Excel 文件称为工作簿（Workbook），其中的每个数据表称为工作表单（或工作表）。在 Application 对象中有一个 Workbooks 属性，打开工作簿时使用其中的 Open() 方法，创建新的工作簿时使用 Add() 方法，这两个方法最重要的参数就是 Excel 文件的路径。

通过 Workbook 对象获取 Worksheet 对象时，可以使用表单的名称，也可以使用从 1 开始的整数索引，如 wb.Worksheets[1]。代码还显式地将获取的对象转换为 Excel.Worksheet 类型。

工作表单中，如果对某个单元格操作，可以使用 Worksheet 对象的二维索引器完成，如 ws.Cells[row, col]，其中 row 指定单元格的行编号，使用从 1 开始的整数索引；col 指定单元格的列编号，可以使用字母（如 "A"）或使用从 1 开始的整数索引。需要注意的是，Cells[] 索引器返回的是一个 Range 对象，可以使用其中的 Value 属性获取或设置数据。

Excel 对象库是微软官方的操作资源，在兼容性或技术稳定性上比较有优势，但在处理大量数据时，性能上会有些不太给力。不过，还可以使用一些第三方的组件来操作 Excel 文件，如下面介绍的 NPOI 库。

22.1.2　使用 NPOI 库读写

NPIO 是基于 POI 3.x 的一个开源项目，用于在没有安装 Office 组件的情况下操作 Excel 和 Word 文档。可以在 https://github.com/tonyqus/npoi 中看到项目的相关信息。

如果直接使用编译后的动态链接库（Dynamic Link Library，DLL），可以使用 NuGet 工具获取。首先从 www.nuget.org 下载 nuget.exe 命令行工具，然后放一个指定的包管理目录，如 D:\nuget。通过 Windows 的 CMD 工具执行如下命令：

```
nuget npoi
```

执行命令后，会自动下载相关文件，主要使用的有四个 .dll 文件，包括：

- NPOI.dll 文件，主要使用 NPOI.HSSF 命名空间中的资源，支持 Excel 1997 ~ 2003 格式文件的读写操作。
- NPOI.OOXML.dll 文件，主要使用 NPOI.XSSF 命名空间，支持 Excel 2007 格式文件的读写操作。
- NPOI.OpenXml4Net.dll 文件，包括 NPOI.OpenXml4Net 命名空间，OpenXml 底层 zip 包读写。
- NPOI.OpenXmlFormats.dll 文 件，NPOI.OpenXmlFormats 命 名 空 间， 微 软 Office OpenXml 对象关系库。

ASP.NET 项目中，可以将这些文件复制到 /bin 目录。这里讨论 Excel 数据的读取和写入，所以，主要使用 NPOI.dll 和 NPOI.OOXML.dll 库文件。

下面在 /app_code/common/CExcel3rd.cs 文件中创建 CExcel3rd 类，用于封装第三方组件操作 Excel 文件的相关资源。首先是 CExcel3rd 类的基本定义和读取 Excel 2003 格式数据的方法，如下面的代码。

```
using System;
using System.IO;
using System.Data;
using System.Linq;
using NPOI.SS.UserModel;
using NPOI.HSSF.UserModel;
using NPOI.XSSF.UserModel;
using chyx2;

/* 使用第三方组件读写 Excel 文件 */

public static class CExcel3rd
{
    // 将 DataTable 对象的数据写入 Excel 2003 格式文件的第一个工作表
    public static bool WriteExcel2003(DataTable tbl,
        string path, bool hasColName = true)
```

```
    {
        try
        {
            if (tbl == null || tbl.Columns.Count < 1)
                return false;

            HSSFWorkbook wb = new HSSFWorkbook();
            ISheet ws = wb.CreateSheet("Sheet1");
            int curRow = 0;
            //第一行写入标题
            if (hasColName)
            {
                IRow writeRow = ws.CreateRow(0);
                for (int col = 0; col < tbl.Columns.Count; col++)
                {
                    ICell cell = writeRow.CreateCell(col);
                    cell.SetCellValue(tbl.Columns[col].ColumnName);
                }
                curRow = 1;
            }
            //写数据
            for (int row = 0; row < tbl.Rows.Count; row++)
            {
                IRow wsRow = ws.CreateRow(curRow);
                for (int col = 0; col < tbl.Columns.Count; col++)
                {
                    ICell cell = wsRow.CreateCell(col);
                    cell.SetCellValue(CC.ToStr(tbl.Rows[row][col]));
                }
                curRow++;
            }

            FileStream fs = new FileStream(path, FileMode.Create);
            wb.Write(fs);
            fs.Close();

            ws = null;
            wb = null;
            return true;
        }
        catch
        {
            return false;
        }
    }

} // end class CExcel3rd
```

代码的 WriteExcel2003() 方法包括三个参数，分别指定 DataTable 数据源、Excel 2003 文件路径，以及是否将字段名作为工作表的第一行数据。

下面的代码（/demo/22/CExcel3rdWriteTest.aspx）测试了 WriteExcel2003() 方法的应用。

```
<%@ Page Language="C#" %>
<%@ Import Namespace="System.Data" %>
<%@ Import Namespace="chyx2" %>
```

```
<%@ Import Namespace="chyx2.dbx" %>
<%@ Import Namespace="chyx2.webx" %>

<script runat="server">
    protected void Page_Load(object s ,EventArgs e)
    {
        ITask qry = CApp.DbConn.TaskFactory.NewTask("sale_main");
        DataTable tbl = qry.GetTable();
        if (tbl == null) return;

        string path = CWeb.MapPath("/app_data/sale_main_3rd.xls");
        CWeb.Write(CExcel3rd.WriteExcel2003(tbl, path, true));
    }
</script>
```

如果页面显示 true，则表示数据已成功写入 /app_data/sale_main_3rd.xls 文件中，写入内容如图 22-7 所示。这里，所有的内容都是以文本形式写入的。

	A	B	C	D	E
1	saleid	ordernum	customer	cashier	paytime
2	1	S2019030300156	C0015	1015	2019/3/3 10:56:45
3	2	S2019030300206	C1026	1015	2019/3/3 15:11:32
4	3	S2019040500011	C2055	1016	2019/4/5 10:36:39
5	4	S2019040900013	C8156	1023	2019/4/9 16:40:15
6	5	S2019041600001	C0189	1356	2019/4/16 11:30:16
7					

图　22-7

下面的代码继续在 CExcel3rd 类中添加 WriteExcel2007() 方法，用于将 DataTable 对象中的数据写入 Excel 2007 格式文件的第一个工作表中。

```
//将 DataTable 对象数据写入 Excel 2007 文件的第一个工作表中
public static bool WriteExcel2007(DataTable tbl, string path,
    bool hasColName = true)
{
    try
    {
        if (tbl == null || tbl.Columns.Count < 1)
            return false;

        XSSFWorkbook wb = new XSSFWorkbook();
        ISheet ws = wb.CreateSheet("Sheet1");
        int curRow = 0;
        //第一行写入标题
        if (hasColName)
        {
            IRow writeRow = ws.CreateRow(0);
            for (int col = 0; col < tbl.Columns.Count; col++)
            {
                ICell cell = writeRow.CreateCell(col);
                cell.SetCellValue(tbl.Columns[col].ColumnName);
            }
            curRow = 1;
        }
        //写数据
```

```
        for (int row = 0; row < tbl.Rows.Count; row++)
        {
            IRow wsRow = ws.CreateRow(curRow);
            for (int col = 0; col < tbl.Columns.Count; col++)
            {
                ICell cell = wsRow.CreateCell(col);
                cell.SetCellValue(CC.ToStr(tbl.Rows[row][col]));
            }
            curRow++;
        }

        FileStream fs = new FileStream(path, FileMode.Create);
        wb.Write(fs);
        fs.Close();

        ws = null;
        wb = null;

        return true;
    }
    catch
    {
        return false;
    }
}
```

代码的 WriteExcel2007() 方法与 WriteExcel2003() 方法的实现差不多，只是操作 Excel 2007 工作簿时使用了 XSSFWorkbook 类型，而操作 Excel 2003 工作簿时使用了 HSSFWorkbook 类型。

后面这两个方法的应用基本一样，主要包括：

- 表单使用了 ISheet 接口类型，添加新的工作表时，可以使用工作簿对象的 CreateSheet() 方法。
- 表单中的行使用 IRow 接口类型，添加新行时，可以使用表单对象的 CreateRow() 方法。注意，方法需要新行的索引值，这里的索引值是从 0 开始的。
- 单元格使用 ICell 接口类型，在行中添加单元格时，可以使用 IRow 对象中的 CreateCell() 方法。设置单元格数据时，使用 ICell 对象中的 SetCellValue() 方法。
- 保存工作表时，使用工作表对象的 Write() 方法将文件内容写一个文件流对象（FileStream），文件模式为创建新文件。

已经定义了两个方法，分别用于写入 Excel 2003 和 Excel 2007 格式的文件，使用时可能有些不太方便。这里在 CExcel3rd 类中定义 WriteExcel() 方法，可以根据文件的扩展名判断文件类型，并调用相应的方法，如下面的代码。

```
// 将 DataTable 对象写入 Excel 文件的第一个工作表中
public static bool WriteExcel(DataTable tbl, string path, bool hasColName = true)
{
    string ext = Path.GetExtension(path).ToLower();
    if (ext == ".xls")
        return WriteExcel2003(tbl, path, hasColName);
    else
```

```
        return WriteExcel2007(tbl, path, hasColName);
}
```

下面的代码测试了 WriteExcel() 方法的使用。

```
<%@ Page Language="C#" %>
<%@ Import Namespace="System.Data" %>
<%@ Import Namespace="chyx2" %>
<%@ Import Namespace="chyx2.dbx" %>
<%@ Import Namespace="chyx2.webx" %>

<script runat="server">
    protected void Page_Load(object s ,EventArgs e)
    {
        ITask qry = CApp.DbConn.TaskFactory.NewTask("sale_main");
        DataTable tbl= qry.GetTable();
        if (tbl == null) return;

        string path = CWeb.MapPath("/app_data/sale_main_3rd.xlsx");
        CWeb.Write(CExcel3rd.WriteExcel(tbl, path, true));
    }
</script>
```

页面如果显示 true，则表示数据已成功写入 /app_data/sale_main_3rd.xlsx 文件，其内容与 sale_main_3rd.xlsx 文件相同，如图 22-8 所示。

	A	B	C	D	E
1	saleid	ordernum	customer	cashier	paytime
2	1	S2019030300156	C0015	1015	2019/3/3 10:56:45
3	2	S2019030300206	C1026	1015	2019/3/3 15:11:32
4	3	S2019040500011	C2055	1016	2019/4/5 10:36:39
5	4	S2019040900013	C8156	1023	2019/4/9 16:40:15
6	5	S2019041600001	C0189	1356	2019/4/16 11:30:16

图　22-8

接下来讨论如何使用 NPOI 资源读取 Excel 文件。实际上，读取 Excel 2007 文件的代码完全可以用来读取 Excel 2003 格式的文件，所以，只需要在 CExcel3rd 类中封装一个 ReadExcel() 方法即可，如下面的代码。

```
// 读取 Excel 文件，并返回指定工作表的数据
public static DataTable ReadExcel(string path, int sheetIndex = 0,
    bool hasColName = true, int readLines = -1, int checkRows = 3)
{
    try
    {
        IWorkbook wb = WorkbookFactory.Create(path);
        ISheet ws = wb.GetSheetAt(sheetIndex);
        // 读取的行数
        int rowCount = (readLines == -1) ? ws.LastRowNum : readLines;
        // 确认读取的列数
        int[] rowCounts = new int[checkRows];
        IRow readRow;
        for (int row = 0; row < checkRows; row++)
        {
            readRow = ws.GetRow(row);
```

```
        rowCounts[row] = readRow.LastCellNum;
    }
    int colCount = rowCounts.Max();
    //处理标题，创建数据表的列
    int curRow = 0;
    DataTable tbl = new DataTable();
    if (hasColName == true)
    {
        for (int col = 0; col < colCount; col++)
        {
            readRow = ws.GetRow(0);
            ICell cell = readRow.GetCell(col);
            if (cell == null) tbl.Columns.Add();
            else tbl.Columns.Add(cell.StringCellValue);
        }
        curRow = 1;
    }
    else
    {
        for (int col = 0; col < colCount; col++)
            tbl.Columns.Add();
    }
    //读取数据
    for (int row = curRow; row <= rowCount; row++)
    {
        readRow = ws.GetRow(row);
        DataRow dataRow = tbl.NewRow();
        for (int col = 0; col < colCount; col++)
        {
            ICell cell = readRow.GetCell(col);
            if (cell == null)
            {
                dataRow[col] = DBNull.Value;
            }
            else if (cell.CellType == CellType.NUMERIC)
            {
                // Excel中的日期时间值是double类型
                if (DateUtil.IsCellDateFormatted(cell))
                    dataRow[col] = cell.DateCellValue;
                else
                    dataRow[col] = cell.NumericCellValue;
            }
            else if (cell.CellType == CellType.BOOLEAN)
            {
                dataRow[col] = cell.BooleanCellValue;
            }
            else
            {
                dataRow[col] = cell.StringCellValue;
            }
        }
        tbl.Rows.Add(dataRow);
    }

    return tbl;
```

```
    }
    catch
    {
        return null;
    }
}
```

代码的 ReadExcel() 方法共定义了五个参数，分别是：

- ❑ 参数一，指定 Excel 文件路径。
- ❑ 参数二，指定读取的工作表索引，索引值从 0 开始，默认值为 0。
- ❑ 参数三，指定是否读取第一行数据作为字段名，默认值为 true。
- ❑ 参数四，指定读取的行数，默认的 -1 值表示读取所有数据行。
- ❑ 参数五，指定数据检查行数，默认为 3。检查一定行数的数据用来确认读取的列数。

ReadExcel() 方法中还需要注意日期和时间数据的处理。Excel 中的日期和时间数据是使用 OLE 自动化日期格式，本质上讲是一个双精度浮点数，表示距离 1899 年 12 月 30 日 0 点的天数。

下面的代码（/demo/22/CExcel3rdReadTest.aspx）演示了 ReadExcel() 方法的应用。

```
<%@ Page Language="C#" %>
<%@ Import Namespace="System.Data" %>
<%@ Import Namespace="chyx2" %>
<%@ Import Namespace="chyx2.dbx" %>
<%@ Import Namespace="chyx2.webx" %>

<!DOCTYPE html>

<script runat="server">
    protected void Page_Load(object s,EventArgs e)
    {
        string path = CWeb.MapPath("/app_data/sale_main_3rd.xls");
        DataTable tbl = CExcel3rd.ReadExcel(path);
        grd.DataSource = tbl;
        grd.DataBind();
    }
</script>

<html xmlns="http://www.w3.org/1999/xhtml">
<head runat="server">
<meta http-equiv="Content-Type" content="text/html; charset=utf-8"/>
<title></title>
</head>
<body>
<form id="form1" runat="server">
<div>
<asp:GridView ID="grd" runat="server"></asp:GridView>
</div>
</form>
</body>
</html>
```

页面显示效果如图 22-9 所示。

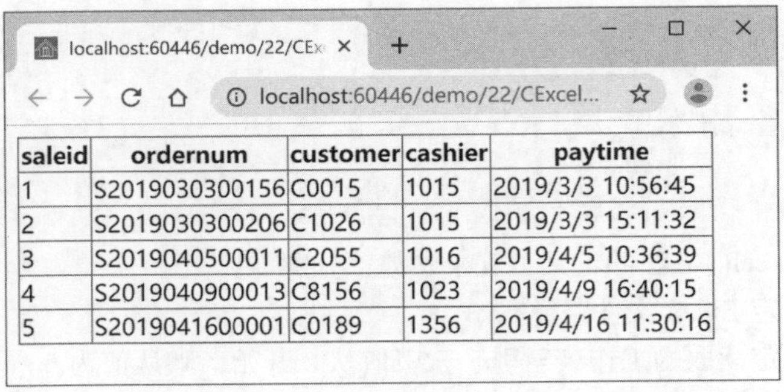

saleid	ordernum	customer	cashier	paytime
1	S2019030300156	C0015	1015	2019/3/3 10:56:45
2	S2019030300206	C1026	1015	2019/3/3 15:11:32
3	S2019040500011	C2055	1016	2019/4/5 10:36:39
4	S2019040900013	C8156	1023	2019/4/9 16:40:15
5	S2019041600001	C0189	1356	2019/4/16 11:30:16

图 22-9

22.2 CSV

实际上，在 Web 应用中交换数据，特别是由服务器向客户端发送数据时，CSV（Comma-Separated Value，逗号分隔值）格式是替代 Excel 文件的理想选择。为什么这么说呢？

首先，CSV 是文本文件（以 .csv 为扩展名），便于服务器端的生成、传递和处理，而 Excel 格式需要专门的软件或组件生成和处理；其次，当客户端收到 CSV 文件后，可以使用 JavaScript 代码很方便地读取数据，需要更多的操作时，Excel 和 WPS 表格等应用软件都可以处理 CSV 文件，并可以很方便地转换成 Excel 文件。

使用 CSV 文件保存数据时，要求所有数据记录的字段数量应是一致的，即使没有数据，也应该使用空白内容占据一个数据项的位置。

此外，CSV 格式数据还有一些需要注意的情况，如：

- 第一行用于保存字段名，第二行开始是数据记录行。如果没有字段名，所有的行都是数据记录。
- 字段名和数据项可能是直接量，也可能由双引号定义。
- 字段名和数据项可以使用逗号分隔，也可能使用制表符分隔。

针对这些情况，在创建和读取 CSV 文件时，应事先做好格式的规划和约定。

22.2.1 生成 CSV 文件（C#）

下面的代码（/demo/22/CreateCsv.aspx）将 DataTable 对象中的数据生成为 CSV 数据格式的文本内容。

```
<%@ Page Language="C#" %>
<%@ Import Namespace="System.Data" %>
<%@ Import Namespace="System.Text" %>
<%@ Import Namespace="chyx2.dbx" %>

<script runat="server">
    protected void Page_Load(object s, EventArgs e)
    {
        ITask qry = CApp.DbConn.TaskFactory.NewTask("sale_main");
        DataTable tbl = qry.GetTable();
```

```
        if (tbl == null) return;
        // 字段行
        StringBuilder sb = new StringBuilder(tbl.Columns[0].ColumnName , 1000);
        for(int col=1;col<tbl.Columns.Count;col++)
        {
            sb.Append(",");
            sb.Append(tbl.Columns[col].ColumnName);
        }
        sb.AppendLine();
        //数据
        for(int row=0;row<tbl.Rows.Count;row++)
        {
            sb.Append(tbl.Rows[row][0]);
            for(int col=1;col<tbl.Columns.Count;col++)
            {
                sb.Append(",");
                sb.Append(tbl.Rows[row][col]);
            }
            sb.AppendLine();
        }
        //测试用，将换行符号转换为<br>标记，便于在页面中显示
        sb.Replace("\n", "<br>");
        //下载文件
        //Response.ContentType = "text/csv";
        //Response.AppendHeader("Content-Disposition",
        //    "attachment;filename=sale_main.csv;");

        Response.Write(sb.ToString());
    }
</script>
```

其中，首先，同样使用 chyx 代码库中 ITask 接口组件，只需要两行代码就可以将 sale_main 表中的所有数据读取到 DataTable 对象中；其次，在第一行显示字段名；最后，按行显示所有的数据。

请注意，为了便于在网页中显示，需要将生成的文本内容中的换行符（\n）替换为
 标记。页面显示效果如图 22-10 所示。

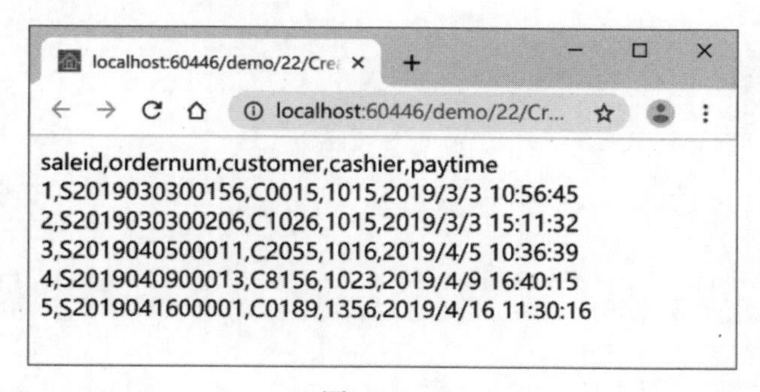

图　22-10

需要将 CSV 文件发送到客户端时，不应添加
 标记，可以将下面这行代码改为注释或删除。

```
sb.Replace("\n", "<br>");
```

接下来，在客户端使用 JavaScript 代码读取 CSV 文件的数据。

22.2.2 读取 CSV 文件（JavaScript）

通过下面的代码（/demo/22/ReadCsv.html），在客户端中读取 CSV 文件的内容，并使用 table 和相关元素显示这些数据。

```
<!DOCTYPE html>
<html>
<head>
<meta charset="utf-8" />
<title></title>
<style>
        table {
            border-collapse:collapse;
        }
        th, td {
            border:1px solid gray;
            padding:0.2em 1em;
            text-align:center;
        }
        th {
            background-color:#eee;
        }
</style>
</head>
<body>
</body>
</html>
<script src="/js/ajax.js"></script>
<script>
    var url = "CreateCsv.aspx";
    ajaxGetText(url, null, function (txt) {
        if (txt == "") return;
        //使用换行符分隔为字符串数组
        var rows = txt.split("\n");
        //第一行为字段名
        var s = "<table><tr>"
        var fields = rows[0].split(",");
        for (var i = 0; i < fields.length; i++) {
            s = s + "<th>" + fields[i] + "</th>";
        }
        s += "</tr>";
        // 数据行
        var rowCount = rows.length - 1;
        for (var row = 1; row < rowCount; row++) {
            fields = rows[row].split(",");
            s += "<tr>";
            for (var i = 0; i < fields.length; i++) {
                s = s + "<td>" + fields[i] + "</td>";
            }
            s += "</tr>";
        }
```

```
        s += "</table>";
        var e = document.getElementsByTagName("body")[0];
        e.innerHTML = s;
    });
</script>
```

页面显示效果如图 22-11 所示。

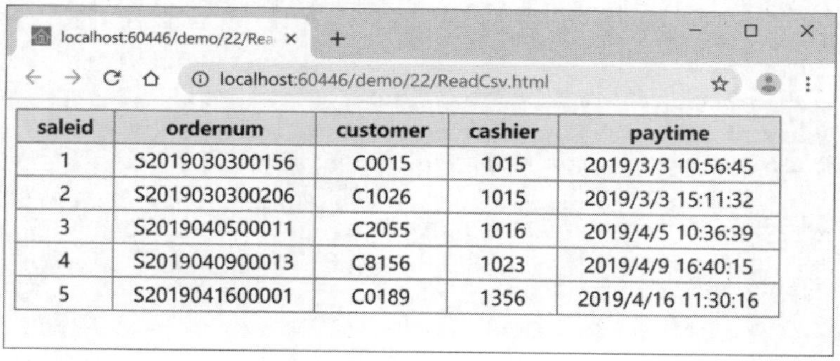

saleid	ordernum	customer	cashier	paytime
1	S2019030300156	C0015	1015	2019/3/3 10:56:45
2	S2019030300206	C1026	1015	2019/3/3 15:11:32
3	S2019040500011	C2055	1016	2019/4/5 10:36:39
4	S2019040900013	C8156	1023	2019/4/9 16:40:15
5	S2019041600001	C0189	1356	2019/4/16 11:30:16

图　22-11

本例由于 CreateCsv.aspx 页面生成的 CSV 文件每一行都以一个换行符结束，使用换行符分隔为字符串数组 rows 时，会多出一个空行，所以，在处理真正的数据时，只需要处理的行数是 rows.length−1。

22.2.3　下载 CSV 文件

如果只需要下载 CSV 文件，可以在 CreateCsv.aspx 文件中添加一些 Header 信息，如下面的代码。

```
<%@ Page Language="C#" %>
<%@ Import Namespace="System.Data" %>
<%@ Import Namespace="System.Text" %>
<%@ Import Namespace="chyx2.dbx" %>

<script runat="server">
    protected void Page_Load(object s, EventArgs e)
    {
        ITask qry = CApp.DbConn.TaskFactory.NewTask("sale_main");
        DataTable tbl = qry.GetTable();
        if (tbl == null) return;
        // 字段行
        StringBuilder sb = new StringBuilder(tbl.Columns[0].ColumnName , 1000);
        for(int col=1;col<tbl.Columns.Count;col++)
        {
            sb.Append(",");
            sb.Append(tbl.Columns[col].ColumnName);
        }
        sb.AppendLine();
        // 数据
        for(int row=0;row<tbl.Rows.Count;row++)
        {
            sb.Append(tbl.Rows[row][0]);
```

```
            for(int col=1;col<tbl.Columns.Count;col++)
            {
                sb.Append(",");
                sb.Append(tbl.Rows[row][col]);
            }
            sb.AppendLine();
        }
        //测试用，将换行符号转换为<br>标记，便于在页面中显示
        //sb.Replace("\n", "<br>");
        //下载文件
        Response.ContentType = "text/csv";
        Response.AppendHeader("Content-Disposition",
"attachment;filename=sale_main.csv;");

        Response.Write(sb.ToString());

    }
</script>
```

再次打开页面时，会提示下载名为 sale_main.csv 的文件，保存文件后，可以通过 Excel 等软件打开，如图 22-12 所示。

	A	B	C	D	E
1	saleid	ordernum	customer	cashier	paytime
2	1	S2019030300156	C0015	1015	2019/3/3 10:56
3	2	S2019030300206	C1026	1015	2019/3/3 15:11
4	3	S2019040500011	C2055	1016	2019/4/5 10:36
5	4	S2019040900013	C8156	1023	2019/4/9 16:40
6	5	S2019041600001	C0189	1356	2019/4/16 11:30

图 22-12

也可以使用记事本直接查看 sale_main.csv 文件的原始内容，如图 22-13 所示。

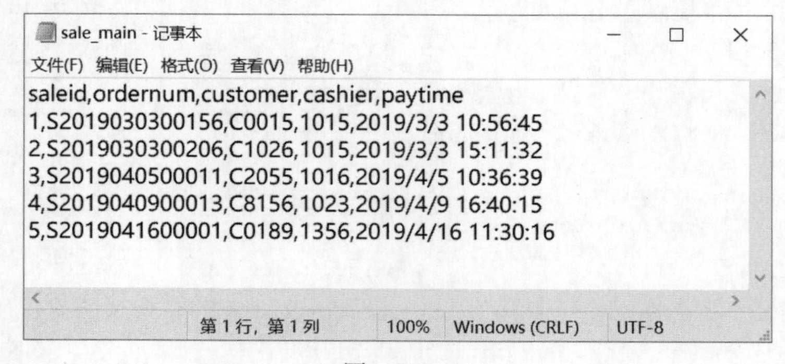

图 22-13

接下来，用户可以根据需要对 CSV 文件进一步操作，如转换为 Excel 文件等。

22.2.4 代码封装（C#）

生成 CSV 文件的过程中，每个字段名和数据项之间使用逗号分隔，如果字段和数据中包含逗号，应该使用一对双引号定义字段名和数据项，如图 22-14 所示。

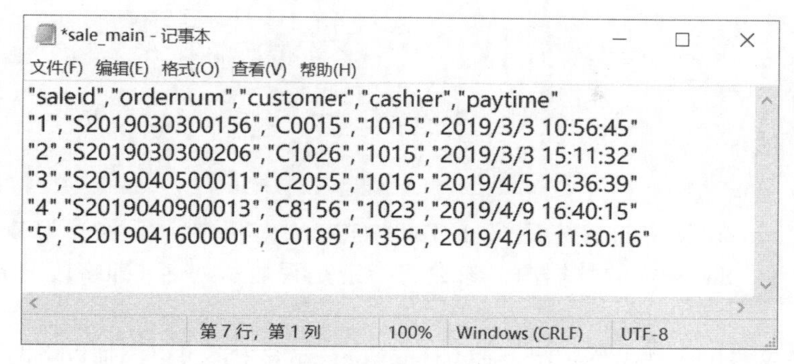

图　22-14

对于这种格式的 CSV 文件，在处理行时，可以删除每行最前面和最后面的双引号，然后，使用“,”作为字段名或数据项的分隔字符串。

下面的代码（/app_code/chyx2.dbx/chyx2.dbx.CDataConvert.cs）对 CSV 文件的生成代码进行封装。

```
using System;
using System.Collections.Generic;
using System.Data;
using System.Text;
using chyx2;

// 将数据（DataTable 等类型）转换为 CSV、XML、JSON 格式的文件内容
public static class CDataConvert
{
    // 将 DataTable 转换为 CSV，用逗号分隔
    public static string ToCsv(DataTable tbl, bool showColName = true)
    {
        if (tbl == null || tbl.Columns.Count < 1) return "";
        StringBuilder sb = new StringBuilder(1000);
        // 字段名
        if (showColName)
        {
            sb.Append(tbl.Columns[0].ColumnName);
            for (int col = 1; col < tbl.Columns.Count; col++)
            {
                sb.AppendFormat(",{0}", tbl.Columns[col].ColumnName);
            }
            sb.Append("\n");
        }
        // 数据行
        for (int row = 0; row < tbl.Rows.Count; row++)
        {
            sb.Append(tbl.Rows[row][0]);
            for (int col = 1; col < tbl.Columns.Count; col++)
            {
                sb.AppendFormat(",{0}", tbl.Rows[row][col]);
            }
            sb.Append("\n");
        }
        // 去掉最后一个换行符
        sb.Remove(sb.Length - 1, 1);
```

```
        return sb.ToString();
    }

    //其他代码
}
```

在 CDataConvert 类中，首先定义了 ToCsv() 方法，其中，参数一为 DataTable 对象，指定需要转换为 CSV 格式的数据源；参数二指定是否显示列名（即字段名），默认为显示（true）。

针对 CSV 文件的一些特殊情况，在 CDataConvert 类中还可以添加以下两个方法。

```
//将 DataTable 转换为 CSV，双引号值格式，用逗号分隔
public static string ToCsvQuote(DataTable tbl,bool showColName = true)
{
    if (tbl == null || tbl.Columns.Count < 1) return "";
    StringBuilder sb = new StringBuilder(1000);
    //字段名
    if (showColName)
    {
        sb.AppendFormat(@"""{0}""", tbl.Columns[0].ColumnName);
        for (int col = 1; col < tbl.Columns.Count; col++)
        {
            sb.AppendFormat(@",""{0}""", tbl.Columns[col].ColumnName);
        }
        sb.Append("\n");
    }
    //数据行
    for (int row = 0; row < tbl.Rows.Count; row++)
    {
        sb.AppendFormat(@"""{0}""",tbl.Rows[row][0]);
        for (int col = 1; col < tbl.Columns.Count; col++)
        {
            sb.AppendFormat(@",""{0}""",tbl.Rows[row][col]);
        }
        sb.Append("\n");
    }
    //去掉最后一个换行符
    sb.Remove(sb.Length - 1, 1);

    return sb.ToString();
}

//将 DataTable 转换为 CSV，用制表符（\t）分隔
public static string ToCsvTab(DataTable tbl,bool showColName  =true)
{
    if (tbl == null || tbl.Columns.Count < 1) return "";
    StringBuilder sb = new StringBuilder(1000);
    //字段名
    if (showColName)
    {
        sb.Append(tbl.Columns[0].ColumnName);
        for (int col = 1; col < tbl.Columns.Count; col++)
        {
            sb.AppendFormat("\t{0}", tbl.Columns[col].ColumnName);
```

```
            }
            sb.Append("\n");
        }
        //数据行
        for (int row = 0; row < tbl.Rows.Count; row++)
        {
            sb.Append(tbl.Rows[row][0]);
            for (int col = 1; col < tbl.Columns.Count; col++)
            {
                sb.AppendFormat("\t{0}", tbl.Rows[row][col]);
            }
            sb.Append("\n");
        }
        //去掉最后一个换行符
        sb.Remove(sb.Length - 1, 1);

        return sb.ToString();
    }
```

代码分别定义了 ToCsvQuote() 和 ToCsvTab() 方法，其中，ToCsvQuote() 方法生成的 CSV 中，字段名和数据项都使用一对双引号定义，并使用逗号分隔。ToCsvTab() 方法中，字段名和数据项使用制表符（\t）分隔。

这两个方法的参数与 ToCsv() 方法的参数相同，参数一都是使用 DataTable 对象作为数据源，参数二指定是否显示字段名。

下面的代码在 /demo/22/CDataConvert-CsvTest.aspx 页面中测试这三个方法的使用，首先来看 ToCsv() 方法。

```
<%@ Page Language="C#" %>
<%@ Import Namespace="System.Data" %>
<%@ Import Namespace="chyx2.dbx" %>
<%@ Import Namespace="chyx2.webx" %>

<script runat="server">
    protected void Page_Load(object s, EventArgs e)
    {
        ITask qry = CApp.DbConn.TaskFactory.NewTask("sale_main");
        DataTable tbl = qry.GetTable();
        if (tbl == null) return;

        string csv = CDataConvert.ToCsvQuote(tbl);

        // CWeb.ResponseTextFile(csv, "sale_main.csv", "text/csv");
        csv = csv.Replace("\n", "<br>");
        Response.Write(csv);
    }
</script>
```

为了在网页中能显示换行效果，同样将文本中的换行符替换为 br 元素，页面显示效果如图 22-15 所示。

需要注意的是，使用字符串对象的 Replace() 方法替换文本中的内容时，方法返回一个新的字符串对象，这与 StringBuilder 对象中的 Replace() 方法是不同的，在 StringBuilder 对象中，Replace() 方法会直接替换当前对象中的内容。

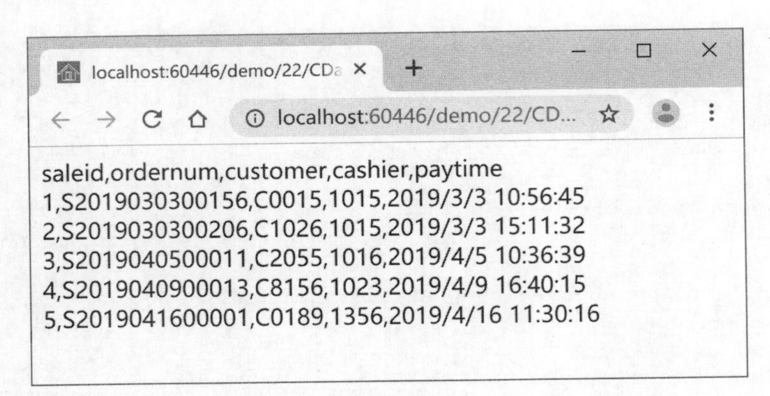

图　22-15

下面的代码测试 CDataConvert.ToCsvQuote() 方法的使用，这次不显示字段名。

```
<%@ Page Language="C#" %>
<%@ Import Namespace="System.Data" %>
<%@ Import Namespace="chyx2.dbx" %>
<%@ Import Namespace="chyx2.webx" %>

<script runat="server">
    protected void Page_Load(object s, EventArgs e)
    {
        ITask qry = CApp.DbConn.TaskFactory.NewTask("sale_main");
        DataTable tbl = qry.GetTable();
        if (tbl == null) return;

        string csv = CDataConvert.ToCsvQuote(tbl, false);

        // CWeb.ResponseTextFile(csv, "sale_main.csv", "text/csv");
        csv = csv.Replace("\n", "<br>");
        Response.Write(csv);
    }
</script>
```

页面显示效果如图 22-16 所示。

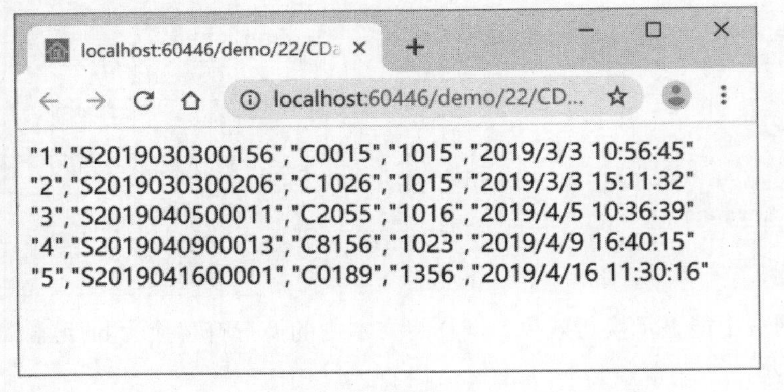

图　22-16

下面的代码用来测试 CDataConvert.ToCsvTab() 方法的使用。

```
<%@ Page Language="C#" %>
<%@ Import Namespace="System.Data" %>
<%@ Import Namespace="chyx2.dbx" %>
<%@ Import Namespace="chyx2.webx" %>

<script runat="server">
    protected void Page_Load(object s, EventArgs e)
    {
        ITask qry = CApp.DbConn.TaskFactory.NewTask("sale_main");
        DataTable tbl = qry.GetTable();
        if (tbl == null) return;

        string csv = CDataConvert.ToCsvTab(tbl);

        // CWeb.ResponseTextFile(csv, "sale_main.csv", "text/csv");
        Response.Write(
csv.Replace("\n", "<br>").Replace("\t", "    "));
    }
</script>
```

为了在网页中显示换行符和制表符的效果，在将换行符（\n）替换为 br 元素之后，又将制表符（\t）替换为四个空格符，页面显示效果如图 22-17 所示。

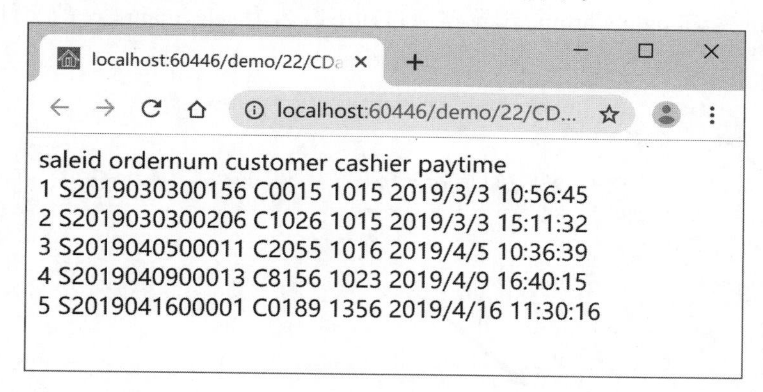

图　22-17

下面的代码（/app_code/chyx2.webx/chyx2.webx.CWeb.cs）在 CWeb 类中封装 Response-TextFile() 方法，实现文本文件的发送。

```
// 向客户端发送文本文件
public static void ResponseTextFile(string txt, string filename,
    string mime = "text/plain")
{
    HttpContext.Current.Response.ContentType = mime;
    HttpContext.Current.Response.AppendHeader("Content-Disposition",
"attachment;filename={0};".Combine(filename));
    HttpContext.Current.Response.Write(txt);
}
```

ResponseTextFile() 方法中共定义了三个参数，分别是：

- ❑ txt 参数，指定发送的内容。
- ❑ filename 参数，指定发送到客户端时显示的文件名。

❑ mime 参数，指定 MIME 类型，如 CSV 为“text/csv”。

下面的代码（/demo/22/CDataConvert-CsvTest.aspx）测试 CWeb.ResponseTextFile() 方法的应用。

```
<%@ Page Language="C#" %>
<%@ Import Namespace="System.Data" %>
<%@ Import Namespace="chyx2.dbx" %>
<%@ Import Namespace="chyx2.webx" %>

<script runat="server">
    protected void Page_Load(object s, EventArgs e)
    {
        ITask qry = CApp.DbConn.TaskFactory.NewTask("sale_main");
        DataTable tbl = qry.GetTable();
        if (tbl == null) return;

        string csv = CDataConvert.ToCsv(tbl);
        //发送文本文件
        CWeb.ResponseTextFile(csv, "sale_main.csv", "text/csv");
    }
</script>
```

打开页面时，Google Chrome 浏览器会自动下载名为 sale_main.csv 的文件，如图 22-18 所示。

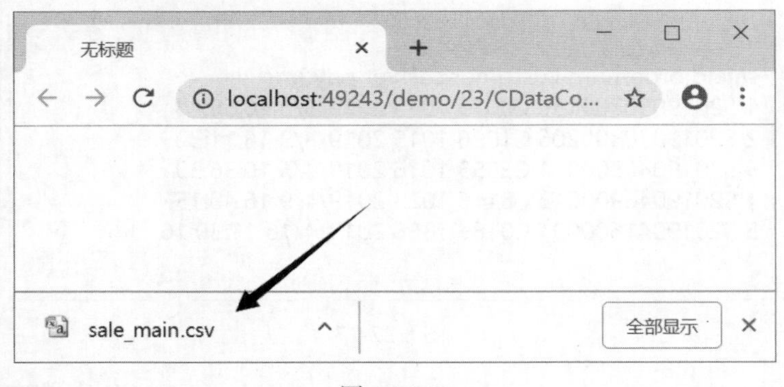

图 22-18

开发中向客户端直接发送文本内容时，除了使用 Response.Write() 方法，还可以使用 CWeb 类中的 Write() 或 WriteLine() 方法。

已经了解了如何使用 C# 代码生成 CSV 文件，下面的代码继续在 CDataConvert 类中添加 FromCsv() 方法，用于将 CSV 内容转换为 DataTable 对象。

```
//将 CSV 内容转换为 DataTable 对象，用逗号分隔字段名和数据项
public static DataTable FromCsv(string csv,bool hasColName=true)
{
    try
    {
        if (csv == null || csv == "") return null;
        //分隔行，并去掉空行
string[] lines = csv.Split(new char[] { '\n' },
            StringSplitOptions.RemoveEmptyEntries);
```

```
        // 预处理，创建 DataTable 对象和列
// 去掉多余的回车符 (\r)
        for (int i = 0; i < lines.Length; i++)
            lines[i] = lines[i].Replace("\r", "");

        string[] firstRow = lines[0].Split(',');
        DataTable tbl = new DataTable();
        if(hasColName)
        {
            for (int i = 0; i < firstRow.Length; i++)
                tbl.Columns.Add(firstRow[i]);
        }
        else
        {
            for (int i = 0; i < firstRow.Length; i++)
                tbl.Columns.Add();
            // 第一行作为数据添加
            tbl.Rows.Add(firstRow);
        }
        // 添加第二行开始的数据
        for (int i = 1; i < lines.Length; i++)
            tbl.Rows.Add(lines[i].Split(','));

        return tbl;
    }
    catch(Exception ex)
    {
        CLog.Err(ex, -1000L, "Error[CDataConvert.FromCsv(string,bool)]");
        return null;
    }
}
```

CDataConvert.FromCsv() 方法中，参数一指定 CSV 数据的文本内容，参数二指定第一行是否为字段名。

接下来创建 /demo/22/CDataConvert-FromCsvTest.aspx 页面。在 HTML 部分定义一个 GridView 控件，如下面的代码。

```
<%@ Page Language="C#" AutoEventWireup="true"
    CodeFile="CDataConvert-FromCsvTest.aspx.cs"
    Inherits="demo_22_CDataConvert_FromCsvTest" %>

<!DOCTYPE html>

<html xmlns="http://www.w3.org/1999/xhtml">
<head runat="server">
<meta http-equiv="Content-Type" content="text/html; charset=utf-8"/>
<title></title>
</head>
<body>
<form id="form1" runat="server">
<div>
<asp:GridView ID="grd" runat="server"></asp:GridView>
</div>
</form>
```

```
</body>
</html>
```

在 C# 代码部分修改代码如下。

```
using System;
using System.Data;
using chyx2.dbx;

public partial class demo_22_CDataConvert_FromCsvTest : System.Web.UI.Page
{
    protected void Page_Load(object sender, EventArgs e)
    {
        ITask qry = CApp.DbConn.TaskFactory.NewTask("sale_main");
        DataTable tbl = qry.GetTable();
        if (tbl == null) return;

        string csv = CDataConvert.ToCsvTab(tbl);
        // 转换为 DataTable 对象，并绑定到 GridView 控件
        DataTable tbl1 = CDataConvert.FromCsvTab(csv);
        grd.DataSource = tbl1;
        grd.DataBind();
    }
}
```

首先使用 CDataConert.ToCsv() 方法生成 CSV 数据格式，然后再让 CDataConvert.FromCsv() 方法转换为 DataTable 对象，最后绑定到 GridView 控件，页面显示效果如图 22-19 所示。

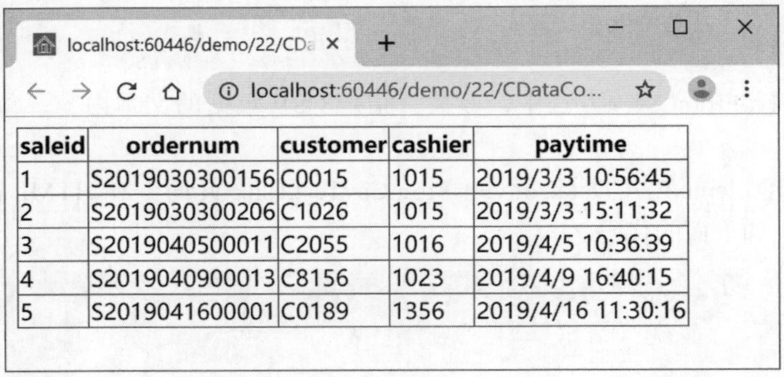

localhost:60446/demo/22/CDa

localhost:60446/demo/22/CDataCo...

saleid	ordernum	customer	cashier	paytime
1	S2019030300156	C0015	1015	2019/3/3 10:56:45
2	S2019030300206	C1026	1015	2019/3/3 15:11:32
3	S2019040500011	C2055	1016	2019/4/5 10:36:39
4	S2019040900013	C8156	1023	2019/4/9 16:40:15
5	S2019041600001	C0189	1356	2019/4/16 11:30:16

图 22-19

对于字段名和数据项带有引号或使用制表符分隔的 CSV 数据格式，在 CDataConert 类中分别定义了 FromCsvQuote() 和 FromCsvTab() 方法，用于将它们转换为 DataTable 对象，代码如下。

```
// 将 CSV 内容转换为 DataTable 对象，用双引号定义字段名和数据项，
// 用逗号分隔字段名和数据项
public static DataTable FromCsvQuote(string csv, bool hasColName = true)
{
    try
    {
        if (csv == null || csv == "") return null;
```

```
        //分隔行，并去掉空行
        string[] lines = csv.Split(new char[] {'\n'},
            StringSplitOptions.RemoveEmptyEntries);
        //预处理，创建 DataTable 对象和列
        //去掉行首和行尾的双引号
        for (int i = 0; i < lines.Length; i++)
            lines[i] = lines[i].Substring(1, lines[i].Length - 2);
        //使用 "," 分隔行的数据
        string[] firstRow = lines[0].Split(new string[] { @""",""" },
            StringSplitOptions.None);
        DataTable tbl = new DataTable();
        if (hasColName)
        {
            for (int i = 0; i < firstRow.Length; i++)
               tbl.Columns.Add(firstRow[i]);
        }
        else
        {
            for (int i = 0; i < firstRow.Length; i++)
                tbl.Columns.Add();
            //第一行作为数据添加
            tbl.Rows.Add(firstRow);
        }
        //添加第二行开始的数据
        for (int i = 1; i < lines.Length; i++)
            tbl.Rows.Add(lines[i].Split(new string[] { @""",""" },
                StringSplitOptions.None));

        return tbl;
    }
    catch (Exception ex)
    {
        CLog.Err(ex, -1000L, "Error[CDataConvert.FromCsvQuote(string,bool)]");
        return null;
    }
}

//将 CSV 内容转换为 DataTable 对象，用制表符分隔字段名和数据项
public static DataTable FromCsvTab(string csv, bool hasColName = true)
{
    try
    {
        if (csv == null || csv == "") return null;
        //分隔行，并去掉空行
        string[] lines = csv.Split(new char[] { '\n' },
            StringSplitOptions.RemoveEmptyEntries);
        //预处理，创建 DataTable 对象和列
        //使用制表符 (\t) 分隔行数据
        string[] firstRow = lines[0].Split(new char[] { '\t' },
            StringSplitOptions.None);
        DataTable tbl = new DataTable();
        if (hasColName)
        {
            for (int i = 0; i < firstRow.Length; i++)
                tbl.Columns.Add(firstRow[i]);
```

```
        }
        else
        {
            for (int i = 0; i < firstRow.Length; i++)
                tbl.Columns.Add();
            //第一行作为数据添加
            tbl.Rows.Add(firstRow);
        }
        //添加第二行开始的数据
        for (int i = 1; i < lines.Length; i++)
            tbl.Rows.Add(lines[i].Split(new char[] { '\t' },
                StringSplitOptions.None));

        return tbl;
    }
    catch (Exception ex)
    {
        CLog.Err(ex, -1000L, "Error[CDataConvert.FromCsvTab(string,bool)]");
        return null;
    }
}
```

关于这两个方法，可以修改 /demo/22/CDataConvert-FromCsv.aspx 页面中的代码进行测试，测试用的 CSV 数据可以分别由 CDataConvert 类中的 ToCsvQuote() 和 ToCsvTab() 方法生成。

下面的代码演示了 ToCsvQuote() 和 FromCsvQuote() 方法的使用。

```
using System;
using System.Data;
using chyx2.dbx;

public partial class demo_22_CDataConvert_FromCsvTest : System.Web.UI.Page
{
    protected void Page_Load(object sender, EventArgs e)
    {
        ITask qry = CApp.DbConn.TaskFactory.NewTask("sale_main");
        DataTable tbl = qry.GetTable();
        if (tbl == null) return;
        //
        string csv = CDataConvert.ToCsvQuote(tbl);
        // 转换为 DataTable 对象，并绑定到 GridView 控件
        DataTable tbl1 = CDataConvert.FromCsvQuote(csv);
        grd.DataSource = tbl1;
        grd.DataBind();
    }
}
```

下面的代码演示了 ToCsvTab() 和 FromCsvTab() 方法的配合使用。

```
using System;
using System.Data;
using chyx2.dbx;

public partial class demo_22_CDataConvert_FromCsvTest : System.Web.UI.Page
{
```

```
    protected void Page_Load(object sender, EventArgs e)
    {
        ITask qry = CApp.DbConn.TaskFactory.NewTask("sale_main");
        DataTable tbl = qry.GetTable();
        if (tbl == null) return;
        //
        string csv = CDataConvert.ToCsvTab(tbl);
        // 转换为 DataTable 对象，并绑定到 GridView 控件
        DataTable tbl1 = CDataConvert.FromCsvTab(csv);
        grd.DataSource = tbl1;
        grd.DataBind();
    }
}
```

22.2.5　代码封装（JavaScript）

服务器部分，通过封装的 CDataConvert 类，可以对 CSV 格式的数据进行各种转换操作。在客户端，同样可以通过代码的封装更方便地解析 CSV 数据。

下面的代码（/js/dataconvert.js）定义了解析 CSV 数据的 csv2array() 函数，函数会生成一个二维数组，而 array2table() 函数的功能则是将二维数组转换为 table 元素的 HTML 代码。

```
/* 将逗号分隔的 CSV 转换为二维数组 */
function csv2array(csv) {
    var lines = csv.split("\n");
    var arr = Array();
    for (var ln = 0; ln < lines.length; ln++) {
        if (lines[ln] !== "") {
            arr[arr.length] = lines[ln].split(",");
        }
    }
    return arr;
}

/* 将二维数组转换为 table 元素 */
function array2table(arr,hasColName) {
    var s = "<table>";
    // 第一行
    s += "<tr>";
    if (hasColName) {
        for (col = 0; col < arr[0].length; col++)
            s = s + "<th>" + arr[0][col] + "</th>";
    } else {
        for (col = 0; col < arr[0].length; col++)
            s = s + "<td>" + arr[0][col] + "</td>";
    }
    s += "</tr>";
    // 第二行开始
    for (row = 1; row < arr.length; row++) {
        s += "<tr>";
        for (col = 0; col < arr[row].length; col++)
            s = s + "<td>" + arr[row][col] + "</td>";
        s += "</tr>";
    }
```

```
    s += "</table>";
    return s;
}
```

下面的代码在 /demo/22/CsvTest.html 页面中测试这两个函数的使用。

```
<!DOCTYPE html>
<html>
<head>
<meta charset="utf-8" />
<title></title>
<style>
        table {
            border-collapse:collapse;
        }
        th,td {
            border:1px solid gray;
            padding:0.3em 1em;
            text-align:center;
        }
</style>
</head>
<body>
<div id="grid"></div>
</body>
</html>
<script src="/js/ajax.js"></script>
<script src="/js/dataconvert.js"></script>
<script>
    var url = "CDataConvert-CsvTest.aspx";
    ajaxGetText(url, null, function (txt) {
        var arr = csvtab2array(txt);
        document.getElementById("grid").innerHTML =
            array2table(arr, true);
    });
</script>
```

代码引用了 ajax.js 和 dataconvert.js 两个文件，CSV 数据则由 /demo/23/CDataConvert-CsvTest.aspx 页面提供，其中会使用 CDataConvert.ToCsv() 方法生成 CSV 格式数据。页面显示效果如图 22-20 所示。

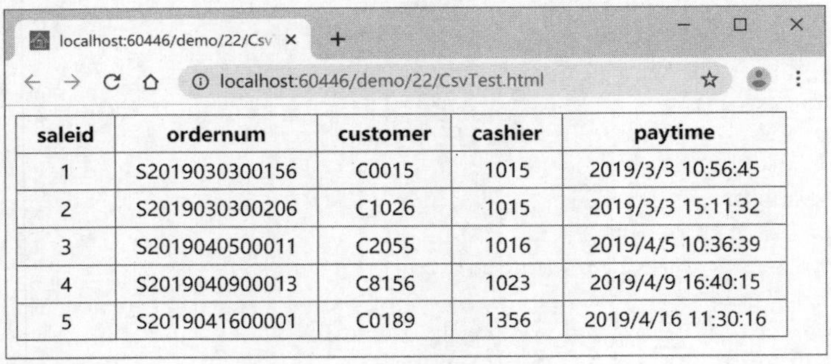

localhost:60446/demo/22/Csv ×
localhost:60446/demo/22/CsvTest.html

saleid	ordernum	customer	cashier	paytime
1	S2019030300156	C0015	1015	2019/3/3 10:56:45
2	S2019030300206	C1026	1015	2019/3/3 15:11:32
3	S2019040500011	C2055	1016	2019/4/5 10:36:39
4	S2019040900013	C8156	1023	2019/4/9 16:40:15
5	S2019041600001	C0189	1356	2019/4/16 11:30:16

图 22-20

下面的代码继续在 /js/dataconvert.js 文件中定义 csvquote2array() 和 csvtab2array() 函数，

分别用于将双引号格式和制表符分隔的 CSV 数据转换为二维数组。

```
/* 将双引号定义字段和数据项，逗号分隔的 CSV 转换为二维数组 */
function csvquote2array(csv) {
    var lines = csv.split("\n");
    var arr = Array();
    for (var ln = 0; ln < lines.length; ln++) {
        if (lines[ln] !== "") {
            arr[arr.length] = lines[ln].substring(1,lines[ln].length-2).split
("\",\"");
        }
    }
    return arr;
}

/* 将制表符分隔的 CSV 转换为二维数组 */
function csvtab2array(csv) {
    var lines = csv.split("\n");
    var arr = Array();
    for (var ln = 0; ln < lines.length; ln++) {
        if (lines[ln] !== "") {
            arr[arr.length] = lines[ln].split("\t");
        }
    }
    return arr;
}
```

测试这两个函数，应分别使用 CDataConvert 类中的 ToCsvQuote() 和 ToCsvTab() 方法生成的 CSV 格式数据，大家可自己编写代码完成测试。

22.3　XML

XML（Extensible Mark-up Language，可扩展标记语言）是一种数据格式化语言。其中，元素节点要求都有一个开始标记和一个对应的结束标记，如 <saleid> 和 </saleid>、<ordernum> 和 </ordernum> 等，而且，每个 XML 文档还应该有一个根节点。

很多开发环境都提供了基于 XML 模型的开发资源，如 .NET Framework 类库 System.Xml 命名空间中的内容，以及浏览器中的 DOM 等。不过，从本质上讲，XML 文档依然是文本文件，所以，在创建 XML 内容时，使用基于文本的操作也是一个不错的选择。

下面的代码在 CDataConvert 类中创建 ToXml() 方法，其功能是根据 DataTable 对象数据生成 XML 格式数据的文本内容。

```
/* XML 操作 */
public static string ToXml(DataTable tbl)
{
    if (tbl == null || tbl.Columns.Count < 1
        || tbl.Rows.Count < 1) return "";
    //
    StringBuilder sb = new StringBuilder("<records>",1000);
    for (int row = 0; row < tbl.Rows.Count; row++)
    {
        sb.Append("<record>");
```

```
            for (int col = 0; col < tbl.Columns.Count; col++)
            {
                sb.AppendFormat("<{0}>{1}</{0}>",
                    tbl.Columns[col].ColumnName, tbl.Rows[row][col]);
            }
            sb.Append("</record>");
        }
        sb.Append("</records>");
        return sb.ToString();
    }
```

首先，ToXml() 方法中创建了一个根节点，即 <records> 和 </records> 标记创建的节点；然后，数据记录使用 <record> 和 </record> 标记定义；最后，使用字段名定义数据节点，其中包括的文本节点就是具体的数据。请注意这里约定的格式，稍后在处理 XML 数据时需要使用。

下面在 /demo/22/CDataConvert-XmlTest.aspx 页面中测试 ToXml() 方法，如下面的代码。

```
<%@ Page Language="C#" %>
<%@ Import Namespace="chyx2" %>
<%@ Import Namespace="chyx2.dbx" %>
<%@ Import Namespace="chyx2.webx" %>
<%@ Import Namespace="System.Data" %>

<script runat="server">
    protected void Page_Load(object sender, EventArgs e)
    {
        ITask qry = CApp.DbConn.TaskFactory.NewTask("sale_main");
        DataTable tbl = qry.GetTable();
        if (tbl == null) return;
        //
        string xml = CDataConvert.ToXml(tbl);
        Response.Write(Server.HtmlEncode(xml));
        //CWeb.ResponseTextFile(xml, "sale_main.xml", "application/xml");
    }
</script>
```

代码使用 Server.HtmlEncode() 方法对 XML 内容进行了编码，否则标记将无法正确显示，页面显示效果如图 22-21 所示。

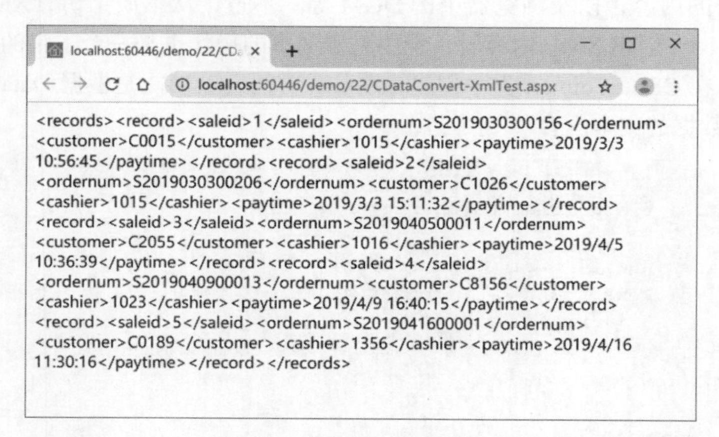

图 22-21

接下来将代码的最后一行“Response.Write(Server.HtmlEncode(xml));”替换为“CWeb.ResponseTextFile(xml,"sale_main.xml","text/xml");”。

下面的代码在 /demo/22/XmlTest.html 文件中测试客户端的 XML 数据处理。首先，查看接收的 XML 数据的文本内容。

```
<!DOCTYPE html>
<html>
<head>
<meta charset="utf-8" />
<title></title>
</head>
<body>

</body>
</html>
<script src="/js/ajax.js"></script>
<script>
    var url = "CDataConvert-XmlTest.aspx";
    ajaxGetText(url, null, function (txt) {
        alert(txt);
    });
</script>
```

页面会通过一个消息对话框显示收到的 XML 内容，如图 22-22 所示。

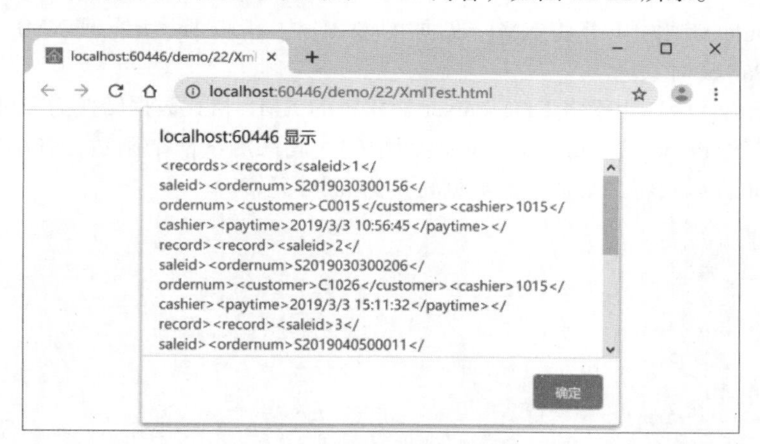

图　22-22

XML 数据格式是可扩展的，所以，只能在项目中对格式进行约定，这样才能在服务器和客户端之间有效地配合使用。本书用于交换数据的 XML 格式是约定好的，根节点使用 <records> 和 </records> 定义，每条记录使用 <record> 和 </record> 定义，然后，每个字段的数据使用字段名作为标记来定义节点，数据则定义为字段节点下的文本节点。

下面的代码（/js/dataconvert.js）封装了 text2xml() 函数和 xml2array() 函数，分别用于将文本内容转换为 XML 文档对象，以及将 XML 文档对象中的数据转换为二维数组。

```
/* 将文本内容转换为 XML 对象 */
function text2xml(txt) {
    return new DOMParser().parseFromString(txt, "text/xml");
}
```

```
/* 将 XML 数据转换为二维数组 */
function xml2array(xml) {
    var records = xml.getElementsByTagName("record");
    var rowCount = records.length;
    var colCount = records[0].childNodes.length;
    //
    var arr = Array();
    // 预处理，arr 第一个元素为字段名数组
    arr[0] = Array();
    for (col = 0; col < colCount; col++) {
        arr[0][col] = records[0].childNodes[col].nodeName;
    }
    //arr 第二个元素开始为数据
    for (row = 0; row < rowCount; row++) {
        arr[row + 1] = Array();
        for (col = 0; col < colCount; col++) {
            arr[row + 1][col] = records[row].childNodes[col].firstChild.nodeValue;
        }
    }

    return arr;
}
```

其中：

- text2xml() 函数用于将 XML 数据的文本内容转换为处理 XML 格式数据的 DOMParser 对象。
- xml2array() 函数用于将 DOMParser 对象中的 XML 格式数据转换为二维数组。

下面，修改 /demo/22/XmlTest.html 页面中的代码来测试两个函数，其中还会使前面封装的 array2table() 函数将二维数组的数据转换为 table 元素。

```
<!DOCTYPE html>
<html>
<head>
<meta charset="utf-8" />
<title></title>
<style>
        table {
            border-collapse: collapse;
        }
        th, td {
            border: 1px solid gray;
            padding: 0.3em 1em;
            text-align:center;
        }
</style>
</head>
<body>
<div id="grid"></div>
</body>
</html>
<script src="/js/ajax.js"></script>
<script src="/js/dataconvert.js"></script>
<script>
```

```
    var url = "CDataConvert-XmlTest.aspx";
    ajaxGetText(url, null, function (txt) {
        var xml = text2xml(txt);
        var arr = xml2array(xml);
        document.getElementById("grid").innerHTML =
            array2table(arr, true);
    });
</script>
```

页面显示效果如图 22-23 所示。

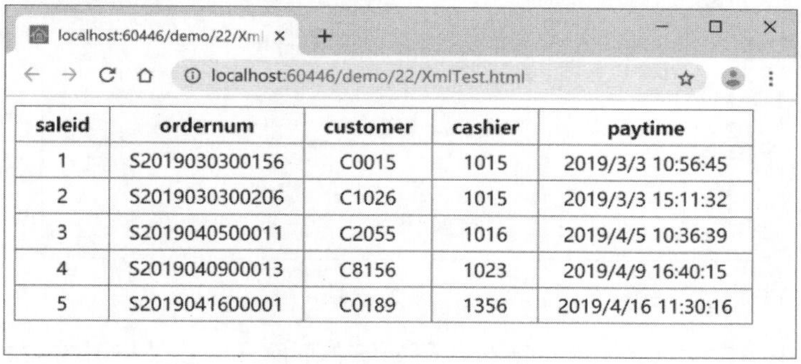

saleid	ordernum	customer	cashier	paytime
1	S2019030300156	C0015	1015	2019/3/3 10:56:45
2	S2019030300206	C1026	1015	2019/3/3 15:11:32
3	S2019040500011	C2055	1016	2019/4/5 10:36:39
4	S2019040900013	C8156	1023	2019/4/9 16:40:15
5	S2019041600001	C0189	1356	2019/4/16 11:30:16

图　22-23

22.4　JSON

JSON（JavaScript Object Notation）是一种基于 JavaScript 语言的轻量级数据存储格式，其本质上依然是使用字符串来保存数据、数组和对象等。同时，JSON 与 JavaScript 对象也可以相互转换。所以说，在 Web 应用开发中，JSON 是一种非常方便的数据交换格式。

22.4.1　应用基础

首先，JSON 中的数据直接量有数字、字符串、布尔值和空值。和 JavaScript 一样，数字直接书写，如 0、1、1.23；字符串使用一对双引号定义；布尔值包括 true 和 false 值；空值则为 null。

下面的代码从处理简单的数组结构开始。JSON 中，数组使用一对方括号定义，数组成员使用逗号分隔。

```
<!DOCTYPE html>
<html>
<head>
<meta charset="utf-8" />
<title></title>
</head>
<body>

</body>
</html>
<script>
    var s = '[1,2,3,4,5]';
```

```
    var arr = JSON.parse(s);
    for (i = 0; i < 5; i++)
        document.write(arr[i] + "<br>");
</script>
```

其中，s 的内容就是 JSON 数组的字符串形式，其中定义了五个数组成员。JSON.parse() 方法将 JSON 数组的字符串内容转换为 JavaScript 对象，这里会得到相应的数组对象。最后，使用 for 循环语句结构显示了数组中的所有成员。页面显示效果如图 22-24 所示。

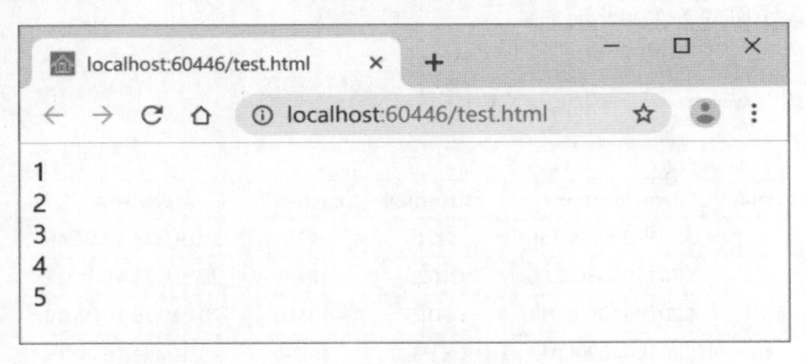

图 22-24

JavaScript 中，定义这个数组的等价代码如下。页面显示效果与图 22-24 相同。

```
<script>
    var arr = [ 1, 2, 3, 4, 5];
    for (i = 0; i < 5; i++)
        document.write(arr[i] + "<br>");
</script>
```

接下来，看一下成员类型为“键 / 值”对应的集合类型处理，通常称为 map 或 dictionary 类型。

这种集合类型中的成员格式为“< 键 >:< 值 >”，其中，< 键 > 为数据名称，使用字符串形式定义，< 值 > 则是成员的数据。JavaScript 代码可以使用“对象 [< 键 >]”的格式访问数据。下面的代码演示了这一数据结构的操作。

```
<script>
    var s = '{"earth":" 地球 ", "mars":" 火星 ", "jupiter":" 木星 "}';
    var map = JSON.parse(s);
    document.write(map["earth"] + "<br>");
    document.write(map["mars"] + "<br>");
    document.write(map["jupiter"] + "<br>");
</script>
```

首先，JSON 数据的字符串中，使用一对花括号定义了一个集合对象，包括三个成员；其次，同样使用 JSON.parse() 方法将字符串转换为 JavaScript 对象；最后，显示三个成员的值。页面显示效果如图 22-25 所示。

使用 JavaScript 数组的等价代码如下，显示效果与图 22-25 相同。

```
<script>
    var map = {"earth":" 地球 ", "mars":" 火星 ", "jupiter":" 木星 "};
    document.write(map["earth"] + "<br>");
    document.write(map["mars"] + "<br>");
```

```
    document.write(map["jupiter"] + "<br>");
</script>
```

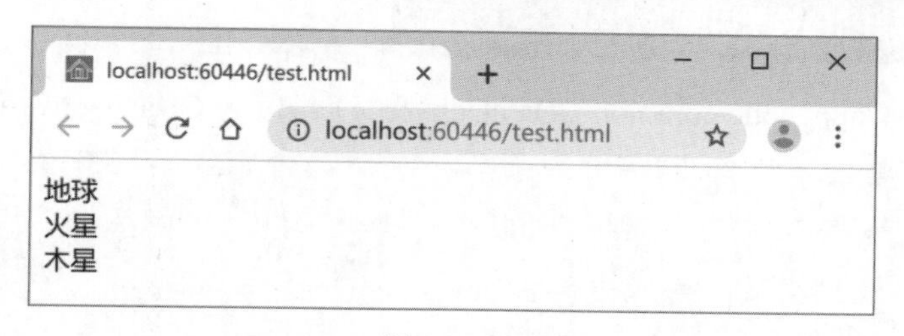

图　22-25

前面的实例使用 JSON.parse() 方法将 JSON 数据的字符串形式转换为 JavaScript 对象。反向操作，即将 JavaScript 对象转换为 JSON 数据字符串时，可以使用 JSON.stringify() 方法，如下面的代码。

```
<script>
    var map = {"earth":"地球", "mars":"火星", "jupiter":"木星"};
    var s = JSON.stringify(map);
    document.write(s);
</script>
```

页面显示效果如图 22-26 所示。

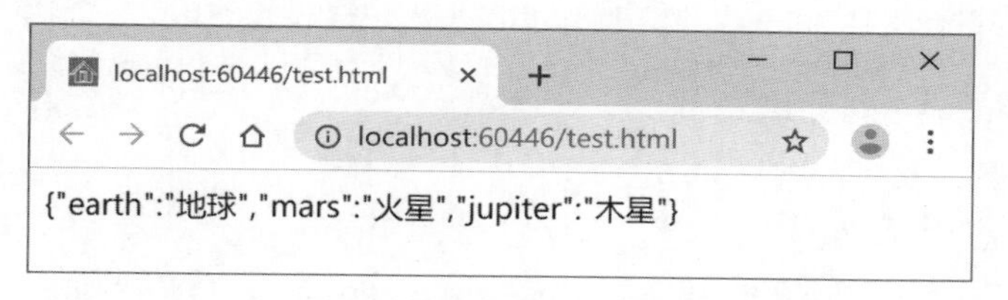

图　22-26

下面对 JSON 中的数据形式进行总结。基本的数据直接量包括数字、字符串、布尔值和空值，定义方法如下：

- 数字直接书写。
- 字符串使用一对双引号定义，对于特殊字符需要使用转义符，如字符串中包括双引号时就应该使用“\”定义。
- 布尔值包括 true 或 false 值。
- 空值使用 null。

数组使用一对方括号定义，一般与 Array 类型相对应，可以使用从 0 开始的索引访问成员。

对象使用一对花括号定义，可以表示数组、Map 等对象，通过 JSON.parse ( ) 方法可以转换为相应的 JSON 对象，如 JavaScript 数组、Map 对象等。

实际上，JSON 的数据格式有着极大的灵活性，和 XML 文档一样，并没有什么特定的关键字，完全可以自定义数据的表现形式。所以，在 Web 项目中使用 JSON 格式交换数据时，同样需要事先约定数据的格式。

接下来，还是从服务器端如何生成 JSON 数据和客户端如何解析 JSON 数据两个方面进行讨论。

22.4.2 生成 JSON 数据（C#）

下面的代码（/app_code/common/CDataConvert.c）继续为 CDataConvert 类添加方法。

```
//生成二维数组格式
public static string ToJson(DataTable tbl)
{
    if (tbl == null || tbl.Columns.Count < 1
        || tbl.Rows.Count < 1) return "";
    StringBuilder sb = new StringBuilder("[", 1000);
    //字段名
    sb.AppendFormat(@"[""{0}""", tbl.Columns[0].ColumnName);
    //其他字段名
    for (int col = 1; col < tbl.Columns.Count; col++)
        sb.AppendFormat(@",""{0}""", tbl.Columns[col].ColumnName);
    sb.Append(@"]");
    //数据记录开始
    for (int row = 0; row < tbl.Rows.Count; row++)
    {
        //第一个字段数据
        string typeName = tbl.Columns[0].DataType.Name;
        object value = tbl.Rows[row][0];
        if (value == null || value == DBNull.Value)
            sb.Append(",[null");
        else if (typeName.InList("String", "DateTime"))
            sb.AppendFormat(@",[""{0}""", value);
        else
            sb.AppendFormat(@",[{0}", value);
        //其他字段
        for (int col = 1; col < tbl.Columns.Count; col++)
        {
            typeName = tbl.Columns[col].DataType.Name;
            value = tbl.Rows[row][col];
            if (value == null || value == DBNull.Value)
                sb.Append(",null");
            else if (typeName.InList("String", "DateTime"))
                sb.AppendFormat(@",""{0}""", value);
            else
                sb.AppendFormat(@",{0}", tbl.Rows[row][col]);
        }
        sb.Append("]");
    }
    sb.Append("]");
return sb.ToString();
}
```

这里添加了 ToJson() 方法，其功能是将 DataTable 对象中的数据转换为 JSON 格式的字符串。请注意生成数据格式的约定，方法返回的 JSON 数据是一个二维数组。数组的第一维表示行，第一个成员（第一行）是字段名数组，第二个成员开始是真正的数据，每一行数据都会生成一个数组。

下面的代码（/demo/22/CDataConvert-JsonTest.aspx）用于测试 CDataConvert.ToJson() 方

法的使用。

```
<%@ Page Language="C#" %>
<%@ Import Namespace="chyx2" %>
<%@ Import Namespace="chyx2.dbx" %>
<%@ Import Namespace="chyx2.webx" %>
<%@ Import Namespace="System.Data" %>

<script runat="server">
    protected void Page_Load(object s,EventArgs e)
    {
        ITask qry = CApp.DbConn.TaskFactory.NewTask("sale_main");
        DataTable tbl = qry.GetTable();
        if (tbl == null) return;
        //
        string json = CDataConvert.ToJson(tbl);
        Response.Write(json);
        // CWeb.ResponseTextFile(json, "sale_main.json", "text/json");
    }
</script>
```

页面显示效果如图 22-27 所示。

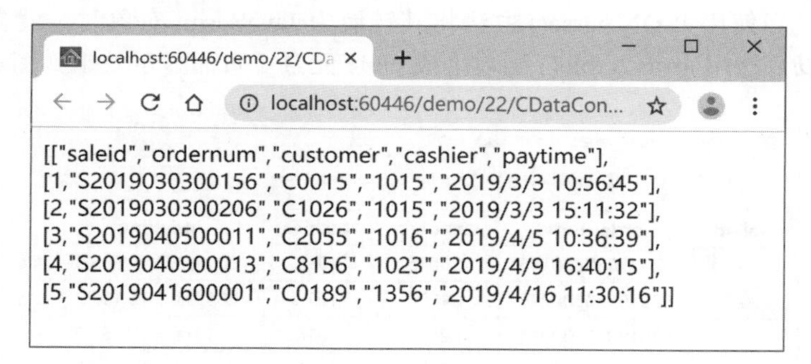

图　22-27

此外，如果需要将 JSON 数据作为文本文件发送，则可以参考如下代码，其中 JSON 文件的 MIME 类型为 text/json。

```
CWeb.ResponseTextFile(json, "sale_main.json", "text/json");
```

22.4.3　解析数据（JavaScript）

在客户端解析 JSON 数据是很方便的，如下面的代码。

```
<!DOCTYPE html>
<html>
<head>
<meta charset="utf-8" />
<title></title>
<style>
    table {
        border-collapse: collapse;
    }
    th, td {
```

```
            border: 1px solid gray;
            padding: 0.3em 1em;
            text-align: center;
        }
    </style>
    </head>
    <body>
    <div id="grid"></div>
    </body>
    </html>
    <script src="/js/ajax.js"></script>
    <script src="/js/dataconvert.js"></script>
    <script>
       var url = "CDataConvert-JsonTest.aspx";
        ajaxGetText(url, null, function (txt) {
            var arr = JSON.parse(txt);
            document.getElementById("grid").innerHTML =
                array2table(arr,true);
        });
    </script>
```

请回忆一下 CDataConvert.ToJson() 方法中的生成的 JSON 数据格式，其本质就是一个二维数组，所以，当使用 JSON.parse() 方法将其转换为 JavaScript 对象时，就会生成一个二维数组对象，可以直接用 array2table() 函数生成 table 元素。页面显示效果如图 22-28 所示。

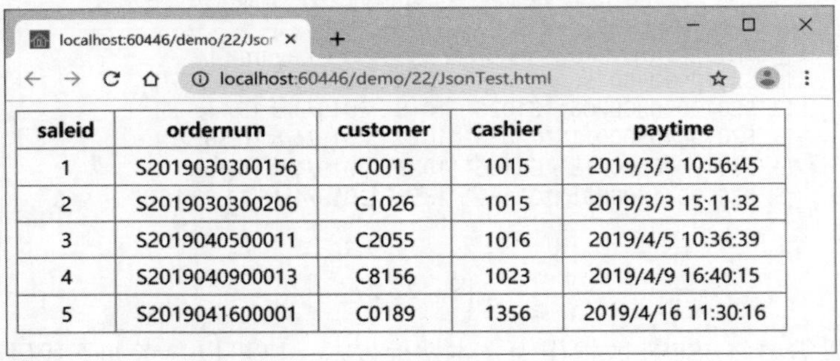

saleid	ordernum	customer	cashier	paytime
1	S2019030300156	C0015	1015	2019/3/3 10:56:45
2	S2019030300206	C1026	1015	2019/3/3 15:11:32
3	S2019040500011	C2055	1016	2019/4/5 10:36:39
4	S2019040900013	C8156	1023	2019/4/9 16:40:15
5	S2019041600001	C0189	1356	2019/4/16 11:30:16

图 22-28

22.5 小结

本章讨论了 Web 项目中服务器和客户端之间交换数据的几种常用格式，包括 Excel、CSV、XML 和 JSON，主要涉及这些数据格式的生成和读取。下面对它们的应用特点再做一些讨论。

Excel 本身就是一个功能强大的数据处理环境，是众多数据处理人员最喜爱的生产力工具之一。Excel 有强大的数据存储、计算、汇总，以及报表和图表制作功能，并可以通过 VBA（Visual Basic Application）编程扩展更多的功能。所以，当用户从单一的 Excel 转向其他应用时，依旧希望能使用 Excel 作为数据交换的文件格式，对于开发者，一般都会完成这个功能。

CSV 数据有固定的格式，就是二维表的文本形式，一般会将第一行作为字段，第二行开始作为数据行，字段名和数据项之间使用逗号分隔。CSV 数据格式还有一些简单的变化，比如，字段名和数据项都使用一对双引号定义，字段名和数据项使用制表符（\t）分隔等。由于 CSV 是纯文本文件，因此，它的文件尺寸更小。如果只是单纯地在服务器和客户端之间传递二维数据，则完全可以用 CSV 格式替代 Excel 文件，但有一点应注意，必须对数据的格式进行约定，以便在服务器和客户端都能够正确地读写数据。

XML 和 JSON 都是自定义格式的数据类型，使用文本形式定义数据。其中，XML 数据会使用一个树状结构来保存，树状结构中的节点由成对的标记来定义，如 <name> 和 </name>、<saleid> 和 </saleid> 等，这些标记是可以自己决定的。此外，在 XML 中不使用标记的节点就只有文本节点，一般来讲，文本节点就是最终的数据，而标记就是数据的名称。

与 XML 不同，JSON 以对象的形式定义数据结构，主要包括一对方括号定义的数组、一对花括号定义的集合对象等。其中的数据直接量可以使用数字、一对双引号定义的字符串、true、false 和 null 值等。相对于 XML 格式，JSON 的数据格式更加灵活。

最后，使用 XML 和 JSON 格式传递数据时，应先做好数据结构约定，这样才能在服务器和客户端之间有效地进行数据交换。

第 23 章　客户端数据

在客户端保存数据，可以实现一些实用的功能，如保存登录用户名、临时购物车内容等。本章将讨论两种基本的客户端数据保存方法：一种是传统的方法，即使用 Cookie；另一种则是 HTML5 标准中新增的方法，包括 localStorage 和 sessionStorage 对象的使用。

23.1　Cookie

Cookie 数据在客户端（浏览器）中以文本的形式保存，分为会话 Cookie 和持久 Cookie，其中，会话 Cookie 会在网站访问结束后删除，持久 Cookie 则可以设置一个保存期限，到期后失效。此外，只有写入 Cookie 数据的网站才能读取相应的数据。

下面介绍 Cookie 的使用方法。

23.1.1　使用 cookie 存储数据

在客户端保存 Cookie 数据，可以使用 document.cookie 对象，如下面的代码（/demo/23/cookieTest.html）。

```
<!DOCTYPE html>
<html>
<head>
<meta charset="utf-8" />
<title></title>
</head>
<body>
<button onclick="readCookie();">读取 Cookie</button>
</body>
</html>
<script>
    window.onload = function () {
        // 写入 Cookie
        document.cookie = "username=admin;max-age=864000";
    }
    //
    function readCookie() {
        var cks = document.cookie.split(";");
        alert(cks[0]);
    }
</script>
```

页面的 onload 事件中，通过 document.cookie 对象设置了 Cookie 数据。其中包括两项数据，使用分号（;）分隔，每个数据项包括名称和值，使用等号（=）分隔，如

username=admin 中 username 为数据名，admin 为数据值。请注意，max-age 并不是数据，而是 Cookie 参数，它设置了 Cookie 的生命周期，单位为秒，设置为 864 000 秒表示 10 天。

单击“读取 Cookie”按钮的响应代码使用分号分隔 Cookie 数据，然后通过消息对话框显示第一个数据内容。页面显示效果如图 23-1 所示。

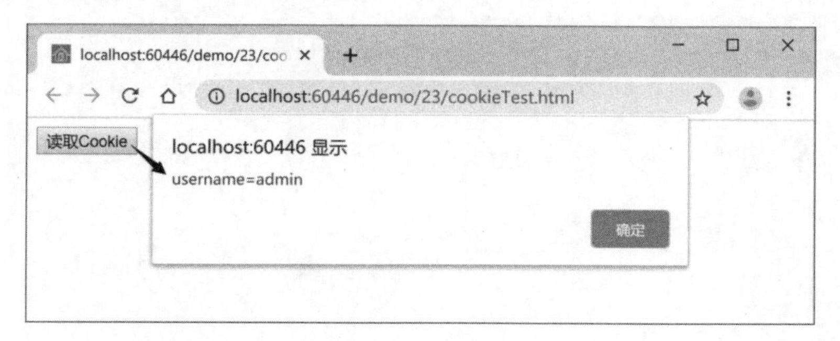

图　23-1

读取 username 的数据值时，只需要使用等号分隔为数组，然后取第二个成员的内容。

23.1.2　服务器端操作 Cookie（ASP.NET）

ASP.NET 的 Response 对象中包含了 Cookie 对象，可以用于客户端 Cookie 的读写操作。

下面的代码（/demo/23/cookieTest.aspx）演示了如何使 Response 对象与客户端 Cookie 配合使用。

```
<%@ Page Language="C#" %>
<%@ Import Namespace="chyx2" %>

<!DOCTYPE html>

<script runat="server">
    protected void btnReadCookie_Click(object sender, EventArgs e)
    {
        txt1.Text = Request.Cookies["username"].Value;
    }
    protected void btnWriteCookie_Click(object sender, EventArgs e)
    {
        Response.Cookies["username"].Value = "user01";
    }
</script>

<html xmlns="http://www.w3.org/1999/xhtml">
<head runat="server">
<meta http-equiv="Content-Type" content="text/html; charset=utf-8"/>
<title></title>
</head>
<body>
<form id="form1" runat="server">
<div>
<p>
```

```
<asp:TextBox ID="txt1" runat="server" />
<asp:Button ID="btnReadCookie" Text="读取 Cookie"
                    OnClick="btnReadCookie_Click" runat="server" />
</p>
<p>
<asp:TextBox ID="txt2" runat="server" />
<asp:Button ID="btnWriteCookie" Text="写入 Cookie"
                    OnClick="btnWriteCookie_Click" runat="server" />
</p>
<button onclick="readCookie();">客户端读取 Cookie</button>
</div>
</form>
</body>
</html>
<script>
    window.onload = function () {
        document.cookie = "username=admin;max-age=864000";
    }
    //
    function readCookie() {
        var cks = document.cookie.split(";");
        for (i = 0; i < cks.length;i++) {
            document.write(cks[i] + "<br>");
        }
    }
</script>
```

页面载入时，会在客户端添加一个 Cookie 数据，即“username=admin”，然后，可以在服务器端使用 Response.Cookie 对象读取。通过 Response.Cookie 对象写入 Cookie 数据时会保存到客户端，此时，可以在客户端使用 JavaScript 读取这些 Cookie 数据。页面显示效果如图 23-2 所示。

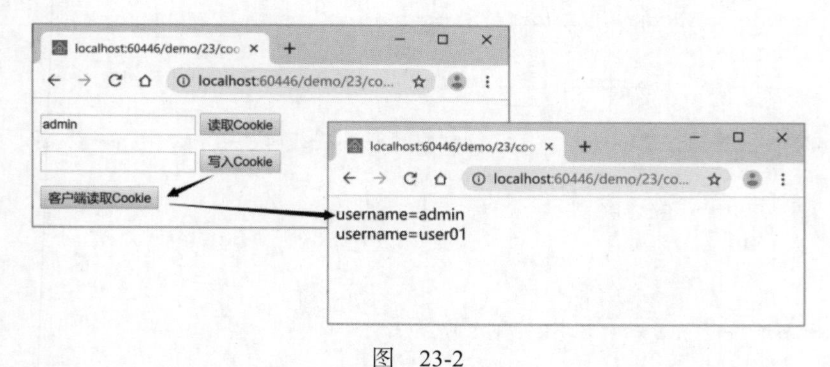

图 23-2

如果需要设置 Cookie 的有效时间，可以参考如下代码。

```
HttpCookie ck = new HttpCookie("name1", "value1");
ck.Expires = DateTime.Now.AddDays(10);
Response.Cookies.Add(ck);
```

代码使用 HttpCookie 类型定义 Cookie 对象，Expires 设置 Cookie 的有效时限，这里使用当前时间加 10 天，最后，使用 Response.Cookies.Add() 方法将 Cookie 数据保存到客户端。

在客户端，可以通过 doucment.cookie 对象查看此数据，如图 23-3 所示。

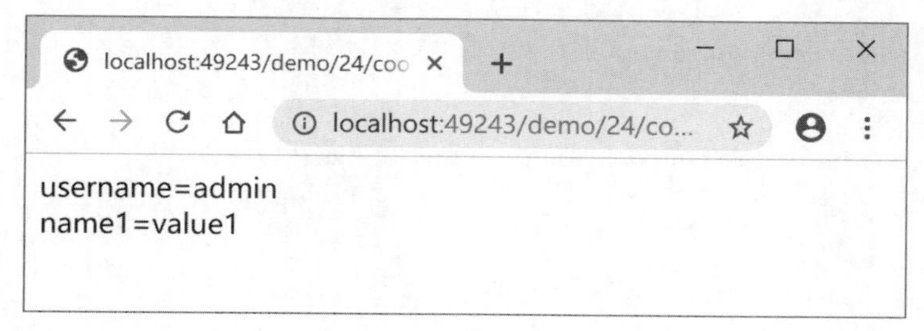

图　23-3

23.1.3　保存登录用户名

为了方便用户操作，可以在用户登录成功后保存用户名，这样，在下次登录时就不需要再次输入了，除非用户清除浏览器 Cookie 或者更换了浏览器。

下面在 /user/Login.aspx 页面的基础上添加保存登录用户名的功能。首先，复制 Login.aspx 页面，并命名为 /user/Login1.aspx，然后修改 Login1.aspx 文件的内容如下。

```
<%@ Page Language="C#" AutoEventWireup="true"
    CodeFile="Login1.aspx.cs" Inherits="user_Login" %>

<!DOCTYPE html>

<html xmlns="http://www.w3.org/1999/xhtml">
<head runat="server">
<meta http-equiv="Content-Type" content="text/html; charset=utf-8"/>
<title> 登录 </title>
<link rel="stylesheet" href="/css/form.css" />
</head>
<body>
<form id="form1" runat="server">
<div class="form_larger">
<h1> 登录 </h1>
<p>
<label for="username"> 昵称 </label>
<asp:TextBox ID="username" MaxLength="30" Width="200"
runat="server" required onblur="checkUsername();">
</asp:TextBox>
<span id="username_msg"></span>
</p>
<p>
<label for="userpwd"> 密码 </label>
<asp:TextBox ID="userpwd" MaxLength="15" Width="200"
    TextMode="Password" runat="server"
required onblur="checkUserpwd();">
</asp:TextBox>
<span id="userpwd_msg"></span>
</p>
<p>
<label for="checkcode"> 验证码 </label>
```

```
<asp:TextBox ID="checkcode" MaxLength="4" Width="80"
runat="server" required></asp:TextBox>
<img id="imgCheckCode" onclick="changeImage();"
src="LoginCheckCode.aspx" alt=" 验证码 " />
<a href="javascript:changeImage();"> 换一张 </a>
</p>
<p>
<asp:CheckBox ID="chkSaveUsername" runat="server" />
保存用户昵称
</p>
<p>
<asp:Button ID="btnLogin" CssClass="button_larger"
Text=" 登录 " OnClick="btnLogin_Click" runat="server" />
</p>
</div>
</form>
</body>
</html>
<script src="/js/ajax.js"></script>
<script src="Login.js"></script>
```

页面显示效果如图 23-4 所示。

图 23-4

接下来，修改 /user/Login1.aspx.cs 文件内容如下。

```
using System;
using System.Web;
using chyx2;
using chyx2.webx;

public partial class user_Login : System.Web.UI.Page
{
    protected void Page_Load(object sender, EventArgs e)
    {
        // 读取保存的用户昵称
```

```
        if (IsPostBack == false)
        {
            try
            {
                string sUser = Request.Cookies["username"].Value;
                username.Text = sUser;
            }
            catch(Exception ex)
            {
                CLog.Err(ex, -1000L, " 没有 cookie");
            }
        }
    }

    protected void btnLogin_Click(object sender, EventArgs e)
    {
        // 检查验证码
        if(CUser.CheckLoginCheckCode(checkcode.Text)==false)
        {
            CJs.Alert(" 验证码输入错误 ");
            return;
        }

        string sUser = username.Text.Trim();
        bool result = CUser.Login(sUser,userpwd.Text);
        if(result==false)
        {
            CJs.Alert(" 登录失败，请检查登录信息或稍候再试 ");
        }
        else
        {
            // 登录成功，是否保存用户名
            if (chkSaveUsername.Checked)
            {
                HttpCookie ck = new HttpCookie("username", sUser);
                ck.Expires = DateTime.Now.AddYears(10);        // 长期保存
                Response.Cookies.Clear();
                Response.Cookies.Add(ck);
            }
            // 有 re 参数，并且是本网站 URL，返回此页面，否则返回首页
            string re = CC.ToStr(Request.QueryString["re"]);
            if (re.Length > 0 && re.Substring(0, 1) == "/")
                Response.Redirect(re, true);
            else
                Response.Redirect("/", true);
        }
    }
}
```

页面载入时，如果不是回调操作，则在“昵称”文本框中显示 Cookie 中保存的 username 数据。登录成功时，会在清除 Cookie 后重新保存用户昵称。

23.2 localStorage 和 sessionStorage

localStorage 和 sessionStorage 对象是 HTML5 标准的一部分，分别用于处理本地持久数据和会话数据。其中，localStorage 对象用于处理持久数据，其中的数据在当前网站可长期保存和使用，除非用户清除了本地 Cookie。sessionStorage 对象用于处理会话数据，当用户访问某个网站时，可以使用 sessionStorage 对象处理本地的临时数据，结束网站的访问时，这些数据就会被删除。

localStorage 对象的常用方法包括：

- setItem() 方法，设置数据，参数包括数据名称和值。
- getItem() 方法，读取数据，参数为数据名称。
- removeItem() 方法，按数据名称删除数据，参数为数据名称。
- clear() 方法，清除所有数据。

下面的代码（/demo/23/localStorageTest.html）演示了如何使用 localStorage 对象写入和读取数据。

```
<!DOCTYPE html>
<html>
<head>
<meta charset="utf-8" />
<title></title>
</head>
<body>
<button onclick="readData();">读取数据</button>
</body>
</html>
<script>
    window.onload = function () {
        localStorage.setItem("username", "tom");
    }

    function readData() {
        alert(localStorage.getItem("username"));
    }
</script>
```

页面显示效果如图 23-5 所示。

图 23-5

除了使用 setItem() 和 getItem() 方法操作数据项外，还可以直接使用索引操作数据，如下面的代码。

```
<script>
    window.onload = function () {
        localStorage["username"] = "tom";
    }

    function readData() {
        alert(localStorage["username"]);
    }
</script>
```

大家可以根据自己的习惯选择使用方法或索引来管理数据。

sessionStorage 对象与 localStorage 对象的处理方法相同，只是数据的生命周期不同，在会话中临时处理数据时可以使用 sessionStorage 对象。

第 24 章　高德地图

一些 Web 应用中可能需要使用地图显示指定的位置，如公司位置、车辆或人员位置等。高德地图 API 可以提供 Web 应用、移动应用等开发功能，完整的开发文档可以参考高德开发者平台，网址为 https://lbs.amap.com/。

本章将介绍如何在 Web 应用中使用高德地图 JSAPI，包括如何在地图中添加自己的标记、如何响应标记单击操作等内容。

24.1　地图初始化

高德开发者网站给出了很详细的说明和实例，下面是稍做修改的地图初始化代码（/map-gd/map-init.html）。

```
<!doctype html>
<html>
<head>
<meta charset="utf-8">
<meta http-equiv="X-UA-Compatible" content="IE=edge">
    <meta name="viewport"
        content="initial-scale=1.0, user-scalable=no, width=device-width">
<link rel="stylesheet"
href="https://a.amap.com/jsapi_demos/static/demo-center/css/demo-center.css" />
<title>地图显示</title>
<style>
        html,
        body,
        #container {
            width: 100%;
            height: 100%;
        }
</style>
</head>
<body>
<div id="container"></div>

</body>
</html>
<!-- 加载地图 JSAPI 脚本 -->
<script src="https://webapi.amap.com/maps?v=1.4.15&key=您申请的 key 值">
</script>
<script>
    var map = null;
    function createMap() {
        map = new AMap.Map('container', {
```

```
            resizeEnable: true,
            zoom: 11,                                    //初始化地图层级
            center: [116.397428, 39.90923]               //初始化地图中心点
        });
    }

    function destroyMap() {
        map && map.destroy();
    }

    //初始化地图
    window.onload = function () {
        createMap();
    };

</script>
```

代码引用了一些高德地图资源，如样式表、基础的 JavaScript 支持文件等。接下来，关注的重点在下方的 scirpt 元素。第一个 script 元素引用了高德地图的支持代码文件，包括两个参数：v 表示引用的版本；key 则是开发者在平台上注册的应用的专用 key。

第二个 script 元素使用了 AMap.Map() 构造函数进行地图初始化操作。其中，参数一指定显示地图的页面元素 ID；参数二指定一系列的地图操作参数，如：

- resizeEnable 表示是否允许地图进行缩放。
- zoom 指定初始缩放比例。
- center 指定地图显示的中心位置，使用 [经度 , 纬度] 的数据格式。这里显示的是很多地图应用的初始位置。

打开页面，会载入地图内容，并将地图中心定位到指定的位置。

AMap 对象中还有一些常用的方法，如：

- setCenter() 方法，使用 [经度 , 纬度] 格式的数据定位地图显示的中心位置，如“map.setCenter([114.0, 32.2]);”。
- setZoom() 方法，指定地图显示的缩放比例，如“map.setZoom(10);”。

24.2　标记

在地图中标记一个位置，可以使用点标记对象即 Marker 对象，如下面的代码（/demo/24/Marker1.html）。

```
<script>
    var map = null;
    function createMap() {
        map = new AMap.Map('container', {
            resizeEnable: true,
            zoom: 11,
            center: [116.397428, 39.90923],
        });
    }
```

```
    //初始化地图
    window.onload = function () {
        createMap();
        //
        map.setCenter([114.0, 32.2]);
        var marker = new AMap.Marker({
            position: [114.0, 32.2],
            title: '这是哪？'
        });
        map.add(marker);

    };
</script>
```

打开页面，可以看到地图中添加的标记，如图 24-1 所示。

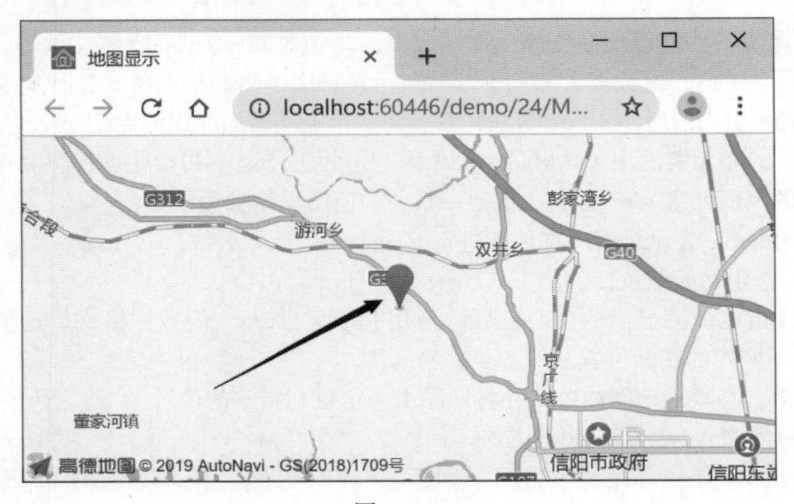

图 24-1

本例中使用 AMap.Marker() 构造函数创建了一个点标记对象，并设置了两个属性，分别是：

- position 属性，设置坐标值，格式为 [经度 , 纬度]，如 [114.0, 32.2]。
- title 属性，设置鼠标移动到图标时显示的文本内容。

删除点标记时，可以使用 AMap 对象的 remove() 方法，如下面的代码。

```
map.remove(marker);
```

如果只有蓝色的图标是不是有点单调？实际上，开发者还可以使用指定的图片文件创建图标，如下面的代码，使用一个图钉（/img/pin16.png）作为点标记的图像。

```
<script>
    var map = null;
    function createMap() {
        map = new AMap.Map('container', {
            resizeEnable: true,
            zoom: 11,
```

```
            center: [114.0, 32.2],
        });
    }

    //创建点标记
    function createMarker() {
        //创建 AMap.Icon 实例
        var ico = new AMap.Icon({
            size: new AMap.Size(32, 32),
            image: '/img/pin16.png',
            imageOffset: new AMap.Pixel(0, 0),
            imageSize: new AMap.Size(32, 32)
        });
        var marker = new AMap.Marker({
            position: [114.0, 32.2],
            title: '这是哪？',
            icon:ico
        });
        map.add(marker);
    }


    window.onload = function () {
        //初始化地图
        createMap();
        //
        createMarker();
    };
</script>
```

其中，Icon 对象用于构建图标对象，然后将其添加到 Marker 对象中。打开页面，会显示一个图钉图标，如图 24-2（a）所示。

需要注意的是，标记会以自身的锚点对应指定的坐标值，默认是图片的中心位置对应指定的坐标。如果需要图像中的某一个位置对准坐标，可以修改标记的“锚点”，如下面的代码。

```
var marker = new AMap.Marker({
    position: [114.0, 32.2],
    title: '这是哪？',
    icon: ico,
anchor: 'bottom-left'
});
```

本例中，需要图钉的针尖对准坐标，所以将锚点设置为图像的左下角，页面显示效果如图 24-2（b）所示。实际应用中，可以设置的锚点值包括 top-left、top-center、top-right、middle-left、center、middle-right、bottom-left、bottom-center、bottom-right。

开发中，还可以通过一些方法修改标记的属性，如 setIcon() 方法设置图标，setPosition() 方法设置坐标等。

Web 应用中使用地图，很多时候还需要标记响应用户的操作，如单击图标的操作。此时，可以使用 Marker 对象的 content 属性设置相关代码，也可以使用 setContent() 方法设置，添加的内容会以 HTML 代码的形式嵌入到标记对象。

（a）

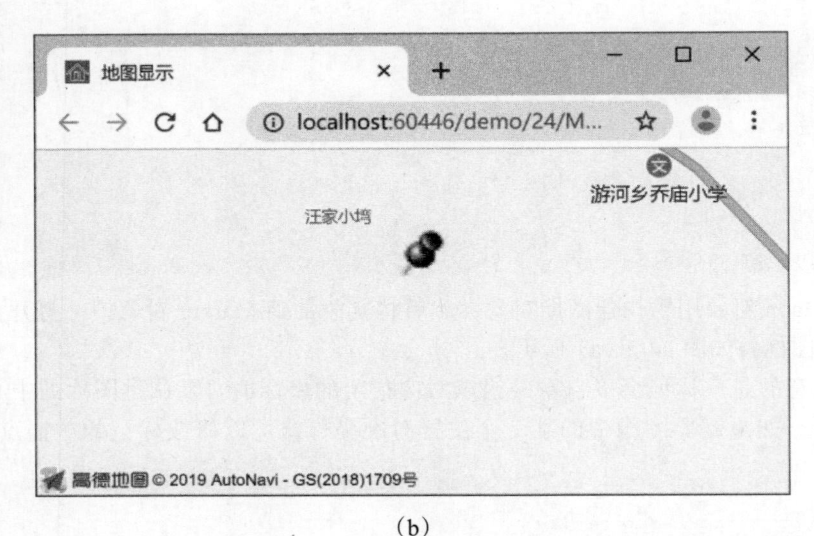

（b）

图 24-2

下面的代码（/demo/24/Marker3.html）演示了点标记对象中 content 属性的使用。

```
<script>
    var map = null;
    function createMap() {
        map = new AMap.Map('container', {
            resizeEnable: true,
            zoom: 15,
            center: [114.0, 32.2],
        });
    }
```

```
    // 创建点标记
    function createMarker() {
        // 创建 AMap.Icon 实例
        var marker = new AMap.Marker({
            position: [114.0, 32.2],
            title: '这是哪？',
            anchor: 'bottom-left',
            offset:new AMap.Pixel(16,-16)
        });
        marker.setContent(
            "<img id='point_a' src='/img/pin16.png' onclick='markerClick(this);'>");
        map.add(marker);
    }


    function markerClick(e) {
        alert(e.id);
    }


    window.onload = function () {
        // 初始化地图
        createMap();

        createMarker();
    };
</script>
```

页面显示效果如图 24-3 所示。

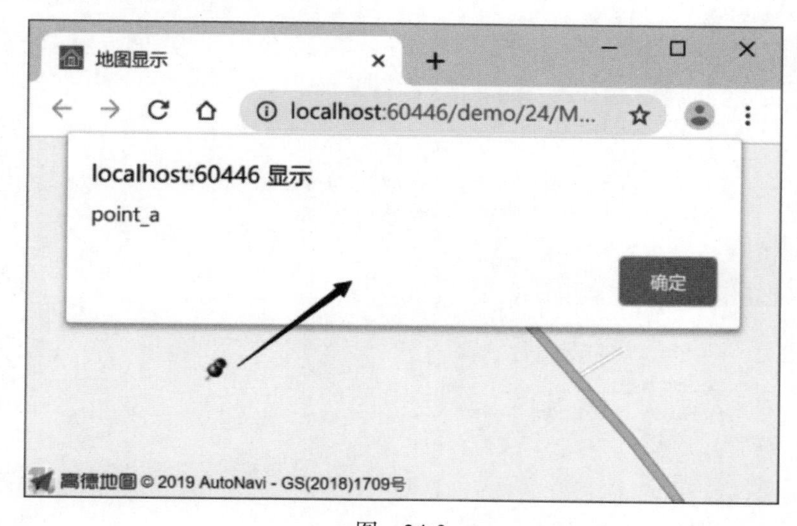

图　24-3

下面的代码演示了如何给标记添加文本标签。

```
<!doctype html>
<html>
<head>
<meta charset="utf-8">
<meta http-equiv="X-UA-Compatible" content="IE=edge">
```

```
<meta name="viewport" content="initial-scale=1.0, user-scalable=no, width=
device-width">
<link rel="stylesheet" href="https://a.amap.com/jsapi_demos/static/demo-center/
css/demo-center.css" />
<title>地图显示</title>
<style>
        html,
        body,
        #container {
            width: 100%;
            height: 100%;
        }
</style>
</head>
<body>
<div id="container"></div>
</body>
</html>
<script src="https://webapi.amap.com/maps?v=1.4.15&key=您申请的key值"></script>
<script>
    var map = null;
    function createMap() {
        map = new AMap.Map('container', {
            resizeEnable: true,
            zoom: 15,
            center: [114.0, 32.2],
        });
    }

    //创建点标记
    function createMarker() {
        //创建 AMap.Icon 实例
        var ico = new AMap.Icon({
            size: new AMap.Size(32, 32),
            image: '/img/pin16.png',
            imageOffset: new AMap.Pixel(0, 0),
            imageSize: new AMap.Size(32, 32)
        });

        var marker = new AMap.Marker({
            position: [114.0, 32.2],
            title: '这是哪?',
            icon: ico,
            anchor: 'bottom-left'
        });

        marker.setLabel({
            offset: new AMap.Pixel(0,0),
            content: "图标标签",
            direction: 'right'
        });
        map.add(marker);
    }
```

```
    window.onload = function () {
        //初始化地图
        createMap();

        createMarker();
    };
</script>
```

设置标记的标签时，共设置了三个基本属性，包括：

- offset，指定标签位于图标的偏移位置。
- content，设置文本内容，这里可以使用 HTML 内容以提供更加丰富的效果。
- direction，设置标签在图标的哪个位置。

页面显示效果如图 24-4 所示。

图　24-4

下面的代码改变标签的样式。

```
marker.setLabel({
offset: new AMap.Pixel(0,0),
    content: "<div class='custom_label'>自定义标签</div>",
    direction: 'right'
});
```

然后，需要定义如下样式。

```
.amap-marker-label{
    border: 0;
    background-color: transparent;
}

.custom_label {
    border:1px dotted gray;
    background-color:lightyellow;
    color:darkred;
    padding:0.1em 0.3em;
}
```

请注意，这里不但要设置内容中自定义的 .custom_label 类的样式，还需要设置 .amap-marker-label 类的样式，这是高德地图中标记标签元素定义的类名，必须将其设置为透明色和没有边框，才能正确地显示自定义的样式。页面显示效果如图 24-5 所示。

图 24-5

24.3 地图控件

浏览高德地图时，可以提供一些操作控件，包括工具条、比例尺、定位、鹰眼和基本图层切换。下面的代码（/demo/24/Controls.html）会在地图中显示所有控件。

```
<!doctype html>
<html>
<head>
<meta charset="utf-8">
<meta http-equiv="X-UA-Compatible" content="IE=edge">
    <meta name="viewport"
        content="initial-scale=1.0, user-scalable=no, width=device-width">
    <link rel="stylesheet"
href="https://a.amap.com/jsapi_demos/static/demo-center/css/demo-center.css" />
<title>地图显示</title>
<style>
        html,
        body,
        #container {
            width: 100%;
            height: 100%;
        }
</style>
</head>
<body>
<div id="container"></div>
</body>
</html>
<script src="https://webapi.amap.com/maps?v=1.4.15&key=您申请的key值"></script>
<script>
    var map = null;
    function createMap() {
        map = new AMap.Map('container', {
```

```
            resizeEnable: true,
            zoom: 11,
            center: [116.397428, 39.90923],
        });
        // 添加控件
        AMap.plugin([
            'AMap.ToolBar',
            'AMap.Scale',
            'AMap.OverView',
            'AMap.MapType',
            'AMap.Geolocation',
        ], function () {
            map.addControl(new AMap.ToolBar());
            map.addControl(new AMap.Scale());
            map.addControl(new AMap.OverView({ isOpen: true }));
            map.addControl(new AMap.MapType());
            map.addControl(new AMap.Geolocation());
        });
    }

    // 初始化地图
    window.onload = function () {
        createMap();
    };
</script>
```

页面中会显示五种工具控件。

第 25 章　自定义分页浏览组件

本章综合应用 ASP.NET、HTML、JavaScript 和 CSS 等一系列技术，创建 CPagingView 组件，它定义为一个 Web 控件。

CPagingView 组件可以实现数据的分页浏览、创建单记录操作项，还可以通过复选框选择多个记录进行批量操作。

25.1　基本约定

创建 CPagingView 组件时，数据源使用 DataTable 对象，作为一个二维数据表，可以很方便地生成 table 元素的 HTML 代码。其中，DataTable 对象中的第一列必须为记录的 ID 字段，这么做有很多好处。一方面可以方便地给出记录的唯一标识，方便对记录扩展操作；另一方面，不需要判断记录主键数据的位置，可以提高代码的执行效率。这个约定很好实现，只需要在使用 ITask 或 ITaskX 组件进行数据查询操作时将表的 ID 字段放在第一位就可以了。

此外还约定，默认每页显示 10 行记录，在客户端可以使用 JavaScript 代码实现记录选择、自定义每页显示多少记录等功能。

有了基本的约定，下面就来实现 CPagingView 组件。

25.2　实现 CPagingView 组件

为方便开发和维护，将 CPagingView 组件创建为 .ascx 格式的控件。代码位于 /controls 目录，包括 CPagingView.ascx 和 CPagingView.ascx.cs 两个文件。

创建控件文件后，为便于测试，可以先在 Web.config 配置文件中注册，如下面的代码（Web.config）。

```
<controls>
<add tagPrefix="chyx" tagName="PagingView"
    src="/controls/CPagingView.ascx"/>
<add tagPrefix="chyx" tagName="PageFooter"
       src="/demo/ctr/CPageFooter.ascx"/>
<add tagPrefix="chyx" namespace="chyx2.webx.ctrx" />
</controls>
```

25.2.1　外观结构

首先来看基本的外观定义，如下面的代码（/controls/CPagingView.ascx）。

```
<%@ Control Language="C#" AutoEventWireup="true"
    CodeFile="CPagingView.ascx.cs" Inherits="controls_CPagingView" %>
```

```
<div id="cpv_info_bar" class="cpv_info_bar">
共有
<asp:Label ID="cpv_row_count" ClientIDMode="Static" runat="server">
</asp:Label>
条记录
<a id="cpv_select_all" href="javascript:cpv_select_all();"> 全选 </a>
<a id="cpv_no_selected" href="javascript:cpv_no_selected();"> 全不选 </a>
</div>

<asp:Panel ID="cpv_table_container" ClientIDMode="Static" runat="server">
<%=GetTableHtml() %>
</asp:Panel>

<div id="cpv_page_bar" class="cpv_page_bar">
每页
<asp:DropDownList ID="cpv_rpp_list" ClientIDMode="Static" runat="server"
        onchange="cpv_rpp_change(this.value);">
    <asp:ListItem Value="2" Text="2"></asp:ListItem>
    <asp:ListItem Value="5" Text="5"></asp:ListItem>
    <asp:ListItem Value="10" Text="10" Selected="True"></asp:ListItem>
    <asp:ListItem Value="30" Text="30"></asp:ListItem>
    <asp:ListItem Value="50" Text="50"></asp:ListItem>
    <asp:ListItem Value="100" Text="100"></asp:ListItem>
</asp:DropDownList> 记录
<a id="cpv_rpp_custom" href="javascript:cpv_rpp_custom();"> 自定义 </a>
    
第 <asp:DropDownList ID="cpv_cur_page" ClientIDMode="Static" runat="server"
        onchange="cpv_show_page(this.value);">
    </asp:DropDownList>
    页 / 共
    <asp:Label ID="cpv_page_count" ClientIDMode="Static" runat="server">
    </asp:Label> 页
    
<a href="javascript:cpv_previous();"> 上一页 </a>
<a href="javascript:cpv_next();"> 下一页 </a>
</div>
```

代码的 GetTableHtml() 方法还没有实现，如果需要查看显示的结果，可以先删除它。

接下来在 /demo/25/CPagingViewTest.aspx 页面中测试 CPagingView 组件的应用。需要在 CPagingViewTest.aspx 文件中定义一个 CPagingView 控件，如下面的代码。

```
<%@ Page Language="C#" AutoEventWireup="true"
    CodeFile="CPagingViewTest.aspx.cs" Inherits="demo_25_CPagingViewTest" %>

<!DOCTYPE html>

<html xmlns="http://www.w3.org/1999/xhtml">
<head runat="server">
<meta http-equiv="Content-Type" content="text/html; charset=utf-8"/>
<title></title>
</head>
<body>
<form id="form1" runat="server">
<chyx:PagingView id="pv1" runat="server"></chyx:PagingView>
```

```
</form>
</body>
</html>
```

页面显示效果如图 25-1 所示。

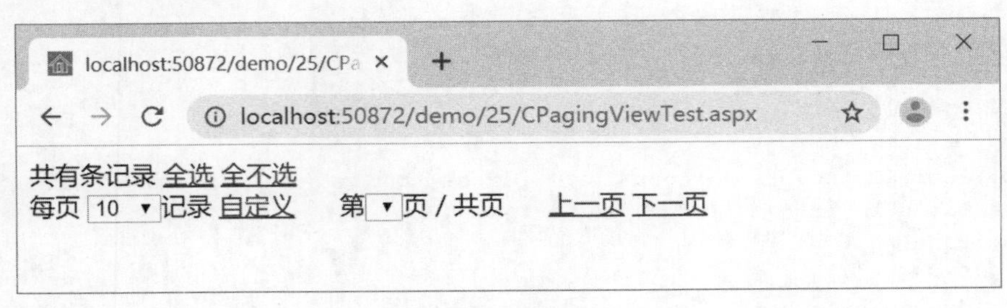

图 25-1

CPagingView 组件界面中包含了三个部分，分别是信息栏、数据容器和分页操作栏。

信息栏定义为一个 div 元素，id 和 class 属性都定义为 cpv_info_bar，包含三个可编程元素，显示总记录数量的 Label 控件 ID 属性设置为“cpv_row_count”，ClientIDMode 定义为 Static（静态），这样，元素在客户端呈现的 span 元素的 id 属性值就是“cpv_row_count”，使用 JavaScript 代码进行客户端编程时，可以通过这个 id 值很方便地获取任务栏元素，并进一步扩展或修改其中的内容。用于全选和全不选操作的两个链接直接定义为 a 元素，id 值分别设置为“cpv_select_all”和“cpv_no_selected”，单击时的操作由两个 JavaScript 函数完成，分别是 cpv_select_all() 和 cpv_no_selected() 函数，稍后会实现这两个函数。

数据容器定义为一个 Panel 控件，在浏览器中会呈现为一个 div 元素，其中，id 属性设置为“cpv_table_container”，ClientIDMode 属性同样设置为 Static。请注意，这里会调用 GetTableHtml() 方法显示数据记录，稍后会在 CPagingView.ascx.cs 文件中实现这个方法。

分页操作栏定义为 div 元素，id 和 class 属性都设置为“cpv_page_bar”，方便使用 JavaScript 代码操作和设置样式。虽然约定在服务器端生成的代码只是每页显示 10 行记录，但在客户端，分页操作还是非常灵活的。这里的编程元素主要包括：

- 每页多少记录（rpp），使用下拉列表显示，其 id 属性设置为“cpv_rpp_list”；这里虽然使用了 Web 控件 DropDownList，但还是添加了 onchange 属性，在客户端，选择新的数据后，会调用 cpv_rpp_change(this.value) 函数重新进行分页计算和显示，函数的参数则是选定的每页显示的行数。
- 自定义每页显示多少记录，这里使用一个 a 元素进行操作，其响应代码为 cpv_rpp_custom() 函数。
- 显示当前页的元素同样定义为 DropDownList 控件，其 id 属性设置为“cpv_cur_page”。在客户端，选择新的页码时会调用 cpv_show_page(this.value) 函数显示指定页，参数传递新的页码数据。
- 共有多少页，使用 Label 控件显示，id 属性设置为“cpv_page_count”。在客户端，当重新设置每页显示的记录数量后，会重新计算总页数。
- 上一页和下一页操作，使用 a 元素定义，分别使用 cpv_previous() 和 cpv_next() 函数实现，用于数据浏览的翻页功能。

请注意这些编程元素，有些应用在服务器端编程，有些应用在客户端编程，并有部分元素在服务器端和客户端都会进行编程操作。

下面先来实现服务器端的代码部分。

25.2.2　显示数据

下面的代码（/controls/CPagingView.ascx.cs）就是 CPagingView 组件类的基本定义。

```
using System;
using System.Data;
using System.Text;
using System.Web.UI.WebControls;

public partial class controls_CPagingView : System.Web.UI.UserControl
{

    public DataTable Data { get; set; }
    public bool ShowCheckBox { get; set; }
    public string[] Operations { get; set; }


    protected controls_CPagingView() : base()
    {
        PreRender += (object sender, EventArgs e) =>
        {
            if (Data == null)
            {
                cpv_row_count.Text = "0";
                cpv_page_count.Text = "0";
                cpv_cur_page.Items.Clear();
            }
            else
            {
                //初始化操作
                int rows = Data.Rows.Count;
                //显示总记录数
                cpv_row_count.Text = rows.ToString();
                //计算总页数
                int pages = rows / 10;
                if (rows % 10 > 0) pages++;
                cpv_page_count.Text = pages.ToString();
                //显示当前页列表
                for (int i = 1; i <= pages; i++)
                    cpv_cur_page.Items.Add(new ListItem(i.ToString(),
                        i.ToString()));
            }
        };
    }

    //返回数据的table元素的HTML代码，数据第一列为ID数据
    protected string GetTableHtml()
    {
        if (Data == null || Data.Columns.Count < 1 || Data.Rows.Count < 1)
            return "<span class='msg_warning'>没有找到相关记录</span>";
        if (Operations != null && Operations.Length % 2 != 0)
```

```
            return "<span class='msg_warning'>记录操作设置错误</span>";

        if (ShowCheckBox == true && Operations != null && Operations.Length > 0)
            return GetTableHtml3();      //包含每行（记录）的复选框和操作项
        else if (ShowCheckBox == true)
            return GetTableHtml1();      //包含每行（记录）的复选框
        else if (Operations != null && Operations.Length > 0)
            return GetTableHtml2();      //包含每行（记录）的操作项
        else
            return GetTableHtml0();      //不包含每行（记录）的复选框和操作项
    }
//其他代码
}
```

代码首先定义了三个属性，分别是：

- Data 属性，定义为 DataTable 类型，用于指定显示的数据。请注意，约定 DataTable 对象中的第一列为 ID 字段。
- ShowCheckBox 属性，定义为 bool 类型，指定是否显示每行的复选框。
- Operations 属性，定义为 string 数组，定义每行的操作项。这里的字符串数组成员数量必须为偶数，每两个一组，前一成员指定操作项显示的文本，后一成员定义操作代码。操作代码的 {0} 占位符会使用记录 ID 数据替换，这些代码会添加到 a 元素的 href 属性中，可以使用链接或 JavaScript 代码，如"Edit.aspx?id={0}""javascript:delete({0});"。

构造函数中，定义 PreRender 事件的代码，其中，会将一些数据显示到相应的 Web 控件中，主要包括：

- cpv_row_count 控件（Label），显示共有多少条记录，没有记录则显示 0。
- cpv_page_count 控件（Label），显示共有多少页，没有页则显示为空。
- cpv_cur_page 控件（DropDownList），显示页码列表，范围为从 1 到最大页码。

代码的最后是 GetTableHtml() 方法，它的功能就是返回数据表的 HTML 代码，其中，根据组件的属性设置情况分别调用了四个方法，分别是：

- GetTableHtml3() 方法，显示的数据表包含每行（记录）的复选框和操作项。
- GetTableHtml1() 方法，显示的数据表包含每行（记录）的复选框。
- GetTableHtml2() 方法，显示的数据表包含每行（记录）的操作项。
- GetTableHtml0() 方法，显示的数据不包含每行（记录）的复选框和操作项，即只有基本的数据浏览功能。

通过下面的代码（/controls/CPagingView.ascx.cs）来看 GetTableHtml3() 方法的实现。

```
//显示记录的复选框和操作项
protected string GetTableHtml3()
{
    StringBuilder sb =
        new StringBuilder("<table id='cpv_table' class='cpv_table'>", 3000);
    //标题
    sb.Append("<tr id='cpv_row_0'><th>选择</th>");
    //标题字段
    for (int col = 1; col < Data.Columns.Count; col++)
        sb.AppendFormat("<th>{0}</th>", Data.Columns[col].ColumnName);
```

```
        sb.Append("<th> 操作 </th></tr>");
        // 数据
        for (int row = 0; row < Data.Rows.Count; row++)
        {
    sb.AppendFormat("<tr id='cpv_row_{0}' recid='{1}'>",
                row + 1,
                Data.Rows[row][0]);
            // 复选框
            sb.AppendFormat("<td><input type='checkbox' id='cpv_chk_{0}'></td>",
                Data.Rows[row][0]);
            // 字段数据
            for (int col = 1; col < Data.Columns.Count; col++)
                sb.AppendFormat("<td>{0}</td>", Data.Rows[row][col]);
            // 操作项
            sb.Append("<td class='cpv_row_opt'>");
            for (int i = 0; i < Operations.Length; i += 2)
            {
                sb.AppendFormat("<a href='{1}' target='_blank'>{0}</a>",
                    Operations[i],
                    string.Format(Operations[i + 1], Data.Rows[row][0]));
            }
            sb.Append("</td>");
            // 数据行结束
            sb.Append("</tr>");
        }

        sb.Append("</table>");
        return sb.ToString();
    }
```

代码会生成数据的 table 元素的 HTML 代码，其中，第一行为标题行，tr 元素的 id 属性为“ cpv_row_0”。第一列显示为“选择”，最后一列显示为“操作”，中间的列显示了数据的字段名。请注意，组件中不显示 ID 字段数据。

table 元素中，第二行开始为数据行，每个 tr 元素的命名规则是“ cpv_row_< 序号 >”，其中，序号从 1 开始，也就是说，有多少行数据，最大的序号就是多少。此外，tr 元素还定义了 recid 属性，其中包含记录的 ID 字段数据。

数据行中的第一列显示了一个 input 元素，type 属性为 checkbox。请注意 input 元素中的 id 属性设置，其命名格式为“cpv_chk_<id>”，其中 <id> 为记录的 ID 字段数据。

实际上，这里会有一个小问题，就是所有的数据行都会显示出来。那么，如何实现分页浏览呢？为了服务器端生成代码的效率，这里并没有隐藏大于 10 行的记录，这个操作将在客户端使用 JavaScript 代码实现，稍后讨论。

接下来是 GetTableHtml1() 方法的实现，它生成的 table 元素只包含每行（记录）的复选框，不包含操作项，代码如下（/controls/CPagingView.ascx.cx）。

```
// 显示记录复选框，不显示操作项
protected string GetTableHtml1()
{
    StringBuilder sb =
        new StringBuilder("<table id='cpv_table' class='cpv_table'>", 3000);
    // 标题
```

```
    sb.Append("<tr id='cpv_row_0'><th> 选择 </th>");
    // 标题字段
    for (int col = 1; col < Data.Columns.Count; col++)
        sb.AppendFormat("<th>{0}</th>", Data.Columns[col].ColumnName);
    // 数据
    for (int row = 0; row < Data.Rows.Count; row++)
    {
        sb.AppendFormat("<tr id='cpv_row_{0}' recid='{1}'>",
            row + 1,
            Data.Rows[row][0]);
        // 复选框
        sb.AppendFormat("<td><input type='checkbox' id='cpv_chk_{0}'></td>",
            Data.Rows[row][0]);
        // 字段数据
        for (int col = 1; col < Data.Columns.Count; col++)
            sb.AppendFormat("<td>{0}</td>", Data.Rows[row][col]);

        sb.Append("</tr>");
    }

    sb.Append("</table>");
    return sb.ToString();
}
```

GetTableHtml2() 方法显示的 table 元素不包含复选框，但包含每行（记录）的操作项，如下面的代码（/controls/CPagingView.ascx.cs）。

```
// 不显示记录复选框，显示操作项
protected string GetTableHtml2()
{
    StringBuilder sb =
        new StringBuilder("<table id='cpv_table' class='cpv_table'>", 3000);
    // 标题
    sb.Append("<tr id='cpv_row_0'>");
    // 标题字段
    for (int col = 1; col < Data.Columns.Count; col++)
        sb.AppendFormat("<th>{0}</th>", Data.Columns[col].ColumnName);

    sb.Append("<th> 操作 </th></tr>");
    // 数据
    for (int row = 0; row < Data.Rows.Count; row++)
    {
        sb.AppendFormat("<tr id='cpv_row_{0}' recid='{1}'>",
            row + 1,
            Data.Rows[row][0]);
        // 字段数据
        for (int col = 1; col < Data.Columns.Count; col++)
            sb.AppendFormat("<td>{0}</td>", Data.Rows[row][col]);
        // 操作项
        sb.Append("<td class='cpv_row_opt'>");
        for (int i = 0; i < Operations.Length; i += 2)
        {
            sb.AppendFormat("<a href='{1}' target='_blank'>{0}</a>",
                Operations[i],
                string.Format(Operations[i + 1], Data.Rows[row][0]));
```

```
            }
            sb.Append("</td>");

            sb.Append("</tr>");
        }

        sb.Append("</table>");
        return sb.ToString();
    }
```

最后是 GetTableHtml0() 方法，它生成的 table 元素只限于数据浏览，不包含每行（记录）的复选框和操作项，如下面的代码（/controls/CPagingView.ascx.cs）。

```
protected string GetTableHtml0()
{
    StringBuilder sb =
        new StringBuilder("<table id='cpv_table' class='cpv_table'>", 3000);
    // 标题
    sb.Append("<tr id='cpv_row_0'>");
    // 标题字段
    for (int col = 1; col < Data.Columns.Count; col++)
        sb.AppendFormat("<th>{0}</th>", Data.Columns[col].ColumnName);
    // 数据
    for (int row = 0; row < Data.Rows.Count; row++)
    {
        sb.AppendFormat("<tr id='cpv_row_{0}' recid='{1}'>",
            row + 1,
            Data.Rows[row][0]);
        // 字段数据
        for (int col = 1; col < Data.Columns.Count; col++)
            sb.AppendFormat("<td>{0}</td>", Data.Rows[row][col]);

        sb.Append("</tr>");
    }

    sb.Append("</table>");
    return sb.ToString();
}
```

现在，CPagingView 控件已可以显示所有数据，但分页操作还未实现。通过下面的代码（/demo/25/CPagingViewTest.aspx.cs）可以看到，在页面中应用 CPagingView 组件是非常简单的。

```
using System;
using chyx2.dbx;

public partial class demo_25_CPagingViewTest : System.Web.UI.Page
{
    protected void Page_Load(object sender, EventArgs e)
    {
        ITask t = CApp.DbConn.TaskFactory.NewTask("sale_main");
        t.SetQueryFields("saleid","ordernum","customer","cashier","paytime");
        pv1.Data = t.GetTable();
        pv1.ShowCheckBox = true;
        pv1.Operations = new string[] {
```

```
" 编辑 ","Edit.aspx?id={0}",
" 删除 ","javascript:deleteOrder({0});"
            };
        }
    }
```

页面显示效果如图 25-2 所示。

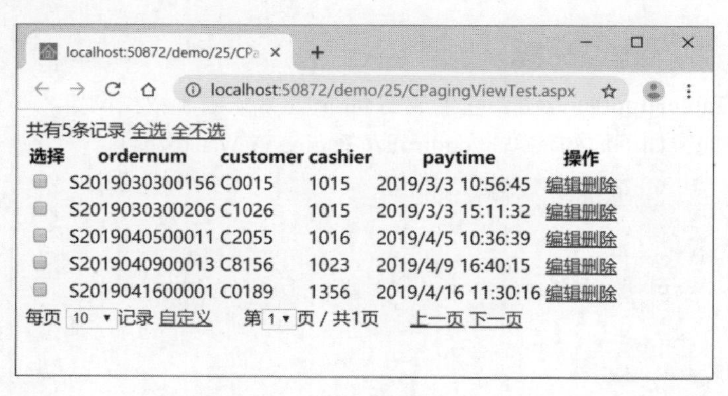

图 25-2

接下来添加客户端的 JavaScript 代码，用于分页浏览及相关操作，稍后还将为组件添加样式。

25.2.3 客户端代码

从 CPagingView 组件服务器端的实现代码可以看到，大量的操作需要在客户端通过 JavaScript 代码完成，这样做的目的很简单，就是合理地分配服务器端和客户端的任务，以提升 Web 应用的整体运行效率。

服务器端完成了数据的生成，可以通过 ITask 或 ITaskX 组件的查询功能获取 DataTable 对象，然后通过 CPagingView 生成浏览数据，接下来的分页操作就放在客户端完成。

一般情况下，JavaScript 代码可以放在一个单独的 .js 文件中，但有时候可能会忘了载入文件，或者意外修改代码，这样会引起功能异常。这里，先将 JavaScript 代码定义在 CPagingView.ascx 文件中，也就是对所有代码整体打包，实际应用中可以根据需要进行调整。

下面的代码在 CPagingView.ascx 文件中添加一个 script 元素，并定义了一些获取元素对象和分页数据的函数。

```
<script>
    // 给出所有数据行
    function cpv_get_all_row() {
        var rows = document.getElementsByTagName("tr");
        var result = Array();
        for (i = 0; i < rows.length; i++) {
            if (rows[i].id.substring(0, 8) === "cpv_row_"&&
                rows[i].id !== "cpv_row_0")
                result[result.length] = rows[i];
        }
        return result;
```

```
    }

    //返回指定 recid 的行
    function cpv_get_row(recid)
    {
        var rows = cpv_get_all_row();
        var result = null;
        for (i = 0; i < rows.length; i++) {
            if (rows[i].getAttribute("recid") === recid.toString())
                result = rows[i]
        }
        return result;
    }

    //给出所有复选框
    function cpv_get_all_checkbox() {
        var rows = document.getElementsByTagName("input");
        var result = Array();
        for (i = 0; i < rows.length; i++) {
            if (rows[i].id.substring(0, 8) === "cpv_chk_")
                result[result.length] = rows[i];
        }
        return result;
    }

    //返回总记录数
    function cpv_get_row_count() {
        var e = document.getElementById("cpv_row_count");
        var num = parseInt(e.innerText);
        if (isNaN(num)) return 0;
        else return num;
    }

    //给出每页多少行
    function cpv_get_rpp() {
        var e = document.getElementById("cpv_rpp_list");
        var num = parseInt(e.value);
        if (isNaN(num)) return 0;
        else return num;
    }

    //给出总页数
    function cpv_get_page_count() {
        var e = document.getElementById("cpv_page_count");
        var num = parseInt(e.innerText);
        if (isNaN(num)) return 0;
        else return num;
    }

    //给出当前页数
    function cpv_get_cur_page() {
        var e = document.getElementById("cpv_cur_page");
        var num = parseInt(e.value);
        if (isNaN(num)) return 0;
        else return num;
```

```
    }

// 其他代码
</script>
```

代码定义的函数包括：

- cpv_get_all_row() 函数，返回所有数据行的 tr 元素数组，如果没有数据行，则返回一个 length 属性为 0 的数组。需要注意的是，数组中不包含标题行。
- cpv_get_row() 函数，根据 recid 属性返回指定 ID 值的 tr 元素对象，如果没有找到则返回 null 值。
- cpv_get_all_checkbox() 函数，返回所有行中的复选框元素数组，如果没有则返回一个 length 属性为 0 的数组。
- cpv_get_row_count() 函数，从 cpv_row_count 元素中读取总记录数。请注意，Label 控件在客户端呈现为 span 元素，这里使用了元素的 innerText 属性获取其中的文本内容，然后通过 parseInt() 函数转换为整数，如果能够正确转换为整数则返回这个整数，否则返回 0 值。
- cpv_get_rpp() 函数，从 cpv_rpp_list 元素读取每页显示多少行数据。cpv_rpp_list 元素在服务器端定义为 DropDownList 控件，在客户端呈现为 select 元素，可以直接使用 value 属性获取其中的数据。同样地，如果数据能够正确转换为整数就返回这个整数，否则返回 0 值。
- cpv_get_page_count() 函数，从 cpv_page_count 元素读取总页数，此元素在服务器端定义为 Label 控件，在客户端会呈现为 span 元素，需要从元素的 innerText 属性读取文本内容，如果数据成功转换为整数则返回这个整数，否则返回 0 值。
- cpv_get_cur_page() 函数，从 cpv_cur_page 列表中读取当前页码，元素在服务器端定义为 DropDownList 控件，在客户端显示为 select 元素，使用 value 属性获取其数据，如果数据成功转换为整数则返回这个整数，否则返回 0 值。

下面的代码（/controls/CPagingView.ascx）实现了全选和全不选操作。

```
// 全选
function cpv_select_all() {
    var chks = cpv_get_all_checkbox();
    for (i = 0; i < chks.length; i++)
        chks[i].checked = true;
}

// 全不选
function cpv_no_selected() {
    var chks = cpv_get_all_checkbox();
    for (i = 0; i < chks.length; i++)
        chks[i].checked = false;
}
```

cpv_select_all() 函数用于全选操作，首先通过 cpv_get_all_checkbox() 函数获取所有的复选框，然后将它们的 checked 属性设置为 true，从而达到全选的目的。相似地，cpv_no_selected() 函数用于全不选操作，其中会将所有复选框的 checked 属性设置为 false。

显示数据页，主要的操作就是显示指定页的数据行，如下面的代码（/controls/

CPagingView.ascx）。

```
//显示指定页
function cpv_show_page(page) {
    var rpp = cpv_get_rpp();
    var pageCount = cpv_get_page_count();
    if (page < 1 || page > pageCount) return;

    var startRow = parseInt((page - 1) * rpp + 1);
    var endRow = parseInt(page * rpp);

    var rows = cpv_get_all_row();
    for (r = 0; r < rows.length; r++) {
        //取行号
        var rNum = parseInt(rows[r].id.substring(8));
        if (rNum >= startRow && rNum <= endRow)
            rows[r].style.display = "table-row";
        else
            rows[r].style.display = "none";
    }
}
```

其中，cpv_show_page(page) 函数的参数就是需要显示的页码，如果这个页码不在 1 到总页数之间就什么也不做。接下来，startRow 和 endRow 变量分别获取指定页的开始行序号和结束行序号，即指定显示页的数据行范围。最后，通过 cpv_get_all_row() 函数获取所有的 tr 元素，并从它的 id 属性中获取 cpv_row_ 后面的序号，通过这个序号判断行是否在显示的范围内，如果数据行在显示范围中，设置 tr 元素样式的 display 属性为 table-row 值（显示为表行），否则设置为 none 值（不显示）。

下面的代码（/controls/CPagingView.ascx）实现了选择和自定义每页显示多少条记录的功能。

```
//选择每页多少行，重新计算总页数
//更新 cpv_cur_page 列表，重新显示第 1 页
function cpv_rpp_change(rpp) {
    rpp = parseInt(rpp);
    var rowCount = cpv_get_row_count();
    var pages = Math.floor(rowCount / rpp);
    if (rowCount % rpp > 0) pages++;
    document.getElementById("cpv_page_count").innerText = pages;

    var options = "";
    for (p = 1; p <= pages; p++)
        options += "<option value='" + p + "'>" + p + "</option>";
    document.getElementById("cpv_cur_page").innerHTML = options;
    //
    cpv_show_page(1);
}

//自定义每页多少行，添加到 cpv_rpp_list 列表
//调用 cpv_rpp_change() 函数
function cpv_rpp_custom() {
    var rpp = window.prompt("请指定每页记录数量");
    rpp = parseInt(rpp);
```

```
    if (isNaN(rpp)) return;
   if (rpp < 1) return;

    var rppList = document.getElementById("cpv_rpp_list");
    rppList.innerHTML += "<option value='" + rpp +
"' selected>" + rpp + "</option>";
    cpv_rpp_change(rpp);
}
```

其中，cpv_rpp_change(rpp) 函数的参数指定了每页显示多少条记录（rpp）。函数中，首先通过总记录数量和每页记录数量重新计算了总页数，并将总页数替换到 cpv_page_count 元素中（使用 innerText 属性）。然后，更新了 cpv_cur_page 元素中的页码列表，这里是通过生成 option 元素的 HTML 代码实现的，并通过 cpv_cur_page 元素的 innerHTML 属性替换原列表内容。最后，调用 cpv_show_page(1) 代码，重新显示第一页。

cpv_rpp_custom() 函数用于自定义每页显示的记录数量。首先通过 window.prompt() 方法调用输入对话框让用户输入一个数据，也就是新的每页显示记录数量，如果此数量不是整数或小于 1，则什么也不做；如果用户输入的是一个大于 0 的整数，会在 cpv_rpp_list 元素中添加此值的列表项（option 元素），并设置为选中状态（添加 selected 属性）。最后，调用 cpv_rpp_change(rpp) 重新计算总页数等数据，并重新显示第一页。

下面的代码（/controls/CPagingView.ascx）用于上一页和下一页操作。

```
//上一页
function cpv_previous() {
    var curPage = cpv_get_cur_page();
    if (curPage > 1) {
        var prePage = curPage - 1;
        cpv_show_page(prePage);
        document.getElementById("cpv_cur_page").value = prePage;
    }
}

//下一页
function cpv_next() {
    var pageCount = cpv_get_page_count();
    var curPage = cpv_get_cur_page();
    if (curPage < pageCount) {
        var nextPage = curPage + 1;
        cpv_show_page(nextPage);
        document.getElementById("cpv_cur_page").value = nextPage;
    }
}
```

cpv_previous() 函数用于显示上一页，首先调用 cpv_get_cur_page() 函数获取当前页，如果当前页大于 1，则调用 cpv_show_page() 函数显示前一页，并将 cpv_cur_page 元素的值设置为新的页码。

cpv_next() 函数用于显示下一页，同样先使用 cpv_get_cur_page() 函数获取当前页，如果当前页小于总页数，则调用 cpv_show_page() 函数显示下一页，并将 cpv_cur_page 元素的值设置为新的页码。

实际应用中，对于记录的批量操作，首先需要获取所有选中的记录，下面的代码（/

controls/CPagingView.ascx）用于获取所有选中复选框的记录 id 值。

```
//获取已选中的记录id值
function cpv_get_selected_id() {
    var chks = cpv_get_all_checkbox();
    var arr = Array();
    var val;
    for (i = 0; i < chks.length; i++) {
        if (chks[i].checked === true) {
            val = parseInt(chks[i].id.substring(8));
            if (isNaN(val) === false)
                arr[arr.length] = val;
        }
    }
    return arr;
}
```

其中，首先通过 cpv_get_all_checkbox() 函数获取所有的复选框，然后循环访问它们。对于每一个复选框，如果是选中状态，会从 id 属性的第 9 个字符截取数据的 id 值，并添加到 arr 数组。最后，函数返回的 arr 数组中就包含了所有选中行的 id 数据。

CPagingView 组件在服务器端生成的数据会显示所有数据，分页操作则完全由客户端的 JavaScript 代码实现。让组件正确工作之前，还需要在客户端做一些初始化的工作，如下面的代码（/controls/CPagingView.ascx）。

```
//初始化
function cpv_init() {
    //判断是否显示"全选"和"全不选"按钮
    var chks = cpv_get_all_checkbox();
    if (chks.length < 1) {
        document.getElementById("cpv_select_all").style.display = "none";
        document.getElementById("cpv_no_selected").style.display = "none";
    }
    // 偶数行添加class='cpv_alternation_row'
    // 大于10行默认隐藏
    var rows = cpv_get_all_row();
    for (r = 0; r < rows.length; r++) {
        if (r % 2 !== 0)
            rows[r].setAttribute("class", "cpv_alternation_row");
        if (r > 9)
            rows[r].style.display = "none";
    }
}

//执行初始化
window.onload = function () {
    cpv_init();
};
```

代码的 cpv_init() 函数将完成 CPagingView 组件的客户端初始化工作，其操作包括：

- 如果数据行不包含复选框，则将“全选”和“全不选”操作链接隐藏。
- 遍历所有的数据行，如果是偶数行，则在 tr 元素中添加 class 属性，属性值为“ cpv_alternation_row”，稍后会通过此类名定义交替行的样式。

- 获取所有的数据行元素（tr 元素），然后隐藏索引 10 开始的行，即只显示第一页的 10 条数据。这里并没有调用 cpv_show_page(page) 函数显示第一页，而是通过一次访问所有的 tr 元素完成为偶数行添加 class 属性和隐藏 10 行以后数据的工作。

代码的最后，通过 onload 事件调用 cpv_init() 函数执行 CPagingView 组件的客户端初始化。

图 25-3 显示了没有使用样式的 CPagingView 组件，但它已经可以正常运作了，可以在 /demo/25/CPagingViewTest.aspx 页面查看运行效果。

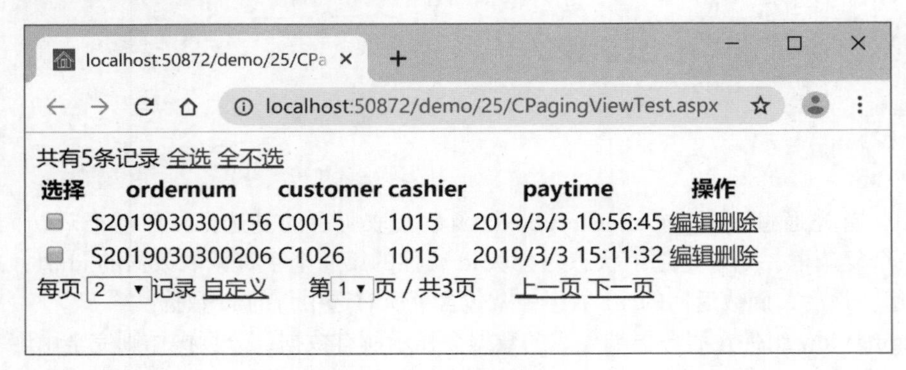

图 25-3

25.2.4 添加样式

没有样式表，CPagingView 组件完全可以工作，但对于用户来讲，更加美观的界面是必不可少的。下面给出基本的样式定义所涉及的元素，可以将这些代码作为样式的设置模板。

默认的样式定义同样封装在 /controls/CPagingView.ascx 文件中，使用 style 元素定义，如下面的代码。

```
<style>
    .cpv_info_bar{
        padding:0.3em;
        margin-top:0.5em;
        margin-bottom:0.5em;
        background-color:#eee;
    }
    .cpv_info_bar a {
        margin-left:1em;
        font-size:0.9em;
        color:navy;
    }
    .cpv_page_bar {
        text-align:center;
        padding-top:0.3em;
        padding-bottom:0.3em;
        margin-top:0.5em;
        margin-bottom:0.5em;
        background-color:#eee;
    }
    .cpv_page_bar a {
```

```
            margin-left:0.5em;
            font-size:0.9em;
            color:navy;
        }
        .cpv_row_opt a {
            margin:0.2em;
            font-size:0.9em;
            color:navy;
        }
        .cpv_table {
            width:100%;
            border-collapse:collapse;
        }
        .cpv_table tr th,.cpv_table tr td {
            padding:0.2em 1em;
            text-align:center;
            border:1px solid #eee;
        }
        #cpv_row_0 {
            background-color:lightsteelblue;
        }
        .cpv_alternation_row {
            background-color:lightcyan;
        }
    </style>
```

使用 CPagingView 组件时，样式会和其他内容一起发送至客户端，图 25-4 是在 /demo/25/CPagingViewTest.aspx 页面中添加样式后的显示效果。

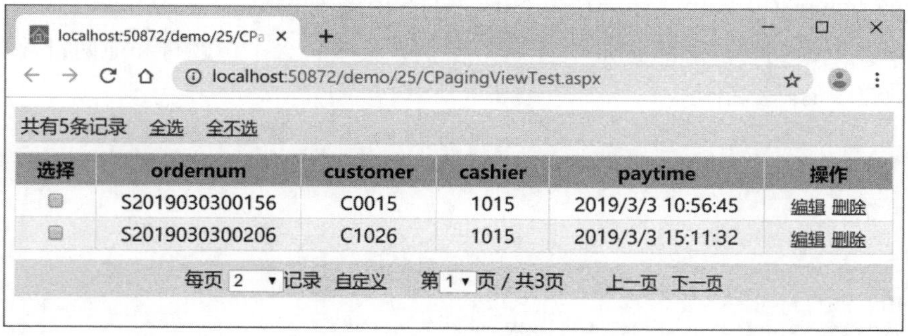

图　25-4

25.3　应用测试

在页面中使用 CPagingView 组件是非常简单的，需要关注的属性只有 Data、ShowCheckBox 和 Operations。需要注意的是，由于在 CPagingView 控件中的元素使用了一些静态 ID，所以，一个页面中只能使用一个 CPagingView 组件；不过，一个页面同时需要分页浏览多组数据的场景也并不多见。

在 /demo/25/CPagingViewTest.aspx 页面中已经演示了 CPagingView 组件的基本应用，再看一下组件的初始化操作，如下面的代码。

```
using System;
using chyx2.dbx;

public partial class demo_25_CPagingViewTest : System.Web.UI.Page
{
    protected void Page_Load(object sender, EventArgs e)
    {
        ITask t = CApp.DbConn.TaskFactory.NewTask("sale_main");
        t.SetQueryFields("saleid","ordernum","customer","cashier","paytime");
        //
        pv1.Data = t.GetTable();
        pv1.ShowCheckBox = true;
        pv1.Operations = new string[] {
" 编辑 ","Edit.aspx?id={0}",
" 删除 ","javascript:deleteOrder({0});"
        };
    }
}
```

其中，首先使用 ITask 组件载入 sale_main 表的所有数据，请注意这里指定了返回字段的顺序，将 ID 字段 saleid 显式地放在第一个字段的位置。

pv1 对象就是在页面中定义的 CPagingView 控件，设置的属性包括：

- Data 属性，使用 ITask 组件的 GetTable() 方法返回查询结果的 DataTable 对象。
- ShowCheckBox 属性，这里指定显示每行的复选框。
- Operations 属性，指每个记录的操作项，这里包括“编辑”和“删除”两项操作，分别指定了一个页面连接和一个 JavaScript 函数操作，它们都包含 {0} 占位符，实际生成的 HTML 代码中，{0} 占位符会由记录的 ID 数据替换。

下面就是返回到客户端的 table 元素代码实例，其中包含了标题行和前两行数据，从中可以看到数据表的基本结构。

```
<table id='cpv_table' class='cpv_table'>
<tr id='cpv_row_0'>
<th> 选择 </th>
<th>ordernum</th><th>customer</th><th>cashier</th><th>paytime</th>
<th> 操作 </th></tr>
<tr id='cpv_row_1'>
<td><input type='checkbox' id='cpv_chk_1'></td>
<td>S2019030300156</td><td>C0015</td>
<td>1015</td><td>2019/3/3 10:56:45</td>
<td class='cpv_row_opt'>
<a href='Edit.aspx?id=1' target='_blank'> 编辑 </a>
<a href='javascript:deleteOrder(1);' target='_blank'> 删除 </a>
</td>
</tr>
<tr id='cpv_row_2'>
<td><input type='checkbox' id='cpv_chk_2'></td>
<td>S2019030300206</td><td>C1026</td><td>1015</td>
<td>2019/3/3 15:11:32</td>
<td class='cpv_row_opt'>
<a href='Edit.aspx?id=2' target='_blank'> 编辑 </a>
<a href='javascript:deleteOrder(2);' target='_blank'> 删除 </a>
</td>
```

```
</tr>
</table>
```

接下来，从准备数据、记录多选操作、记录操作项和处理子表数据等方面详细讨论 CPagingView 组件的应用。

25.3.1　准备数据

准备数据的最终目的是向 CPagingView 组件传递一个 DataTable 对象，在这之前，对数据的获取和加工是多样化的，同时，灵活性也很强。下面来看几个常用的操作。

实际应用中，往往会有一个数据搜索功能，然后对搜索结果进行浏览。下面的代码（/demo/25/OrderSearch.aspx）创建一个订单搜索页面，其中会使用 CPagingView 组件显示搜索结果。

```
<%@ Page Language="C#" %>
<%@ Import Namespace="chyx2.dbx" %>

<!DOCTYPE html>

<script runat="server">
    protected void Page_Load(object sender,EventArgs e)
    {
        if(IsPostBack ==false)
        {
            //权限判断
        }
    }


    protected void btnSearch_Click(object sender, EventArgs e)
    {
        ITaskX tx = CApp.DbConn.TaskFactory.NewTaskX("sale_main");
        string sKey = txtKeyword.Text.Trim();
        tx.Condition = CCond.CreateGroup(
            ECondRelation.Or,
            CCond.CreateLike("ordernum",sKey),
            CCond.CreateLike("customer",sKey),
            CCond.CreateLike("cashier",sKey));
        tx.SetQueryFields("saleid","ordernum","customer","cashier","paytime");
        pv1.Data = tx.GetTable();
        pv1.ShowCheckBox = true;
        pv1.Operations = new string[] {
"编辑","Edit.aspx?id={0}",
"删除","javascript:deleteOrder({0});"
        };
    }
</script>

<html xmlns="http://www.w3.org/1999/xhtml">
<head runat="server">
```

```
<meta http-equiv="Content-Type" content="text/html; charset=utf-8"/>
<title>订单搜索</title>
</head>
<body>
<form id="form1" runat="server">
<div class="tool_bar">
<label for="txtKeyword">请输入订单信息</label>
<asp:TextBox ID="txtKeyword" runat="server" MaxLength="30" />
<asp:Button ID="btnSearch" OnClick="btnSearch_Click"
                    Text="搜索" runat="server" />
</div>
<chyx:PagingView ID="pv1" runat="server" />
</form>
</body>
</html>
```

本例使用了一个单文件 Web 窗体页面，并使用很少的代码就实现了通过关键字查询订单的功能，代码执行结果如图 25-5 所示。

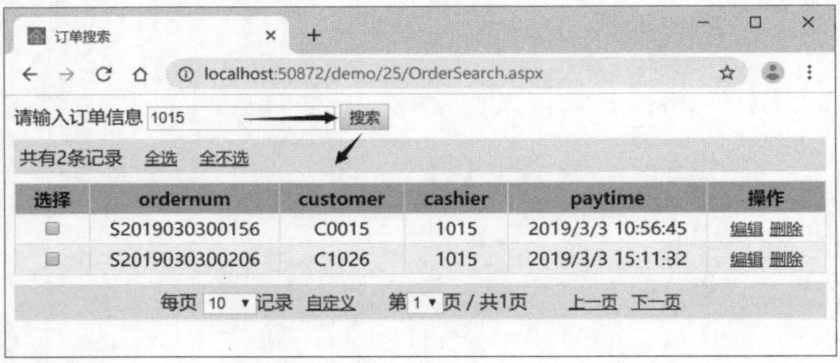

图 25-5

关于数据的准备工作，另一个比较常用的功能就是显示字段名。这里，可以通过一个字典来修改数据源的字段名，如下面的代码。

```
<%@ Page Language="C#" %>
<%@ Import Namespace="chyx2.dbx" %>
<%@ Import Namespace="System.Data" %>
<%@ Import Namespace="System.Collections.Generic" %>

<!DOCTYPE html>

<script runat="server">
    protected void Page_Load(object sender,EventArgs e)
    {
        if(IsPostBack ==false)
        {
            // 权限判断
        }
    }
```

```
    protected void btnSearch_Click(object sender, EventArgs e)
    {
        ITaskX tx = CApp.DbConn.TaskFactory.NewTaskX("sale_main");
        string sKey = txtKeyword.Text.Trim();
        tx.Condition = CCond.CreateGroup(
            ECondRelation.Or,
            CCond.CreateLike("ordernum",sKey),
            CCond.CreateLike("customer",sKey),
            CCond.CreateLike("cashier",sKey));
        tx.SetQueryFields("saleid","ordernum","customer","cashier","paytime");
        // 创建字段字典
        Dictionary<string, string> dict = new Dictionary<string, string>();
        dict.Add("ordernum", " 订单号 ");
        dict.Add("customer", " 客户 ");
        dict.Add("cashier", " 收银员 ");
        dict.Add("paytime", " 交易时间 ");

        DataTable tbl = tx.GetTable();
        foreach (string k in dict.Keys)
        {
            tbl.Columns[k].ColumnName = dict[k];
        }

        pv1.Data = tbl;
        pv1.ShowCheckBox = true;
        pv1.Operations = new string[] {
" 编辑 ","Edit.aspx?id={0}",
" 删除 ","javascript:deleteOrder({0});"
        };
    }
</script>

<html xmlns="http://www.w3.org/1999/xhtml">
<head runat="server">
<meta http-equiv="Content-Type" content="text/html; charset=utf-8"/>
<title> 订单搜索 </title>
</head>
<body>
<form id="form1" runat="server">
<div class="tool_bar">
<label for="txtKeyword"> 请输入订单信息 </label>
<asp:TextBox ID="txtKeyword" runat="server" MaxLength="30" />
<asp:Button ID="btnSearch" OnClick="btnSearch_Click"
                Text=" 搜索 " runat="server" />
</div>
<chyx:PagingView ID="pv1" runat="server" />
</form>
</body>
</html>
```

页面显示效果如图 25-6 所示。

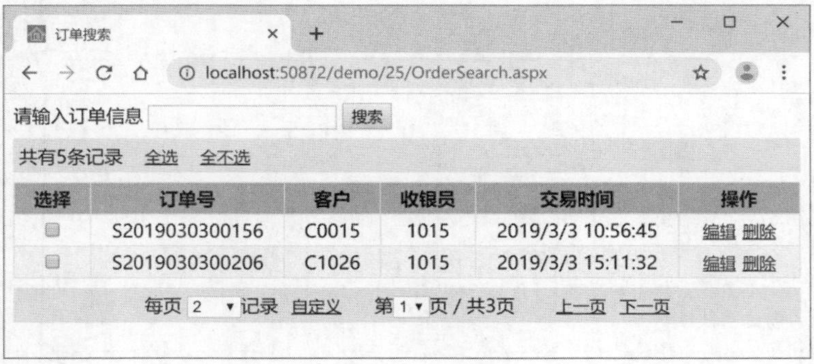

订单搜索
localhost:50872/demo/25/OrderSearch.aspx

请输入订单信息 搜索

共有5条记录 全选 全不选

选择	订单号	客户	收银员	交易时间	操作
□	S2019030300156	C0015	1015	2019/3/3 10:56:45	编辑 删除
□	S2019030300206	C1026	1015	2019/3/3 15:11:32	编辑 删除

每页 2 记录 自定义 第 1 页 / 共3页 上一页 下一页

图 25-6

实际应用中，可以为数据表的字段创建一个字典表，并通过一个自定义的字典类修改 DataTable 对象的字段名。下面的代码用于在 SQL Server 的 cdb_demo 数据库中创建 sale_main_dict 表，其中包含了 sale_main 中的字段名字典数据。

```
USE cdb_demo;
go

CREATE TABLE sale_main_dict(
dictid BIGINT IDENTITY(1,1) NOT NULL PRIMARY KEY,
dictkey NVARCHAR(30) NOT NULL UNIQUE,
dictvalue NVARCHAR(30) NOT NULL
);

INSERT INTO sale_main_dict(dictkey,dictvalue)
VALUES('ordernum','订单号');

INSERT INTO sale_main_dict(dictkey,dictvalue)
VALUES('customer','客户');

INSERT INTO sale_main_dict(dictkey,dictvalue)
VALUES('cashier','收银员');

INSERT INTO sale_main_dict(dictkey,dictvalue)
VALUES('paytime','交易时间');
```

如果是 MySQL 数据库，则可以使用如下代码创建 sale_main_dict 表和数据。

```
USE cdb_demo;

CREATE TABLE sale_main_dict(
dictid BIGINT AUTO_INCREMENT NOT NULL PRIMARY KEY,
dictkey VARCHAR(30) NOT NULL UNIQUE,
dictvalue VARCHAR(30) NOT NULL
)ENGINE = INNODB , DEFAULT CHARSET = 'utf-8';

INSERT INTO sale_main_dict(dictkey,dictvalue)
VALUES('ordernum','订单号'),
('customer','客户'),
('cashier','收银员'),
```

```
('paytime','交易时间');
```

下面的代码（/app_code/common/CDict.cs）通过创建 CDict 类来实现字典功能。

```
using System;
using System.Collections.Generic;
using System.Data;
using chyx2;
using chyx2.dbx;

public class CDict :Dictionary<string,string>
{
    //构造函数
    public CDict(IConnector conn, string sTableName,
        string sKeyName, string sValueName)
    {
        ITask t = conn.TaskFactory.NewTask(sTableName);
        t.SetQueryFields(sKeyName, sValueName);
        DataTable tbl = t.GetTable();
        if (tbl == null) return;

        for (int row = 0; row < tbl.Rows.Count; row++)
        {
            this[CC.ToStr(tbl.Rows[row][0])] =
                CC.ToStr(tbl.Rows[row][1]);
        }
    }
    //重命名列
    public void RenameColumns(DataTable tbl)
    {
        if (tbl == null) return;
        for (int col = 0; col < tbl.Columns.Count; col++)
        {
            string sKey = tbl.Columns[col].ColumnName;
            if (ContainsKey(sKey))
                tbl.Columns[col].ColumnName = this[sKey];
        }
    }


}
```

构造函数中会读取数据，并填充到字典，这里需要的参数包括 IConnector 组件、字典数据表、键字段名和值字段名。RenameColumns() 方法用于将 DataTable 对象的列重新命名。

下面的代码（/demo/25/OrderSearch.aspx）演示了如何使用 CDict 类修改字段名。

```
protected void btnSearch_Click(object sender, EventArgs e)
{
    ITaskX tx = CApp.DbConn.TaskFactory.NewTaskX("sale_main");
    string sKey = txtKeyword.Text.Trim();
    tx.Condition = CCond.CreateGroup(
        ERelation.Or,
        CCond.CreateLike("ordernum",sKey),
        CCond.CreateLike("customer",sKey),
        CCond.CreateLike("cashier",sKey));
```

```
    tx.SetQueryFields("saleid","ordernum","customer","cashier","paytime");

    DataTable tbl = tx.GetTable();
    CDict dict = new CDict(CApp.DbConn,
"sale_main_dict", "dictkey", "dictvalue");
    dict.RenameColumns(tbl);
    pv1.Data = tbl;
    pv1.ShowCheckBox = true;
    pv1.Operations = new string[] {
" 编辑 ","Edit.aspx?id={0}",
" 删除 ","javascript:deleteOrder({0});"
    };
}
```

页面显示效果与图 25-6 相同。

25.3.2 多选操作

客户端中，当用户选择多行记录后，可以使用 cpv_get_selected_id() 函数返回所有选中记录的 ID 值数组。下面的代码在 /demo/25/OrderSearch.aspx 页面中添加一个“多选测试”按钮，并在页面内容的底部添加 script 元素，用于定义 JavaScript 测试代码。

```
......
<p>
<buttontype="button"onclick="multi_select_test();">
                多选测试 </button>
</p>
</form>
</body>
</html>
<script>
    function multi_select_test() {
        var arr = cpv_get_selected_id();
        alert(arr);
    }
</script>
```

代码执行结果如图 25-7 所示。

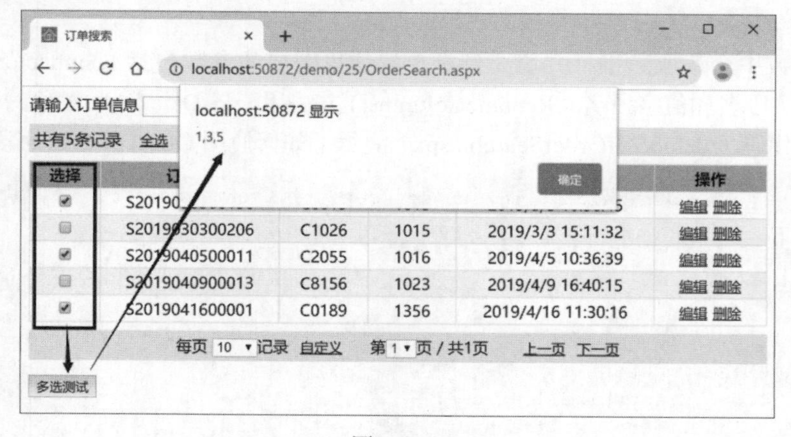

图　25-7

下面的代码创建 /demo/25/getOrdernum.aspx 页面，用于返回选中记录的订单号（ordernum）。

```
<%@ Page Language="C#" %>
<%@ Import Namespace="chyx2" %>
<%@ Import Namespace="chyx2.dbx" %>

<script runat="server">
    protected void Page_Load(object sender,EventArgs e)
    {
        string idlist = CC.ToStr(Request.Form["id"]);
        if(idlist=="")
        {
            Response.Write("ERR: 参数无效 ");
        }
        else
        {
            string[] ids = idlist.Split(',');
            ITaskX t = CApp.DbConn.TaskFactory.NewTaskX("sale_main");
            t.SetQueryFields("ordernum");
            t.Condition = CCond.CreateIn("saleid", 0, ids);
            List<object> ordernum = t.GetFirstColumn();

            StringBuilder sb = new StringBuilder(200);
            sb.Append(ordernum[0]);
            for (int i = 1; i < ordernum.Count; i++)
                sb.AppendFormat(",{0}",ordernum[i]);
            Response.Write(sb.ToString());
        }
    }
</script>
```

下面回到 /demo/25/OrderSearch.aspx 页面，并修改 multi_select_test() 函数的实现，其功能是调用 getOrdernum.aspx 页面返回选中记录的订单号。

```
<script src="/js/ajax.js"></script>
<script>
    function multi_select_test() {
        var arr = cpv_get_selected_id();
        var url = "getOrdernum.aspx";
        var param = "id=" + arr.toString();
        ajaxPostText(url, param, function (txt) {
            alert(txt);
        });
    }
</script>
```

代码执行结果如图 25-8 所示。

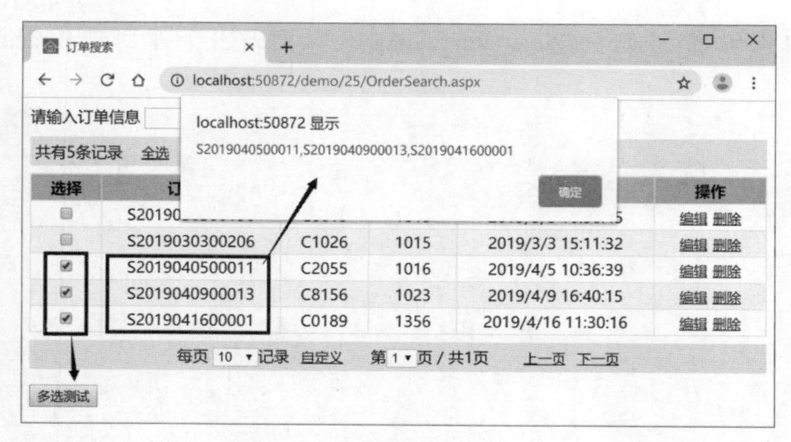

图 25-8

在 getOrdernum.aspx 页面中，当返回的结果不是订单号时，内容会以“ ERR:”作为前缀，可以通过此信息判断接收的数据是否正确，如下面的代码。

```
<script src="/js/ajax.js"></script>
<script>
    function multi_select_test() {
        var arr = cpv_get_selected_id();
        var url = "getOrdernum.aspx";
        var param = "id=" + arr.toString();
        ajaxPostText(url, param, function (txt) {
            if (txt.substring(0, 4) === "ERR:")
                alert(" 错误 :" + txt.substring(4));
            else
                alert(txt);
        });
    }
</script>
```

没有选中记录时，代码执行结果如图 25-9 所示。

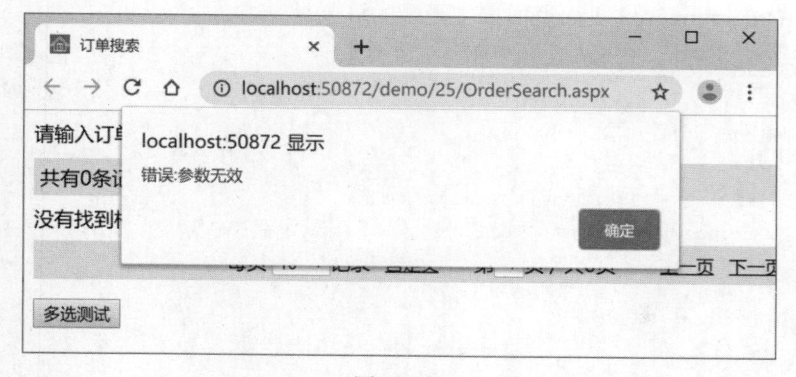

图 25-9

实际工作中，对于没有选中记录的情况，还可以在客户端进行判断，避免无效数据传输到服务器。

25.3.3　记录操作项

接下来将实现订单主信息的添加、修改和删除操作。其中，添加和修改功能由 /demo/25/Edit.aspx 页面完成，删除操作则由 JavaScript 函数 deleteOrder() 配合 /demo/25/deleteOrder.aspx 页面完成。

首先，在 /demo/25/OrderSearch.aspx 页面中的“搜索”按钮后添加一个“新订单”按钮，如下面的代码。

```
<div class="tool_bar">
<label for="txtKeyword">请输入订单信息</label>
<asp:TextBox ID="txtKeyword" runat="server" MaxLength="30" />
<asp:Button ID="btnSearch" OnClick="btnSearch_Click"
            Text="搜索" runat="server" />
<button type="button" onclick="window.open('Edit.aspx','_blank');">新订单
    </button>
</div>
```

页面初始效果如图 25-10 所示。

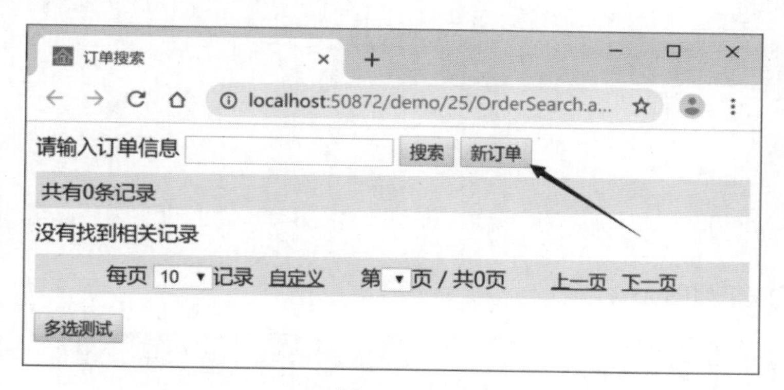

图　25-10

下面创建 /demo/25/Edit.aspx 页面，在没有 id 参数时，用于添加新订单信息，当 id 参数有效时，则是订单信息的编辑状态，下面就是页面的 HTML 部分。

```
<%@ Page Language="C#" AutoEventWireup="true"
    CodeFile="Edit.aspx.cs" Inherits="demo_25_Edit" %>

<!DOCTYPE html>

<html xmlns="http://www.w3.org/1999/xhtml">
<head runat="server">
<meta http-equiv="Content-Type" content="text/html; charset=utf-8"/>
<title>订单信息</title>
</head>
<body>
<form id="form1" runat="server">
<h1>订单信息</h1>
<div class="tool_bar">
<asp:Button ID="btnSave" OnClick="btnSave_Click"
```

```
                    Text=" 保存 " runat="server" />
</div>
<div class="form_normal">
<p>
<label for="ordernum"> 订单号 </label>
<asp:TextBox ID="ordernum" MaxLength="30" Columns="30"
                    runat="server" required></asp:TextBox>
</p>
<p>
<label for="customer"> 顾客 </label>
<asp:TextBox ID="customer" MaxLength="30" Columns="30"
                    runat="server" required></asp:TextBox>
</p>
<p>
<label for="cashier"> 收银员 </label>
<asp:TextBox ID="cashier" MaxLength="15" Columns="15"
                    runat="server" required></asp:TextBox>
</p>
<p>
<label for="paytime"> 交易时间 </label>
<chyx:DateTimeBox ID="paytime" Enabled="false"
                    runat="server" />
</p>
</div>
</form>
</body>
</html>
```

页面显示效果如图 25-11 所示。

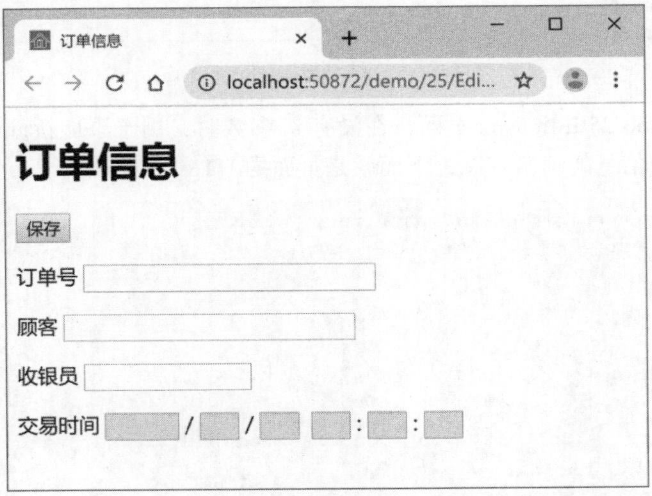

图　25-11

接下来在 /demo/25/Edit.aspx.cs 文件中创建订单信息处理代码，如下面的代码。

```
using System;
using System.Web.UI;
```

```
using System.Web.UI.WebControls;
using chyx2;
using chyx2.dbx;
using chyx2.webx;
using chyx2.webx.ctrx;

public partial class demo_25_Edit : System.Web.UI.Page
{
    protected void Page_Load(object sender, EventArgs e)
    {
        if(IsPostBack ==false)
        {
            //权限判断
            //...
            //初始化
            long saleid = CC.ToLng(Request.QueryString["id"]);
            //查询记录
            ITask t = CApp.DbConn.TaskFactory.NewTask("sale_main");
            t.SetCondFields("saleid");
            t.SetCondValues(saleid);
            t.Limit = 1;
            CDataColl rec = t.GetFirstRow();
            if (rec.Count > 0)
            {
                //显示记录
                foreach(Control ctr in form1.Controls)
                {
                    if (ctr is TextBox)
                        (ctr as TextBox).Text = rec[ctr.ID].StrValue;
                    else if (ctr is controls_CDateTimeBox)
                  (ctr as controls_CDateTimeBox).Value = rec[ctr.ID].DateValue;
                }
                //订单号不能修改
                ordernum.Enabled = false;
            }
        }
    }

    protected void btnSave_Click(object sender, EventArgs e)
    {
        //判断订单号是否存在
        string sOrdernum = ordernum.Text.Trim();
        string sCustomer = customer.Text.Trim();
        string sCashier = cashier.Text.Trim();

        long saleid = CC.ToLng(Request.QueryString["id"]);

        ITaskX t = CApp.DbConn.TaskFactory.NewTaskX("sale_main");
        t.SetDataFields("ordernum", "customer", "cashier", "paytime");
        t.SetDataValues(sOrdernum, sCustomer, sCashier, DateTime.Now);
```

```
        t.Condition = CCond.CreateEqual("saleid", saleid);
        t.Limit = 1;
        t.SetQueryFields("saleid");

        if(t.GetValue().LngValue>0)
        {
            //更新数据
            if (t.Update() > 0)
                CJs.Alert("订单信息已成功保存");
            else
                CJs.Alert("订单信息保存失败，请稍后再试");
        }
        else
        {
            //添加数据
            long newid = t.Insert();
            if(newid>0)
            {
                CJs.Alert("订单信息已成功保存");
                CJs.Open(string.Format("Edit.aspx?id={0}", newid));
            }
            else
            {
                CJs.Alert("订单信息保存失败，请稍后再试");
            }
        }

    }
}
```

代码包括两个方法，第一个是 Page_Load() 方法，其中如果页面不是回调操作，即 IsPostBack 属性为 false 时，则进行权限判断和页面初始化工作。

关于权限判断，这里为简化操作，并没有给出实现代码，但在实际开发工作中，权限的管理是非常重要的，对数据安全方面也是必要的。如果当前用户没有登录或没有操作权限，可以跳转到登录界面要求重新登录，同时在 URL 中包含当前页面的地址，登录成功后可以返回此页面。

页面初始化工作是判断添加或修改状态，这里是通过 Request.QueryString["id"] 参数带入的数据进行判断，如果带入了有效的订单记录 ID，就会载入一个保存订单数据的 CDataColl 对象；如果对象包含数据项，则显示到相应的控件。请注意，如果显示了订单信息，则订单号控件（ordernum）设置为禁用，即订单号不允许被编辑和修改。

代码的第二个方法是 btnSave_Click()，用于执行保存操作。这里，交易时间会指定为系统的当前时间，实际应用中，也可以根据添加或修改状态分别确定这个数据。

最后，根据订单 ID 是否有效分别执行数据的更新或添加操作，并根据执行结果做相应的处理。如果添加记录成功时，会重新载入当前页面，并指定地址中包含 id 参数，即当前页面会变成编辑状态。图 25-12 显示了一个新记录保存的过程。

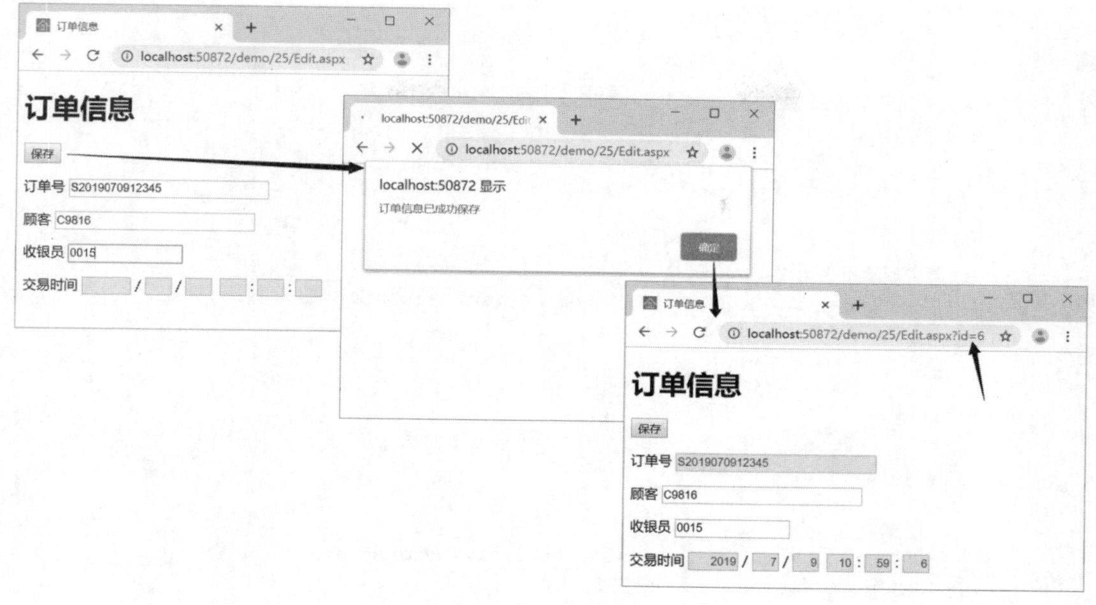

图　25-12

保存订单信息后，回到 /demo/25/OrderSearch.aspx 页面，重新执行搜索操作，会看到新的记录，如图 25-13 所示。

订单搜索

localhost:50872/demo/25/OrderSearch.aspx

请输入订单信息　搜索　新订单

共有6条记录　全选　全不选

选择	单号	客户	收银员	交易时间	操作
□	S2019030300156	C0015	1015	2019/3/3 10:56:45	编辑 删除
□	S2019030300206	C1026	1015	2019/3/3 15:11:32	编辑 删除
□	S2019040500011	C2055	1016	2019/4/5 10:36:39	编辑 删除
□	S2019040900013	C8156	1023	2019/4/9 16:40:15	编辑 删除
□	S2019041600001	C0189	1356	2019/4/16 11:30:16	编辑 删除
□	S2019070912345	C9816	0015	2019/7/9 10:59:06	编辑 删除

每页 10 记录　自定义　第 1 页 / 共1页　上一页　下一页

多选测试

图　25-13

接下来，实现订单信息的删除操作。操作由 JavaScript 函数 deleteOrder() 完成，其中通过 Ajax 调用了 deleteOrder.aspx 页面完成实际的删除操作，如下面的代码（/demo/25/orderDelete.aspx）。

```
<%@ Page Language="C#" %>
<%@ Import Namespace="chyx2" %>
<%@ Import Namespace="chyx2.dbx" %>

<script runat="server">
    protected void Page_Load(object sender, EventArgs e)
    {
```

```
        // 权限判断
        //...

        long saleid = CC.ToLng(Request.Form["id"]);
        if (saleid <= 0)
        {
            Response.Write("ERR: 参数无效 ");
            return;
        }
        // 删除子表记录
        ITask t = CApp.DbConn.TaskFactory.NewTask("sale_sub");
        t.SetCondFields("saleid");
        t.SetCondValues(saleid);
        if (t.Delete() < 0)
        {
            Response.Write("ERR: 删除销售商品记录错误 ");
            return;
        }
        // 删除主表记录
        t = CApp.DbConn.TaskFactory.NewTask("sale_main");
        t.SetCondFields("saleid");
        t.SetCondValues(saleid);
        if (t.Delete() > 0)
            Response.Write("OK");
        else
            Response.Write("ERR: 删除订单信息错误 ");
    }
</script>
```

其中，应注意权限的判断，实际开发中一定要加强权限审核，否则将无法保障数据的完全性。

销售单 ID 是通过 POST 方式传递的，这里使用 Request.Form["id"] 读取，并转换为 long 类型，如果不正确则会得到 0 值，此时，会向客户端返回一条错误信息。

接下来的删除操作，首先要删除子表（sale_sub）数据，即销售商品信息，然后才删除主表（sale_main）数据，否则可能因为外键约束造成记录删除失败。

最终，当子表和主表中指定订单的数据都成功删除后，向客户端返回“OK”消息，否则返回以“ERR:”为前缀的错误信息。

回到 /demo/25/OrderSearch.aspx 页面，继续实现订单删除函数，如下面的代码。

```
<script src="/js/form.js"></script>
<script src="/js/ajax.js"></script>
<script>
    function multi_select_test() {
        var arr = cpv_get_selected_id();
        var url = "getOrdernum.aspx";
        var param = "id=" + arr.toString();
        ajaxPostText(url, param, function (txt) {
            if (txt.substring(0, 4) === "ERR:")
                alert(" 错误 :" + txt.substring(4));
            else
                alert(txt);
        });
    }
```

```
    //删除订单
    function deleteOrder(id) {
        if (confirm("真的要删除订单记录吗？")) {
            var url = "deleteOrder.aspx";
            var param = "id=" + id;
            ajaxPostText(url, param, function (txt) {
                if (txt === "OK") {
                    var delRow = cpv_get_row(id);
                    delRow.innerHTML =
"<td colspan='" +
                        get_td_count(delRow) +
"'><span class='msg_warning'>记录已删除</span></td>";

                    alert("订单已成功删除");
                } else {
                    alert(txt.substring(4));
                }
            });
        }
    }
</script>
```

代码的 deleteOrder(id) 函数通过 Ajax 调用 deleteOrder.aspx 页面，并通过 POST 方式传递 id 参数。图 25-14 显示成功删除订单记录后的效果。

订单搜索
localhost:50872/demo/25/OrderSearch.aspx

请输入订单信息　搜索　新订单

共有5条记录　全选　全不选

选择	订单号	客户	收银员	交易时间	操作
□	S2019030300156	C0015	1015	2019/3/3 10:56:45	编辑 删除
□	S2019030300206	C1026	1015	2019/3/3 15:11:32	编辑 删除
□	S2019040500011	C2055	1016	2019/4/5 10:36:39	编辑 删除
□	S2019040900013	C8156	1023	2019/4/9 16:40:15	编辑 删除
记录已删除					

每页 10 记录　自定义　第 1 页 / 共1页　上一页　下一页

多选测试

图　25-14

代码除了引用 /js/ajax.js 文件处理 Ajax 外，还引用了 /js/form.js 文件，主要是使用了其中的 get_td_count() 函数，其功能是判断 tr 元素中包含多少个 td 元素，函数定义如下。

```
/* 判断tr元素中包含多少td元素 */
function get_td_count(eTr) {
    var tdCount = 0;
    if (eTr.nodeName === "TR") {
        var arr = eTr.childNodes;
        for (i = 0; i < arr.length; i++) {
            if (arr[i].nodeName === "TD")
                tdCount++;
```

```
            }
        }
        return tdCount;
    }
```

目前，已经完成了订单主信息的操作，但还有销售子表数据操作没有完成，即销售商品数据的采集和删除操作，下面会继续完成这些功能，其中会使用 CPagingView 组件显示订单子表的数据。

25.3.4 处理子表数据

一般来讲，子表数据会以二维表的形式显示在主记录的下方，如图 25-15 所示。

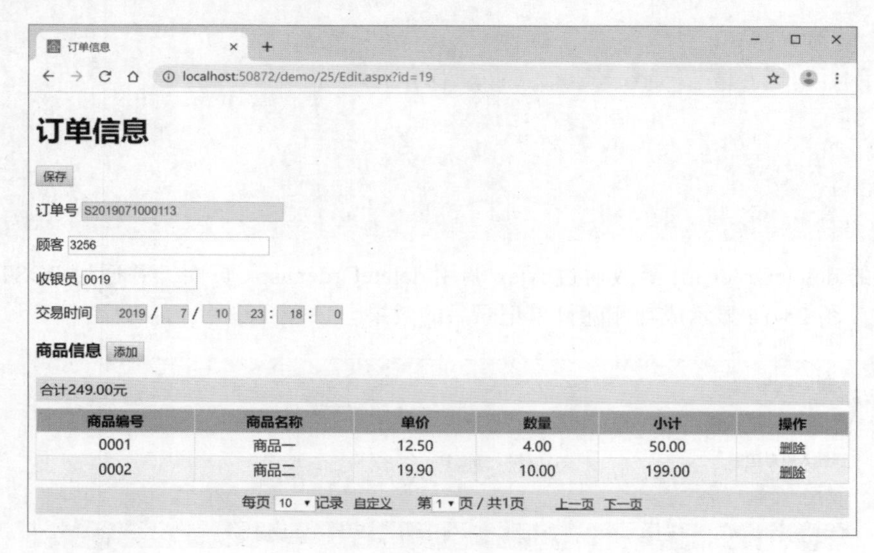

图 25-15

从图 25-15 中可以看到，对于子表数据，即 sale_sub 表中的记录，只有添加和删除操作。下面的代码修改 /demo/25/Edit.aspx 页面，其中添加子表操作相关组件。

```
......
<asp:Panel ID="pnlSaleSub" runat="server" Visible="false">
<h3>商品信息
<asp:Button ID="btnAddSub" OnClick="btnAddSub_Click"
                    Text="添加" runat="server" />
</h3>
<chyx:PagingView ID="pvSaleSub" runat="server" />
</asp:Panel>

</form>
</body>
</html>
```

在订单主信息的下方，添加一个 Panel 控件（pnlSaleSub），基本包括一个“添加”按钮（btnAddSub）和一个 CPagingView 组件（pvSaleSub）。

由于先有主表数据才能添加关联的子表信息，所以，当添加订单数据时，子表组件是不能操作的，此时，可以将 pnlSaleSub 容器隐藏。当订单为编辑状态时，会显示 pnlSaleSub 容器。这一功能可以在 Page_Load() 方法中完成初始化操作，如下面的代码（/demo/25/Edit.aspx.cs）。

```
using System;
using System.Web.UI;
using System.Web.UI.WebControls;
using System.Data;
using chyx2;
using chyx2.dbx;
using chyx2.webx;
using chyx2.webx.ctrx;

public partial class demo_25_Edit : System.Web.UI.Page
{
    protected void Page_Load(object sender, EventArgs e)
    {
        if(IsPostBack ==false)
        {
            //权限判断
            // ...
            //初始化
            long saleid = CC.ToLng(Request.QueryString["id"]);
            //查询记录
            ITask t = CApp.DbConn.TaskFactory.NewTask("sale_main");
            t.SetCondFields("saleid");
            t.SetCondValues(saleid);
            t.Limit = 1;
            CDataColl rec = t.GetFirstRow();
            if (rec.Count > 0)
            {
                //显示记录
                foreach (Control ctr in form1.Controls)
                {
                    if (ctr is TextBox)
                        (ctr as TextBox).Text = rec[ctr.ID].StrValue;
                    else if (ctr is controls_CDateTimeBox)
                  (ctr as controls_CDateTimeBox).Value = rec[ctr.ID].DateValue;
                }
                //订单号不能修改
                ordernum.Enabled = false;
                //显示子表内容
                ShowSaleSub(saleid);
            }
        }
    }
//其他代码
}
```

显示子表内容时，调用了 ShowSaleSub() 方法，其实现如下。

```
//显示当前订单的商品信息
protected void ShowSaleSub(long saleid)
{
    pnlSaleSub.Visible = true;
```

```
    ITask t = CApp.DbConn.TaskFactory.NewTask("sale_sub");
t.SetQueryFields("recid", "mdsenum", "mdsename",
"price", "quantity", "subtotal");
t.SetCondFields("saleid");
t.SetCondValues(saleid);

    DataTable tbl = t.GetTable();
    if (tbl != null)
    {
        tbl.Columns[1].ColumnName = "商品编号";
        tbl.Columns[2].ColumnName = "商品名称";
        tbl.Columns[3].ColumnName = "单价";
        tbl.Columns[4].ColumnName = "数量";
        tbl.Columns[5].ColumnName = "小计";
    }
    pvSaleSub.Data = tbl;
    pvSaleSub.Operations = new string[] {
"删除","javascript:deleteSaleSub({0},"+saleid.ToString()+");"
    };
}
```

定义在“商品信息”后面的“添加”按钮，其功能是跳转到添加子表数据的页面，按钮的 OnClick 事件响应方法如下。

```
//跳转到商品信息编辑页面
protected void btnAddSub_Click(object sender, EventArgs e)
{
    Response.Redirect(
        string.Format("EditSub.aspx?saleid={0}",
        CC.ToLng(Request.QueryString["id"])),
        true);
}
```

这里应注意，在添加子表记录时，必须指定相应的外键关联数据，这里就是订单记录的 ID 数据，即 saleid 字段的数据。

添加子表数据的操作，使用 /demo/25/EditSub.aspx 页面，其 HTML 部分定义如下。

```
<%@ Page Language="C#" AutoEventWireup="true" CodeFile="EditSub.aspx.cs"
Inherits="demo_25_EditSub" %>

<!DOCTYPE html>

<html xmlns="http://www.w3.org/1999/xhtml">
<head runat="server">
<meta http-equiv="Content-Type" content="text/html; charset=utf-8"/>
<title>订单销售商品</title>
</head>
<body>
<form id="form1" runat="server">
<h1>订单销售商品</h1>
<div class="tool_bar">
<asp:Button ID="btnSave" OnClick="btnSave_Click"
                OnClientClick="return checkData();"
                Text="保存" runat="server" />
```

```
</div>
<div class="form_normal">
<p>
<label for="mdsenum">商品编号</label>
<asp:TextBox ID="mdsenum" MaxLength="30" Columns="30"
                    runat="server" required="required">
</asp:TextBox>
</p>
<p>
<label for="mdsename">商品名称</label>
<asp:TextBox ID="mdsename" MaxLength="30" Columns="30"
                    runat="server" required="required">
</asp:TextBox>
</p>
<p>
<label for="price">单价</label>
<asp:TextBox ID="price" MaxLength="11" Columns="11"
                    runat="server" required="required">
</asp:TextBox>
</p>
<p>
<label for="quantity">数量</label>
<asp:TextBox ID="quantity" MaxLength="11" Columns="11"
                    runat="server"  required="required">
</asp:TextBox>
</p>
</div>
</form>
</body>
</html>
<script>
    function checkData() {

        var p = document.getElementById("price");
        var pVal = parseFloat(p.value);
        if (isNaN(pVal) || pVal<0) {
            alert("单价应该是一个大于或等于0的数值");
            p.focus();
            return false;
        }

        var q = document.getElementById("quantity");
        var qVal = parseFloat(q.value);
        if (isNaN(qVal) || qVal <=0) {
            alert("数量应该是一个应该大于0的数值");
            q.focus();
            return false;
        }

        return true;
    }
</script>
```

这里只需要输入商品编号、商品名称、单价和数量，页面显示效果如图 25-16 所示。

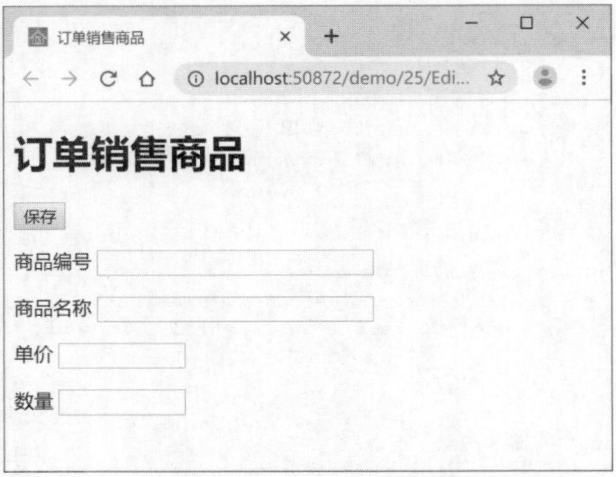

图 25-16

页面中的几项都是必填项，所以都添加了 required 属性，在支持 HTML5 的浏览器中，必须输入内容后才可以提交。此外，在向服务器提交数据前，还会通过 JavaScript 函数 checkData() 进行客户端的数据检查，这里主要判断的是，“单价”应大于或等于 0（赠品可能不要钱），“数量”必须大于 0。

页面的初始化（如权限判断）及数据的检查和保存操作定义在 /demo/25/EditSub.aspx.cs 文件中，如下面的代码。

```
using System;
using chyx2;
using chyx2.dbx;
using chyx2.webx;

public partial class demo_25_EditSub : System.Web.UI.Page
{
    protected void Page_Load(object sender, EventArgs e)
    {
        if(IsPostBack ==false)
        {
            //检查权限

        }
    }

    //保存商品销售信息
    protected void btnSave_Click(object sender, EventArgs e)
    {
        long saleid = CC.ToLng(Request.QueryString["saleid"]);
        string sMdseNum = mdsenum.Text.Trim();
        string sMdseName = mdsename.Text.Trim();
        decimal dPrice = CC.ToDec(price.Text);
        decimal dQuantity = CC.ToDec(quantity.Text);
        decimal dSubtotal = dPrice * dQuantity;
        //检查数据
        if(saleid<=0)
        {
```

```
            CJs.Alert(" 销售单信息错误，重新搜索订单后操作 ");
            return;
        }
        if (dQuantity <= 0)
        {
            CJs.Alert(" 数量应该是一个大于 0 的数值 ");
            return;
        }
        //保存数据
        ITask t = CApp.DbConn.TaskFactory.NewTask("sale_sub");
        t.SetDataFields("saleid", "mdsenum", "mdsename",
"price", "quantity", "subtotal");
        t.SetDataValues(saleid, sMdseNum, sMdseName,
            dPrice, dQuantity, dSubtotal);
        long result = t.Insert();
        if(result>0)
        {
            CJs.Alert(" 销售商品信息保存成功 ");
            CJs.Open("Edit.aspx?id=" + saleid.ToString());
        }
        else
        {
            CJs.Alert(" 销售商品信息保存错误，请稍后重试 ");
        }
    }
}
```

虽然页面中只需要输入四个数据项，但子表中的 saleid 和 subtotal 字段数据不能忘了，其中，saleid 由页面参数带入，而 subtotal 字段数据由 price*quantity 计算而来。

子表数据保存成功后，会返回订单信息主页面，即 /demo/25/Edit.aspx 页面。这里会添加两个 JavaScript 函数，分别是：

- deleteSaleSub() 函数，完成订单中销售商品记录的删除操作。
- showSum() 函数，完成订单销售金额合计的计算和显示。

此外，还会在 window.onload 事件中完成 CPagingView 组件初始化和显示订单金额合计的操作。/demo/25/Edit.aspx 页面中的 JavaScript 代码部分如下。

```
<script src="/js/common.js"></script>
<script src="/js/form.js"></script>
<script src="/js/ajax.js"></script>
<script>
    function deleteSaleSub(recid, saleid) {
        if (window.confirm(" 真的要删除销售商品信息吗 ")) {
            var url = "deleteSaleSub.aspx";
            var param = "recid=" + recid + "&saleid=" + saleid;
            ajaxPostText(url, param, function (txt) {
                if (txt === "OK") {
                    var delRow = cpv_get_row(recid);
                    delRow.innerHTML = "<tr><td colspan=" +
                        get_td_count(delRow)  +
            "><span class='msg_warning'> 商品记录已删除 </span></td></tr>";
                    // 重新计算金额合计
                    showSum();
```

```
                    alert("商品记录已成功删除");
                } else {
                    alert(txt.substring(4));
                }
            });
        }
    }

    function showSum() {
        var saleid = url_query("id");
        var url = "getOrderSum.aspx";
        var param = "id=" + saleid;
        ajaxPostText(url, param, function (txt) {
            if (txt === "ERR") return;
            var e = document.getElementById("cpv_info_bar");
            if (e) e.innerHTML = "合计"+Number(txt).toFixed(2)+"元";
        });
    }

    window.onload = function () {
        cpv_init();
        showSum();
    };
</script>
```

代码使用了 /js/common.js 文件中封装的 url_query() 函数，其功能是返回 URL 中的指定参数的值，函数定义如下。

```
//获取查询参数
//不存在返回空字符串，否则返回参数的字符串形式
function url_query(name) {
    var s = location.search;
    if (s === "") return "";
    //去掉?符号
    s = s.substr(1);
    //参数数组
    var paramArr = s.split("&");
    //循环检查
    for (i = 0; i < paramArr.length; i++) {
        var arr = paramArr[i].split("=");
        if (String(name).toLowerCase() === String(arr[0]).toLowerCase())
            return String(arr[1]);
    }
    return "";
}
```

下面来看金额合计的计算，通过 Ajax 调用 getOrderSub.aspx 页面完成，如下面的代码（/demo/25/getOrderSum.aspx）。

```
<%@ Page Language="C#" %>
<%@ Import Namespace="chyx2" %>
<%@ Import Namespace="chyx2.dbx" %>

<script runat="server">
    protected void Page_Load()
```

```
    {
        if(IsPostBack == false)
        {
            //检查权限
        }

        //给出订单金额合计
        long saleid = CC.ToLng(Request.Form["id"]);
        if (saleid <= 0)
        {
            Response.Write("ERR");
        }
        else
        {
            string sql =
  string.Format("select sum(price*quantity) from sale_sub where saleid={0}",
                saleid);
            Response.Write(CApp.DbConn.GetValue(sql).StrValue);
        }
    }
</script>
```

请注意，这里直接使用 SQL 语句返回指定订单中所有商品销售金额的合计，其中，使用 sum() 函数计算所有指定 saleid 数据的记录中 price*quantity 的合计。

在 Edit.aspx 页面中，返回的金额合计先使用 Number 对象的 toFixed() 方法转换为两位小数的格式，然后在 CPagingView 组件中的信息栏中（cpv_into_bar 元素）显示。

删除销售商品信息，调用了 /demo/25/deleteSaleSub.aspx 页面，其定义如下面的代码。

```
<%@ Page Language="C#" %>
<%@ Import Namespace="chyx2" %>
<%@ Import Namespace="chyx2.dbx" %>

<script runat="server">
    protected void Page_Load(object sender,EventArgs e)
    {
        //检查权限
        //...
        //删除销售商品信息
        long recid = CC.ToLng(Request.Form["recid"]);
        long saleid = CC.ToLng(Request.Form["saleid"]);
        ITask t = CApp.DbConn.TaskFactory.NewTask("sale_sub");
        t.SetCondFields("recid", "saleid");
        t.SetCondValues(recid, saleid);
        long result = t.Delete();
        if (result == 1)
          Response.Write("OK");
        else
          Response.Write("ERR:销售商品记录不存在或不能删除，请稍后重试");
    }
</script>
```

回到 /demo/25/Edit.aspx 页面，首先，打开包含销售商品信息的订单。然后，可以通过销售商品信息记录后的“删除”操作删除记录。图 25-17 显示了成功删除销售商品信息后的效果。

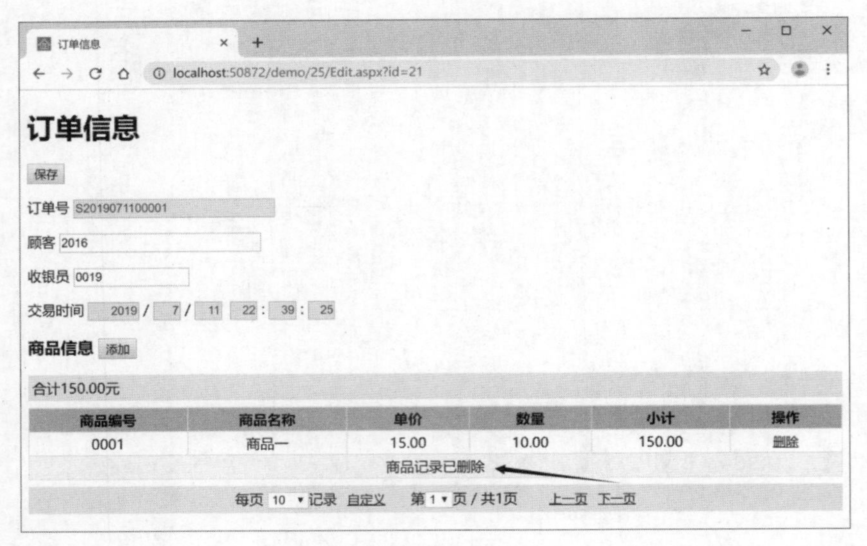

图 25-17

25.4 小结

本章创建了用于数据分页浏览的 CPagingView 组件。通过一系列的实现过程和应用测试，可以看到，CPaingView 组件的应用是比较灵活的，而且设置也非常简单，只需要设置三个属性，即：

- Data 属性，定义 DataTable 对象，用于载入显示的数据。需要注意的是，约定表中的第一个字段应为记录 ID 字段，并且在数据浏览中不直接显示此项数据。
- ShowCheckBox 属性，定义为 bool 类型，指定是否显示每行记录中的复选框，如果需要对记录进行批量操作，则可以将此属性设置为 true 值。
- Operations 属性，定义为 string 数组类型，两个成员一组定义记录的一个操作项，前一成员定义操作显示的名称，后一成员定义操作内容，这些内容会放在操作链接（a 元素）的 href 属性中。此外，操作内容中应包含一个 {0} 占位符，每行操作内容中的占位符会使用记录 ID 数据替换。

对于 CPagingView 组件中的 JavaScript 代码，建议放在 CPagingView.ascx 文件中打包发送到客户端，这样代码的完整性比较好。对于样式设置，可以考虑放在单独的 .css 文件中，并在使用 CPagingView 组件的页面中使用 link 元素引用。

第 26 章　自定义树状视图组件

树状结构视图用于显示和操作层次化的数据，如目录等分级管理的数据结构。树状结构中，除了节点的展开与收起操作，还包括两种常用的操作：一种是节点的复选功能，用于多选并批量操作外；另一种是节点的单击操作，用于单个节点操作。

本章将创建树状结构操作的 CTreeView 组件，图 26-1 展示了完成后的效果。

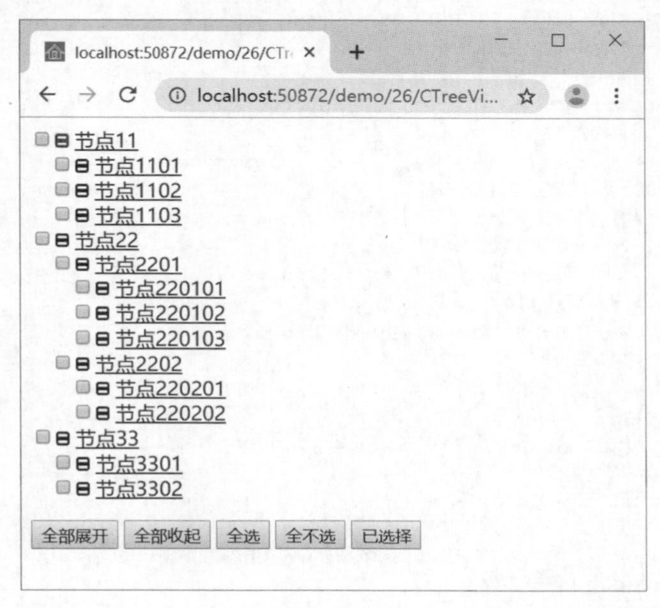

图　26-1

下面就开始创建树状视图组件——CTreeView。

26.1　节点数据结构

树状结构由一系列的节点组成，节点数据定义了它们的级别和呈现内容。这里使用三个节点数据，包括节点关键字、节点显示的内容和节点级别。为方便管理，使用数据库管理节点数据，数据表的字段包括：

- nodeid，自动管理的 ID 字段。
- nodekey，节点的关键字，如 11 为一级节点关键字，1101 就是它的一个下级节点关键字，也就是说，子节点的 nodekey 值以上级节点的 nodekey 值作为前缀。nodekey 和 nodelevel 字段数据共同定义节点的层次关系。
- nodevalue，节点显示的文本。
- nodelevel，整数类型，定义节点级别，其中，1 为一级节点，2 为二级节点，以此类推。

虽然 nodekey 数据也可以反映节点的级别，但是，通过一个独立的级别数据（nodelevel）可以更高效地处理。

本章的测试数据使用了 test_tree 表，下面的代码用于在 SQL Server 的 cdb_demo 数据库中创建测试表和数据。

```
USE cdb_demo;
GO

CREATE TABLE test_tree (
nodeid BIGINT IDENTITY(1,1) NOT NULL PRIMARY KEY,
nodelevel INT NOT NULL,
nodekey NVARCHAR(30) NOT NULL UNIQUE,
nodevalue NVARCHAR(30) NOT NULL
);

INSERT INTO test_tree(nodelevel,nodekey,nodevalue)
VALUES(1,'11','节点 11');
INSERT INTO test_tree(nodelevel,nodekey,nodevalue)
VALUES(2,'1101','节点 1101');
INSERT INTO test_tree(nodelevel,nodekey,nodevalue)
 VALUES(2,'1102','节点 1102');
INSERT INTO test_tree(nodelevel,nodekey,nodevalue)
VALUES(2,'1103','节点 1103');
INSERT INTO test_tree(nodelevel,nodekey,nodevalue)
VALUES(1,'22','节点 22');
INSERT INTO test_tree(nodelevel,nodekey,nodevalue)
VALUES(2,'2201','节点 2201');
INSERT INTO test_tree(nodelevel,nodekey,nodevalue)
VALUES(3,'220101','节点 220101');
INSERT INTO test_tree(nodelevel,nodekey,nodevalue)
VALUES(3,'220102','节点 220102');
INSERT INTO test_tree(nodelevel,nodekey,nodevalue)
VALUES(3,'220103','节点 220103');
INSERT INTO test_tree(nodelevel,nodekey,nodevalue)
VALUES(2,'2202','节点 2202');
INSERT INTO test_tree(nodelevel,nodekey,nodevalue)
VALUES(3,'220201','节点 220201');
INSERT INTO test_tree(nodelevel,nodekey,nodevalue)
VALUES(3,'220202','节点 220202');
INSERT INTO test_tree(nodelevel,nodekey,nodevalue)
VALUES(1,'33','节点 33');
INSERT INTO test_tree(nodelevel,nodekey,nodevalue)
VALUES(2,'3301','节点 3301');
INSERT INTO test_tree(nodelevel,nodekey,nodevalue)
VALUES(2,'3302','节点 3302');
```

如果使用的是 MySQL，则可以使用下面的代码生成 cdb_demo 数据库中的测试表和数据。

```
USE cdb_demo;

CREATE TABLE test_tree (
nodeid BIGINT AUTO_INCREMENT NOT NULL PRIMARY KEY,
nodelevel INT NOT NULL,
```

```
nodekey VARCHAR(30) NOT NULL UNIQUE,
nodevalue VARCHAR(30) NOT NULL
)ENGINE = INNODB , DEFAULT CHARSET ='utf8';

INSERT INTO test_tree(nodelevel,nodekey,nodevalue)
VALUES
(1,'11','节点 11'),
(2,'1101','节点 1101'),
(2,'1102','节点 1102'),
(2,'1103','节点 1103'),
(1,'22','节点 22'),
(2,'2201','节点 2201'),
(3,'220101','节点 220101'),
(3,'220102','节点 220102'),
(3,'220103','节点 220103'),
(2,'2202','节点 2202'),
(3,'220201','节点 220201'),
(3,'220202','节点 220202'),
(1,'33','节点 33'),
(2,'3301','节点 3301'),
(2,'3302','节点 3302');
```

test_tree 表中的数据如图 26-2 所示。

localhost:50872/Test.aspx

nodeid	nodelevel	nodekey	nodevalue
1	1	11	节点11
2	2	1101	节点1101
3	2	1102	节点1102
4	2	1103	节点1103
5	1	22	节点22
6	2	2201	节点2201
7	3	220101	节点220101
8	3	220102	节点220102
9	3	220103	节点220103
10	2	2202	节点2202
11	3	220201	节点220201
12	3	220202	节点220202
13	1	33	节点33
14	2	3301	节点3301
15	2	3302	节点3302

图　26-2

26.2　实现 CTreeView 组件

CTreeView 组件同样由一个 .ascx 格式控件实现，其基本定义如下面的代码（/controls/CTreeView.ascx）。

```
<%@ Control Language="C#" AutoEventWireup="true"
    CodeFile="CTreeView.ascx.cs" Inherits="controls_CTreeView" %>

<div id="ctv_container" class="ctv_container">
<%=GetTreeHtml() %>
</div>
```

代码会使用 GetTreeHtml() 方法生成节点的 HTML 内容，稍后讨论。

此外，在 CTreeView 组件中还定义了三个属性，如下面的代码（/controls/CTreeView.ascx.cs）。

```
using System;
using System.Data;
using System.Text;

public partial class controls_CTreeView : System.Web.UI.UserControl
{
    // 属性
    // 节点数据，应包含字段 nodekey,nodevalue,nodelevel
    public DataTable Data { get; set; }

    // 节点内容模板，为 null 时是纯文本节点
    // 否则为将模板内容添加到 a 元素的 href 属性
    public string NodeTemplate { get; set; }

    // 是否显示节点前的复选框
    public bool ShowCheckBox { get; set; }

    // 其他代码
}
```

其中：

- Data 属性定义为 DataTable 类型，用于指定节点数据。
- NodeTemplate 属性定义为 string 类型，指定单击节点的操作，其中应包含一个 {0} 占位符，生成节点时，这个占位符会由 nodekey 数据替换。属性的完整内容会添加到节点中 a 元素的 href 属性。
- ShowCheckBox 属性定义为 bool 类型，指定是否显示节点前的复选框。

此外，使用 CTreeView 控件时，同样需要在 Web.config 配置文件中注册，如下面的代码。

```
<controls>
<add tagPrefix="chyx" tagName="PagingView"
    src="/controls/CPagingView.ascx"/>
<add tagPrefix="chyx" tagName="TreeView"
    src="/controls/CTreeView.ascx"/>
<add tagPrefix="chyx" tagName="PageFooter"
    src="/demo/ctr/CPageFooter.ascx"/>
<add tagPrefix="chyx" namespace="chyx2.webx.ctrx" />
</controls>
```

测试时使用 /demo/26/CTreeViewTest.aspx 页面，HTML 部分定义如下。

```
<%@ Page Language="C#" AutoEventWireup="true"
CodeFile="CTreeViewTest.aspx.cs" Inherits="test_CTreeViewTest" %>

<!DOCTYPE html>
<html xmlns="http://www.w3.org/1999/xhtml">
<head runat="server">
<meta http-equiv="Content-Type" content="text/html; charset=utf-8"/>
<title></title>
</head>
<body>
<form id="form1" runat="server">
<div>
<chyx:TreeView ID="tv1" runat="server" />
</div>
<p>
<button type="button" onclick="ctv_expand_all();">全部展开
</button>
<button type="button" onclick="ctv_collapse_all();">全部收起
</button>
<button type="button" onclick="ctv_select_all();">全选
</button>
<button type="button" onclick="ctv_no_selected();">全不选
</button>
<button type="button" onclick="alert(ctv_get_selected());">已选择
</button>
</p>
</form>
</body>
</html>
```

目前，页面只会显示五个操作树状结构组件的按钮，如图 26-3 所示。这些操作会通过客户端的 JavaScript 代码进行操作，稍后会详细讨论。

全部展开　全部收起　全选　全不选　已选择

图　26-3

26.2.1　创建节点

CTreeView 组件可以支持四种节点类型，分别是：

- 文本节点，用于浏览数据。
- 文本节点，但包含复选框，可以选择多个节点进行批量操作。
- 可单击节点，不包含节点的复选框。
- 可单击节点，包含节点的复选框。

在 /controls/CTreeView.ascx 文件中出现的 GetTreeHtml() 方法是生成节点 HTML 内容的主方法，其定义如下（/controls/CTreeView.ascx.cs）。

```
// 生成节点树，默认为全部展开状态（expand）
protected string GetTreeHtml()
{
//
if (Data == null || Data.Columns.Count != 3 || Data.Rows.Count < 1)
```

```
        return "<span class='msg_warning'>节点数据设置错误</span>";
    //指定数据顺序
    Data.Columns["nodekey"].SetOrdinal(0);
    Data.Columns["nodevalue"].SetOrdinal(1);
    Data.Columns["nodelevel"].SetOrdinal(2);
    //
    if(NodeTemplate==null || NodeTemplate=="")
    {
        //文本节点
        if (ShowCheckBox) return GetTreeHtml1();
        else return GetTreeHtml0();
    }
    else
    {
        //模板节点
        if (ShowCheckBox) return GetTreeHtml3();
        else return GetTreeHtml2();
    }
}
```

方法中，首先对节点数据进行了检查，并对字段重新排序。数据表中必须只包含三个数据，字段顺序为 nodekey、nodevalue 和 nodelevel；如果原始的节点数据不是这三个字段名，可以在指定给 CTreeView 组件 Data 属性前修改字段名称。

接下来，会根据 NodeTemplate 属性判断节点类型，包括文本节点和可单击节点类型。这两种类型又分别包含两种情况，分别是节点包含复选框和没有复选框。

下面的代码（/controls/CTreeView.ascx.cs）创建了纯文本节点树状结构的 HTML 内容。

```
//文本节点，无复选框
protected string GetTreeHtml0()
{
    StringBuilder sb =
        new StringBuilder("<div id='ctv_tree' class='ctv_tree'>",2000);
    //
    for(int row=0;row<Data.Rows.Count;row++)
    {
        sb.AppendFormat(@"<div id='ctv_node_{0}' class='ctv_node_level_{1}'
nodekey='{0}' nodelevel='{1}'>", Data.Rows[row][0],Data.Rows[row][2]);
        //图像
        sb.AppendFormat(@"<img id='ctv_img_{0}' src='/controls/minus32.png'
onclick='ctv_collapse(this);'>",Data.Rows[row][0]);
        //文本
        sb.Append(Data.Rows[row][1]);
        //
        sb.Append("</div>");
    }
    //
    sb.Append("</div>");
    return sb.ToString();
}
```

代码将节点内容创建在一个 div 元素中，元素的 id 和 class 属性都设置为 "ctv_tree"。

每个节点的内容组成类似下面的代码。

```
<div id='ctv_node_11' class='ctv_node_level_1' nodekey='11' nodelevel='1'>
<img id='ctv_img_11' src='/controls/minus32.png' onclick='ctv_collapse(this);'>
节点 11
</div>
```

其中，节点使用 div 元素，包含以下属性：

- id 属性值使用 "ctv_node_<nodekey>" 格式。
- class 属性值使用 "ctv_node_level_<nodelevel>" 格式。
- nodekey 属性指定节点关键字。
- nodelevel 属性指定节点级别。

nodekey 和 nodelevel 属性用于扩展节点数据，在客户端可以使用元素的 getAttribute() 方法读取。

节点中的 img 元素用于显示展开或折叠图片，并支持单击操作，其中，id 属性值使用 "ctv_img_<nodekey>" 格式。当节点是展开状态时，显示的图片为减号，单击时执行折叠（收起）操作，使用 ctv_collapse() 函数实现。当节点是折叠（收起）状态时，显示的图片为加号，单击时执行展开操作，使用 ctv_expand() 函数实现。稍后会定义这两个 JavaScript 函数。

组件中使用的加号和减号图片位于 /controls 目录，文件名分别是 plus32.png 和 minus32.png。如果准备了不同的文件，注意在 src 属性中指定正确的文件路径。

接下来，为方便测试、避免编译错误，可以先创建 GetTreeHtml1()、GetTreeHtml2() 和 GetTreeHtml3() 方法，并返回空字符串。此外，为了更有效地显示树状结构，可以先在 /controls/CTreeView.ascx 文件中添加一个简单的样式，如下面的代码。

```
<style>
    .ctv_tree img {
        width:0.7em;
        margin-right:0.3em;
        vertical-align:central;
        cursor:pointer;
    }

    .ctv_node_level_1{
    }

    .ctv_node_level_2{
        padding-left:1em;
    }

    .ctv_node_level_3 {
        padding-left:2em;
    }

    .ctv_node_level_4 {
        padding-left:3em;
    }
    .ctv_node_level_5 {
        padding-left:4em;
```

```
    }

    .ctv_node_level_6 {
        padding-left:5em;
    }
</style>
```

然后，修改 /demo/26/CTreeViewTest.aspx.cs 文件的代码如下。

```
using System;
using chyx2;
using chyx2.dbx;

public partial class test_CTreeViewTest : System.Web.UI.Page
{
    protected void Page_Load(object sender, EventArgs e)
    {
        ITask t = CApp.DbConn.TaskFactory.NewTask("test_tree");
        t.SetQueryFields("nodekey", "nodevalue", "nodelevel");
        t.SetOrderBy("nodekey", "asc");
        tv1.Data = t.GetTable();
        tv1.ShowCheckBox = false;
        tv1.NodeTemplate = null;
    }
}
```

代码需要显式指定 nodekey、nodevalue 和 nodelevel 字段名，如果数据表中没有使用这三个字段名，可以在 DataTable 对象中修改字段为相应的名称。这里，首先将 ShowCheckBox 属性设置为 false，NodeTemplate 属性设置为 null。然后，打开页面会看到如图 26-4 所示的树状结构。

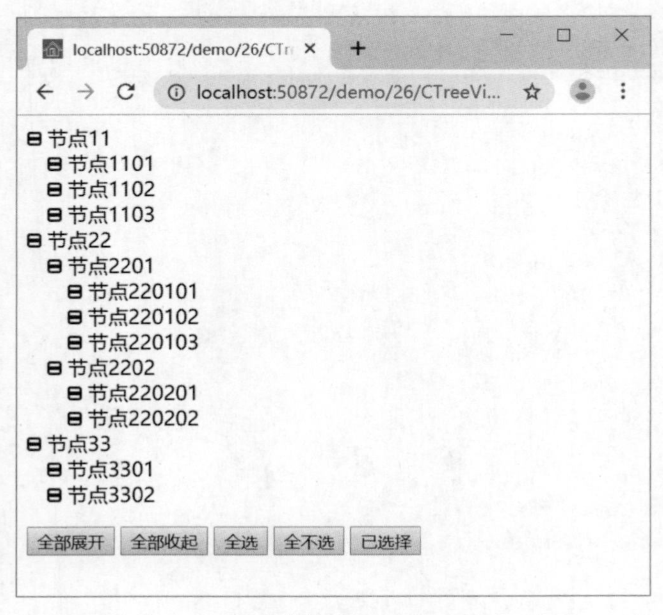

图 26-4

下面的代码（/controls/CTreeView.ascx.cs）创建文本节点中包含复选框的树状结构。

```
// 文本节点，有复选框
protected string GetTreeHtml1()
{
    StringBuilder sb =
        new StringBuilder("<div id='ctv_tree' class='ctv_tree'>", 2000);

    for (int row = 0; row < Data.Rows.Count; row++)
    {
        sb.AppendFormat(@"<div id='ctv_node_{0}' class='ctv_node_level_{1}'
nodekey='{0}' nodelevel='{1}'>",Data.Rows[row][0], Data.Rows[row][2]);
        // 复选框
        sb.AppendFormat(@"<input type='checkbox' id='ctv_chk_{0}' onchange=
'ctv_check_change(this);'>",Data.Rows[row][0]);
        // 图像
        sb.AppendFormat(@"<img id='ctv_img_{0}' src='/controls/minus32.png'
onclick='ctv_collapse(this);'>",Data.Rows[row][0]);
        // 文本
        sb.Append(Data.Rows[row][1]);

        sb.Append("</div>");
    }

    sb.Append("</div>");
    return sb.ToString();
}
```

在文本节点基础上，在 img 元素前添加了一个 input 元素，类型（type）为 checkbox，元素的 id 属性值为 "ctv_chk_<nodekey>" 格式，onchange 属性指定了复选状态改变时的响应代码，定义为 ctv_check_change() 函数，稍后会在客户端操作部分定义此函数。

接下来，修改 /demo/26/CTreeViewTest.ascx.cs 文件代码如下。

```
using System;
using chyx2;
using chyx2.dbx;

public partial class test_CTreeViewTest : System.Web.UI.Page
{
    protected void Page_Load(object sender, EventArgs e)
    {
        ITask t = CApp.DbConn.TaskFactory.NewTask("test_tree");
        t.SetQueryFields("nodekey", "nodevalue", "nodelevel");
        t.SetOrderBy("nodekey", "asc");
        tv1.Data = t.GetTable();
        tv1.ShowCheckBox = true;
        tv1.NodeTemplate = null;
    }
}
```

页面显示效果如图 26-5 所示。

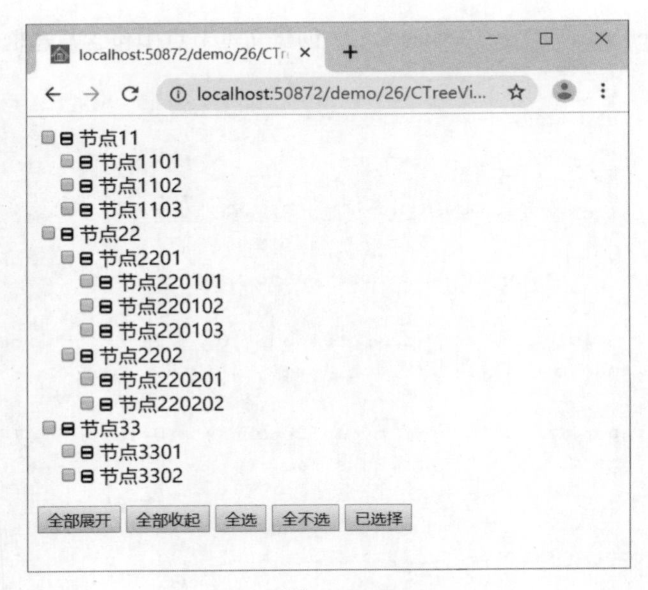

图 26-5

创建可单击操作的节点时，可使用 NodeTemplate 属性指定操作代码，代码应包含 {0} 占位符，生成节点代码时，占位符会由 nodekey 替换。下面的代码（/controls/CTreeView.ascx.cs）创建了可单击节点树状结构，包含有复选框和没有复选框两种情况。

```
//模板节点，无复选框
protected string GetTreeHtml2()
{
    StringBuilder sb =
        new StringBuilder("<div id='ctv_tree' class='ctv_tree'>", 2000);

    for (int row = 0; row < Data.Rows.Count; row++)
    {
        sb.AppendFormat(@"<div id='ctv_node_{0}' class='ctv_node_level_{1}'
nodekey='{0}' nodelevel='{1}'>",Data.Rows[row][0], Data.Rows[row][2]);
        //图像
        sb.AppendFormat(@"<img id='ctv_img_{0}' src='/controls/minus32.png'
onclick='ctv_collapse(this);'>",Data.Rows[row][0]);
        //操作模板
        sb.AppendFormat("<a href=\"{0}\" target=\"_blank\">{1}</a>",
            string.Format(NodeTemplate, Data.Rows[row][0]),
            Data.Rows[row][1]);

        sb.Append("</div>");
    }

    sb.Append("</div>");
    return sb.ToString();
}
```

```
//模板节点，有复选框
protected string GetTreeHtml3()
{
StringBuilder sb =
new StringBuilder("<div id='ctv_tree' class='ctv_tree'>", 2000);
//
for (int row = 0; row < Data.Rows.Count; row++)
{
sb.AppendFormat(@"<div id='ctv_node_{0}' class='ctv_node_level_{1}' nodekey=
'{0}' nodelevel='{1}'>",Data.Rows[row][0], Data.Rows[row][2]);
//复选框
        sb.AppendFormat(@"<input type='checkbox' id='ctv_chk_{0}' onchange=
'ctv_check_change(this);'>",Data.Rows[row][0]);
//图像
        sb.AppendFormat(@"<img id='ctv_img_{0}' src='/controls/minus32.png'
onclick='ctv_collapse(this);'>",Data.Rows[row][0]);
//操作模板
sb.AppendFormat("<a href=\"{0}\" target=\"_blank\">{1}</a>",
string.Format(NodeTemplate, Data.Rows[row][0]),
Data.Rows[row][1]);

sb.Append("</div>");
}

sb.Append("</div>");
return sb.ToString();
}
```

需要注意的是，在单击操作的 a 元素中，href 属性内容使用双引号定义，所以，在 NodeTemplate 属性中需要使用单引号，如下面的代码（/demo/26/CTreeViewTest.aspx.cs）。

```
using System;
using chyx2;
using chyx2.dbx;

public partial class test_CTreeViewTest : System.Web.UI.Page
{
    protected void Page_Load(object sender, EventArgs e)
    {
        ITask t = CApp.DbConn.TaskFactory.NewTask("test_tree");
        t.SetQueryFields("nodekey", "nodevalue", "nodelevel");
        t.SetOrderBy("nodekey", "asc");
        tv1.Data = t.GetTable();
        tv1.ShowCheckBox = true;
        tv1.NodeTemplate = "javascript:edit('{0}');";
    }
}
```

页面显示效果如图 26-6 所示。

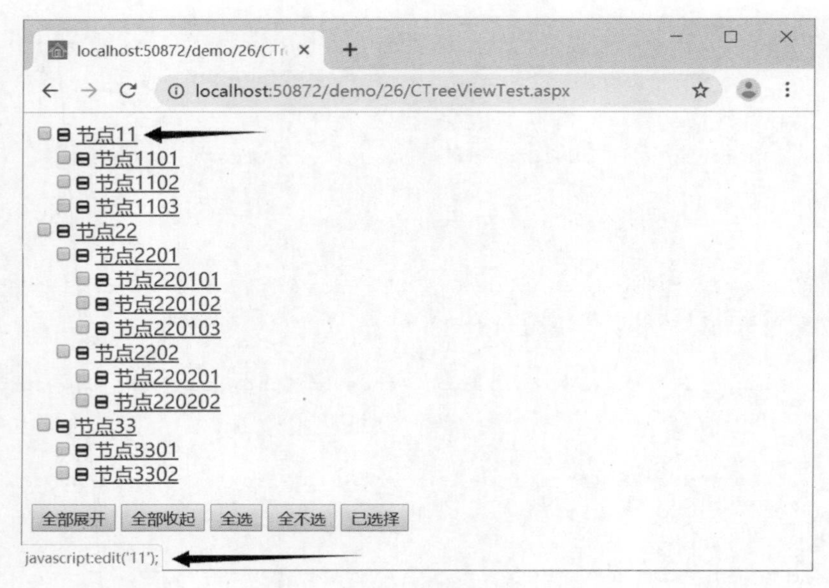

图 26-6

现在，已经创建了四种节点类型的树状结构，接下来，将通过客户端的 JavaScript 代码来实现树状结构的一系列操作。

26.2.2 客户端操作

在服务器端生成节点，可以保证节点数据的有效性，而节点操作放在客户端执行，可以提高应用的整体运行效率。和 CPagingView 组件相似，这里还是将 JavaScript 代码打包在 CTreeView 组件中，以保证代码的安全性。

接下来，在 /controls/CTreeView.ascx 文件底部创建一个 script 元素，用于定义客户端的 JavaScript 代码。

操作节点时，首先需要获取节点元素，下面的代码就是一些获取特定元素的函数。

```
<script>
// 获取全部节点 div 元素数组
    function ctv_get_all_nodes() {
        var divs = document.getElementsByTagName("div");
        var arr = Array();
        for (i = 0; i < divs.length; i++) {
            if (divs[i].id.substring(0, 9) === "ctv_node_")
                arr[arr.length] = divs[i];
        }
        return arr;
    }

    // 返回某个节点的全部子节点
    function ctv_get_all_children(nodeKey) {
        var tnodes = ctv_get_all_nodes();
        var arr = Array();
        var nkey;
        for (i = 0; i < tnodes.length; i++) {
```

```
            nkey = tnodes[i].getAttribute("nodekey");
            if (nkey !== nodeKey &&
                nkey.substring(0, nodeKey.length) === nodeKey) {
                arr[arr.length] = tnodes[i];
            }
        }
        return arr;
    }

    //返回某个节点的下级子节点
    function ctv_get_children(nodeKey, nodeLevel) {
        var tnodes = ctv_get_all_nodes();
        var arr = Array();
        var nkey;
        var nlevel;
        var childLevel = nodeLevel + 1;
        for (i = 0; i < tnodes.length; i++) {
            nkey = tnodes[i].getAttribute("nodekey");
            nlevel = parseInt(tnodes[i].getAttribute("nodelevel"));
            if (nkey !== nodeKey &&
                nkey.substring(0, nodeKey.length) === nodeKey &&
                nlevel === childLevel) {
                arr[arr.length] = tnodes[i];
            }
        }
        return arr;
    }
//其他代码
</script>
```

代码定义了三个函数，分别是：

- ctv_get_all_nodes() 函数，返回所有节点的 div 元素数组，没有找到节点会返回一个 length 属性为 0 的数组。
- ctv_get_all_children(nodeKey) 函数，返回某个节点所有的子节点，参数指定节点的 nodekey 值，可以从节点 div 元素的 nodekey 属性中获取。
- ctv_get_children(nodeKey, nodeLevel) 函数，返回某个节点的直接下级节点，参数一指定节点的 nodekey 值，参数二指定节点的 nodelevel 值，这两个数据都可以通过节点 div 元素中相应的属性获取。

下面的代码（/controls/CTreeView.ascx）创建了全部展开和全部收起（折叠）的操作函数。

```
//全部展开
function ctv_expand_all() {
    var tnodes = ctv_get_all_nodes();
    var nkey;
    var img;
    for (i = 0; i < tnodes.length; i++) {
        tnodes[i].style.display = "block";
        nkey = tnodes[i].getAttribute("nodekey");
        img = document.getElementById("ctv_img_" + nkey);
        img.setAttribute("src", "/controls/minus32.png");
```

```
            img.setAttribute("onclick", "ctv_collapse(this);");
        }
    }

    //全部收起，显示到第一级
    function ctv_collapse_all() {
        var tnodes = ctv_get_all_nodes();
        var nlevel;
        var nkey;
        var img;
        for (i = 0; i < tnodes.length; i++) {
            nlevel = parseInt(tnodes[i].getAttribute("nodelevel"));
            if (nlevel !== 1) {
                tnodes[i].style.display = "none";
            }
            nkey = tnodes[i].getAttribute("nodekey");
            img = document.getElementById("ctv_img_" + nkey);
            img.setAttribute("src", "/controls/plus32.png");
            img.setAttribute("onclick", "ctv_expand(this);");
        }
    }
```

全部展开操作时，首先，获取全部节点的 div 元素；其次，将所有节点的 display 样式设置为 block 值，同时，还需要修改所有节点图像的内容，包括：

- src 属性，展开时，指定为减号图片，这里使用 /controls/minus32.png 文件。
- onclick 属性，展开时，节点的操作应该设置为收起，使用 ctv_collapse() 函数。

全部收起操作时，只显示级别为 1 的节点，其他节点都会隐藏，即元素样式的 display 设置为 none。同时，所有节点的操作图像都会变成加号（/controls/plus32.png 文件），单击操作（onclick 属性）设置为展开操作，使用 ctv_expand() 函数实现。

下面的代码（/controls/CTreeView.ascx）是单个节点的展开与收起操作函数。

```
    //收起某节点，单击节点图像的操作，收起全部子节点
    function ctv_collapse(img) {
        var node = img.parentElement;
        var nodeKey = node.getAttribute("nodekey");
        var childrenNodes = ctv_get_all_children(nodeKey);

        var nkey;
        var nimg;
        for (i = 0; i < childrenNodes.length; i++) {
            childrenNodes[i].style.display = "none";
            nkey = childrenNodes[i].getAttribute("nodekey");
            nimg = document.getElementById("ctv_img_" + nkey);
            nimg.setAttribute("src", "/controls/plus32.png");
            nimg.setAttribute("onclick", "ctv_expand(this);");
        }
        //单击的节点状态
        img.setAttribute("src", "/controls/plus32.png");
        img.setAttribute("onclick", "ctv_expand(this);");
```

```
    }

    //展开某节点，单击节点图像的操作，展开下一级
    function ctv_expand(img) {
        var node = img.parentElement;
        var nodeKey = node.getAttribute("nodekey");
        var nodeLevel = parseInt(node.getAttribute("nodelevel"));
        var childrenNodes = ctv_get_children(nodeKey, nodeLevel);

        var nkey;
        var nimg;
        for (i = 0; i < childrenNodes.length; i++) {
            childrenNodes[i].style.display = "block";
            nkey = childrenNodes[i].getAttribute("nodekey");
            nimg = document.getElementById("ctv_img_" + nkey);
            nimg.setAttribute("src", "/controls/plus32.png");
            nimg.setAttribute("onclick", "ctv_expand(this);");
        }
        //单击的节点状态
        img.setAttribute("src", "/controls/minus32.png");
        img.setAttribute("onclick", "ctv_collapse(this);");
    }
```

其中，ctv_collapse(img) 函数用于收起某个节点，参数为单击 img 对象，节点中 img 元素的 onclick 属性会调用此函数，参数中使用 this 关键字表示带入当前对象。节点收起操作时，会收起全部子节点。改变所有子节点状态后，应注意改变单击节点的状态，如显示加号图像，单击操作（onclick 属性）设置为展开操作，使用 ctv_expand() 函数。

节点展开操作时，只会展开节点的直接下级节点，同时，单击节点的图像应变成减号，单击操作（onclick 属性）应修改为收起，使用 ctv_collapse() 函数。

除了展开和收起，树状结构的另一种操作就是选择节点，如下面的代码（/controls/CTreeView.ascx）。

```
    //某节点复选框状态改变，子节点同步
    function ctv_check_change(chk) {
        var node = chk.parentElement;
        var nodeKey = node.getAttribute("nodekey");
        var childrenNodes = ctv_get_all_children(nodeKey);

        var nkey;
        var nchk;
        for (i = 0; i < childrenNodes.length; i++) {
            nkey = childrenNodes[i].getAttribute("nodekey");
            nchk = document.getElementById("ctv_chk_" + nkey);
                nchk.checked = chk.checked;
        }
    }
    //全选
    function ctv_select_all() {
        var tnodes = ctv_get_all_nodes();
```

```
    var chk;
    for (i = 0; i < tnodes.length; i++) {
        chk = document.getElementById("ctv_chk_" +
            tnodes[i].getAttribute("nodekey"));
        chk.checked = true;
    }
}
//全不选
function ctv_no_selected() {
    var tnodes = ctv_get_all_nodes();
    var chk;
    for (i = 0; i < tnodes.length; i++) {
        chk = document.getElementById("ctv_chk_" +
            tnodes[i].getAttribute("nodekey"));
        chk.checked = false;
    }
}
//获取所有选择的nodekey数组
function ctv_get_selected() {
    var nodes = ctv_get_all_nodes();
    var arr = Array();
    var nkey;
    var nchk;
    for (i = 0; i < nodes.length; i++) {
        nkey = nodes[i].getAttribute("nodekey");
        nchk = document.getElementById("ctv_chk_" + nkey);
        if (nchk.checked === true)
            arr[arr.length] = nkey;
    }
    return arr;
}
```

关于节点的选择，首先定义的是 ctv_check_change(chk) 函数，当一个节点的复选框状态改变时，其子节点应同步变化。

ctv_select_all() 和 ctv_no_selected() 函数分别用于全选和全不选操作，操作很简单，获取所有节点，并将其中的复选框元素的 checked 属性设置为 true 或 false 值即可。

最后，ctv_get_selected() 函数会返回所有选中节点 nodekey 数据的数组，如果没有选中的节点，则会返回 length 属性为 0 的数组。

当所有的函数定义完成后，就可以在 /demo/26/CTreeViewTest.aspx 页面中查看节点操作的完整效果。

26.3 小结

本章创建了用于呈现和操作树状结构的 CTreeView 组件，结合 ASP.NET 和 JavaScript 代码操作，CTreeView 组件的应用是比较简单的。

首先，在服务器端载入节点数据，并生成 HTML 代码，这里只需要关注三个属性，包括：

- ❑ Data 属性，使用 DataTable 对象设置节点数据，必须包含 nodekey、nodevalue 和 nodelevel 字段。
- ❑ ShowCheckBox 属性，指定节点是否显示复选框。
- ❑ NodeTemplate 属性，指定单击节点的操作，其中应包含 {0} 占位符，生成的代码中，占位符会由 nodekey 数据替换，完整的操作代码会放在节点中 a 元素的 href 属性。如果 NodeTemplate 属性为 null 或空字符串，则节点会显示纯文本。

通过打包发送到客户端的 JavaScript 代码，可以对树状视图节点进行展开和收起操作，还可以通过复选框选择一个或多个节点，并进行更多扩展操作。

如果需要自定义树状视图的样式，可以将 CSS 内容从 CTreeView.ascx 文件中删除，然后在 .css 文件中定义样式，最后，在使用 CTreeView 组件的页面中通过 link 元素引用这些样式。